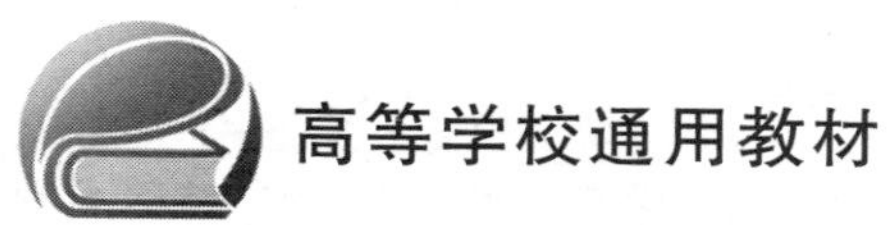

机械原理及设计

北京航空航天大学机械原理教学团队　编

郭卫东　高志慧　主　编

王　巍　吕胜男　张武翔　孙明磊　田耀斌　副主编

北京航空航天大学出版社

内容简介

本书将“机械原理”课程和“机械设计”课程的主要内容结合，在夯实机构学基础理论知识的同时，一定程度上拓展新的研究成果和理论，进一步加强了理论与工程实际问题的联系。全书分为13章，包括绪论、机构的组成原理、平面机构的运动分析、平面连杆机构、凸轮机构、齿轮机构、轮系、其他常用机构、机械零件设计基础、带传动、齿轮传动、螺纹连接、轴、滚动轴承。

本书可作为高等学校机械类相关专业的教学用书，也可作为机械工程领域工程技术人员的参考资料。

图书在版编目(CIP)数据

机械原理及设计 / 北京航空航天大学机械原理教学团队编 ; 郭卫东，高志慧主编. -- 北京 : 北京航空航天大学出版社，2025. 3. -- ISBN 978-7-5124-4622-9

Ⅰ. TH111；TH122

中国国家版本馆 CIP 数据核字第 2025NB6247 号

机械原理及设计

北京航空航天大学机械原理教学团队　编

郭卫东　高志慧　主　编

王　巍　吕胜男　张武翔　孙明磊　田耀斌　副主编

策划编辑　冯　颖　　责任编辑　冯维娜

*

北京航空航天大学出版社出版发行

北京市海淀区学院路37号(邮编100191)　http://www.buaapress.com.cn

发行部电话:(010)82317024　传真:(010)82328026

读者信箱:goodtextbook@126.com　邮购电话:(010)82316936

河北宏伟双华印刷有限公司印装　各地书店经销

*

开本:787×1 092　1/6　印张:22　字数:563千字

2025年3月第1版　2025年3月第1次印刷　印数:2 000册

ISBN 978-7-5124-4622-9　定价:69.80元

前　　言

2017 年 9 月，北京航空航天大学发布实施了新版“本科指导性培养方案”。随后学院根据专业人才培养的要求，将“机械原理”课程和“机械设计”合并为“机械原理及设计”课程，强化“机械原理”和“机械设计”课程的衔接。北航机械原理教学团队承担了“机械原理及设计”课程的设计、建设与实施工作，在课程建设和课程教学实施的过程中深感本课程教材建设的迫切性和急需性。本书就是在这样的背景下诞生的。

本书按照“机械装置设计为主线”的指导思想，在加强基础理论、基本方法和基本技能培养的基础上，以机构运动设计和零部件结构设计为主线，注重培养学生的机械创新设计能力。本书是按照 64 学时编写的，每章前面均设计了一个思维导图，全面展示本章的知识构成和结构关系，其中深色框图内容与“爱课程(中国大学 MOOC)”的“机械原理及设计”课程中的授课视频相对应。此外，每章后面还配设了一些精选的思考题。

参加本书编写的教师有郭卫东(第 0～6 章)、田耀斌(第 7 章)、张武翔(第 8 章)、王巍(第 9 章)、高志慧(第 10、11 章)、孙明磊(第 12 章)、吕胜男(第 13 章)。郭卫东和高志慧担任本书主编，负责全书的统稿工作。

作者在本书编写过程中参考了一些同类教材和著作，在此也对相关作者表示诚挚的谢意。

由于编者水平有限，书中遗误欠妥之处，诚望读者批评指正。

2025 年 1 月

目　录

第0章　绪　论

☞ **本章思维导图**

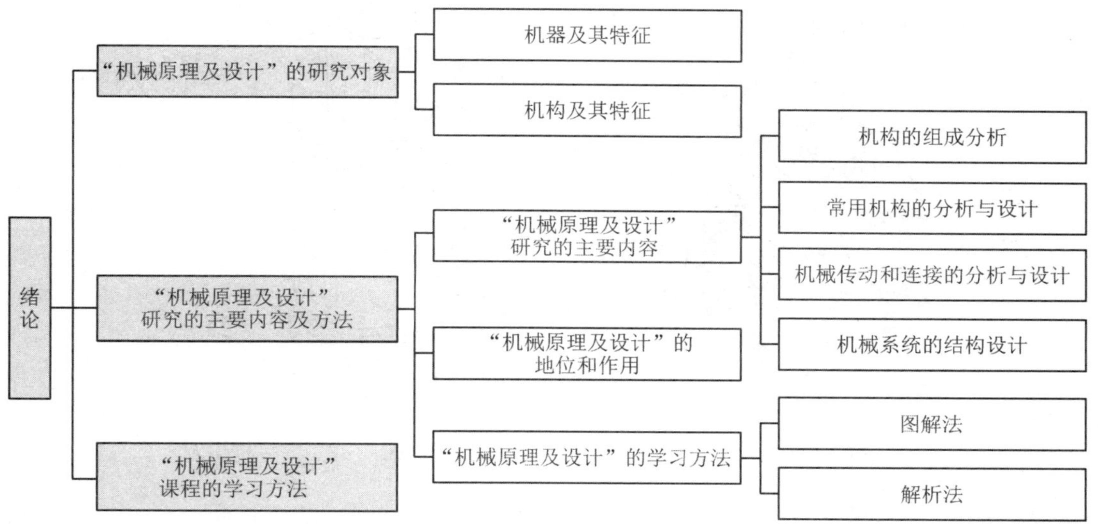

本章主要介绍"机械原理及设计"课程的研究对象和研究内容,介绍本课程的地位、作用及学习方法。使读者对课程的性质、主要内容等方面有个初步了解,为进一步学习本课程打好基础。

0.1　"机械原理及设计"的研究对象

机械原理及设计是机器与机构的原理及设计的简称,是以机器和机构为研究对象的一门学科。

0.1.1　机器及其特征

机器的种类繁多,其构造、用途和性能也各不相同,如家庭生活中用的洗衣机、自行车,工作生产中使用的各种机床,以及汽车、起重机、机器人、飞机等等。虽然人们对机器已经有了一定的感性认识,但一部机器究竟是由什么组成的?它又有哪些特征呢?

图0-1所示为一台内燃机。主体部分由缸体1、活塞2、连杆3和曲轴4等组成。当燃气在缸体内燃烧膨胀而推动活塞移动时,通过连杆带动曲轴绕其轴线转动。

为使曲轴能够连续转动,必须定时向缸体输送燃气和排出废气,具体由缸体两侧的凸轮5′通过顶杆6控制进气阀7和排气阀8,使其定时关闭和打开来实现的。

曲轴4的转动通过齿轮5传递给凸轮5′,再通过顶杆6,使进气阀7和排气阀8的运动与活塞2的移动位置保持一定的配合关系。

以上各个机件协同工作的结果是将燃气燃烧产生的热能转变为曲轴转动的机械能，从而使这台机器输出旋转运动和驱动力矩，使其成为能做有用功的机器。

图 0-2 所示为汽车自动生产线上的焊接机器人，其功能是对所需要焊接的各部位进行自动点焊。

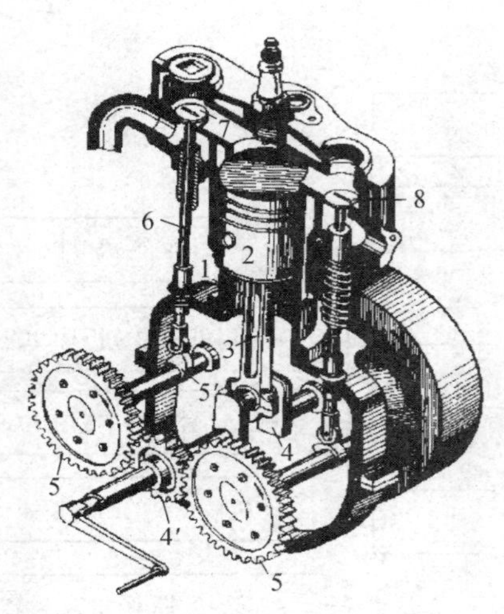

图 0-1　内燃机

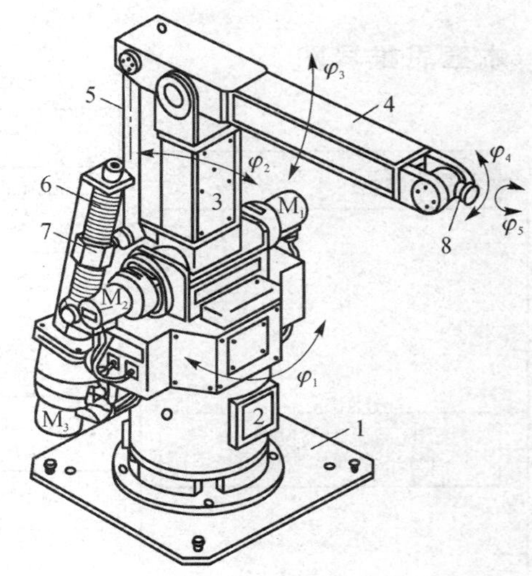

图 0-2　焊接机器人

该机器人的主体部分是由基座 1、腰部 2、大臂 3、小臂 4 和手腕 8 组成。电机 M_1 通过蜗杆、蜗轮减速和换向，驱动腰部 2 实现腰部的水平回转运动（φ_1）；电机 M_2 驱动大臂 3 实现大臂的倾斜运动（φ_2）；电机 M_3 驱动螺杆 6 转动，带动螺母 7 移动，通过连杆 5 的运动实现小臂 4 的俯仰运动（φ_3）；电机 M_4 和 M_5（图中不可见）驱动手腕 8 实现手腕的弯曲运动和旋转运动。各电机按预先设计好的运动规律转动时，通过腰部、大臂、小臂及手腕的运动，带动焊枪使其按设定的运动顺序、动作方式、位置坐标、步进时间等运动，最终完成焊接工作。

从以上两个实例可以看出，这些机器的构造、性能和用途虽然各不相同，但从组成、运动和功能来看，它们都具有以下共同特征：

① 该机器是一种通过加工制造和装配而成的机件组合体。

② 各个机件之间都具有确定的相对运动。

③ 该机器能实现能量的转换，并做有用的机械功；在生产过程中，能代替或减轻人力劳动。

凡同时具备上述三个特征的实物组合体就称为机器。机器是执行机械运动的装置，用来完成有用的机械功或将其他能量转换为机械能。利用机械能完成有用功的机器称为工作机，如各种机床、轧钢机、纺织机、印刷机、包装机等。将化学能、电能、水力、风力等能量转换为机械能的机器称为原动机，如内燃机、电动机、涡轮机等。

0.1.2　机构及其特征

机器又可分为一个或多个由若干机件（如齿轮、凸轮、连杆、曲轴等）组成的特定组合体，以实现运动的传递或运动形式的变换。例如在图 0-1 所示的内燃机中，其主体部分是由缸体1、活塞2、连杆5和曲轴6所组成的组合体，活塞2相对缸体1的移动，通过连杆5转变为曲轴6的定轴转动，从功能上实现了将移动变换成为转动。而齿轮机件之间的传动则是将一个轴的转动传递到另一个轴上。

这些机件组合体各具特点，可实现传递或变换运动，被称为机构。图0－1所示的内燃机经分解可知，是由齿轮机构、凸轮机构和连杆机构组成。

由此可见，机构是机器的重要组成部分，其主要功能是实现运动和动力的传递和变换。因此，机构具有机器的前两个特性，即

① 是一种通过加工制造和装配而成的机件组合体。

② 各个机件之间都具有确定的相对运动。

由于机构与机器都具有两个共同的特性，所以从组成和运动两个方面来看，两者并无差别。又由于本书只研究机器和机构的组成、运动和结构设计等方面的问题，而不涉及机器的能量转换和做功问题，因此，在课程中，将机器和机构总称为“机械”，课程名称也由“机器和机构的原理及设计”变为“机械原理及设计”。

0.2 “机械原理及设计”研究的主要内容及方法

0.2.1 “机械原理及设计”研究的主要内容

机械原理及设计作为一门学科，并不研究某种特定的机器或机构，而是研究机构与机器在组成、运动、强度、结构等方面的共性问题，并着重研究常用机构的运动设计和主要零部件的强度与结构设计等问题。机械原理及设计课程研究的内容可归纳为“分析”和“综合”两大类。

分析：分析已有机器或机构的组成、运动、强度等，了解和掌握机器或机构的运动和强度特性。

综合：就是按照给定的运动、强度和工作性能等方面的要求和条件，选择机构的类型（包括创造新机构），设计与运动有关的机件的几何形状（如凸轮轮廓）和尺寸（如连杆长度）；选择机件的材料，依据强度和工作特性要求进行标准零件的选择、机件结构尺寸设计等。

机构的分析与综合虽然出发点和目的不同，但是在解决机器的运动和结构问题时，两者往往是紧密相关的，并由此构成“机械原理及设计”课程的主要研究内容，即

① **机构的组成分析**。研究机构的组成要素和组成原理，判断机构运动的可能性和确定性，为合理组成各种机构和创造新机构探索基本规律。

② **常用机构的分析与设计**。以设计为主线，介绍各种常用机构的类型、功用和特点，分析各种机构的传动特性，研究机构在满足给定运动和传力等要求时的尺寸或几何形状的设计方法。

③ **主要机械传动和连接的强度分析与设计**。研究带传动、链传动、齿轮传动的强度分析与设计方法；研究螺纹连接、键连接的强度计算，介绍联轴器和离合器的工作原理和选择方法。

④ **机械系统的结构设计**。研究轴的结构设计方法以及轴的强度和刚度计算问题，介绍轴承的类型和载荷及寿命计算方法。

0.2.2 “机械原理及设计”研究的方法

研究“机械原理及设计”课程的问题分析与研究方法有图解法和解析法两大类。图解法主要是通过作图求解机构运动和设计问题，侧重于形象思维；解析法是在建立了数学模型的基础上，通过计算求解获得有关分析和设计结果，在解决问题的过程中，侧重于逻辑思维。

0.3 “机械原理及设计”的地位、作用及学习方法

0.3.1 “机械原理及设计”的地位和作用

“机械原理及设计”是在前修课程“工程图学”“理论力学”“材料力学”等课程的基础上，应用前修课程的运动几何学、力学等基本理论来研究机械共性问题的一门主干技术基础课。它不同于数、理、化等理论课，而更接近工程实际；它也不同于有关机械类专业(如汽车制造专业、机械设计制造及其自动化专业等)的专业课，而是更具有机械类专业课的基础性，有更广泛的适应性。因此本课程在教学计划中处于**“承上启下”**的地位。

由于“机械原理及设计”课程是研究机构与机器有关运动和强度与结构方面的共性问题，以及常用机构的运动设计、强度设计和结构设计问题，因此它的任务是使学习者掌握有关机构与机器运动学、强度设计和结构设计的基本理论、基本方法和基本技能，使其初步具有拟定机构系统运动方案、分析和设计机械装置的能力，从而起到增强学习者对机械技术工作的适应性和开拓创造能力的作用。

0.3.2 “机械原理及设计”的学习方法

从上述“机械原理及设计”课程的主要研究内容可看出，“机械原理及设计”课程有两个显著的特点，即具有较强的实践性和可动性。这是因为课程研究所涉及的问题来源于实际的具体机构和机器，课程研究的对象是具有确定运动的机械，而非静止不动的结构。因此，在学习方法上也要与之相适应。在学习过程中，尤其应注意以下几点“结合”：

① **理论与实践相结合**。随时联系生产和生活实践，主动应用所学理论与方法去解决有关机构与机器在运动设计、强度设计和结构设计等方面的实际问题，注意理论与实践的结合。

② **机构简图和机械结构图与实物相结合**。为便于研究，课程中的机构均用简单的几何线条表示，机械结构也以图形来表述，具体与实际的机件所组成的机械的外形具有一定的差距，因此在进行机械运动设计和强度设计时，应考虑到由实际机件组成的机械可能会出现的一些结构问题，注意简图与实物的结合。

③ **机构的静态与动态相结合**。在研究机构运动时，往往要画出机构在某个位置的简图(封闭的几何图形)，在纸面上只是表示出该位置的静止状态。而要真正了解机构在一个运动周期的运动特性，就必须将机构位置的几何图形动起来，即将其看成是一个可变的几何图形，注意到静态与动态的结合。

④ **形象思维与逻辑思维相结合**。在课程对机械的研究中，某些概念、结论或某些参数关系式并非完全由逻辑推理而得，常常直接由几何图形或物理概念获得，或者来自于工程实践的经验积累，因此在学习本课程过程中，要注意形象思维与逻辑思维的结合。

思考题

0-1 “机械原理及设计”课程研究的对象是什么？

0-2 什么是机器？什么是机构？它们各有什么特性？

0-3 “机械原理及设计”课程属于什么性质的课程？它研究的主要内容是什么？

0-4 学习“机械原理及设计”应采用的学习方法是什么？

第 1 章　机构的组成原理

☞ **本章思维导图**

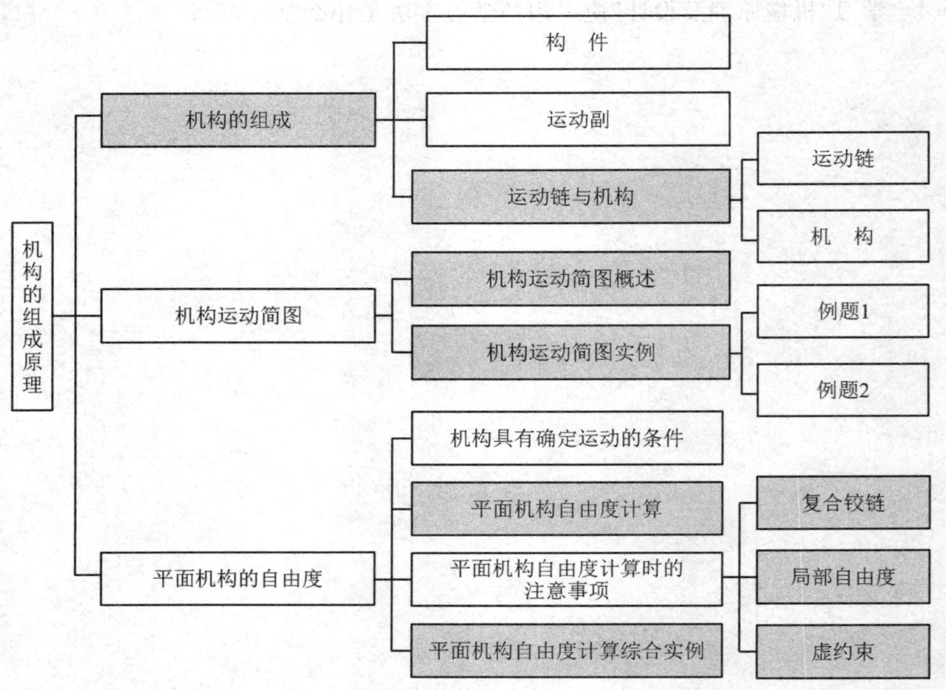

本章主要介绍机构的组成原理和结构分析，其主要任务是帮助读者了解机构的组成要素和机构的表达方法，熟练掌握机构具有确定运动的条件和机构的自由度及其计算。

1.1　机构的组成

1.1.1　构　件

构件就是机构中的各个机件，它是机构中的运动单元体。在图 1－1 所示的内燃机中，由汽缸 1、活塞 2、连杆 3 和曲轴 4 这四个构件组成的机构称为连杆机构。组成连杆机构的这四个机件称为构件。

一个构件可以是一个零件，也可以是由几个零件固定连接而成。如图 1－2(a)所示的曲轴，它是一个构件，也是一个零件；而如图 1－2(b)所示的连杆，它是一个构件，但是它是由连杆体 1、连杆盖 2、轴瓦 3、4 和 5、螺栓 6、螺母 7、开口销 8 等若干个零件固定连接组成的。组成一个构件的各零件之间没有相对运动。构件与零件的本质区别在于：**构件是运动的单元体，**

而零件是制造的单元体。

机构中相对固定不动的构件称为**机架**(或固定件);相对于机架运动的构件称为**活动构件**,其中按照给定运动规律独立运动的构件称为**原动件**(主动件),而其余活动构件称为**从动件**。图 1-1 所示的连杆机构中,汽缸 1 为机架,活塞 2 为原动件,而连杆 3 和曲轴 4 为从动件。

需要说明的是,从现代机器发展趋势来看,机构中的各构件可以是刚性的,某些构件也可以是挠性的或弹性的或是由液压件、气动件、电磁件构成的。所以说,现代机器中的机构也不再是纯刚性构件组成的机构。

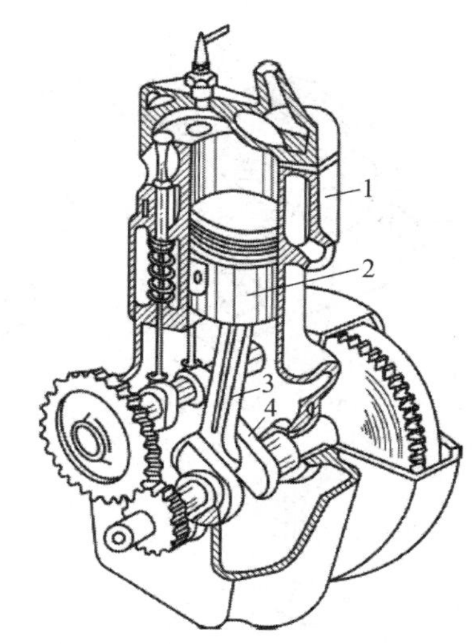

图 1-1　内燃机结构示意图

1.1.2　运动副

在机构中,各构件是以一定的方式彼此连接起来的。这种由两个构件(例如图 1-3 中的构件 1 和构件 2)直接接触组成的可动连接称为**运动副**。

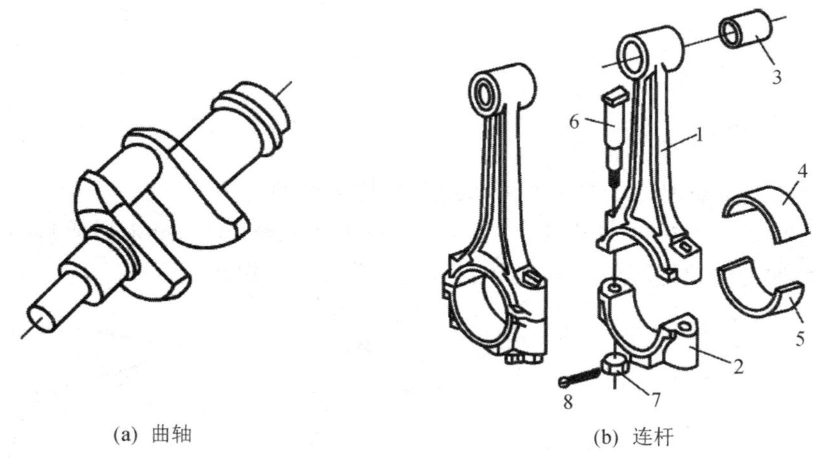

(a) 曲轴　　(b) 连杆

图 1-2　构件与零件

根据组成运动副的两构件间相对运动的位置分类,可将运动副分为**平面运动副**(如图 1-3(a)、(b)、(c)和(d)所示)和空间运动副(如图 1-3(e)和(f)所示)。

根据组成运动副的两构件间的接触形式分类,面接触的运动副称之为**低副**(如图 1-3(a)、(b)、(e)和(f)所示);点或线接触的运动副称之为**高副**(如图 1-3(c)和(d)所示)。

根据组成运动副的两构件间相对运动的类型分类,又可将其分为转动副(如图 1-3(a)所示)、移动副(如图 1-3(b)所示)等。

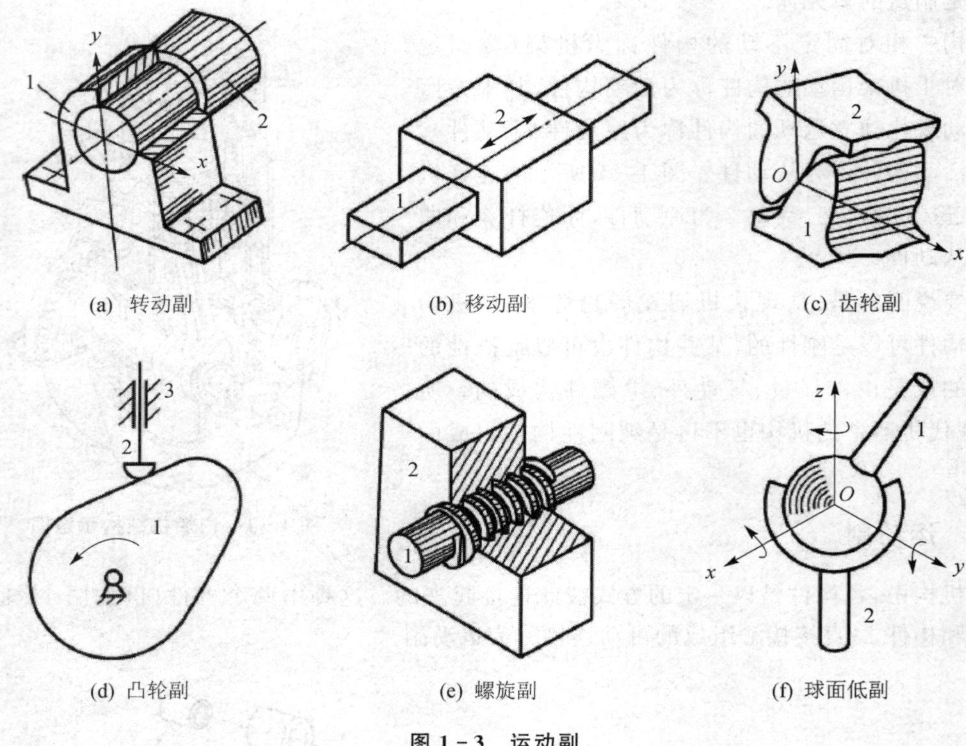

图 1-3 运动副

1.1.3 运动链与机构

把若干个构件用运动副连接起来所形成的系统称为**运动链**。

如果运动链构成封闭图形，如图 1-4(a)所示，称为**闭式链**；运动链未形成封闭图形的，如图 1-4(b)所示，称为**开式链**。既有开链又有闭链的系统称为**混链**。

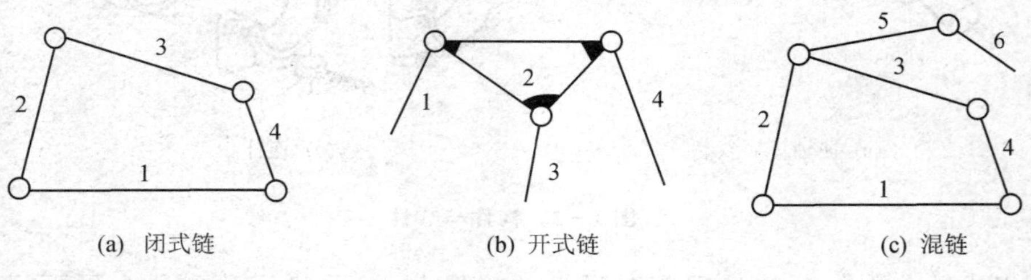

图 1-4 运动链

闭式链和开式链在实际机构中应用不同。一般机械中闭式链应用得比较广，而机器人中应用开式链多一些。

如果取运动链中的某个构件为机架(例如构件 4)，并取一个或若干个构件为原动件(例如构件 1)时，使得该运动链中的其余构件(构件 2 和构件 3)能够随之按确定的规律运动，此运动链就成了机构，如图 1-5 所示。

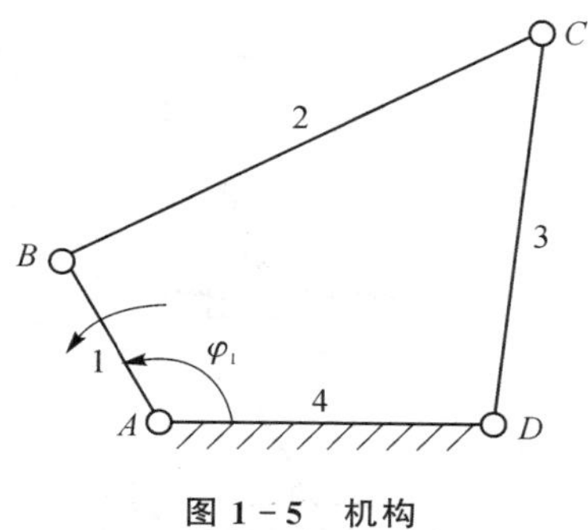

图 1－5　机构

1.2　机构运动简图

1.2.1　机构运动简图概述

在实际的机构中，构件和运动副的外形结构通常都很复杂，而这种复杂的外形结构、截面尺寸以及运动副的具体构造却和构件的运动方式和运动规律无关。因此，在对机构进行运动分析和动力分析时，可忽略无关的因素而只考虑与运动有关的因素，并用最为简洁明了的方式，把构件和运动副所形成的机构图形画出来。这种利用简单线条和规定的运动副的表示方法绘制的机构图就是“**机构运动简图**”。

机构运动简图与实际机构应具有完全相同的运动特性，即机构运动简图与实际机构的对应构件的运动形式是完全相同的。

机构是由构件和运动副组成的。要绘制机构运动简图，首先要明确怎样用简单的线条和符号来表示构件和运动副。

1. 运动副的表示符号

表 1－1 给出了几种常用的运动副的表示符号。

表 1－1　常用运动副符号(GB/T 4460－2003)

自由度数	运动副名称	基本符号	可用符号
一自由度运动副	转动副（回转副）		
	移动副（棱柱副）		

续表 1-1

自由度数	运动副名称	基本符号	可用符号
一自由度运动副	螺旋副		
二自由度运动副	圆柱副	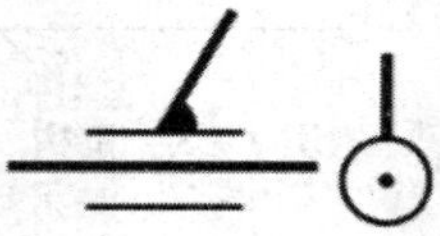	
	球销副		
三自由度运动副	球面副		
	平面副	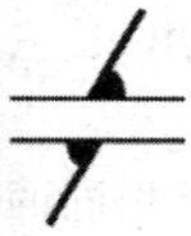	
四自由度运动副	球与圆柱副		
五自由度运动副	球与圆柱副		

2. 构件的表示方法

表 1-2 给出了常用构件的表示方法。

表 1-2　一般构件的表示方法(GB/T 4460—2003)

名　称	基本符号	可用符号	附　注
机架	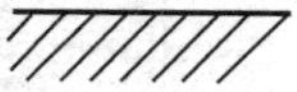		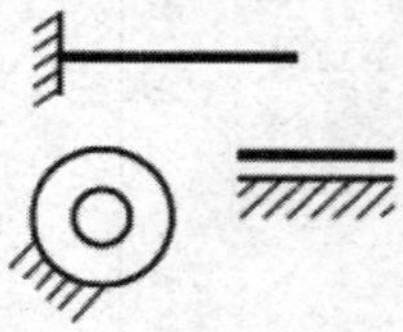

续表 1-2

名　称	基本符号	可用符号	附　注
轴、杆			
构件组成部分的永久连接			
构件组成部分与轴(杆)的固定连接			
构件组成部分的可调连接			
构件是转动副的一部分			
机架是转动副的一部分			
构件是移动副的一部分			
构件是圆柱副的一部分			

续表 1－2

名　称		基本符号	可用符号	附　注
构件是球面副的一部分		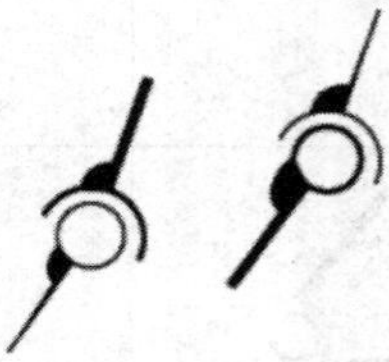		
连接两个回转副的构件	连杆	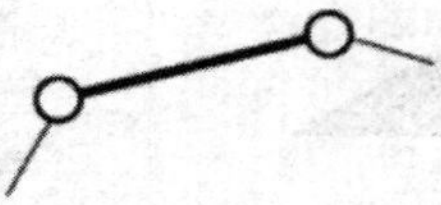		
	连架杆	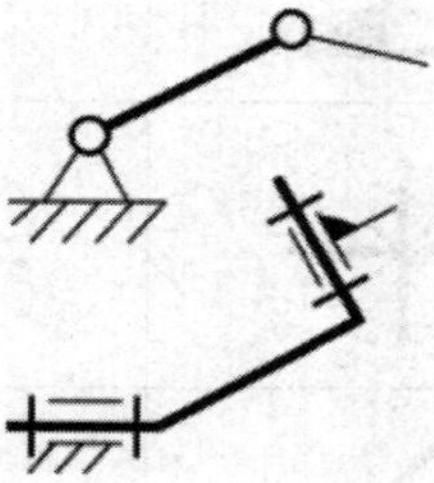		
偏心轮				
连接两个移动副的构件		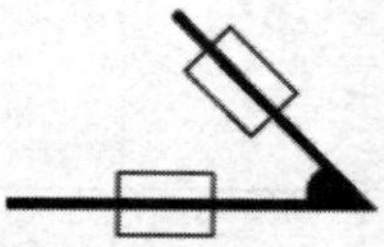		
连接转动副与移动副的构件		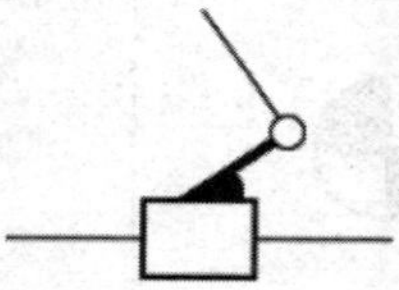		
三副元素构件		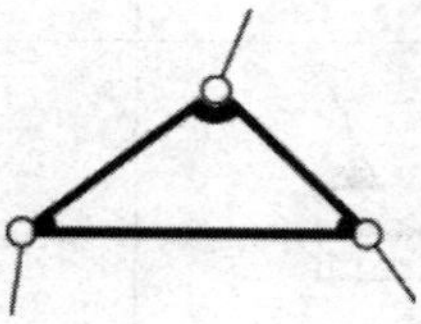	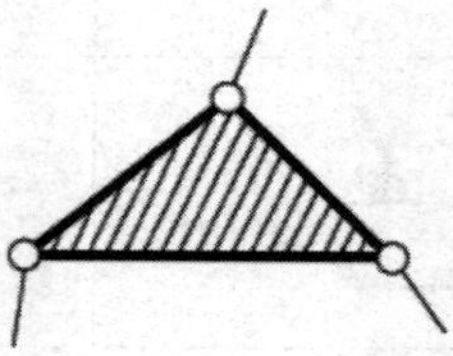	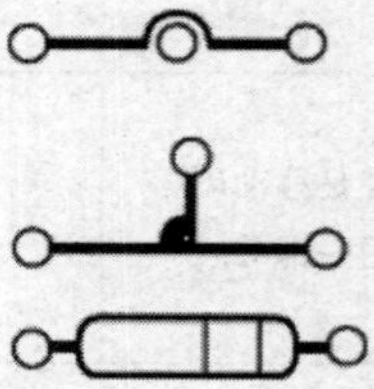
齿轮	圆柱齿轮	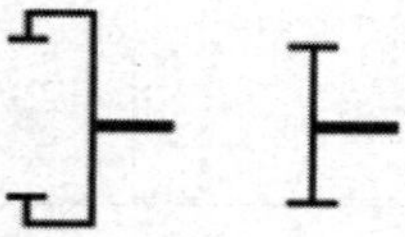	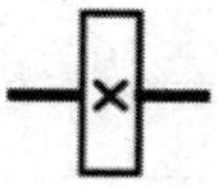	

续表 1－2

名　称		基本符号	可用符号	附　注
齿轮	圆锥齿轮	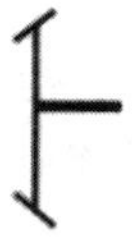	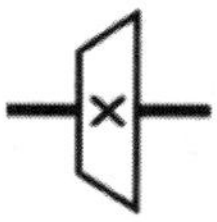	
	挠性齿轮	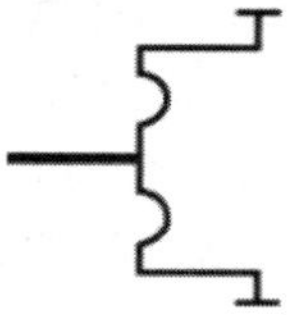		
凸轮	盘形凸轮	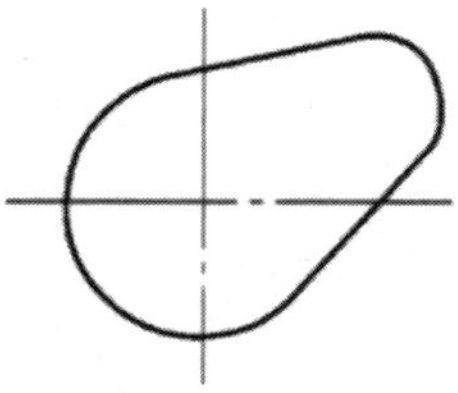		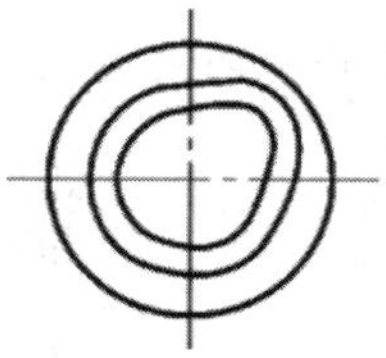 钩槽盘形凸轮
	移动凸轮	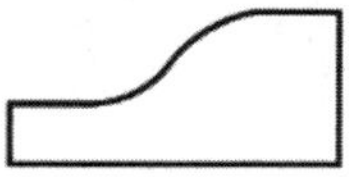		
	与杆固接的凸轮	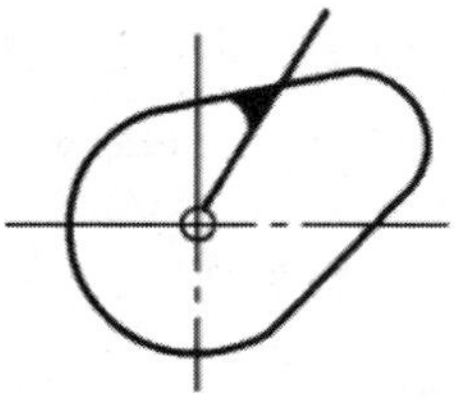		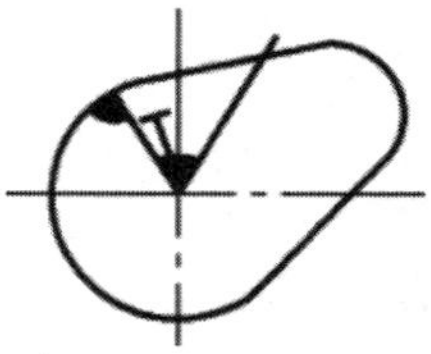 可调连接
从动件	尖端从动件	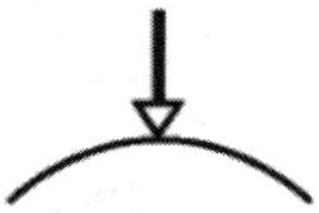		
	曲面从动件			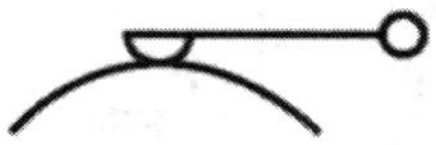
	滚子从动件			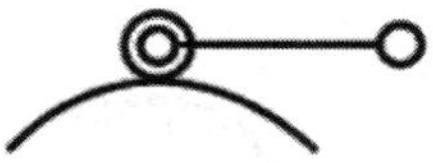
	平底从动件	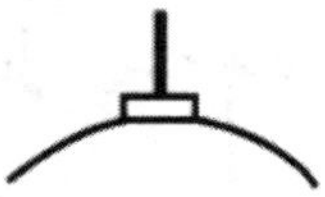		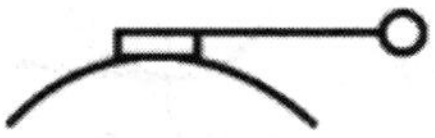 凸轮副中，凸轮、从动件的符号

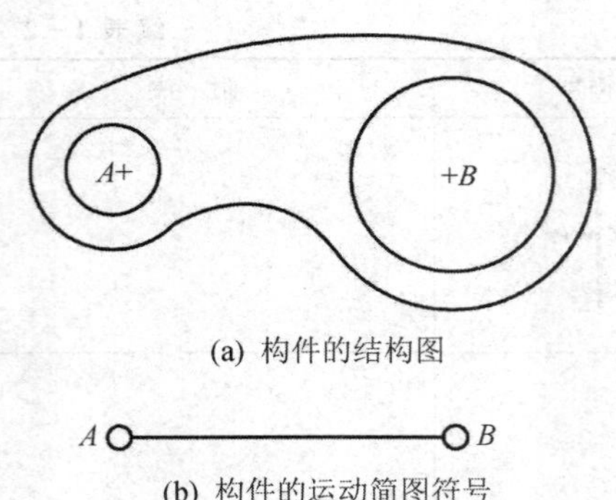

(a) 构件的结构图

(b) 构件的运动简图符号

图 1－6　复杂构件的表示方法

机构及其构件的运动情况是由其原动件的运动规律、各运动副的类型和机构的运动尺寸(确定各运动副相对位置的尺寸)决定的，所以在绘制机构运动简图时，对于构成转动副的构件，不管其外形如何，都可以用连接两个转动副中心的直线表示。如实际结构较为复杂的构件(见图 1－6(a))，可以用一个带转动副的线段表示(见图 1－6(b))，而与构件的外形、断面尺寸、组成构件的零件数目及固连方式、运动副的具体结构等无关。

对于常见的凸轮机构，应画出其构件的全部轮廓，如图 1－7 所示；一对相互啮合的圆柱齿轮机构，可用其分度圆来表示(有时画出齿形)，如图 1－8 所示。

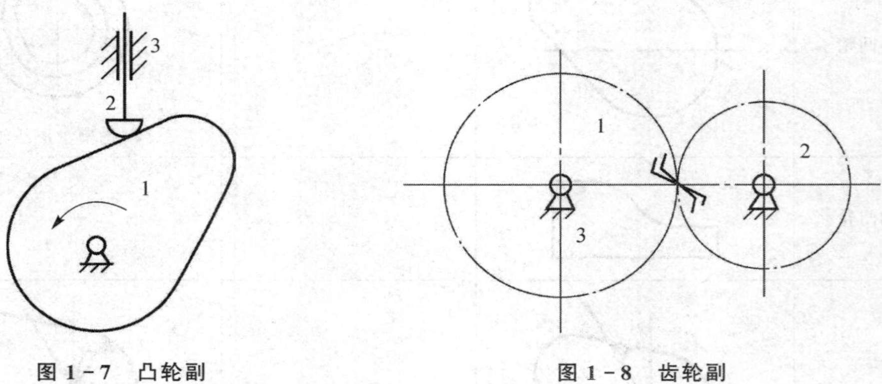

图 1－7　凸轮副　　　　**图 1－8　齿轮副**

表 1－3 给出了国家标准规定的几种常用机构的运动简图符号。

表 1－3　常用机构运动简图符号

名　称	简图符号	名　称	简图符号
在机架上的电机		齿轮齿条传动	
带传动		圆锥齿轮传动	

续表 1 - 3

名　称	简图符号	名　称	简图符号
链传动	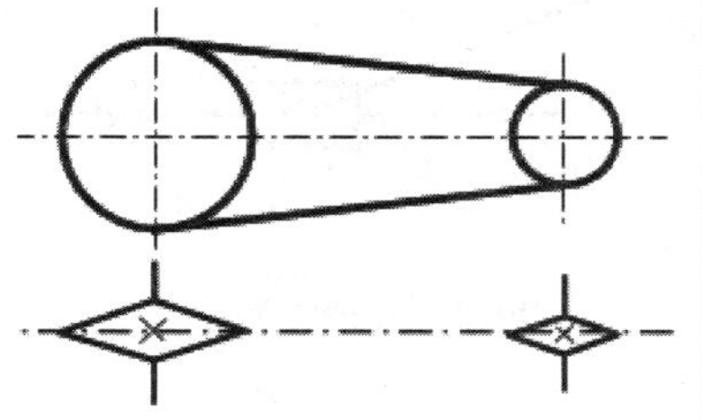	圆柱蜗轮蜗杆传动	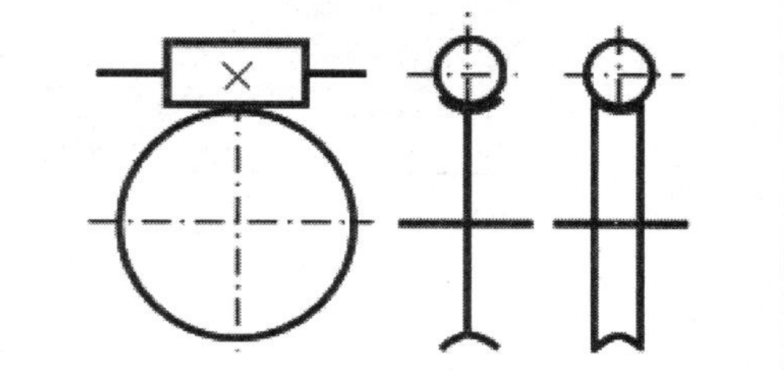
外啮合圆柱齿轮传动	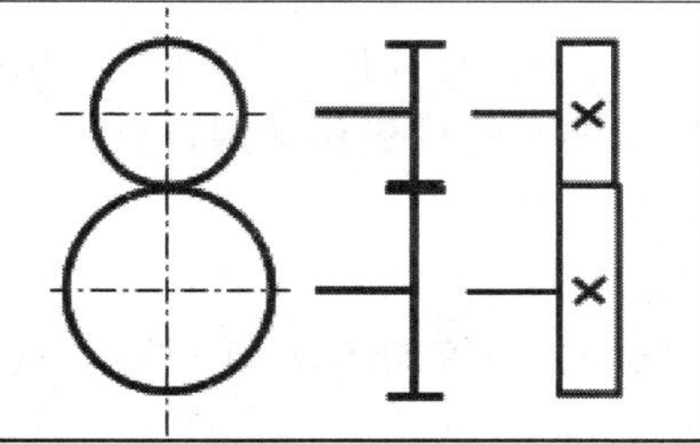	凸轮传动	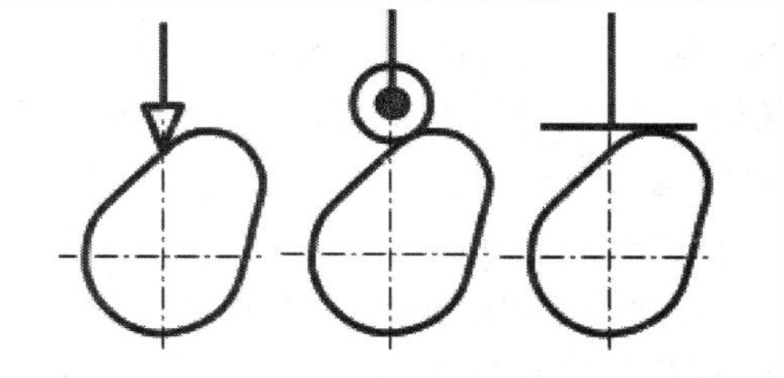

1.2.2　机构运动简图实例

例题 1 - 1　试绘制如图 1 - 9(a)所示偏心轮机构模型的机构运动简图。

解： ① 分析机构运动，弄清构件数目。

机构是由偏心轮 1、连杆 2、滑块 3 和机架 4 所组成的曲柄滑块机构。偏心轮 1 为原动件，通过连杆 2 带动滑块 3 往复移动。

② 判定运动副的类型。

根据各构件相对运动和接触情况，不难判断构件 1 与机架 4、构件 1 与连杆 2、连杆 2 与滑块 3 均构成转动副；滑块 3 与机架 4 构成移动副。

③ 表达运动副。

选择与各构件运动平面相平行的平面作为视图投影面，位置如图 1 - 9(a)所示，选定适当比例，用规定符号绘制出各运动副。这里特别要注意的构件 1 和构件 2 所构成转动副的表达。

④ 表达构件。

用简单线条将同一构件上的运动副连接起来，即表达出各构件。构件 4 为机架，用斜线标示；构件 1 为原动件，用箭头标示，图 1 - 9(b)所示即为要绘制的偏心轮机构模型的机构运动简图。

例题 1 - 2　试绘制如图 1 - 10(a)所示小型冲压机的机构运动简图。

解： ① 分析机构运动，弄清构件数目。

偏心轮 1 和齿轮 1′固连在同一轴上，是一个构件，作为机构的原动件输入运动。偏心轮 1 通过杆 2 和杆 3 将运动传递给构件 4；齿轮 1′与齿轮 6′啮合，带动槽凸轮 6 转动，通过小滚子 5 将运动传递给杆 4，从而使杆 4 获得确定的运动；杆 4 再通过滑块 7 将运动传递给压杆 8，使压杆 8 上下往复移动，实现对工件的冲压运动。

② 判定运动副的类型。

根据各构件相对运动和接触情况，不难判断出：构件 1(1′)与机架 9、构件 1 与构件 2、构

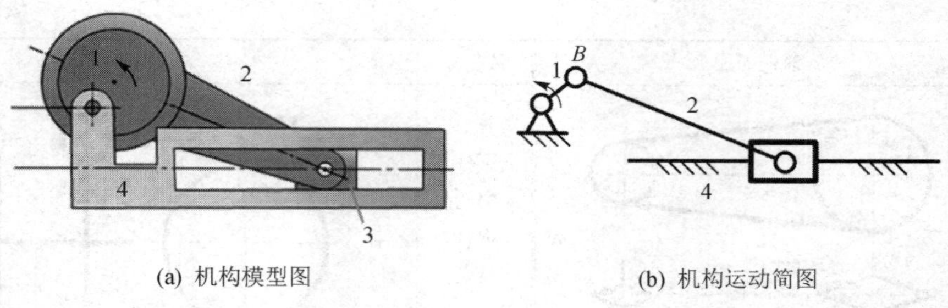

(a) 机构模型图　　(b) 机构运动简图

图 1-9　偏心轮机构

件 2 与构件 3、构件 3 与构件 4、构件 6(6′)与机架 9、小滚子 5 与构件 4、构件 7 与构件 8 均构成转动副；构件 3 与机架 9、构件 4 与构件 7、构件 8 与机架 9 均构成移动副；构件 1′(1)与构件 6′(6)构成齿轮副。

③ 表达运动副。

选择与各构件运动平面相平行的平面作为视图投影面，位置如图 1-10 所示，选定适当比例，用规定符号绘制出各运动副。

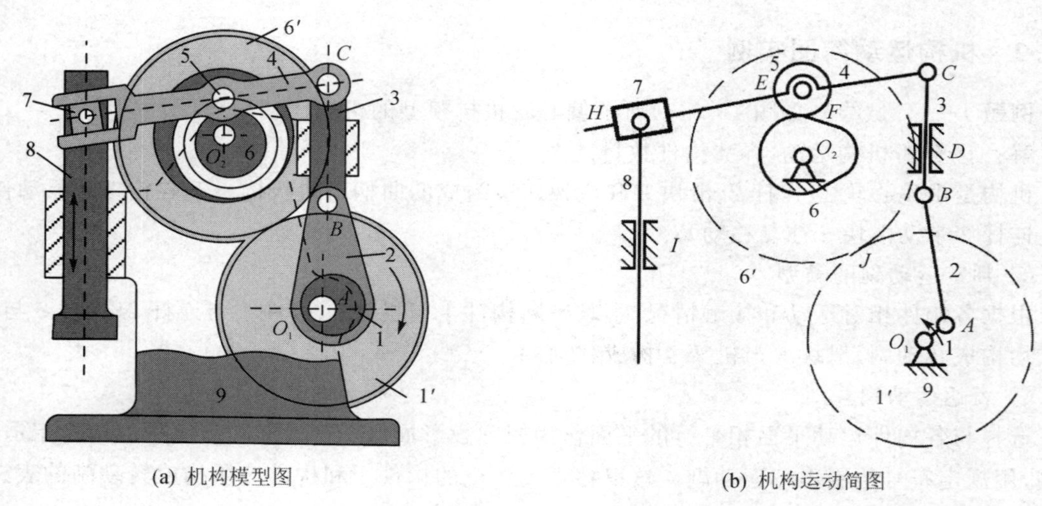

(a) 机构模型图　　(b) 机构运动简图

图 1-10　小型冲压机的结构示意图

④ 表达构件。

用简单线条将同一构件上的运动副连接起来，即表达出各构件。构件 9 为机架，用斜线标示；构件 1 为原动件，用箭头标示；图 1-9(b)所示为要绘制的冲压机的机构运动简图。

需要说明的是：有时只为了表明机构的运动情况、构件的连接情况以及机构的工作原理，而不需要求出运动参数的数值，这时也可不按比例来绘制简图，即所谓的**机构示意图**。

1.3　平面机构的自由度

组成机构的各构件需要有确定的相对运动，即当机构的原动件按给定的运动规律运动时，该机构中其余构件的运动也都应是完全确定的。

1.3.1　机构具有确定运动的条件

图 1－11(a)所示的铰链四杆机构，当构件 1 按给定运动规律 $\varphi_1=\varphi_1(t)$运动时，构件 2 及构件 3 的运动则随构件 1 的运动而具有确定的运动，即机构的运动是完全确定的。

图 1－11(b)所示的铰链五杆机构，当构件 1 按给定运动规律 $\varphi_1=\varphi_1(t)$运动时，构件 2，3，4 的运动并不能确定。例如，当构件 1 运动到位置 AB 时，构件 2，3，4 既可以处于位置 $BCDE$，也可以处于位置 $BC'D'E$ 或其他位置。如果同时使构件 4 也按给定运动规律 $\varphi_4=\varphi_4(t)$运动，则构件 2 和 3 随构件 1 和 4 的运动而具有确定的运动，即机构的运动是确定的。

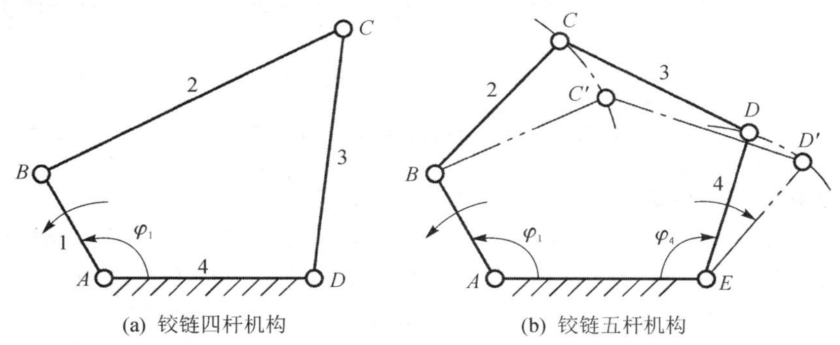

图 1－11　机构具有确定运动的条件

分析以上两例，对如图 1－11(a)所示的铰链四杆机构，当给定一个独立的运动参数时，其运动就是完全确定的；而对如图 1－11(b)所示的铰链五杆机构，在给定两个独立的运动参数时，其运动才是确定的。把机构具有确定运动时所必须给定的独立运动参数的数目(即为了使机构的位置得以确定，必须给定的独立的广义坐标的数目)，称为**机构的自由度**。

机构中按照给定运动规律而独立运动的构件称为原动件。原动件通常都是和机架相连的，一般一个原动件只能给定一个独立的运动参数(图 1－11 中的原动件 1 是绕固定轴回转的)，每个原动件只能按照一个独立的运动规律而运动。在此情况下，可以得出机构具有确定运动的条件为**机构的原动件数目与机构的自由度数目必须相等**。

那么，如何求解机构的自由度呢？下面就应用广泛的平面机构自由度计算问题进行讨论。

1.3.2　平面机构自由度计算

机构是由构件和运动副组成的，机构的自由度显然与构件的数目、运动副的数目及其类型有关。

1. 构件、运动副、约束与自由度的关系

由理论力学可知，一个作平面运动而不受任何约束的构件具有 3 个自由度。如图 1－12(a)所示，构件 1 在未与构件 2 构成运动副时，具有 3 个自由度。当两构件通过运动副相连接时，如图 1－12(b)、(c)和(d)所示，很显然，构件间的相对运动受到限制，这种限制作用称为**约束**。就是说，运动副引进了约束，使构件的自由度减少。图 1－12(b)中构件 1 与构件 2 构成转动副，使构件 1 只能相对构件 2 转动；图 1－12(c)中构件 1 与构件 2 构成移动副，使构件 1 只能相对构件 2 移动；图 1－12(d)中构件 1 与构件 2 构成平面高副，使构件 1 只能相对构件 2 有 1

个移动和 1 个转动的自由度。可见,平面低副(转动副或移动副)将引进 2 个约束,使两构件只剩下 1 个相对转动或相对移动的自由度;平面高副将引进 1 个约束,使两构件只剩下相对转动和相对移动 2 个自由度。

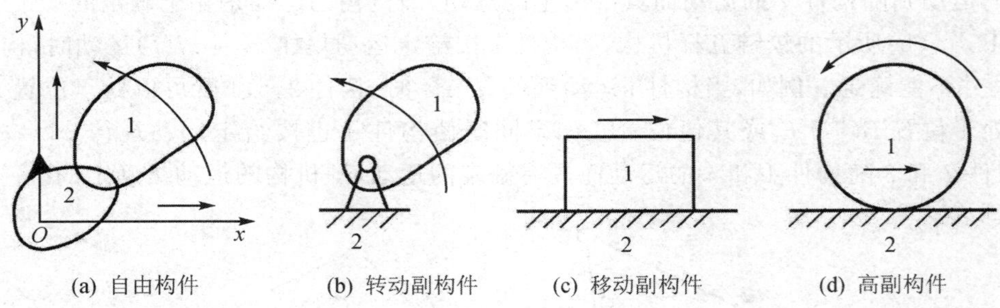

图 1-12 运动副、约束与自由度

2. 平面机构自由度计算公式

由以上分析可知,如果一个平面机构共有 n 个活动构件(不包含机架),则当各构件尚未通过运动副相连接时,显然它们共有 $3n$ 个自由度。若各构件之间共构成 P_L 个低副和 P_H 个高副,则它们共引入了$(2P_L+P_H)$个约束,机构自由度为

$$F=3n-2P_L-P_H \tag{1-1}$$

这就是平面机构自由度的计算公式。

例题 1-3 试计算图 1-11(a)所示机构的自由度。

解: 图 1-11(a)所示为铰链四杆机构,共有 3 个活动构件($n=3$),4 个低副(转动副,$P_L=4$),没有高副($P_H=0$),根据式(1-1),机构自由度为

$$F=3n-2P_L-P_H=3\times3-2\times4=1$$

例题 1-4 试计算图 1-11(b)所示机构的自由度。

解: 图 1-11(b)所示为铰链五杆机构,共有 4 个活动构件($n=4$),5 个低副(转动副,$P_L=5$),没有高副($P_H=0$),根据式(1-1),机构自由度为

$$F=3n-2P_L-P_H=3\times4-2\times5=2$$

以上两例计算结果与实际情况都是一致的,说明计算结果都是正确的。但有时会出现应用式(1-1)计算出的自由度与机构实际的自由度数目不相符的情况,即出现了计算错误的问题。为了使得依据式(1-1)计算的自由度正确,还应注意以下几个特殊事项。

1.3.3 平面机构自由度计算时的注意事项

1. 复合铰链

在图 1-13(a)所示机构中,应该注意到 B 处存在两个转动副,由于视图的关系,它们重叠在了一起。实际上两个构件构成一个铰链;三个构件构成两个重叠的铰链(实际情况如图 1-13(b)所示);四个构件构成三个重叠的铰链(实际情况如图 1-13(c)所示);不难推知有 m 个构件则形成$(m-1)$个铰链。因此把两个以上的构件形成的同轴线多个转动副称为**复合铰链**,在计算机构的自由度时注意不要忽视复合铰链的多转动副问题。

该六杆机构共有 5 个活动构件($n=5$),7 个低副(6 个转动副和 1 个移动副,$P_L=7$),没有

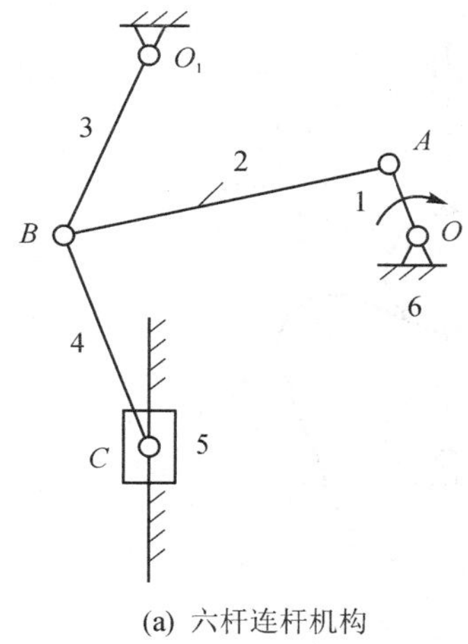

(a) 六杆连杆机构

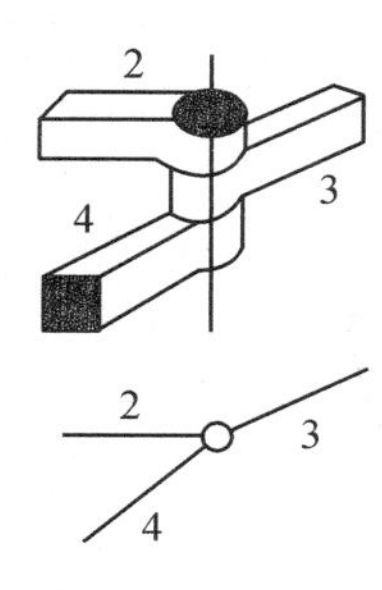

(b) 三构件两铰链的复合铰链

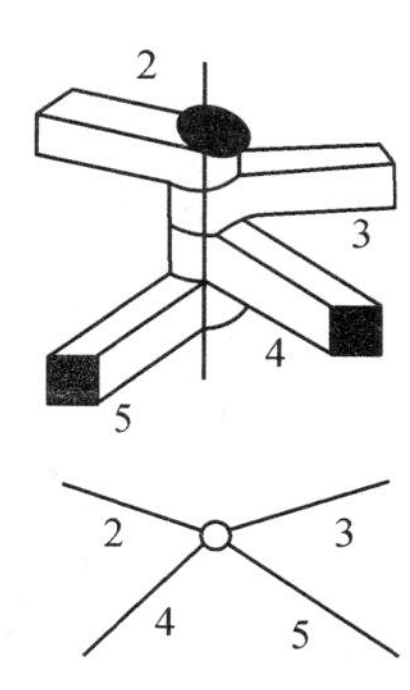

(c) 四构件三铰链的复合铰链

图 1-13　复合铰链

高副($P_H=0$)，根据式(1-1)，机构自由度为

$$F=3n-2P_L-P_H=3\times5-2\times7=1$$

2. 局部自由度

在计算图 1-14(a)所示凸轮机构的自由度时，按式(1-1)计算可得

$$F=3n-2P_L-P_H=3\times3-2\times3-1=2$$

此凸轮机构的从动件端部的小滚子 3 是为了改善从动件 4 和凸轮 2 的接触状况以提高机构的寿命而加入的，机构所需要的输出运动没有改变，还是从动件推杆 4 的运动。而推杆 4 的位置是随着凸轮 2 的位置唯一变化的，即取凸轮 2 为原动件时，机构便具有确定的运动，也就是说机构的自由度为 1。

那么利用自由度计算公式的运算结果为什么会多出来一个自由度呢？这是因为滚子 3 可以绕自身的轴线旋转，这个旋转运动就是多出来的那个自由度。由于滚子是圆形的，所以它自身的旋转并不影响整个机构的运动，这只是滚子本身的局部运动。这种个别构件具有的不影响其他构件运动的自由度称为**局部自由度**。

因为局部自由度不影响整个机构的运动，所以在计算自由度时应将其除去不计，即完全可以把滚子看成与推杆焊接在一起且不能转动的，如图 1-14(b)所示。这样再计算机构的自由度，结果为

$$F=3n-2P_L-P_H=3\times2-2\times2-1=1$$

这才与实际情况相符合。

3. 虚约束

在某些机构中，为了增加实际机构的稳定性，往往把某些运动副的约束设计成重复的，这些对机构的运动并不起实际约束作用的约束称为**虚约束**。

常见的虚约束有如下几种情况。

(1) 对同一移动构件的平行虚约束

两个构件间形成多个移动副，并且这些移动副的导路方向平行，这时只有一个移动副起到约束作用，其他移动副都是虚约束。

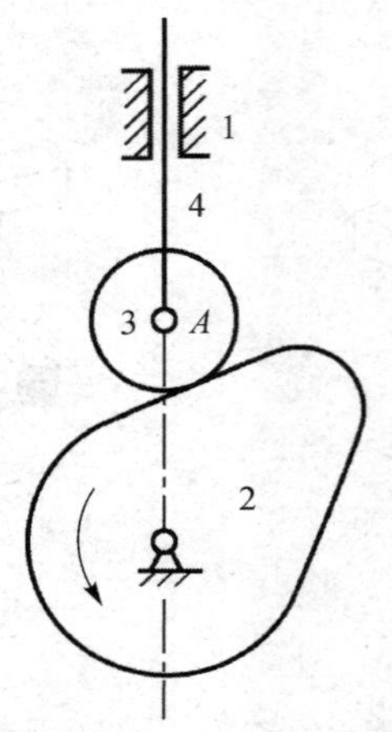

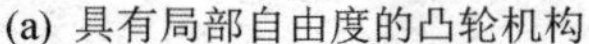
(a) 具有局部自由度的凸轮机构

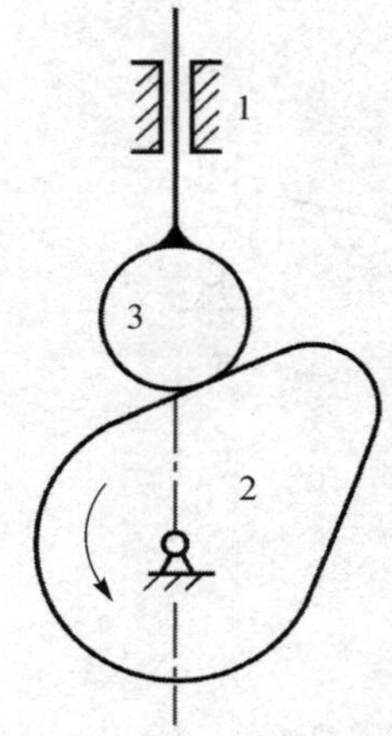

(b) 消除局部自由度的凸轮机构

图 1-14　局部自由度

如图 1-15 所示,构件 4 对构件 3 分别在 C 处和 D 处形成移动副,其中的一个移动副具有约束作用,另外一个就是虚约束。

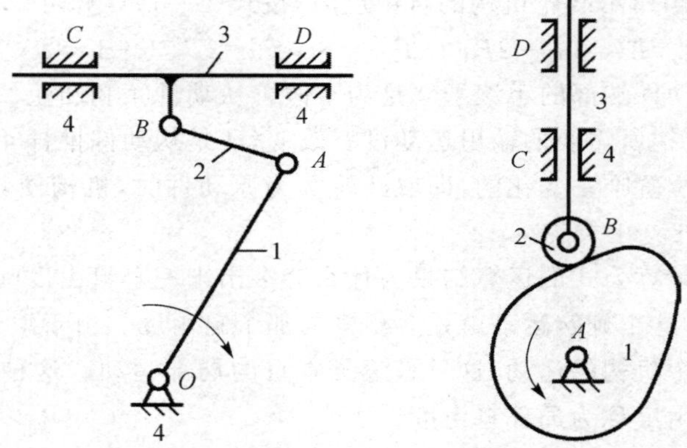

图 1-15　两构件形成多个移动副

(2) 对同一转动构件的同轴虚约束

两个构件在同一轴线上构成多个转动副,这时只有一个转动副对运动起约束作用,其他转动副都是虚约束。

如图 1-16 所示,构件 1 与构件 2 在左右两端各形成一个运动副,且它们的轴线重合,则其中一个转动副起约束作用,另一个为虚约束。

(3) 运动轨迹重合点之间连接的虚约束

如果将机构某处的转动副拆开,被拆开的两构件在原连接点的运动轨迹仍相互重合,那么这种连接将产生多余的约束,即**虚约束**。

如图 1-17(a)所示的椭圆仪机构,如果将转动副 B 拆开,滑块上 B 点的轨迹仍然为通过

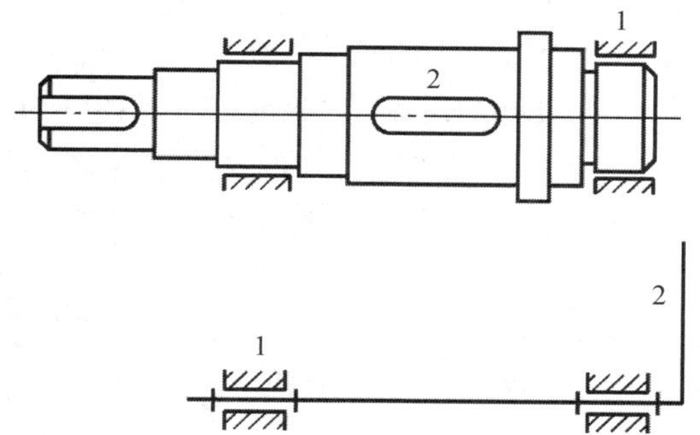

图 1-16 两构件形成多个转动副

O 点的铅垂直线。而由于机构存在 $l_{OA}=l_{AB}=l_{AC}$ 的特殊几何关系，可以证明，连杆端点 B 的运动轨迹仍然为通过 O 点的铅垂直线，即被拆开的两构件连杆 2 和滑块 3 在原连接点的运动轨迹仍相互重合，这样滑块 3 以及 B 处的转动副和移动副所产生的一个约束为**虚约束**。

在计算机构自由度时，假想拆除滑块 3(注意此时 B 处的转动副和移动副也被一同去除)，如图 1-17(b)所示。自由度计算结果为 $n=3$，$P_L=4$，$P_H=0$，$F=3n-2P_L-P_H=3\times3-2\times4-0=1$。

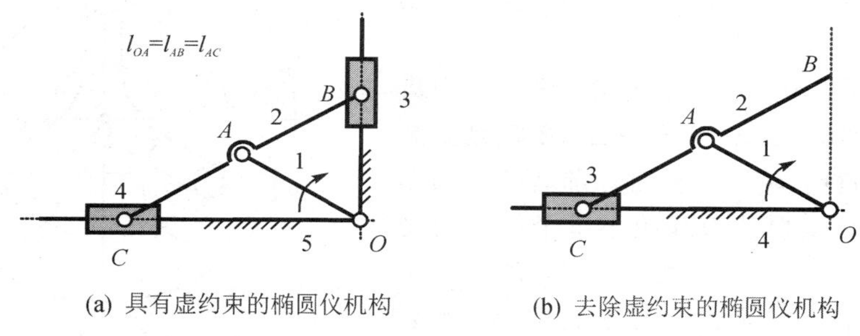

(a) 具有虚约束的椭圆仪机构　　(b) 去除虚约束的椭圆仪机构

图 1-17 椭圆仪机构

(4) 等距点之间连接构成的虚约束

在机构运动中，若处在两构件上的两个点之间的距离始终保持不变，这时用一个构件和两个转动副将这两点相连接，由此引入的一个约束是虚约束。

如图 1-18(a)所示的平行四边形机构，其中 $AB \underline{\mathbin{/\!/}} CD \underline{\mathbin{/\!/}} EF$。这时计算机构的自由度时有 $n=4$，$P_L=6$，$P_H=0$，则

$$F=3n-2P_L-P_H=3\times4-2\times6=0$$

计算结果表明机构不能运动。而实际工程中运用了许多这样的平行四边形机构，它们都是可以运动的。计算错误的原因就是没有考虑杆 5 用 E 和 F 两个运动副的连接所引入的虚约束。

在图 1-18(a)中由于 $ABCD$ 构成了一个平行四边形机构，所以杆 2 上所有的点的轨迹都是圆心在杆 4 上对应点的圆。而 E 点轨迹的圆心恰恰是 F 点，假使杆 5 不存在，E 和 F 点之间的距离也始终不变，所以用一个构件和两个转动副将 E 和 F 两点连接起来的这种连接对机构的运动无影响，而这种连接多出来的一个约束则为虚约束。

在计算机构自由度时，应去除虚约束，即将引入虚约束的构件5及转动副E和F拆去后再进行计算，结果为$n=3$，$P_L=4$，$P_H=0$，$F=3n-2P_L-P_H=3\times3-2\times4-0=1$。

如果上述机构不满足$AB \mathbin{/\!/\!\!=} CD \mathbin{/\!/\!\!=} EF$的条件（见图1-18(b)），即杆5连接的不是$E$点和$E$点轨迹的圆心$F$点，而是连接杆2上的$E$点和杆4上的其他点（如$G$点），则这种连接不满足虚约束的条件，所以机构的自由度为$F=0$，机构确实不能运动。

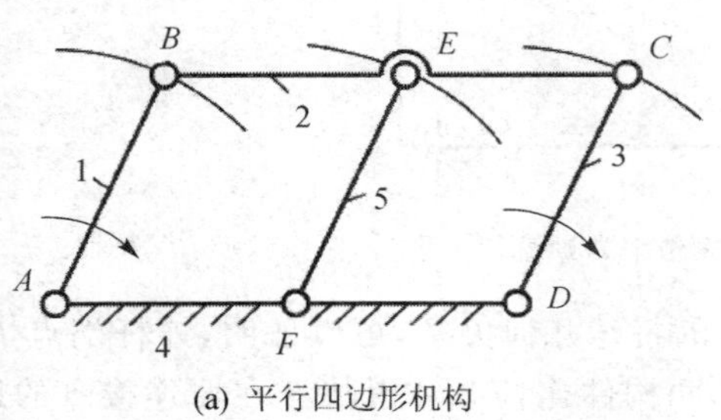

(a) 平行四边形机构

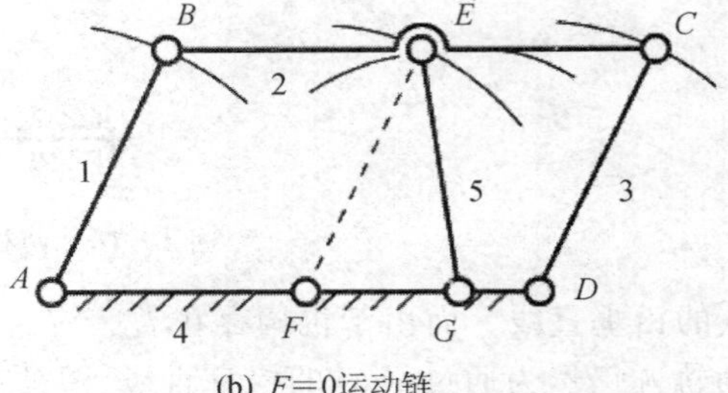

(b) $F=0$运动链

图1-18　机动车轮联动机构

(5) 对称构件的虚约束

在机构中常常用到一些对称的结构，机构的这些对称部分对机构运动的约束是重复的，故也属于虚约束。

图1-19所示为一个行星轮系，该轮系中齿轮1和齿轮3称作中心轮，齿轮2，2′，2″都是安装在行星轮架上的行星轮。这种对称部署的机构形式，通常是为了均衡惯性力和减小单个齿轮的受力。如果仅仅从机构运动角度考虑，只需要一个行星轮（例如行星轮2）就够了，安装行星轮2′和2″引入的约束则为虚约束。在计算此机构的自由度时，应假想拆除其中的两个行星齿轮。

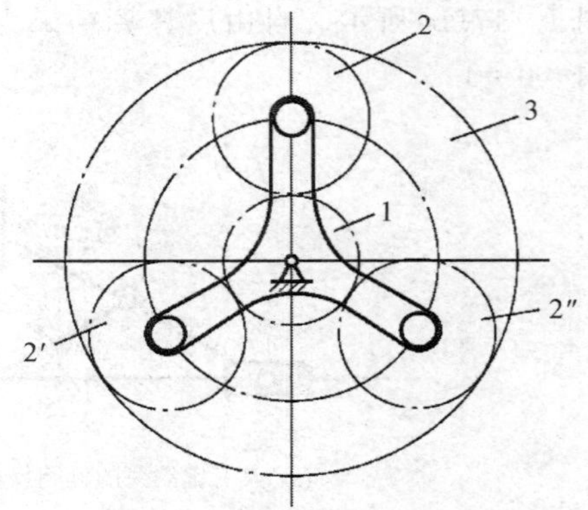

图1-19　行星轮系

1.3.4　平面机构自由度计算综合实例

图1-20所示为一个小型冲力机的机构运动简图。当主动轮1以等角速度顺时针转动时，一方面通过一对齿轮传动使凸轮6转动，并将运动经过滚子5传递给构件4，另一方面通过连杆2驱动滑块3做往复移动并带动构件4运动。在这两个运动的共同作用下，通过滑块7带动压杆8，使其按预期的运动规律上下往复移动。试计算该机构的自由度。

解：在计算机构的自由度之前，首先分析该机构有无复合铰链、局部自由度以及虚约束等情况。

从运动简图中可以看到，机构的B处为2，3，4三个构件组成的复合铰链；在C处滚子可以绕自身轴线转动，为一局部自由度，在计算自由度时可以把滚子5与构件4看成为固结一体的；构件8与机架9组成了两个重复的移动副，故其中之一为虚约束，须除去不计。

机构中$n=7$，$P_L=9$，$P_H=2$，则

$$F=3n-2P_L-P_H=3\times7-2\times9-2=1$$

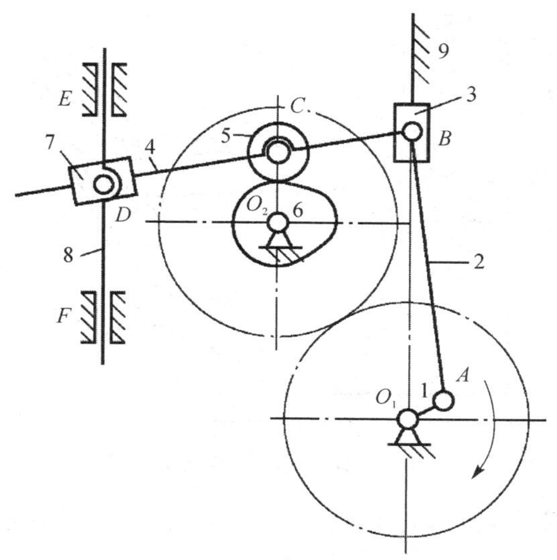

图 1－20　小型压力机

思考题

1－1　什么是运动副？

1－2　什么是约束？运动副的约束数与相对运动自由度数之间有什么关系？

1－3　运动链是怎样形成的？它与机构有什么关系？

1－4　机构具有确定运动的条件是什么？当机构的原动件数少于或多于机构的自由度时，机构的运动将发生什么变化？

1－5　什么是机构的运动简图？绘制机构运动简图的目的是什么？它能表示出原机构哪些方面的特征？

1－6　在计算自由度时，应该注意哪些事项？

1－7　图 1－21 所示的偏心液压泵中，偏心轮 1 绕固定轴心 A 转动。外环 2 上的叶片在可绕轴心 C 转动的圆柱 3 中滑动。当偏心轮 1 按图示方向连续回转时.可将右侧输入的油液由左侧泵出。油泵机构中，1 为曲柄，2 为活塞杆，3 为转块，4 为泵体。试绘出机构运动简图。计算其自由度，并判断机构的运动是否确定。

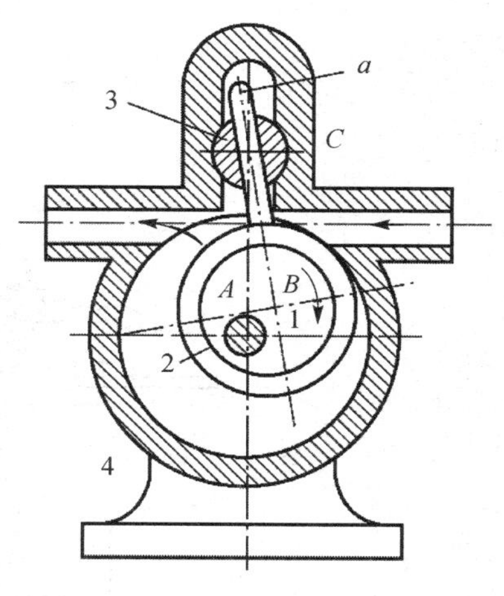

图 1－21　偏心液压泵

1－8　试绘出图 1－22 所示的偏心轮传动机构的机构运动简图并计算其自由度，判断机构的运动是否确定。

1－9　图 1－23 所示的活塞泵由曲柄 1、连杆 2、扇形齿轮 3、齿条活塞 4 和机架 5 共 5 个构件所组成。曲柄 1 是原动件，2，3，4 为从动件。当原动件 1 回转时，活塞在气缸中作往复运

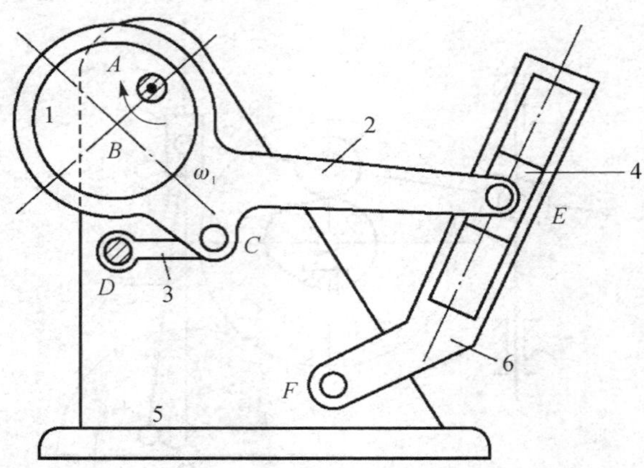

图 1－22　偏心轮传动机构

动。试绘出机构运动简图并计算其自由度，判断机构的运动是否确定。

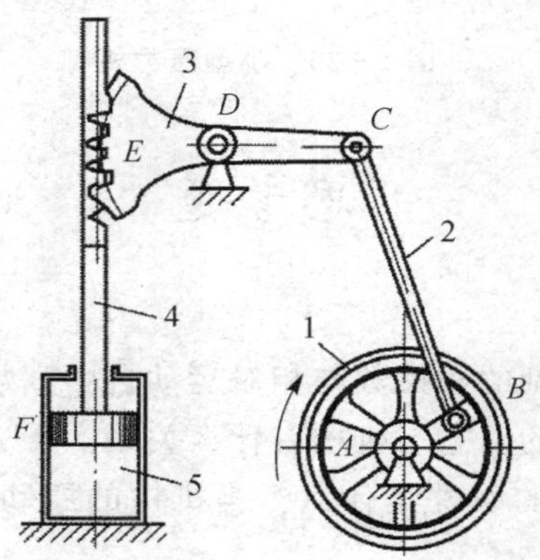

图 1－23　冲床刀架机构

1－10　绘制图 1－24 所示牛头刨床的机构运动简图并计算其自由度，判断机构的运动是否确定。

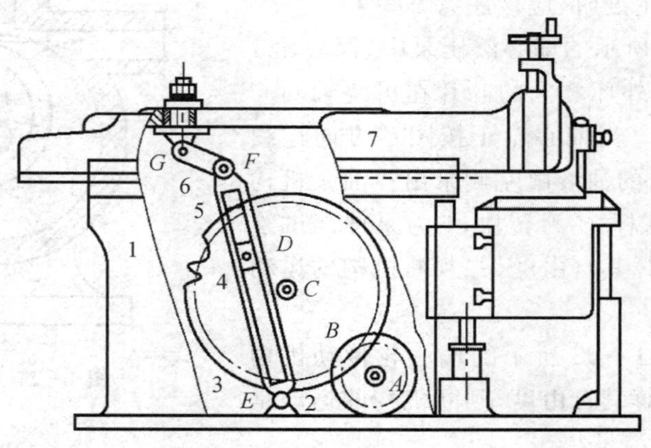

图 1－24　牛头刨床机构

1－11　试计算图 1－25 所示各机构的自由度(若有复合铰链、局部自由度或虚约束应明确指出)。

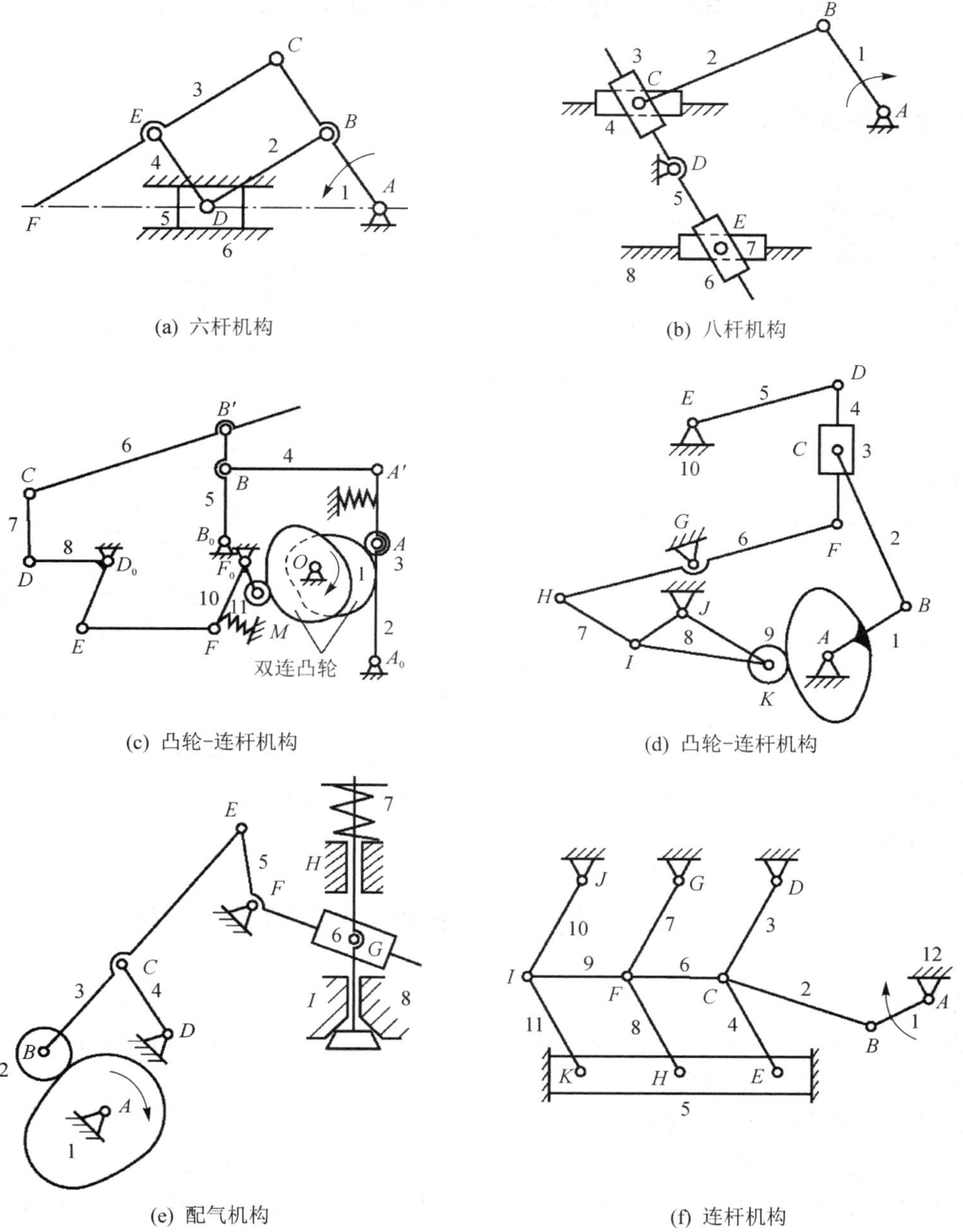

(a) 六杆机构

(b) 八杆机构

(c) 凸轮-连杆机构

(d) 凸轮-连杆机构

(e) 配气机构

(f) 连杆机构

图 1－25　不同机构

第 2 章　平面机构的运动分析

☞ **本章思维导图**

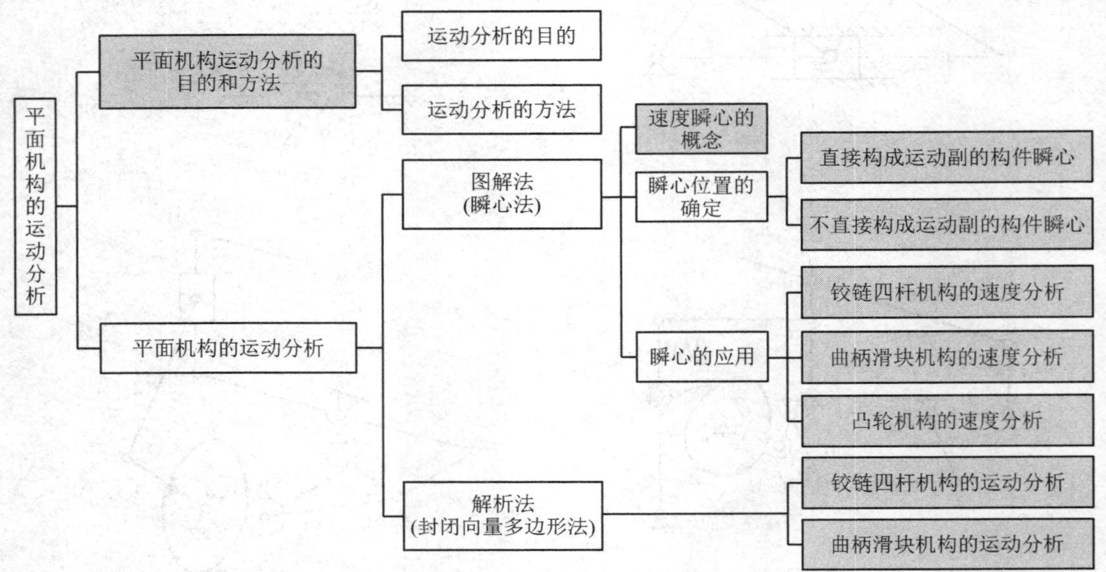

本章学习的任务主要是应用图解法和解析法对机构进行运动分析，获取机构的运动特性。主要内容包括机构运动分析的目的与方法、瞬心法作机构的速度分析和封闭向量多边形法作机构的运动分析。

2.1　平面机构运动分析的目的和方法

机构的运动分析是指在原动件运动规律已知的条件下，求解机构中其余构件的角位移、角速度、角加速度以及这些构件上某点的位移(轨迹)、速度、加速度，这是研究现有机械的运动性能以及进行新机构综合的基础。

1. 平面机构运动分析的目的

对机构进行**位移分析**，可以确定各构件运动所需要的空间，判断它们运动时是否相互干涉。还可以确定从动件的行程，考察某构件或构件上某点能否满足位置和轨迹的要求。

对机构进行**速度分析**，可以了解机构中从动件的速度变化是否满足工作要求，并为进一步做机构的加速度分析和受力分析提供必要的数据。在高速、重型机械中，构件的惯性力较大，这对机械的强度、振动和动力性能都有较大影响。

对机构进行**加速度分析**，可为惯性力的计算提供加速度数据，为动力计算提供基础数据。

2. 平面机构运动分析的方法

机构运动分析的方法主要有图解法、解析法。

图解法包括速度瞬心法和相对运动法。图解法的特点是形象、直观，但比较烦琐。这里只介绍速度瞬心法。

解析法就是建立机构已知参数和待求运动参数之间的关系式，通过求解关系式，获取机构的运动特性（位移、速度和加速度）。

2.2 速度瞬心法做机构的速度分析

2.2.1 速度瞬心的概念

由理论力学可知，当两构件1和2做平面运动时（见图2-1），在任一瞬时，其相对运动都可以看作是绕某一重合点的相对转动，该重合点称为**速度瞬心**，简称**瞬心**，以 P_{12} 表示。

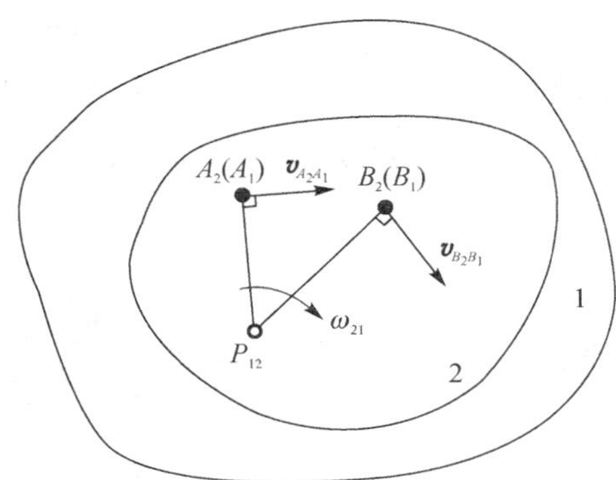

图2-1 速度瞬心的概念

两构件在瞬心点的相对速度为零，绝对速度相等，因此速度瞬心也是瞬时的**等速重合点**。

瞬心分为两种：绝对瞬心和相对瞬心。若两构件中一个构件为机架，其瞬心点的绝对速度为零，该瞬心称为**绝对瞬心**；若两构件都运动，其瞬心点的绝对速度不为零，该瞬心称为**相对瞬心**。

每两个构件就有一个瞬心，那么由 n 个构件组成的机构的总瞬心数目为

$$N=\frac{n(n-1)}{2} \tag{2-1}$$

2.2.2 瞬心位置的确定

1. 直接相连接构件的瞬心确定

当两构件直接相连构成转动副（见图2-2）时，转动副的中心即两构件的瞬心 P_{12}。

两构件直接相连构成移动副（见图2-3）时，构件1和构件2之间的相对运动速度方向均平行于移动副的导路方向，所以两构件的瞬心 P_{12} 位于垂直导路的无穷远处。

两构件直接相连构成平面高副时，若两构件作纯滚动的相对运动（见图2-4(a)），则瞬心 P_{12} 就在接触点 M 处；若两构件在接触点的相对运动为非纯滚动，既有滚动又有滑动（见图2-4(b)），则瞬心 P_{12} 在过接触点 M 的公法线 nn 上，具体位置还得由其他条件来确定。

2. 不直接相连接构件的瞬心确定

两个构件不直接用运动副相连时，则它们的瞬心需要借助于“三心定理”来求出。

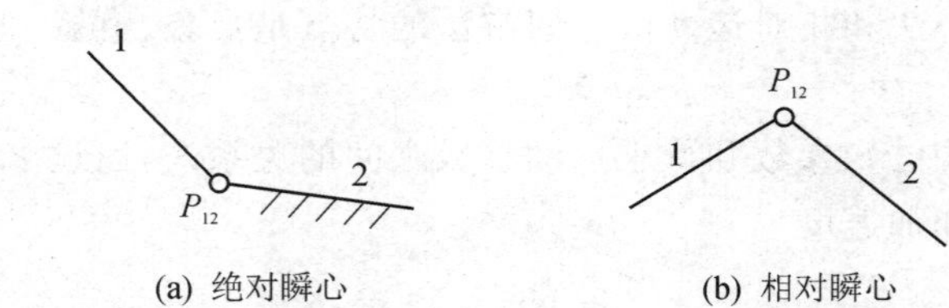

图 2-2 构成转动副的两构件的瞬心确定

图 2-3 构成移动副的两构件的瞬心确定

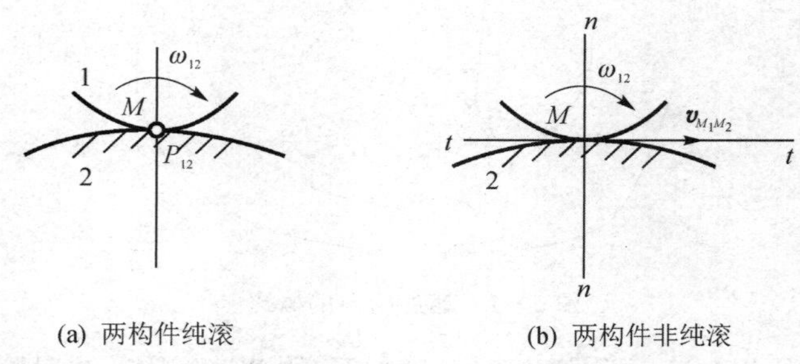

图 2-4 构成平面高副的两构件的瞬心确定

三心定理：作平面运动的三个构件共有三个瞬心，且它们必位于同一直线上。

证明(反证法)：如图 2-5 所示，构件 1、2 和 3 做平面相对运动，构件 1 为机架，构件 2 和 3 相对机架 1 绕定点转动。由式(2-1)可知，它们共有 3 个瞬心，即 P_{12}、P_{13} 和 P_{23}。通过直接判断可知 P_{12} 和 P_{13} 位于转动副的中心处。

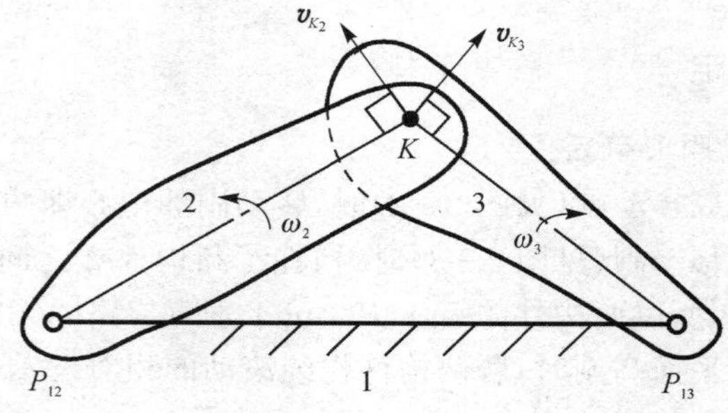

图 2-5 三心定理的证明

P_{23} 为不直接构成运动副的构件 2 和 3 的瞬心，现假设 P_{23} 与 P_{12} 和 P_{13} 不在一条直线上，而是在图示的 K 点，即 K 点为构件 2 与构件 3 的瞬时速度相同的重合点。由运动分析可知，构件 2 上 K 点的绝对速度 v_{K2} 方向垂直于 $P_{12}K$；构件 3 上的 K 点的绝对速度 v_{K3} 方向垂直于 $P_{13}K$。由图 2-5 可以看出，v_{K2} 与 v_{K3} 的方向不同，这与瞬心定义相矛盾，所以 K 点为瞬心 P_{23} 的假设是错误的。

只有重合点 K 位于 P_{12} 和 P_{13} 连线上，才能保证构件 2、3 在 K 这个重合点的速度方向相同，也就是瞬心 P_{23} 必须在瞬心 P_{12} 和瞬心 P_{13} 两点的连线上，这也就证明了三心定理的正确性。

2.2.3　利用瞬心法做机构的速度分析

1. 铰链四杆机构的速度分析

在如图 2-6 所示的铰链四杆机构中，已知各构件的尺寸(长度)及原动件 1 的角速度 ω_1，求从动件 3 的角速度 ω_3 和从动件 2 的角速度 ω_2。

由式(2-1)可知，该机构的瞬心的数目为 $N=6$，即 P_{14}、P_{12}、P_{23}、P_{34} 和 P_{13}、P_{24}。

6 个瞬心中的 P_{14}、P_{12}、P_{23}、P_{34} 可直接判断求出，它们分别位于 A、B、C、D 四个转动副的中心处，而 P_{13}、P_{24} 为不直接相连的两个构件之间的瞬心，它们的位置需要借助于“三心定理”来确定。

如图 2-7 所示，构件 1、2、3 共有三个瞬心，即 P_{12}、P_{23} 和 P_{13}，它们位于同一条直线上，即 P_{13} 应处于 P_{12} 和 P_{23} 的连线上；构件 1、4、3 有三个瞬心，即 P_{14}、P_{34} 和 P_{13}，它们也位于同一条直线上，即 P_{13} 应处于 P_{14} 和 P_{34} 的连线上，因此 P_{13} 就位于 P_{12} 与 P_{23} 连线同 P_{14} 与 P_{34} 连线的交点处。

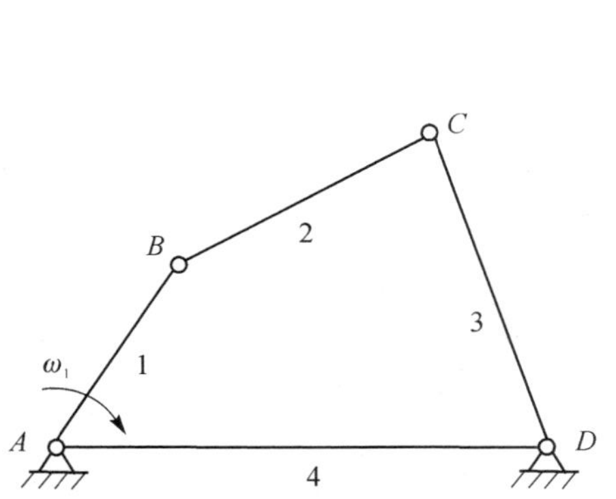

图 2-6　铰链四杆机构

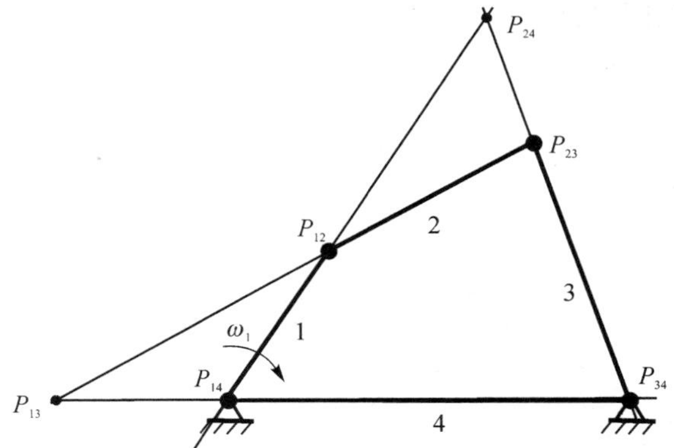

图 2-7　瞬心法作铰链四杆机构的速度分析

采用同样的方法可求出 P_{24} 位于 P_{14} 与 P_{12} 的连线和 P_{34} 与 P_{23} 的连线的交点处。

再由瞬心的概念知，P_{13} 是构件 1 和 3 的等速重合点，即构件 1 上 P_{13} 点处的绝对速度与构件 3 上 P_{13} 点处的绝对速度相等，因此有

$$v_{P_{13}}=\omega_1\overline{P_{14}P_{13}}\mu_l=\omega_3\overline{P_{34}P_{13}}\mu_l$$

式中，μ_l 为长度比例尺，m/mm。

进一步可求得

$$\omega_3=\frac{\overline{P_{14}P_{13}}}{\overline{P_{34}P_{13}}}\omega_1$$

因为瞬心 P_{24} 是绝对瞬心(因为构件 4 是机架),所以此时构件 2 的运动为绕瞬心 P_{24} 的转动。瞬心 P_{12} 为构件 1 和 2 的等速重合点,即构件 1 上 P_{12} 点处的绝对速度与构件 2 上 P_{12} 点处的绝对速度相等,因此有

$$v_{P_{12}}=\omega_1\overline{P_{14}P_{12}}\mu_l=\omega_2\overline{P_{24}P_{12}}\mu_l$$

可求得

$$\omega_2=\frac{\overline{P_{14}P_{12}}}{\overline{P_{24}P_{12}}}\omega_1$$

2. 曲柄滑块机构的速度分析

图 2-8 所示的曲柄滑块机构中,已知各构件的尺寸及原动件曲柄以角速度 ω_1(逆时针回转),试用瞬心法求滑块 3 在此瞬时位置的速度 v_3。

由式(2-1)得该机构的瞬心的数目为 $N=6$,即 P_{14}、P_{12}、P_{23}、P_{34} 和 P_{13}、P_{24}。

6 个瞬心中的 P_{14}、P_{12}、P_{23}、P_{34} 可用直接判断求出:瞬心 P_{14}、P_{12} 和 P_{23} 分别位于 A、B、C 三个转动副的中心处;瞬心 P_{34} 是滑块 3 和机架 4 的瞬心,而滑块 3 和机架 4 构成移动副,因此 P_{34} 位于垂直于移动副导路的无穷远处,如图 2-9 所示。P_{13}、P_{24} 需要应用三心定理来确定。因已知构件 1 的角速度,求构件 3 的速度,所以关键要求出的瞬心是 P_{13}。

构件 1、2、3 共有三个瞬心,即 P_{12}、P_{23} 和 P_{13},且 P_{13} 应与 P_{12} 和 P_{23} 位于同一条直线上;构件 1、4、3 有三个瞬心,即 P_{14}、P_{34} 和 P_{13},且 P_{13} 应与 P_{14} 和 P_{34} 位于同一条直线上,因此 P_{12} 与 P_{23} 的连线同 P_{14} 与 P_{34} 的连线的交点便是瞬心 P_{13}。

由瞬心的概念可知,P_{13} 为构件 1 和构件 3 的等速重合点,即构件 1 上 P_{13} 点处的绝对速度与构件 3 上 P_{13} 点处的其绝对速度相等。构件 3 为滑块,做平动,其上任一点的速度都相等,所以有

$$v_3=v_{P_{13}}=\omega_1\overline{P_{14}P_{13}}\mu_l$$

方向参见图 2-9。

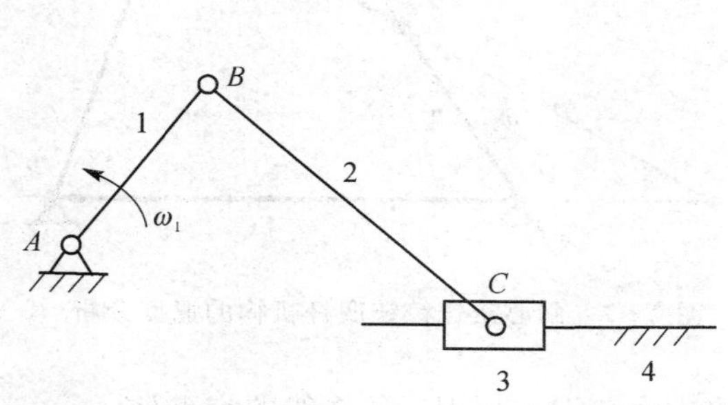

图 2-8　曲柄滑块机构

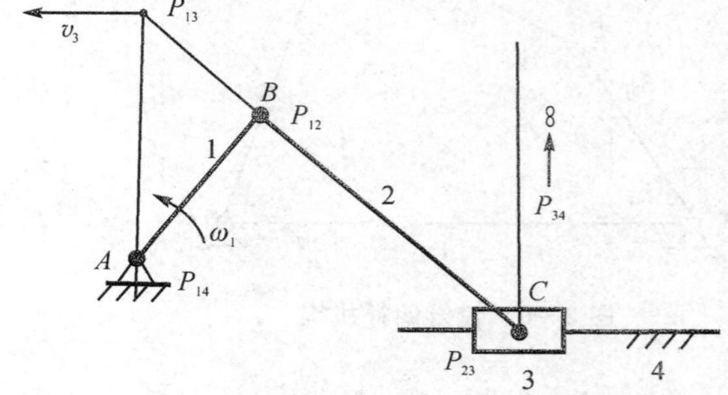

图 2-9　瞬心法作曲柄机构的速度分析

3. 凸轮机构的速度分析

图 2-10 所示的凸轮机构中,已知各构件的尺寸及原动件凸轮角速度 ω_1(逆时针回转),试用瞬心法求直动从动件推杆 2 在此瞬时的速度 v_2。

该机构共有 3 个瞬心。瞬心 P_{13} 位于转动副 A 的中心处,瞬心 P_{23} 位于移动副 C 导路的

垂直线上的无穷远处，如图2-11所示。由于凸轮1和直动从动件推杆2组成的高副是既滑动又滚动，因此瞬心P_{12}应位于过接触点M的两廓线的公法线nn上；再由“三心定理”可知，P_{12}与P_{13}、P_{23}必须在同一条直线上，所以P_{13}与P_{23}连线与公法线nn的交点即为瞬心P_{12}。

由瞬心的概念可知，P_{12}为构件1和构件2的等速重合点，即构件1上P_{12}点处的绝对速度与构件2上P_{12}点处的绝对速度相等，因此可求得$\boldsymbol{v}_2$的大小：

$$v_2 = v_{P_{12}} = \omega_1 \overline{P_{12}P_{13}} \mu_l$$

其方向如图2-11所示。

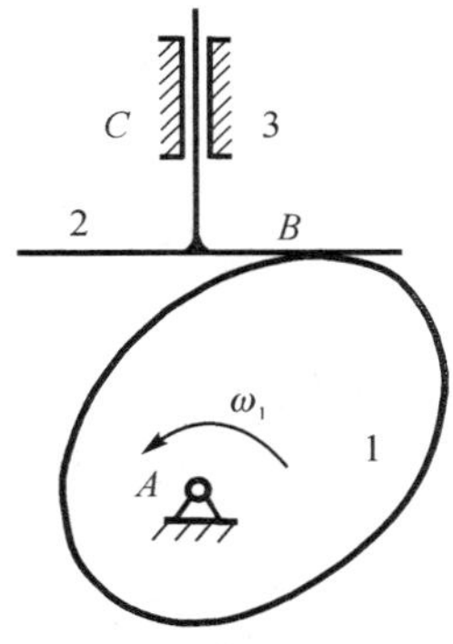

图2-10　凸轮机构

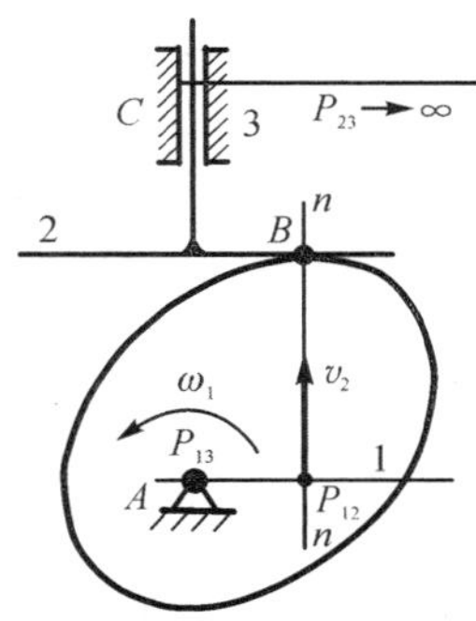

图2-11　瞬心法作凸轮机构的速度分析

当机构的构件数目较少时，利用瞬心法进行速度分析很方便。但对于多杆机构的速度分析，由于其瞬心数目多，故寻找瞬心位置的过程比较烦琐。再则，瞬心法只能做机构的速度分析，它不能进行机构的加速度分析。

2.3　利用解析法做平面机构的运动分析

利用解析法做连杆机构的运动分析的任务是建立和求解机构中某构件或某点的位移、速度和加速度方程。其中关键问题是建立和求解位移方程。

因位移方程的建立和求解方法不同而形成了不同的解析方法，一般最常用的方法可归纳为几何约束法和封闭向量多边形法两大类。在此只介绍封闭向量多边形法。

1. 铰链四杆机构的运动分析

图2-12所示铰链四杆机构中，已知各构件的杆长分别为l_1, l_2, l_3, l_4，原动件1的转角φ_1和等角速度ω_1。求构件2和构件3的角位移φ_2和φ_3、角速度$\dot{\varphi}_2$和$\dot{\varphi}_3$以及角加速度$\ddot{\varphi}_2$和$\ddot{\varphi}_3$。

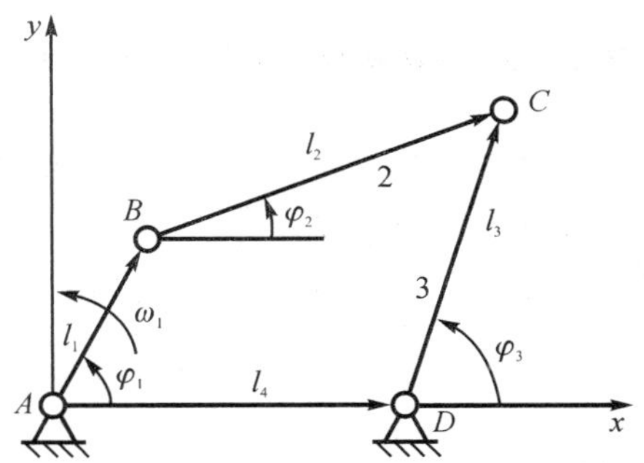

图2-12　铰链四杆机构的运动分析

建立坐标系Axy。选取铰链A的中心为坐标原点，x轴由A指向D。

用向量表示各构件。用向量表示各构件的长度和方向。构件的长度即为向量的模，构件的方向用向量的方位角$\varphi_i(i=1,2,3,4)$表示，规定各向量的方位角自 x 轴逆时针度量为正，反之为负。

建立封闭向量方程。确定了表示各杆的向量后，铰链四杆机构就组成了一个封闭向量多边形，从而可得到如下的封闭向量方程式，即

$$\vec{l}_1+\vec{l}_2=\vec{l}_3+\vec{l}_4 \tag{2-2}$$

解方程求运动。将式(2-2)表示的向量方程分别向 x 轴和 y 轴投影得两个标量方程

$$\begin{cases}l_1\cos\varphi_1+l_2\cos\varphi_2=l_3\cos\varphi_3+l_4\\ l_1\sin\varphi_1+l_2\sin\varphi_2=l_3\sin\varphi_3\end{cases} \tag{2-3}$$

消去 φ_2，可得

$$l_2^2=l_1^2+l_3^2+l_4^2+2l_3l_4\cos\varphi_3-2l_1l_4\cos\varphi_1-2l_1l_3\cos\varphi_1\cos\varphi_3-2l_1l_3\sin\varphi_1\sin\varphi_3$$

整理，得

$$A\sin\varphi_3+B\cos\varphi_3+C=0 \tag{2-4}$$

式中

$$A=-\sin\varphi_1\quad B=\frac{l_4}{l_1}-\cos\varphi_1\quad C=\frac{l_1^2+l_3^2+l_4^2-l_2^2}{2l_1l_3}-\frac{l_4}{l_3}\cos\varphi_1$$

解式(2-4)得

$$\varphi_3=2\arctan x=2\arctan\frac{A+M\sqrt{A^2+B^2-C^2}}{B-C} \tag{2-5}$$

式中，$M=\pm1$，称为型参数。

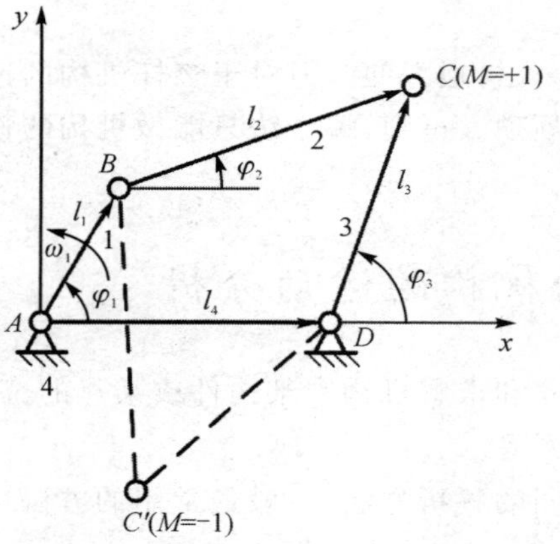

由式(2-5)可知，给定 φ_1 后，φ_3 有两个值，分别对应于图2-13所示 C 和 C' 点位置，即在同样杆长条件下，机构可有两种“装配方式”(如图2-13实线和虚线所示)。

在机构的实际分析中，根据所给机构的装配方案选定 M 值。一般 M 只需一次选定，以后连续计算中不变。

图2-13　型参数 M 取值与机构型式的关系

连杆2的转角 φ_2 可直接由式(2-3)得到唯一解，即

$$\varphi_2=\arctan\frac{l_3\sin\varphi_3-l_1\sin\varphi_1}{l_4+l_3\cos\varphi_3-l_1\cos\varphi_1} \tag{2-6}$$

至此就完成了所要求的对铰链四杆机构的位移分析。

为进行机构的速度分析，可将式(2-5)和式(2-6)对时间求导，得到构件3和构件2的角速度，但比较繁琐。为此这里将机构的位移方程式(2-3)对时间求导可得速度方程

$$\begin{cases}l_1\dot{\varphi}_1\sin\varphi_1+l_2\dot{\varphi}_2\sin\varphi_2=l_3\dot{\varphi}_3\sin\varphi_3\\ l_1\dot{\varphi}_1\cos\varphi_1+l_2\dot{\varphi}_2\cos\varphi_2=l_3\dot{\varphi}_3\cos\varphi_3\end{cases} \tag{2-7}$$

从而解得

$$\dot{\varphi}_2=-\frac{l_1\sin(\varphi_1-\varphi_3)}{l_2\sin(\varphi_2-\varphi_3)}\cdot\dot{\varphi}_1 \tag{2-8}$$

$$\dot{\varphi}_3=\frac{l_1\sin(\varphi_1-\varphi_2)}{l_3\sin(\varphi_3-\varphi_2)}\cdot\dot{\varphi}_1 \tag{2-9}$$

角速度为正表示逆时针方向，为负则表示顺时针方向。

求解角加速度时，再将式(2-7)对时间求导可得角加速度方程：

$$\begin{cases}l_1\dot{\varphi}_1^2\cos\varphi_1+l_2\dot{\varphi}_2^2\cos\varphi_2+l_2\ddot{\varphi}_2\sin\varphi_2=l_3\dot{\varphi}_3^2\cos\varphi_3+l_3\ddot{\varphi}_3\sin\varphi_3\\-l_1\dot{\varphi}_1^2\sin\varphi_1-l_2\dot{\varphi}_2^2\sin\varphi_2+l_2\ddot{\varphi}_2\cos\varphi_2=-l_3\dot{\varphi}_3^2\sin\varphi_3+l_3\ddot{\varphi}_3\cos\varphi_3\end{cases}$$

进一步求出角加速度 $\ddot{\varphi}_2$ 和 $\ddot{\varphi}_3$：

$$\ddot{\varphi}_2=\frac{l_3\dot{\varphi}_3^2-l_1\dot{\varphi}_1^2\cos(\varphi_1-\varphi_3)-l_2\dot{\varphi}_2^2\cos(\varphi_2-\varphi_3)}{l_2\sin(\varphi_2-\varphi_3)} \tag{2-10}$$

$$\ddot{\varphi}_3=\frac{l_1\dot{\varphi}_1^2\cos(\varphi_1-\varphi_2)+l_2\dot{\varphi}_2^2-l_3\dot{\varphi}_3^2\cos(\varphi_3-\varphi_2)}{l_3\sin(\varphi_3-\varphi_2)} \tag{2-11}$$

计算所得角加速度的正负可表明角速度的变化趋向，角加速度与角速度同号时表示加速，反之减速。

2. 曲柄滑块机构的运动分析

图 2-14 所示偏置曲柄滑块机构中，已知曲柄长 l_1、连杆长 l_2、偏距 e 及曲柄的转角 φ_1 和等角速度 ω_1。求滑块的位置 s_C、速度 v_C 和加速度 a_C，以及连杆的转角 φ_2、角速度 ω_2 和角加速度 ε_2。

建立坐标系。如图 2-14 所示，建立直角坐标系 Axy。

用向量表示各构件。用向量表示各构件的长度和方向，其中将偏距 e 看成一定常向量，由此机构组成一个封闭向量四边形。

建立封闭向量方程。对于该曲柄滑块机构组成的封闭向量四边形，可写出如下封闭向量方程式：

$$\vec{l}_1+\vec{l}_2=\vec{e}+\vec{s}_C \tag{2-12}$$

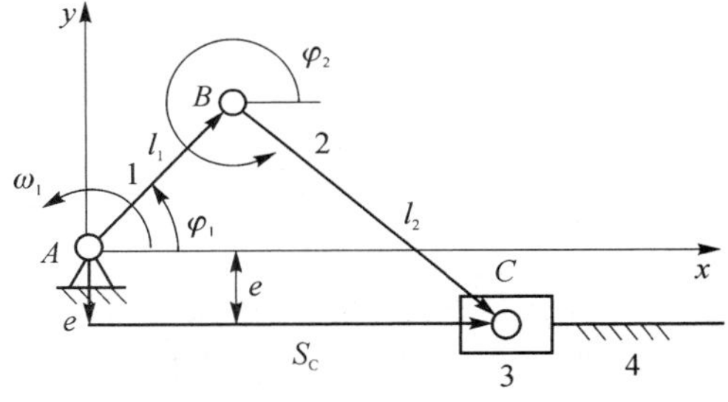

图 2-14　曲柄滑块机构的运动分析

解方程求运动。将式(2-12)表示的向量方程分别向 x 轴和 y 轴投影，得

$$\begin{cases}l_1\cos\varphi_1+l_2\cos\varphi_2=s_C\\l_1\sin\varphi_1+l_2\sin\varphi_2=e\end{cases} \tag{2-13}$$

消去 φ_2，得

$$s_C^2-(2l_1\cos\varphi_1)s_C+(l_1^2+e^2-l_2^2-2el_1\sin\varphi_1)=0$$

解上述方程，解得

$$s_C=l_1\cos\varphi_1+M\sqrt{l_2^2-e^2-l_1^2\sin^2\varphi_1+2el_1\sin\varphi_1} \tag{2-14}$$

式中，$M=\pm1$，为型参数，其值应按照所给机构的装配方案选取。如图 2-15 所示，连杆实线位置 $M=+1$，连杆虚线位置 $M=-1$。

滑块的位置 S_C 确定后，连杆转角 φ_2 即可由式(2-13)确定，即

$$\varphi_2=\arctan\frac{e-l_1\sin\varphi_1}{s_C-l_1\cos\varphi_1} \tag{2-15}$$

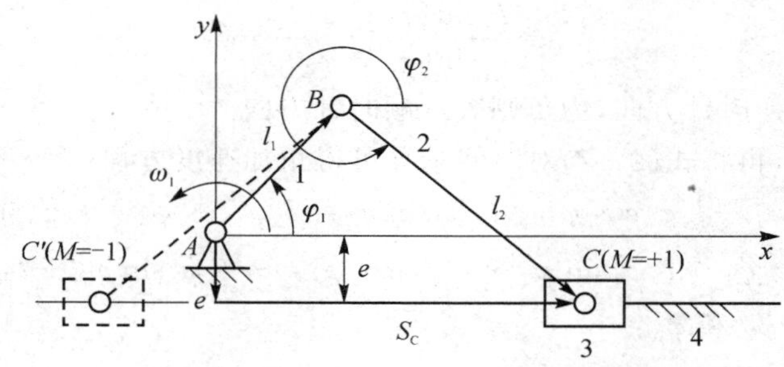

图 2-15　型参数 M 取值与机构型式的关系

至此就完成了所要求的对曲柄滑块机构的位移分析。

为求取机构的速度和加速度，将式(2-13)的第一式对时间求导一次和二次，可得滑块的速度及加速度：

$$v_C = \dot{s}_C = -l_1\dot{\varphi}_1(\sin\varphi_1 - \cos\varphi_1\tan\varphi_2) \tag{2-16}$$

$$a_C = \ddot{s}_C = -l_1\dot{\varphi}_1^2(\cos\varphi_1 + \sin\varphi_1\tan\varphi_2) - l_2\dot{\varphi}_2^2(\cos\varphi_2 + \sin\varphi_2\tan\varphi_2) \tag{2-17}$$

求连杆的角速度 ω_2 和角加速度 ε_2 时，可将式(2-13)中的第二式对时间求导一次和二次，即可得连杆 2 的角速度 ω_2 和角加速度 ε_2：

$$\omega_2 = \dot{\varphi}_2 = -\left(\frac{l_1}{l_2}\right)\frac{\cos\varphi_1}{\cos\varphi_2}\cdot\omega_1 \tag{2-18}$$

$$\varepsilon_2 = \ddot{\varphi}_2 = (\omega_2\tan\varphi_2 - \omega_1\tan\varphi_1)\omega_2 \tag{2-19}$$

思考题

2-1　什么是速度瞬心？什么是相对瞬心？什么是绝对瞬心？

2-2　做平面相对运动的两个构件，一定存在速度瞬心吗？

2-3　速度瞬心法只能用于求解机构的速度问题吗？

2-4　试求出图 2-16 所示连杆机构的全部瞬心。

2-5　试求出图 2-17 所示凸轮机构的全部瞬心。

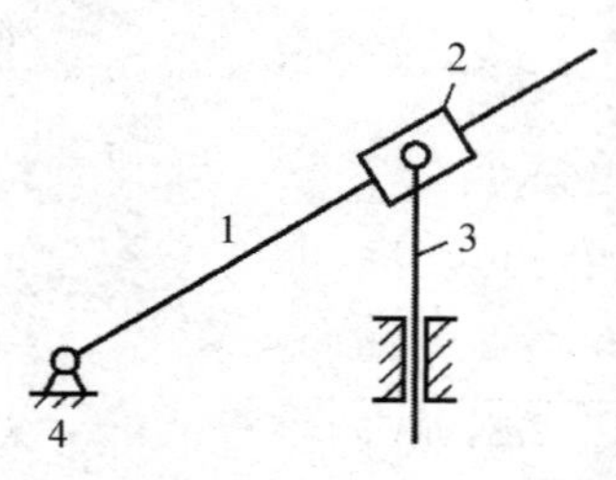

图 2-16　连杆机构

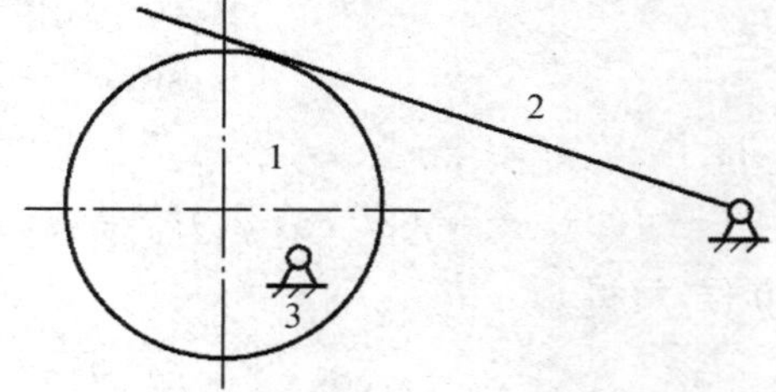

图 2-17　凸轮机构

2-6　图 2-18 所示的机构中，已知曲柄 2 顺时针方向匀速转动，角速度 $\omega_2=100$ rad/s，试求在图示位置导杆 4 的角速度 ω_4 的大小和方向。

2-7　图 2-19 所示的凸轮机构中，已知原动件 1 以匀角速度 ω_1 沿逆时针方向转动，试确定：

（1）机构的全部瞬心；

（2）构件 3 的速度 v_3（写出表达式）。

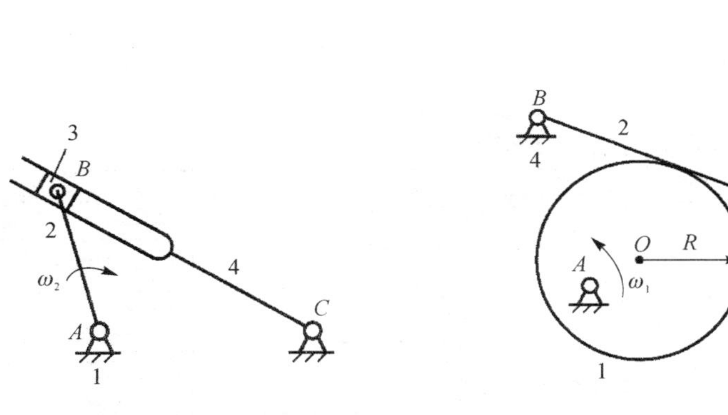

图 2－18　导杆机构　　**图 2－19　凸轮机构**

2－8　图 2－20 所示的凸轮-连杆组合机构中，已知构件 1 以 ω_1 沿顺时针方向转动，试用瞬心法求构件 2 的角速度 ω_2 和构件 4 的速度 v_4 的大小（写出表达式即可）及方向。

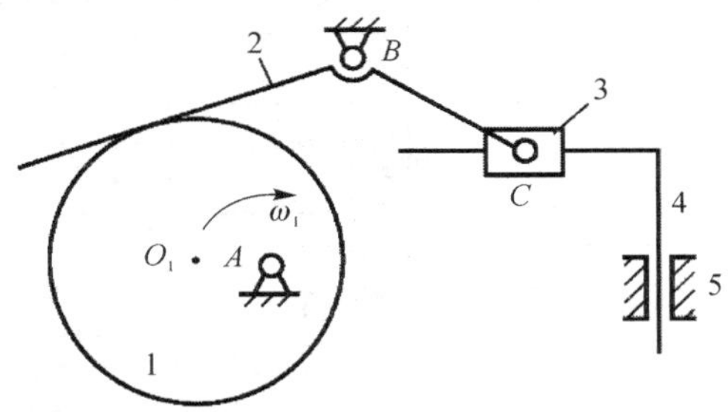

图 2－20　凸轮-连杆机构

第 3 章　平面连杆机构

☞ **本章思维导图**

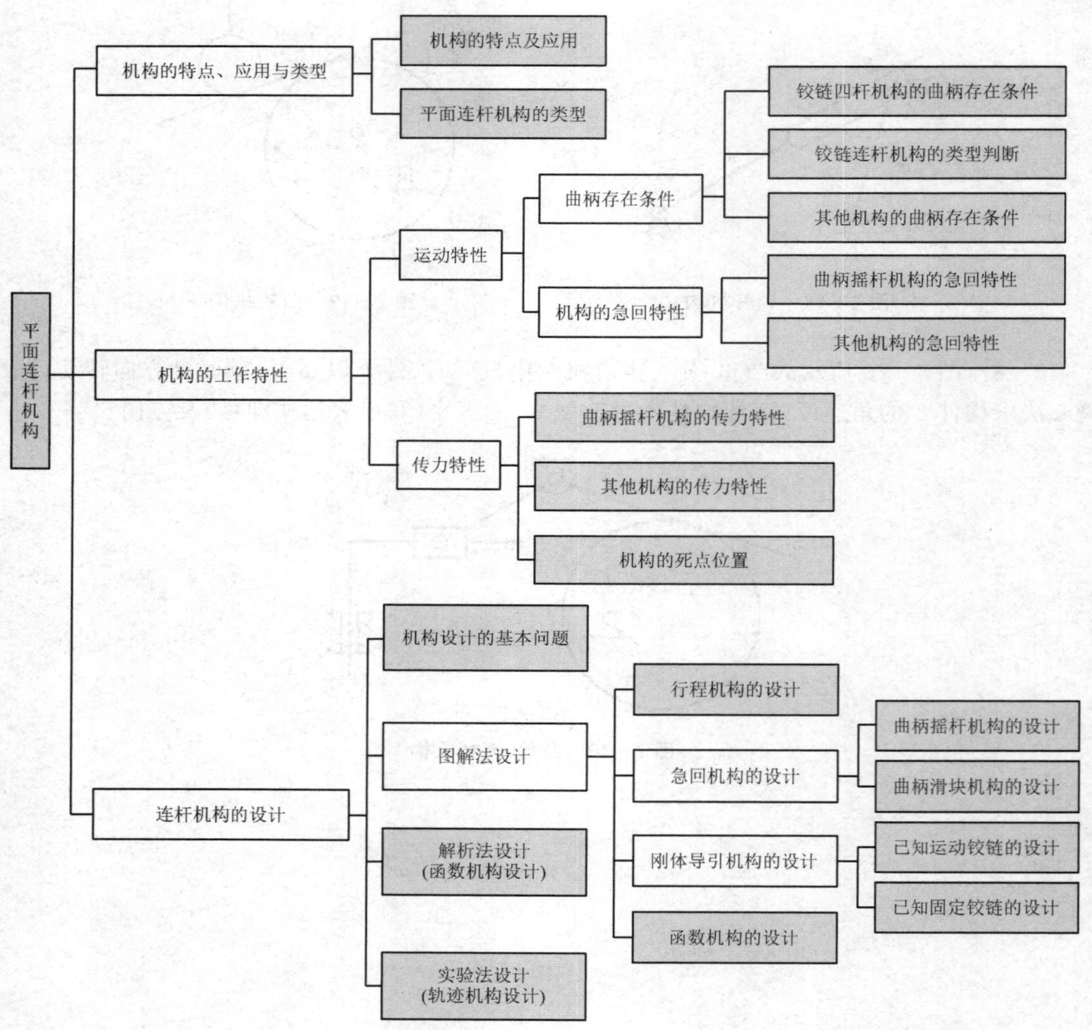

本章主要研究平面连杆机构的有关内容，包括：平面连杆机构的类型、特点与应用；平面连杆机构的运动特性和传力特性分析；平面连杆机构的运动设计。

3.1　平面连杆机构的特点、应用与类型

3.1.1　连杆机构的特点及应用

连杆机构是由若干构件用低副连接而构成的，故又称为低副机构。连杆机构分为：平面连杆机构和空间连杆机构。**平面连杆机构**是指各构件在相互平行的平面内相对运动的连杆机构。**空间连杆机构**是指各运动构件不都在相互平行的平面内相对运动的连杆机构。

平面连杆机构广泛地应用于各种机械和仪表中，例如内燃机中的曲柄滑块机构(见图3-1)、颚式破碎机中的平面六杆机构(见图3-2)和牛头刨床中的平面六杆机构(见图3-3)等。

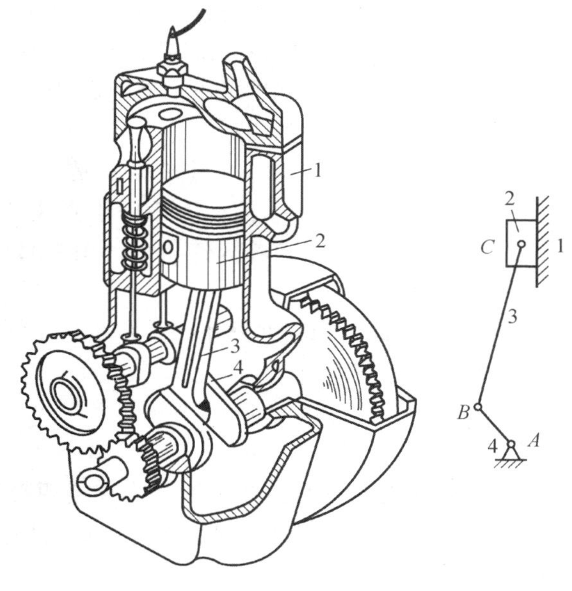

图3-1　内燃机

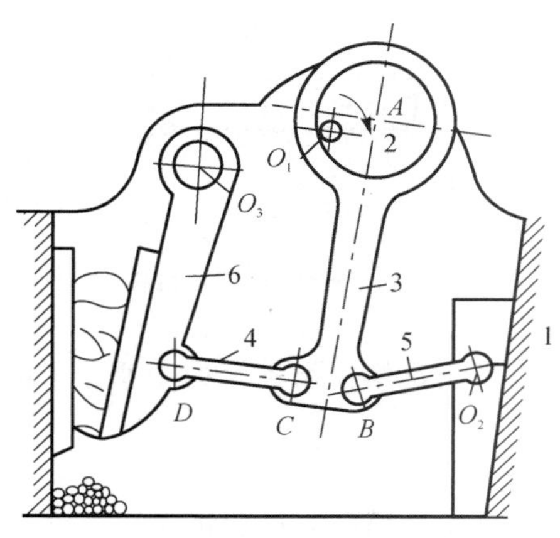

图3-2　颚式破碎机

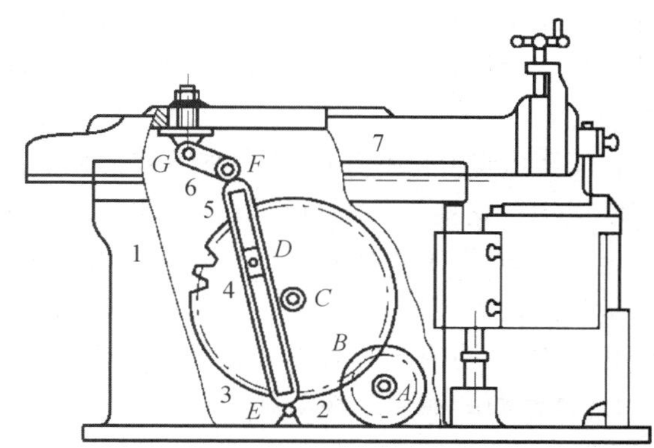

图3-3　牛头刨床

平面连杆机构的主要特点如下：

① 构件之间是低副连接(面接触)，与高副连接相比，在承受同样载荷的条件下压强较低，因而能传递较大的动力。

② 由于构件连接的接触面是圆柱面或平面，因此加工比较容易，易获得较高的精度。

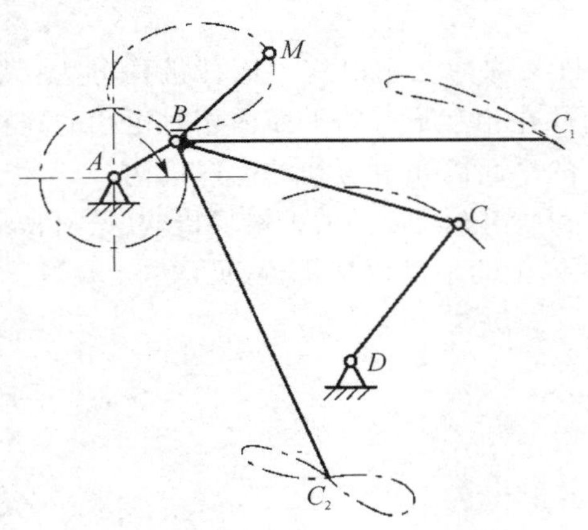

图 3－4　连杆曲线

③ 连杆机构中构件运动形式具有多样性。可做定轴转动的曲柄，做往复运动的摇杆、滑块以及作平面复杂运动的连杆。

④ 可以实现不同的运动规律和运动要求。

⑤ 连杆上各点的轨迹是各种不同形状的曲线(称为连杆曲线)，如图 3－4 所示。其形状随着各构件相对长度的改变而改变，因此连杆曲线的形式多样。这些形式多样的曲线，可用来满足不同轨迹的设计要求，在机械工程中得到广泛应用。

⑥ 主要缺点是：惯性力和惯性力矩不易平衡，因而不适用于高速传动；对多杆机构而言，随着构件和运动副数目的增多，运动积累误差增大，从而影响传动精度。

由四个构件和四个低副构成的平面四杆机构，是平面连杆机构中结构最简单、应用最广泛的连杆机构。

3.1.2　平面连杆机构的类型

如图 3－5 所示，运动副均为转动副的平面四杆机构称为**铰链四杆机构**，它是平面四杆机构的基本形式。其他形式的平面四杆机构可以认为是由铰链四杆机构演化而来。

图 3－5 所示的铰链四杆机构中，相对固定不动的构件 4 称为机架，与机架相连的构件 1 和构件 3 称为连架杆，连接两连架杆的构件 2 称为连杆。连架杆中能作整周回转的(如构件 1)称为曲柄。仅能在某一角度范围内做往复摆动的连架杆(如构件 3)称为摇杆。

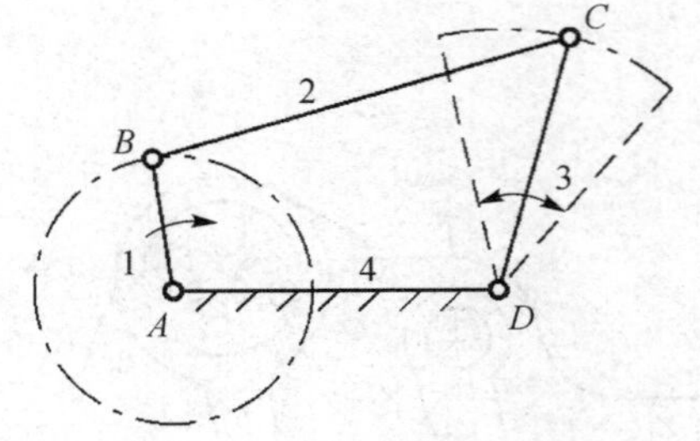

图 3－5　铰链四杆机构

在工程实际中，还有许多其他形式的四杆机构被广泛应用。这些机构都可以看作是由铰链四杆机构通过某种方式演化而来的。机构的演化，不仅是为了满足运动方面的要求，还往往是为了改善受力状况以及满足结构设计上的需要。了解这些演化的方法，有利于对连杆机构进行创新设计。

1．将转动副演化成移动副

图 3－6 所示的曲柄摇杆机构中，曲柄 1 整周转动时，铰链 C 的中心点的轨迹是以 D 为圆心、CD 为半径的圆弧(见图 3－6(a))，铰链 C 将沿圆弧 $\overset{\frown}{mm}$ 往复运动。将圆弧 $\overset{\frown}{mm}$ 做成一个圆弧导轨，将摇杆 3 做成滑块，使其沿圆弧导轨 mm 往复滑动(见图 3－6(b))，此时转动副 D

就演化成了移动副。显然机构的运动性质不发生改变，但此时铰链四杆机构已演化为具有曲线导轨的曲柄滑块机构了。

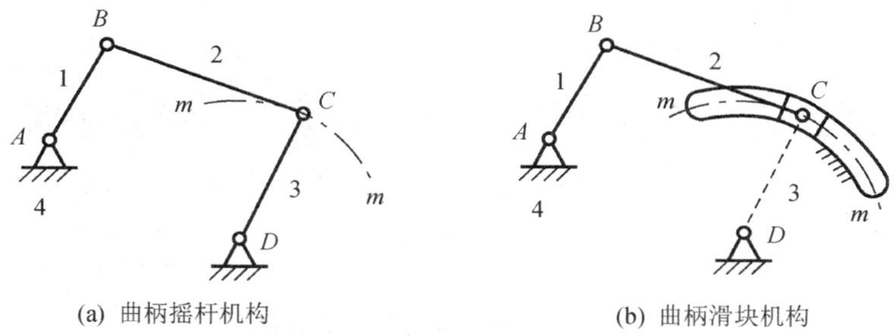

图 3－6　转动副演化为移动副

图 3－6(b)所示的曲柄滑块机构中，圆弧导轨 mm 的形状随着圆弧半径增大而变得平直，若圆弧半径增大到无限长时，则曲线导轨演变成了直线导轨，如图 3－7 所示。图中 e 为滑块的导路中心与曲柄的转动中心的距离，称为偏距。

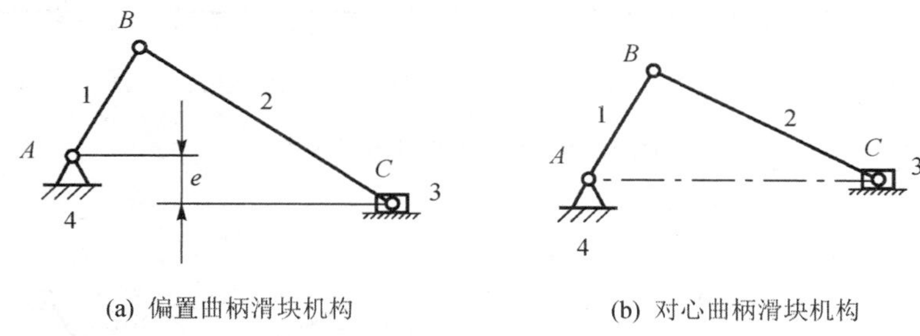

图 3－7　曲柄滑块机构

若 $e \neq 0$，机构称为偏置曲柄滑块机构(见图 3－7(a))；若 $e=0$，则机构称为对心曲柄滑块机构(见图 3－7(b))。

曲柄滑块机构在冲床、内燃机、空气压缩机等中具有广泛的应用。

图 3－8(a)中连杆 2 上 B 点相对于转动副 C 的运动轨迹为圆弧 $\widehat{nn}$，如果使连杆 2 的长度变为无限长，圆弧 $\widehat{nn}$ 将变成直线，转动副 B 演化为移动副，此时再将连杆 2 做成滑块，则曲柄滑块机构就演化成了具有两个移动副的四杆机构，如图 3－8(b)所示。这种机构从动件 3 的位移 s 与曲柄转角 φ 的关系为 $s=l_{AB}\sin\varphi$，故称为正弦机构。该机构常用于仪表及解算装置中。

2. 选取不同构件为机架

在铰链四杆机构中，各转动副是整转副(整周回转的转动副)还是摆转副(往复摆动的转动副)只与各构件的相对长度有关，而与哪个构件为机架无关。如在图 3－9(a)所示的曲柄摇杆机构中，若取构件 AB 为机架，则得到双曲柄机构(见图 3－9(b))，若取构件 CD 为机架，得到双摇杆机构(见图 3－9(d))，若取构件 BC 为机架，则得到另一曲柄摇杆机构(见图 3－9(c))。

同理，对于图 3－10(a)所示的对心曲柄滑块机构，若选用不同构件为机架，则可演化成具有不同运动特性和不同用途的机构。

选取构件 1 为机架时，机构称为导杆机构(见图 3－10(b))。构件 4 绕轴 A 转动，而构件 3

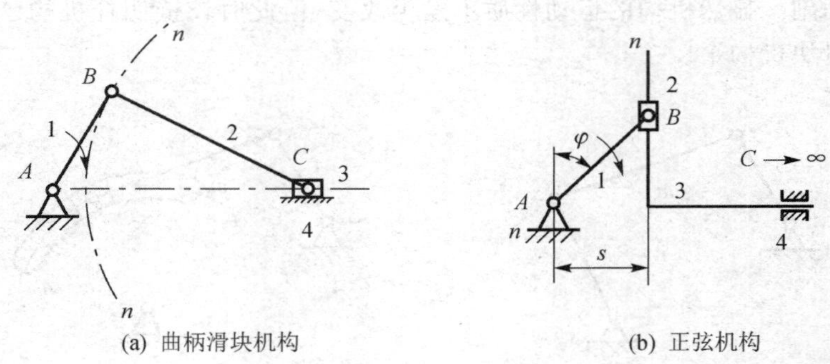

图 3-8 转动副演化为移动副

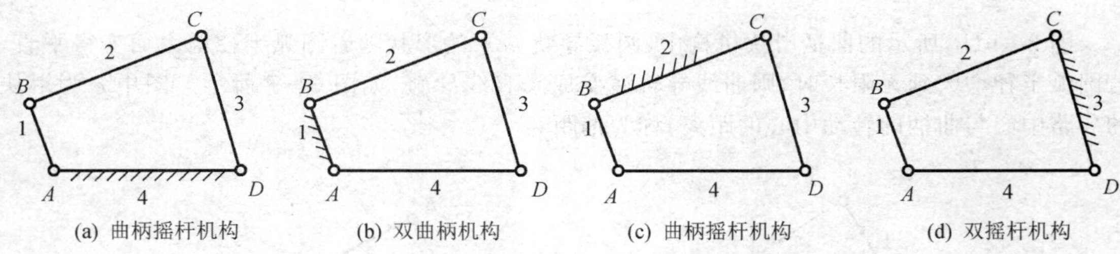

图 3-9 铰链四杆机构的演化

则沿构件 4 相对移动，构件 4 称为导杆。

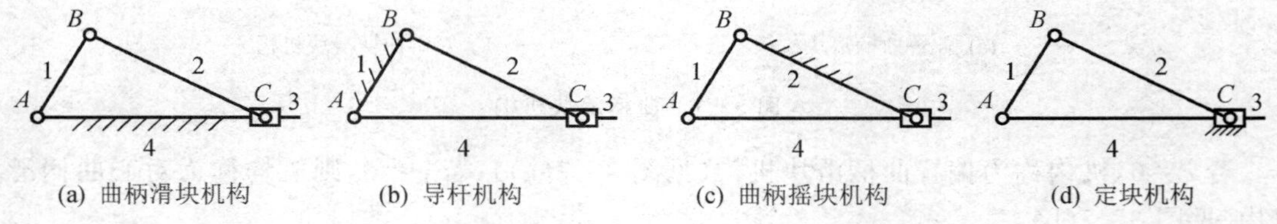

图 3-10 含有一个移动副的四杆机构的演化

在导杆机构中，如果导杆仅能摆动，则称为摆动导杆机构，如图 3-11(a)所示的牛头刨床的导杆机构 ABC。如果导杆能够做整周转动，称为转动导杆机构，如小型刨床(见图 3-11(b))。

选取构件 2 为机架时，机构称为曲柄摇块机构(见图 3-10(c))。机构中滑块 3 仅能绕 C 点摇摆。自卸卡车车厢的举升机构即为一应用实例，如图 3-12 所示。

选取滑块 3 为机架时，机构称为定块机构(见图 3-10(d))。手摇抽水机即为一应用实例，如图 3-13 所示。

图 3-14 所示的具有两个移动副的四杆机构中，若选择构件 4(或构件 2)为机架(见图 3-14(a)和(b))，称其为正弦机构，图 3-15(a)所示的缝纫机的针杆机构为其应用实例。若选择构件 1 为机架(见图 3-14(c))，则演化成双转块机构，它常用作两轴轴线很小的平行轴的联轴器，图 3-15(b)所示的十字滑块联轴器为其应用实例。若选择构件 3 为机架(见图 3-14(d))，则演化成双滑块机构，常应用它作椭圆仪，如图 3-15(c)所示。

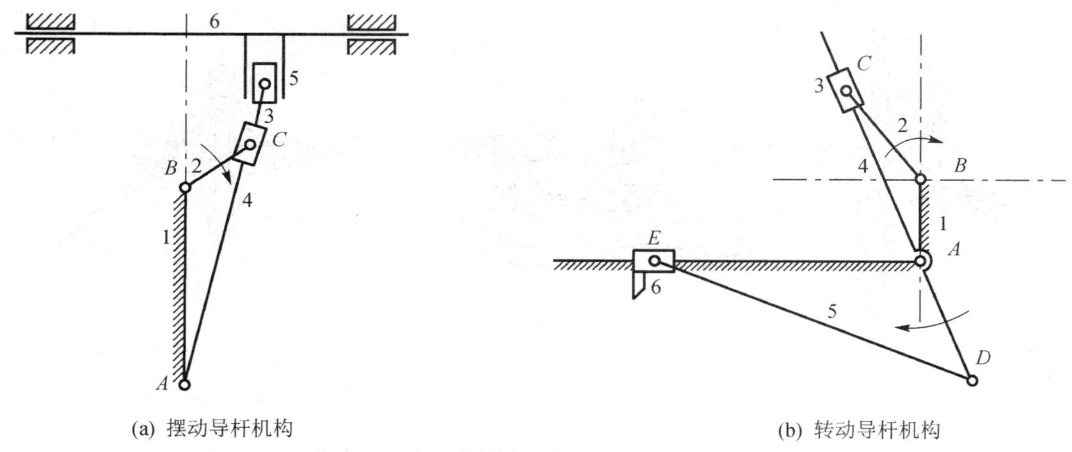

(a) 摆动导杆机构　　(b) 转动导杆机构

图 3-11　导杆机构的应用

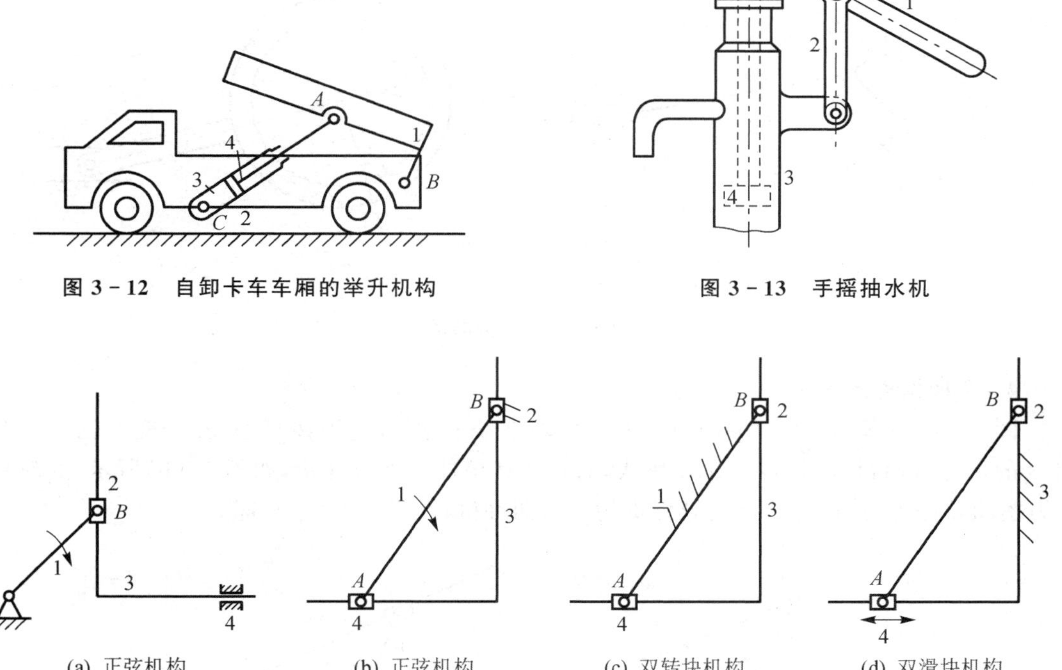

图 3-12　自卸卡车车厢的举升机构　　图 3-13　手摇抽水机

(a) 正弦机构　　(b) 正弦机构　　(c) 双转块机构　　(d) 双滑块机构

图 3-14　含有两个移动副的四杆机构的演化

3. 扩大转动副的尺寸

图 3-16(a)所示曲柄滑块机构中，若曲柄 AB 的长度很短而传递动力又较大时，在一个尺寸较短的构件 AB 上加工装配两个尺寸较大的转动副是不可能的，此时常将图 3-16(a)中的转动副 B 的半径扩大至超过曲柄 AB 的长度，使之成为图 3-16(b)所示的偏心轮机构。这

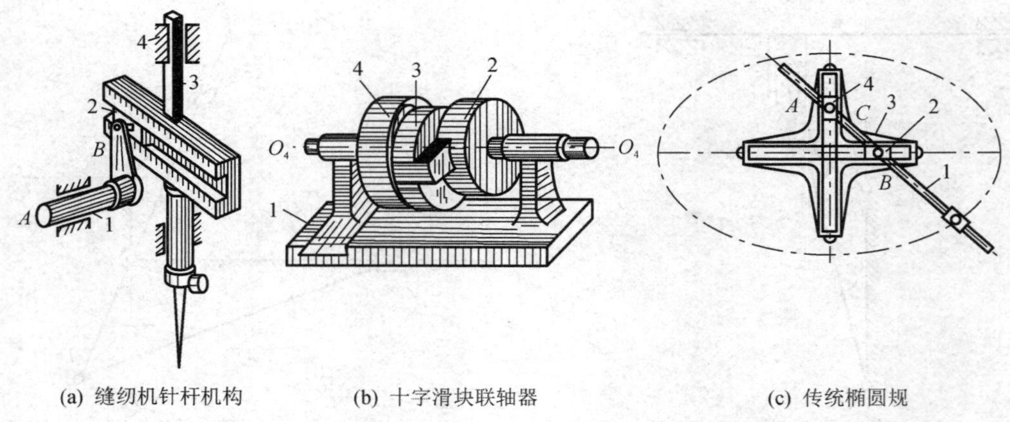

(a) 缝纫机针杆机构　　(b) 十字滑块联轴器　　(c) 传统椭圆规

图 3-15　含有两个移动副的四杆机构的应用

时，曲柄变成了一个几何中心为 B、回转中心为 A 的偏心圆盘，其偏心距就是原曲柄的长。该机构常用在小型冲床上。

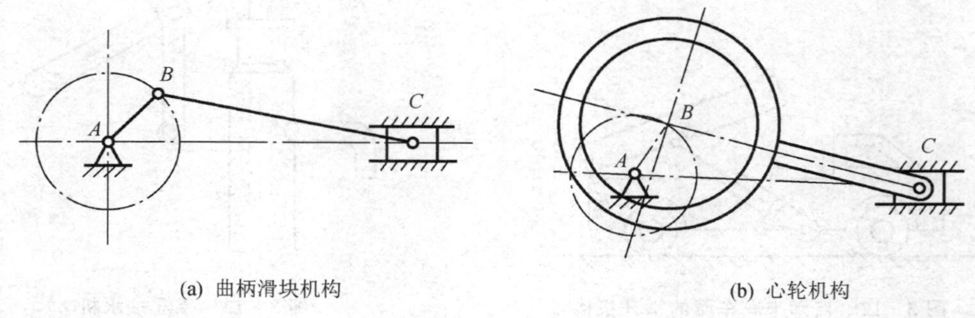

(a) 曲柄滑块机构　　(b) 心轮机构

图 3-16　扩大转动副

4. 变换构件的形态

图 3-17(a)所示的曲柄摇块机构中，滑块 3 绕 C 点做定轴往复摆动，若变换构件 2 和构件 3 的形态，即将杆状构件 2 做成块状，而将块状构件 3 做成杆状，如图 17(b)所示，此时构件 3 为摆动导杆，该机构称为摆动导杆机构。这两种机构本质上完全相同。

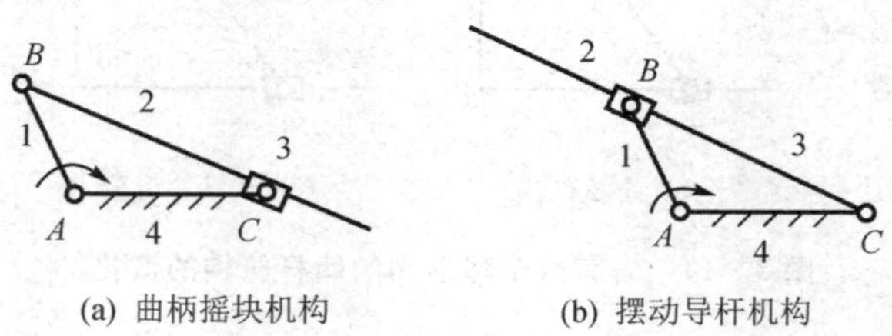

(a) 曲柄摇块机构　　(b) 摆动导杆机构

图 3-17　曲柄摇块机构和摆动导杆机构

3.2　平面连杆机构的工作特性

3.2.1　平面连杆机构的曲柄存在条件

1. 铰链四杆机构的曲柄存在条件

在铰链四杆机构中，能作整周回转的连架杆称为**曲柄**。而有无曲柄存在则取决于机构中各构件的长度关系和固定哪个构件为机架。下面就来讨论铰链四杆机构中曲柄存在的条件。

图3-18所示的铰链四杆机构中，设构件1，2，3，4的长度分别为a，b，c，d，并且$a<d$。若假设构件1能绕铰链A做整周转动，就必须使铰链B能转过B_2点(距离D点最远)和B_1点(距离D点最近)两个特殊位置，此时构件1，4实现两次共线。

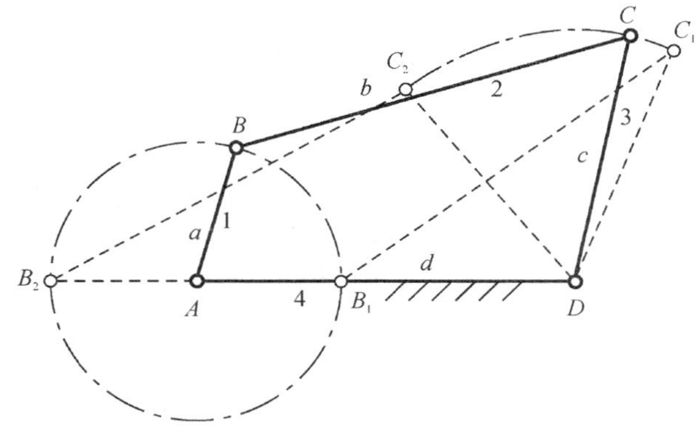

图3-18　曲柄存在条件

根据三角形构成原理可推出以下各式。

由$\triangle B_2C_2D$，可得

$$a+d \leqslant b+c \tag{3-1}$$

由$\triangle B_1C_1D$，可得

$$b-c \leqslant d-a$$

$$c-b \leqslant d-a$$

整理可得

$$a+b \leqslant c+d \tag{3-2}$$

$$a+c \leqslant b+d \tag{3-3}$$

将式(3-1)～式(3-3)分别两两相加化简后可得

$$\begin{cases} a \leqslant b \\ a \leqslant c \\ a \leqslant d \end{cases} \tag{3-3}$$

如$d<a$，用同样的方法可以得到构件1能绕铰链A做整周转动的条件，即

$$d+a \leqslant b+c \tag{3-5}$$

$$d+b \leqslant a+c \tag{3-6}$$

$$d + c \leqslant a + b \tag{3-7}$$

$$\begin{cases} d \leqslant c \\ d \leqslant b \\ d \leqslant a \end{cases} \tag{3-8}$$

综合分析上述各式即可得到，铰链四杆机构存在曲柄的几何条件为

① 最短杆与最长杆长度之和小于或等于其他两杆长度之和；

② 最短杆是连架杆或机架。

2. 铰链四杆机构的类型判断

当铰链四杆机构**满足杆长条件**（最短杆与最长杆长度之和小于或等于其他两杆长度之和）时，**最短杆两端的转动副为整转副，其余两个转动副为摆转副**。对于这样的铰链四杆机构，若最短杆为连架杆，机构为**曲柄摇杆机构**；若最短杆为机架，机构为**双曲柄机构**；若最短杆为连杆，机构为**双摇杆机构**。

如果铰链四杆机构各杆的长度**不满足杆长条件**，此时不论以何杆为机架，均为**双摇杆机构**。

3. 曲柄滑块机构的曲柄存在条件

对于如图 3-19 所示的偏置曲柄滑块机构，连架杆 AB 绕铰链 A 转动，若铰链 B 能够到达两个固定铰链（铰链 A 和垂直于导路无穷远处铰链）连线的 B_1 点和 B_2 点位置，如图 3-20 所示，则连架杆 AB 就可以整周转动，即可成为曲柄。

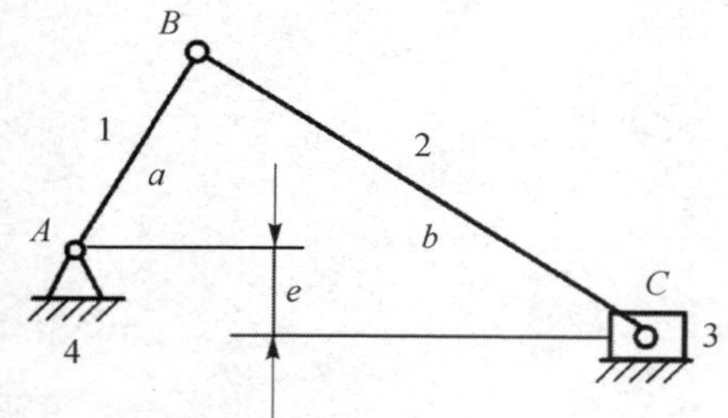

图 3-19　偏置曲柄滑块机构

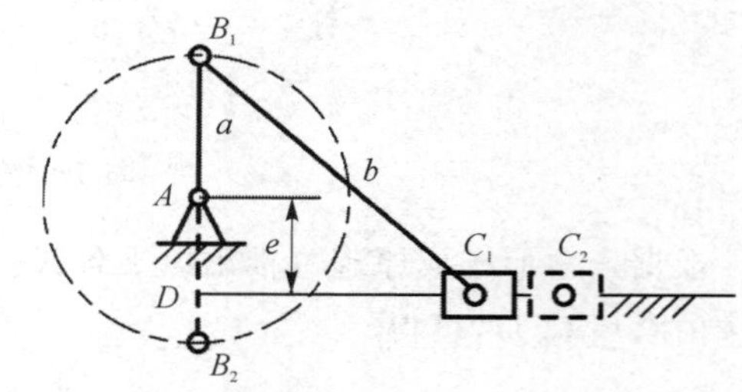

图 3-20　曲柄滑块机构的曲柄存在条件

当铰链 B 处于 B_1 点位置时，机构中存在一个三角形$\triangle DB_1C_1$。由三角形的构成原理得

$$b \geqslant a + e \tag{3-9}$$

当铰链 B 处于 B_2 点位置时，机构中存在另一个三角形$\triangle DB_2C_2$，并有

$$b \geqslant a - e \tag{3-10}$$

综合式(3-9)和式(3-10)得到偏置**曲柄滑块机构的曲柄存在条件**为$\boldsymbol{b \geqslant a + e}$ 。

对于对心的曲柄滑块机构（即 $e=0$），其存在曲柄的条件为$\boldsymbol{b \geqslant a}$ 。

4. 导杆机构的曲柄存在条件

在摆动导杆机构中，如果曲柄和导杆之间的移动副存在，则铰链 B 就一定能够到达两个固定铰链（铰链 A 和铰链 C）连线的 B_1 点和 B_2 点位置，如图 3-21 所示，也就是说，连架杆 AB 成为曲柄无需限制条件。

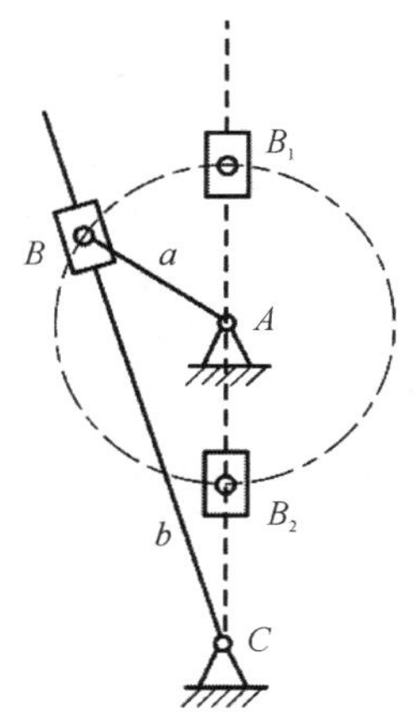

图3-21　摆动导杆机构

3.2.2　平面连杆机构的急回特性

1. 曲柄摇杆机构的急回特性

图3-22所示的曲柄摇杆机构中，主动曲柄AB逆时针转动一周过程中，有两次与连杆共线。当曲柄位于AB_1，连杆位于B_1C_1时，曲柄与连杆处于拉直共线的位置，此时从动摇杆CD位于右极限位置C_1D；当曲柄位于AB_2，连杆位于B_2C_2时，曲柄与连杆处于重叠共线的位置。

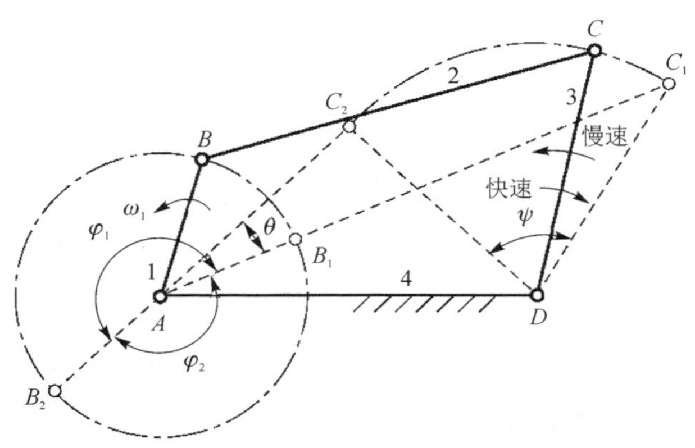

图3-22　铰链四杆机构的急回运动特性分析

当从动件摇杆在两极限位置时，对应的主动曲柄所处两位置之间所夹的锐角称为**极位夹角**，用θ表示。

当主动曲柄1以等角速度ω_1做逆时针转$\varphi_1=180°+\theta$角时，摇杆由右极限位置C_1D摆到左极限位置C_2D，摆过的角度为ψ，所需的时间为t_1，此行程中摇杆3上C点的平均速度为v_1。

当曲柄继续逆时针再转$\varphi_2=180°-\theta$角时，摇杆从左极限位置C_2D摆到右极限位置C_1D，摆过的角度仍为ψ，所需的时间为t_2，此行程中摇杆3上C点的平均速度为v_2。

由于$\varphi_1>\varphi_2$，因此当曲柄以等角速度转过这两个角度时，对应的时间$t_1>t_2$，因此有$v_1<$

v_2。摇杆的这种运动特性称为**急回特性**。

为了表明急回特性的急回程度，可用行程速度变化系数 K 表示，即

$$K=\frac{v_2}{v_1}=\frac{\psi/t_2}{\psi/t_1}=\frac{t_1}{t_2}=\frac{\varphi_1}{\varphi_2}=\frac{180°+\theta}{180°-\theta} \tag{3-11}$$

在急回机构设计时，如已知 K，即可求得极位夹角 θ，即

$$\theta=180°\cdot\frac{K-1}{K+1} \tag{3-12}$$

以上分析表明：若极位夹角 $\theta=0$，$K=1$，则机构无急回特性；反之，若 $\theta>0$，$K>1$，则机构有急回特性。且 θ（或 K）越大，机构的急回特性越显著。

在机器中常可以用机构的这种急回特性来节省回程的时间，以提高生产率，如牛头刨床、插床等。

2. 曲柄滑块机构的急回特性

图 3-23 所示的偏置曲柄滑块机构，其极位夹角 $\theta>0$，故该机构有急回特性。

3. 导杆机构的急回特性

图 3-24 所示的摆动导杆机构，当主动曲柄两次转到与从动导杆垂直时，导杆就摆到两个极限位置。由于极位夹角大于零，故该机构有急回特性。且该机构的极位夹角 θ 与导杆的摆角 ψ 相等。

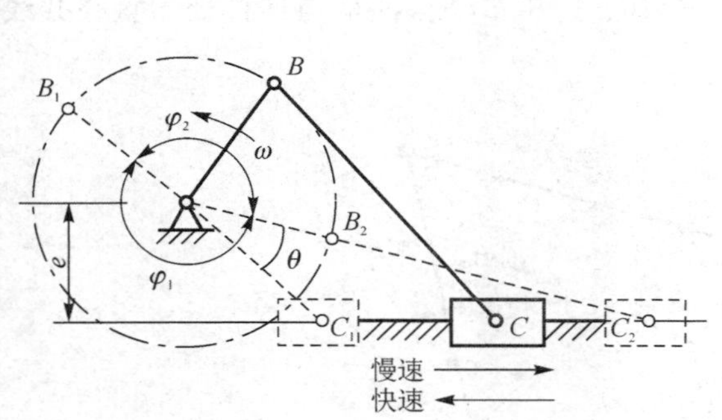

图 3-23　偏置曲柄滑块机构的急回特性分析

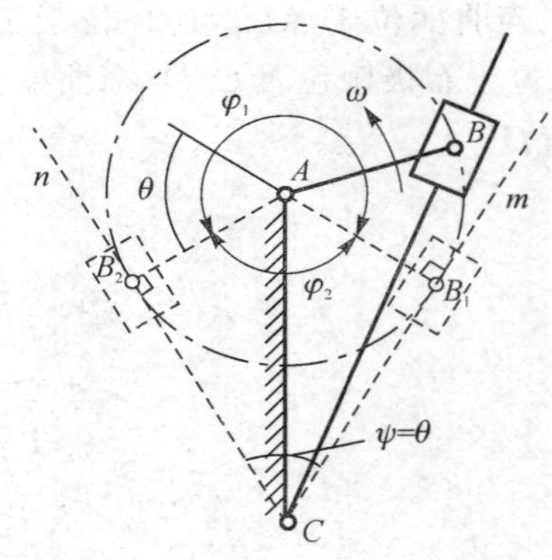

图 3-24　摆动导杆机构的急回特性分析

3.2.3　平面连杆机构的传力特性

1. 曲柄摇杆机构的传力特性

图 3-25 所示为铰链四杆机构，若不考虑惯性力、重力和运动副中摩擦力的影响，则连杆是二力杆。当主动件 1 运动时，经过连杆 2 作用于从动件 3 上的力 $\boldsymbol{F}$ 沿 BC 方向。力 $\boldsymbol{F}$ 可分解为与 C 点速度 $\boldsymbol{v}_C$ 同向的力 $\boldsymbol{F}_t$ 和与 C 点速度 $\boldsymbol{v}_C$ 垂直的力 $\boldsymbol{F}_n$。

力 $\boldsymbol{F}$ 的作用线与该力作用点速度 $\boldsymbol{v}_C$ 之间所夹的锐角 α 称为**压力角**。

易知

$$F_t=F\cos\alpha$$

$$F_n=F\sin\alpha$$

$\boldsymbol{F}_t$ 是使从动件转动的有效分力，这个力越大越好；$\boldsymbol{F}_n$ 则是在转动副中 D 产生径向压力的分

力，该分力越小越好。

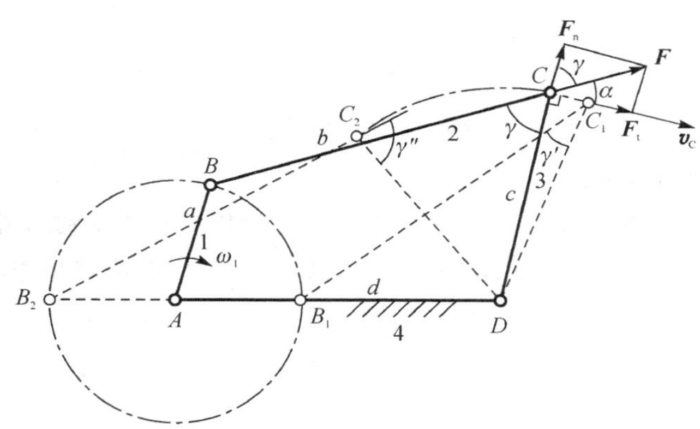

图 3-25　铰链四杆机构的压力角与传动角

压力角的余角 γ 称为**传动角**，$\gamma = 90° - \alpha$。

显然，压力角越小或传动角越大，对机构的传动越有利，机构的效率也越高。因此，在连杆机构中，常用传动角的大小及其变化情况来衡量机构传力性能的好坏。

在机构运动过程中，传动角的大小是变化的。所以，为了保证所设计的机构具有良好的传力性能，通常使 $\gamma_{min} \geqslant 40°$，对于高速和大功率的机械，应使 $\gamma_{min} \geqslant 50°$，设计时应满足此要求。

对于曲柄摇杆机构，γ_{min} 出现在主动曲柄与机架共线的两位置之一处（见图 3-25），这时有

$$\gamma' = \angle B_1C_1D_1 = \arccos\frac{b^2 + c^2 - (d-a)^2}{2bc} \tag{3-13}$$

$$\gamma'' = \angle B_2C_2D = \arccos\frac{b^2 + c^2 - (d+a)^2}{2bc} \quad (\angle B_2C_2D < 90°) \tag{3-14(a)}$$

或

$$\gamma'' = 180° - \arccos\frac{b^2 + c^2 - (d+a)^2}{2bc} \quad (\angle B_2C_2D > 90°) \tag{3-14(b)}$$

γ''，γ' 中的小者即为 γ_{min}。

2. 曲柄滑块机构的传力特性

曲柄滑块机构的压力角 α 和传动角 γ 的定义如图 3-26 所示。

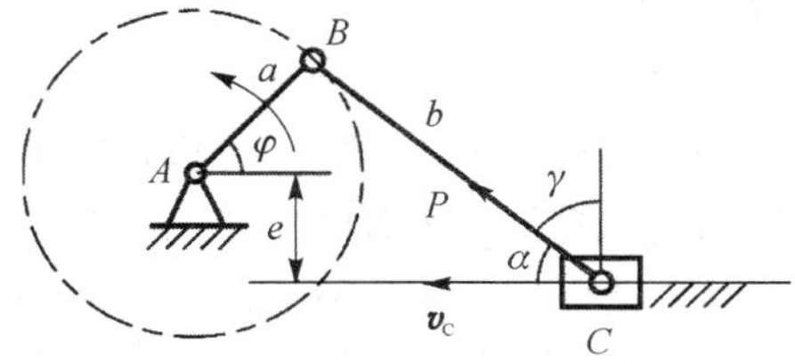

图 3-26　曲柄滑块机构的压力角与传动角

由图 3-27 可以得出，压力角 α 大小为

$$\sin\alpha=\frac{a\sin\varphi+e}{b}$$

当 $\varphi=90^\circ$时，压力角 α 为最大

$$\alpha_{\max}=\arcsin\frac{a+e}{b}$$

3. 导杆机构的传力特性

在摆动导杆机构中，由于滑块与导杆组成移动副，所以导杆所受到的滑块的作用力始终垂直于导杆(移动副导路)，与力作用点速度方向一致，导杆机构的压力角始终为零，如图 3 - 28 所示。

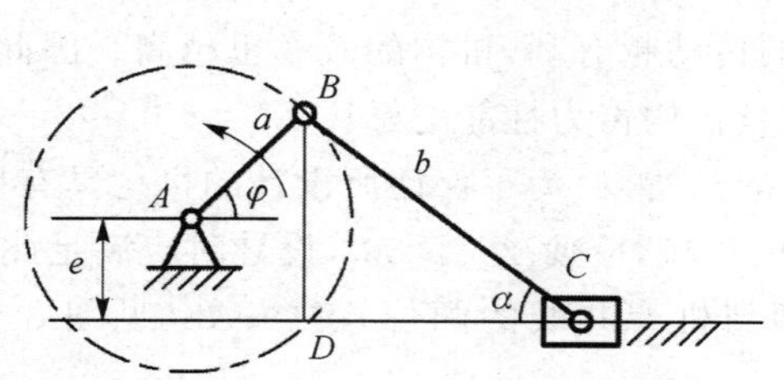

图 3 - 27　曲柄滑块机构的压力角

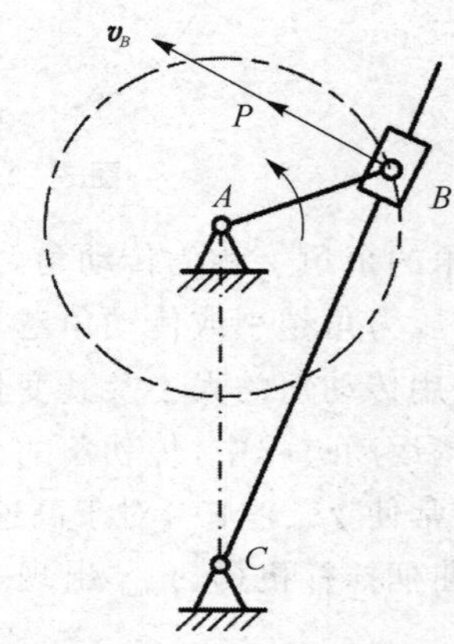

图 3 - 28　摆动导杆机构的压力角

4. 平面连杆机构的死点位置

图 3 - 29 所示的曲柄摇杆机构，设摇杆 CD 为主动件，当机构运动到图示两虚线位置之一时，连杆 BC 与从动曲柄 AB 拉直或重叠共线，此时机构的传动角 $\gamma=0$。这时主动件 CD 通过连杆作用于从动件 AB 上的力恰好通过其转动中心，所以不能使构件 AB 转动进而出现“顶死”现象，机构的这种位置称为**死点位置**。

对于传动机构来说，死点对机构是不利的，在实际设计时，应该采取措施使机构能顺利通过死点位置。对于连续运转的机器，可以利用从动件的惯性来通过死点位置，图 3 - 30 所示的缝纫机脚踏板机构就是借助于皮带轮的惯性通过死点位置；也可以采用多组机构错位排列的方法，使各组机构的死点位置互相错开，以通过死点位置。图 3 - 31 所示的蒸汽机车车轮联动机构，其两侧的曲柄滑块机构的曲柄位置相互错开了 90°。

另一方面，在工程实际中，也常利用死点位置来实现特定的工作要求。如图 3 - 32 所示的飞机的起落架机构，就是利用死点位置使降落更可靠。当机轮放下时，机构正好处于死点位置。这样机轮上受到地面的作用力经杆 BC 传给杆 CD 时正好通过其转动中心，所以起落架不会反转折回。图 3 - 33 所示的钻床夹具就是利用死点位置夹紧工件的，此时无论工件反力多大，均可保证钻削时工件不松脱。

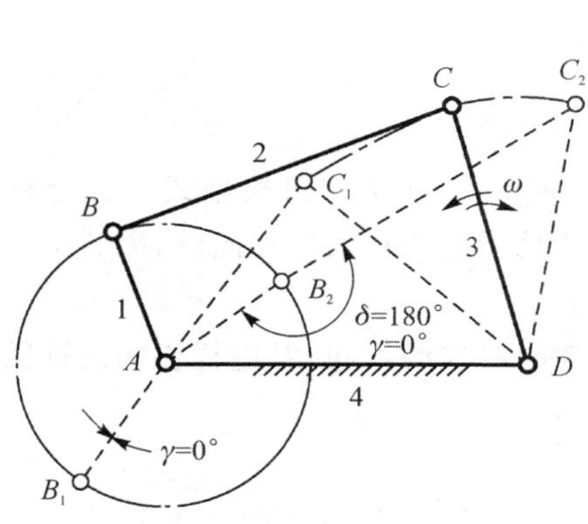

图 3-29　曲柄摇杆机构的死点位置

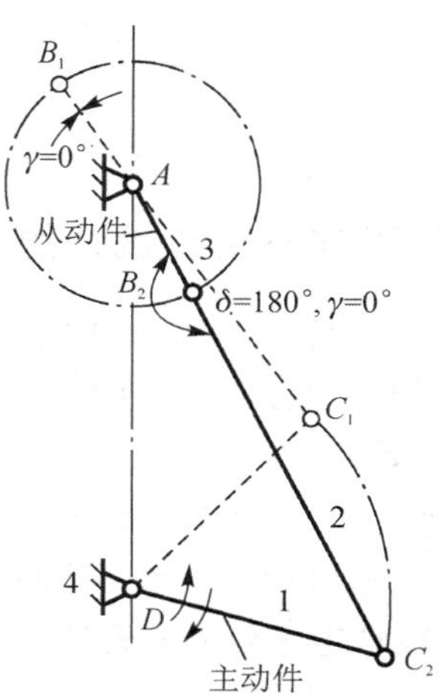

图 3-30　缝纫机脚踏板机构

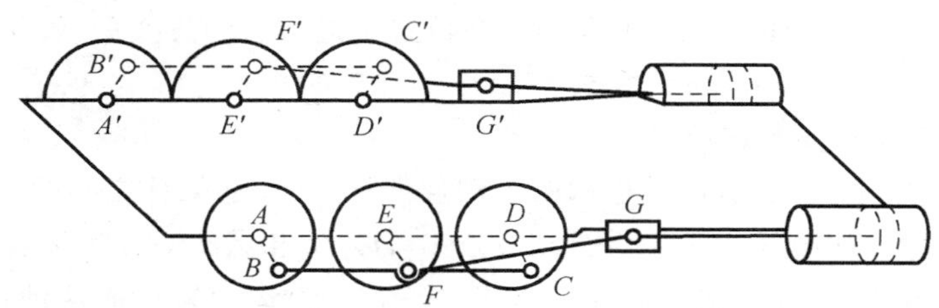

图 3-31　蒸汽机车车轮联动机构

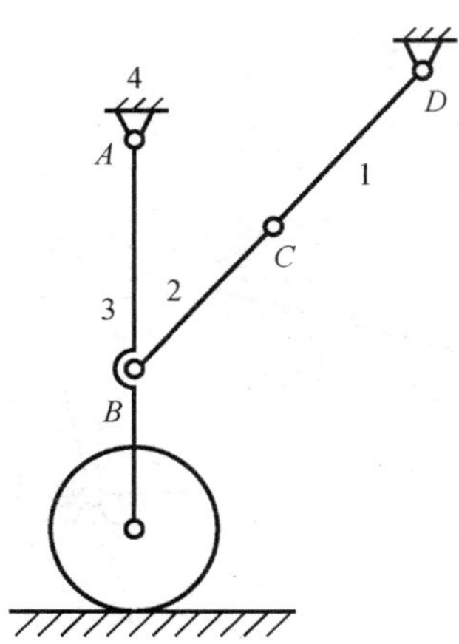

图 3-32　飞机的起落架机构

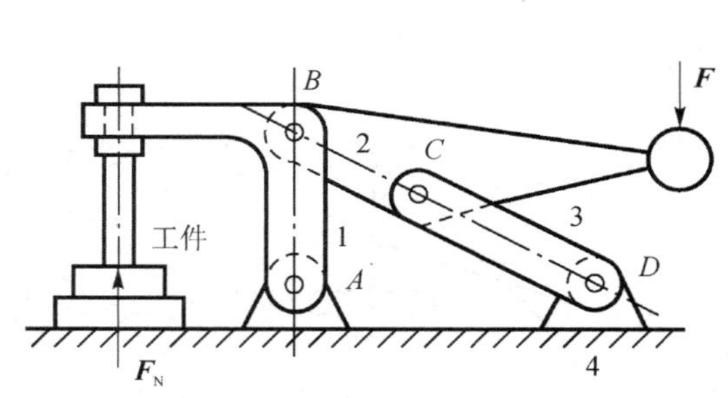

图 3-33　钻床夹具

3.3 平面连杆机构的设计

3.3.1 平面连杆机构设计的基本问题

连杆机构设计的主要任务是按给定运动等方面要求，在选定机构型式后进行机构运动简图的设计（即确定各构件的尺寸），它不涉及机构的具体结构和强度等问题，因此又称为**连杆机构的运动设计**。

平面连杆机构应用广泛，根据机械的用途和性能要求的不同，对连杆机构设计的要求是多种多样的，但这些设计要求通常可归纳为三大类问题。

1. 实现给定连杆位置设计

在这类设计问题中，要求连杆能顺序占据一系列的预定位置。即要求所设计的机构能引导连杆（刚体）顺序通过一系列预定位置，因而此种设计又称为刚体引导机构的设计。

实现给定连杆位置设计的实例如图 3－34 所示的铸造用沙箱翻转机构，沙箱固结在连杆 BC 上。要求所设计机构中的连杆（沙箱）BC 在位置Ⅰ进行造型震实后，转至位置Ⅱ进行拔模工序。

2. 实现预定运动规律的设计

在这类设计问题中，要求所设计机构的主动连架杆、从动连架杆之间的运动关系能满足若干组的对应位置关系，如图 3－35 中 AB,CD,AB_1,C_1D 和 AB_2,C_2D 等具有一一对应的位置；或实现某种函数关系；或是把主动件的等速（或不等速）运动转换成从动件的不等速（或等速）运动。再如，在工程实际的许多应用中，要求在主动连架杆匀速运动的情况下，为提高生产效率，往往要求从动连架杆具有急回特性。以上这些设计问题通常称为函数生成机构的设计。

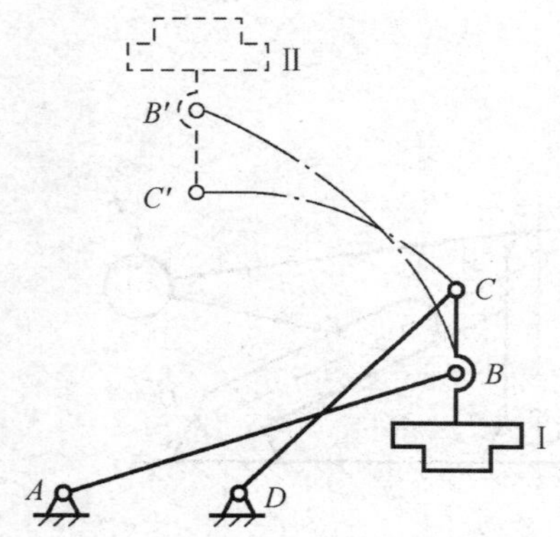

图 3－34 铸造用沙箱翻转(翻砂)机构

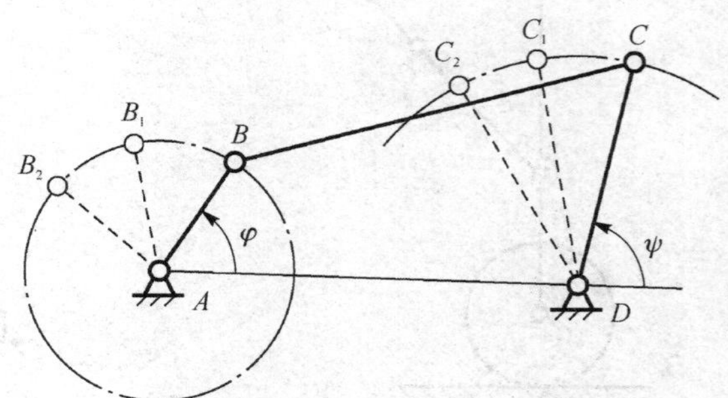

图 3－35 实现主、从动连架杆之间的对应位置

这类机构设计如飞机起落架机构、汽车挡风玻璃雨刷机构等。

3. 实现预定轨迹的设计

在这类设计问题中，要求所设计的机构连杆上的某些点的轨迹能符合预定的轨迹要求，或者能依次通过给定曲线上的若干有序列的点。例如，图 3－36 所示的鹤式起重机构，为避免货物做不必要的上下起伏运动，连杆上吊钩滑轮的中心点 E 应沿水平直线移动；而图 3－37 搅拌器机构，应保证连杆上 E 点按预定的轨迹运动，以完成搅拌动作。这类设计问题通常称为轨迹生成机构的设计。

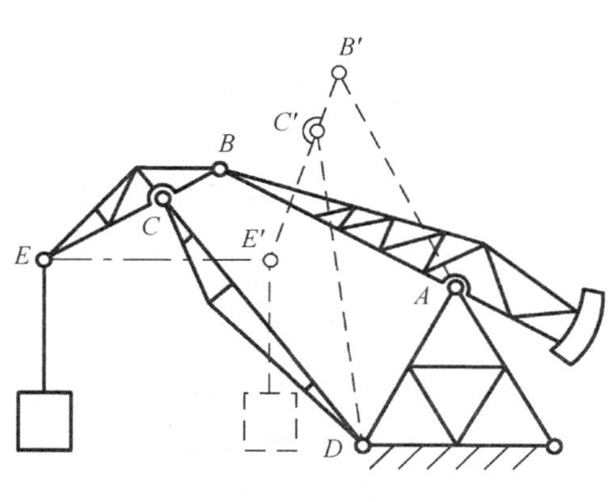

图 3－36　鹤式起重机

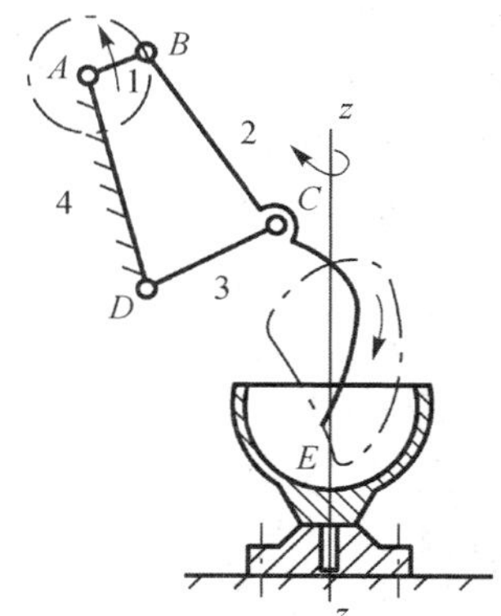

图 3－37　搅拌器

平面连杆机构的设计方法有图解法和解析法。图解法直观性强、简单易行，它是连杆机构设计的一种基本方法。目前由于计算机及数值计算方法的迅速发展，解析法得到了广泛的应用。在用解析法进行设计时，图解法可作为机构尺寸计算的初步设计阶段。

3.3.2　平面连杆机构的图解法设计

1. 行程机构的设计

已知：图 3－38 所示为简易汽车雨刷器的设计问题。已知雨刷两个给定位置 DE_1 和 DE_2，也就是铰链四杆机构 $ABCD$ 摇杆 CD 的两个极限位置，即给定摇杆 CD 的角行程 ψ 。

要求：设计一个曲柄摇杆机构。

设计过程：首先选定铰链 C 的位置，再选择铰链 A 的位置，如图 3－38 所示。当摇杆处于极限 DC_1 和 DC_2 位置时，曲柄 AB 和连杆 BC 处于共线 AC_1 和 AC_2 位置，即有

$$l_{AC_2}=l_{BC}+l_{AB}\quad l_{AC_1}=l_{BC}-l_{AB}$$

解得

$$l_{AB}=\frac{l_{AC_2}-l_{AC_1}}{2}\quad l_{BC}=\frac{l_{AC_2}+l_{AC_1}}{2}$$

这样就完成了行程机构（铰链四杆机构）$ABCD$ 的设计。

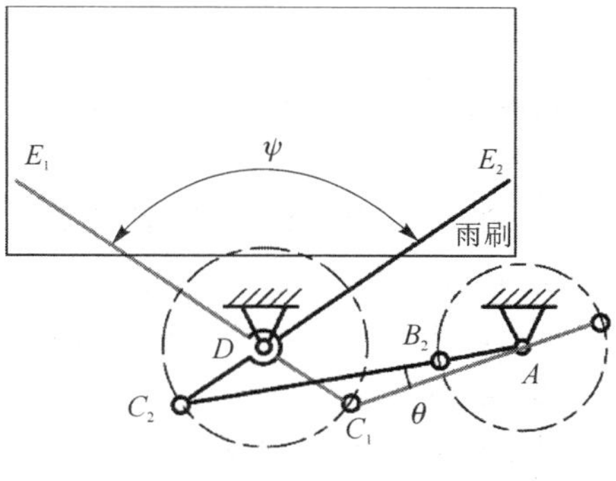

图 3－38　行程机构的设计

另外由图 3－38 还可以知道，AC_1 和 AC_2 线的夹角就是极位夹角 θ。

2. 急回机构的设计

曲柄摇杆机构、偏置曲柄滑块机构、导杆机构均具有急回运动特性，在设计这类机构时，通常给定行程速度变化系数 K，然后算出极位夹角 θ，再根据机构在极限位置时的几何关系及有

关的辅助条件，最终确定出机构中各构件的尺寸参数，使所设计的机构能保证一定的急回运动的要求。

(1) 曲柄摇杆机构

已知：摇杆的长度 l_{CD}、摇杆摆角 ψ 及行程速比系数 K。

要求：试设计该曲柄摇杆机构。

设计过程：分析已知条件可知，该机构设计的实质是确定固定铰链 A 的位置，以保证给定要求的 K 值。其设计步骤如下(见图 3-39)。

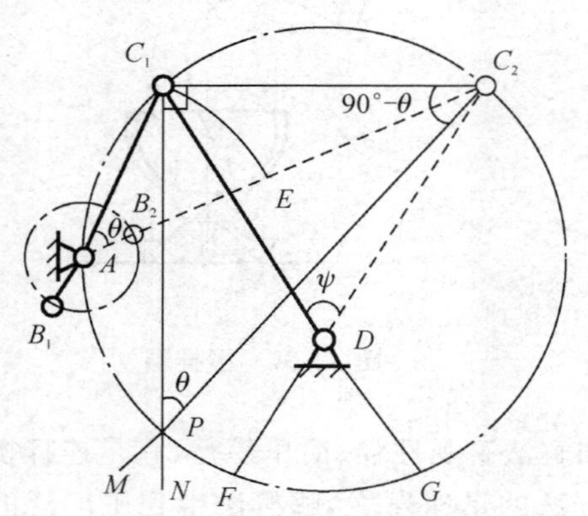

图 3-39　急回机构(曲柄摇杆机构)的设计

① 由给定的行程速比系数 K，计算出极位夹角 θ，即

$$\theta = 180° \cdot \frac{K-1}{K+1}$$

② 任选一点作为固定铰链 D 的位置，选取长度比例尺 μ_l，并根据摇杆长度 l_{CD} 和摆角 ψ 作摇杆的两个极限位置 C_1D 和 C_2D。

③ 连接 C_1C_2，过 C_1 点作 C_1C_2 的垂线 C_1N，过 C_2 点作 $\angle C_1C_2M = 90° - \theta$，两条直线交于 P 点，则 $\angle C_1PC_2 = \theta$。

④ 以 C_2P 为直径作三角形 C_1C_2P 的外接圆(称为**辅助圆**)。在圆周 C_1PC_2 上任选一点 A 作为曲柄的转动中心，并分别连接 C_1A 和 C_2A，则 $\angle C_1AC_2 = \theta$。

⑤ 由图 3-39 可知，摇杆在两极限位置时曲柄和连杆共线，因此有 $AC_1 = B_1C_1 - AB_1$，$AC_2 = AB_2 + B_2C_2$。由此可得

$$AB = \frac{AC_2 - AC_1}{2}, \quad BC = \frac{AC_2 + AC_1}{2}$$

因此曲柄和连杆的长度为

$$l_{AB} = AB\mu_l, \quad l_{BC} = BC\mu_l$$

曲柄和连杆的长度也可用图解法求得，即以 A 为圆心、以 $\overline{AC_1}$ 为半径作弧与 AC_2 交于点 E，则 $EC_2 = 2AB$。

若不给出其他要求，只要在圆周 C_1PC_2 上任选一点为 A，均能满足行程速度变化系数 K 的要求，因此解有无穷多个。

在实际的机构设计时，还要根据机构的应用场合给出其他要求，如机架的长度、最小传动角等，此时解就唯一了。

考虑到运动的连续性，A 点不能在 FG 圆周上选取。

(2) 曲柄滑块机构

已知：行程速比系数 K、滑块行程 H 和偏距 e。

要求：设计该偏置曲柄滑块机构。

设计过程：该机构的作图方法与曲柄摇杆机构类似，如图 3-40 所示，其设计步骤如下。

① 由给定的行程速比系数 K，计算出极位夹角 θ。

② 选取长度比例尺 μ_l，做出直线 $C_1C_2 = H$。

③ 过 C_1 点作 C_1C_2 的垂线 C_1N，过 C_2 点作 $\angle C_1C_2M=90°-\theta$，两条直线交于 P 点，则 $\angle C_1PC_2=\theta$。

④ 以 C_2P 为直径作三角形 C_1C_2P 的外接圆(**辅助圆**)。在圆周 C_1PC_2 上任选一点 A 作为曲柄的转动中心，并分别连接 C_1A 和 C_2A，则 $\angle C_1AC_2=\theta$。

⑤ 作一条直线与 C_1C_2 平行，使两直线间的距离等于给定的偏距 e，则此直线与上述圆的交点即为曲柄 AB 的铰链点 A 的位置。

⑥ 最后得曲柄和连杆的长度为

$$l_{AB}=AB\mu_l,\quad l_{BC}=BC\mu_l$$

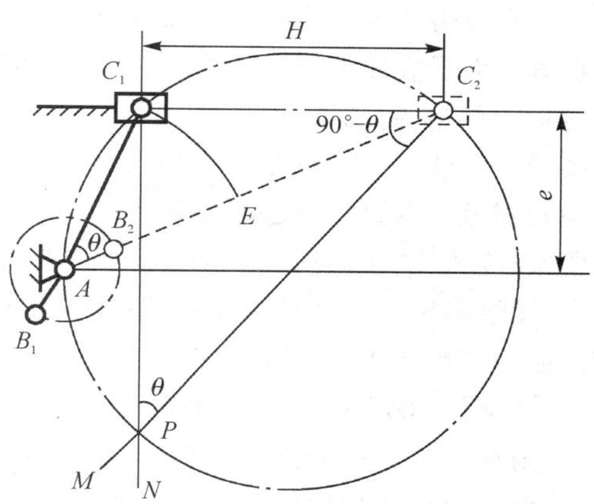

图3-40　急回机构(曲柄滑块机构)的设计

3. 刚体导引机构的设计

(1) 已知运动铰链求固定铰链的设计

已知：如图3-41所示，给定了连杆上的参考图形(矩形)在运动过程中能依次通过Ⅰ，Ⅱ，Ⅲ三个位置。

要求：设计铰链四杆机构 $ABCD$。使得连杆能依次到达Ⅰ，Ⅱ，Ⅲ三个位置。

设计过程：首先在连杆(也可看作被导引的刚体)上根据其结构情况选定运动铰链 B，C 的位置，也就得到对应连杆三个位置的运动铰链位置 B_1C_1，B_2C_2，B_3C_3。

因为铰链四杆机构中两连架杆均为定轴转动的构件，所以连杆上运动铰链 B，C 分别绕固定铰链 A，D 转动，由此可知，设计确定固定铰链 A，D，其实质就是找圆心的问题。因此由 B_1，B_2，B_3、三位置作两条中垂线，得交点 A，由 C_1，C_2，C_3 三位置作两条中垂线，得交点 D，分别是待求固定铰链 A，D 的中心。

由此就完成了铰链四杆机构 $ABCD$ 的设计，如图3-41所示。

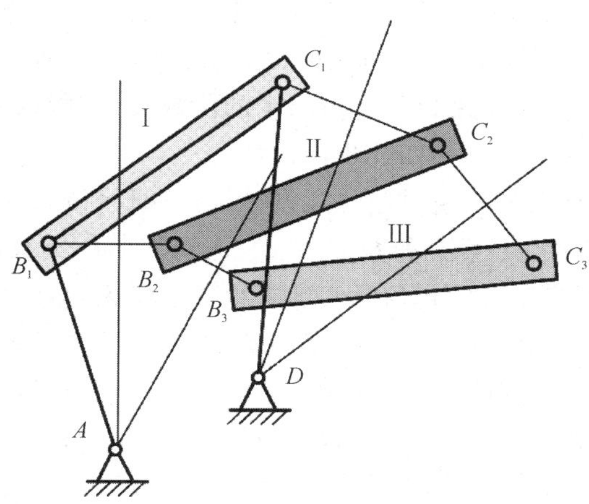

图3-41　导引机构(铰链四杆机构)的设计

(2) 已知固定铰链求运动铰链的设计

已知：为了表述方便且不失一般性，这里给定连杆两个位置Ⅰ和Ⅱ，如图 3-42 所示，并且给定固定铰链 A，D 位置。

要求：设计一个铰链四杆机构 $ABCD$，满足连杆运动过程中依次到达位置Ⅰ和Ⅱ。

设计过程：本设计问题的实质就是要在所给定的连杆参考图形上确定 B，C 铰链的位置。

① 连接 AE_2 和 DF_2，则四边形 AE_2F_2D 代表了机构在Ⅱ位置各杆的相对位置关系。

② 设想将机构"固定"在Ⅰ位置，将四边形 AE_2F_2D 作为刚性图形搬动，直至使 E_2F_2 与 E_1F_1 重合。得到 A 的新位置 A'_2 和 D 的新位置 D'_2。

③ 分别作 AA'_2 和 DD'_2 的中垂线 mm 和 nn。

④ 则在Ⅰ位置的铰链 B_1 和 C_1 可分别在中垂线 mm 和 nn 上任意位置选取。

⑤ 根据设计的附加要求确定机构在Ⅰ位置的铰链 B_1 和 C_1。现假设要求铰链 B 和 C 在参考线 EF 上选取，则中垂线 mm 和 nn 同 E_1F_1 的交点即为机构在Ⅰ位置的铰链 B_1 和 C_1。连接 AB_1 和 C_1D 就完成了四杆机构 $ABCD$ 的设计，如图 3-42 所示。

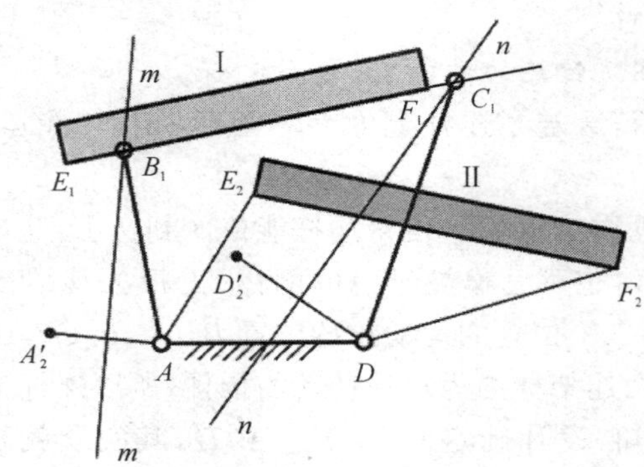

图 3-42　刚体引导机构(铰链四杆机构)的设计

4. 函数机构的设计

所谓函数机构，就是用两连架杆的对应位置关系来模拟一个函数关系。例如用铰链四杆机构两个连架杆的对应转角关系 $\psi=f(\varphi)$ 来模拟要求的函数关系 $y=f(x)$。对于四杆机构来说，只能用有限的对应角度关系来近似模拟给定的函数关系，所以函数机构的设计实质就变成了按两个连架杆若干组对应位置的四杆机构设计。

下面给出按照给定两连架杆三组对应位置设计铰链四杆机构的图解法设计。

已知：四杆机构中两固定铰链 A 和 D 的位置，连架杆 AB 的长度，要求在该机构运动过程中(如图 3-43 所示)，两连架杆的转角能实现 3 组对应位置：$\varphi_1,\psi_1;\varphi_2,\psi_2;\varphi_3,\psi_3$。

要求：设计此铰链四杆机构，满足给定的两个连架杆三组对应位置。

设计过程：设计此四杆机构的关键是求出连杆 BC 上活动铰链点 C 的位置，一旦确定了 C 点的位置，连杆 BC 和另一连架杆 DC 的长度也就确定了。这类设计问题可以转化为以构件 DC 为机架，以构件 AB 为连杆的三组对应位置设计问题。

① 选择适当的比例尺画出机构的三组对应位置，然后以 D 为圆心，任意长为半径画弧，分别交三个方向线于 E_1、E_2、E_3，如图 3-43 所示；

② 连接 B_2E_2 和 B_2D，形成三角形 B_2E_2D，连接 B_3E_3 和 B_3D，形成三角形 B_3E_3D(此

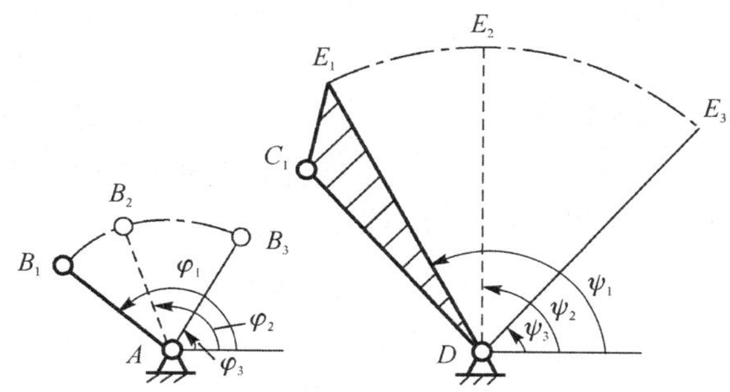

图3-43　连架杆三组对应位置的设计要求

时以 E_1D 为参考位置)；

③ 将三角形 B_2E_2D 绕 D 点逆时针转动至使 E_2D 与 E_1D 重合，从而得到该三角形的新位置 $B_2'E_1D$；

④ 将三角形 B_3E_3D 绕 D 点逆时针转动至使 E_3D 与 E_1D 重合，从而得到该三角形的新位置 $B_3'E_1D$(这时，连架杆的三个对应位置问题转化成以 E_1D 为机架，以原连架杆 AB 为连杆所占据的三个位置设计问题)；

⑤ 连接 B_1B_2' 和 $B_2'B_3'$ 并作 B_1B_2' 和 $B_2'B_3'$ 的中垂线，其交点即为待求的铰链点 C_1 的位置，AB_1C_1D 即为所求的四杆机构，如图 3-44 所示。该机构在运动过程中，连架杆 DCE 的 DE 边分别满足给定的位置。

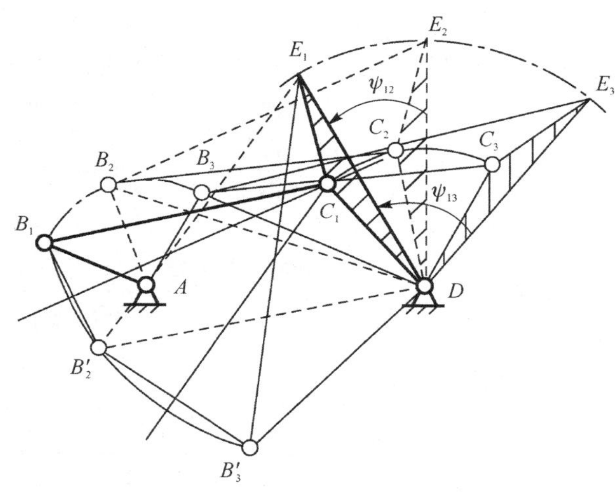

图3-44　按两连架杆三组对应位置要求的机构设计

若给出两连架杆的两组对应位置，则铰链 C_1 可在 B_1B_2' 的中垂线上任意位置选取，因此有无穷多设计解答，此时可根据设计附加条件确定唯一解。

3.3.3　平面连杆机构的解析法设计

已知：图 3-45 所示的铰链四杆机构，给定连架杆 AB 和 CD 的若干组对应位置(φ_i，ψ_i)($i=1\sim n$)。

要求：设计该铰链四杆机构，即确定各构件的长度 l_1,l_2,l_3,l_4 和两连架杆的起始角 φ_0,ψ_0。

设计过程：首先，建立坐标系如图 3-45 所示，使 x 轴与机架重合，铰链点 A 为坐标原点，选取图示坐标系 Oxy。构件以矢量表示，其转角从 x 轴正向沿逆时针方向度量。根据构件所构成的矢量封闭图形，可写出下列矢量方程式

$$\boldsymbol{l}_1+\boldsymbol{l}_2=\boldsymbol{l}_4+\boldsymbol{l}_3$$

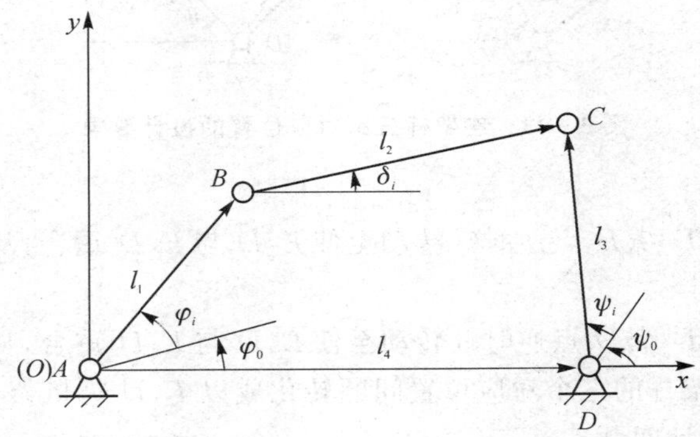

图 3-45 连架杆若干组对应位置的设计要求

将上式向 x,y 轴投影可得

$$\begin{aligned}l_1\cos(\varphi_i+\varphi_0)+l_2\cos\delta_i&=l_4+l_3\cos(\psi_i+\psi_0)\\ l_1\sin(\varphi_i+\varphi_0)+l_2\sin\delta_i&=l_3\sin(\psi_i+\psi_0)\end{aligned}\tag{3-15}$$

由于实现连架杆对应位置与构件绝对长度无关，故可用各构件的相对尺寸表示。若设构件 AB 长为 1，则有

$$\frac{l_1}{l_1}=1,\quad \frac{l_2}{l_1}=m,\quad \frac{l_3}{l_1}=n,\quad \frac{l_4}{l_1}=p\tag{3-16}$$

将式(3-16)代入式(3-15)中，并消去 δ_i 得

$$n\cos(\psi_i+\psi_0)-\frac{n}{p}\cos[(\psi_i+\psi_0)-(\varphi_i+\varphi_0)]+\frac{p^2+n^2-m^2+1}{2p}=\cos(\varphi_i+\varphi_0)\tag{3-17}$$

为简化式(3-17)，再令

$$C_0=n,\quad C_1=-\frac{n}{p},\quad C_2=\frac{p^2+n^2-m^2+1}{2p}\tag{3-18}$$

由式(3-17)和式(3-18)得

$$C_0\cos(\psi_i+\psi_0)+C_1\cos[(\psi_i+\psi_0)-(\varphi_i+\varphi_0)]+C_2=\cos(\varphi_i+\varphi_0)\tag{3-19}$$

若给定两连架杆的初始角 φ_0,ψ_0，式(3-19)为含有三个待求量 C_0,C_1,C_2 的线性方程组，将 $\varphi_i,\psi_i(i=1,2,3)$ 分别代入式(3-30)得到三个方程，即

$$\begin{cases}C_0\cos(\psi_1+\psi_0)+C_1\cos[(\psi_1+\psi_0)-(\varphi_1+\varphi_0)]+C_2=\cos(\varphi_1+\varphi_0)\\ C_0\cos(\psi_2+\psi_0)+C_1\cos[(\psi_2+\psi_0)-(\varphi_2+\varphi_0)]+C_2=\cos(\varphi_2+\varphi_0)\\ C_0\cos(\psi_3+\psi_0)+C_1\cos[(\psi_3+\psi_0)-(\varphi_3+\varphi_0)]+C_2=\cos(\varphi_3+\varphi_0)\end{cases}\tag{3-20}$$

由式(3-20)可解出 C_0,C_1,C_2，再由式(3-18)确定构件相对长度 m,n,p，最后根据实际

需要决定 l_1 的大小后，进而确定其他各构件长，即 l_2，l_3，l_4。

若不给定两连架杆的初始角 φ_0，ψ_0，式(3-20)为含有五个待求量 C_0，C_1，C_2，φ_0，ψ_0，此时式(3-31)为非线性方程组，求解较烦琐。由此可知，铰链四杆机构最多能精确满足连架杆五组对应位置的要求，此时有确定解。

3.3.4　平面连杆机构的实验法设计

已知：如图3-46所示的封闭曲线轨迹 mm。

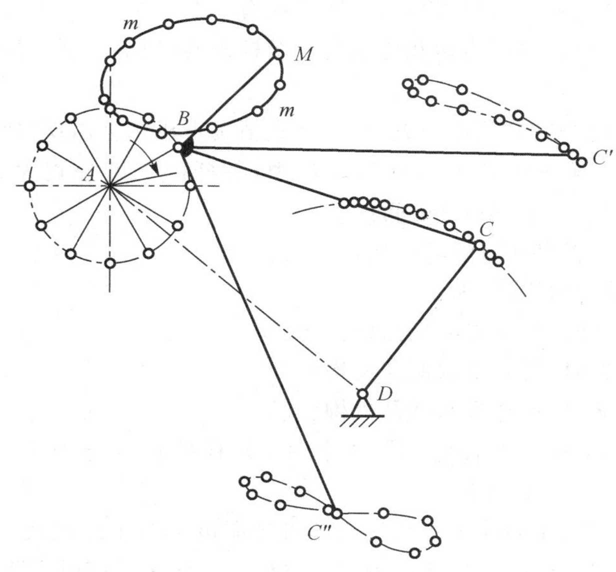

图3-46　轨迹机构的设计

要求：设计一个铰链四杆机构来实现给定的封闭曲线轨迹 mm。

设计过程：由于连杆做平面一般运动，因此只有连杆上的点才可能有复杂的曲线轨迹。曲线上一个点对应连杆就是一个位置，曲线是由无穷多个点组成，因此要满足一曲线轨迹，相当于连杆要满足无数个给定位置，这是不可能实现的。经理论分析，一个四杆机构理论上只能精确满足轨迹上9个点的位置，而且无论是用图解法还是解析法，设计繁复，甚至在实际上是无法实现的。

① 选定固定铰链 A 的位置及原动件 AB 的长度 l_{AB}，再选定长度 l_{BM} 以确定连杆上的 M 点(此点一定在给定的轨迹曲线上)

② 使原动件 B 点做圆周运动(图示圆周作12等分)。当 B 点处于某等分点时，也使连杆上 M 点在给定的轨迹 mm 上相应占有一个点位。这样当 B 点转一周时，M 点沿 mm 轨迹曲线也相应占有12个点位。

③ 在连杆上固结若干杆件，每个杆件上的各点描绘出各自的轨迹曲线。如 BC' 杆上 C' 点的轨迹曲线、BC 杆上 C 点的轨迹曲线、BC'' 杆上 C'' 点的轨迹曲线。

④ 从以上各点 C，C'，C''…的轨迹曲线中找出与圆弧相接近的曲线(如图3-46所示 C 点轨迹曲线)，即可将其曲率中心作为摇杆 CD 的固定铰链中心 D，而描述此近似圆弧轨迹曲线的点作为连杆与摇杆的铰接点 C。

如图 3-46 所示的铰链四杆机构 $ABCD$ 就是近似实现给定轨迹 mm 的曲柄摇杆机构。

思考题

3-1　铰链四杆机构中存在曲柄的条件是什么？确定机构中是否存在曲柄的意义是什么？

3-2　什么是连杆机构的急回特性？如何来衡量急回特性？

3-3　什么叫极位夹角？它和机构的急回特性有什么关系？

3-4　什么是连杆机构的压力角和传动角？四杆机构（铰链四杆机构和曲柄滑块机构）的最大压力角发生在什么位置？

3-5　什么是连杆机构的"死点位置"？在什么情况下机构会出现"死点位置"？

3-6　在图 3-47 所示的铰链四杆运动链中，各杆的长度分别为 $l_{AB}=55$ mm，$l_{BC}=40$ mm，$l_{CD}=50$ mm，$l_{AD}=25$ mm。试问：

(1) 该运动链中，是否存在双整转副构件？

(2) 如果具有双整转副构件，那么

① 哪个构件为机架时，可获得曲柄摇杆机构？

② 哪个构件为机架时，可获得双曲柄机构？

③ 哪个构件为机架时，可获得双摇杆机构？

3-7　在图 4-38 所示的铰链四杆机构中，各杆件长度分别为 $l_{AB}=28$ mm，$l_{BC}=70$ mm，$l_{CD}=50$ mm，$l_{AD}=72$ mm。

(1) 若取 AD 为机架，重新作图求该机构的极位夹角 θ，杆 CD 的最大摆角 ψ；

(2) 若取 AB 为机架，该机构将演化为何种类型？为什么？请说明这时 C，D 两个转动副是整转副还是摆转副？

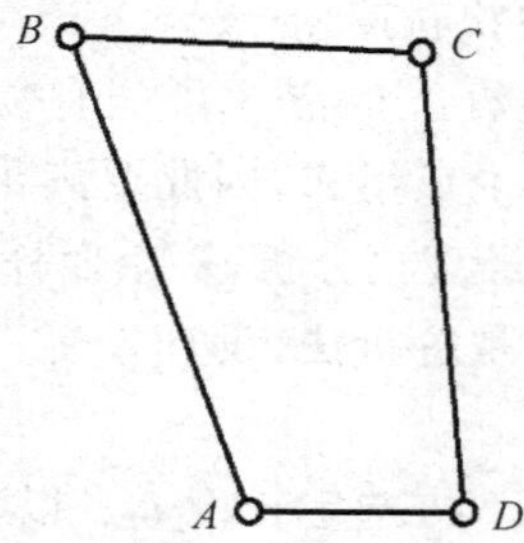

图 3-47　铰链四杆机构

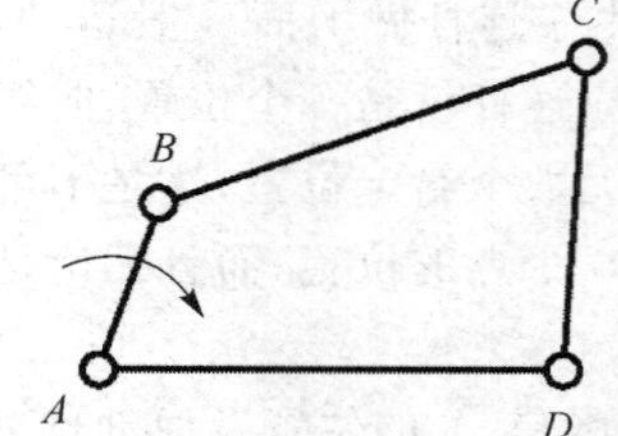

图 3-48　铰链四杆机构

3-8　如图 3-49 所示机构，已知：$a=150$ mm，$b=155$ mm，$c=160$ mm，$d=100$ mm，$e=350$ mm。试分析当构件 AB 为主动件，滑块 E 为从动件时，机构是否有急回特性（如果存在急回特性，**重新作图**求出行程速比系数 K）？如主动件改为构件 CD，情况有无变化？试用作图法说明。

3-9　如图 3-50 所示的偏置曲柄滑块机构 ABC，已知偏距为 e。试

(1) 在题图上标出机构在该位置时的压力角 α 和传动角 γ；

(2) **重新作图**标出极位夹角 θ；

(3) **重新作图**标出最小传动角 γ_{min}。

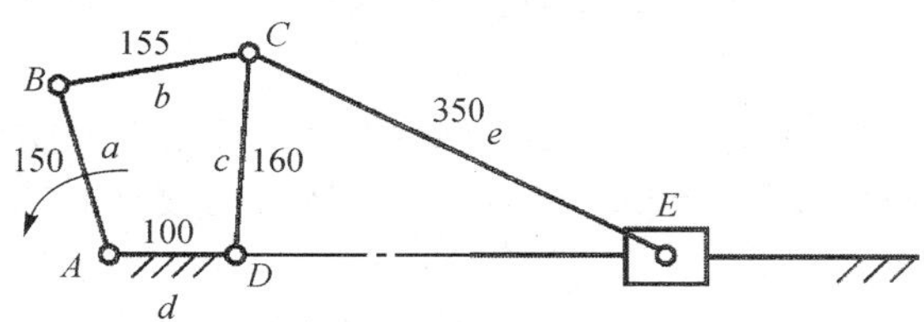

图 3-49　平面六杆机构

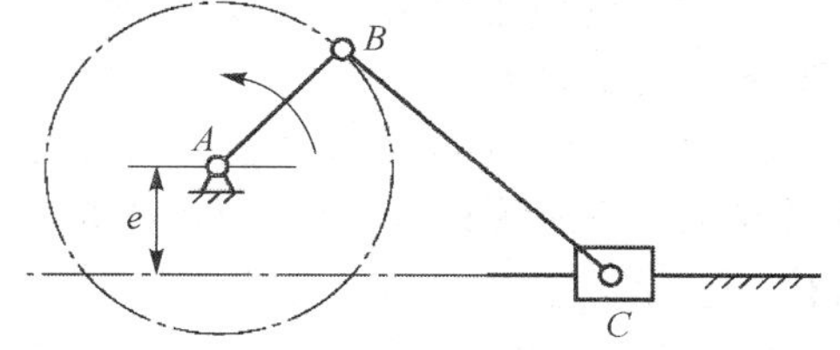

图 3-50　偏置曲柄滑块机构

3-10　如图 3-51 所示为开关的分合闸机构。试确定

(1) AB 为主动件时,在图上标出机构在虚线位置时的压力角 α 和传动角 γ;

(2) 分析机构在实线位置(合闸)时,在触头接合力 Q 作用下机构会不会打开?为什么?

3-11　在飞机起落架所用的铰链四杆机构中,已知连杆的两位置如图 3-52 所示,要求连架杆 AB 的铰链 A 位于 B_1C_1 的连线上,连架杆 CD 的铰链 D 位于 B_2C_2 的连线上。试设计此铰链四杆机构(作图在题图上进行)。

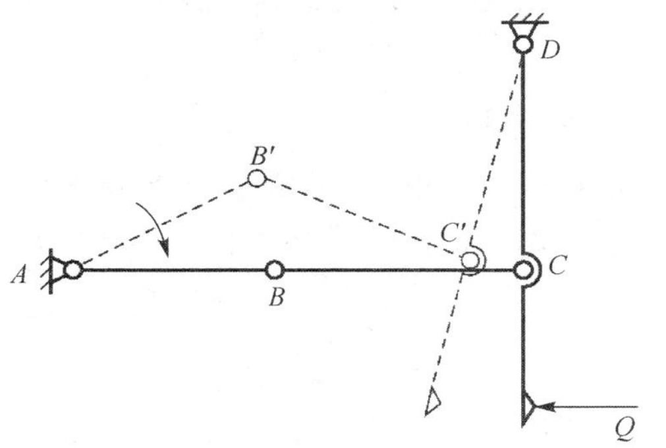

图 3-51　分合闸机构

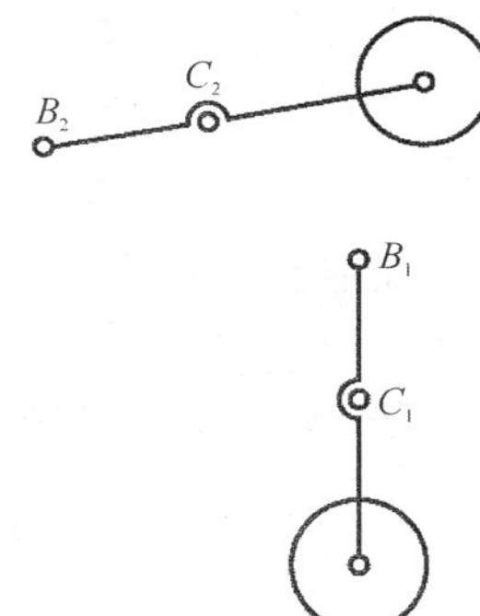

图 3-52　飞机起落架机构

3-12　用图解法设计如图 3-53 所示的铰链四杆机构。已知其摇杆 CD 的长度 l_{CD} = 75 mm,行程速比系数 $K=1.5$,机架 AD 的长度 $l_{AD}=100$ mm,又知摇杆的一个极限位置与机架间的夹角 $\psi=45°$,试**重新作图**求机构的曲柄长度 l_{AB} 和连杆长度 l_{BC}。

3-13　设计一铰链四杆机构(见图 3-54)。已知行程速度变化系数 $K=1$,摇杆长为 $l_{CD}=100$ mm,连杆长为 $l_{BC}=150$ mm,试设计该铰链四杆机构,**重新作图**求曲柄 AB 和机架 AD 的长度 l_{AB} 和 l_{AD}。

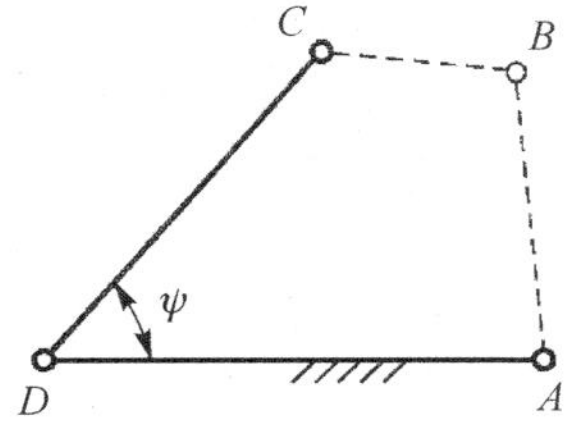

图 3-53　铰链四杆机构

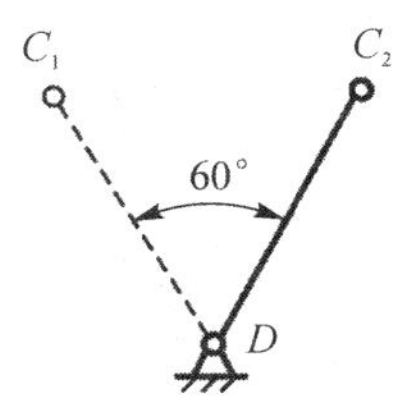

图 3-54　曲柄滑块机构

3-14　设计一曲柄滑块机构。已知曲柄长 $l_{AB}=20$ mm，偏心距 $e=15$ mm，其最大压力角 $\alpha=30°$。试用作图法确定连杆长度 l_{BC}，滑块的最大行程 H，并标明其极位夹角 θ，求出其行程速度变化系数 K。

3-15　有一曲柄摇杆机构，已知其摇杆长 $l_{CD}=420$ mm，摆角 $\psi=90°$，摇杆在两极限位置时与机架所成的夹角分别为 60°和 30°，机构的行程速比系数 $K=1.5$，用图解法设计此四杆机构。

3-16　如图 3-55 所示，已知曲柄摇杆机构 $ABCD$。现要求用一连杆将摇杆 CD 和一滑块 F 连接起来，使摇杆的三个位置 C_1D，C_2D，C_3D 和滑块的三个位置 F_1，F_2，F_3 相对应，其中 F_1，F_3 分别为滑块的左、右极限位置。试用图解法确定摇杆 CD 和滑块 F 之间的连杆与摇杆 CD 铰接点 E 的位置。

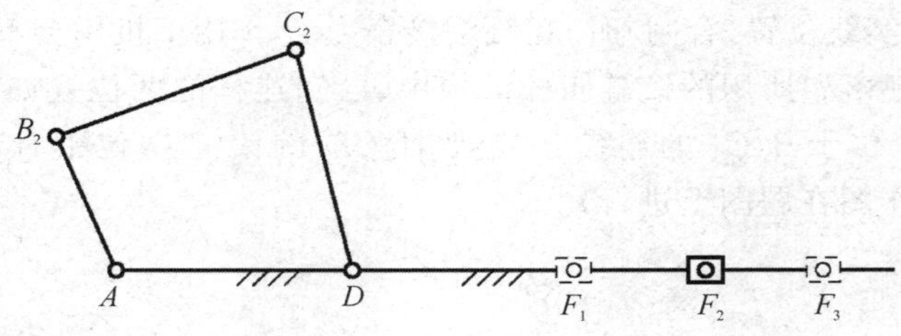

图 3-55　平面六杆机构

3-17　如图 3-56 所示，现已给定摇杆滑块机构 ABC 中固定铰链 A 及滑块导路的位置，要求当滑块由 C_1 到 C_2 时连杆由 p_1 到 p_2。设计此机构，求出摇杆和连杆的长度 l_{AB} 和 l_{BC}（保留作图线，要求 B 点取在 p 线上）。

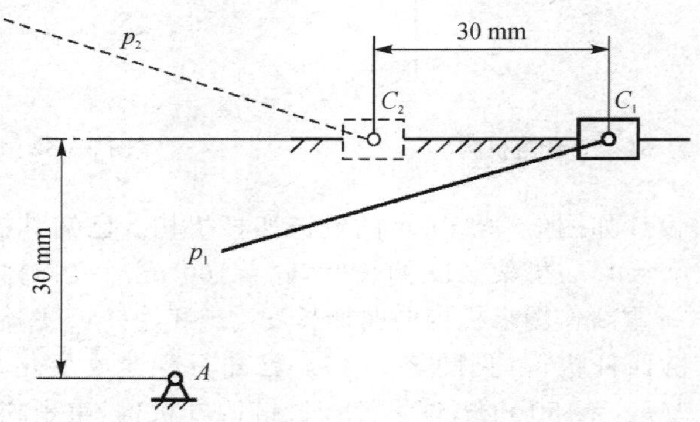

图 3-56　摇杆滑块机构

第 4 章　凸轮机构

☞ **本章思维导图**

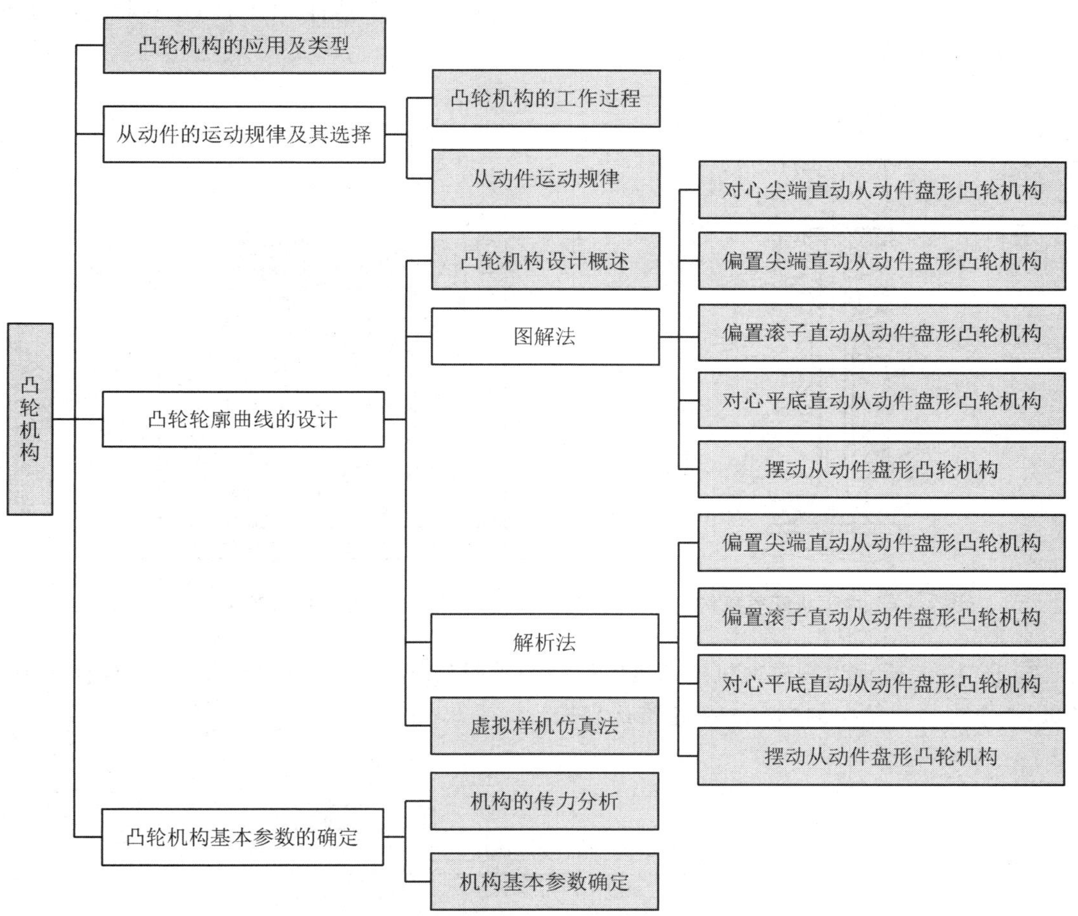

凸轮机构是一种被广泛应用在自动机械中的高副机构，因此研究凸轮机构具有重要的理论意义和应用价值。本章主要研究内容有：凸轮机构的类型、特点与应用；从动件的常用运动规律及运动规律的组合及选用；凸轮廓线设计的图解法、解析法和虚拟样机法设计；凸轮机构的基本尺寸和参数的确定。

4.1　凸轮机构的应用及分类

4.1.1　凸轮机构的应用

凸轮是一种具有曲线轮廓或凹槽的构件，它与从动件通过高副接触，使从动件获得连续或不连续的任意预期运动。

凸轮机构广泛地应用于各种机械，特别是自动机械。凸轮机构的作用主要是将凸轮（主动件）的连续转动转化为从动件的往复移动或摆动。例如：

① 图 4-1 所示为内燃机配气凸轮机构。当原动凸轮 1 连续等速转动时，其凸轮轮廓通过与从动件 2（气阀）的平底接触，使气阀有规律地开启和闭合。工作对气阀的动作程序及其速度和加速度都有严格的要求，这些要求均是通过凸轮 1 的轮廓曲线来实现的。

② 图 4-2 所示为绕线机机构。当凸轮 1 连续转动时，从动件 2（摆杆）左右往复摆动，通过上端部的摆动，将线缠绕到线棍 3 上。

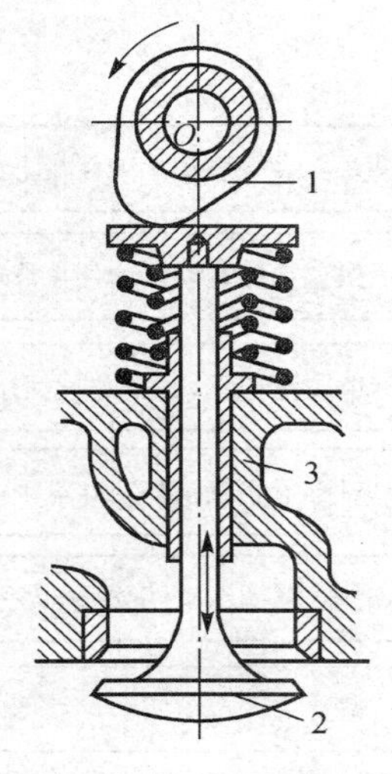

图 4-1 内燃机配气机构

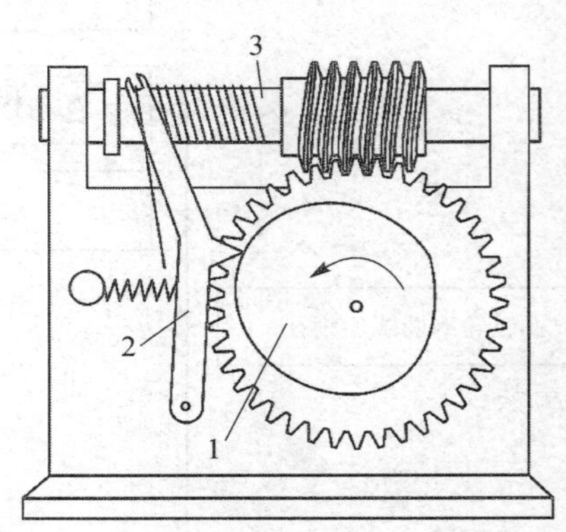

图 4-2 绕线机机构

③ 图 4-3 所示为一送料机构。当圆柱凸轮 1 回转时，经滚子 2 带动从动件（推杆）3 往复移动，从而将物料箱中的物料一个个推送出去。

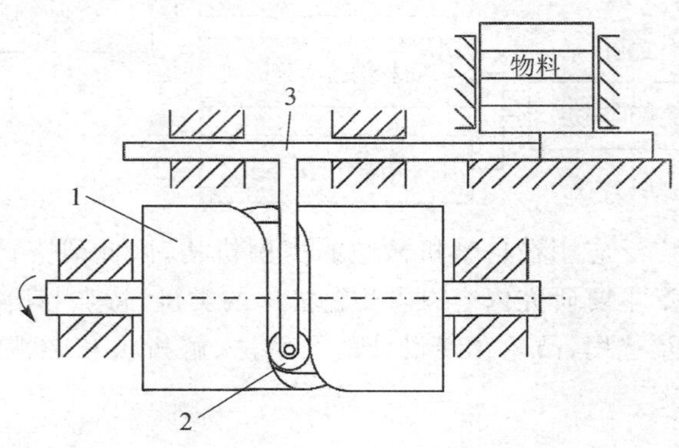

图 4-3 送料机构

从以上各凸轮机构的应用实例可以看出，**凸轮机构是由凸轮、从动件和机架构成**，通常凸轮作匀速转动。当凸轮作匀速转动时，从动件的运动规律（指位移、速度、加速度与凸轮转角（或时间）之间的函数关系）取决于凸轮的轮廓曲线形状。

4.1.2　凸轮机构的分类

凸轮机构的种类很多，通常可以从以下几个方面进行分类：凸轮的形状、从动件的端部形式、维持从动件与凸轮的高副接触的锁合方式及从动件的运动形式。

1. 按凸轮的形状来分类

① **盘形凸轮机构**。在这种凸轮机构中，凸轮是一个绕定轴转动且具有变曲率半径的盘形构件，如图4-4(a)所示。当凸轮定轴回转时，从动件在垂直于凸轮轴线的平面内运动。

② **移动凸轮机构**。当盘形凸轮的回转中心趋于无穷远时，就演化为移动凸轮，如图4-4(b)所示。在移动凸轮机构中，凸轮一般作往复直线运动，大型超市的循环电梯台阶的自动上升和下降、印刷机中收纸牙排咬牙的开闭均是通过移动凸轮进行控制的。

③ **圆柱凸轮机构**。在这种凸轮机构中，圆柱凸轮可以看成是将移动凸轮卷在圆柱体上而得到的凸轮，如图4-4(c)所示。由于凸轮和从动件的运动平面不平行，因而这是一种**空间凸轮机构**。

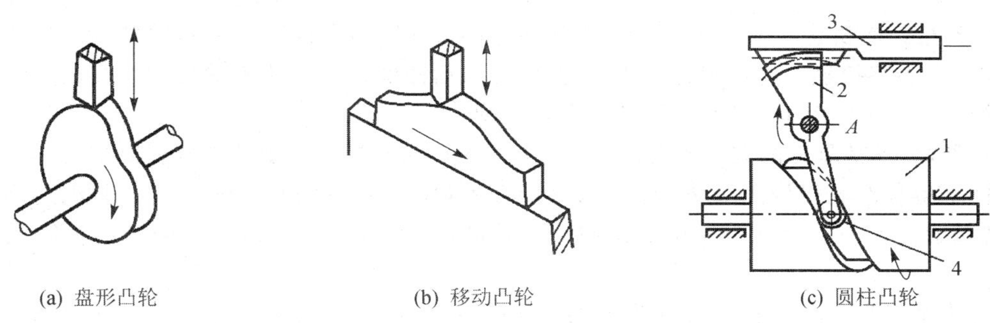

(a) 盘形凸轮　　(b) 移动凸轮　　(c) 圆柱凸轮

图4-4　凸轮形状种类

2. 按从动件的端部形式分类

按照从动件的端部形式的不同可将其分为尖端从动件凸轮机构、滚子从动件凸轮机构和平底从动件凸轮机构。

① **尖端从动件凸轮机构**。如图4-5(a)所示，这种凸轮机构的从动件结构简单，对于复杂的凸轮轮廓也能精确地实现所需的运动规律。由于以尖端和凸轮相接触，故该结构很容易磨损，因此，这种凸轮机构适用于受力不大、低速以及要求传动灵敏的场合，如精密仪表的记录仪等。

② **滚子从动件凸轮机构**。如图4-5(b)所示，为了克服尖端从动件凸轮机构的缺点，可在尖端处安装滚子，将滑动摩擦变为滚动摩擦使其耐磨损，从而可以承受较大的载荷，是应用最为广泛的一种凸轮机构。

③ **平底从动件凸轮机构**。如图4-5(c)所示，这种凸轮机构的从动件与凸轮轮廓表面接触的端面为一平面，因而不能用于具有内凹轮廓的凸轮。这种凸轮机构的特点是受力比较平稳(不计摩擦时，凸轮对平底从动件的作用力垂直于平底)，凸轮与平底之间容易形成楔形油膜，润滑较好。因此，平底从动件常用于高速凸轮机构当中。

3. 按维持高副接触的锁合方式分类

在凸轮机构的工作过程中，必须保证凸轮与从动件一直保持接触。常把保持凸轮与从动件接触的方式称为封闭方式或锁合方式，主要分为形封闭和力封闭两种。

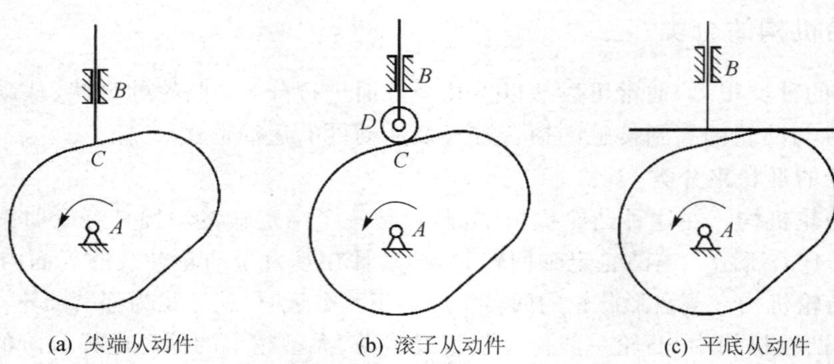

(a) 尖端从动件　　(b) 滚子从动件　　(c) 平底从动件

图 4－5　凸轮从动件种类

(1) 形封闭的凸轮机构

形封闭的凸轮机构依靠高副元素本身的几何形状使从动件与凸轮始终保持接触。常有以下几种形式：

① **沟槽凸轮机构**。如表 4－1 所列的沟槽凸轮，利用圆柱或圆盘上的沟槽保证从动件的滚子与凸轮始终接触。这种锁合方式最简单，且从动件的运动规律不受限制。其缺点是增大了凸轮的尺寸和重量，且不能采用平底从动件的形式。

② **等宽、等径凸轮机构**。如表 4－1 所列，等宽凸轮机构的从动件具有相对位置不变的两个平底，而等径凸轮机构的从动件上则装有轴心相对位置不变的两个滚子，它们同时与凸轮轮廓保持接触。这种凸轮机构的尺寸比沟槽凸轮的小，但从动件可以实现的运动规律受到了限制。

③ **共轭凸轮机构**。表 4－1 中所列的共轭凸轮机构由安装在同一根轴上的两个凸轮控制一个从动件，一个凸轮控制从动件使其逆时针摆动，另一个凸轮则驱动从动件顺时针摆回。共轭凸轮机构可用于高精度传动，如现代印刷机中的下摆式前规机构、下摆式递纸机构等均采用共轭凸轮驱动。其缺点是结构比较复杂，制造和安装精度要求较高。

表 4－1　形封闭凸轮机构

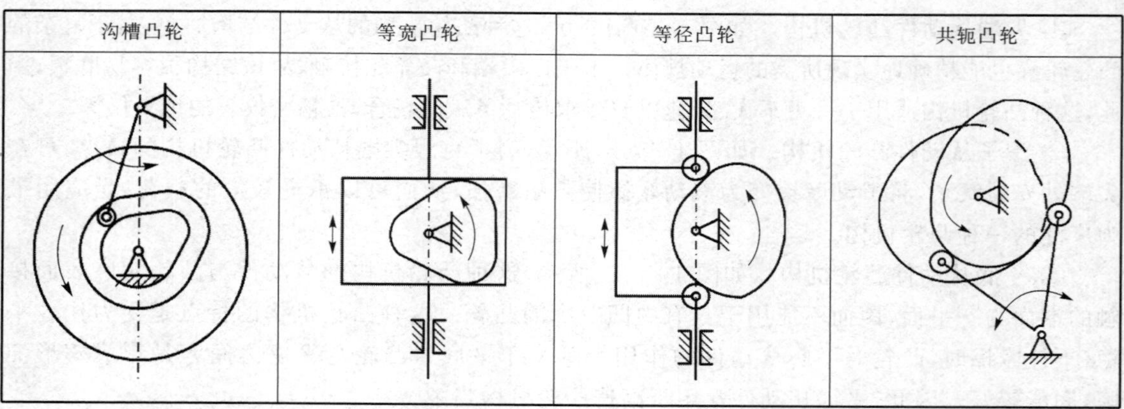

沟槽凸轮	等宽凸轮	等径凸轮	共轭凸轮

(2) 力封闭的凸轮机构

这种凸轮机构利用从动件的重力或其他外力（常为弹簧力）来保持凸轮和从动件始终接触，如图 4－6 所示。

4. 按从动件的运动形式分类

从动件做往复直线运动，称为**直动从动件凸轮机构**，如图 4－7 所示。从动件做往复摆动，则称为**摆动从动件凸轮机构**，如图 4－8 所示。

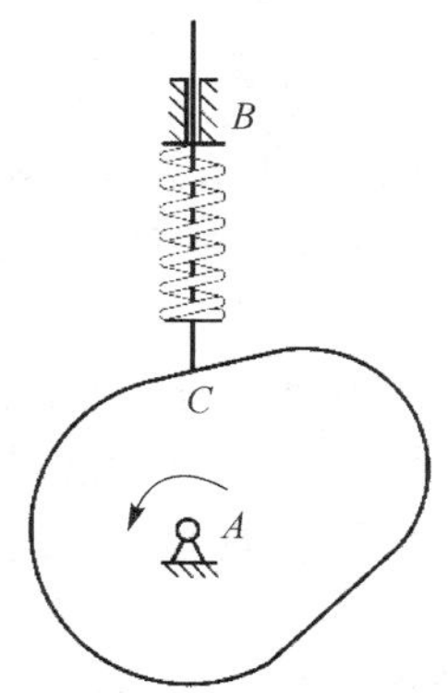

图 4－6　力封闭凸轮机构

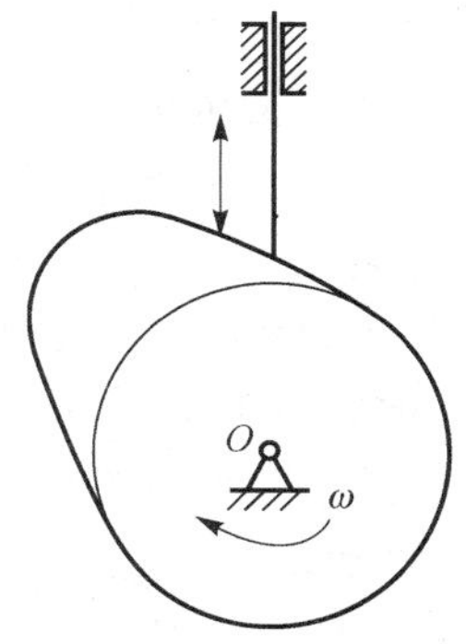

图 4－7　对心直动从动件凸轮机构

若直动从动件的导路通过凸轮的回转中心，称为**对心直动从动件盘形凸轮机构**，如图 4－7 所示。

若直动从动件的导路不通过凸轮的回转中心，则称为**偏置直动从动件盘形凸轮机构**，如图 4－9 所示，偏置的距离称为**偏距**。

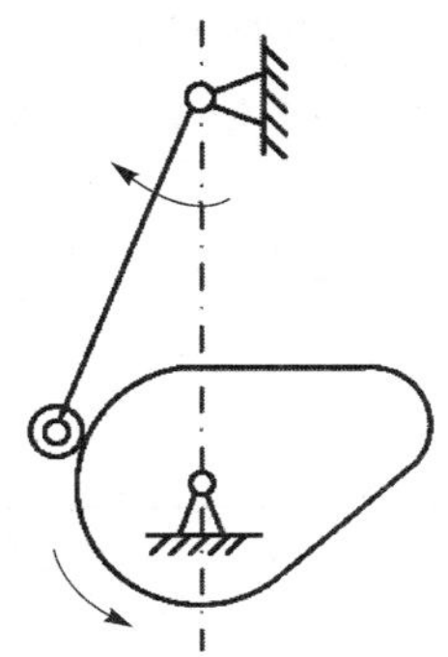

图 4－8　摆动从动件凸轮机构

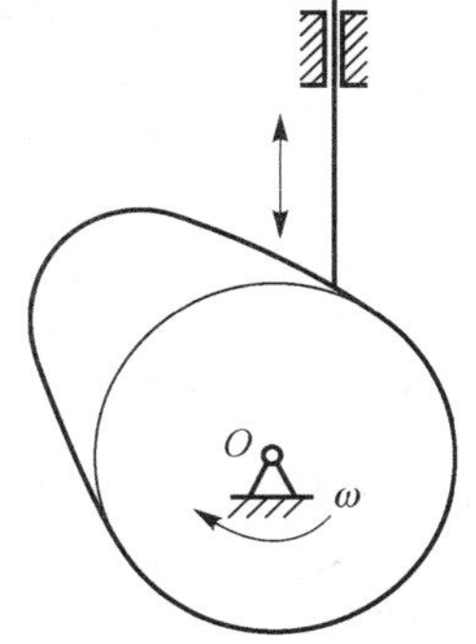

图 4－9　偏置直动从动件凸轮机构

凸轮机构的主要特征是多用性和灵活性。从动件的运动规律取决于凸轮轮廓曲线的形状，只要适当地设计凸轮的轮廓曲线，就可以使从动件获得各种预期的运动规律。几乎对于任意要求的从动件的运动规律，都可以较为容易地设计出凸轮廓线来实现，这是**凸轮机构的优点**。

凸轮机构的缺点在于：凸轮廓线与从动件之间是点或线接触的高副，容易磨损，故多用于传力不大的场合。

4.2 从动件运动规律及其选择

4.2.1 凸轮机构的工作过程

图 4-10(a)所示为一偏置尖端直动从动件盘形凸轮机构,从动件移动轨迹线至凸轮回转中心的偏距为 e,以凸轮轮廓的最小向径 r_b 为半径所作的圆称为**基圆**,r_b 为**基圆半径**。凸轮以等角速度 ω 逆时针转动。

推程:尖端与点 A 接触,点 A 是基圆与开始上升的轮廓曲线的交点,此时从动件的尖端距离凸轮轴心最近,随着凸轮转动,向径增大,从动件按一定运动规律被推向远处,到向径最大的点 B 与尖端接触时,从动件被推到最远处,这一过程称为**推程**,与之对应的凸轮转角($\angle BOB'$)称为**推程运动角**Φ。

远休止:当凸轮转至圆弧 BC 段与尖端接触时,从动件在最远处停止不动,这一过程称为**远休止**,对应的凸轮转角称为**远休止运动角**Φ_S。

回程:凸轮继续转动,尖端与向径逐渐变小的 CD 段轮廓接触,从动件返回,这一过程称为**回程**,与之对应的凸轮转角称为**回程运动角**Φ'。

近休止:当圆弧 DA 段与尖端接触时,从动件在最近处停止不动,对应的凸轮转角称为**近休止运动角**Φ'_S。凸轮继续回转时,从动件重复上述的升—停—降—停的运动循环。

从动件的行程:从动件在推程阶段移动的最大距离 AB' 称为**行程**,用 h 表示。

从动件的位移 s 与凸轮转角 φ 的关系可以用从动件的位移线图来表示,如图 4-11(b)所示。由于凸轮一般均做等速旋转,转角与时间成正比,因此横坐标也可以代表时间 t。

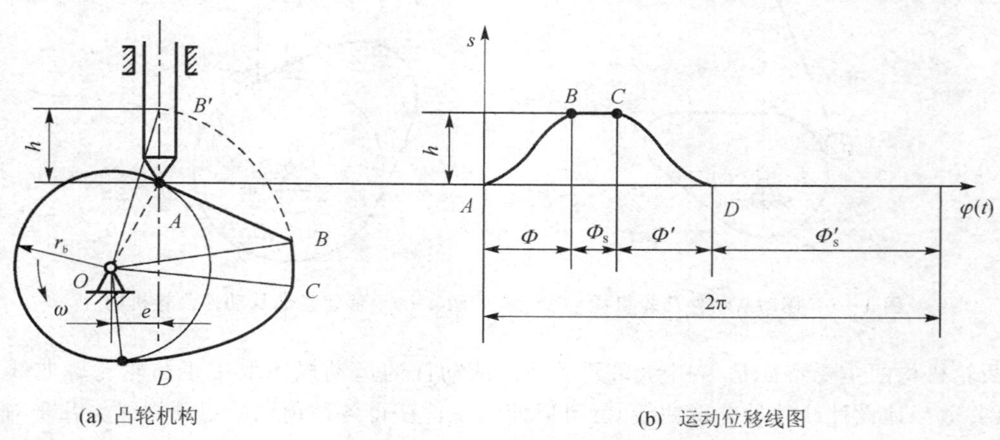

(a) 凸轮机构 (b) 运动位移线图

图 4-10 凸轮机构的运动过程

从动件的运动规律取决于凸轮的轮廓形状,因此在设计凸轮的轮廓曲线时,必须先确定从动件的运动规律。

4.2.2 常用从动件的运动规律

从动件的运动规律是指从动件的位移、速度、加速度与凸轮转角(或时间)之间的函数关系，它是设计凸轮的重要依据。常用的运动规律种类很多，这里以直动从动件在推程运动阶段为例，介绍几种最基本的运动规律。

(1) 等速运动规律

从动件在推程的运动方程为

$$\begin{cases} s = \dfrac{h}{\Phi}\varphi \\ v = \dfrac{h}{\Phi}\omega \\ a = 0 \end{cases} \tag{4-1}$$

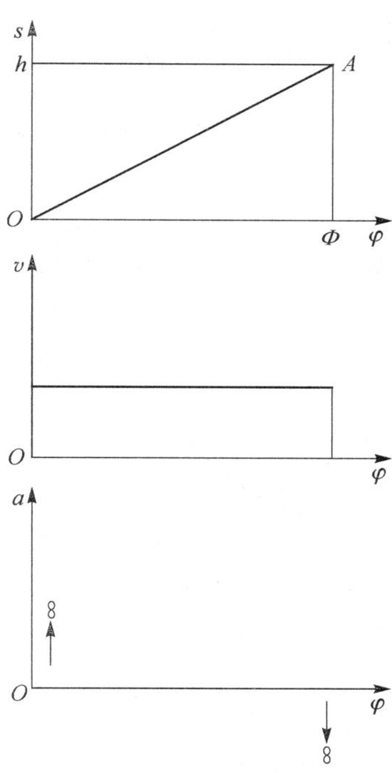

图 4-11　等速运动规律运动线图

图 4-11 所示为从动件按等速运动规律运动时的位移、速度、加速度相对于凸轮转角的变化情况。从加速度曲线图可以看出，在行程的起点和终点处，由于速度发生突变，加速度在理论上为无穷大，这会导致从动件产生非常大的冲击惯性力，称为**刚性冲击**，故只能用于**低速轻载场合**。

(2) 等加速等减速运动规律

等加速等减速运动规律是指从动件在一个运动行程中，前半段做等加速运动、后半段做大小相同的等减速运动规律。从动件在推程的运动方程为

$$\begin{cases} s = \dfrac{2h}{\Phi^2}\varphi^2 \\ v = \dfrac{4h\omega}{\Phi^2}\varphi \\ a = \dfrac{4h\omega^2}{\Phi^2} \end{cases} \quad \left(\text{推程前半段}, \varphi \in \left[0, \dfrac{\Phi}{2}\right]\right) \tag{4-2(a)}$$

$$\begin{cases} s = h - \dfrac{2h}{\Phi^2}(\Phi - \varphi)^2 \\ v = \dfrac{4h\omega}{\Phi^2}(\Phi - \varphi) \\ a = -\dfrac{4h\omega^2}{\Phi^2} \end{cases} \quad \left(\text{推程后半段}, \varphi \in \left[\dfrac{\Phi}{2}, \Phi\right]\right) \tag{4-2(b)}$$

从动件的位移、速度及加速度曲线如图 4-12 所示。

从加速度曲线可以看出，在 O，A，B 三点仍存在加速度的有限突变，因而从动件的惯性力也会发生突变而造成对凸轮机构的有限冲击，称为**柔性冲击**，可用于**中速轻载场合**。

(3) 余弦加速度运动规律

余弦加速度运动规律又称为**简谐运动规律**，从动件在推程的运动方程为

$$\begin{cases} s=\dfrac{h}{2}-\dfrac{h}{2}\cos\left(\dfrac{\pi}{\Phi}\varphi\right) \\ v=\dfrac{\pi h\omega}{2\Phi}\sin\left(\dfrac{\pi}{\Phi}\varphi\right) \\ a=\dfrac{\pi^2 h\omega^2}{2\Phi^2}\cos\left(\dfrac{\pi}{\Phi}\varphi\right) \end{cases} \tag{4-3}$$

从动件的位移、速度及加速度曲线如图 4－13 所示。

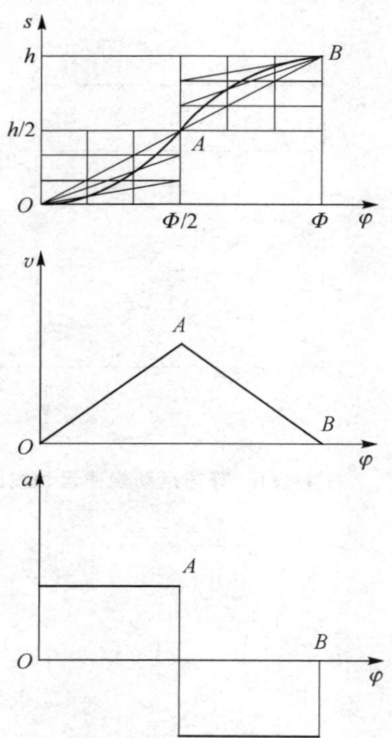

图 4－12　等加速等减速运动规律

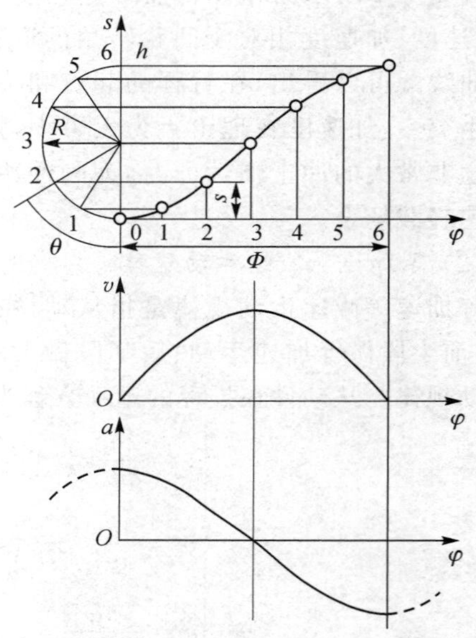

图 4－13　余弦加速度运动规律

从运动规律的加速度线图可以看出，加速度在其行程的起点和终点有突变，这亦会引起**柔性冲击**。但若将其应用在无休止角的升—降—升的凸轮机构，在连续的运动中则不会发生冲击现象，可用于**中速中载场合**。

(4) 正弦加速度运动规律

正弦加速度运动规律又称为**摆线运动规律**，从动件在推程的运动方程为

$$\begin{cases} s=\dfrac{h\varphi}{\Phi}-\dfrac{h}{2\pi}\sin\left(\dfrac{2\pi}{\Phi}\varphi\right) \\ v=\dfrac{h\omega}{\Phi}-\dfrac{h\omega}{\Phi}\cos\left(\dfrac{2\pi}{\Phi}\varphi\right) \\ a=\dfrac{2\pi h\omega^2}{\Phi^2}\sin\left(\dfrac{2\pi}{\Phi}\varphi\right) \end{cases} \tag{4-4}$$

从动件的位移、速度及加速度曲线如图 4－14 所示。

从运动规律的加速度线图可以看出，正弦加速度运动规律的加速度曲线没有突变，因此在

运动中**不会产生冲击**,可以应用于**高速轻载场合**。

(5) 3－4－5 次多项式运动规律

从动件在推程的运动方程为

$$
\begin{cases}
s = h\left[10\left(\dfrac{\varphi}{\Phi}\right)^3 - 15\left(\dfrac{\varphi}{\Phi}\right)^4 + 6\left(\dfrac{\varphi}{\Phi}\right)^5\right] \\
v = \dfrac{h\omega}{\Phi}\left[30\left(\dfrac{\varphi}{\Phi}\right)^2 - 60\left(\dfrac{\varphi}{\Phi}\right)^3 + 30\left(\dfrac{\varphi}{\Phi}\right)^4\right] \\
a = \dfrac{h\omega^2}{\Phi^2}\left[60\left(\dfrac{\varphi}{\Phi}\right) - 180\left(\dfrac{\varphi}{\Phi}\right)^2 + 120\left(\dfrac{\varphi}{\Phi}\right)^3\right]
\end{cases}
\tag{4-5}
$$

其位移方程式中多项式剩余项的次数为 3,4,5,故称为 3－4－5 次多项式运动规律,由于其多项式的最高次数为 5,故也称为**五次多项式运动规律**。

从动件的位移、速度及加速度曲线如图 4－15 示。

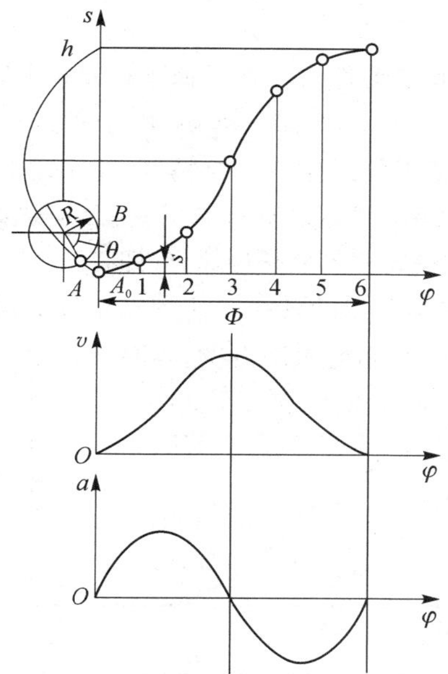

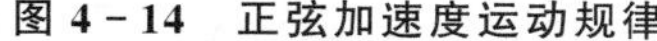
图 4－14　正弦加速度运动规律

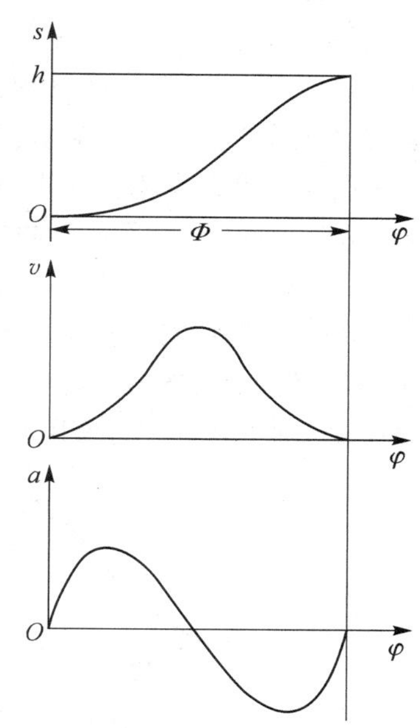

图 4－15　3－4－5 次多项式运动规律

从运动规律的加速度线图可以看出,3－4－5 次多项式运动规律的加速度曲线没有突变,因此在运动中**不会产生冲击**,可以应用于**高速中载场合**。

4.2.3　运动规律的组合

在工程实际当中,常会遇到机械对从动件的运动和动力特性有多种要求,而只用一种常用运动规律又难以完全满足这些要求。这时,为了获得更好的运动和动力特性,可以把几种常用的运动规律组合起来加以使用,这种组合称为运动曲线的拼接。

组合后的从动件运动规律应满足下列条件:

① 满足工作对从动件特殊的运动要求。

② 为避免刚性冲击,位移曲线和速度曲线(包括起始点和终止点在内)必须连续;对于中、

高速凸轮机构，还应当避免柔性冲击，这就要求其加速度曲线（包括起始点和终止点在内）也必须连续。由此可见，当用不同运动规律组合起来形成从动件完整的运动规律时，各段运动规律的位移、速度和加速度曲线在连接点处其值应分别相等。这是运动规律组合时应满足的边界条件。

③ 在满足以上两个条件的前提下，还应使最大速度 $v_{\max}$ 和最大加速度 $a_{\max}$ 的值尽可能小。因为 $v_{\max}$ 越大，动量 mv 越大；$a_{\max}$ 越大，惯性力 ma 越大。而过大的动量和惯性力对机构的运转都是不利的。

例如某对开胶印机采用定心下摆式递纸机构，已知其驱动凸轮的转速为 $n=12\ 000$ r/h。工作要求从动件（即递纸牙）咬住纸张后将其由静止加速至与传纸滚筒完成等速交接需要的速度，此时凸轮转过 68°，递纸牙摆角为 30.5°，对应的递纸牙的角速度为 $\omega_g=18.38$ rad/s。在凸轮继续转过 8°的过程中，要求递纸牙以等角速度继续摆过 7°。此后，在凸轮继续回转 44°的过程中，递纸牙减速摆动 22.5°至最远端，递纸牙一直停留在最远端直到凸轮继续转过 80°。接着，递纸牙开始摆向输纸板台并在凸轮刚好转过 150°时以摆角速度为零摆至输纸板台，在凸轮随后的 10°回转中，递纸牙保持静止。

根据已知条件可知，在凸轮的推程段有一段时间从动件需要在等速下运动（用于完成递纸牙和传纸滚筒的纸张交接），因此对应段需要采用等速运动规律。然而，由于等速运动规律在运动区段的起点和末点存在刚性冲击，难于保证高速下的纸张的交接精度，易出现套印不准甚至撕纸的印刷故障。因此，为了避免冲击，采用五次多项式运动规律与等速运动规律组合的方式，即令递纸牙首先以五次多项式运动规律逐渐加速摆动至等速交接速度（即 $\omega_g=18.38$ rad/s），然后递纸牙以等速运动规律摆过 7°，接着再以五次多项式运动规律减速摆动至最远端。经过远停段以后，递纸牙摆回板台的过程是先加速后减速，因此亦可采用五次多项式运动规律，此后凸轮继续转过 10°时，递纸牙处在近停段。从动件（即递纸牙）的位移线图如图 4-16 所示。

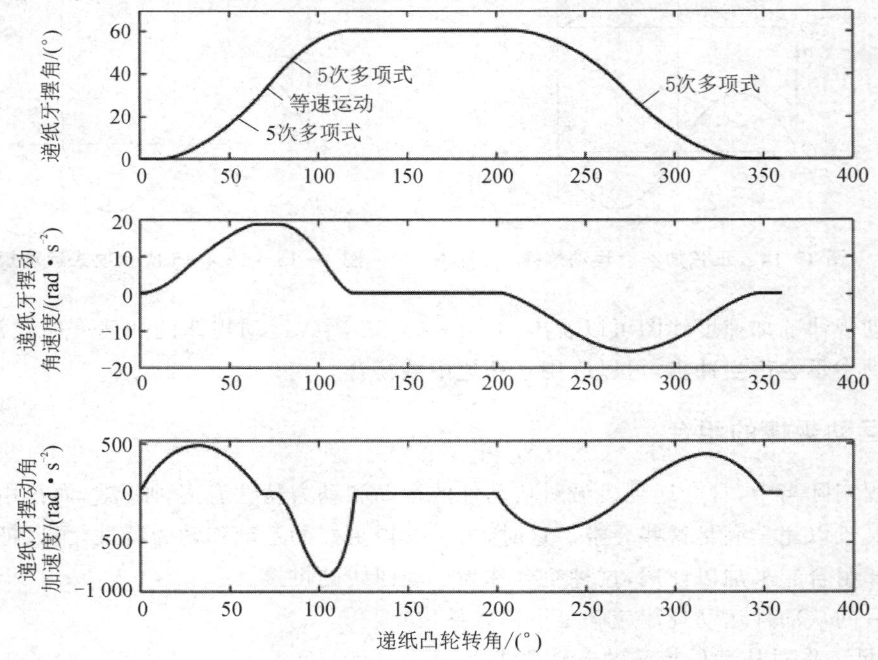

图 4-16 递纸牙组合运动线图

4.2.4　从动件运动规律的选择

在选择从动件的运动规律时，应根据机器工作时的运动要求来确定。例如印刷机中控制递纸牙递纸的凸轮机构，要求递纸牙咬纸并带其加速后必须在等速条件下与传纸滚筒咬牙进行纸张交接，故相应区段的从动件运动规律应选择等速运动规律。为了消除刚性冲击，可以在行程始末拼接其他运动规律曲线。对于无一定运动要求，只需从动件有一定位移量的凸轮机构（如夹紧送料等凸轮机构），可只考虑加工方便，采用圆弧、直线等组成的凸轮轮廓。对于高速机构，必须减小其惯性力、改善动力性能，可选择摆线运动规律或其他改进型的运动规律。

为在相同的条件下对各种运动规律的特性参数进行分析比较，通常需对运动规律的特性指标进行无量纲化。几种常用运动规律的无量纲化指标和适用场合如表 4－2 所列。

表 4－2　从动件常用运动规律比较及适用场合

运动规律	冲击特性	$v_{max}/(h\omega \cdot \Phi^{-1})$	$a_{max}/(h\omega^2 \cdot \Phi^{-2})$	适用场合
等速	刚性冲击	1.00	∞	低速轻载
等加等减速	柔性冲击	2.00	4.00	中速轻载
余弦加速度	柔性冲击	1.57	4.93	中速中载
正弦加速度	无冲击	2.00	6.28	高速轻载
五次多项式	无冲击	1.88	5.77	高速中载

4.3　图解法设计凸轮廓线

根据工作要求合理地选择从动件的运动规律，并确定凸轮的基圆半径 r_b（确定方法见 4.6 节）之后，然后应用图解法绘制凸轮的轮廓曲线。

4.3.1　凸轮廓线设计的基本原理

凸轮机构工作时凸轮是运动的，而绘制凸轮轮廓时却需要凸轮与图纸相对静止。为此，在设计中采用“**反转法**”。

现在以尖端直动从动件凸轮机构为例来说明“反转法”原理。根据相对运动原理：如果给整个机构加上绕凸轮轴心 O 的公共角速度（$-\omega$），机构各构件间的相对运动不变。这样，凸轮不动，而从动件一方面随机架和导路以角速度（$-\omega$）绕 O 点转动，另一方面又在导路中往复移动。由于尖端始终与凸轮轮廓相接触，所以反转后尖端的运动轨迹就是凸轮轮廓。

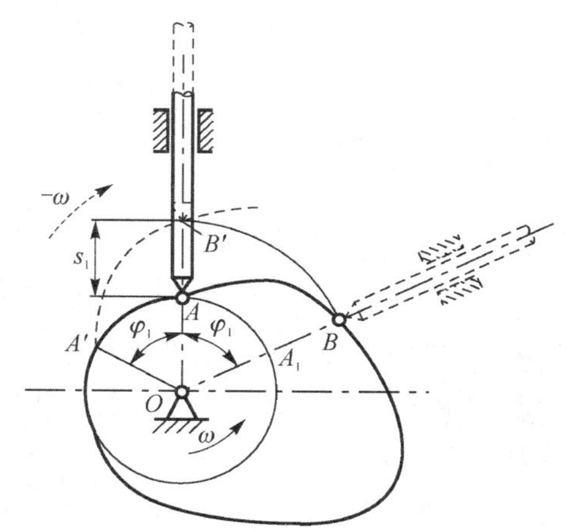

图 4－17　凸轮廓线设计的反转法原理

如图 4－17 所示，已知凸轮绕轴 O 以等角速度 ω 逆时针转动，推动从动件在导路中上、下往复运动。当从动件处于最低位置时，凸轮轮廓曲线与从动件在 A 点接触，当凸轮转过 φ_1 角时，凸轮

的向径 OA 将转到 OA' 的位置上，而凸轮轮廓将转到图中虚线所示的位置。这时，从动件尖端从最低位置 A 上升至 B'，上升的距离是 $s_1 = AB'$。这是凸轮转动时从动件的真实运动情况。

现在设想凸轮固定不动，而让从动件连同导路一起绕 O 点以角速度（$-\omega$）转过 φ_1 角，此时从动件将一方面随导路一起以角速度（$-\omega$）转动，同时又在导路中做相对移动，运动到图 4－17 中虚线所示的位置。此时从动件向上移动的距离为 A_1B。由图 4－17 可以看出，$A_1B = AB' = s_1$，即在上述两种情况下，从动件移动的距离不变。由于从动件尖端在运动过程中始终与凸轮轮廓曲线保持接触，所以此时从动件尖端所占据的位置 B 一定是凸轮轮廓曲线上的一点。若继续反转从动件，即可得到凸轮轮廓曲线上的其他点。由于这种方法是假定凸轮固定不动而使从动件连同导路一起反转，故称为反转法。反转法原理适用于各种凸轮轮廓曲线的设计。

4.3.2　对心尖端直动从动件盘形凸轮机构的凸轮廓线设计

图 4－18(a)所示为偏距 $e=0$ 的对心尖端直动从动件盘形凸轮机构。已知从动件位移线图如图 4－18(b)所示，凸轮的基圆半径 r_b 以及凸轮以等角速度 ω 逆时针方向回转，要求绘制出此凸轮的轮廓。

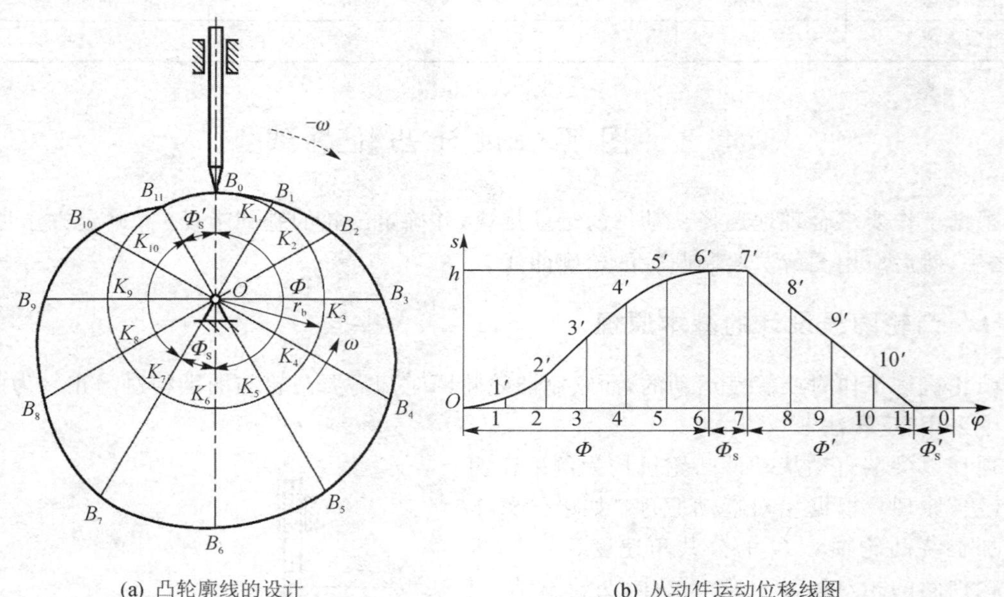

(a) 凸轮廓线的设计　　　　(b) 从动件运动位移线图

图 4－18　对心尖端直动从动件盘形凸轮机构的设计

根据“反转法”原理，可以作图如下：

① 选择与绘制位移线图中凸轮行程 h 相同的长度比例尺，以 r_b 为半径作基圆。此基圆与导路的交点 B_0 便是从动件尖端的起始位置；

② 自 OB_0 沿 $-\omega$ 方向取角度 $\Phi, \Phi_S, \Phi', \Phi'_S$，并将它们各分成与位移线图 4－18(b)对应的若干等份，得基圆上的相应分点 $K_1, K_2, K_3 \cdots$。连接 $OK_1, OK_2, OK_3 \cdots$，它们便是反转后从动件导路的各个位置；

③ 量取各个位移量,即取 $B_1K_1 = 11'$,$B_2K_2 = 22'$,$B_3K_3 = 33'$…,得反转后尖端的一系列位置 B_1,B_2,B_3…;

④ 将 B_0,B_1,B_2,B_3…连成一条光滑的曲线,便得到所要求的凸轮轮廓。

4.3.3 偏置尖端直动从动件盘形凸轮机构的凸轮廓线设计

若偏距 $e \neq 0$ 则凸轮为偏置尖端直动从动件盘形凸轮机构,如图 4-19 所示,从动件在反转运动中,其往复移动的轨迹线始终与凸轮轴心 O 保持偏距 e。因此,在设计这种凸轮轮廓时,首先以 O 为圆心及偏距 e 为半径作**偏距圆**切于从动件的导路。其次,以 r_b 为半径作基圆,基圆与从动件导路的交点 B_0 即为从动件的起始位置。自 OB_0 沿 $-\omega$ 方向取角度 Φ,Φ_S,Φ',Φ'_S,并将它们各分成与位移线图 4-18(b)对应的若干等份,得基圆上的相应分点 K_1,K_2,K_3…。过这些点作偏距圆的切线,它们便是反转后从动件导路的一系列位置。从动件的对应位移应在这些切线上量取,即取 $B_1K_1 = 11'$,$B_2K_2 = 22'$,$B_3K_3 = 33'$…,最后将 B_0,B_1,B_2,B_3…连成一条光滑的曲线,便得到所要求的凸轮轮廓。

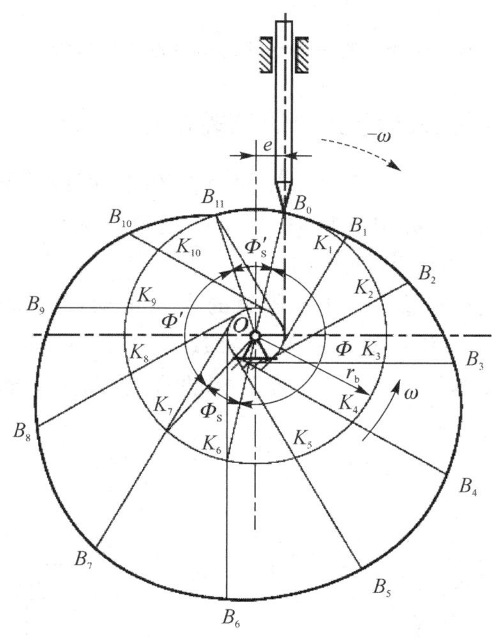

图 4-19 偏置尖端直动从动件盘形凸轮机构的凸轮廓线设计

4.3.4 滚子直动从动件盘形凸轮机构的凸轮廓线设计

若将图 4-18 和图 4-19 中的尖端改为滚子,它们的凸轮轮廓可按如下方法绘制:首先,把滚子中心看作尖端从动件的尖端,按上述方法求出一条轮廓曲线 β_0,如图 4-20 所示,再以 β_0 上各点为中心,以滚子半径为半径作一系列圆;最后作这些圆的包络线 β,它便是使用滚子从动件时凸轮的**实际廓线**,β_0 称为该凸轮的**理论廓线**。由上述作图过程可知,**滚子从动件凸轮的基圆半径应该在理论廓线上度量**。

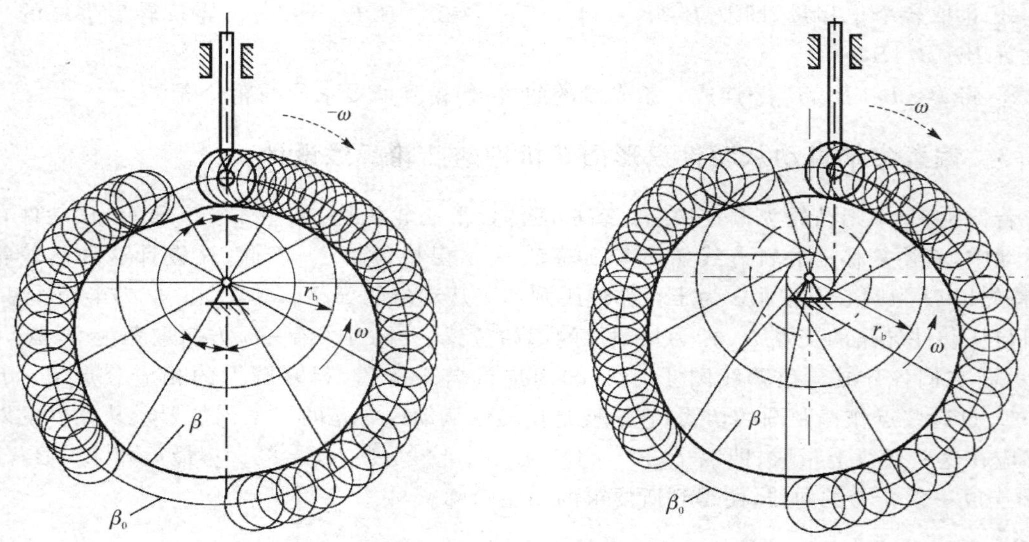

图 4-20　滚子直动从动件盘形凸轮机构

4.3.5　平底直动从动件盘形凸轮机构的凸轮廓线设计

平底从动件盘形凸轮机构的凸轮轮廓曲线的设计方法，可以用图 4-21 来说明。其基本思路与上述滚子从动件盘形凸轮机构的相似，只是在这里取从动件平底表面的 B_0 点作为假想的尖端从动件的尖端。其具体设计步骤如下。

① 取平底与导路中心线的交点 B_0 作为假想的尖端从动件的尖端，按照尖端从动件盘形凸轮的设计方法，求出该尖端反转后的一系列位置 $B_1, B_2, B_3 \cdots$；

② 过 $B_1, B_2, B_3 \cdots$ 各点，画出一系列代表平底的直线，得一直线族。该直线族即代表反

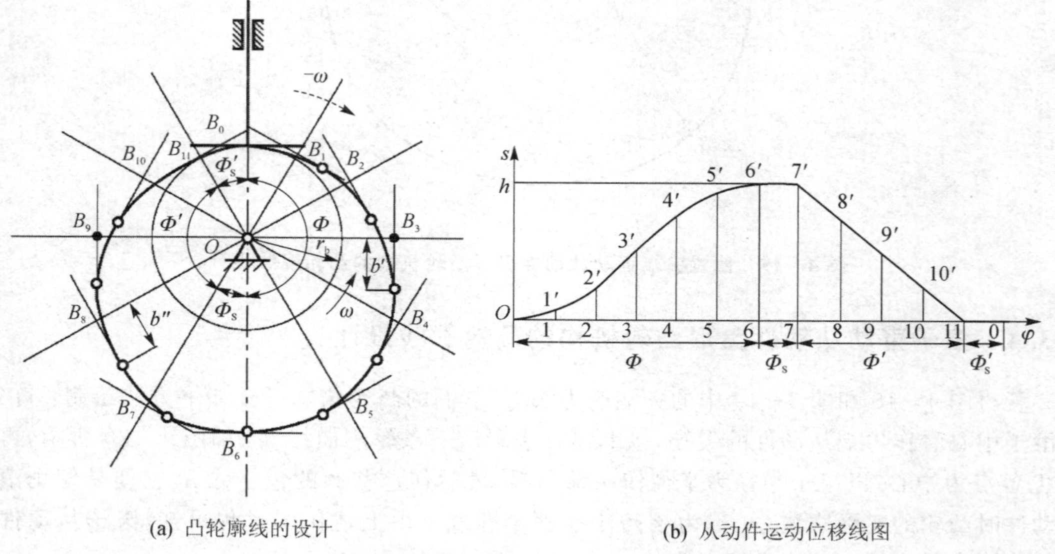

(a) 凸轮廓线的设计　　(b) 从动件运动位移线图

图 4-21　平底直动从动件盘形凸轮机构的凸轮廓线设计

转过程中从动件平底依次占据的位置；

③ 作该直线族的包络线，即可得到凸轮的实际廓线。

由图 4－21 可以看出，平底与凸轮实际廓线相切的点是随机构位置变化的。因此，为了保证在所有的位置从动件平底都能与凸轮轮廓曲线相切，凸轮的所有廓线必须都是外凸的，并且平底左、右两侧的宽度应分别大于导路中心线至平底上左、右最远切点的距离 b' 和 b''。

4.3.6　摆动从动件盘形凸轮机构的凸轮廓线设计

图 4－22(a)所示为一尖端摆动从动件盘形凸轮机构。已知凸轮轴心与从动件转轴之间的中心距为 a，凸轮基圆半径为 r_b，从动件长度为 l，凸轮以等角速度 ω 逆时针转动，从动件的运动规律如图 4－22(b)所示。设计该凸轮的轮廓曲线。

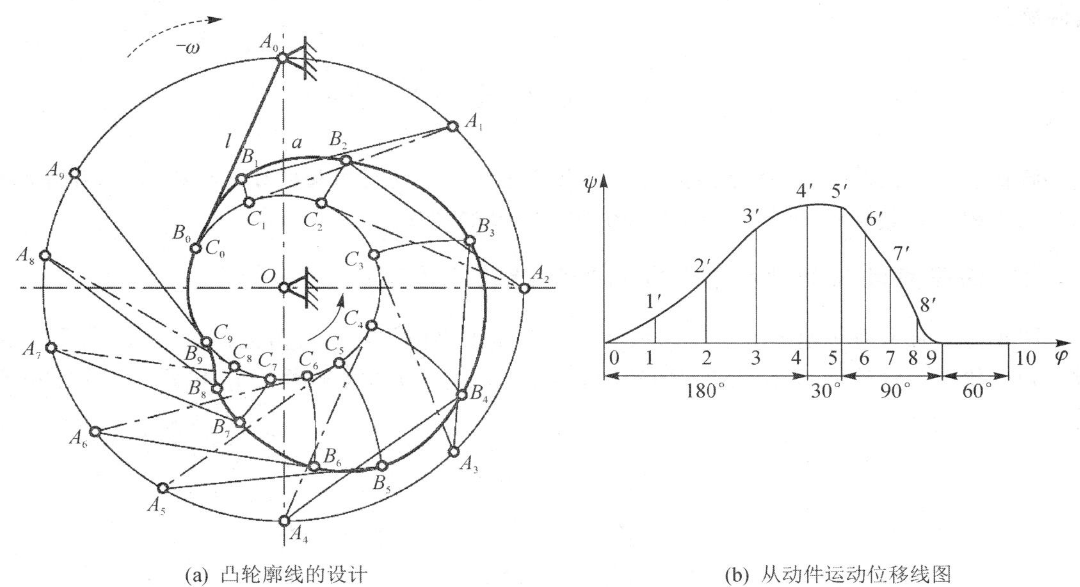

(a) 凸轮廓线的设计　　(b) 从动件运动位移线图

图 4－22　尖端摆动从动件盘形凸轮机构的设计

反转法原理同样适用于摆动从动件凸轮机构。当给整个机构绕凸轮转动中心 O 加上一个公共的角速度($-\omega$)时，凸轮将固定不动，从动件的转轴 A 将以角速度($-\omega$)绕 O 点转动，同时从动件将仍按原有的运动规律曲线绕轴 A 摆动。因此，凸轮轮廓曲线可按下述步骤设计：

① 选取适当的比例尺，作出从动件的位移线图，并将推程和回程区间的位移曲线的横坐标各分成若干等份，如图 4－22(b)所示。与直动从动件不同的是，图中的纵坐标代表的是从动件的摆角。

② 以 O 为圆心、以 r_b 为半径作出基圆，并根据已知的中心距 a，确定从动件转轴 A 的位置 A_0。然后以 A_0 为圆心，以从动件杆长 l 为半径作圆弧，交基圆于 C_0 点。A_0C_0 即代表从动件的初始位置，C_0 即为从动件尖端的初始位置。

③ 以 O 为圆心，以 $OA_0=a$ 为半径作转轴圆，并自 A_0 点开始沿 $-\omega$ 方向将该圆分成与图 4－20(b)中横坐标对应的区间和等份，得点 A_1，A_2…A_9。它们代表反转过程中从动件转

轴 A 依次占据的位置。

④ 分别以 $A_1, A_2, \cdots, A_9$ 点为圆心，以从动件杆长 l 为半径作圆弧，交基圆于 $C_1, C_2 \cdots$ 各点，得线段 $AC_1, AC_2 \cdots$；以 $AC_1, AC_2 \cdots$ 为一边，分别作 $\angle C_1A_1B_1, \angle C_2A_2B_2 \cdots$，并使它们分别等于位移线图中对应区段的角位移，得弧段 $A_1B_1, A_2B_2 \cdots$。$B_1, B_2 \cdots$ 各点代表从动件尖端在反转过程中依次占据的位置。

⑤ 将点 $B_0, B_1, B_2 \cdots$ 连成光滑曲线，即得到凸轮的轮廓曲线。

从图中可以看出凸轮的廓线与线段 AB 在某些位置已经相交。故在考虑机构的具体结构时，应将从动件做成弯杆形式，以避免机构在运动过程中凸轮与从动件发生干涉。

若采用滚子从动件，则上述连 $B_0, B_1, B_2 \cdots$ 各点所得的光滑曲线为凸轮的**理论廓线**。类比对应的直动从动件盘形凸轮的设计方法，可以通过绘制滚子圆的包络线的方法获得凸轮的**实际廓线**。

4.4 解析法设计凸轮廓线

解析法设计凸轮廓线，就是根据工作要求的从动件运动规律和已知的机构参数，建立凸轮廓线的方程式。其问题的关键是**凸轮廓线数学模型的建立**。

4.4.1 滚子直动从动件盘形凸轮机构的凸轮廓线设计

图 4-23 所示为一偏置滚子直动从动件盘形凸轮机构。建立直角坐标系 Oxy，如图所示，若已知凸轮以等角速度 ω 逆时针方向转动，凸轮基圆半径 r_b，滚子半径 r_r，偏距 e，从动件的运动规律 $s=s(\varphi)$。

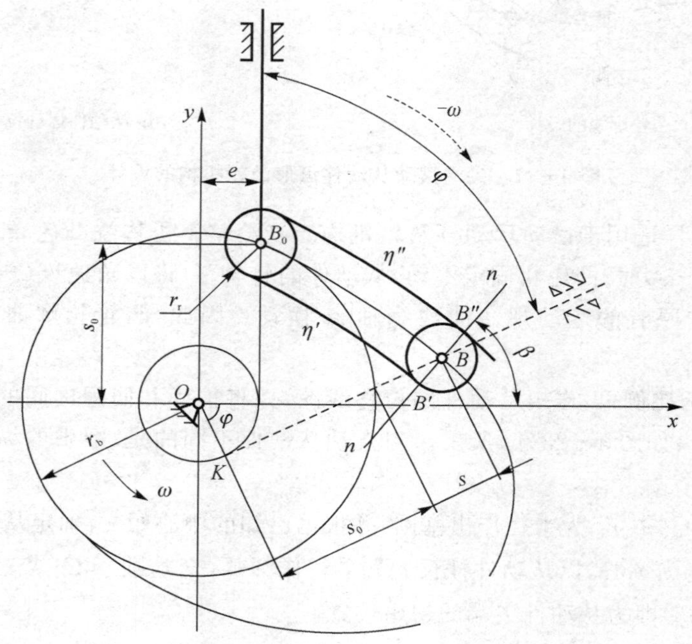

图 4-23 偏置滚子直动从动件盘形凸轮机构

首先不考虑小滚子的存在，将滚子中心看成是直动从动件的尖端，按照尖端直动从动件盘形凸轮机构的形式来设计凸轮的理论廓线，得到凸轮的**理论廓线方程**。然后再考虑小滚子的存在，确定凸轮的**实际廓线方程**。

1. 理论廓线方程

图4－23中，B_0点为从动件处于起始位置时滚子中心所处的位置，当凸轮逆时针转过φ角后，从动件的位移为$s=s(\varphi)$。根据反转法原理作图，即凸轮不动，则从动件与导路一同沿$-\omega$方向转φ角，处于图中虚线位置。由图中可以看出，此时滚子中心将处于B点，B点即为凸轮理论廓线上的任意点。B点的坐标为

$$\begin{cases}x=(s_0+s)\sin\varphi+e\cos\varphi\\y=(s_0+s)\cos\varphi-e\sin\varphi\end{cases}\tag{4-6}$$

式中，$s_0=\sqrt{r_b^2-e^2}$；e为偏距。

式(4－6)即为偏置滚子直动从动件盘形凸轮机构的凸轮理论廓线方程式，若令$e=0$，则得对心滚子直动从动件盘形凸轮机构的凸轮理论廓线方程。

$$\begin{cases}x=(r_b+s)\sin\varphi\\y=(r_b+s)\cos\varphi\end{cases}\tag{4-7}$$

2. 实际廓线方程

在滚子从动件盘形凸轮机构中，凸轮的实际廓线是其理论廓线上滚子圆族的包络线。因此，实际廓线与理论廓线在法线方向上处处等距，该距离均等于滚子半径r_r，如图4－23所示，滚子圆族的包络线为两条(η'，η'')。设过凸轮理论廓线上B点的公法线nn与滚子圆族的包络线交于B'(或B'')点，设凸轮实际廓线上B'(或B'')点的坐标为(x',y')，则凸轮实际廓线方程为

$$\begin{cases}x'=x\mp r_r\cos\beta\\y'=y\mp r_r\sin\beta\end{cases}\tag{4-8}$$

式中，β为公法线nn与x轴的夹角，$(x,\ y)$为理论廓线上B点的坐标，“－”用于理论廓线的内等距曲线η'；“＋”用于外等距曲线η''。

由高等数学相关知识可知，曲线上任一点法线的斜率与该点处切线斜率互为负倒数。因此式(4－8)中的β可求出，即

$$\tan\beta=-\frac{\mathrm{d}x}{\mathrm{d}y}=\frac{\mathrm{d}x/\mathrm{d}\varphi}{-\mathrm{d}y/\mathrm{d}\varphi}\tag{4-9}$$

式中，$\mathrm{d}x/\mathrm{d}\varphi$，$\mathrm{d}y/\mathrm{d}\varphi$可根据式(4－6)求导得出，即

$$\begin{cases}\dfrac{\mathrm{d}x}{\mathrm{d}\varphi}=(s_0+s)\cos\varphi+\dfrac{\mathrm{d}s}{\mathrm{d}\varphi}\sin\varphi-e\sin\varphi\\[2ex]\dfrac{\mathrm{d}y}{\mathrm{d}\varphi}=-(s_0+s)\sin\varphi+\dfrac{\mathrm{d}s}{\mathrm{d}\varphi}\cos\varphi-e\cos\varphi\end{cases}\tag{4-10}$$

由式(4－9)和式(4－10)可得$\sin\beta$，$\cos\beta$的表达式，即

$$\begin{cases}\sin\beta=\dfrac{\mathrm{d}x/\mathrm{d}\varphi}{\sqrt{(\mathrm{d}x/\mathrm{d}\varphi)^2+(\mathrm{d}y/\mathrm{d}\varphi)^2}}\\[2ex]\cos\beta=\dfrac{-\mathrm{d}y/\mathrm{d}\varphi}{\sqrt{(\mathrm{d}x/\mathrm{d}\varphi)^2+(\mathrm{d}y/\mathrm{d}\varphi)^2}}\end{cases}\tag{4-11}$$

4.4.2 平底直动从动件盘形凸轮机构的凸轮廓线设计

图 4-24 所示为一对心平底直动从动件盘形凸轮机构。建立直角坐标系 Oxy，原点 O 位于凸轮回转中心。当从动件处于起始位置时，平底与凸轮廓线在 B_0 点相切。当凸轮逆时针转过 φ 后，从动件的位移为 s，应用反转法原理作图可知，从动件处于图中虚线位置。此时，平底与凸轮廓线在 B 点相切。设 B 点的坐标为 $(x,\ y)$，可用如下方法求出。

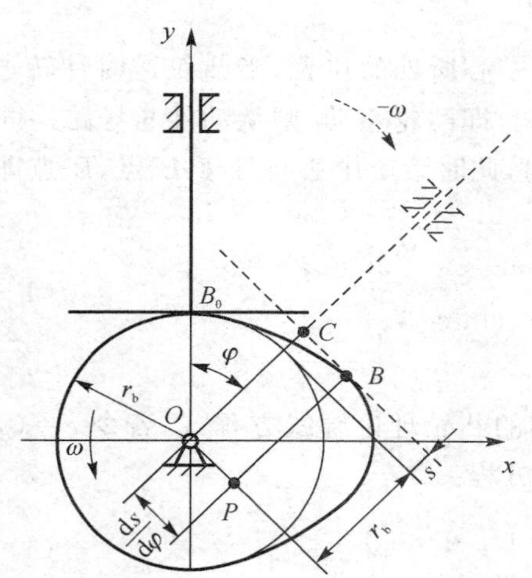

图 4-24　平底直动从动件盘形凸轮机构

图中 P 点为凸轮与平底从动件的相对速度瞬心，该瞬时从动件的移动速度为 $v=\overline{OP}\cdot\omega$，由此可得

$$\overline{OP}=\frac{v}{\omega}=\frac{ds}{d\varphi} \tag{4-12}$$

由图 4-24 可得 B 点的坐标为

$$\begin{cases} x=(r_b+s)\sin\varphi+\dfrac{ds}{d\varphi}\cos\varphi \\ y=(r_b+s)\cos\varphi-\dfrac{ds}{d\varphi}\sin\varphi \end{cases} \tag{4-13}$$

式(4-13)即为平底直动从动件盘形凸轮的实际廓线方程。

4.4.3 摆动从动件盘形凸轮机构的凸轮廓线设计

图 4-25 所示为一摆动滚子从动件盘形凸轮机构。建立直角坐标系 Oxy，如图所示，若已知凸轮以等角速度 ω 逆时针方向转动，凸轮转动中心 O 与摆杆回转轴心 A_0 的距离为 a，摆杆长度 l，滚子半径 r_r，摆杆的运动规律 $\psi=\psi(\varphi)$。

设推程开始时滚子中心处于 B_0 点，即 B_0 为凸轮理论廓线的起始点。当凸轮逆时针转过 φ 角时，应用“反转法”，假设凸轮不动，则摆杆回转轴心 A_0 相对凸轮沿 $-\omega$ 方向转动 φ，同时摆杆按已知的运动规律 $\psi=\psi(\varphi)$ 绕轴心 A_0 产生相应的角位移 ψ，如图中虚线所示。在这一过程中滚子中心 B 描绘出的轨迹即为凸轮的理论廓线。B 点的坐标为

$$\begin{cases} x=a\sin\varphi-l\sin(\varphi+\psi_0+\psi) \\ y=a\cos\varphi-l\cos(\varphi+\psi_0+\psi) \end{cases} \tag{4-14}$$

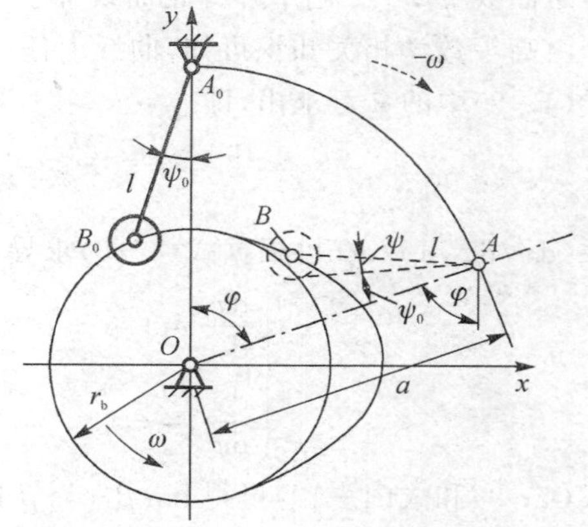

图 4-25　摆动滚子从动件盘形凸轮机构

式(4-14)即为摆动滚子从动件盘形凸轮的凸轮理论廓线方程。其凸轮的实际廓线同样为理论廓线的等距曲线，因此可根据滚子直动从动件盘形凸轮机构的凸轮实际廓线的推导方法

建立凸轮的实际廓线方程。

4.5　凸轮机构基本尺寸的确定

在前述的凸轮廓线设计时，凸轮机构的一些基本参数（如基圆半径 r_b、偏距、滚子半径 r_r 以及平底尺寸等）均作为已知条件给出。但实际上，这些参数在设计凸轮廓线前，是在综合考虑凸轮机构的传力特性、结构的紧凑性、运动失真性等多种因素的基础上确定的。也就是说，设计凸轮机构时，不仅要满足从动件能够准确地实现预期的运动规律外，还要求结构紧凑、传力性能良好。因此合理选择凸轮机构的基本参数也是凸轮机构设计的重要内容。

4.5.1　凸轮机构的传力特性

1. 直动从动件凸轮机构

凸轮机构的**压力角**是指在不计摩擦的情况下，凸轮推动从动件运动时，在高副接触点处，**从动件所受的法向压力与从动件运动方向所夹的锐角**，常用 α 表示。压力角是衡量凸轮机构受力情况的重要参数，也是凸轮机构设计的重要依据。

图 4-26 所示为滚子直动从动件盘形凸轮机构在推程的某一位置的受力情况，$\boldsymbol{F}$ 为从动件所受的载荷（包括工作阻力、重力、弹簧力和惯性力等），压力角为 α。图中 P 点为凸轮与从动件的相对速度瞬心，由速度瞬心概念可知 $OP=\mathrm{d}s/\mathrm{d}\varphi$。根据图中的几何关系可得直动从动件盘形凸轮机构压力角 α 的表达式为

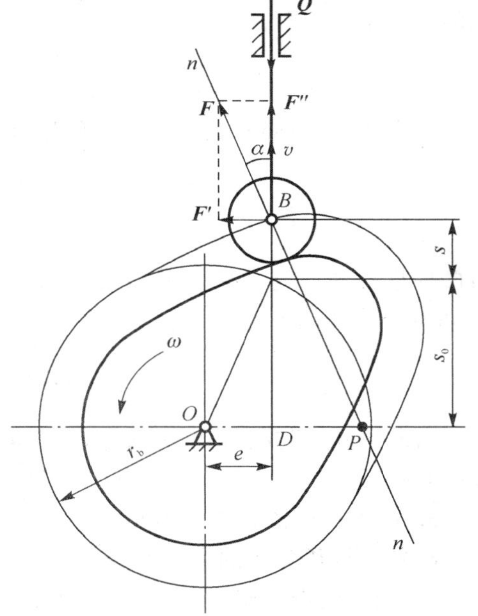

图 4-26　偏置直动从动件凸轮机构的压力角

$$\tan\alpha=\frac{\overline{DP}}{\overline{BD}}=\frac{|OP\mp e|}{s_0+s}=\frac{|\mathrm{d}s/\mathrm{d}\varphi\mp e|}{\sqrt{r_b^2-e^2}+s}\tag{4-15}$$

式中，$\mathrm{d}s/\mathrm{d}\varphi$ 为位移曲线的斜率。

偏距 e 前面的"$\mp$"号与从动件的偏置方向有关，当凸轮逆时针方向转动时，从动件导路位于凸轮回转中心右侧时，取"−"号，从动件导路位于凸轮回转中心左侧时，取"+"号（图 4-26 应取"−"）。当凸轮顺时针方向转动、从动件导路位于凸轮回转中心左侧时，取"−"号，从动件导路位于凸轮回转中心右侧时，取"+"号。

2. 摆动从动件凸轮机构

摆动从动件盘形凸轮机构的压力角如图 4-27 所示，过接触点 B 处的法线 nn 与连心线的交点 P 即为凸轮与从动件的相对速度瞬心。且

$$\left|\frac{d\psi}{d\varphi}\right|=\left|\frac{\omega_2}{\omega_1}\right|=\frac{l_{OP}}{l_{AP}}=\frac{a-l_{AP}}{l_{AP}}\tag{4-16}$$

由直角三角形△ABD 和△APD 可得

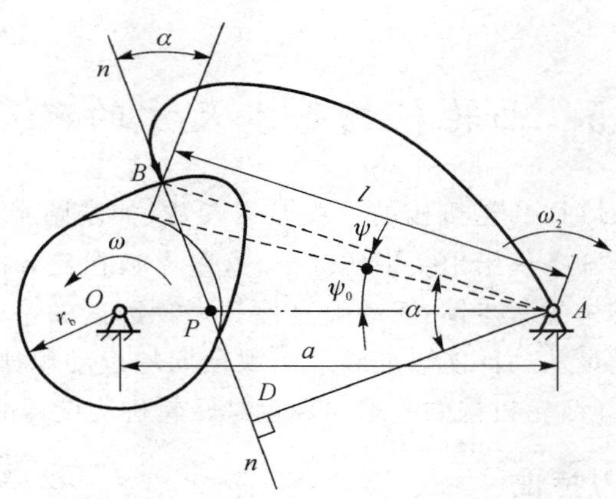

图 4-27　摆动从动件盘形凸轮机构的压力角

$$l\cos\alpha = l_{AP}\cos(\alpha - \psi_0 - \psi) \tag{4-17}$$

由式(4-16)和式(4-17)可得

$$\frac{l}{a}\left(1+\left|\frac{\mathrm{d}\psi}{\mathrm{d}\varphi}\right|\right)=\frac{\cos(\alpha-\psi_0-\psi)}{\cos\alpha}=\cos(\psi_0+\psi)+\tan\alpha\sin(\psi_0+\psi) \tag{4-18}$$

式(4-18)是在凸轮的转向与摆杆推程的转向相反的情况下推导的，若二者同向，可用类似的方法推导，即

$$\frac{l}{a}\left(1-\left|\frac{\mathrm{d}\psi}{\mathrm{d}\varphi}\right|\right)=\cos(\psi_0+\psi)-\tan\alpha\sin(\psi_0+\psi) \tag{4-19}$$

综合式(4-18)和式(4-19)可得到计算摆动从动件盘形凸轮机构推程压力角公式为

$$\tan\alpha=\frac{\frac{l}{a}\ |\mathrm{d}\psi/\mathrm{d}\varphi|\mp\left[\cos(\psi_0+\psi)-\frac{l}{a}\right]}{\sin(\psi_0+\psi)} \tag{4-20}$$

当摆杆推程转向与凸轮转向相反时，式(4-20)方括号前取负号；相同时，则取正号。初相位 ψ_0 可如下求得，即

$$\cos\psi_0=\frac{a^2+l^2-r_b^2}{2al} \tag{4-21}$$

由此可知，当摆杆的长 l 和运动规律 $\psi=\psi(\varphi)$ 给定，压力角 α 的大小取决于基圆半径 r_b 和中心距 a。

3. 凸轮机构的许用压力角

凸轮机构压力角的大小是衡量凸轮机构传力性能好坏的一个重要指标。为提高传动效率、改善受力情况，凸轮机构的压力角 α 应越小越好，如图 4-26 所示，将凸轮对从动件的作用力 $\boldsymbol{F}$ 分解为两个分力：即沿从动件运动方向的有用分力 F'' 和使从动件压紧导路的有害分力 F'。有用分力 F'' 随着压力角的增大而减小，有害分力 F' 随着压力角的增大而增大。当压力角大到一定程度时，由有害分力 F' 所引起的摩擦力将超过有用分力 F''。这时，无论凸轮给从动件的力 $\boldsymbol{F}$ 有多大，都不能使从动件运动，出现自锁现象。在设计凸轮机构时，自锁现象是绝对不允许出现的。

为了凸轮机构能正常工作并具有较高的传动效率，设计时必须对凸轮机构的最大压力角加以限制，规定了压力角 α 的许用值。设计时应保证凸轮机构在整个运动周期中的最大压力

角满足 $\alpha_{max} \leqslant [\alpha]$。根据工程实践经验，压力角的推荐许用值$[\alpha]$如表 4－3 所列。对于采用力封闭方式的凸轮机构，其在回程时发生自锁的可能性很小，故可以采用较大的许用压力角。

表 4－3 凸轮机构的许用压力角$[\alpha]$

封闭形式	从动件运动方式	推 程	回 程
力封闭	直动从动件	$[\alpha]=25°\sim35°$	$[\alpha]=70°\sim80°$
	摆动从动件	$[\alpha]=35°\sim45°$	$[\alpha]=70°\sim80°$
形封闭	直动从动件	$[\alpha]=25°\sim35°$	
	摆动从动件	$[\alpha]=35°\sim45°$	

4.5.2 凸轮机构的基本参数确定

1. 滚子直动从动件凸轮机构的基圆半径 r_b

由式(4－15)可知，压力角与基圆半径是成反比的，压力角越小则基圆半径越大，凸轮的结构尺寸变大。因此，在确定基圆半径时应在保证凸轮机构的最大压力角 α_{max} 小于许用压力角$[\alpha]$的情况下，选取最小的基圆半径。

为了保证凸轮机构的结构紧凑，满足 $\alpha_{max} \leqslant [\alpha]$，在其他参数不变的情况下，取 $\alpha=[\alpha]$，可得出最小基圆半径计算式

$$r_{bmin}=\sqrt{\left(\frac{ds/d\varphi \mp e}{\tan[\alpha]}-s\right)^2+e^2} \tag{4-22}$$

在工程实际中，还可以利用经验来确定基圆半径。当凸轮与轴一体加工时，可取凸轮基圆半径略大于轴的半径；当凸轮与轴分开制造时，由下面的经验公式确定：

$$r_b=(1.6\sim2)r \tag{4-23}$$

式中，r 为安装凸轮处轴的半径。

在用计算机进行实际设计时，也可由结构条件初步确定基圆半径，并进行凸轮轮廓设计和压力角检验直至满足 $\alpha_{max} \leqslant [\alpha]$为止。

2. 摆动从动件凸轮机构的基圆半径 r_b

由式(4－20)可知，摆动从动件盘形凸轮机构的压力角与从动件的运动规律、摆杆长度、中心距及基圆半径有关，这些参数又相互影响。在用计算机进行实际设计时，可由结构条件选定中心距、摆杆的长度及初步确定基圆半径，并应使中心距、摆杆及基圆半径形成的三角形成立。设计时可通过改变基圆半径来调整压力角的大小，直到满足 $\alpha_{max} \leqslant [\alpha]$的条件。如果调整均不满足，则可调整中心距及摆杆的长度，直到满意为止。

3. 平底直动从动件凸轮机构的基圆半径 r_b

图 4－28 所示的平底从动件盘形凸轮机构，其压力角恒等于零。因此，平底从动件凸轮机构具有最佳的传力效果，这是平底从动件盘形凸轮机构的最大优点。所以其基圆半径的确定就不能以机构的压力角为依据，应使从动件运动不失真，即应保证凸轮廓线全部外凸，或各点处的曲率半径 $\rho>0$。

由高等数学可知，曲率半径的计算式为

$$\rho=\frac{\left[\left(\frac{dx}{d\varphi}\right)^2+\left(\frac{dy}{d\varphi}\right)^2\right]^{\frac{3}{2}}}{\frac{dx}{d\varphi}\frac{d^2y}{d\varphi^2}-\frac{d^2x}{d\varphi^2}\frac{dy}{d\varphi}} \tag{4-24}$$

选择所允许的最小曲率半径 ρ_{min}，与平底从动件盘形凸轮的廓线方程联立求解，可得

$$r_b \geqslant \rho_{min}-s-\frac{d^2s}{d\varphi^2} \tag{4-25}$$

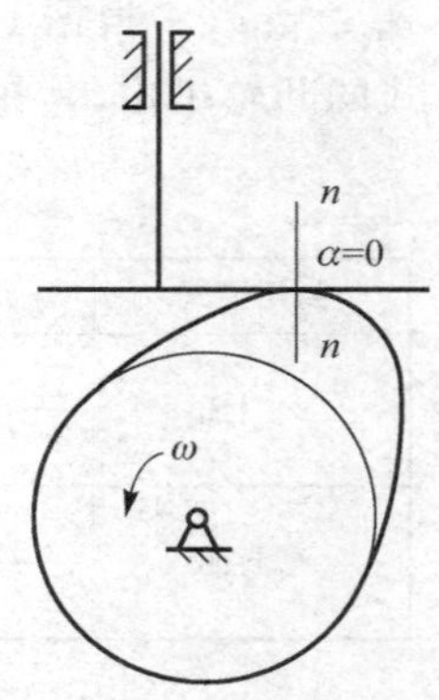

图 4－28　直动平底从动件凸轮机构

4. 滚子半径 r_r 的选择

对于滚子从动件盘形凸轮机构，滚子半径的选择要满足强度要求和运动特性要求。从强度要求考虑，可取滚子半径 $r_r=(0.1\sim0.15)r_b$。从运动特性考虑，应不发生运动失真现象。从滚子从动件盘形凸轮机构的图解法设计知道，凸轮的实际廓线是其理论廓线上滚子圆族的包络线，因此，凸轮的实际廓线的形状与滚子半径的大小有关。

如图 4－29 所示，理论廓线外凸部分的最小曲率半径用 ρ_{min} 表示，滚子半径用 r_r 表示，则相应位置实际廓线的曲率半径 $\rho_a=\rho_{min}-r_r$。

当 $\rho_{min}>r_r$ 时，如 4－29(a)图所示，实际廓线为一平滑曲线。

当 $\rho_{min}=r_r$ 时，如 4－29(b)所示，这时 $\rho_a=0$，凸轮的实际廓线上产生了尖点，这种尖点极易磨损，从而造成**运动失真**。

当 $\rho_{min}<r_r$ 时，如图 4－29(c)所示，这时，$\rho_a<0$，实际轮廓曲线发生自交，而相交部分的轮廓曲线将在实际加工时被切掉，从而导致这一部分的运动规律无法实现，造成**运动失真**。

因此，为了避免发生运动失真，滚子半径 r_r 必须小于理论廓线外凸部分的最小曲率半径 ρ_{min}（理论廓线内凹部分对滚子的选择没有影响）。另外，如果按上述条件选择的滚子半径太小而不能保证强度和安装要求，则应把凸轮的基圆尺寸加大，重新设计凸轮廓线。

通常为避免出现尖点与失真现象，可取滚子半径 $r_r<0.8\rho_{min}$，并保证凸轮实际廓线的最小曲率半径满足 $\rho_{amin}\geqslant1\sim5$ mm。

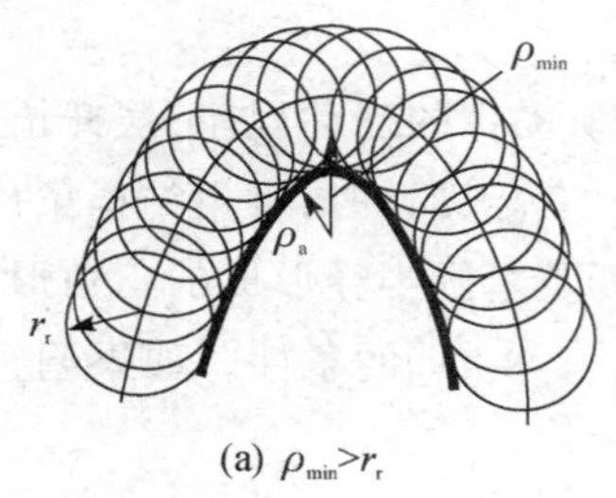

(a) $\rho_{min}>r_r$

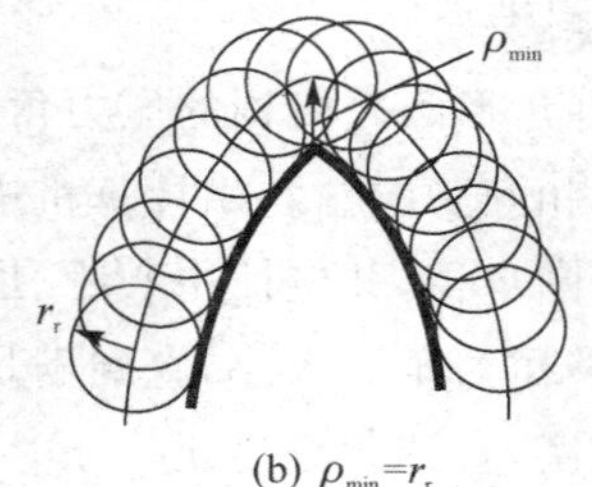

(b) $\rho_{min}=r_r$

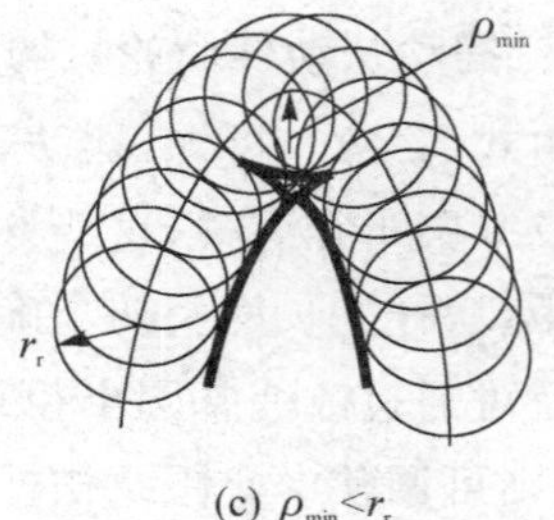

(c) $\rho_{min}<r_r$

图 4－29　滚子半径的确定

5. 平底宽度的确定

如图 4－30 所示，平底从动件盘形凸轮机构在运动时，平底始终与凸轮廓线相切，其与凸轮廓线的切点 B 的位置是不断变化的。

由图可知 $\overline{BC}=\overline{OP}=ds/d\varphi$。因此选取推程或回程中的最大值 $(\overline{BC})_{max}=(ds/d\varphi)_{max}$，并

考虑留有一定的余量，即可确定平底的长度尺寸，即

$$l=2\left|\frac{\mathrm{d}s}{\mathrm{d}\varphi}\right|_{\max}+(5\sim7)\mathrm{mm} \tag{4-26}$$

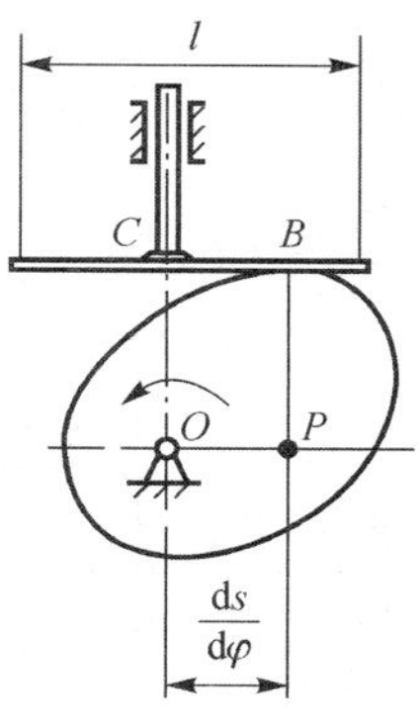

图4-30　平底从动件尺寸的确定

6. 从动件偏置方向的确定

由式(4-15)可知，直动从动件盘形凸轮机构中，从动件的偏置方位可直接影响凸轮机构压力角的大小。因此，工程中常采用从动件偏置的方法，来达到改善传力性能或减小机构尺寸的目的。即通过选取从动件适当的偏置方位来获得较小的推程压力角，但从动件导路的偏置方位与凸轮的转向有关。因此，从动件偏置方向选择的原则是：若凸轮逆时针回转，则应使从动件轴线偏于凸轮轴心右侧；若凸轮顺时针回转，则应使从动件轴线偏于凸轮轴心左侧。在这两种情况下，凸轮机构压力角的表达式均为

$$\tan\alpha=\frac{|OP-e|}{s_0+s}=\frac{|\mathrm{d}s/\mathrm{d}\varphi-e|}{\sqrt{r_b^2-e^2}+s} \tag{4-27}$$

由式(4-27)可知，为了减小凸轮机构推程的压力角，应使从动件导路的偏置方位与推程时的相对速度瞬心 P 位于凸轮轴心的同一侧(参见图4-26)。

思考题

4-1　凸轮机构的应用场合有哪些？

4-2　凸轮机构是如何进行分类的？

4-3　从动件的常用运动规律有哪些？

4-4　什么是刚性冲击？什么是柔性冲击？如何判断机构中的刚性冲击和柔性冲击？

4-5　从动件的运动规律组合时，要满足怎样的条件？

4-6　凸轮机构设计的主要问题有哪些？

4-7　图4-31所示为一尖端移动从动件盘形凸轮机构从动件的部分运动线图。试在图上补全各段的位移、速度及加速度曲线，并指出在哪些位置会出现刚性冲击？哪些位置会出现柔性冲击？

4-8　试设计如图4-32所示的直动从动件盘形凸轮机构，要求在凸轮转角为0°～90°时，从动件以余弦加速度运动规律上升 $h=20$ mm，且取 $r_0=25$ mm，$e=10$ mm，$r_r=5$ mm。试用反转法给出当凸轮转角 $\varphi=0°\sim90°$ 时凸轮的工作廓线(画图的分度要求≤15°)。

4-9　试用作图法(**重新作图**)设计凸轮的实际廓线。已知基圆半径 $r_b=40$ mm，推杆长 $l_{AB}=80$ mm，滚子半径 $r_r=10$ mm，推程运动角 $\Phi=180°$，回程运动角 $\Phi'=180°$，推程回程均采用余弦加速度运动规律，从动件初始位置 AB 与 OB 垂直(见图4-33)，推杆最大摆角 $\psi_{\max}=30°$，凸轮顺时针转动。

注：推程 $\psi=\dfrac{\psi_{\max}}{2}\left(1-\cos\dfrac{\pi\varphi}{\Phi}\right)$

4-10　图4-34所示为直动平底从动件盘形凸轮机构，凸轮为 $R=30$ mm 的偏心圆盘，$AO=20$ mm，试求：

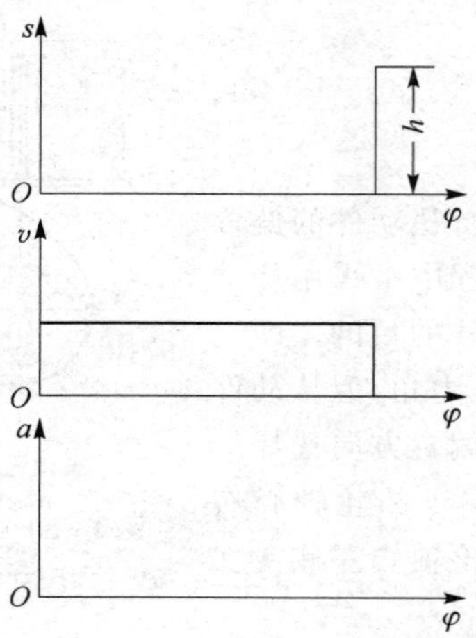

图 4-31　从动件运动规律线图

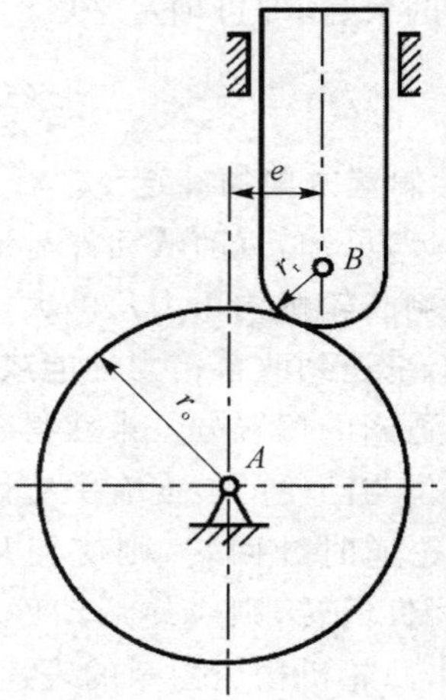

图 4-32　直动从动件盘形凸轮机构

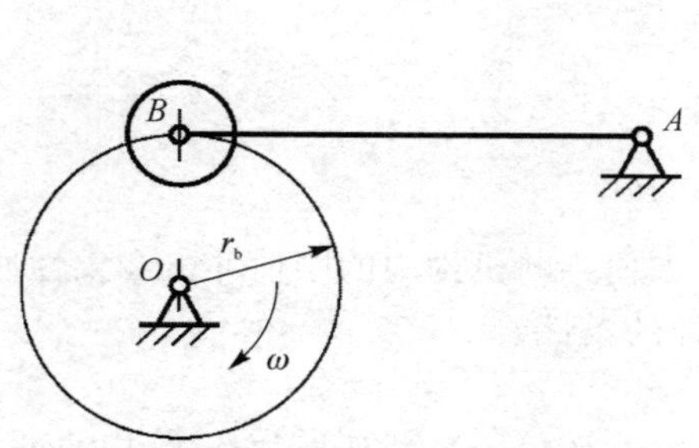

图 4-33　摆动从动件盘形凸轮机构

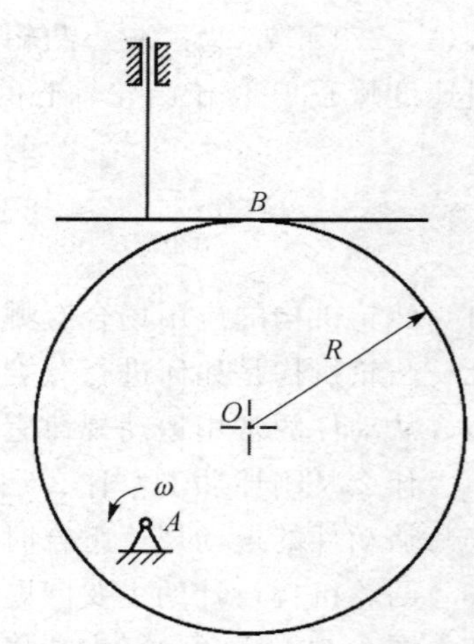

图 4-34　平底从动件盘形凸轮机构

(1) 凸轮的基圆半径 r_b 和推杆的行程 h；

(2) 凸轮机构的最大压力角 α_{max} 和最小压力角 α_{min}；

(3) 推杆由最低位置到图示位置的位移 s。

4-11　图 4-35 所示的凸轮为偏心圆盘。圆心为 O，半径 $R=30$ mm，偏心距 $l_{OA}=10$ mm，小滚子半径 $r_r=10$ mm，偏距 $e=10$ mm。试求(均在图上标注出)：

(1) 凸轮的基圆半径 r_b；

(2) 最大压力角 α_{max} 的数值及发生的位置；

(3) 小滚子与凸轮之间从 B 点接触到 C 点接触过程中，凸轮转过的角度 φ 为多少？

(4) 小滚子与凸轮在 C 点接触时，机构的压力角 α_C 是多少？

4-12　已知一偏置直动从动件盘形凸轮机构(见图 4-36)，半径 $r_0=20$ mm，偏距 $e=10$ mm，滚子半径 $r_r=5$ mm。当凸轮等速回转 180°时，推杆等速移动 40 mm。求当凸轮转角

$\varphi=60^\circ$时凸轮机构的压力角。

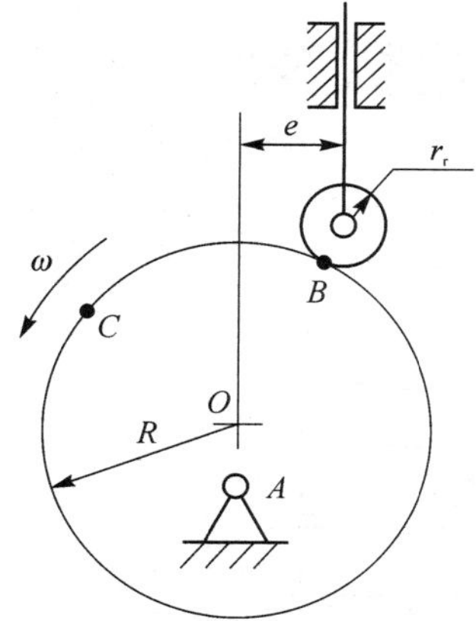

图 4-35　滚子直动从动件盘形凸轮机构

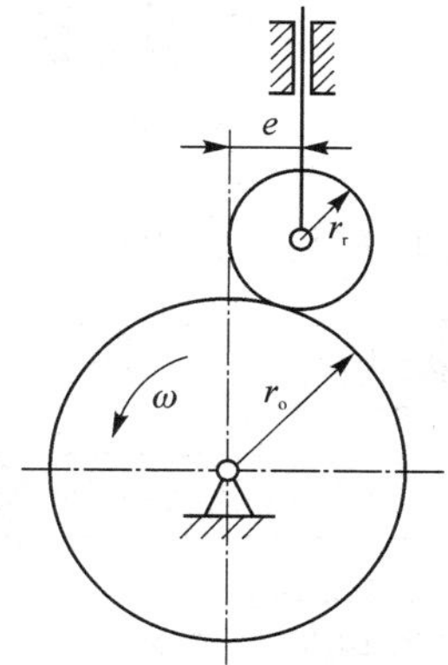

图 4-36　滚子直动从动件盘形凸轮机构

第 5 章　齿轮机构

☞ **本章思维导图**

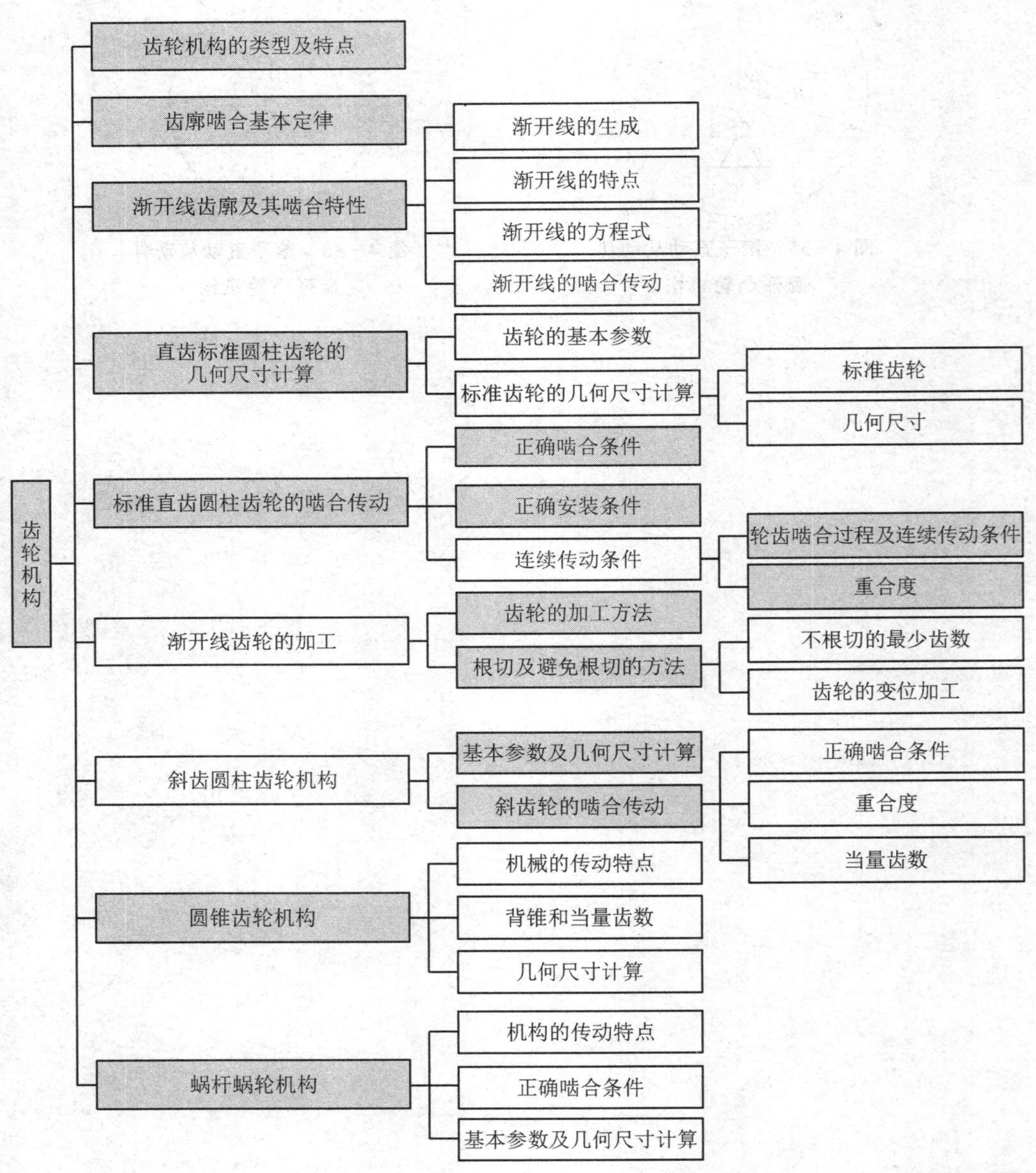

齿轮机构是一种高副机构，它通过轮齿的直接接触来传递空间任意两轴间的运动和动力，是应用最广的机构。本章学习的主要内容有：齿轮机构的分类及其特点；齿廓啮合基本定律与共轭齿廓；渐开线及渐开线齿廓啮合特性；渐开线标准直齿圆柱齿轮及其啮合传动；渐开线

齿廓的切制;斜齿圆柱齿轮机构;圆锥齿轮机构;蜗杆蜗轮机构。

5.1　齿轮机构的类型及特点

齿轮机构具有以下的优点和缺点。

优点:传递功率的范围大、圆周速度的范围大、传动效率高、传动比准确、使用寿命长、工作可靠。

缺点:制造和安装精度高,故成本较高。

根据齿轮传递运动和动力时两轴间的相对位置,齿轮机构又分为平面齿轮机构和空间齿轮机构。

5.1.1　平面齿轮机构

平面齿轮机构用于两平行轴间的运动和动力的传递,两齿轮间的相对运动为平面运动,齿轮的外形呈圆柱形,故又称为**圆柱齿轮机构**。

平面齿轮机构又可以分为**外啮合齿轮机构**、**内啮合齿轮机构**和**齿轮齿条机构**。

外啮合齿轮机构由两个轮齿分布在外圆柱表面的齿轮相互啮合,两齿轮的转动方向相反,如图 5-1(a)所示。

内啮合齿轮机构由一个小外齿轮与轮齿分布在内圆柱表面的大齿轮相互啮合,两齿轮的转动方向相同,如图 5-1(b)所示。

齿轮齿条机构由一个外齿轮与齿条相互啮合,可以实现转动与直线运动的相互转换,如图 5-1(c)所示。

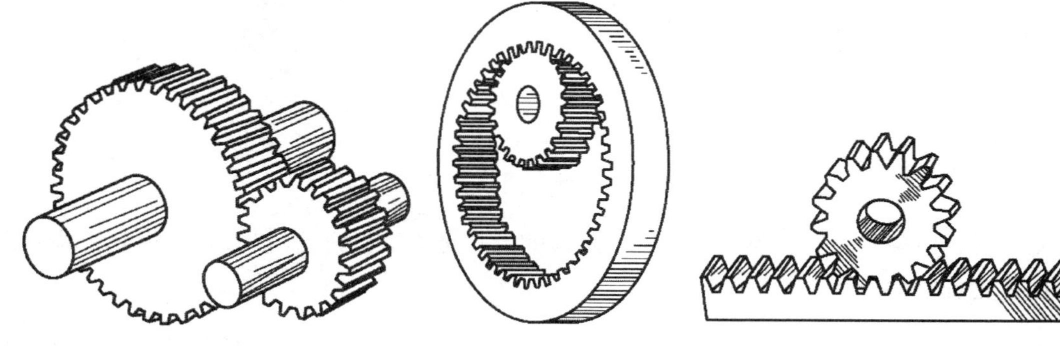

(a) 外啮合直齿圆柱齿轮机构　(b) 内啮合直齿圆柱齿轮机构　(c) 齿轮齿条机构

图 5-1　直齿圆柱齿轮机构

如果齿轮的轮齿方向与齿轮的轴线平行,则称为**直齿轮**,如图 5-1 所示。

如果齿轮的轮齿方向与齿轮的轴线倾斜了一定的角度,称为**斜齿轮**,如图 5-2(a)所示。

当齿轮是由轮齿方向相反的两部分构成时,称为**人字齿轮**,如图 5-2(b)所示。

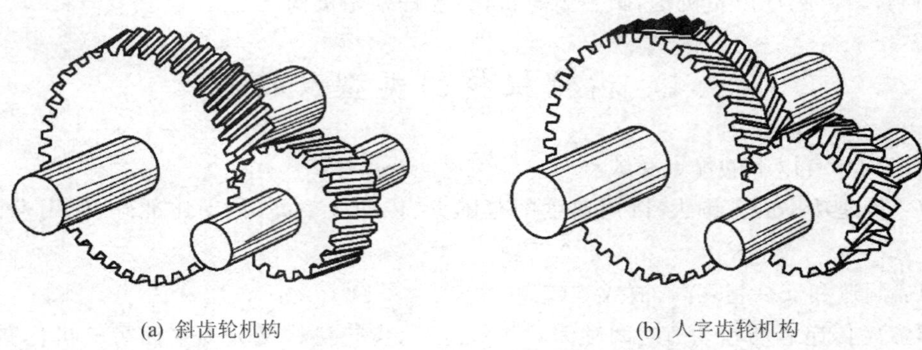

(a) 斜齿轮机构　　(b) 人字齿轮机构

图 5-2　斜齿圆柱齿轮机构

5.1.2　空间齿轮机构

空间齿轮机构用于两相交轴或相互交错轴间的运动和动力的传递,两齿轮间的相对运动为空间运动。

用于两相交轴间的运动和动力传递的齿轮外形呈圆锥形,故又称为**圆锥齿轮机构**。它有**直齿**和**曲线齿**两种,如图 5-3 所示。

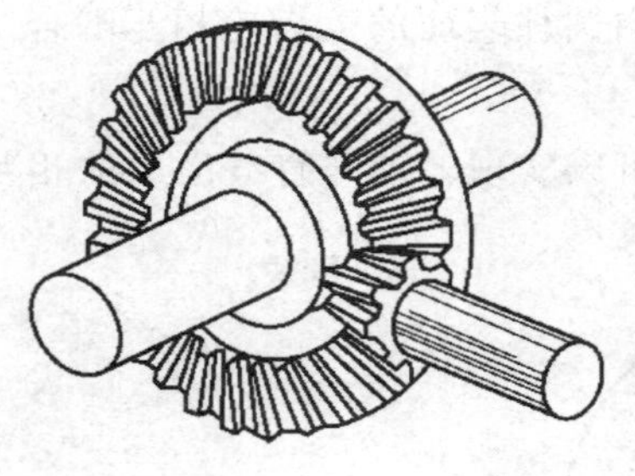

(a) 直齿圆锥齿轮机构

(b) 曲线齿圆锥齿轮机构

图 5-3　空间齿轮机构

用于两相错轴间的运动和动力传递的齿轮机构有**交错轴斜齿轮机构**、**蜗杆蜗轮机构**和**准双曲面齿轮机构**,如图 5-4 所示。

上述各种齿轮机构的瞬时传动比是不变的$\left(i_{12}=\dfrac{\omega_1}{\omega_2}=\text{常数}\right)$,称为**定传动比齿轮机构**;若齿轮机构的瞬时传动比是变化的$\left(i_{12}=\dfrac{\omega_1}{\omega_2}\neq\text{常数}\right)$,称为**变传动比齿轮机构**,此时齿轮的外形是非圆形(见图 5-5)。

本章只介绍定传动比齿轮机构。

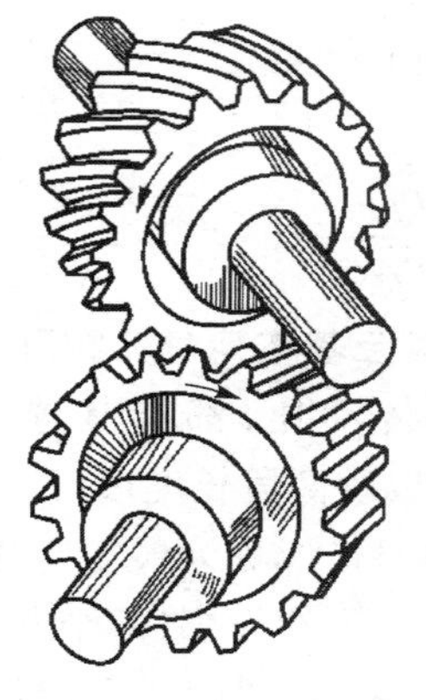

(a) 交错轴斜齿轮机构

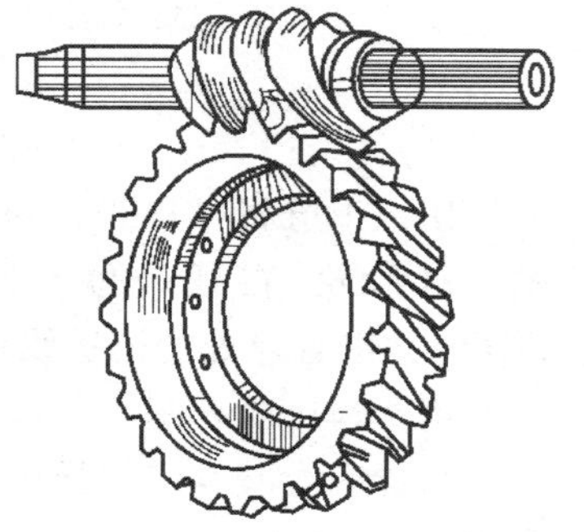

(b) 蜗杆蜗轮机构

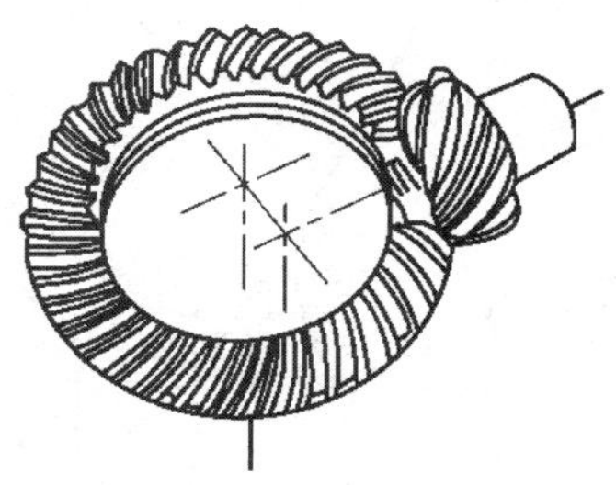

(c) 准双曲面齿轮机构

图 5-4　空间齿轮机构

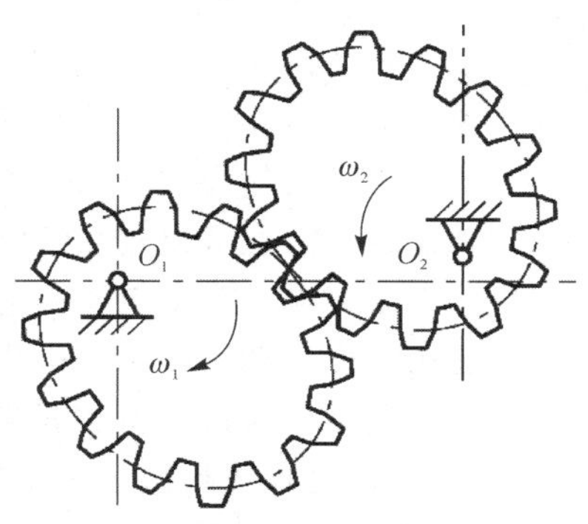

图 5-5　非圆齿轮

5.2　齿廓啮合基本定律

齿轮是通过齿廓表面的接触来传递运动和动力的，齿廓表面可以由各种曲线构成。无论两齿轮齿廓形状如何，其平均传动比总是等于齿数的反比，即

$$i_{12}=\frac{n_1}{n_2}=\frac{z_2}{z_1} \tag{5-1}$$

齿轮机构的瞬时传动比是两齿轮的瞬时角速度之比，即

$$i_{12}=\frac{\omega_1}{\omega_2} \tag{5-2}$$

齿轮的瞬时传动比与齿廓表面曲线形状有关，这一规律可以由齿廓啮合基本定律进行描述。

设图 5-6 中 λ_1 和 λ_2 是一对分别绕 O_1 和 O_2 转动的平面齿轮的齿廓曲线，它们在点 K 处相接触，K 称为**啮合点**。过啮合点 K 作两齿廓的公法线 $n-n$ 与两齿轮的连心线 O_1O_2，交于点 C。

根据瞬心概念可知：交点 C 是两齿轮的相对瞬心 P_{12}。此时 λ_1 和 λ_2 在 C 点的速度

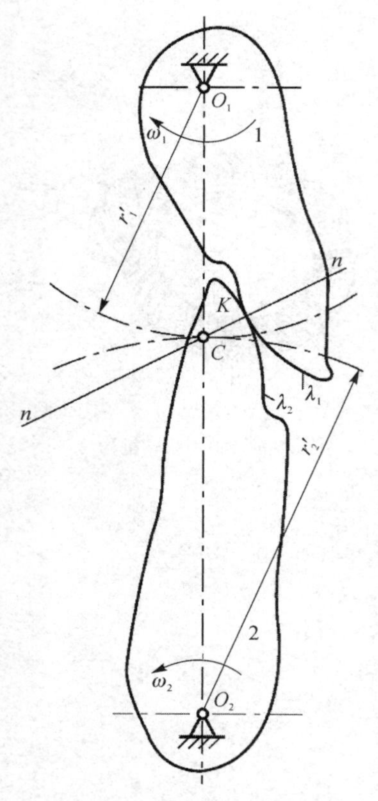

图 5-6 齿廓啮合基本定律

相等：

$$v_C = \overline{O_1C} \times \omega_1 = \overline{O_2C} \times \omega_2$$

故两轮的瞬时传动比为

$$i_{12} = \frac{\omega_1}{\omega_2} = \frac{\overline{O_2C}}{\overline{O_1C}} \tag{5-3}$$

由以上分析可以得出**齿廓啮合基本定律：相互啮合的一对齿轮，在任一位置时的传动比，都与其连心线 O_1O_2 被啮合点处的公法线所分成的两段长度成反比。**

满足齿廓啮合基本定律的一对齿廓称为**共轭齿廓**。

齿廓啮合基本定律描述了两个齿轮齿廓（两个几何要素）与两轮的角速度（两个运动要素）之间的关系，当已知任意三个要素即可求出第四个。如齿轮传动中已知的是两个齿轮齿廓及主动轮的角速度 ω_1，即可求出从动轮的角速度 ω_2；又如用范成法加工齿轮时，当刀具与轮坯按一定的传动比 ω_1/ω_2 运动时，且已知刀具齿廓形状，则刀具齿廓就在齿坯上加工出所需的共轭齿廓。这说明齿轮的瞬时传动比与齿廓形状有关，可根据齿廓曲线确定齿轮传动比；反之，也可以按照给定的传动比来确定齿廓曲线。

齿廓啮合基本定律即适用于定传动比的齿轮机构，也适用于变传动比的齿轮机构。

机械中对**齿轮机构的基本要求**是：瞬时传动比必须为常数，这样可以减小由于机构转速变化所带来的机械系统惯性力、振动、冲击和噪声。由式(5-3)可知：若要求两齿轮的传动比为常数，则应使 $\overline{O_2C}/\overline{O_1C}$ 为常数。而由于在两齿轮的传动过程中，其轴心 O_1 和 O_2 均为定点，所以，欲使 $\overline{O_2C}/\overline{O_1C}$ 为常数，则必须使 C 点在连心线上为一定点。

由此可得出齿轮机构**定传动比传动条件：不论两轮齿廓在何位置啮合，过啮合点所作的两齿廓公法线必须与两齿轮的连心线相交于一定点。**

点 C 称为两轮的**啮合节点**(简称为**节点**)。

分别以两轮的回转中心 O_1 和 O_2 为圆心，以 $r'_1=\overline{O_1C}$，$r'_2=\overline{O_2C}$ 为半径作圆，称为两齿轮的**节圆**。这两个圆相切于节点 C，因此，**两齿轮的啮合传动可以看成两个节圆做纯滚动**；两轮在节圆上的圆周速度相等；节圆是节点在两齿轮运动平面上的轨迹。

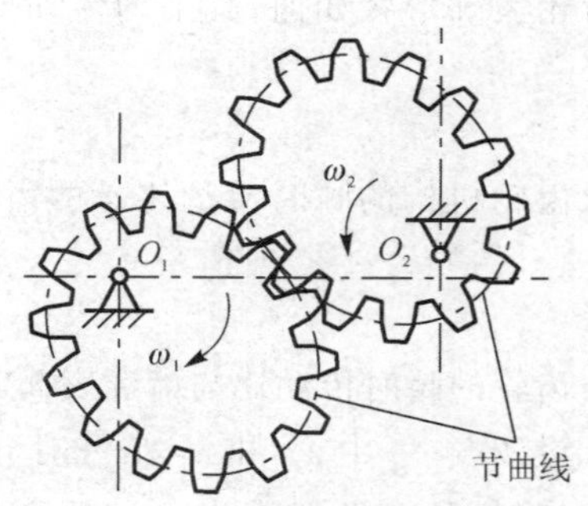

图 5-7 非圆齿轮及其节曲线

同理，由式(5-3)可知，当要求两齿轮做变传动比传动时，则节点 C 就不再是连心线上的一个定点，而应是按传动比的变化规律在连心线上移动的。这时，C 点在轮 1、轮 2 运动平面上的轨迹也就不再是圆，而是一条非圆曲线，称为**节曲线**。如图 5-7 所示的两个椭圆即为该对非圆齿轮的节曲线。

5.3 渐开线齿廓及其啮合特性

齿轮的齿廓曲线必须满足齿廓啮合基本定律。现代工业中应用最多的齿廓曲线是渐开线曲线。

5.3.1 渐开线的形成及其特性

1. 渐开线的生成

如图5-8所示,当直线 NK 沿一圆周作纯滚动时,直线上任意点 K 的轨迹 AK 就是该圆的**渐开线**。该圆称为渐开线的**基圆**,其半径用 r_b 表示;直线 NK 称为渐开线的**发生线**;角 θ_K 称为渐开线上 K 点的**展角**。

2. 渐开线的特性

渐开线具有下列特性:

① 发生线沿基圆滚过的直线长度,等于基圆上被滚过的圆弧长度,即

$$\overline{NK}=\overset{\frown}{NA}$$

② 由于发生线在基圆上作纯滚动,所以发生线与基圆的切点 N 即为其速度瞬心,发生线 NK 即为渐开线在点 K 的法线。故可得出结论:渐开线上任意点的法线必切于基圆。

③ 发生线与基圆的切点 N 也是渐开线在点 K 处的曲率中心,而线段 $\overline{NK}$ 就是渐开线在点 K 处的曲率半径。又由图5-8可见,在基圆上的曲率半径最小,其值为零。渐开线愈远离基圆,其曲率半径愈大。

④ 渐开线的形状取决于基圆的大小。如图5-9所示,在展角 θ_K 相同的条件下,基圆半径愈大,其曲率半径愈大,渐开线的形状越平直。当基圆半径为无穷大时,其渐开线就变成一条直线。故齿条的齿廓曲线为直线。

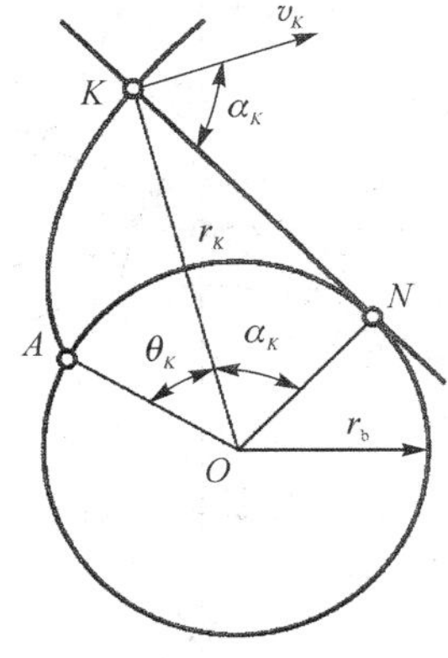

图5-8 渐开线的生成

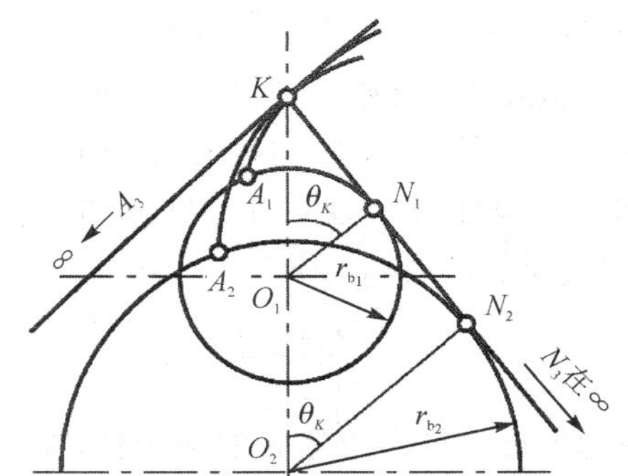

图5-9 渐开线的形状取决于基圆的大小

⑤ 基圆以内无渐开线。

5.3.2 渐开线方程式

如图5-8所示,以 O 为极点,以 OA 为极坐标轴,渐开线上任一点 K 的极坐标可以用向

径 r_K 和展角 θ_K 来确定。当以此渐开线作为齿轮的齿廓，并与其共轭齿廓在点 K 啮合时，则此齿廓在该点所受正压力的方向（即法线 NK 方向）与该点速度方向（垂直于直线 OK 方向）之间所夹的锐角 α_K，称为渐开线在该点的**压力角**，用 α_K 表示。

由图可见，$\alpha_K=\angle NOK$，且

$$\cos\alpha_K=\frac{r_b}{r_K} \tag{5-4}$$

因

$$\tan\alpha_K=\frac{\overline{NK}}{\overline{ON}}=\frac{\overset{\frown}{AN}}{r_b}=\frac{r_b(\alpha_K+\theta_K)}{r_b}=\alpha_K+\theta_K$$

故

$$\theta_K=\tan\alpha_K-\alpha_K$$

上式说明，展角 θ_K 是压力角 α_K 的函数。因为该函数是根据渐开线的特性推导出来的，故称其为**渐开线函数**。工程上常用 $\mathrm{inv}\,\alpha_K$ 来表示，即

$$\mathrm{inv}\,\alpha_K=\theta_K=\tan\alpha_K-\alpha_K$$

综上所述，可得**渐开线的方程式**为

$$\begin{cases}r_K=r_b/\cos\alpha_K\\ \theta_K=\mathrm{inv}\,\alpha_K=\tan\alpha_K-\alpha_K\end{cases} \tag{5-5}$$

5.3.3 渐开线齿廓的啮合特性

一对渐开线齿廓在啮合传动中，具有以下几个特点。

1. 渐开线齿廓能保证定传动比传动

现设 λ_1 和 λ_2 为两齿轮上相互啮合的一对渐开线齿廓（见图 5－10），它们的基圆半径分别为 r_{b1}，r_{b2}。当 λ_1 和 λ_2 在任一点 K 啮合时，过点 K 所作这对齿廓的公法线为 N_1N_2。根据渐开线的特性可知，此公法线必同时与两轮的基圆相切，即 N_1N_2 为两基圆的一条内公切线。由于两轮的基圆为定圆，其在同一方向的内公切线只有一条。故不论该对齿廓在何处啮合，过啮合点 K 所作两齿廓的公法线必为一条固定的直线，它与连心线 O_1O_2 的交点 P 必为一定点。因此两个以渐开线作为齿廓曲线的齿轮，其瞬时传动比为常数，即

$$i_{12}=\frac{\omega_1}{\omega_2}=\frac{\overline{O_2P}}{\overline{O_1P}}=\text{常数}$$

机械传动中为保证机械系统运转的平稳性，要求齿轮能做定传动比传动，渐开线齿廓能满足此要求，故任意两个渐开线齿廓都是共轭齿廓。

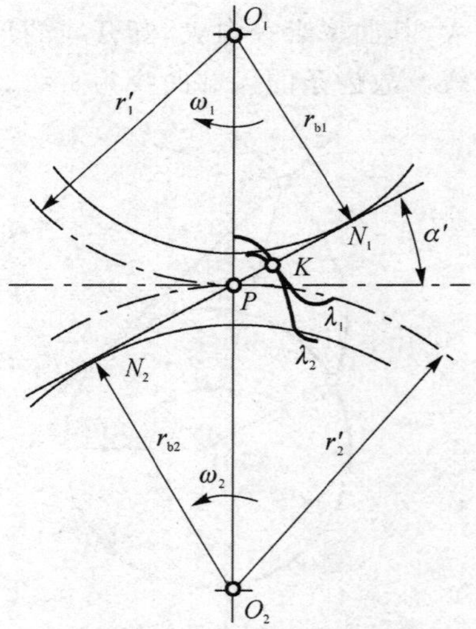

图 5－10　渐开线齿廓的啮合特性

2. 渐开线齿廓传动具有可分性

由图 5－10 可知，因 $\Delta O_1N_1P\backsim\Delta O_2N_2P$，故两轮的传动比又可写成

$$i_{12}=\frac{\omega_1}{\omega_2}=\frac{\overline{O_2P}}{\overline{O_1P}}=\frac{r'_2}{r'_1}=\frac{r_{b2}}{r_{b1}} \tag{5-6}$$

式(5-6)说明,一对渐开线齿轮的传动比等于两轮基圆半径的反比。对于渐开线齿轮来说,齿轮加工完成后,其基圆的大小就已完全确定,所以两轮传动比亦即完全确定,因而即使两齿轮的实际安装中心距与设计**中心距略有偏差,也不会影响两轮的传动比**。渐开线齿廓传动的这一特性称为**传动的可分性**。该特性对于渐开线齿轮的加工、制造、装配、调整、使用和维修都十分有利。

3. 渐开线齿廓之间的正压力方向不变

既然一对渐开线齿廓在任何位置啮合时,过接触点的公法线都是同一条直线 N_1N_2,这就说明一对渐开线齿廓从开始啮合到脱离接触,所有的啮合点均在直线 N_1N_2 上,即直线 N_1N_2 是两齿廓接触点的轨迹,它称为渐开线齿轮传动的**啮合线**。由于在齿轮传动中两啮合齿廓间的正压力就沿其接触点的公法线方向,而对于渐开线齿廓啮合传动来说,该公法线与啮合线是同一直线 N_1N_2,故知渐开线齿轮在传动过程中,两啮合齿廓之间的正压力方向是始终不变的。这对提高齿轮传动的平稳性十分有利。

正是由于渐开线齿廓具有上述这些特点,才使得渐开线齿轮在机械工程中获得了广泛的应用。

5.4 渐开线标准直齿圆柱齿轮的几何尺寸

5.4.1 齿轮各部分的名称

图5-11所示为一标准直齿圆柱外齿轮的一部分,齿轮的各个部分都分布在不同的圆周上。

① **齿顶圆** 过所有轮齿顶端的圆称为齿顶圆,其半径用 r_a 表示;

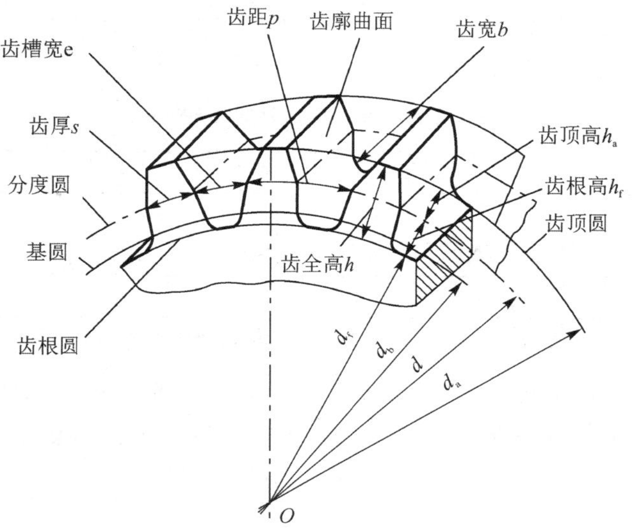

图5-11 齿轮各部分的名称

② **齿根圆** 过所有轮齿槽底的圆称为齿根圆，其半径用 r_f 表示；

③ **分度圆** 是设计齿轮的基准圆，其半径用 r 表示；

④ **基圆** 生成渐开线的圆称为基圆，其半径用 r_b 表示；

⑤ **齿厚、齿槽和齿距** 沿任意圆周上，同一轮齿左右两侧齿廓间的弧长称为该圆周上的齿厚，以 s_i 表示；相邻两轮齿，任意圆周上齿槽的弧线长度，称为该圆周上的齿槽宽，以 e_i 表示；沿任意圆周，相邻两齿同侧齿廓之间的弧长称为该圆周上的齿距，以 p_i 表示。在同一圆周上，齿距等于齿厚与齿槽宽之和，即

$$p_i = s_i + e_i \tag{5-7}$$

分度圆上的齿厚、齿槽宽和齿距分别以 s, e, p 表示。

⑥ **齿顶高、齿根高和齿全高** 轮齿介于分度圆与齿顶圆之间的部分称为齿顶，其径向高度称为齿顶高，以 h_a 表示；介于分度圆与齿根圆之间的部分称为齿根，其径向高度称为齿根高，以 h_f 表示；齿顶高与齿根高之和称为齿全高，以 h 表示，显然

$$h = h_a + h_f \tag{5-8}$$

5.4.2 齿轮的基本参数

① **齿数 z** 在齿轮整个圆周上轮齿的总数称为齿数，用 z 表示。

② **模数 m** 由于齿轮分度圆的周长等于 zp，故分度圆的直径 d 可表示为

$$d = \frac{zp}{\pi}$$

为了便于设计、计算、制造和检验，现令

$$m = \frac{p}{\pi}$$

m 称为齿轮的**模数**，其单位为 mm。于是得

$$d = mz \tag{5-9}$$

模数 m 已经标准化了，表 5-1 为国家标准 GB/T 1357—1987 所规定的标准模数系列。齿数相同的齿轮，若模数不同，则其尺寸也不同(见图 5-12)。

表 5-1 圆柱齿轮标准模数系列表(GB/T 1357—1987)

第一系列	1	1.25	1.5	2	2.5	3	4	5	6
	8	10	12	16	20	25	32	40	50
第二系列	1.75	2.25	2.75	(3.25)	3.5	(3.75)	4.5	5.5	(6.5)
	7	9	(11)	14	18	22	28	36	45

注：选用模数时，应优先采用第一系列，其次是第二系列，括号内的模数尽可能不用。

③ **分度圆压力角 α**(简称压力角) 由式(5-4)可知，同一渐开线齿廓上各点的压力角不同。通常所说的齿轮压力角是指在分度圆上的压力角，以 α 表示。根据式(5-4)有

$$\alpha = \arccos(r_b / r)$$

或

$$r_b = r\cos\alpha = \frac{1}{2}zm\cos\alpha \tag{5-10}$$

国家标准(GB/T 1356—1988)中规定，分度圆压力角的标准值为 $\alpha = 20°$。在某些特殊场

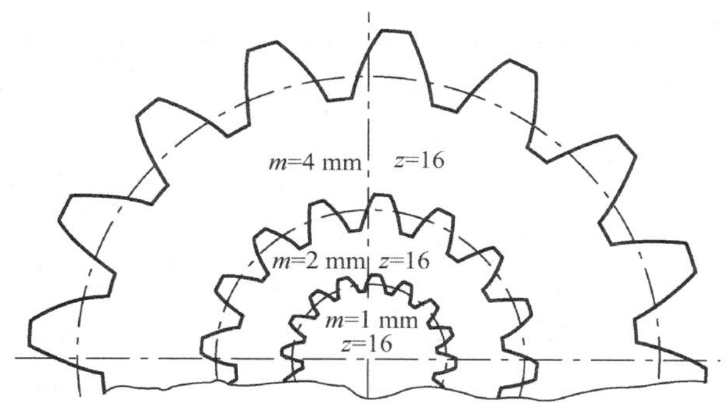

图 5－12　相同齿数，不同模数，齿轮尺寸的比较

合，α 也有采用其他值的情况，如 $\alpha=15°$等。

④ **齿顶高系数 h_a^* 和顶隙系数 c^***　齿顶高系数和顶隙系数分别用 h_a^* 和 c^* 表示。

齿轮的齿顶高：

$$h_a=h_a^* m \tag{5-11}$$

齿根高：

$$h_f=(h_a^*+c^*)m \tag{5-12}$$

齿根高略大于齿顶高，这样在一个齿轮的齿顶到另一个齿轮的齿根的径向形成顶隙 c

$$c=c^* m \tag{5-13}$$

其既可以存储润滑油，也可以防止轮齿干涉。

齿顶高系数 h_a^* 和顶隙系数 c^* 也已经标准化了，表 5－2 为国家标准 GB/T 1357—1987 所规定的齿顶高系数 h_a^* 和顶隙系数 c^* 数值。

表 5－2　齿顶高系数和顶隙系数(GB/T 1357—1987)

名　称	正常齿制系数	短齿制系数
齿顶高系数 h_a^*	1	0.8
顶隙系数 c^*	0.25	0.3

5.4.3　渐开线齿轮的尺寸计算公式

标准齿轮：满足**基本参数 m,α,h_a^*,c^* 均为标准值**，且 $e=s$ 条件的齿轮。

表 5－3 是渐开线标准齿轮各个部分尺寸的计算公式。

表 5－3　渐开线标准直齿圆柱齿轮传动几何尺寸的计算公式

名　称	代　号	计算公式	
		小齿轮	大齿轮
模数	m	（根据齿轮受力情况和结构需要确定，选取标准值）	
压力角	α	选取标准值	
分度圆直径	d	$d_1=mz_1$	$d_2=mz_2$
齿顶高	h_a	$h_{a1}=h_{a2}=h_a^* m$	

续表 5-3

名 称	代 号	计算公式	
		小齿轮	大齿轮
齿根高	h_f	$h_{f1}=h_{f2}=(h_a^*+c^*)m$	
齿全高	h	$h_1=h_2=(2h_a^*+c^*)m$	
齿顶圆直径	d_a	$d_{a1}=(z_1+2h_a^*)m$	$d_{a2}=(z_2+2h_a^*)m$
齿根圆直径	d_f	$d_{f1}=(z_1-2h_a^*-2c^*)m$	$d_{f2}=(z_2-2h_a^*-2c^*)m$
基圆直径	d_b	$d_{b1}=d_1\cos\alpha$	$d_{b2}=d_2\cos\alpha$
齿距	p	$p=\pi m$	
基圆齿距	p_b	$p_b=p\cos\alpha$	
齿厚	s	$s=\pi m/2$	
齿槽宽	e	$e=\pi m/2$	
顶隙	c	$c=c^*m$	
标准中心距	a	$a=m(z_1+z_2)/2$	
节圆直径	d'	(当中心距为标准中心距 a 时)$d'=d$	
传动比	i	$i_{12}=\omega_1/\omega_2=d_2'/d_1'=d_{b2}/d_{b1}=d_2/d_1=z_2/z_1$	

5.4.4 齿条和内齿轮

1. 齿 条

图 5-13 所示为一齿条。齿条与齿轮相比有以下两个主要特点：

① 由于齿条的齿廓是直线，所以齿廓上各点的法线是平行的，而且由于在传动时齿条是作直线移动的，所以齿条齿廓上各点的压力角相同，其大小等于齿廓直线的齿形角 α。

② 由于齿条上各齿同侧的齿廓是平行的，所以不论在分度线上或与其平行的其他直线上，其齿距都相等，即 $P_i=P=\pi m$。

齿条的部分基本尺寸（如 h_a, h_f, s, e, p, p_b 等）可参照外齿轮几何尺寸的计算公式进行计算。

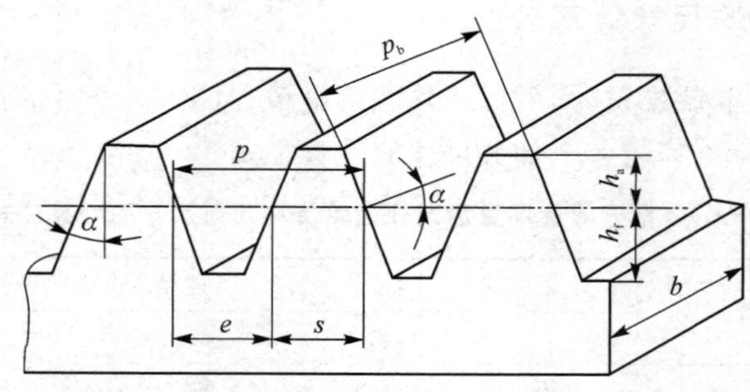

图 5-13 标准齿条

2. 内齿轮

图 5-14 所示为一内齿圆柱齿轮。

由于内齿轮的轮齿是分布在空心圆柱体的内表面上，所以它与外齿轮相比较有下列不同点：

① 内齿轮的齿根圆大于齿顶圆。

② 内齿轮的轮齿相当于外齿轮的齿槽，内齿轮的齿槽相当于外齿轮的轮齿，故内齿轮的齿廓是内凹的。

③ 为了使内齿轮齿顶的齿廓全部为渐开线，则其齿顶圆必须大于基圆。

基于内齿轮与外齿轮的不同，其部分基本尺寸的计算公式也就不同，如齿顶圆直径 $d_a = d - 2h_a$；齿根圆直径 $d_f = d + 2h_f$ 等。

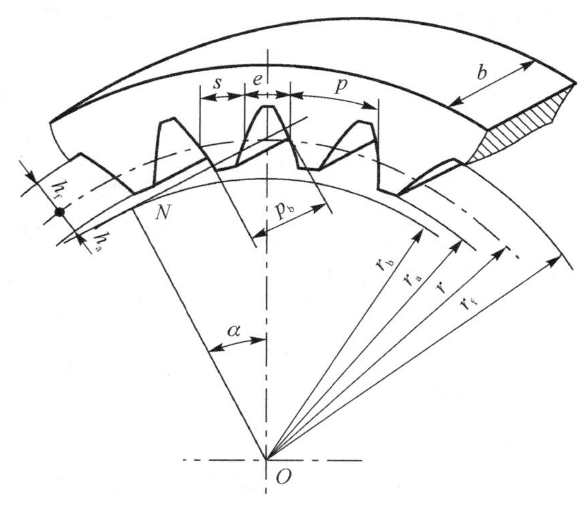

图 5 - 14　内齿圆柱齿轮

5.5　渐开线标准直齿圆柱齿轮的啮合传动

渐开线齿廓虽能够满足定传动比传动条件，但要实现一对渐开线齿轮的正常工作，还需要满足正确啮合条件、正确安装条件和连续传动条件。

5.5.1　正确啮合条件

如果两个齿轮能够一起啮合，则必须使一个齿轮的轮齿能够正常进入到另一轮的齿槽，否则将无法进行啮合传动。现就图 5 - 15 所示加以说明。

一对渐开线齿轮在传动时，它们的齿廓啮合点都应位于啮合线 N_1N_2 上，因此要齿轮能正确啮合传动，应使处于啮合线上的各对轮齿都能同时进入啮合，为此两齿轮相邻两齿同侧齿廓的法向距离（法向齿距 p_n）应相等，即

$$p_{n1} = \overline{K_1K_1'} = \overline{K_2K_2'} = p_{n2}$$

根据渐开线的特性①，法向齿距 p_n 应等于基圆上的齿距 p_b，所以有

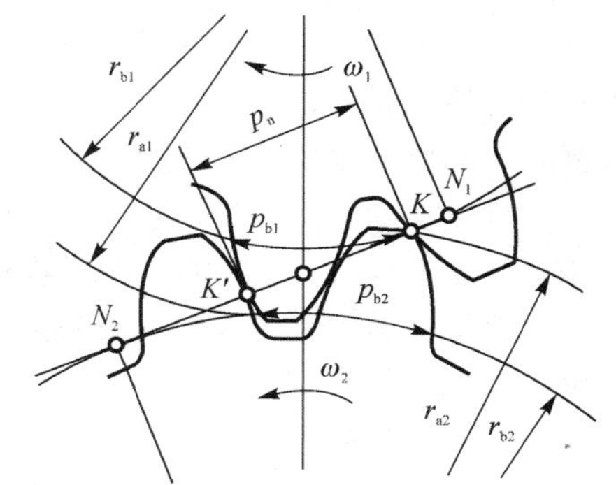

图 5 - 15　齿轮正确啮合条件

$$p_{b1}=p_{b2}$$
$$m_1\cos\alpha_1=m_2\cos\alpha_2$$

对于标准齿轮，由于模数和压力角均已标准化，为满足上式，应使

$$m_1=m_2=m,\quad \alpha_1=\alpha_2=\alpha \tag{5-14}$$

综上，一对渐开线标准直齿圆柱齿轮**正确啮合条件**是：**两轮的模数和压力角应分别相等**。

5.5.2 正确安装条件

一对齿轮应满足的**正确安装条件**：① **顶隙为标准值**；② **两轮的齿侧间隙为零**。

一对渐开线齿廓在啮合传动中具有可分性，即齿轮传动的中心距的变化不影响传动比，但会改变齿轮传动的顶隙和齿侧间隙的大小。

1. 两轮的顶隙为标准值

在一对齿轮传动时，为了避免一轮的齿顶与另一轮的齿槽底部及齿根过渡曲线部分相抵触，并且为了有一些空隙以便存储润滑油，故在一轮的齿顶圆与另一轮的齿根圆之间留有一定的间隙，称为**顶隙**。**顶隙的标准值为** $c=c^*m$ 。而由图 5-16(a)可见，两轮的顶隙大小与两轮的中心距有关。

设当顶隙为标准值时，两轮的中心距为 a，则

$$\begin{aligned} a&=r_{a1}+c+r_{f2}=(r_1+h_a^*m)+c^*m+(r_2-h_a^*m-c^*m)\\ &=r_1+r_2=m(z_1+z_2)/2 \end{aligned} \tag{5-15}$$

即**两轮的中心距等于两轮分度圆半径之和**，这种中心距又称为**标准中心距**。

一对齿轮啮合时两轮的节圆总是相切的，当两轮按标准中心距安装时，两轮的分度圆也是相切的，即 $r'_1+r'_2=r_1+r_2$。又因 $i_{12}=r'_2/r'_1=r_2/r_1$，故**两轮按标准中心距安装时，两轮的节圆分别与其分度圆相重合**。

2. 两轮的齿侧间隙为零

由图 5-16 可见，一对齿轮侧隙的大小显然也与中心距的大小有关。虽然实际齿轮传动中，在两轮的非工作齿侧间总要留有一定的间隙，但为了减小或避免轮齿间的反向冲撞和空程，这种齿侧间隙一般都很小，并由制造公差来保证。而在计算齿轮的公称尺寸和中心距时，都是按齿侧间隙为零来考虑的。

若一对齿轮在传动时其齿侧间隙为零，需使一个齿轮在节圆上的齿厚等于另一个齿轮在节圆上的齿槽宽，即**齿侧间隙为零的条件**是：$s'_1=e'_2$；$s'_2=e'_1$。

当一对标准直齿圆柱齿轮按标准中心距安装时，两轮的节圆与其分度圆重合，而分度圆上的齿厚与齿槽宽相等，因此有 $s'_1=e'_2=s'_2=e'_1=\pi m/2$。**标准齿轮在按标准中心距安装时，其无齿侧间隙的要求也能得到满足。**

一对齿轮在啮合时，其节点 P 的速度方向与啮合线 N_1N_2 之间所夹的锐角称为**啮合角**，用 α' 表示。由此定义可知，**啮合角 α' 总是等于节圆压力角**。

当两轮按标准中心距安装时，齿轮的节圆与其分度圆重合，啮合角 α' 等于齿轮的分度圆压力角 α。

当两轮的实际中心距 a' 与标准中心距 a 不相同时，两轮的分度圆将不再相切。设将原来的中心距 a 增大，如图 5-16(b)所示，这时两轮的分度圆不再相切，而是相互分离开一段距离。两轮的节圆半径将大于各自的分度圆半径，其啮合角 α' 也将大于分度圆的压力角 α。因

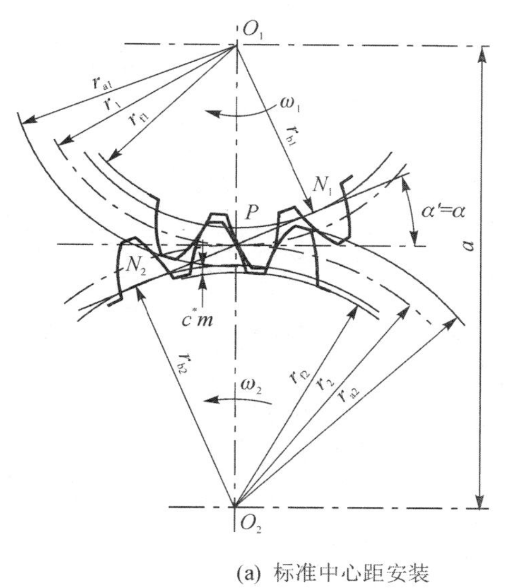

(a) 标准中心距安装

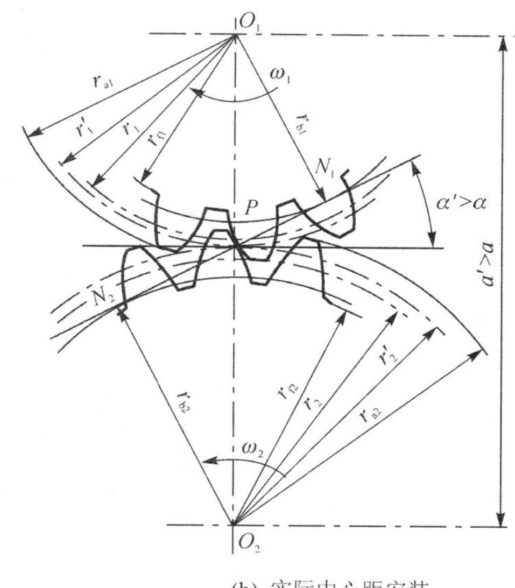

(b) 实际中心距安装

图 5-16　齿轮正确安装条件

$r_b=r\cos\alpha=r'\cos\alpha'$，故有 $r_{b1}+r_{b2}=(r_1+r_2)\cos\alpha=(r'_1+r'_2)\cos\alpha'$，则齿轮的中心距与啮合角的关系式为

$$a'\cos\alpha'=a\cos\alpha \tag{5-16}$$

对于如图 5-17 所示的齿轮齿条传动，由于齿条的渐开线齿廓变为直线，而且不论齿轮与齿条是标准安装（此时齿轮的分度圆与齿条的分度线相切），还是齿条沿径向线 O_1C 远离齿轮或靠近齿轮（相当于中心距改变），齿条的直线齿廓总是保持原始方向不变，因此使啮合线 N_1N_2 及节点 C 的位置也始终保持不变。这说明，**对于齿轮和齿条传动，不论两者是否为标准安装，齿轮的节圆始终与其分度圆重合，其啮合角 α' 始终等于齿轮的分度圆压力角 α**。只是在非标准安装时，齿条的节线与其分度线将不再重合。

5.5.3　连续传动条件

1. 一对轮齿的啮合过程

如图 5-18 所示为一对满足正确啮合条件的渐开线标准直齿圆柱齿轮的啮合传动。设轮 1 为主动轮，以角速度 ω_1 做顺时针方向回转；轮 2 为从动轮，以角速度 ω_2 做逆时针方向回转。直线 N_1N_2 为这对齿轮传动的啮合线。现分析这对轮齿的啮合过程：

① 两轮轮齿在 B_2 点进入啮合，$\boldsymbol{B_2}$ 称之为**起始啮合点**。B_2 点是从动轮 2 的齿顶圆与啮合线 N_1N_2 的交点。

② 随着传动的进行，两齿廓的啮合点将沿着主动轮的齿廓，由齿根逐渐移向齿顶；而该啮合点沿着从动轮的齿廓，由齿顶逐渐移向齿根。

③ 两轮轮齿到达 B_1 点时即将退出啮合，$\boldsymbol{B_1}$ 称之为**终止啮合点**。B_1 点是主动轮 1 的齿顶圆与啮合线 N_1N_2 的交点。

从一对轮齿的啮合过程来看，啮合点实际所走过的轨迹只是啮合线 N_1N_2 上的 B_1B_2 段，

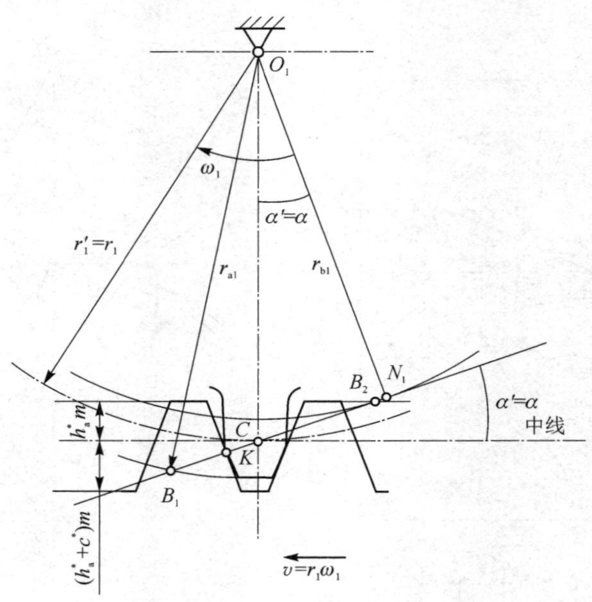

图 5－17　齿轮齿条的正确安装

故把 B_1B_2 称为**实际啮合线段**。啮合线 N_1N_2 是理论上可能达到的最长啮合线段，称为**理论啮合线段**，而点 N_1，N_2 则称为**啮合极限点**。

2. 连续传动条件

由以上分析可知，一对轮齿啮合传动的区间是有限的。所以，为了两轮能够连续地传动，必须保证在前一对轮齿尚未脱离啮合时，后一对轮齿就要及时进入啮合。而为了达到这一目的，则实际啮合线段 $\overline{B_1B_2}$ 应大于或至少等于齿轮的法向齿距 p_b，如图 5－19 所示。

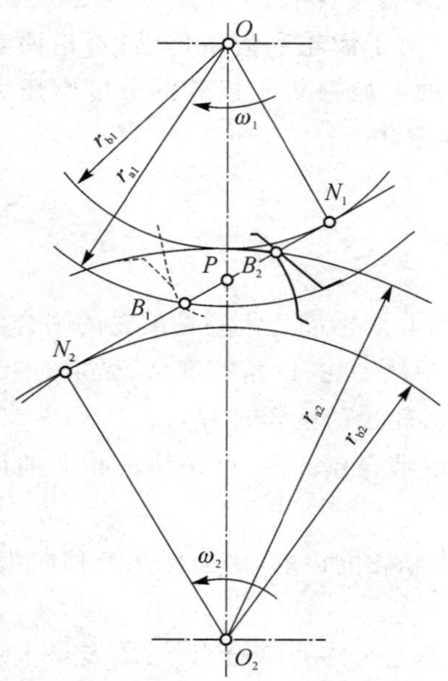

图 5－18　轮齿的啮合过程

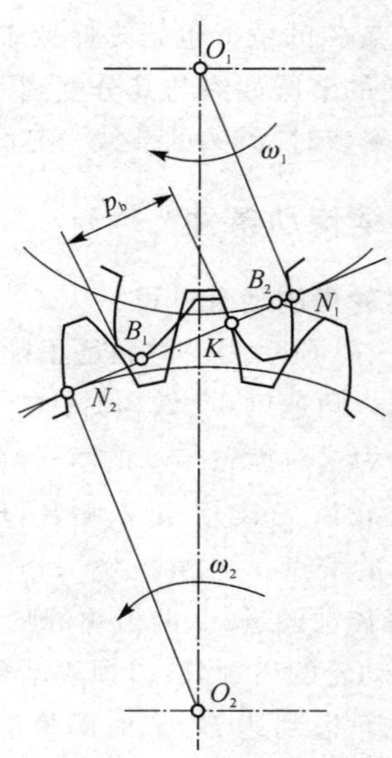

图 5－19　连续传动条件

因此渐开线直齿圆柱齿轮的**连续传动条件**为

$$\overline{B_1B_2} \geqslant p_b$$

3. 重合度

通常把$\overline{B_1B_2}$与p_b的比值ε_α称为齿轮传动的**重合度**。于是，可得到齿轮连续传动的条件为

$$\varepsilon_\alpha = \frac{\overline{B_1B_2}}{p_b} \geqslant [\varepsilon_\alpha] \tag{5-17}$$

式中，$[\varepsilon_\alpha]$为重合度ε_α的许用值。

$[\varepsilon_\alpha]$值是随齿轮传动的使用要求和制造精度而定的，常用的$[\varepsilon_\alpha]$推荐值如表 5-4 所列。

表 5-4　$[\varepsilon_\alpha]$的推荐值

使用场合	一般机械制造业	汽车拖拉机	金属切削机床
$[\varepsilon_\alpha]$	1.4	1.1～1.2	1.3

重合度ε_α的计算公式可以由图 5-20(a)得出，即

$$\overline{B_1B_2} = \overline{PB_1} + \overline{PB_2}$$

$$\overline{PB_1} = \overline{N_1B_1} - \overline{N_1P} = r_{b1}(\tan\alpha_{a1} - \tan\alpha') = \frac{mz_1}{2}\cos\alpha(\tan\alpha_{a1} - \tan\alpha')$$

同理：$\overline{PB_2} = \dfrac{mz_2}{2}\cos\alpha(\tan\alpha_{a2} - \tan\alpha')$

将$\overline{B_1B_2}$的表达式及$p_b = \pi m\cos\alpha$代入式(5-17)，可得重合度的计算公式为

$$\varepsilon_\alpha = \frac{1}{2\pi}[z_1(\tan\alpha_{a1} - \tan\alpha') + z_2(\tan\alpha_{a2} - \tan\alpha')] \tag{5-18}$$

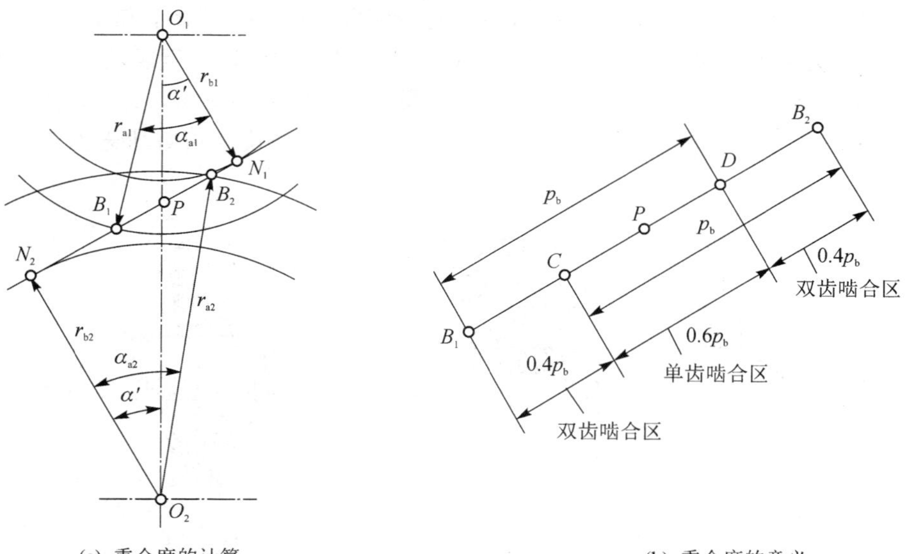

(a) 重合度的计算　　　(b) 重合度的意义

图 5-20　外啮合齿轮的重合度计算

重合度ε_α的意义：ε_α的大小表示了**同时参与啮合的轮齿对数的平均值**。

当 $\varepsilon_\alpha=1$ 时，表示前面一对轮齿即将在 B_1 点脱离啮合时，后一对轮齿恰好在 B_2 点进入啮合，啮合过程中始终仅有一对轮齿参与啮合。

当 $\varepsilon_\alpha=1.4$ 时，表示实际啮合线 $\overline{B_1B_2}$ 是法向齿距 p_b 的 1.4 倍；CD 段为**单齿啮合区**（长度为 $(2-\varepsilon_\alpha)p_b$），当轮齿在此段啮合时，只有一对轮齿相啮合；$B_2D$ 段和 B_1D 段为**双齿啮合区**（长度为 $(\varepsilon_\alpha-1)p_b$），当轮齿在其任一段上啮合时，必有相邻的一对轮齿在另一段上啮合，如图 5-20(b)所示。

由式(5-18)可见：**重合度 ε_α 与模数 m 无关，且随着齿数 z 的增多而加大**。对于按标准中心距安装的标准齿轮传动，当两轮的齿数趋于无穷大时的极限重合度 $\varepsilon_{\alpha\max}=1.981$。此外，重合度 ε_α 还随啮合角 α' 的减小和齿顶高系数 h_a^* 的增大而增大。齿轮传动的重合度 ε_α 愈大，意味着同时参与啮合的轮齿对数愈多或双齿啮合区愈长，这对于提高齿轮传动的平稳性，提高承载能力都有重要意义。

5.6 渐开线齿轮的切削加工

5.6.1 齿轮的加工方法

齿轮的加工可采用铸造法、冲压法、冷轧法、热轧法、3D 打印法和切削加工法等。一般机械中使用的齿轮通常采用切削加工方法。根据加工原理的不同，切削加工法可以分为**仿形法**和**范成法**。

仿形法是用刀刃形状与齿轮的齿槽形状相同的铣刀，在普通铣床上逐个将齿轮齿槽切出。齿轮铣刀分为盘状铣刀(见图 5-21(a))和指状铣刀(见图 5-21(b))。理论上，用仿形法一把齿轮铣刀只能精确地加工出模数和压力角与刀具相同的一种齿数的齿轮，该齿轮被称为精确齿轮。而实际生产中，为减少刀具的数量，通常同一模数和压力角的齿轮铣刀只配备数种，因此，每把齿轮铣刀要加工出与精确齿轮齿数接近的一定范围的齿数。所以，这种方法所加工齿轮精度低且生产效率低，只适合单件、小批且精度要求不高的使用对象。仿形法加工齿轮的主要运动有：铣刀转动所形成的切削运动；为加工出全部齿轮宽度和齿数所需的进给运动和分度运动。

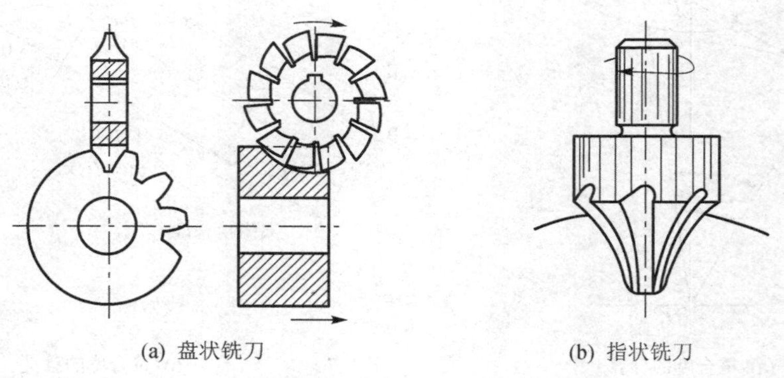

(a) 盘状铣刀　　(b) 指状铣刀

图 5-21　仿形法加工齿轮

范成法也称为展成法，根据齿廓啮合基本定律，当刀具与轮坯按给定的传动比 $i=\omega_{刀}/\omega_{坯}=$

$z_{坯}/z_{刀}$运动，且刀具齿廓为渐开线或直线形状时，则刀具齿廓就可以在齿坯上加工出与其共轭的渐开线齿廓。齿轮加工中的插齿、滚齿、磨齿等方法都是根据这种原理进行的。

图 5－22(a)所示是在插齿机上用齿轮插刀切制齿轮的情形。齿轮插刀相当于有 $z_{刀}$ 个齿且有刀刃的外齿轮。加工时，插刀沿轮坯轴线方向做往复**切削运动**；同时，插刀与轮坯按给定的传动比 $i=\omega_{刀}/\omega_{坯}=z_{坯}/z_{刀}$ 做**范成运动**(见图 5－22(b))。

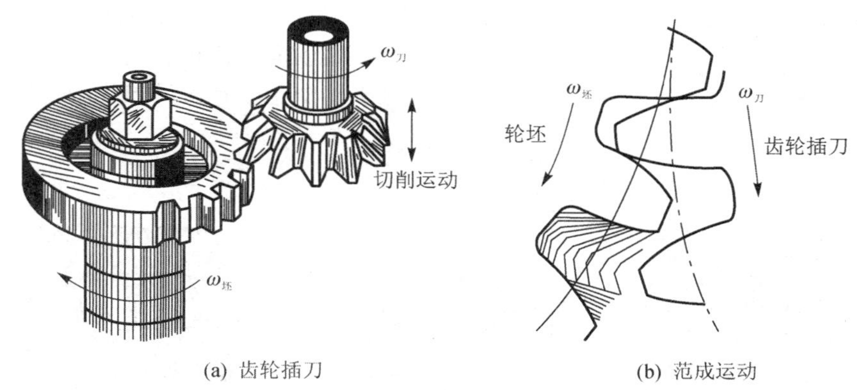

(a) 齿轮插刀　　(b) 范成运动

图 5－22　用齿轮插刀加工齿轮

为逐步加工出齿轮的全部高度，插刀要向轮坯中心方向做慢速径向**进给运动**；为防止刀具向上退刀时擦伤已加工好的齿面，轮坯还需做微量**让刀运动**。这样，刀具的渐开线齿廓就可在轮坯上切出与其共轭的渐开线齿廓。

图 5－23(a)为用齿条插刀切制齿轮的情形。加工时，轮坯以角速度 $\omega_{坯}$ 转动，齿条插刀沿轮坯切向的圆周速度与轮坯分度圆的线速度 $v=\dfrac{mz}{2}\omega_{坯}$ 相等，形成范成运动(见图 5－23(b))。其他运动与齿轮插刀切齿时的情况类似。

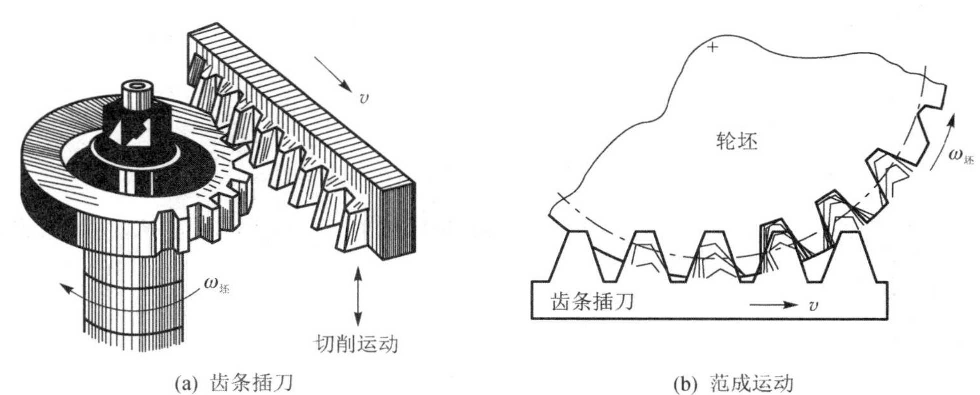

(a) 齿条插刀　　(b) 范成运动

图 5－23　用齿条插刀加工齿轮

在插齿机上加工齿轮，由于切削运动不连续，所以生产率不高。因此，在生产中更广泛地采用在滚齿机上用齿轮滚刀加工齿轮的方法(见图 5－24(a))。

滚刀的形状像个螺杆，在与螺旋线垂直的方向上开有若干个槽，从而形成刀刃(见图 5－24(b))。加工齿轮时，滚刀的轴线与齿轮轮坯端面的夹角等于滚刀的导程角 γ(见

图 5-24(c))。这样,在轮坯被切削点上,滚刀螺纹的切线方向与轮坯的齿向相同,滚刀在轮坯端面上的投影相当于齿条。滚刀转动时,即完成了对轮坯切削运动,同时在轮坯端面上的投影相当于齿条在移动,从而,与轮坯的转动一起形成了范成运动(见图 5-24(d))。所以,滚刀与齿条插刀切制齿轮的工作原理相似,都属于齿条型刀具。只是滚刀用连续的旋转运动代替了插齿刀的切削运动和范成运动。在齿条型刀具上,平行于齿顶线且齿厚与齿槽相等的直线称为中线,它相当于普通齿条的分度线。加工标准齿轮时,刀具的中线与被加工齿轮的分度圆相切,并作纯滚动(范成运动)。此外,为了切制具有一定轴向宽度的齿轮,滚刀还需沿轮坯轴线方向作慢速进给运动。在滚齿机上加工齿轮,由于切削运动连续,所以生产率较插齿法的要高。

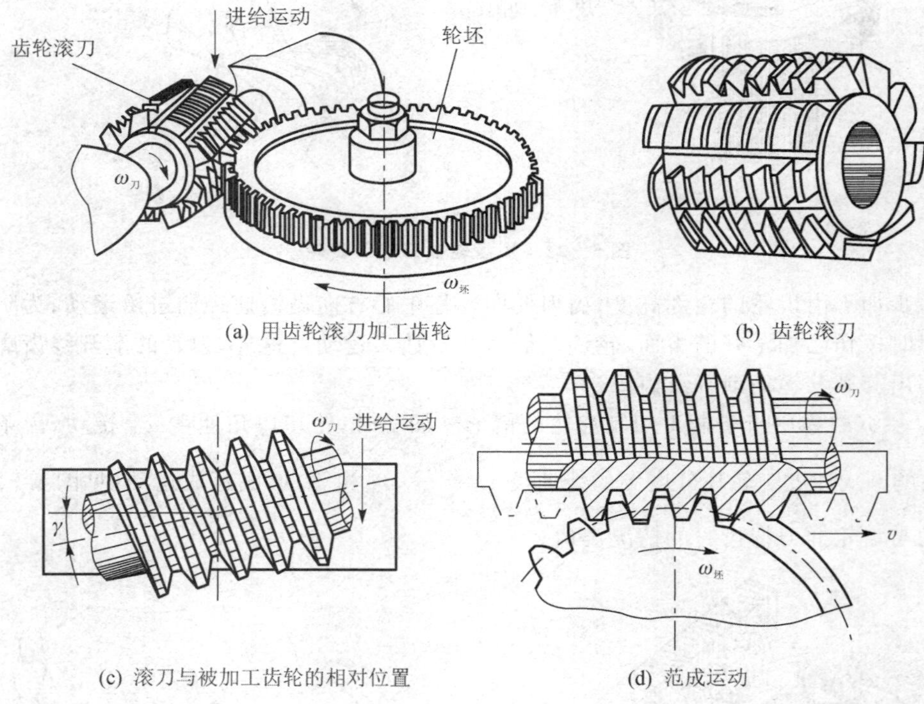

(a) 用齿轮滚刀加工齿轮　(b) 齿轮滚刀

(c) 滚刀与被加工齿轮的相对位置　(d) 范成运动

图 5-24　用齿轮滚刀在滚齿机上加工齿轮

理论上用范成法可以用一把刀具加工出模数和压力角与刀具相同的任意齿数的齿轮。

5.6.2　根切及避免根切的方法

1. 根切现象

用范成法加工渐开线齿轮时,当被加工齿轮的基本参数不合适时,被加工齿轮齿根的齿廓会被切去一部分,这种现象称为“**根切**”,如图 5-25 所示。

根切会降低齿根强度,甚至会降低传动的重合度,缩短使用寿命,影响传动质量,应尽量避免。

2. 根切原因

用范成法加工渐开线齿轮时,当**刀具的齿顶线或齿顶圆与啮合线的交点超过被切齿轮的啮合极限点**时,就会产生根切。

图 5-26 所示是用标准齿条型刀具切制标准齿轮的情况。这里只考虑轮齿根部渐开线段齿廓被切掉的情况，所以将刀具等同于齿条，即刀具的齿顶高为 $h_a^* m$，而不是实际刀具的齿顶高 $(h_a^* + c^*)m$。下面通过该图说明根切产生的原因。

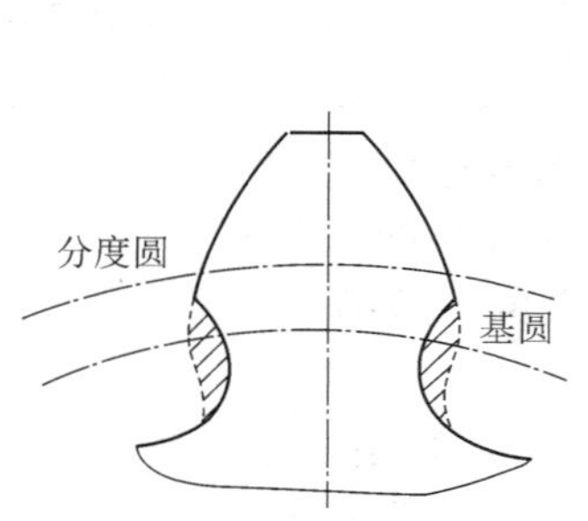

图 5-25 齿轮的根切现象

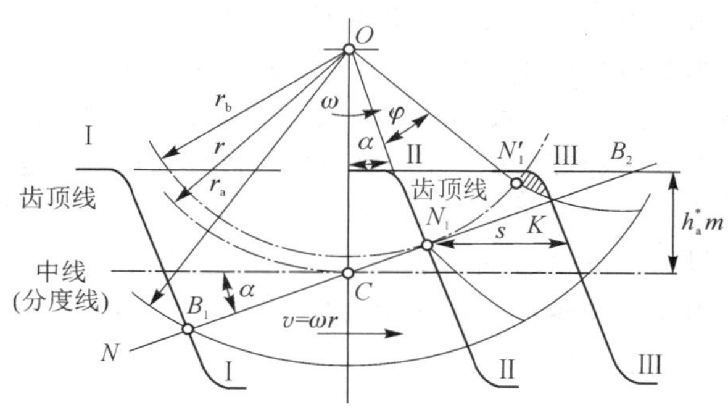

图 5-26 根切产生的原因

图中刀具的分度线与被切齿轮的分度圆相切，B_1B_2 是啮合线。刀具的切削刃从啮合线上的 B_1 点开始切削齿轮齿廓，当切制到啮合线与刀具的齿顶线的交点 B_2 处，则被切齿轮齿廓的渐开线部分已被全部切出。若 B_2 点位于啮合极限点 N_1 以下，则被切齿轮的齿廓从 B_2 点开始至齿顶为渐开线，而在 B_2 点到齿根圆之间的曲线是由刀具齿顶所形成的非渐开线过渡曲线。

用范成法加工渐开线齿轮时，对于某一刀具，其模数 m、压力角 α、齿顶高系数 h_a^* 和齿数 z 为定值，故其齿顶圆的位置就确定了。这时若被切齿轮的基圆越小，则啮合极限点 N 越接近节点 C，也就越容易发生根切现象。又因为基圆半径 $r_b = \dfrac{mz}{2}\cos\alpha$，而模数 m 和压力角 α 为定值，所以被切齿轮齿数越少，越容易发生根切。

3. 根切原因

(1) 标准齿轮无根切的最少齿数

为避免产生根切现象，则啮合极限点 N_1 必须位于刀具齿顶线之上(见图 5-26)，即应使

$$\overline{CN_1}\sin\alpha \geqslant h_a^* m$$

而

$$\overline{CN_1} = r\sin\alpha = \frac{1}{2}mz\sin\alpha$$

由此可以求出齿轮无根切的最小齿数为

$$z_{\min} = \frac{2h_a^*}{\sin^2\alpha} \tag{5-19}$$

当 $h_a^* = 1$，$\alpha = 20°$ 时，$z_{\min} = 17$。

(2) 齿轮的变位加工

有时需要制造齿数少于最少齿数 $z_{\min}$，而又不产生根切的齿轮。由式(5-19)可见，为了使不产生根切的被切齿轮的齿数更少，可以减小齿顶高系数 h_a^* 及加大压力角 α。但是，减小 h_a^* 将使重合度减小，增大 α 将使功率损耗增加，降低传动效率，而且要采用非标准刀具。因此，这两种方法应尽量不采用。

解决上述问题的最好方法是将齿条刀具由切削标准齿轮的位置相对于轮坯中心向外移出

一段距离 xm（由图 5－27 中的虚线位置移至实线位置），从而使刀具的齿顶线不超过点 N，这样就不会再发生根切现象了。

这种用改变刀具与轮坯的相对位置来切制齿轮的方法，即所谓**变位修正法**。

由于刀具与齿轮轮坯相对位置的改变，使刀具的分度线与齿轮的分度圆不再相切，这样加工出来的齿轮由于 $s \neq e$ 已不再是标准齿轮，故称为变位齿轮。齿条刀具分度线与齿轮轮坯分度圆之间的距离 xm 称为径向变位量，其中 m 为模数，x 称为径向变位系数（简称**变位系数**）。当把刀具向远离齿轮轮坯中心的方向移动时，称为**正变位**，x 为正值（$x>0$），这样加工出来的齿轮称为正变位齿轮；如果被切齿轮的齿数比较多，为了满足齿轮传动的某些要求，有时刀具也可以由标准位置向靠近被切齿轮的中心方向移动，此称为**负变位**，x 为负值（$x<0$），这样加工出来的齿轮称为负变位齿轮。

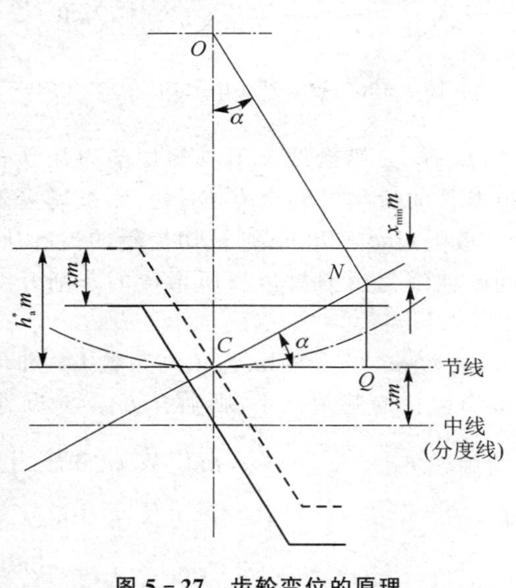

图 5－27　齿轮变位的原理

图 5－27 所示，当用范成法加工齿轮的实际齿数 $z<z_{min}$ 时，为避免根切，刀具向远离齿轮中心的方向移动一段距离，使刀具的齿顶线刚好通过轮坯与刀具的啮合极限点 N，齿轮就不会产生根切，此时刀具沿径向方向所需移动的最小位移为 $x_{min}m$，其中 x_{min} 称为**最小变位系数**，故有

$$\frac{mz}{2}\sin^2\alpha=(h_a^*-x_{min})m$$

由式（5－19）有

$$\sin^2\alpha=\frac{2h_a^*}{z_{min}}$$

代入上式，有

$$x_{min}=h_a^*\ \frac{z_{min}-z}{z_{min}} \tag{5-20}$$

由式（5－20）可以看出，当被加工齿轮的齿数 $z<z_{min}$ 时，$x_{min}>0$，故必须采用正变位才能消除根切；当所加工齿轮的齿数 $z>z_{min}$ 时，$x_{min}<0$，这说明加工齿轮时刀具向轮坯轮心方向移动一段距离（采用负变位）也不会出现根切，移动的最大距离是 $x_{min}m$。

5.7　斜齿圆柱齿轮机构

斜齿圆柱齿轮的轮齿与轴线倾斜了一定的角度，故简称为斜齿轮，其可用于两平行轴间运动和动力的传递。

5.7.1　斜齿圆柱齿轮的几何尺寸计算

由于直齿圆柱齿轮的轮齿与轴线平行，所以，前面在讨论直齿圆柱齿轮时，是在齿轮的端面（垂直于齿轮轴线的平面）上加以研究的。而齿轮是有一定宽度的，在端面上的点和线，实际上代表着齿轮上的线和面。直齿圆柱齿轮上的渐开线齿廓实际上是发生面 G 在基圆柱上作纯滚动时，发生面 G 上一条与基圆柱轴线相平行的直线 KK 所生成的，该曲面就是渐开线曲面，即为直齿轮齿面，它是母线平行于齿轮轴线的渐开线柱面（见图 5-28）。

斜齿圆柱齿轮齿面的形成原理与直齿圆柱齿轮的相似，不同之处是，发生面 G 上的直线 KK 不与基圆柱轴线相平行，而是相对于轴线倾斜了一个角度 β_b，如图 5-29 所示。当发生面 G 在基圆柱上作纯滚动时，发生面 G 上斜直线 KK 所生成的曲面就是斜齿圆柱齿轮齿面，它是**渐开线螺旋面**。β_b 称为基圆柱上的螺旋角。β_b 越大，轮齿越偏斜；当 $\beta_b=0$ 时，斜齿圆柱齿轮即成为直齿圆柱齿轮。

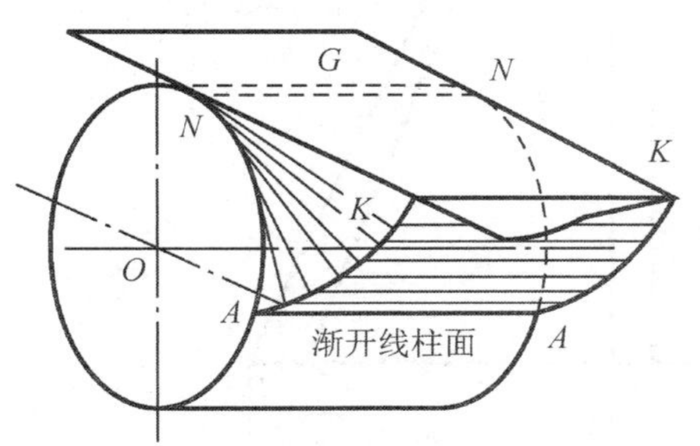

图 5-28　渐开线直齿轮齿面的生成

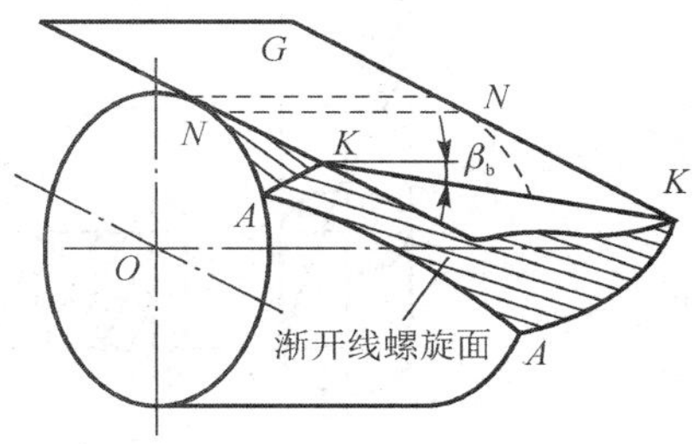

图 5-29　渐开线斜齿轮齿面的生成

在斜齿圆柱齿轮上，垂直于其轴线的平面称为**端面**；垂直于轮齿螺旋线方向的平面称为**法面**。在这两个面上齿轮齿形是不相同的，因而两个面的参数也不相同，端面与法面参数分别用下标 t 和 n 表示。又由于在切制斜齿圆柱齿轮的轮齿时，刀具进刀的方向一般是垂直于其法面的，故其法面参数（m_n，α_n，h_{an}^*，c_n^* 等）与刀具的参数相同，所以**法面参数为标准值**。由于齿轮在法面内为椭圆，几何尺寸计算较为困难，因此斜齿圆柱齿轮的**几何尺寸计算是在端面内进行的**，这样就需要**建立法面参数与端面参数的换算关系**。

1. 螺旋角 β

斜齿圆柱齿轮的齿廓曲面与其分度圆柱面相交的螺旋线的切线与齿轮轴线之间所夹的锐角（以 β 表示）称为斜齿轮分度圆柱的螺旋角（简称为斜齿轮的**螺旋角**）。

2. 法面参数与端面参数之间的关系

图 5-30 所示为斜齿圆柱齿轮沿其分度圆柱的展开图。图中阴影线部分为轮齿，空白部分为齿槽。由图可见，法面齿距 p_n 与端面齿距 p_t 的关系为

$$p_n=p_t\cos\beta$$

即

$$\pi m_n=\pi m_t\cos\beta$$

故得

$$m_n=m_t\cos\beta \tag{5-21}$$

这就是法面模数 m_n 与端面模数 m_t 之间的关系。因为 $\cos\beta<1$，所以 $m_n<m_t$。

图 5-31 所示为斜齿条的一个轮齿，$\triangle a'b'c$ 在法面上，$\triangle abc$ 在端面上。

由图可见

$$\tan\alpha_n=\tan\angle a'b'c=\frac{\overline{a'c}}{\overline{a'b'}},\quad \tan\alpha_t=\tan\angle abc=\frac{\overline{ac}}{\overline{ab}}$$

由于 $\overline{ab}=\overline{a'b'}$，$\overline{a'c}=\overline{ac}\cos\beta$，故得法面压力角 α_n 与端面压力角 α_t 之间的关系为

$$\tan\alpha_n=\tan\alpha_t\cos\beta \tag{5-22}$$

同理，因为 $\cos\beta<1$，所以 $\alpha_n<\alpha_t$。

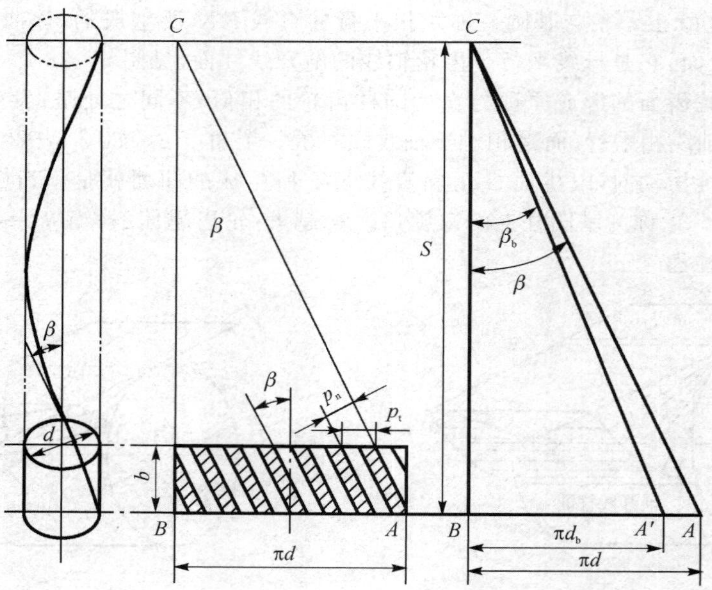

图 5－30　法面参数与端面参数之间的关系

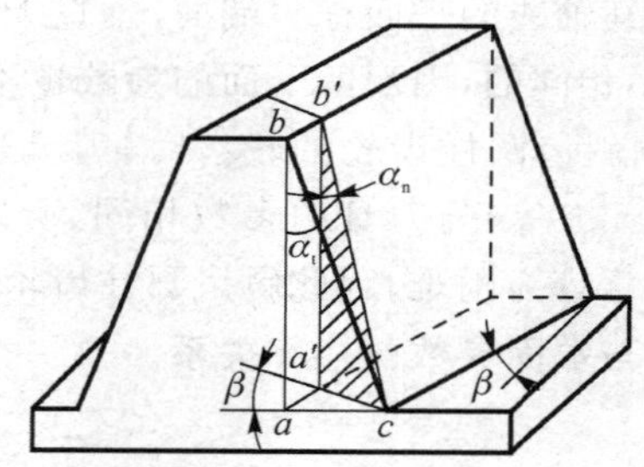

图 5－31　法面压力角与端面压力角

斜齿圆柱齿轮无论在端面上还是在法面上，轮齿的齿顶高是相同的，顶隙也是相同的，因此

$$h_a = h_{an}^* m_n = h_{at}^* m_t$$

$$c = c_n^* m_n = c_t^* m_t$$

将式(5－21)代入上式，可得出法面齿顶高系数 h_{an}^* 和顶隙系数 c_n^* 与端面齿顶高系数 h_{at}^* 和顶隙系数 c_t^* 之间的关系，即

$$\begin{cases} h_{at}^* = h_{an}^* \cos\beta \\ c_t^* = c_n^* \cos\beta \end{cases} \tag{5-23}$$

由于 $\cos\beta < 1$，所以 $h_{at}^* < h_{an}^*$，$c_t^* < c_n^*$。

3. 斜齿圆柱齿轮其他尺寸的计算

斜齿圆柱齿轮在其端面上的分度圆直径为

$$d = zm_t = \frac{zm_n}{\cos\beta} \tag{5-24}$$

斜齿圆柱齿轮传动的标准中心距为

$$a=\frac{d_1+d_2}{2}=\frac{m_t}{2}(z_1+z_2)=\frac{m_n}{2\cos\beta}(z_1+z_2) \tag{5-25}$$

由式(5-25)可知,在设计斜齿圆柱齿轮传动时,可以用**改变螺旋角 β 来调整中心距**的大小。斜齿圆柱齿轮各参数及其他尺寸的计算公式如表 5-5 所列。

表 5-5 斜齿圆柱齿轮的参数及几何尺寸计算公式

名　称	符　号	计算公式
螺旋角	β	(一般取 8°～20°)
基圆柱螺旋角	β_b	$\tan\beta_b=\tan\beta\cos\alpha_t$
法面模数	m_n	(按表 5-1,取标准值)
端面模数	m_t	$m_t=m_n/\cos\beta$
法面压力角	α_n	$\alpha_n=20°$
端面压力角	α_t	$\tan\alpha_t=\tan\alpha_n/\cos\beta$
法面齿距	p_n	$p_n=\pi n_n$
端面齿距	p_t	$p_t=\pi n_t=p_n/\cos\beta$
法面基圆齿距	p_{bn}	$p_{bn}=p_n\cos\alpha_n$
法面齿顶高系数	h_{an}^*	$h_{an}^*=1$
法面顶隙系数	c_n^*	$c_n^*=0.25$
分度圆直径	d	$d=zm_t=zm_n/\cos\beta$
基圆直径	d_b	$d_b=d\cos\alpha_t$
当量齿数	z_v	$z_v=z/\cos^3\beta$
最少齿数	z_{min}	$z_{min}=z_{v\min}\cos^3\beta$
齿顶高	h_a	$h_a=m_nh_{an}^*$
齿根高	h_f	$h_f=m_n(h_{an}^*+c^*)$
齿顶圆直径	d_a	$d_a=d+2h_a$
齿根圆直径	d_f	$d_f=d-2h_f$
法面齿厚	s_n	$s_n=\pi m_n/2$
端面齿厚	s_t	$s_t=\pi m_t/2$

注:m_t 应计算到小数后第四位,其余长度尺寸应计算到小数后三位。

5.7.2 斜齿圆柱齿轮的啮合传动

1. 斜齿圆柱齿轮的啮合传动

斜齿圆柱齿轮的正确啮合条件,除要求两个齿轮分度圆的模数及压力角应分别相等外,为使两轮的轴线能够实现平行,它们的螺旋角还必须相匹配,以保证两轮在啮合处的齿廓螺旋面相切。因此,一对斜齿圆柱齿轮的**正确啮合条件**为

① 外啮合斜齿圆柱齿轮,螺旋角 β 应大小相等,方向相反,即

$$m_{n1}=m_{n2},\quad \alpha_{n1}=\alpha_{n2},\quad \beta_1=-\beta_2$$

② 内啮合斜齿圆柱齿轮,螺旋角 β 应大小相等,方向相同,即

$$m_{n1}=m_{n2},\quad \alpha_{n1}=\alpha_{n2},\quad \beta_1=\beta_2$$

又因相互啮合的两轮的螺旋角的绝对值相等，故其端面模数及压力角也分别相等，即

$$m_{t1}=m_{t2}, \quad \alpha_{t1}=\alpha_{t2}$$

2. 斜齿圆柱齿轮传动的重合度

现将一对斜齿轮传动与一对直齿轮传动进行对比。如图 5-32 所示为两个端面参数（齿数、模数、压力角及齿顶高系数）完全相同的直齿圆柱齿轮和斜齿圆柱齿轮的基圆柱面（啮合面）展开图。图 5-32(a)所示为直齿轮传动的啮合面，图 5-32(b)所示为斜齿轮传动的啮合面，$B_1B_1B_2B_2$ 为啮合区。

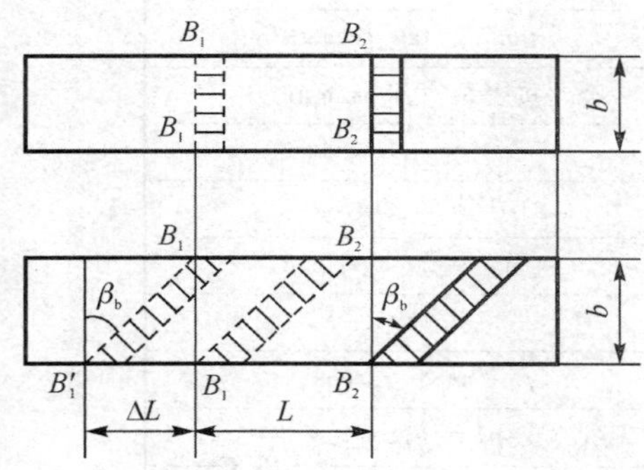

图 5-32　直齿轮和斜齿轮的重合度

对于直齿圆柱齿轮传动来说，轮齿在 B_2B_2 处进入啮合时，沿整个齿宽同时接触，在 B_1B_1 处脱离啮合时，也是沿整个齿宽同时分开，故直齿轮传动的重合度为

$$\varepsilon_\alpha=L/p_b$$

式中，p_b 为端面上的齿距，对于直齿轮而言，也就是它的法向齿距。

对于斜齿圆柱齿轮传动来说，轮齿也是在 B_2B_2 处进入啮合，不过它不是沿整个齿宽同时进入啮合，而是由轮齿的一端先进入啮合，在 B_1B_1 处脱离啮合时也是由轮齿的一端先脱离啮合，直到该轮齿转到图中 $B_1'B_1$ 位置时，这个轮齿才完全脱离接触。这样，斜齿圆柱齿轮传动的实际啮合区就比直齿圆柱齿轮传动增大了 $\Delta L=b\tan\beta_b$，因此斜齿圆柱齿轮传动的重合度也就比直齿轮的重合度大，设其增加的一部分重合度以 ε_β 表示，即

$$\varepsilon_\beta=\frac{\Delta L}{p_{bt}}=\frac{b\tan\beta_b}{p_{bt}} \tag{5-26}$$

式中，β_b 为斜齿轮的基圆柱螺旋角。

由于 ε_β 与斜齿轮的轴向宽度 b 有关，故称 ε_β 为**轴向重合度**（又称为纵向重合度）。

参考图 5-30，设 S 为螺旋线的导程，有

$$\tan\beta_b=\frac{\pi d_b}{S}=\frac{\pi d}{S}\cos\alpha=\tan\beta\cos\alpha$$

并注意到

$$p_{bt}=p_t\cos\alpha=\pi m_t\cos\alpha$$

$$m_t=\frac{m_n}{\cos\beta}$$

将这些关系代入上式，则有

$$\varepsilon_\beta=\frac{b\sin\beta}{\pi m_n} \tag{5-27}$$

所以斜齿圆柱齿轮传动的总重合度 ε_γ 为 ε_α 与 ε_β 两部分之和，即

$$\varepsilon_\gamma=\varepsilon_\alpha+\varepsilon_\beta \tag{5-28}$$

其中，ε_α 为**端面重合度**，可将斜齿轮端面参数代入式(5-18)中来求得，即

$$\varepsilon_\alpha=\frac{1}{2\pi}[z_1(\tan\alpha_{at1}-\tan\alpha_t')+z_2(\tan\alpha_{at2}-\tan\alpha_t')]$$

由上述分析可见，斜齿轮在其他参数相同的情况下，比直齿轮增加了轴向重合度 ε_β，并且轴向重合度随齿宽和螺旋角 β 的增大而增大，因此，斜齿轮比直齿轮工作更加平稳，传动性能更加可靠，适用于高速重载的传动中。

3. 斜齿圆柱齿轮的当量齿数

为了切制斜齿圆柱齿轮和简化斜齿圆柱齿轮的强度计算方法，需要进一步了解斜齿圆柱齿轮的法面齿形。根据渐开线的特性，渐开线的形状取决于基圆半径 $r_b = mz\cos\alpha/2$ 的大小。而在模数、压力角一定的情况下，基圆的大小取决于齿数，即与齿形与齿数有关。

为了确定斜齿圆柱齿轮的当量齿数，如图 5－33 所示，过斜齿圆柱齿轮分度圆柱表面上的一点 P 作轮齿的法面，将此斜齿圆柱齿轮的分度圆柱剖开，其剖面为一椭圆。在此剖面上，点 P 附近的齿形可视为斜齿圆柱齿轮法面上的齿形。现以椭圆上点 P 的曲率半径 ρ 为半径作一圆，作为虚拟直齿轮的分度圆，并设此虚拟直齿轮的模数和压力角分别等于该斜齿圆柱齿轮的法面模数和法面压力角。该虚拟直齿轮的齿形与上述斜齿圆柱齿轮的法面齿形十分相近，故此虚拟直齿轮即为该斜齿圆柱齿轮的**当量齿轮**，而其齿数即为**当量齿数 z_v**。

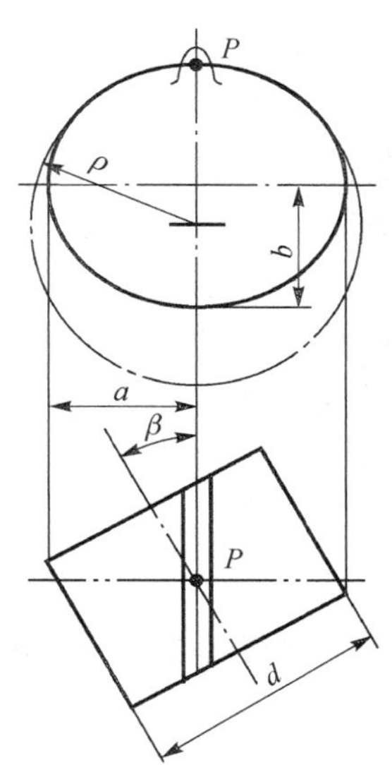

图 5－33　斜齿轮的当量齿轮

由图 5－33 可知，椭圆的长半轴长度 a 为和短半轴长度 b 分别为

$$a = \frac{d}{2\cos\beta}, \quad b = \frac{d}{2}$$

而

$$\rho = \frac{a^2}{b} = \frac{d}{2\cos^2\beta}$$

故得

$$z_v = \frac{2\rho}{m_n} = \frac{d}{m_n\cos^2\beta} = \frac{zm_t}{m_n\cos^2\beta} = \frac{z}{\cos^3\beta} \tag{5-29}$$

斜齿圆柱齿轮不发生根切的最少齿数为

$$z_{\min} = z_{v\min}\cos^3\beta \tag{5-30}$$

式中，$z_{v\min}$ 为当量直齿标准齿轮不发生根切的最少齿数。

5.7.3　斜齿圆柱齿轮传动特点

与直齿圆柱齿轮传动比较，斜齿圆柱齿轮传动的**主要优点**是：啮合性能好，传动平稳，与直齿轮传动时的每对轮齿都是同时进入啮合和同时脱离啮合不同，斜齿轮传动中，每对轮齿是逐渐进入啮合和逐渐脱离啮合(见图 5－34)，所以振动、冲击和噪声小；重合度大，在其他参数相同的条件下，由于增加了轴向重合度 ε_β，因而降低了每对轮齿的载荷，提高了齿轮的承载能力，延长了齿轮的使用寿命；结构紧凑，由式(5－30)可知，斜齿标准齿轮不产生根切的最少齿数较直齿轮的少。因此，采用斜齿轮传动可以得到更加紧凑的结构；制造成本与直齿轮的相同，用范成法加工斜齿轮时，所使用的设备、刀具和方法与制造直齿轮的基本相同，并不会增加加工的成本。

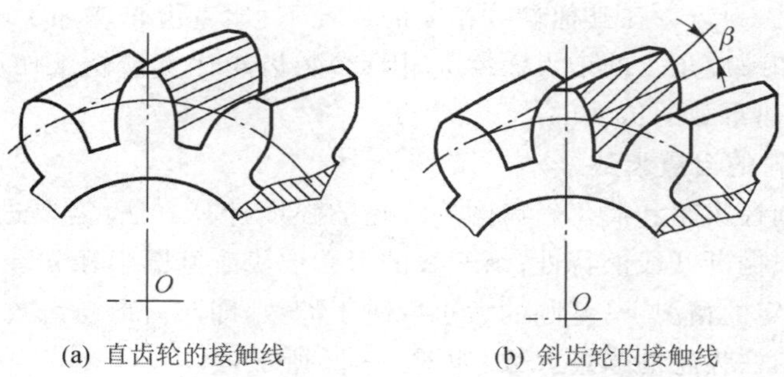

(a) 直齿轮的接触线　　(b) 斜齿轮的接触线

图 5-34　齿轮的接触线

斜齿圆柱齿轮传动的**主要缺点**是：在运转时会产生轴向力，并且轴向力也随螺旋角 β 的增大而增大。为了不使斜齿轮传动时产生过大的轴向推力，设计时一般取 $\beta=8°\sim20°$。若要消除传动中轴向推力对轴承的作用，可采用齿向左右对称的人字齿轮。因为这种齿轮的轮齿左右对称，所产生的轴向力可相互抵消，故其螺旋角 β 可达 25°～40°。但人字齿轮对加工、制造、安装等技术要求都较高。人字齿轮常用于高速重载传动中。

5.8　蜗杆蜗轮机构

5.8.1　蜗杆蜗轮机构及其特点

蜗杆蜗轮机构也是用来传递空间交错轴之间的运动和动力的。最常用的是两轴交错角 $\Sigma=90°$的减速传动。

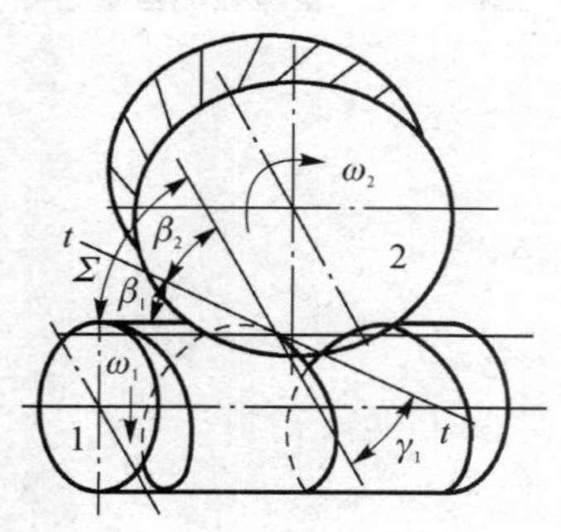

图 5-35　蜗杆蜗轮机构

如图 5-35 所示，在分度圆柱上具有完整螺旋齿的构件 1 称为蜗杆，而与蜗杆相啮合的构件 2 则称为蜗轮。机构通常以蜗杆为原动件做减速运动。当其反行程不自锁时，也可以蜗轮为原动件做增速运动。

蜗杆与螺旋相似，也有右旋与左旋之分。

蜗杆传动的**主要特点**是：

① 由于蜗杆的轮齿是连续的螺旋齿，故蜗杆传动平稳，振动、冲击和噪声均较小。

② 单级传动比较大，结构比较紧凑。在用作减速动力传动时，传动比的范围为 $5\leqslant i_{12}\leqslant70$，最常用的为 $15\leqslant i_{12}\leqslant50$；在增速时，传动比 $i_{21}=1/5\sim1/15$。

③ 由于蜗杆蜗轮啮合时，轮齿间的相对滑动速度较大，使得摩擦损耗较大，因而传动效率较低，易出现发热和温升过高的现象，磨损也较严重，故常需用减摩耐磨的材料(如锡青铜等)来制造蜗轮，因而成本较高。

④ 当蜗杆的导程角 γ_1 小于啮合轮齿间的当量摩擦角 φ_v 时，机构反行程具有自锁性。在此情况下，只能由蜗杆带动蜗轮，而不能由蜗轮带动蜗杆。

蜗杆传动的类型较多，下面仅就**阿基米德蜗杆传动**做简单介绍。

5.8.2 蜗杆与蜗轮的正确的啮合条件

图 5-36 所示为蜗轮与阿基米德蜗杆啮合的情况。过蜗杆的轴线作一平面垂直于蜗轮的轴线，该平面对于蜗杆是轴面，对于蜗轮是端面。这个平面称为蜗杆传动的**中间平面**。在此平面内蜗轮与蜗杆的啮合就相当于齿轮与齿条的啮合。因此，蜗杆蜗轮正确啮合的条件为蜗轮的端面模数 m_{t2} 和压力角 α_{t2} 分别等于蜗杆的轴面模数 m_{x1} 和压力角 α_{x1}，且均取为标准值 m 和 α，即

$$m_{t2}=m_{x1}=m,\quad \alpha_{t2}=\alpha_{x1}=\alpha \tag{5-31}$$

又因蜗杆螺旋齿的导程角 $\gamma_1=90°-\beta_1$，而蜗杆与蜗轮的轴线交错角 $\Sigma=\beta_1+\beta_2$，故当 $\Sigma=90°$时还需保证 $\gamma_1=90°-\beta_2$，且蜗轮与蜗杆螺旋线的旋向必须相同。

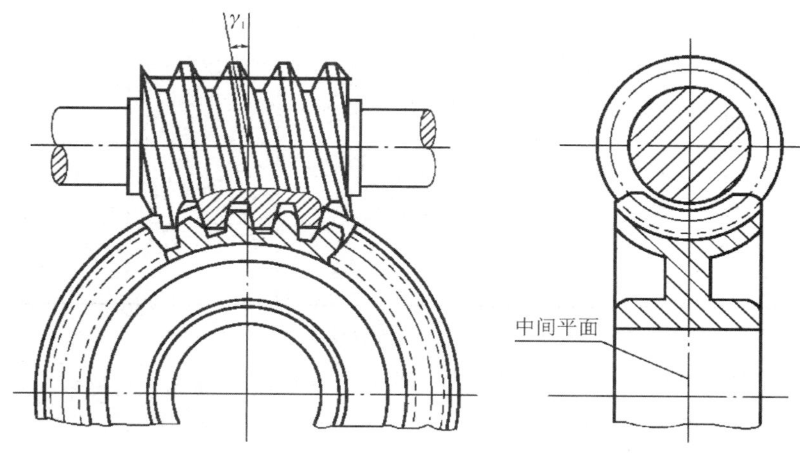

图 5-36 阿基米德蜗杆

5.8.3 蜗杆传动的基本参数及几何尺寸计算

① **齿数** 蜗杆的齿数是指其端面上的齿数，亦称为蜗杆的头数，用 z_1 表示。一般可取 $z_1=1\sim10$，推荐取 $z_1=1,2,4,6$。当要求传动比大或反行程具有自锁性时，常取 $z_1=1$，即单头蜗杆；当要求具有较高传动效率或传动速度时，则 z_1 应取大值。蜗轮的齿数 z_2 则可根据传动比及选定的 z_1 计算而得。对于动力传动，一般推荐 $z_1=29\sim70$。

② **模数** 蜗杆模数系列与齿轮模数系列有所不同。蜗杆模数系列如表 5-6 所列。

表 5-6 蜗杆模数 m 值

mm

第一系列	1;1.25;1.6;2;2.5;3.15;4;5;6.3;8;10;12.5;16;20;25;31.5;40
第二系列	1.5;3;3.5;4.5;5.5;6;7;12;14

注：摘自 GB/T 10088—1988，优先采用第一系列。

③ **压力角** 国标 GB/T 10087—88 规定，阿基米德蜗杆的压力角 $\alpha=20°$。在动力传动中，允许增大压力角，推荐用 25°；在分度传动中，允许减小压力角，推荐用 15°。

④ **导程角** 设蜗杆的头数为 z_1，轴向齿距为 $p_{x1}=\pi m$，导程为 $S=p_{x1}z_1=\pi m z_1$，分度圆直径为 d，则蜗杆分度圆柱螺旋线的导程角 γ_1 可由下式确定，即

$$\tan\gamma_1=\frac{S}{\pi d_1}=\frac{\pi m z_1}{\pi d_1}=\frac{m z_1}{d_1} \tag{5-32}$$

⑤ **分度圆直径** 因为在用蜗轮滚刀切制蜗轮时，滚刀的分度圆直径必须与工作蜗杆的分度圆直径相同，为了限制蜗轮滚刀的数目，国家标准中规定将蜗杆的分度圆直径标准化，且与其模数相匹配。当蜗杆的头数 $z_1=1$ 时，d_1 与 m 匹配的标准系列值如表 5-7 所列。由该表可根据模数 m 选定蜗杆的分度圆直径 d_1。

表 5-7 蜗杆分度圆直径与其模数的匹配标准系列

mm

m	d_1	m	d_1	m	d_1	m	d_1
1	18	2.5	(22.4) 28 (35.5) 45	4	40 (50) 71	6.3	(80) 112
1.25	20 22.4					8	(63) 80 (100) 140
1.6	20 28	3.15	(28) 35.5 (45) 56	5	(40) 50 (63) 90		
2	(18) 22.4 (28) 35.5	4	(31.5)	6.3	(50) 63	10	(71) 90 …

注：摘自 GB/T 10085—1988，括号中的数字尽可能不采用。

蜗轮分度圆直径的计算公式与齿轮一样，即 $d_2=mz_2$。

⑥ **中心距** 蜗杆传动的中心距为

$$a=\frac{1}{2}(d_1+d_2) \tag{5-33}$$

阿基米德圆柱蜗杆的各部分几何参数及尺寸计算公式如表 5-8 所列。

表 5-8 阿基米德圆柱蜗杆的几何参数及尺寸

名　称	代　号	计算公式	说　明
蜗杆头数	z_1		
蜗轮齿数	z_2	$z_2=iz_1$	i 为传动比，z_2 应为整数
模数	m		按强度和表 5-8 选取
压力角	α	$\alpha=20°$	标准值
蜗杆分度圆直径	d_1		按强度和表 5-8 选取
蜗杆轴向齿距	p_{x1}	$p_{x1}=\pi m$	
蜗杆螺旋线导程	S	$S=p_{x1}z_1$	
蜗杆分度圆导程角	γ_1	$\tan\gamma_1=\frac{S}{\pi d_1}$	等于蜗轮螺旋角 β_2
蜗杆齿顶圆直径	d_{a1}	$d_{a1}=d_1+2h_a^* m$	$h_a^*=1$(正常齿) $h_a^*=0.8$(短齿)
蜗杆齿根圆直径	d_{f1}	$d_{f1}=d_1-2(h_a^*+c^*)m$	$c^*=0.2$

续表 5-8

名称	代号	计算公式	说明
蜗轮分度圆直径	d_2	$d_2=mz_2$	
蜗轮齿顶圆直径	d_{a2}	$d_{a2}=d_2+2h_a^*m$	中间平面内蜗轮齿顶圆直径
蜗轮齿根圆直径	d_{f2}	$d_{f2}=d_2-2(h_a^*+c^*)m$	
标准中心距	a	$a=\frac{1}{2}(d_1+d_2)$	

5.9 圆锥齿轮机构

5.9.1 圆锥齿轮传动的特点

圆锥齿轮传动是来传递两相交轴之间的运动和动力的(见图 5-37)。两轴之间的夹角(轴交角)Σ 可以根据结构需要而定,在一般机械中多采用 $\Sigma=90°$的传动。由于圆锥齿轮是一个锥体,所以轮齿是分布在圆锥面上的,与圆柱齿轮相对应,在圆锥齿轮上有**齿顶圆锥**、**分度圆锥**和**齿根圆锥**等;并且有大端和小端之分,为了计算和测量方便,通常取圆锥齿轮大端的参数为标准值,即大端的模数按表 5-9 选取,压力角 $\alpha=20°$,齿顶高系数 $h_a^*=1$,顶隙系数 $c^*=0.2$。

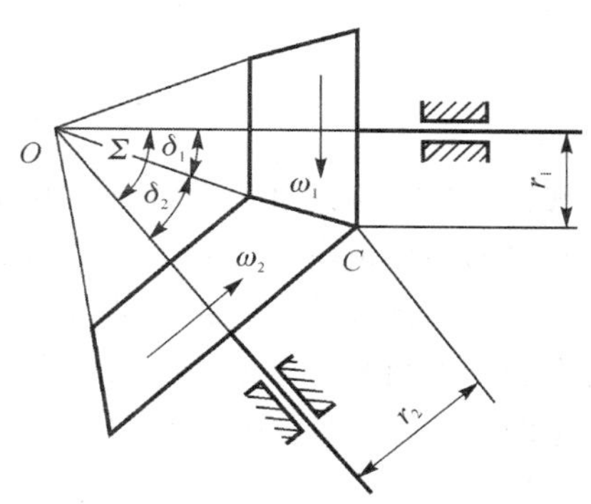

图 5-37 圆锥齿轮传动

圆锥齿轮的轮齿有直齿、斜齿及曲齿(圆弧齿、螺旋齿)等多种形式。由于直齿圆锥齿轮的设计、制造和安装均较简便,故应用最为广泛。曲齿锥齿轮由于其传动平稳,承载能力较强,故常用于高速重载传动,如飞机、汽车、拖拉机等的传动机构中。

表 5-9 圆锥齿轮模数(摘自 GB/T 12368—1990)

…	1	1.125	1.25	1.375	1.5	1.75	2
2.25	2.5	2.75	3	3.25	3.5	3.75	4
4.5	5	5.5	6	6.5	7	8	…

下面只讨论直齿圆锥齿轮传动。

5.9.2 圆锥齿轮的背锥与当量齿数

图 5-38 所示为一对锥齿轮传动。其中轮 1 的齿数为 z_1,分度圆半径为 r_1,分度圆锥角为 δ_1;轮 2 的齿数为 z_2,分度圆半径为 r_2,分度圆锥角为 δ_2;轴交角 $\Sigma=90°$。

过轮 1 大端节点 P,作其分度圆锥母线 OP 的垂线,交其轴线于 O_1 点,再以点 O_1 为锥顶,以 O_1P 为母线,作一圆锥与轮 1 的大端分度圆相切,这个圆锥称为齿轮 1 的**背锥**。同理可作齿轮 2 的背锥。若将两轮的背锥展开,则成为两个扇形齿轮,两者相当于一对齿轮的啮合传动。

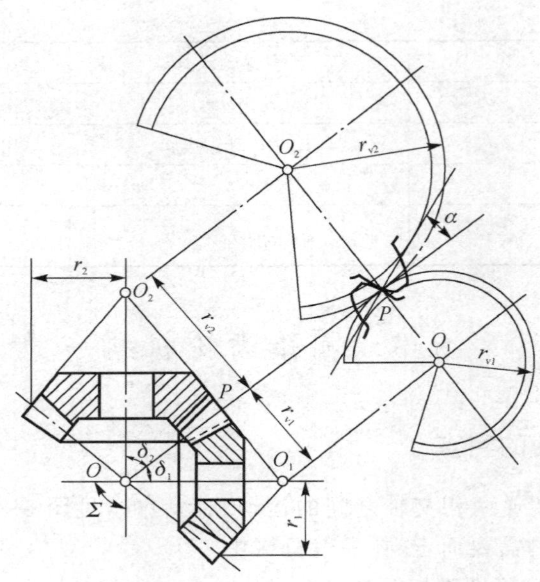

图 5-38　圆锥齿轮的背锥和当量齿数

现在设想把由圆锥齿轮背锥展开而形成的扇形齿轮的缺口补满，则将获得一个圆柱齿轮。这个假想的圆柱齿轮称为圆锥齿轮的**当量齿轮**，其齿数 z_v 称为圆锥齿轮的**当量齿数**。当量齿轮的齿形和圆锥齿轮在背锥上的齿形是一致的，故当量齿轮的模数和压力角与圆锥齿轮大端的模数和压力角是一致的。当量齿数 z_v 与其真实齿数 z 的关系可通过如下求出。

由图 5-38 可见，轮 1 的当量齿轮的分度圆半径为

$$r_{v1}=\overline{O_1P}=\frac{r_1}{\cos\delta_1}=\frac{z_1m}{2\cos\delta_1}$$

故得当量齿数 z_{v1} 与实际齿数 z_1 的关系

$$z_{v1}=\frac{z_1}{\cos\delta_1}$$

同理，对于任一圆锥齿轮其当量齿数 z_v 与实际齿数 z 的关系有

$$z_v=\frac{z}{\cos\delta} \tag{5-34}$$

借助圆锥齿轮的当量齿轮概念，可以将圆柱齿轮传动研究结论直接应用于圆锥齿轮传动。如

一对圆锥齿轮的**正确啮合条件**：两轮大端的模数和压力角分别相等。即

$$m_1=m_2=m,\quad \alpha_1=\alpha_2=\alpha \tag{5-35}$$

一对圆锥齿轮传动的**重合度**可以近似地按其当量齿轮传动的重合度来计算，即

$$\varepsilon=\frac{1}{2\pi}[z_{v1}(\tan\alpha_{va1}-\tan\alpha'_v)+z_{v2}(\tan\alpha_{va2}-\tan\alpha'_v)] \tag{5-36}$$

圆锥齿轮不发生根切的最小齿数为

$$z_{\min}=z_{v\min}\cos\delta \tag{5-37}$$

$z_{v\min}$ 为当量齿轮不发生根切的最小齿数，当 $h_a^*=1,\alpha=20°$时，$z_{v\min}=17$。故圆锥齿轮不发生

根切的最小齿数 $z_{min}<17$。

5.9.3　圆锥齿轮的几何尺寸计算

前面已指出，圆锥齿轮以大端参数为标准值，故在计算其几何尺寸时，也应以大端为准。如图 5-39 所示，两圆锥齿轮的分度圆直径分别为

$$d_1=2R\sin\delta_1,\quad d_2=2R\sin\delta_2 \tag{5-38}$$

式中，R 为分度圆锥锥顶到大端的距离，称为锥距；δ_1，δ_2 分别为两圆锥齿轮的分度圆锥角（简称分锥角）。两轮的传动比为

$$i_{12}=\frac{\omega_1}{\omega_2}=\frac{z_2}{z_1}=\frac{d_2}{d_1}=\frac{\sin\delta_2}{\sin\delta_1} \tag{5-39}$$

当两轮轴间的夹角 $\Sigma=90°$时，则因 $\delta_1+\delta_2=90°$，式（5-39）变为

$$i_{12}=\frac{\omega_1}{\omega_2}=\frac{z_2}{z_1}=\frac{d_2}{d_1}=\cot\delta_1=\tan\delta_2 \tag{5-40}$$

在设计圆锥齿轮传动时，可根据给定的传动比 i_{12}，按式（5-40）确定两轮分锥角的值。

圆锥齿轮齿顶圆锥角和齿根圆锥角的大小，则与两圆锥齿轮啮合传动时对其顶隙的要求有关。根据国家标准（GB/T 12369—1990，GB/T 12370—1990）规定，现多采用等顶隙圆锥齿轮传动，如图 5-39 所示。

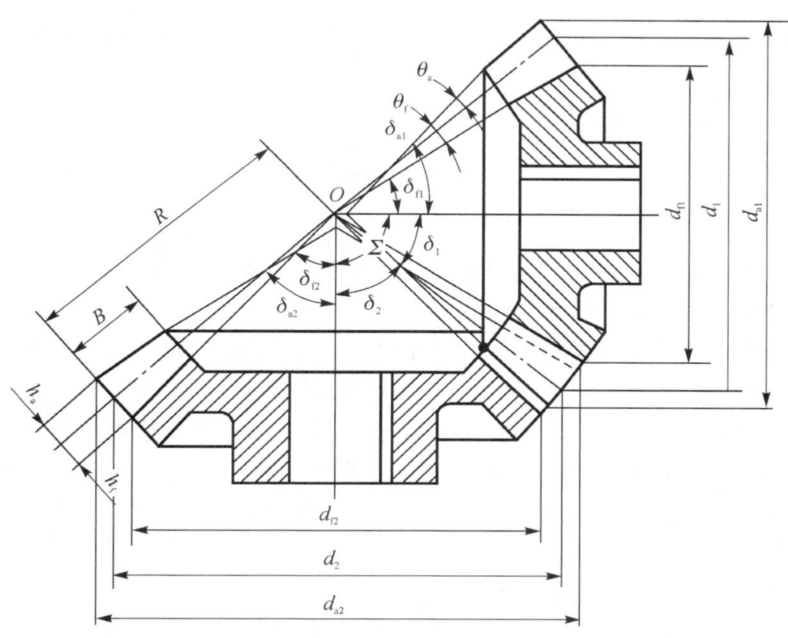

图 5-39　圆锥齿轮的几何尺寸

在这种传动中，两轮的顶隙从轮齿大端到小端是相等的，两轮的分度圆锥及齿根圆锥的锥顶重合于一点，但齿顶圆锥的母线与另一圆锥齿轮的齿根圆锥的母线平行，故其锥顶就不再与分度圆锥锥顶相重合，这种圆锥齿轮的强度有所提高。

圆锥齿轮传动的主要几何尺寸的计算公式列于表 5-10。

表 5-10　标准直齿圆锥齿轮传动的几何参数及尺寸($\Sigma=90°$)

名　称	代　号	计算公式	
		小齿轮	大齿轮
分锥角	δ	$\delta_1=\arctan(z_1/z_2)$	$\delta_2=90°-\delta_1$
齿顶高	h_a	$h_a=h_a^* m=m$	
齿根高	h_f	$h_f=(h_a^*+c^*)m=1.2m$	
分度圆直径	d	$d_1=mz_1$	$d_2=mz_2$
齿顶圆直径	d_a	$d_{a1}=d_1+2h_a\cos\delta_1$	$d_{a2}=d_2+2h_a\cos\delta_2$
齿根圆直径	d_f	$d_{f1}=d_1-2h_f\cos\delta_1$	$d_{f2}=d_2-2h_f\cos\delta_2$
锥距	R	$R=m\sqrt{z_1^2+z_2^2}/2$	
齿根角	θ_f	$\tan\theta_f=h_f/R$	
顶锥角	δ_a	$\delta_{a1}=\delta_1+\theta_f$	$\delta_{a2}=\delta_2+\theta_f$
根锥角	δ_f	$\delta_{f1}=\delta_1-\theta_f$	$\delta_{f2}=\delta_2-\theta_f$
顶隙	c	$c=c^* m$(一般取 $c^*=0.2$)	
分度圆齿厚	s	$s=\pi m/2$	
当量齿数	z_v	$z_{v1}=z_1/\cos\delta_1$	$z_{v2}=z_2/\cos\delta_2$
齿宽	B	$B\leqslant R/3$(取整)	

注：1. 当 $m\leqslant 1$ mm 时，$c^*=0.25$，$h_f=1.25m$。

2. 各角度计算应准确到 xx°xx′。

思考题

5-1　渐开线齿廓上任一点的压力角是如何确定的？渐开线齿廓上各点的压力角是否相同？何处的压力角为零？何处的压力角为标准值？

5-2　试问渐开线标准直齿外齿轮的齿根圆一定大于基圆吗？当齿根圆与基圆重合时，其齿数应为多少？当齿数小于以上求得的齿数时，试问基圆与齿根圆哪个大？

5-3　分度圆和节圆有何区别？在什么情况下，分度圆和节圆是重合的？

5-4　啮合角与压力角有什么区别？在什么情况下，啮合角与压力角是相等的？

5-5　标准渐开线直齿圆柱齿轮在标准中心距安装条件下具有哪些特性？

5-6　齿轮的加工方法有哪些？

5-7　何谓根切？它有何危害，如何避免？

5-8　什么是斜齿轮的当量齿轮？为什么要提出当量齿轮的概念？

5-9　什么是直齿圆锥齿轮的当量齿轮和当量齿数？

5-10　设有一渐开线标准直齿圆柱齿轮，$z=20$，$m=2.5$ mm，$\alpha=20°$，$h_a^*=1$，$c^*=0.25$，试求其齿廓曲线在分度圆和齿顶圆上的曲率半径及齿顶圆压力角。

5-11　已知一对正确安装的渐开线标准直齿圆柱齿轮传动，中心距 $a=100$ mm，模数 $m=4$ mm，压力角 $\alpha=20°$，传动比 $i=\omega_1/\omega_2=1.5$。试计算齿轮 1 和齿轮 2 的齿数、分度圆、基圆、齿顶圆和齿根圆半径。

5-12 设有一对外啮合齿轮：$z_1=28, z_2=41, m=10$ mm，$\alpha=20°, h_a^*=1, c^*=0.25$。试求当中心距 $a'=350$ mm 时，两轮啮合角 α'。又当 $\alpha'=23°$时，试求其中心距 a'。

5-13 已知一对标准外啮合直齿圆柱齿轮传动 $z_1=19, z_2=42, m=5$ mm，$\alpha=20°$，$h_a^*=1, c^*=0.25$，试求其重合度 ε_α。问当有一对轮齿在节点 P 处啮合时，是否还有其他轮齿也处于啮合状态；又当一对轮齿在终止啮合点 B_1 处啮合时，情况又如何？

5-14 图5-40中已知一对齿轮的基圆和齿顶圆，齿轮1为主动轮。试在图中标出：理论啮合线，极限啮合点 N_1, N_2，轮齿啮合的开始点和终止点 B_1, B_2，啮合角 a'，节点 P 和节圆 r_1', r_2'。

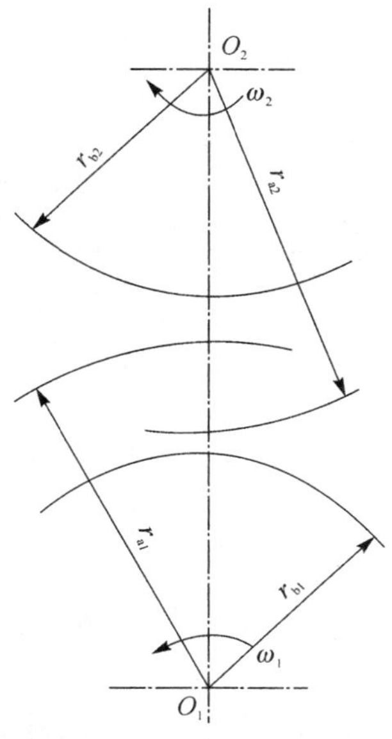

图5-40 齿轮的啮合图

5-15 用范成法加工 $z=12, m=12$ mm，$\alpha=20°$的渐开线直齿轮。为避免根切，应采用什么变位方法加工？最小变位量是多少？并计算按最小变位量变位时齿轮分度圆的齿厚和齿槽宽。

5-16 设已知一对标准斜齿轮传动的参数为 $z_1=21, z_2=37, m_n=5$ mm，$\alpha_n=20°, h_{an}^*=1$，$c_n^*=0.25, b=70$ mm，初选 $\beta=15°$。试求中心距 a。圆整中心距 a，并精确重算 β、总重合度 ε_γ、当量齿数 z_{v1} 及 z_{v2}。

5-17 已知一对直齿圆锥齿轮的 $z_1=15, z_2=30, m=5$ mm，$\alpha=20°, h_a^*=1, c^*=0.2$，$\Sigma=90°$，试确定这对圆锥齿轮的几何尺寸。

第6章　轮　系

☞ 本章思维导图

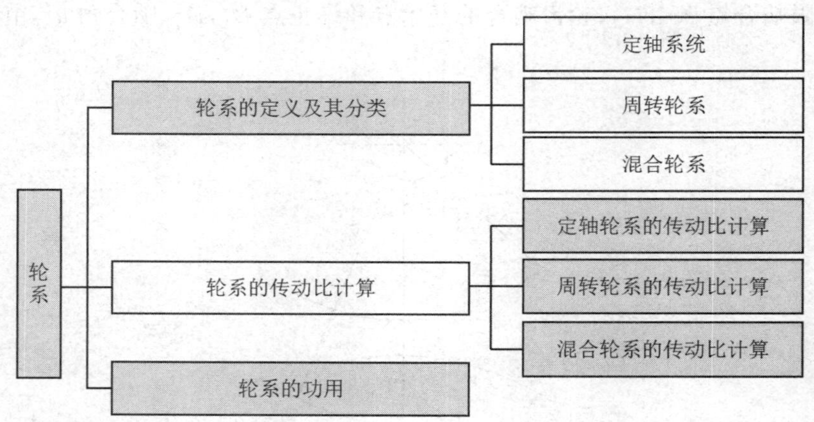

本章主要内容包括轮系的定义及其分类、轮系的传动比计算以及轮系的功用。

6.1　轮系的定义及其分类

在实际机械中用一对齿轮传动往往满足不了工程实际的需要，经常采用若干个相互啮合的齿轮将主动轴和从动轴连接起来传递运动和动力。这种由一系列齿轮组成的传动系统称为**轮系**。

在一个轮系中可以同时包括圆柱齿轮、圆锥齿轮、蜗杆蜗轮等各种类型的齿轮传动。

根据轮系运转时各个齿轮的轴线相对于机架的位置是否固定，将轮系分为定轴轮系、周转轮系和混合轮系三大类。

6.1.1　定轴轮系

如图6-1所示，动力由齿轮1输入，经过一系列齿轮传动，带动齿轮5转动将运动和动力输出。在轮系传动过程中，**各齿轮的回转轴线相对于机架的位置都是固定不动的**，这种轮系称为**定轴轮系**。

图6-1　定轴轮系

6.1.2　周转轮系

图6-2所示的轮系运转时，外齿轮1和内齿轮3都是绕固定的轴线 OO 回转的。齿轮2

安装在构件 H 上，而构件 H 则是绕 OO 回转。所以当轮系运转时，齿轮 2 一方面绕自己的轴线 O_1O_1 自转，另一方面又随着构件 H 一起绕着固定轴线 OO 公转，即齿轮 2 做行星运动。绕固定轴线回转的齿轮称为**中心轮**（齿轮 1,3）；绕自身轴线自转同时随轴线公转的齿轮称为**行星轮**（齿轮 2）。支撑行星轮的构件称为**行星架**（构件 H）。轮系运转时，若有一个或几个齿轮几何轴线的位置是绕其他齿轮的固定轴线回转的轮系称为**周转轮系**。

周转轮系由中心轮、行星轮、行星架及机架组成。

根据周转轮系所具有的自由度不同，周转轮系可进一步分为差动轮系和行星轮系。

差动轮系：自由度为 2 的周转轮系，如图 6－2(a)所示。

行星轮系：自由度为 1 的周转轮系，如图 6－2(b)所示。

此外，周转轮系还常根据其基本构件的不同分为 2K－H 型、3K 型（见图 6－3）。K 表示中心轮，H 表示行星架。

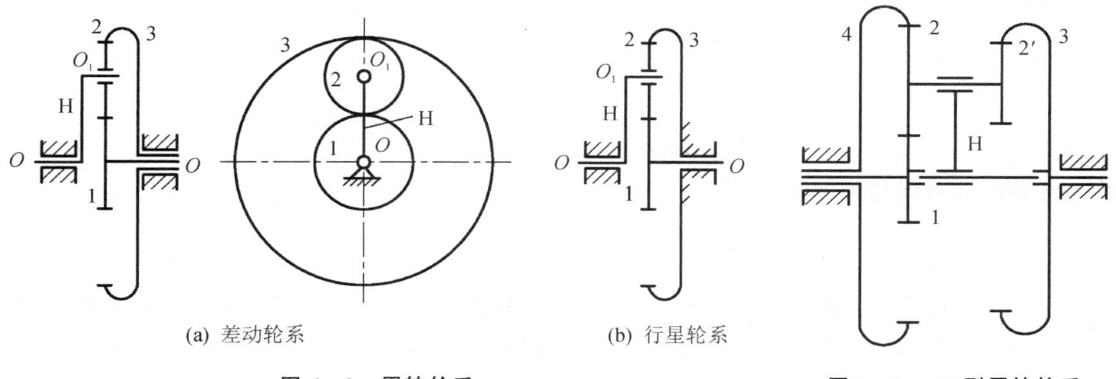

(a) 差动轮系　　(b) 行星轮系

图 6－2　周转轮系　　图 6－3　3K 型周转轮系

6.1.3 混合轮系

在实际机械中，常用到由周转轮系和定轴轮系（见图 6－4(a)）或者是由两个以上的周转轮系（见图 6－4(b)）组合而成的复杂轮系称为**混合轮系**（或称复合轮系）。

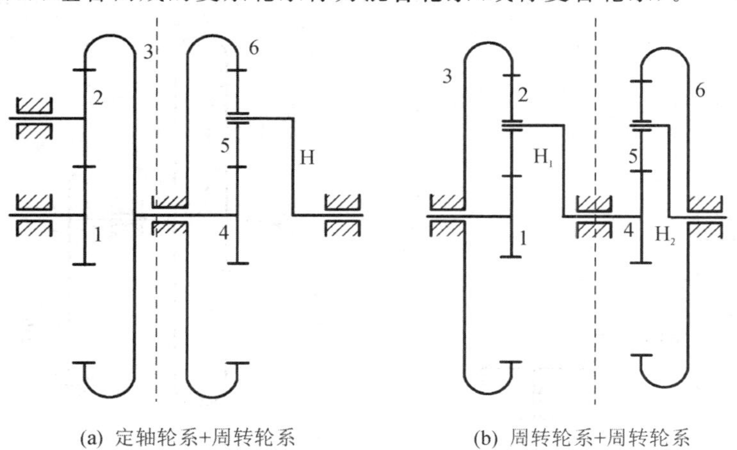

(a) 定轴轮系+周转轮系　　(b) 周转轮系+周转轮系

图 6－4　混合轮系

6.2 轮系的传动比计算

轮系的**传动比**是指在轮系中**首、末两构件的角速度之比**。

轮系**传动比的计算**包括两方面的内容，一是确定轮系**传动比的大小**，二是确定**首、末构件之间的转向关系**。

6.2.1 定轴轮系的传动比计算

1. 传动比大小的计算

以图 6-5 所示的定轴轮系为例介绍传动比大小的计算方法。该轮系由齿轮对 1-2，2-3，3′-4 和 4′-5 组成，设齿轮 1 为首轮，齿轮 5 为末轮，其轮系的传动比为 $i_{15}=\omega_1/\omega_5$。轮系中各对啮合齿轮的传动比的大小为

$$i_{12}=\frac{\omega_1}{\omega_2}=\frac{z_2}{z_1},\quad i_{23}=\frac{\omega_2}{\omega_3}=\frac{z_3}{z_2}$$

$$i_{3'4}=\frac{\omega_3}{\omega_4}=\frac{z_4}{z_3'},\quad i_{4'5}=\frac{\omega_4}{\omega_5}=\frac{z_5}{z_4'}$$

将上述各级传动比连乘起来，可得

$$i_{15}=\frac{\omega_1}{\omega_5}=i_{12}\cdot i_{23}\cdot i_{3'4}\cdot i_{4'5}=\frac{z_2z_3z_4z_5}{z_1z_2z_3'z_4'} \tag{6-1}$$

式(6-1)说明，定轴轮系的传动比等于组成该轮系的各对啮合齿轮传动比的连乘积；其大小等于各对啮合齿轮所有从动轮齿数的连乘积与所有主动轮齿数的连乘积之比。即

$$\text{定轴轮系传动比大小}=\frac{\text{所有从动轮齿数连乘积}}{\text{所有主动轮齿数连乘积}} \tag{6-2}$$

2. 首、末两轮的转向关系

(1) 画箭头法

如图 6-6 所示，设首轮 1 的转向已知，如图中箭头所示(箭头代表齿轮可见侧圆周速度方向)，则首、末两轮的转向关系可用标注箭头的方法来确定。因为任何一对啮合传动的齿轮，其

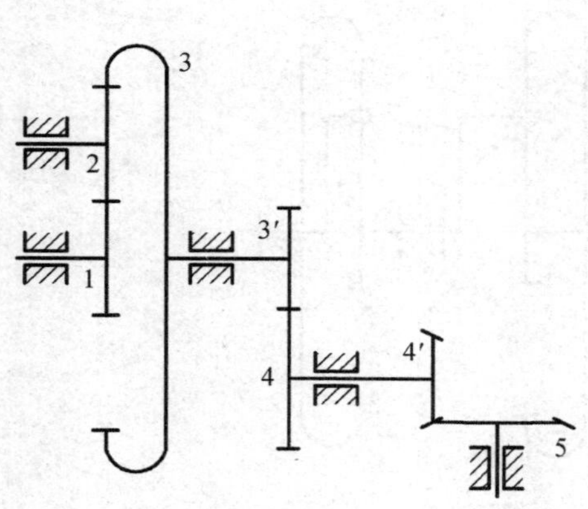

图 6-5 定轴轮系

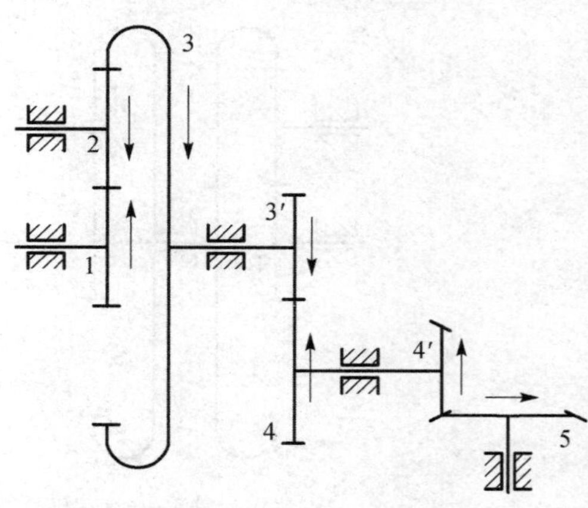

图 6-6 首轮与末轮轴线不平行的定轴轮系

节点处的圆周速度相同，则表示两轮转向的箭头应同时指向节点或同时背离节点。依据此法则，根据首轮1的转向，依次可用箭头标出其余各轮的转向。

定轴轮系中，3个以上互相啮合的齿轮中，中间齿轮（如图6-6中的齿轮2）既是主动轮又是从动轮，对传动比大小没有影响，而仅改变从动轮的转向，这种齿轮称为**惰轮**或**过轮**。

（2）正负号法

当首、末两轮的轴线彼此平行时，两轮的转向不是相同就是相反；当两者的转向相同时，规定其传动比为"+"，反之为"-"。如图6-7所示的定轴轮系，该轮系的传动比为

$$i_{15}=\frac{\omega_1}{\omega_5}=+\frac{z_2z_3z_5}{z_1z_2z_4}$$

3. 定轴轮系传动比计算实例

例题6-1 图6-8所示为一钟表机构，指针H为时针，指针M为分针，指针S为秒针。已知：$z_1=8$，$z_2=60$，$z_3=8$，$z_7=12$，$z_5=15$；各齿轮的模数均相等。求齿轮4，6，8的齿数。

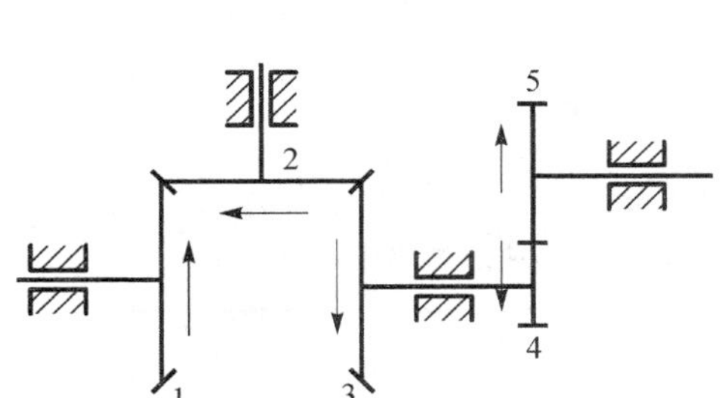

图6-7 首轮与末轮轴线平行的定轴轮系

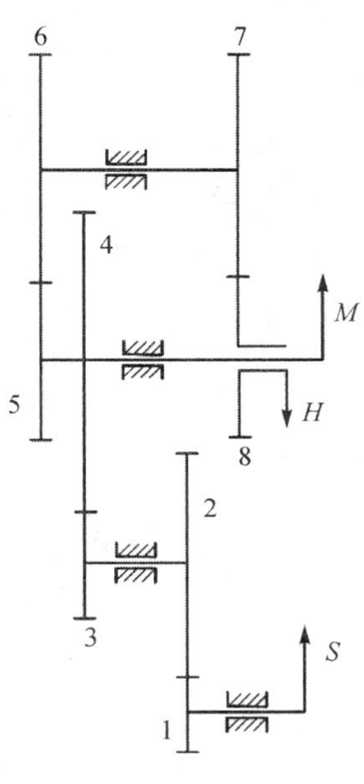

图6-8 钟表机构

解： 由秒针S到分针M的传动路线所确定的定轴轮系为1(S)-2(3)-4(M)，其传动比是

$$i_{SM}=\frac{n_S}{n_M}=\frac{z_2z_4}{z_1z_3}=60 \tag{6-3}$$

由分针M到时针H的传动路线所确定的定轴轮系为5(M)-6(7)-8(H)，其传动比是

$$i_{MH}=\frac{n_M}{n_H}=\frac{z_6z_8}{z_5z_7}=12 \tag{6-4}$$

轮系5-6-7-8中，有 $r_5+r_6=r_7+r_8$

因各齿轮的模数相等，所以有

$$z_5+z_6=z_7+z_8 \tag{6-5}$$

联立式(6-3)～式(6-5)，解得

$$z_4=64,\quad z_6=45,\quad z_8=48$$

6.2.2 周转轮系的传动比计算

1. 周转轮系传动比计算方法

图 6-9 所示的 2K-H 型基本周转轮系，其中中心轮 1 和 3 以及行星架 H 均都绕同一固定轴线 OO 回转；行星轮 2 既绕自己的轴线 O_1O_1 回转，又随着构件 H 一起绕着固定轴线 OO 公转。因此，周转轮系不能像定轴轮系那样直接求解传动比。但是，根据相对运动原理，设想对整个周转轮系加上一个绕固定轴线 OO 转动的公共角速度$(-\omega_H)$，显然各构件之间的相对运动关系并没有改变。但此时行星架 H 的角速度为 $\omega_H-\omega_H=0$，即行星架 H 相对静止不动，而齿轮 1,2,3 则变成了绕定轴转动的齿轮，于是原周转轮系便转化为假想的定轴轮系。这种假想的定轴轮系称为原周转轮系的转化轮系或转化机构。

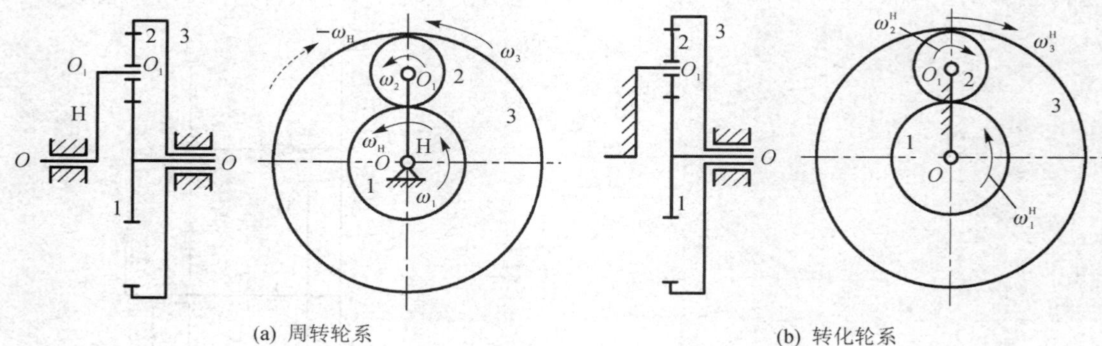

(a) 周转轮系　　(b) 转化轮系

图 6-9　周转轮系和转化轮系

周转轮系中各构件的角速度及其在转化轮系中的角速度关系如表 6-1 所列。

表 6-1　周转轮系和转化轮系各构件的角速度

构　件	原来的转速	转化轮系中的转速
行星架 H	ω_H	$\omega_H^H=\omega_H-\omega_H=0$
齿轮 1	ω_1	$\omega_1^H=\omega_1-\omega_H$
齿轮 2	ω_2	$\omega_2^H=\omega_2-\omega_H$
齿轮 3	ω_3	$\omega_3^H=\omega_3-\omega_H$

既然周转轮系的转化轮系是一定轴轮系，那么就可以应用求解定轴轮系传动比的方法求出转化轮系中齿轮 1 与齿轮 3 的传动比 i_{13}^H，即

$$i_{13}^H=\frac{\omega_1^H}{\omega_3^H}=\frac{\omega_1-\omega_H}{\omega_3-\omega_H}=-\frac{z_2z_3}{z_1z_2}=-\frac{z_3}{z_1}\tag{6-6}$$

显然，转化轮系的传动比 i_{13}^H 表征了周转轮系基本构件齿轮 1,3 和行星架 H 的角速度和齿数间的相对比例关系。在式(6-6)中，齿轮齿数已知，若 $\omega_1,\omega_3,\omega_H$ 三个参数中有两者已知(包括大小和方向)，就可以求出第三者(大小和方向)。

2. 周转轮系传动比计算实例

例题 6-3　图 6-10 所示的周转轮系，已知各轮的齿数为：$z_1=30,z_2=25,z_2'=20,z_3=$

75。齿轮1的转速为210 r/min(箭头向上),齿轮3的转速为54 r/min(箭头向下),求行星架转速 n_H 的大小和方向。

解:根据式(6-6),得

$$i_{13}^{H}=\frac{n_1^H}{n_3^H}=\frac{n_1-n_H}{n_3-n_H}=-\frac{z_2z_3}{z_1z_2'}$$

根据题意,齿轮1,3的转向相反,若假设 n_1 为正,则应将 n_3 以负值代入上式,得

$$\frac{210-n_H}{-54-n_H}=-\frac{25\times75}{20\times30}$$

解得 $n_H=10$ r/min。因为 n_H 正号,可知 n_H 的转向和 n_1 相同。

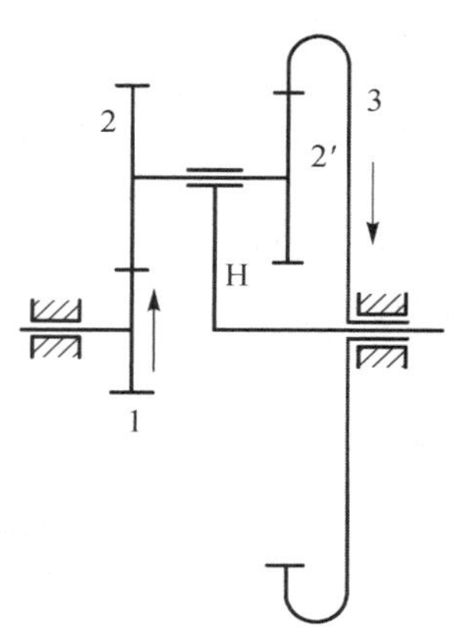

图6-10 差动轮系

在已知 n_1,n_H 或 n_3,n_H 的情况下,利用式(6-6)还可容易地算出行星齿轮2的转速 n_2。

显然有

$$i_{23}^{H}=\frac{n_2-n_H}{n_3-n_H}=-\frac{z_3}{z_2'}$$

整理得

$$n_2=\frac{z_3n_3+(z_2'-z_3)n_H}{z_2'}$$

代入已知数值($n_H=10$,$n_3=-54$),可求得

$$n_2=-175\ \text{r/min}$$

负号表示 n_2 的转向与 n_1 相反。

6.2.3 混合轮系的传动比计算

1. 混合轮系传动比计算方法

如前所述,由于混合轮系中包含各种基本轮系,既不可能单纯按求定轴轮系传动比的方法来计算其传动比,也不可能单纯地按求周转轮系传动比的方法来计算其传动比。计算**混合轮系传动比的步骤**如下:

① 首先将混合轮系中的各个周转轮系与定轴轮系正确地区分开来;

② 分别列出各定轴轮系与各周转轮系传动比的方程;

③ 找出各种轮系之间的联系;

④ 联立求解这些方程式,即可求得混合轮系的传动比。

当计算混合轮系传动比时,首要问题是如何正确地划分出混合轮系中定轴轮系部分和周转轮系部分。其关键是找各个周转轮系,首先找出既自转又公转的行星轮;支持行星轮作公转的构件就是行星架;几何轴线与行星架的回转轴线相重合,且与行星轮相啮合的定轴齿轮就是中心轮。这些构件便组成了一个周转轮系,而且每一个周转轮系只含有一个行星架。若不存在行星轮,则为定轴轮系。

2. 混合轮系传动比计算实例

例题6-3 图6-11所示为串联型混合轮系,已知各齿轮的齿数 z_1,z_2,$z_{2'}$,z_3,$z_{3'}$,z_4,

z_5，求传动比 i_{1H}。

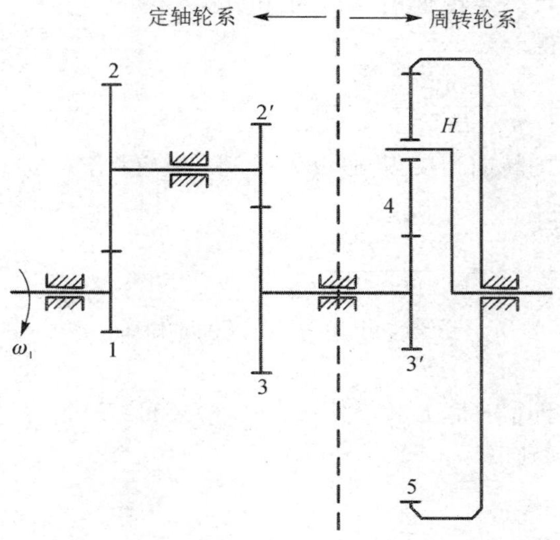

图 6-11　混合轮系

解：该混合轮系是由定轴轮系 1-2-2′-3 和行星轮系 3′-4-5-H 组成。定轴轮系的输出构件(齿轮 3)和行星轮系的输入构件(齿轮 3′)为同一个构件。

定轴轮系 1-2-2′-3：

$$i_{13}=\frac{\omega_1}{\omega_3}=\frac{z_2 z_3}{z_1 z_{2'}} \tag{6-7}$$

行星轮系 3′-4-5-H：

$$i_{3'5}^{H}=\frac{\omega_3^H}{\omega_5^H}=\frac{\omega_3-\omega_H}{\omega_5-\omega_H}=-\frac{z_5}{z_{3'}}$$

由图 6-11 可知 $w_5=0$，代入上式，得

$$\frac{\omega_3-\omega_{\mathrm{H}}}{0-\omega_{\mathrm{H}}}=-\frac{z_5}{z_{3'}}$$

整理，得

$$\frac{\omega_3}{\omega_{\mathrm{H}}}=1+\frac{z_5}{z_{3'}}$$

最后得

$$i_{1\mathrm{H}}=\frac{\omega_1}{\omega_{\mathrm{H}}}=\frac{\omega_1}{\omega_3}\cdot\frac{\omega_3}{\omega_{\mathrm{H}}}=\frac{z_2 z_3}{z_1 z_{2'}}\left(1+\frac{z_5}{z_{3'}}\right)$$

例题 6-4　图示 6-12 所示轮系中，已知 ω_6 和各轮齿数 $z_1=50$，$z_1'=30$，$z_1''=60$，$z_2=30$，$z_2'=20$，$z_3=100$，$z_4=45$，$z_5=60$，$z_5'=45$，$z_6=20$。求 ω_3 的大小和方向。

解：轴线位置不固定的双联齿轮 2-2′是行星轮，与双联齿轮 2-2′啮合的齿轮 1 和 3 为中心轮，而支持行星轮的为行星架 H。因此齿轮 1，2-2′，3 和 H 组成一个差动轮系。由于轮系中再没有其他的行星轮，所以其余的齿轮 6，1′-1″，5-5′，4 组成一个定轴轮系。

周转轮系转化轮系的传动比为

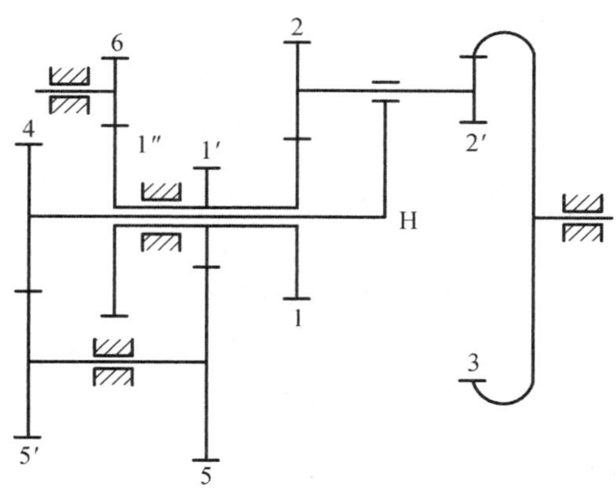

图 6-12 混合轮系

$$i_{13}^{H}=\frac{\omega_1^H}{\omega_3^H}=\frac{\omega_1-\omega_H}{\omega_3-\omega_H}=-\frac{z_2z_3}{z_1z_2'}=-\frac{30\times100}{50\times20}=-3 \qquad (6-8)$$

式中，ω_1，ω_H 由定轴轮系求得。

$$\omega_1=\omega_{1''}=\omega_6\times\left(-\frac{z_6}{z_1'}\right)=\omega_6\times\left(-\frac{20}{60}\right)=-\frac{1}{3}\omega_6$$

$$\omega_H=\omega_4=\omega_6\times\left(-\frac{z_6z_1'z_{5'}}{z_1''z_5z_4}\right)=\omega_6\times\left(-\frac{20\times30\times45}{60\times60\times45}\right)=-\frac{1}{6}\omega_6$$

将 ω_1，ω_H 代入式(6-8)，得

$$\frac{\omega_1-\omega_H}{\omega_3-\omega_H}=\frac{-\frac{1}{3}\omega_6-\left(-\frac{1}{6}\omega_6\right)}{\omega_3-\left(-\frac{1}{6}\omega_6\right)}=-3$$

解得 $\omega_3=-\frac{1}{9}\omega_6$，齿轮 3 与齿轮 6 的转向相反。

例题 6-5 图 6-13 所示为电动卷扬机的减速器，已知各轮齿数 $z_1=24$，$z_2=48$，$z_2'=30$，$z_3=90$，$z_3'=20$，$z_4=30$，$z_5=80$，试求传动比 i_{1H}。

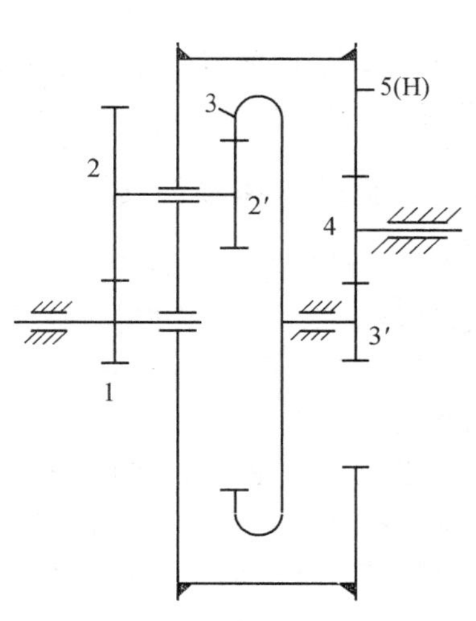

图 6-13 混合轮系

解：这是一个比较复杂的混合轮系。由图可知，2-2′是行星轮，与双联齿轮2—2′啮合的齿轮 1 和 3 为中心轮，而支持行星轮的为行星架 5(H)。因此齿轮 1，2-2′，3，5(H)组成一个差动轮系，齿轮 3′，4，5 组成定轴轮系。整个轮系是由一个定轴轮系把一个差动轮系中行星架和中心轮 3 封闭起来的封闭差动轮系。其中 $\omega_H=\omega_5$，$\omega_3=\omega_{3'}$。

对于定轴轮系：

$$i_{3'5}=\frac{\omega_3'}{\omega_5}=-\frac{z_5}{z_3'}=-\frac{80}{20}=-4$$

对于差动轮系：$i_{13}^{H}=\dfrac{\omega_1-\omega_H}{\omega_3-\omega_H}=-\dfrac{z_2z_3}{z_1z_2'}=-\dfrac{48\times90}{24\times30}=-6$

联立解得

$$i_{1H}=\frac{\omega_1}{\omega_H}=31$$

正号表明行星架 5 与齿轮 1 的转向相同。

6.3 轮系的功用

轮系在各种机械中得到了广泛应用，其主要功能概括如下。

6.3.1 获得较大的传动比

当输入轴和输出轴之间需要较大的传动比时，由式(6-1)可知，只要适当选择轮系中各对啮合齿轮的齿数，即可实现较大传动比的要求。

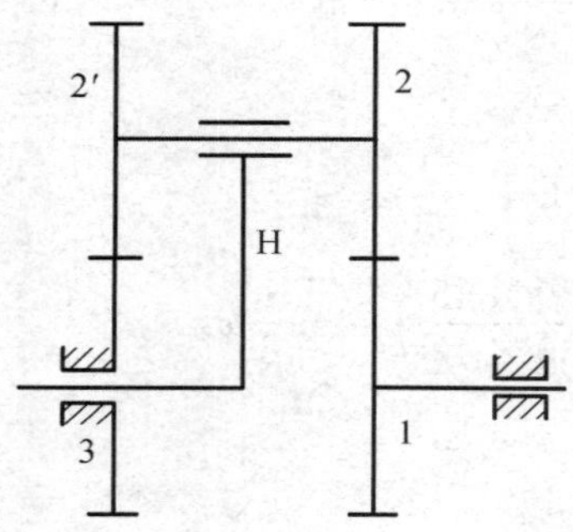

图 6-14　大传动比行星轮系

适当选择结构或组合形式，周转轮系或混合轮系既能获得大传动比，且结构又紧凑，齿轮数目又少。例如图 6-14 所示行星轮系，当 $z_1=100,z_2=101,z_{2'}=100,z_3=99$ 时，其传动比 i_{H1} 可达到 10 000:1 的大传动比。

计算过程如下：

$$i_{13}^{H}=\frac{\omega_1^H}{\omega_3^H}=\frac{\omega_1-\omega_H}{\omega_3-\omega_H}=\frac{z_2z_3}{z_1z_{2'}}$$

代入已知数值，得

$$\frac{\omega_1-\omega_H}{0-\omega_H}=\frac{101\times99}{100\times100}$$

解得

$$i_{H1}=10\ 000$$

应当指出，这种类型的行星齿轮传动，传动比越大，机械效率越低，故不宜用于传递大功率，只适于用作辅助装置的减速机构。如将它用作增速传动，甚至可能发生自锁。

6.3.2 实现变速换向传动

在主动轴转速不变的条件下，利用轮系可以使从动轴获得若干种转速或改变输出轴的转向，这种传动称为变速换向传动。汽车、机床、起重设备等都需要这种变速换向运动。

如汽车变速箱的换挡，使汽车的行驶可获得几种不同的速度，以适应不同的道路和载荷等情况变化的需要。图 6-15 所示的汽车的齿轮变速箱，图中轴Ⅰ为动力输入轴，轴Ⅱ为输出轴，4,6 为滑移齿轮，A，B 为牙嵌离合器。该变速箱可使轴Ⅱ获得四种转速。

第一挡：齿轮 5,6 相啮合，齿轮 3,4 及离合器 A，B 均脱开。

第二挡：齿轮 3,4 相啮合，齿轮 5,6 及离合器 A，B 均脱开。

第三挡：离合器 A，B 相嵌合，齿轮 5,6 和 3,4 均脱开。

倒退挡：齿轮 6,8 相啮合，齿轮 5,6 及离合器 A，B 均脱开，此时由于齿轮 8 的作用，使轴Ⅱ反转。

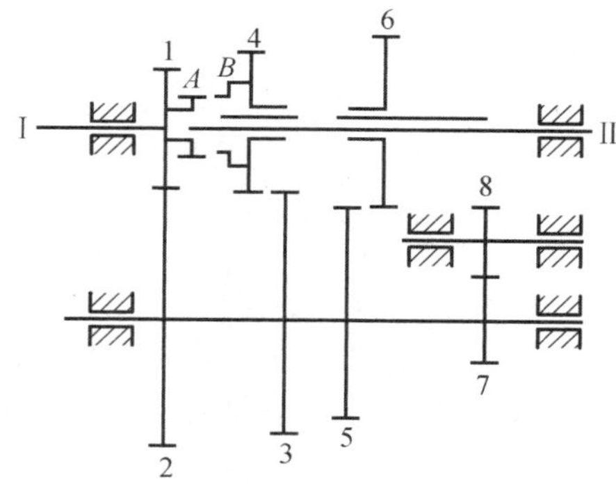

图 6-15 汽车齿轮变速箱传动示意图

6.3.3 实现分路传动

当输入轴转速一定时，利用定轴轮系使一个输入转速同时传到若干个输出轴上，获得所需的各种转速，这种传动称为分路传动。图 6-16 所示就是利用定轴轮系把轴Ⅰ的输入运动通过一系列齿轮传动，分为轴Ⅱ，Ⅲ，Ⅳ的输出运动。

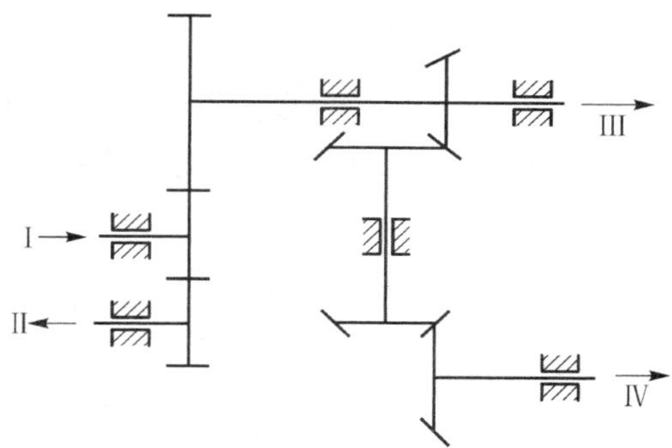

图 6-16 实现分路运动的定轴轮系

6.3.4 可实现运动的合成

合成运动是将两个输入运动合成为一个输出运动。差动轮系有两个自由度，当给定两个基本构件的运动时，第三个基本构件的运动随之确定。这意味着第三个构件的运动是由两个基本构件的运动合成的。图 6-17 所示的由锥齿轮所组成的差动轮系，就常被用来进行运动

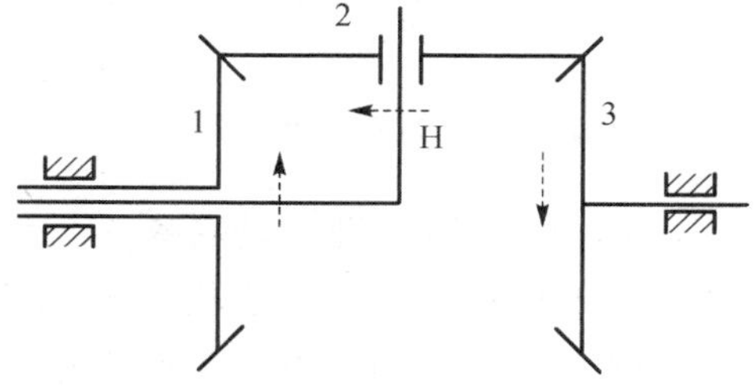

图 6-17 差动轮系用于运动合成

的合成。其中 $n_1 = n_3$，则

$$i_{13}^{H} = \frac{n_1 - n_H}{n_3 - n_H} = -\frac{z_3}{z_1} = -1$$

所以

$$2n_H = n_1 + n_3$$

6.3.5 可实现运动的分解

差动轮系不仅能实现运动合成，而且还可以实现运动分解，即将差动轮系中已知的一个独立运动，按所需比例分解成另两个基本构件的不同转动。汽车后桥的差速器就利用了差动轮系的这一特性工作的。

图 6-18 所示为装在汽车后桥上的差速器简图。其中齿轮 1,2,3,4(H)组成一差动轮系。汽车发动机的运动从变速箱经传动轴传给齿轮 5，再带动齿轮 4 及固接在齿轮 4 上的行星架 H 转动。当汽车直线行驶时，前轮的转向机构通过地面的约束作用要求两后轮有相同的转速，即要求齿轮 1,3 转速相等($n_1 = n_3$)。由于在差动轮系中

$$i_{13}^{H} = \frac{n_1 - n_H}{n_3 - n_H} = -\frac{z_3}{z_1} = -1$$

故

$$n_H = \frac{1}{2}(n_1 + n_3)$$

将 $n_1 = n_3$ 代入上式，得 $n_1 = n_3 = n_H = n_4$，即：齿轮 1,3 和行星架 H 之间没有相对运动，整个差动轮系相当于同齿轮 4 固接在一起成为一个刚体，随齿轮 2 一起转动，此时行星轮 2 相对于行星架没有转动。

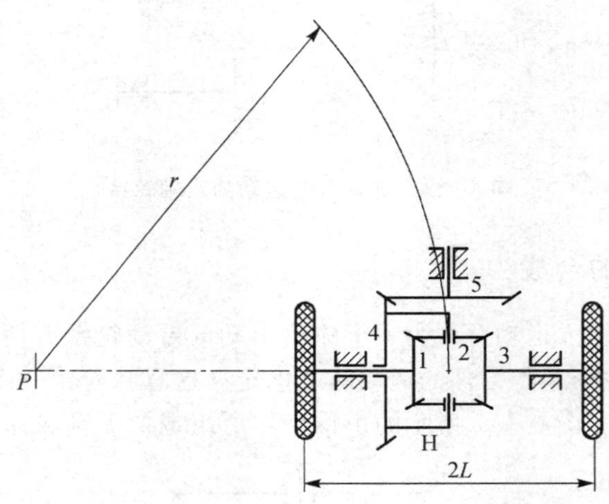

图 6-18 汽车后桥差速器

当汽车向左转弯时，为使车轮和地面间不发生滑动以减少轮胎磨损，就要求右轮比左轮转得快些。这时齿轮 1 和齿轮 3 之间便发生相对转动，齿轮 2 除了随着齿轮 4 绕后轮轴线公转外，还要绕自己的轴线自转。由齿轮 1,2,3,4(H)组成的差动轮系便发挥了作用。这个差动轮系和图 6-17 所示的机构完全相同，故有

$$2n_H = n_1 + n_3 \tag{6-9}$$

当车身绕瞬时转弯中心 P 点转动时，汽车两前轮在梯形转向机构 $ABCD$ 的作用下向左偏转，其轴线与汽车两个后轴的轴线相交于 P 点(见图 6－19)。在图所示左转弯的情况下，要求四个车轮均能绕点 P 作纯滚动，两个左侧车轮转得慢些，两个右侧车轮要转得快些。由于两前轮是浮套在轮轴上的，故可以适应任意转弯半径而与地面保持纯滚动；至于两个后轮，则是通过上述差速器来调整转速的。设两后轮中心距为 $2L$，弯道平均半径为 r，由于两后轮的转速与弯道半径成正比，故由图可得

$$\frac{n_1}{n_3} = \frac{r-L}{r+L} \tag{6-10}$$

联立解式(6－9)和式(6－10)，可求得此时汽车两后轮的转速分别为

$$n_1 = \frac{r-L}{r} n_H$$

$$n_3 = \frac{r+L}{r} n_H$$

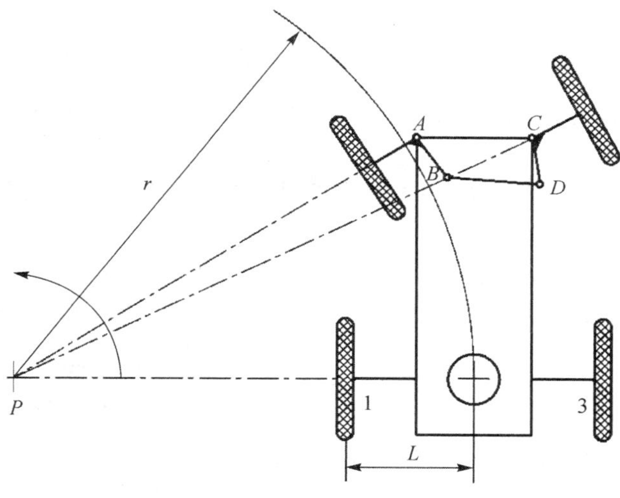

图 6－19　汽车转向机构

这说明当汽车转弯时，可利用上述差速器自动将主轴的转动分解为两个后轮的不同转动。

这里需要特别说明的是，差动轮系可以将一个转动分解成另外两个转动是有前提条件的，其前提条件是这两个转动之间的确定关系是由地面的约束条件确定的。

思考题

6－1　何谓轮系，它有哪些类型和功用？

6－2　如何从混合轮系中区别哪些构件组成一个周转轮系，哪些构件组成一个定轴轮系？

6-3　轮系传动比计算要解决的主要问题是什么？

6-4　确定定轴轮系首末两轮方向的方法有哪些？

6-5　如何进行周转轮系的传动比计算？

6-6　混合轮系的传动比计算步骤有哪些？

6-7　已知在如图6-20所示的轮系中，各轮的齿数分别为$z_1=z_3=15$，$z_2=30$，$z_4=25$，$z_5=20$，$z_6=40$。求传动比i_{16}。

6-8　在图6-21所示的轮系中，已知$z_1=60$，$z_2=15$，$z_3=18$，各轮均为标准齿轮且模数相等，试决定z_4并计算传动比i_{iH}的大小和行星架的转向。

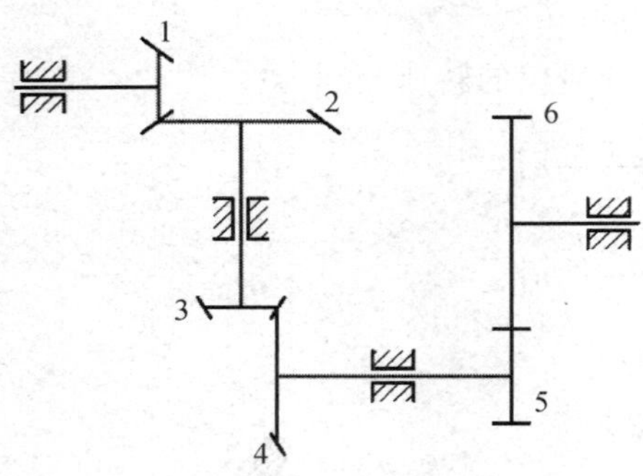

图6-20　空间定轴轮系

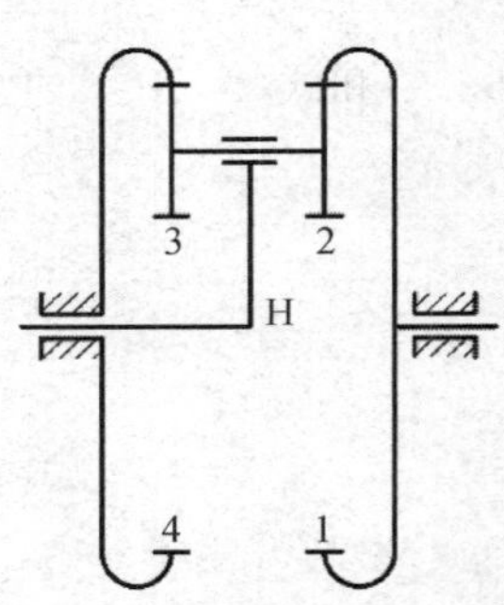

图6-21　周转轮系

6-9　在图6-22所示的轮系中，已知轮系中各齿轮的齿数及n_1，求分别刹住3,6时行星架的转速n_H。

6-10　在图6-23所示的轮系中，已知各轮齿数为$z_1=20$，$z_2=30$，$z_3=z_4=z_5=25$，$z_1=20$，$z_6=75$，$z_1=20$，$z_7=25$，$n_A=100$ r/min(方向如图所示)，求n_B并判断其方向。

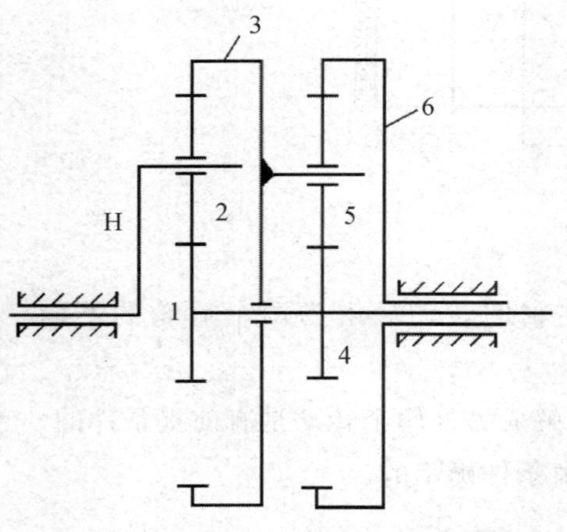

图6-22　混合轮系

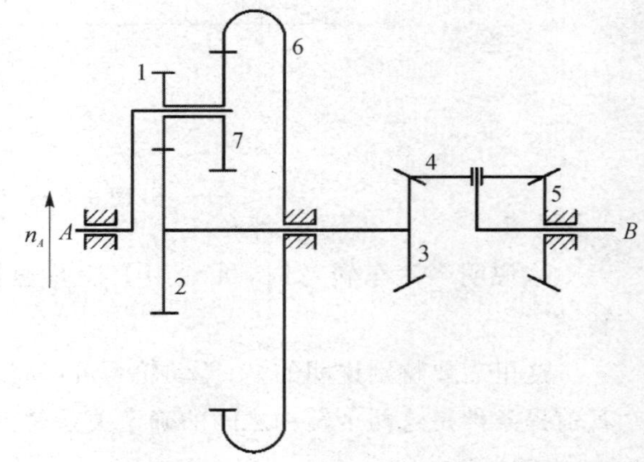

图6-23　混合轮系

6-11　在图6-24所示的轮系中，已知各轮齿数为$z_2=z_3=20$，$z_1=z_{2'}=25$，$z_4=100$，$z_5=20$，试求传动比i_{15}。

6-12　在图6-25所示的轮系中，已知各轮齿数为$z_1=32$，$z_2=34$，$z_{2'}=36$，$z_3=64$，

$z_4=32, z_5=17, z_6=24$。若轴 A 按图示方向以 1 250 r/min 的转速回转，轴 B 按图示方向以 600 r/min 的转速回转，试确定轴 C 的转速大小及转向。

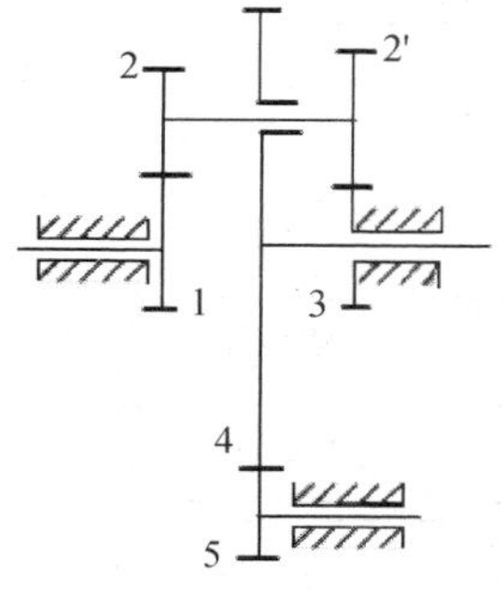

图 6-24 混合轮系

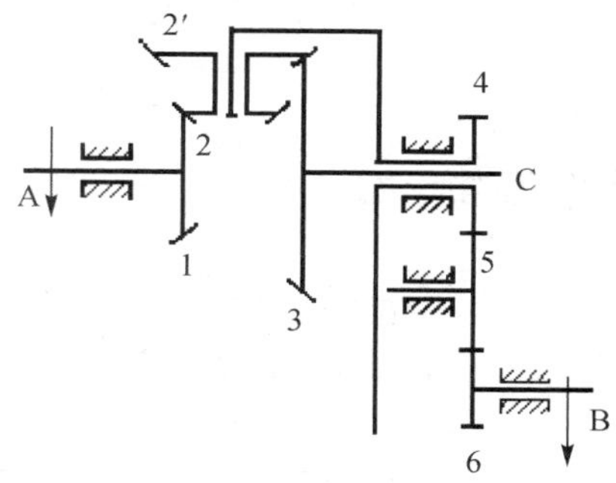

图 6-25 混合轮系

第 7 章 其他常用机构

☞ **本章思维导图**

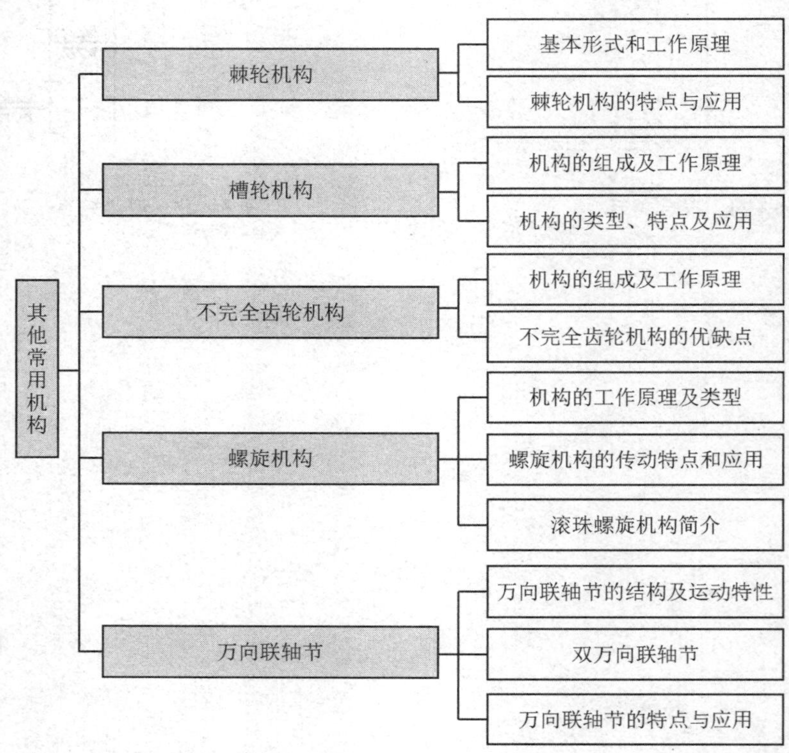

除了前面学过的连杆机构、凸轮机构、齿轮机构和轮系等机构外，根据生产过程中提出的不同要求，在机械中常常还会采用各种其他类型的机构。一类是要求某些构件实现周期性的运动和停歇，即将原动件的连续运动变换成从动件的间歇运动的间歇机构；一类是可实现较为特殊的运动传递形式的机构，例如螺旋机构和万向联轴节机构等。本章主要介绍其他一些常用的机构的工作原理、类型、特点和设计方法，并重点阐述这些机构的特点和应用场合。

7.1 棘轮机构

7.1.1 棘轮机构的基本形式和工作原理

棘轮机构是一种间歇运动机构。图 7－1 所示为常见的外啮合齿式棘轮机构，**其组成构件有：主动摆杆** 1、**棘爪** 2、**棘轮** 3、**止动爪** 4 和**机架** 7。

主动摆杆 1 空套在与棘轮 3 固连的从动轴上，并与驱动棘爪 2 用转动副相连。当主动摆杆 1 逆时针方向摆动时，驱动棘爪 2 便插入棘轮的齿槽中，推动棘轮 3 同向转过一定角度，与此同时，止动爪 4 在棘轮 3 的齿背上滑动。当主动摆杆 1 顺时针方向转动时，止动爪 4 阻止棘轮 3 发生反向转动，而驱动棘爪 2 在棘轮 3 的齿背上滑过并回到原位，所以，这时棘轮静止不动。因此，当主动件做连续的往复摆动时，棘轮作单向的间歇运动。为保证棘爪工作可靠，常利用弹簧使棘爪紧压齿面。

棘轮机构有多种类型，其分类方法如下。

1. 按结构分类

(1) 齿式棘轮机构

如图 7－1 所示为齿式棘轮机构。

优点：结构简单，制造方便；转角准确，运动可靠；动程可在较大范围内调节；动与停的时间比可通过选择合适的驱动机构实现。

缺点：动程只能作有级调节；棘爪在齿背上的滑行引起噪声、冲击和磨损。

不宜用于高速的场合。

(2) 摩擦式棘轮机构

图 7－2 所示为偏心扇形块式摩擦式棘轮机构。该机构是用偏心扇形楔块代替齿式棘轮机构中的棘爪，以无齿摩擦轮代替棘轮。

优点：传动平稳、无噪声；动程可无级调节。

缺点：因靠摩擦力传动，会出现打滑现象，因此传动精度不高。

适用于低速轻载的场合。

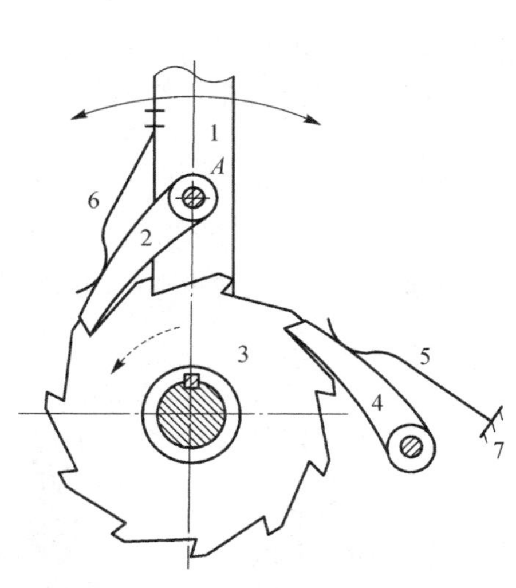

图 7－1　齿式棘轮机构

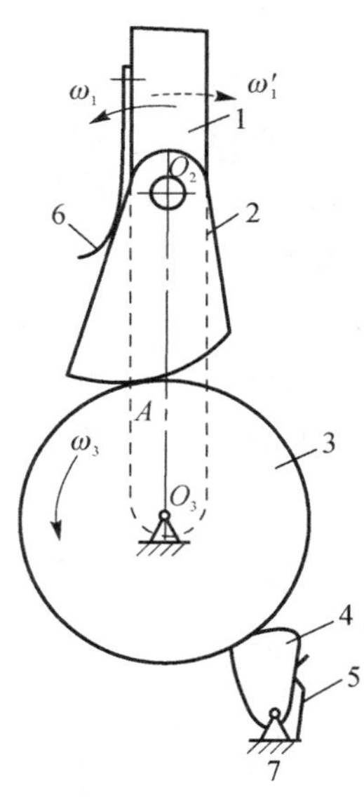

图 7－2　摩擦式棘轮机构

2. 按啮合方式分类

(1) 外啮合棘轮机构

外啮合棘轮机构如图 7－1 所示。该机构的棘爪或楔块均安装在棘轮的外部，外啮合式棘轮机构由于加工、安装和维修方便，应用较广。

(2) 内啮合棘轮机构

内啮合棘轮机构如图 7－3 所示。该机构的棘爪或楔块均安装在棘轮内部。其特点是结构紧凑，外形尺寸小。

3. 按从动件运动形式分类

(1) 单动式棘轮机构

单动式棘轮机构如图 7－1 和图 7－4 所示。该类型的棘轮机构是指当主动件向某一方向运动时，从动件棘轮做单向间歇转动或从动棘齿条做单向间歇移动。

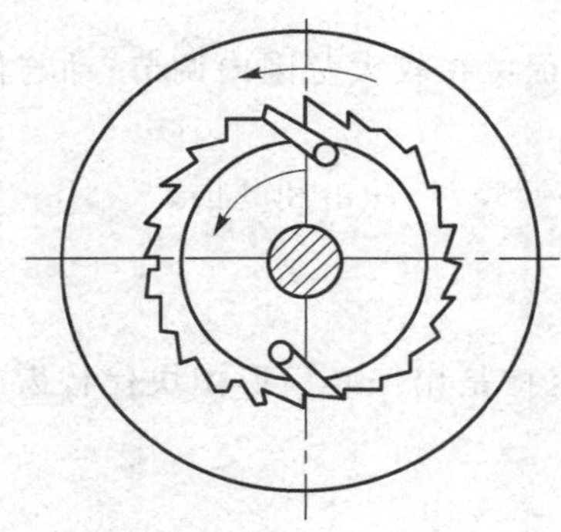

图 7－3　内啮合棘轮机构

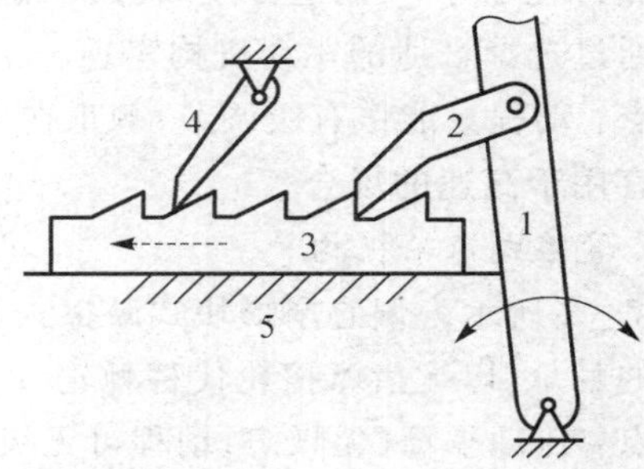

图 7－4　单向间歇移动的棘轮机构

(2) 双动式棘轮机构

图 7－5 所示为双动式棘轮机构。在装有两个主动棘爪 2 和 2′的主动摆杆围绕 O_1 向两个方向往复摆动的过程中，分别带动两个棘爪 2 和 2′，两次推动棘轮转动。

常用于载荷较大，棘轮尺寸受限，齿数较少，而主动摆杆的摆角小于棘轮齿距角的场合。

(3) 双向式棘轮机构

图 7－6 所示为两种双向式棘轮机构。双向式棘轮机构可通过改变棘爪的摆动方向，实现棘轮两个方向的转动。当棘爪在实线位置 O_2B 时，棘轮按逆时针方向做间歇运动，当棘爪在虚线位置 O_2B'时，棘轮按顺时针方向做间歇运动，双向式棘轮机构的齿形必须采用对称齿形。

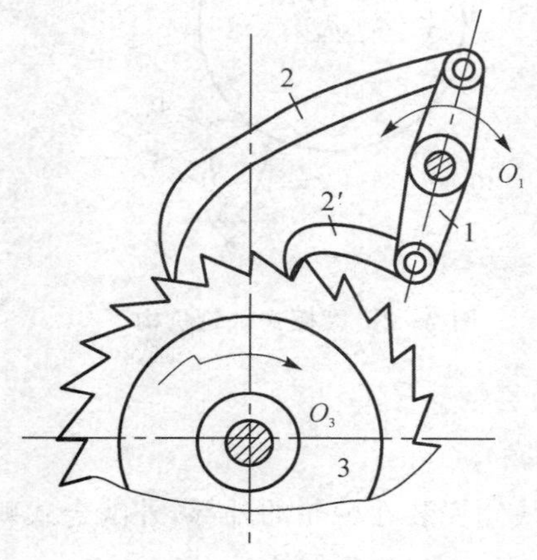

图 7－5　双动式棘轮机构

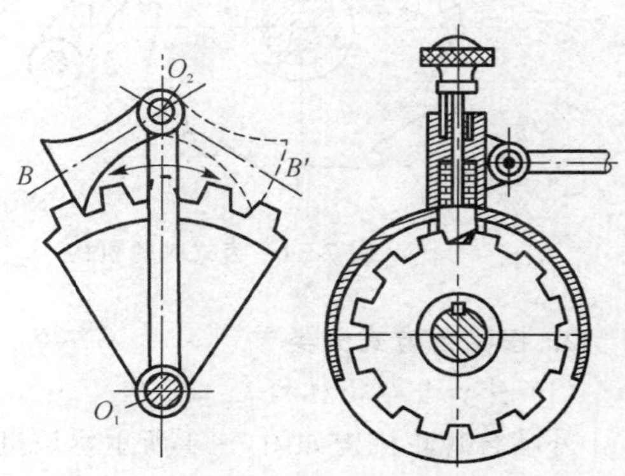

图 7－6　双向式棘轮机构

7.1.2　棘轮机构的特点与应用

棘轮机构的**优点**是结构简单、制造方便和运动可靠等，故在各类机械中有广泛的应用。但也有以下**缺点**：棘爪在棘轮齿面上滑行时可引起噪声和齿尖磨损；传动平稳性差。同时为使棘爪顺利落入棘轮齿间，摆杆摆动的角度应略大于棘轮的运动角，这样就不可避免地存在空程和冲击。此外棘轮的运动角必须以棘轮齿数为单位有级的变化。

棘轮机构不宜应用于高速和运动精度要求较高的场合。

棘轮机构所具有的单向间歇运动特性，在实际应用中可满足如送进、制动、超越离合和转位、分度等工艺要求。主要用途包括以下内容。

1. 间歇送进

图7-7所示为牛头刨床，为了切削工件，刨刀需作连续往复直线运动，而工作台沿进给方向作间歇移动以实现双向进给。进给的实现是通过曲柄1转动，经连杆2带动摆杆作往复摆动，双向棘轮机构的棘爪3装在摆杆上，这样棘爪带动棘轮作单方向间歇转动，棘轮4与丝杠固连，从而使螺母(即工作台5)作间歇进给运动。若改变驱动棘爪的摆角，可以调节进给量；改变驱动棘爪的位置(绕自身轴线转过180°后固定)，可改变进给运动的方向。

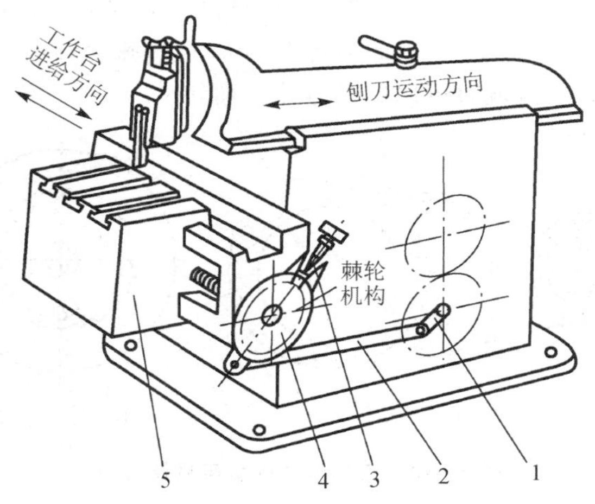

图7-7　牛头刨床

2. 制　动

图7-8所示为杠杆控制的带式制动器，制动轮4与外棘轮2固结，棘爪3铰接于制动轮4上的A点，制动轮上围绕着由杠杆5控制的钢带6。制动轮4按逆时针方向自由转动，棘爪3在棘轮齿背上滑动，若该轮向相反方向转动，则轮4被制动。

3. 转位、分度

图7-9所示为手枪盘分度机构。滑块1沿导轨d向上运动时，棘爪4使棘轮5转过一个齿距，并使与棘轮固结的手轮盘3绕A轴转过一个角度，此时挡销a上升使棘爪2在弹簧b的作用下进入盘3的槽中使手枪盘静止并防止反向转动。当滑块1向下运动时，棘爪4从棘轮5的齿背上滑过，在弹簧力的作用下进入下一个齿槽中，同时挡销a使棘爪2克服弹簧力绕B轴逆时针转动，手枪盘3解脱止动状态。

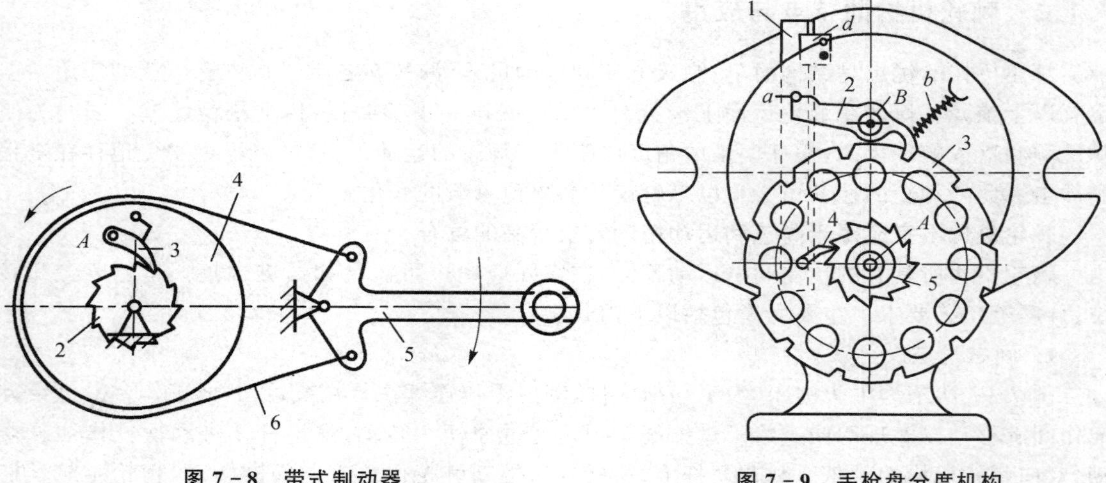

图 7－8　带式制动器　　　　图 7－9　手枪盘分度机构

4. 超　越

棘轮机构不仅可以实现间歇进给、制动和转位分度等运动，还能实现超越运动，即从动件可以超越主动件而转动。图 7－10 所示的自行车后轴上的棘轮机构便是一种超越机构，即利用其超越作用使后轮轴 5 在滑坡时可以超越链轮 3 而转动。

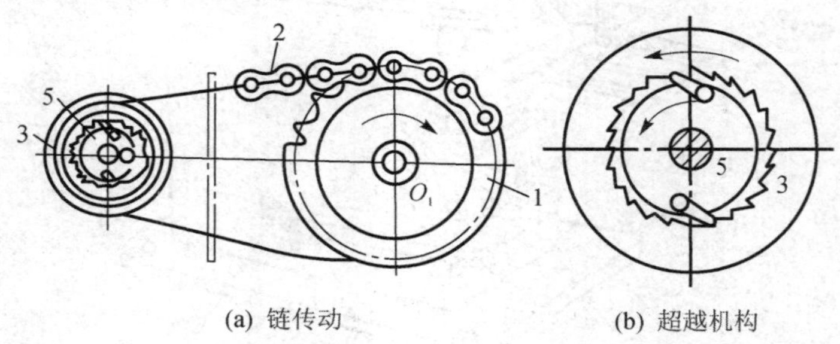

(a) 链传动　　　　(b) 超越机构

图 7－10　自行车链传动与超越机构

7.2　槽轮机构

槽轮机构在各种自动机械中应用很广泛，如在轻工、食品机械中常用槽轮机构实现分度、转位动作。

7.2.1　槽轮机构的组成及工作原理

槽轮机构由**主动拨盘**、**从动槽轮**及**机架**组成，**将主动拨盘的连续转动变换为槽轮的间歇转动**。

图 7－11 所示的外槽轮机构由具有圆销的主动拨盘 1 和具有若干径向槽的从动槽轮 2 以及机架组成。主动拨盘 1 以等角速度作连续回转，当拨盘上的圆销 A 未进入径向槽时，槽轮 2 因其内凹的锁止弧 $\widehat{nn}$ 被拨盘 1 的外凸锁止弧 $\widehat{mm}$ 卡住而静止不动；图示为圆销开始进入槽轮径向槽时的位置，此时外凸圆弧的终点 m 正好在中心连线上，因而失去锁止作用，锁止弧

$\overset{\frown}{nn}$ 也刚被松开，因而槽轮在圆销的驱动下转动；当圆销在另一边离开径向槽时，槽轮因下一个锁止弧又被卡住而静止不动，又重复上述的运动。从而实现从动槽轮的单向间歇转动。

为避免槽轮在起动和停歇时发生刚性冲击，圆销开始进入和离开轮槽时，轮槽的中心线应和运动圆周相切。

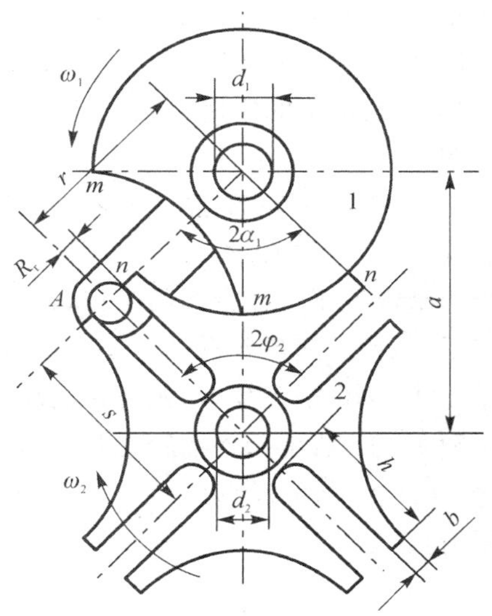

图 7－11　外啮合槽轮机构

7.2.2　槽轮机构的类型、特点及应用

1. 槽轮机构的类型

槽轮机构主要分为传递平行轴运动的**平面槽轮机构**和传递相交轴运动的**空间槽轮机构**两大类。

平面槽轮机构有**外啮合**(见图 7－11)和**内啮合**(见图 7－12)两种形式，外啮合槽轮机构主动拨盘转向与从动槽轮的相反，内啮合槽轮机构主动拨盘转向与从动槽轮的相同。内啮合槽轮机构结构紧凑，传动较平稳，槽轮停歇时间较短。

图 7－13 所示的球面槽轮机构是空间槽轮机构。从动槽轮 2 呈半球形，槽 a 和锁止弧 $\overset{\frown}{mm}$ 均分布在球面上，主动构件 1 的轴线、销 A 的轴线都与槽轮 2 的回转轴线汇交于槽轮球心 O，故又称为**球面槽轮机构**。主动件 1 连续转动，槽轮 2 做间歇运动。

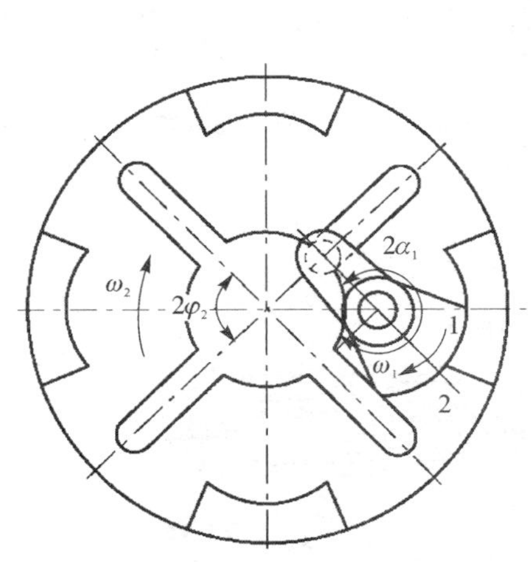

图 7－12　内啮合槽轮机构

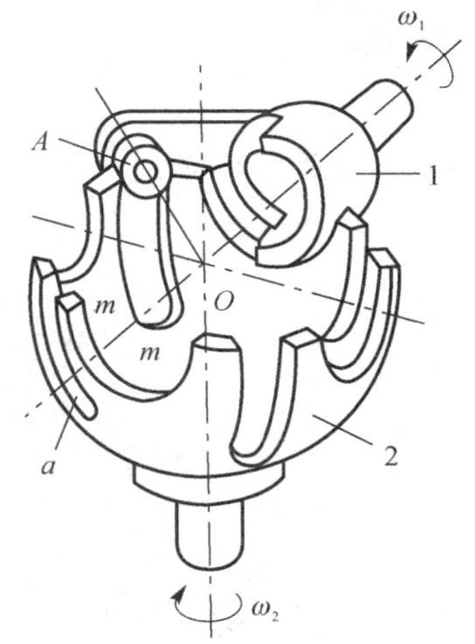

图 7－13　空间槽轮机构

另外，在某些机械中还用到一些特殊形式的槽轮机构，如不等臂的多销槽轮机构等。

2. 槽轮机构的特点

槽轮机构的**优点**：结构简单、制造容易、工作可靠、机械效率较高。在设计合理的前提下，在拔销进入和退出啮合时，槽轮能较平稳地、间歇地进行转位。

槽轮机构的**缺点**：槽轮转角大小不能调节，要改变转角，需要改变槽轮的槽数，重新设计槽轮机构，而且由于制造工艺、机构尺寸等条件的限制，槽轮的槽数不宜过多，故槽轮机构每次的转角较大。再者，在槽轮转动的始末位置，其加速度变化较大，运动过程中存在柔性冲击。

槽轮机构**一般用于转速不高、不需要经常调整转动角度的分度装置中**。

3. 槽轮机构的应用

图 7-14 所示为外槽轮机构在冷霜自动灌装机中的应用情况，工作台 2 与槽轮 6 装于同一轴上，拨盘 5 拨动槽轮 6，从而带动工作台 2 做间歇转动。当工作台停歇时，对冷霜罐进行灌装、贴锡纸、压平锡纸和盖合等工艺动作，最后由输送带 3 将冷霜罐 4 运走。在该机构中，槽轮 6 的槽数等于工作台 2 的工位数。若两者不相等，则可利用齿轮机构进行增速或减速。例如，当用八槽的槽轮传动四工位时，可用一对传动比 $i=2$ 的齿轮增速来实现；又如用六槽的槽轮传动 48 工位的工作台，则可用两对齿轮（$i_1 : i_2 = 1 : 8$），使工作台降速来实现。

图 7-15 所示为外槽轮在胶片电影放映机中的应用情况。由槽轮带动胶片，做有停歇的送进，从而形成动态画面。而图 7-16 所示为槽轮机构在单轴转塔车床刀架的转位机构中的应用情况。

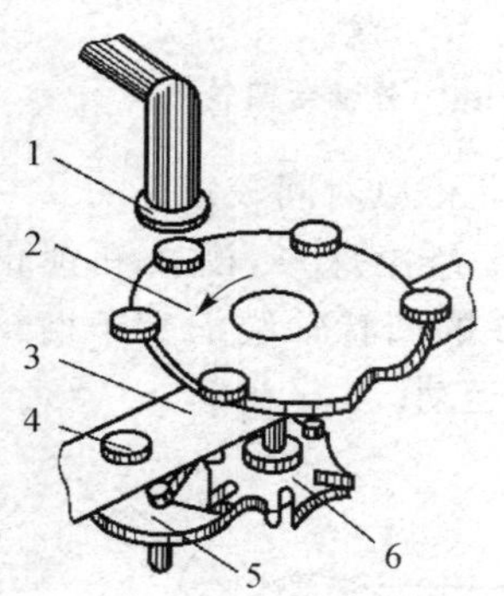

图 7-14　冷霜自动灌装机

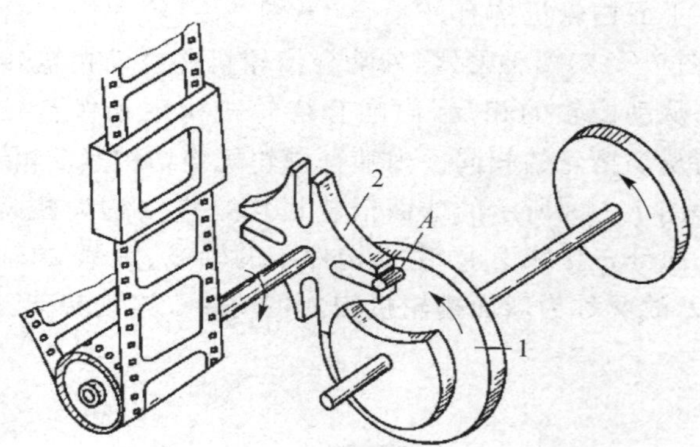

图 7-15　电影放映机

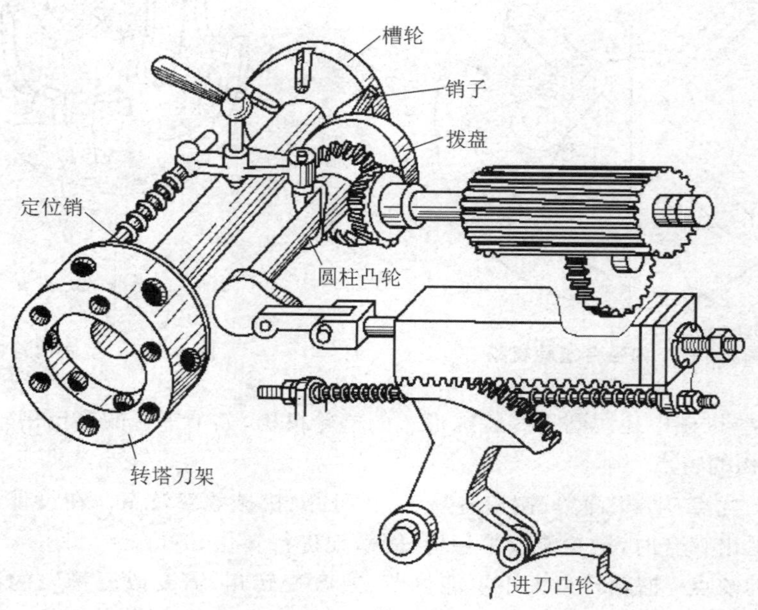

图 7-16　单轴转塔车床刀架的转位机构

7.3　不完全齿轮机构

7.3.1　不完全齿轮机构的组成及工作原理

不完全齿轮机构是从普通齿轮机构演变而得到的一种间歇运动机构。它将主动轮的连续回转运动转化为从动轮的间歇回转运动。它与一般齿轮机构相比，最大区别在于主动轮上的轮齿未布满整个圆周，而是有一个或几个轮齿，其余部分为外凸锁止弧，从动轮上有与主动轮轮齿相应的齿间和内凹锁止弧相间布置。当主动轮作连续回转运动时，从动轮作间歇回转运动。在从动轮停歇期间内，两轮轮缘的锁止弧起定位作用，以防止从动轮的游动。不完全齿轮机构的主要形式有**外啮合**(见图 7－17)与**内啮合**(见图 7－18)两种形式。在图 7－17 中，主动轮 1 上有 3 个齿，从动轮 2 上有 6 个运动段和 6 个停歇段，因此主动轮转一转时，从动轮只转 1/6 转。在图 7－18 中，主动轮 1 上只有 1 个齿，从动轮 2 上有 12 个齿，故主动轮转一转时，从动轮转 1/12 转。

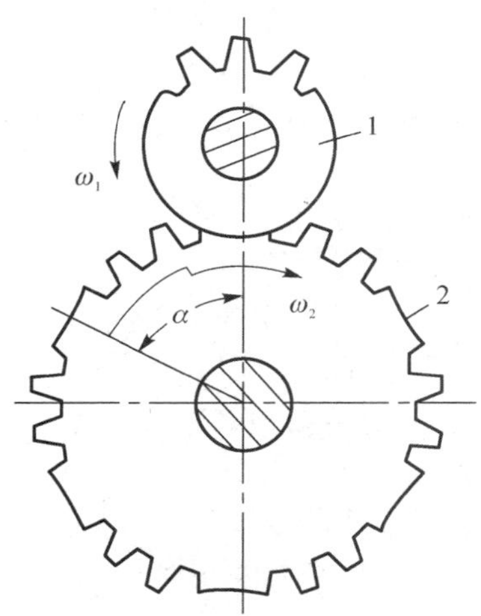

图 7－17　外啮合不完全齿轮机构

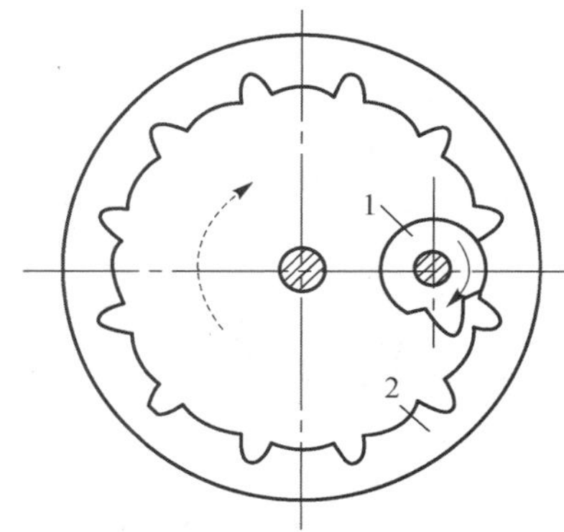

图 7－18　内啮合不完全齿轮机构

值得注意的是，在不完全齿轮机构中，为了保证主动轮的首齿能顺利地进入啮合状态而不与从动轮的齿顶相碰，需将首齿齿顶高做适当消减。同时，为了保证从动轮停歇在预定的位置，主动轮的末齿齿顶高也需要适当修改。其余各齿保持标准齿高。

7.3.2　不完全齿轮机构的优缺点

与槽轮机构比较，不完全齿轮机构有以下主要**优缺点**：

① **较易满足不同停歇规律要求。**因为不完全齿轮机构可选取的参数较多，如两轮圆周上设想布满齿时的齿数 z_1 和 z_2，主、从动轮上锁止弧的数目 M 和 N，及锁止弧间的齿数 z'_1 和 z'_2 等均可在相当宽广的范围内自由选取。因而标志间歇运动特性的各参数(如从动轮每转一周停歇的次数、每次运动转过的角度、每次停歇的时间长短等)允许调整的幅度比槽轮机构大得多，故设计比较灵活。

② **从动轮在运动全过程中并非完全等速，运动开始和终止时存在刚性冲击**。因此，不完全齿轮机构不宜用于高速传动；只适应于低速和轻载场合。不完全齿轮机构和普通齿轮机构的区别不仅在轮齿的分布上，而且在啮合传动中，当首齿进入啮合及末齿退出啮合过程中，轮齿并非在实际啮合线上啮合，因而在此期间不能保证定传动比传动。

为了减小冲击从而改善不完全齿轮机构的受力情况，可在两轮上加装两对**瞬心线附加板**。如图 7－19 所示。附加板分别固定在轮 1 和轮 2 上。此附加板的作用是：在首齿接触传动之前，让 K 板和 L 板先行接触，使从动轮的角速度从一个尽可能小的角速度逐渐过渡到所需的等角速度值。在设计 K 板和 L 板时，要保证它们的接触点 F' 总位于中心线 O_1O_2 上，从而成为构件 1，2 的瞬心 P_{12}，且点 P_{12} 将随着附加板的运动沿着中心线 O_1O_2 逐渐远离中心 O_1 向两轮节点移动。同样，又可借助于另一对附加板的作用，使主动轮末齿在啮合线上退出啮合时从动轮的角速度由常数 w_2 逐渐减小，从而减小冲击。由于从动轮开始啮合时的冲击比终止啮合时的严重，所以有时只在开始啮合处加装一对瞬心线附加板，图 7－20 所示不完全齿轮机构即是如此。

图 7－20 所示为蜂窝煤压制机工作台五个工位的间歇转位机构。该机构完成煤粉的装填、压制、退煤等五个动作，因此工作台需间歇转动，每次转动 1/5 周需要停歇一次。齿轮 3 是不完全齿轮，当它作连续转动时，通过齿轮 6 使工作台 7(其外周是一个大齿圈)获得预期的间歇运动。此外，为使工作比较平稳，在齿轮 3 和齿轮 6 上加装了一对瞬心线附加板 4 和 5，还分别装设了凸形和凹形的圆弧板，以起锁止弧的作用。

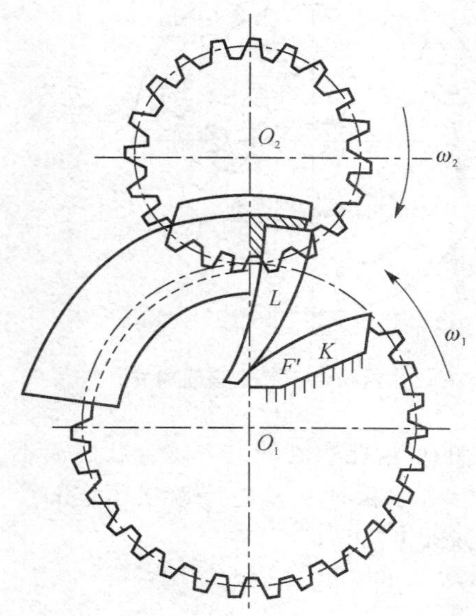

图 7－19　带有瞬心线附加板的不完全齿轮机构

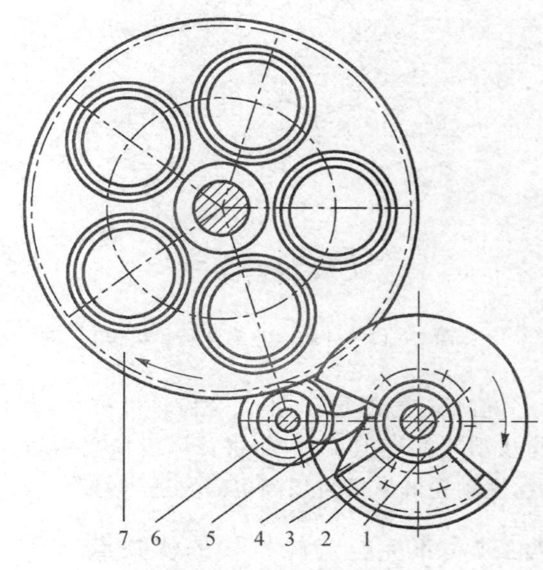

图 7－20　蜂窝煤压制机

③ **主、从动轮不能互换**。

基于以上优缺点，不完全齿轮机构**常用于低速多工位、多工序的自动机械或生产线上，实现工作台的间歇转位和进给运动**。

7.4　螺旋机构

7.4.1　螺旋机构的工作原理及类型

螺旋机构是一种利用螺旋副传递运动和动力的常用机构。它是由螺旋副、移动副、转动副将各构件组合在一起的。一般情况下，它是将旋转运动转换成直线运动。

图 7-21 所示为最简单的三构件螺旋机构，它由螺杆 1、螺母 2 和机架 3 组成。在图中，A 为转动副，C 为移动副，B 为螺旋副，螺旋的导程为 l，当螺杆 1 转过 φ 角时，螺母 2 将沿螺杆的轴向移动一段距离 s，其值为

$$s=\frac{l\varphi}{2\pi} \tag{7-1}$$

如果将图 7-21(a)中的转动副 A 改为螺旋副，且螺旋方向与另一螺旋副 B 的相同，则得图 7-21(b)所示的螺旋机构。在该机构中，设两段的导程分别为 l_A 和 l_B，则当螺杆 1 转过 φ 角时，螺母 2 的移动距离 s 为

$$s=\frac{l_A-l_B}{2\pi}\varphi \tag{7-2}$$

由式(7-2)可知，当两螺旋旋向相同时，若 l_A 和 l_B 相差很小，则螺母 2 的位移 s 可以很小，这种螺旋机构称为**微动螺旋机构**，常用于测微计、分度机构及调节机构中。

当两螺旋旋向相反时，螺母 2 可产生快速移动，产生的位移为

$$s=\frac{l_A+l_B}{2\pi}\varphi \tag{7-3}$$

这种螺旋机构称为**复式螺旋机构**。

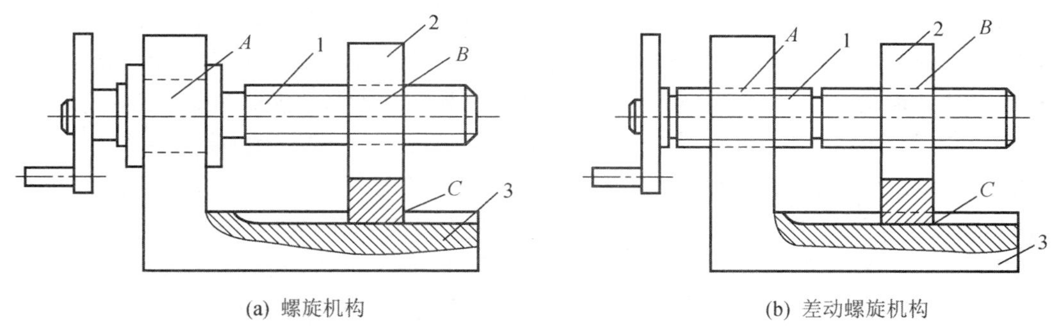

图 7-21　螺旋机构

按螺杆与螺母之间的摩擦状态不同，螺旋机构可分为**滑动螺旋机构**和**滚动螺旋机构**。滑动螺旋机构中的螺杆与螺母的螺旋面直接接触，其摩擦状态为滑动摩擦。

7.4.2　螺旋机构的传动特点和应用

螺旋机构结构简单、制造方便、运动准确、可获得很大的减速比和力的增益等；此外，当螺旋导程角选择合适时，机构将具有自锁功能，其效率一般低于 50%。因此，**螺旋机构主要应用**

于起重机、压力机以及功率不大的进给系统和微调装置中。

图 7－22 所示为应用于调节镗刀进给量的微动螺旋机构。当转动调整螺杆 1 时，镗刀 3 在外套 2 内移动，可以实现微调，螺钉 4 是定位用的。

图 7－23 所示为复式螺旋机构用于夹紧装置中的实例。当转动螺杆 5 时，便可以使螺母 2 和螺母 4 向相反方向移动，同时带动夹爪 3 绕支点 O 转动，可迅速夹紧或放松工件。

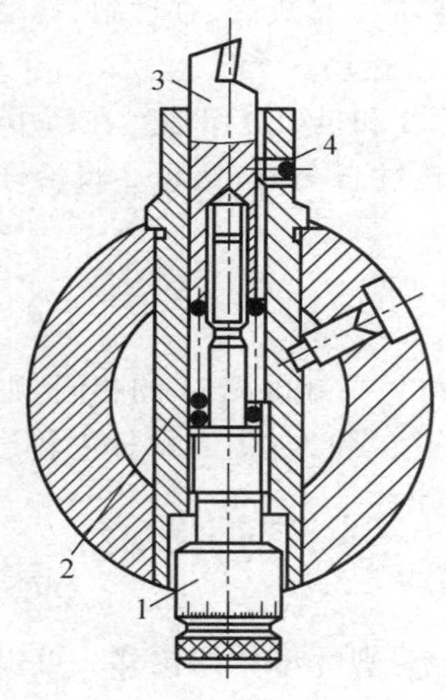

图 7－22　微动螺旋机构

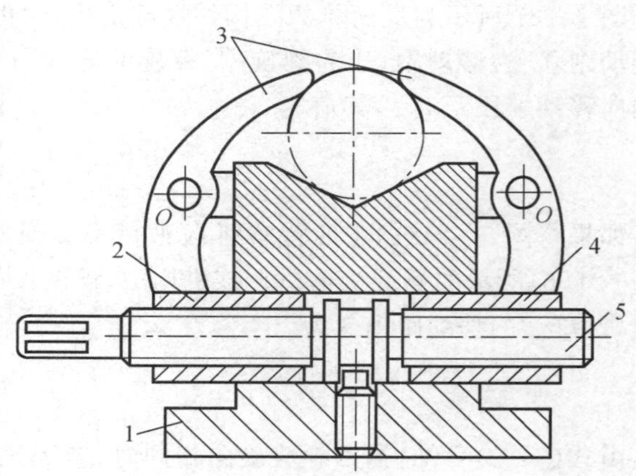

图 7－23　用于夹紧装置中的复式螺旋机构

螺旋机构还常用于将回转运动变换为直线运动及机构调整。

7.4.3　滚珠螺旋机构简介

滚珠螺旋机构是在螺杆与螺母的螺纹滚道间装有滚动体。当螺杆或螺母转动时，滚动体在螺纹滚道内滚动，这样使螺杆和螺母不直接接触，而且将原来接触表面间的滑动摩擦变为滚动摩擦，提高了传动效率和传动精度。这种传动又称为**滚珠丝杠**。滚珠螺旋机构按其滚动体的循环方式不同，分为**外循环**(见图 7－24(a))和**内循环**(见图 7－24(b))两种形式。

所谓外循环是指滚珠在回程时，脱离螺杆的滚道，而在螺旋滚道外进行循环。所谓内循环是指滚珠在循环过程中始终和螺杆接触，内循环螺母上开有侧孔，孔内装有反向器将相邻的滚道联通，滚珠越过螺纹顶部进入相邻滚道，形成封闭循环回路。一个循环回路里只有一圈滚珠，设置有一个反向器，一个螺母常装配 2～4 个反向器，这些反向器均匀分布在圆周上。外循环螺母只需前后各设置一个反向器。

滚珠丝杠**按用途分类**，有定位滚珠丝杠和传动滚珠丝杠；**按预加负载形式分类**，有单螺母无预紧、单螺母变位导程预紧、单螺母加大钢球径向预紧、双螺母垫片预紧、双螺母差齿预紧以及双螺母螺纹预紧。

滚珠丝杠的优点：

① 滚动摩擦系数小，传动效率高。

② 启动扭矩接近运转扭矩，工作较平稳。

③ 磨损小且寿命长，可用调整装置调整间隙，其传动精度与刚度均得到提高。

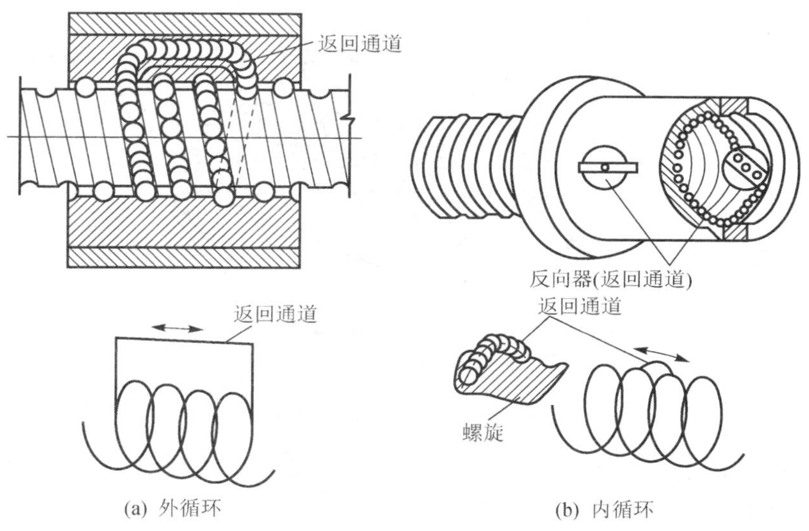

图 7-24 滚珠螺旋机构

④ 不具有自锁性,可将直线运动变为回转运动。

滚珠丝杠的缺点：

① 结构复杂,制造困难。

② 在需要防止逆转的机构中,要加自锁机构。

③ 承载能力不如滑动螺旋传动的大。

滚珠丝杠多用在车辆转向机构及对传动精度要求较高的场合,近年来随着数控机床的发展,滚珠螺旋传动在航空航天、汽车工业、模具制造、光电工程和仪器仪表等行业中获得了越来越广泛的应用。

7.5 万向联轴节

万向联轴节主要用于传递两相交轴之间的运动和动力,而且在传动过程中两轴之间的夹角可以变动,是一种常用的**变角传动机构**。它广泛用于汽车、机床、冶金机械等传动系统中。

7.5.1 万向联轴节的结构及其运动特性

图 7-25 所示为单万向联轴节的机构,主动轴 1 和从动轴 2 端部有叉,两叉与十字头 3 组成转动副 B,C。轴 1 和轴 2 与机架 4 组成转动副 A,D。转动副 A 和 B、B 和 C 及 C 和 D 的轴线分别互相垂直,并均相交于十字头的中心点 O,而轴 1 和轴 2 所夹的锐角为 α。故单万向联轴节为一种特殊的球面四杆机构。

由图可见,当轴 1 转一周时,轴 2 也必然转一周,但是两轴的瞬时角速度却并不时时相等,即轴 1 以等角速度 ω_1 转动时,轴 2 作变角速度转动,根据理论推导,可得两轴瞬时传动比为

$$i_{21}=\frac{\omega_2}{\omega_1}=\frac{\cos\alpha}{1-\sin^2\alpha\cos^2\varphi_1} \tag{7-4}$$

式中,φ_1 为轴 1 的转角;CC 为作为轴 1 的转角 φ_1 的初始位置。

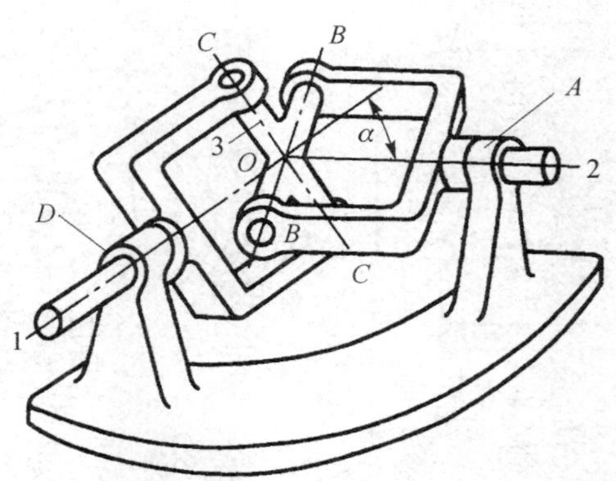

图 7－25　单万向铰链机构

由式(7－4)可见,传动比是两轴夹角 α 和主轴转角 φ_1 的函数。当 $\alpha=0$ 时,传动比恒为 1,它相当于两轴刚性联接;当 $\alpha=90°$时,传动比恒为 0,两轴不能进行传动。

若两轴夹角 α 值不变,则当 $\varphi_1=0°$或 $\varphi_1=180°$时,传动比最大,$\omega_{2\max}=\omega_1/\cos\alpha$;当 $\varphi_1=90°$或 $\varphi_1=270°$时,传动比最小,$\omega_{2\min}=\omega_1\cos\alpha$。

7.5.2　双万向联轴节

由于单万向联轴节从动轴的角速度作周期性变化,因而在传动中将会产生附加动载荷,使轴发生振动。为了消除从动轴变速转动的缺点,常将单万向铰链机构成对使用,如图 7－26 所示,这便是**双万向联轴节**。其构成可看作是用一个中间轴 2 的两部分采用滑键连接,以允许两轴的轴向距离有所变动。双万向联轴节所连接的输入轴 1 和输出轴 3 即可相交也可平行。因此,**双万向联轴节常用来传递平行轴或相交轴的转动**。

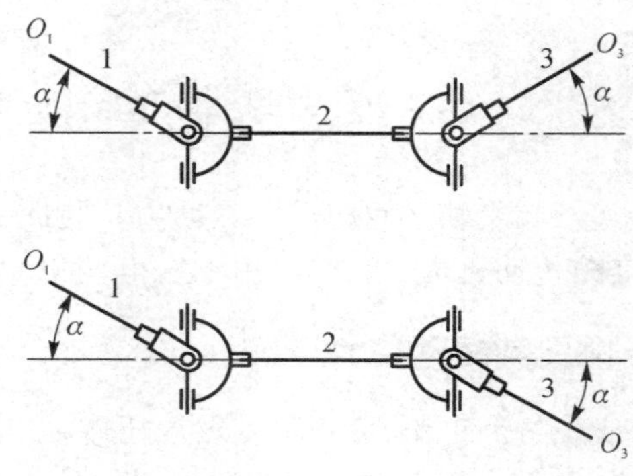

图 7－26　双万向铰链机构

为保证主、从动轴的角速度相等,**双万向联轴节还必须满足两个条件**:

① 主动轴 1、从动轴 3 的轴线与中间轴 2 轴线之间的夹角相等;

② 中间轴 2 两端的叉面应位于同一平面内。

7.5.3　万向联轴节的特点与应用

与传递平行轴或相交轴运动的齿轮机构比较,万向联轴节有以下显著特点。

单万向联轴节：当两轴夹角有所变化时，仍可继续工作，而只影响其瞬时传动比的大小。

双万向联轴节：当两轴间的夹角变化时，不但可以继续工作，而且在满足一定安装条件时，还能保证等传动比。

万向联轴节结构紧凑，径向尺寸小，对制造和安装的精度要求不高。尤其适用于在工作过程中，主、从动轴间夹角和轴间距发生变化的场合。因此被广泛地应用于各种机械设备的传动系统中。

图 7－27 所示为轧钢机轧辊传动中的双万向联轴节。由于在轧钢过程中，需要经常调节轧辊的上下位置，所以齿轮座轴线与轧辊轴线之间的距离要经常变化，这就需要用双万向联轴节来作为齿轮与轧辊之间的中间传动装置。

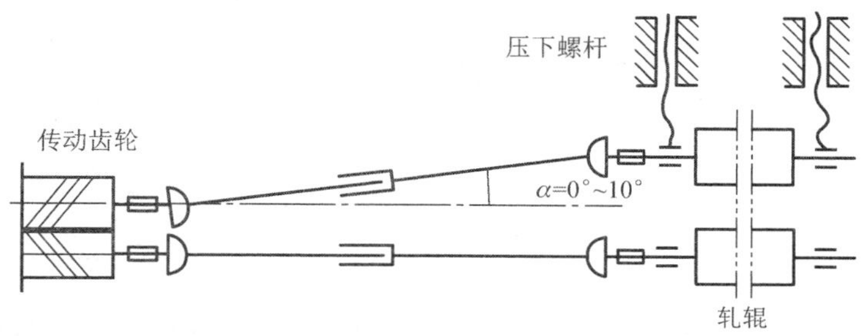

图 7－27　轧钢机轧辊传动中的双万向联轴节

图 7－28 所示的汽车传动轴也是双万向联轴节的典型应用实例。装在汽车底盘前部的发动机变速箱通过双万向联轴节带动后桥中的差速器以驱动后轮转动。在底盘和后桥间装有减振钢板弹簧。汽车行驶中，由于道路等原因引起钢板弹簧变形，从而使变速箱输出轴的相对位置时时有变动，这时双万向联轴节的中间轴（也称传动轴）与它们的倾角虽然也有相应的变化，但传动并不中断，汽车仍然继续行驶。

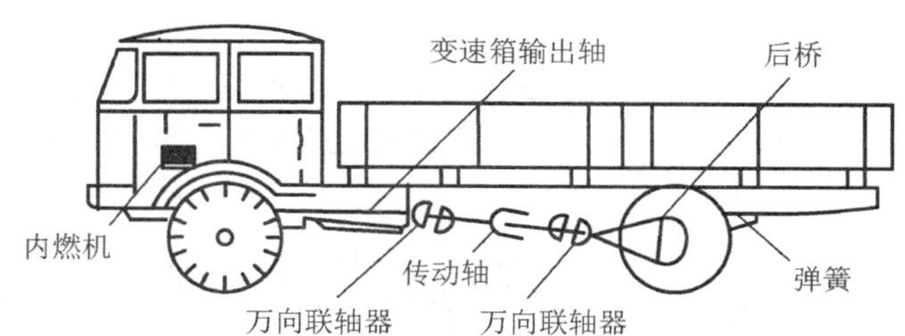

图 7－28　双万向联轴节在汽车传动轴的应用

思考题

7－1　齿式棘轮机构的主要组成构件有哪些？

7－2　棘轮机构的主要形式有哪些？

7－3　槽轮机构的主要构成构件有哪些？

7－4　主动拨盘回转一周，槽轮（槽数为 Z）转过的角度为多少？

7－5　在不完全齿轮机构中增加瞬心线附加板的目的是什么？

7-6　在不完全齿轮机构中增加锁止弧的目的是什么？

7-7　对于螺旋机构来说，螺母直线运动距离与螺杆转角的关系是怎样的？

7-8　螺旋机构的特点是什么？

7-9　单万向联轴节的构成构件有哪些？

7-10　单万向联轴节的输出轴角速度（输出角速度）与输入轴角速度（输入角速度）的关系是怎样的？

7-11　双万向联轴节为保证其主、从动轴间的传动比为常数，应满足哪些条件？

7-12　图7-29所示为一磨床的进刀机构。棘轮4与行星架H固连，齿轮3与丝杆固连。已知行星轮系中各轮齿数 $z_1=22$，$z'_2=18$，$z_2=z_3=20$，进刀丝杆的导程 $l=5$ mm。如果要求实现最小进刀量 $s=1$ μm，试求棘轮的最小齿数 z。

7-13　在如图7-30所示的差动螺旋机构中，A 处螺旋为左旋，$l_A=5$ mm；B 处螺旋为右旋，$l_B=6$ mm。当螺杆沿箭头方向转过10°时，试求螺母1相对2的移动量 s 及移动方向。

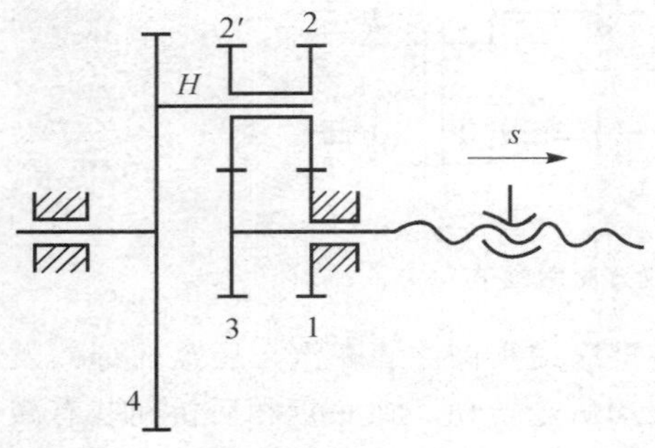

图7-29　磨床进刀机构

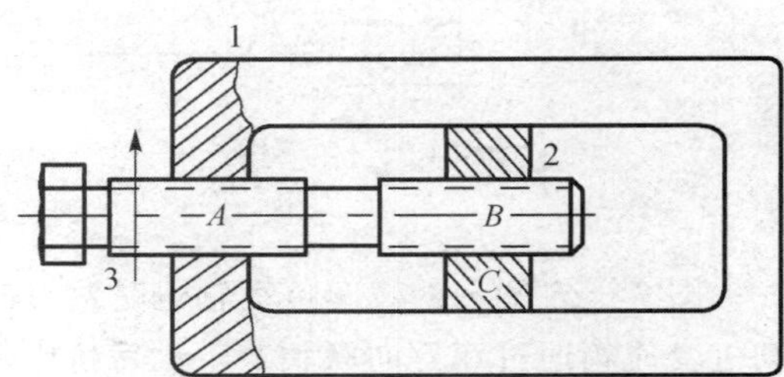

图7-30　差动螺旋机构

7-14　在如图7-31所示的单万向联轴节中，轴1以1 000 r/min匀速回转，轴3以变速回转，1，3两轴线的夹角为 $\alpha=30°$。

(1) 求轴3的最高、最低转速 $n_{3\max}$ 与 $n_{3\min}$。

(2) 在轴1转一周中，有四个位置两轴转速瞬时相等，求这些位置的 φ_1 值。

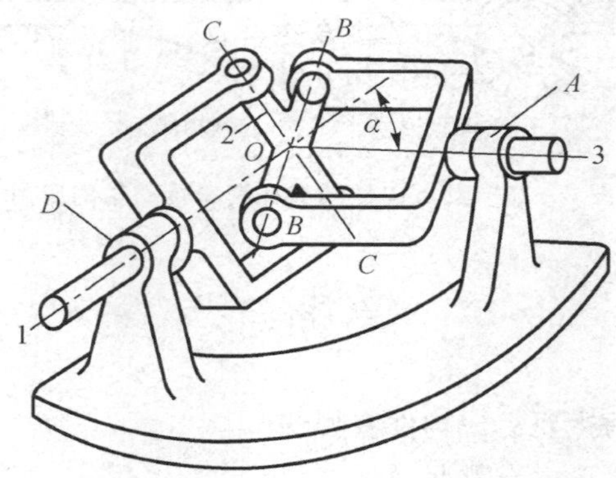

图7-31　单万向联轴节

第 8 章 机械零件设计基础

☞ **本章思维导图**

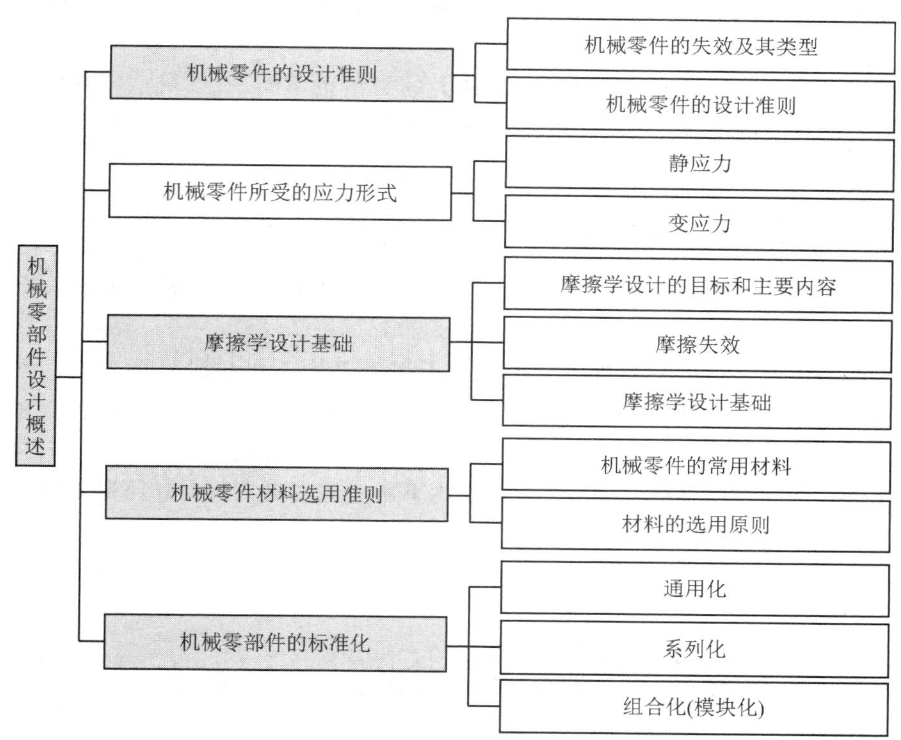

在前面各章的机构分析与设计研究内容都是假定机构中的构件是刚性的,因此没有考虑各个构件的强度、刚度和结构形式。但在实际的机器中,各个构件或零件都不是刚性的,都存在强度和刚度以及结构形式等问题,因此在机械系统设计中,必须研究零件的强度、刚度和结构形式等问题,所以从本章开始,将就这些问题开展研究。本章主要介绍机械零件的设计准则、摩擦学设计基础、材料选择原则和机械零部件的标准化。

8.1 机械零件的设计准则

机械系统设计的一般要求就是在满足机器预期功能的前提下,尽可能达到性能最好、效率最高、成本最低,并且要安全可靠、操作简单和维修方便等。由于一部机器的机械系统由若干零件所组成,因此机械系统设计的关键就是对机械零件的设计。

8.1.1 机械零件的失效及其类型

所谓机械零件的失效是指由于某种原因导致机械零件丧失正常的工作能力，或达不到设计要求的性能。失效的类型有变形、断裂、腐蚀、磨损、老化、打滑和松动等。有时是单一性的失效，有时也会是几种失效类型相互叠加的复合性的失效。

在机械系统设计时，必须使机械零件具有足够的抵抗失效的能力，这种能力称为机械零件的工作能力。在机械系统的设计阶段，要通过设计计算使得机械零件具有足够的工作能力。

因为机械零件的失效类型不同使其工作能力的类型也不同，所以机械零件的计算准则也不同。所谓的计算准则是指：以防止产生各种可能失效为目的而拟定的零件工作能力计算依据的基本原则。

8.1.2 机械零件的设计准则

机械零件的设计准则包括强度准则、刚度准则、稳定性准则、热平衡准则和可靠性准则。

1. 强度准则

机械零件的强度是指机械零件工作时在承受载荷情况下抵抗破坏的能力。整体强度不足，将使零件发生断裂和塑性变形破坏；表面强度不足，将使零件表面产生点蚀、压溃或塑性变形破坏。

机械零件设计的强度准则：零件在载荷作用下所产生的最大应力 σ 不超过零件的许用应力$[\sigma]$。

$$\sigma \leqslant [\sigma] = \frac{\sigma_{\text{lim}}}{S}$$

式中，σ_{lim} 为材料的极限应力；S 为安全系数。

应力分为静应力和循环应力，对应的强度分为静强度和疲劳强度。

(1) 静强度

零件在不变外力作用下产生的应力为静应力，其失效形式为断裂或塑性变性。

塑性材料零件的静强度：按不发生塑性变形的条件进行强度计算，此时材料的极限应力 σ_{lim} 为屈服点应力 σ_s(屈服应力)。

在单一应力条件下，其强度条件为

$$\sigma \leqslant [\sigma] = \frac{\sigma_s}{S} \tag{8-1}$$

在复合应力条件下，可按第 3 或第 4 强度理论确定其强度条件。对于弯扭复合应力的情况，可采用第 3 强度理论确定其强度条件，即

$$\sigma = \sqrt{\sigma_B^2 + 4\tau_T^2} \leqslant [\sigma] = \frac{\sigma_s}{S} \tag{8-2}$$

式中，σ_B 为弯曲应力；τ_T 为扭(剪切)应力。

脆性材料零件的静强度：按不发生断裂的条件进行强度计算，此时材料的极限应力 σ_{lim} 为强度极限 σ_b。

在单一应力条件下，其强度条件为

$$\sigma \leqslant [\sigma] = \frac{\sigma_b}{S} \tag{8-3}$$

在弯扭复合应力条件下，按第 1 强度理论确定其强度条件，即

$$\sigma = \frac{\sigma_B + \sqrt{\sigma_B^2 + 4\tau_T^2}}{2} \leqslant [\sigma] = \frac{\sigma_b}{S} \tag{8-4}$$

(2) 疲劳强度

零件在循环外力作用下产生的应力为循环应力，其失效形式为疲劳破坏。

应力比为 r 的应力循环作用 N_L 次后，材料不发生疲劳破坏的最大应力称为疲劳极限，它是循环应力的极限应力。N_L 称为该疲劳极限应力下的疲劳寿命。

当 $N_L \geqslant N_0$（循环基数）时，疲劳极限趋于常值 σ_r。按这样的疲劳极限设计的机械零件具有无限寿命。

按疲劳极限进行的机械零件设计称为无限寿命设计。

当 $N_L < N_0$ 时，疲劳极限称为条件疲劳极限 σ_{rN_L}。条件疲劳极限与寿命的关系曲线称为疲劳曲线，如图 8-1 所示。疲劳曲线方程为

$$\sigma_{rN_L}^m N_L = C \tag{8-5}$$

式中，m 为寿命指数，其取值与应力和材料的种类有关；C 为常量。

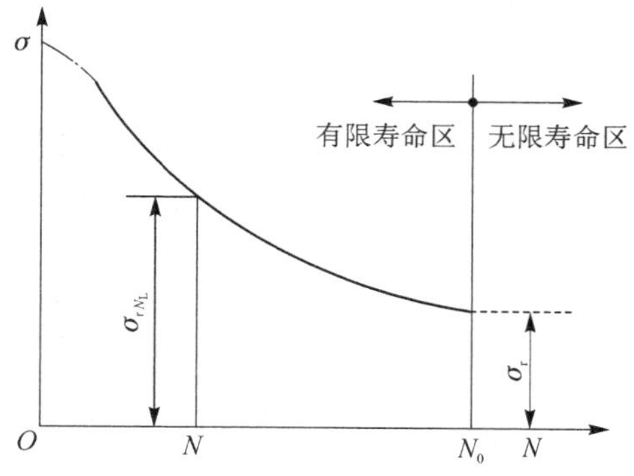

图 8-1　疲劳曲线

由疲劳曲线方程可得

$$\sigma_{rN_L}^m N_L = \sigma_r^m N_0 \tag{8-6}$$

进一步可得

$$\sigma_{rN_L} = \sqrt[m]{\frac{N_0}{N_L}}\,\sigma_r \tag{8-7}$$

按条件疲劳极限进行的机械零件设计称为有限寿命设计。

在单一应力条件下，其强度条件为

$$\sigma \leqslant [\sigma] = \frac{\sigma_{rN_L}}{S} \tag{8-8}$$

在复合应力条件下，可按第 3 强度理论（对于塑性材料的零件）或第 1 强度理论（对于脆性材料的零件）确定其强度条件。

$$\sigma=\sqrt{\sigma_B^2+4\tau_T^2}\leqslant[\sigma]=\frac{\sigma_{rN_L}}{S} \tag{8-9}$$

或

$$\sigma=\frac{\sigma_B+\sqrt{\sigma_B^2+4\tau_T^2}}{2}\leqslant[\sigma]=\frac{\sigma_{rN_L}}{S} \tag{8-10}$$

2. 刚度准则

机械零件在载荷作用下将产生弹性变形，其抵抗弹性变形的能力称为刚度。不同的载荷将产生不同的变形，例如拉压载荷引起伸缩变形，弯曲载荷引起挠度和弯曲变形，扭转载荷引起扭曲变形。

机械零件设计的刚度准则就是：零件在载荷作用下所产生的弹性变形量不超过机器正常工作所允许的弹性变形量，即

$$x\leqslant[x],\quad y\leqslant[y],\quad \theta\leqslant[\theta],\quad \varphi\leqslant[\varphi] \tag{8-11}$$

式中，x,y,θ,φ 分别是伸长、挠度、转角和扭角；$[x],[y],[\theta],[\varphi]$分别是伸长、挠度、转角和扭角的许用值。

影响刚度的主要因素是载荷、截面二次矩 I_a 和材料的弹性模量 E（切变模量 G）。零件的截面二次矩 I_a 越大，则变形越小；材料的弹性模量 E 和切变模量 G 越大，零件的刚度越大（变形越小）。

3. 稳定性准则

机器在工作过程中的轻微振动不妨碍机器的正常使用，但剧烈的振动会影响机器的工作质量和运转精度。当机器或零件的固有频率与激振力的频率相等或接近时，将会产生共振，致使零件甚至整个机器损坏。

机械零件设计的稳定性准则就是：使零件的固有频率远离激振力的频率。通常要保证如下条件：

$$f_F<0.85f\quad 或\quad f_F>1.15f \tag{8-12}$$

式中，f 为零件的固有频率；f_F 为激振力的频率。

增大零件的刚度和减轻零件的质量可以提高零件的固有频率。

4. 热平衡准则

机器工作时，由于工作环境和零件本身的发热，会使零件的温度升高。较高的温度可能引起摩擦副胶合、材料强度降低、热变形、润滑剂迅速氧化等不良后果而使零件失效。因此，对可能产生较高温升的零部件应进行热平衡计算，以限制其工作温度。必要时需采用冷却措施。

5. 可靠性准则

可靠性是保证机械零件正常工作的关键。可靠性的衡量尺度是可靠度。可靠度是指产品在规定的条件下和规定的时间内，完成规定功能的概率。

假定一批零件有 N_0 个，在规定的条件下工作，到规定的工作期限时，其中有 N_f 个零件失效，则这批零件在该工作条件下的可靠度 R 为

$$R=1-\frac{N_f}{N_0} \tag{8-13}$$

可靠性准则：重要的机械零部件在规定的工作期限内需要有确定的可靠度。

8.2　机械零件所受的应力类型

由《材料力学》知识我们知道，机械零件所使用的场合不同，所受到的载荷类型也会不同。按是否随时间变化，载荷分为静载荷和变载荷，载荷导致的机械零件上产生的应力也分为静应力和变应力。

8.2.1　静应力

机械零件上的应力不随时间变化的应力称为静应力，如图8-2所示。

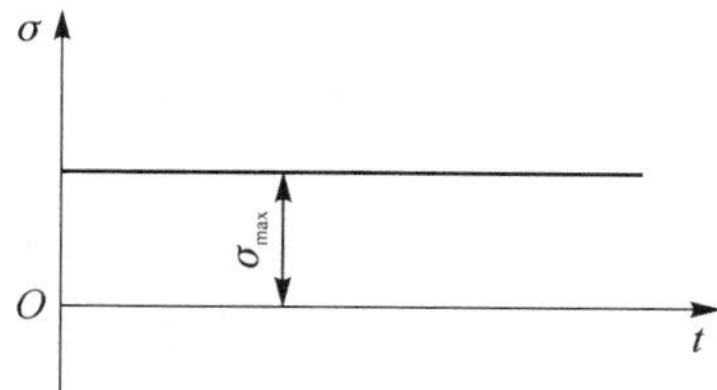

图8-2　静应力

8.2.2　变应力

机械零件上的应力随时间变化的应力称为变应力。当应力呈现周期性变化特征时，该变应力又被称为循环（交变）应力，如图8-3所示。

为了描述应力随时间变化的状况，常使用σ_{max}，σ_{min}，σ_m，σ_a等参数，如图8-4所示。

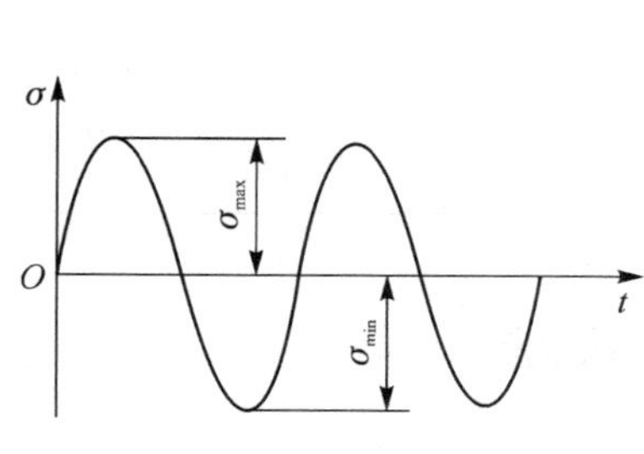

图8-3　循环应力

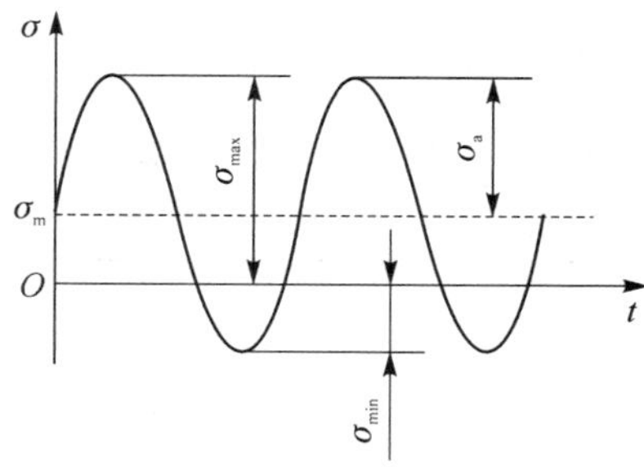

图8-4　循环应力状况的描述参数

其中，σ_{max}为最大应力；σ_{min}为最小应力；σ_m为平均应力，σ_a为应力幅值，满足

$$\sigma_m=\frac{\sigma_{max}+\sigma_{min}}{2} \tag{8-14}$$

且

$$\sigma_a=\frac{\sigma_{max}-\sigma_{min}}{2} \tag{8-15}$$

此外，还经常使用应力比r（也称为应力循环特性）来描述应力的变化程度，即

$$r=\frac{\sigma_{min}}{\sigma_{max}} \tag{8-16}$$

工程中常见的几种循环应力及其参数汇总于表8-1中。

表 8-1 常见的几种循环应力及其参数

交变应力类型	应力谱	循环特性	σ_{max} 与 σ_{min}	σ_a 与 σ_m	疲劳极限 σ_r	实例
对称循环		$r=-1$	$\sigma_{max}=-\sigma_{min}$	$\sigma_a=\sigma_{max}$ $\sigma_m=0$	σ_{-1}	机车车轴
脉动循环		$r=0$	$\sigma_{max}\neq 0$ $\sigma_{min}=0$	$\sigma_a=\frac{1}{2}\sigma_{max}$ $\sigma_m=\frac{1}{2}\sigma_{max}$	σ_0	齿轮啮合中的轮齿
非对称循环		$r\neq -1$	$\sigma_{max}\neq 0$ $\sigma_{min}\neq 0$	$\sigma_a=\frac{1}{2}(\sigma_{max}-\sigma_{min})$ $\sigma_m=\frac{1}{2}(\sigma_{max}+\sigma_{min})$	σ_r	桁架桥的下弦杆
静应力		$r=1$	$\sigma_{max}=\sigma_{min}$	$\sigma_a=0$ $\sigma_m=\sigma_{min}$	σ_u	静力拉杆

8.3 摩擦学设计基础

在相对运动和相互作用的表面之间一定存在摩擦。摩擦有其有害的一面，会损耗能量、引起磨损、产生振动和噪声、导致温升等。为了降低摩擦和减少磨损，需要对摩擦副采取润滑措施。摩擦还有其有利的一面，利用摩擦可以实现运动和动力的传递(摩擦轮传动、带传动、摩擦离合器等)；利用摩擦产生的自锁实现连接(螺栓连接、楔连接等)；利用摩擦制动(摩擦制动器等)。

研究相对运动相互作用的表面的摩擦行为对机械及其系统的作用、接触表面及润滑介质的变化、失效预测及控制理论于实践的学科称为**摩擦学**。

摩擦学设计是指应用摩擦学理论对摩擦学系统进行设计，以使摩擦副可靠地实现其运动并保证其功能。

8.3.1　摩擦学设计的目标和主要内容

摩擦学设计的目标是：使得摩擦功耗最低；降低材料消耗；提高机械系统的可靠性、工作效能和使用寿命。

摩擦学设计的主要内容：

① 摩擦副设计。选择摩擦副的类型、尺寸、材料、工艺、表面热处理方法和润滑方式。

② 润滑系统设计。润滑剂选择，润滑剂循环装置设计和机械系统冷却装置设计等。

③ 摩擦副的状态监测及故障诊断装置设计。对摩擦表面特性、摩擦副工作状态、润滑剂状态等进行监测。

8.3.2　摩擦失效

摩擦失效的最主要特征之一就是磨损。对于利用摩擦的装置，摩擦力不足是其典型失效形式。

摩擦还能导致振动、噪声、爬行、温升和变形等问题进一步使得机械装置失效。

8.3.3　摩擦学设计基础

1. 摩擦状态

两固体表面之间的摩擦状态如下：

① 固体摩擦状态。两个固体表面之间没有附着其他物质的摩擦状态，也称为干摩擦状态。

② 流体摩擦状态。两个固体表面被一层流体膜完全隔开的摩擦状态。

③ 边界摩擦状态。在两接触表面上生成与介质性质不同的极薄表面膜的摩擦状态，这层表面膜称为边界膜。

2. 磨损及其控制

磨损是摩擦的必然结果，它是相互接触的物体在相对运动时，表面材料不断发生损耗的过程或者产生残余变形的现象。磨损能毁坏工作表面，影响其机械性能，消耗材料，降低机械装置寿命。

试验表明，机械零件的一般磨损过程大致分为三个阶段：磨合阶段、稳定磨损阶段和急剧磨损阶段，如图 8－5 所示。

① 磨合阶段。摩擦表面比较粗糙，在载荷作用下，摩擦表面逐渐被磨平，接触面积逐渐增大。摩擦表面的磨损速度由快变慢。

② 稳定磨损阶段。经过磨合阶段，摩擦表面硬化、微观几何形状发生改变，进而建立了弹性接触的条件，磨损速度缓慢，处于稳定阶段。

③ 急剧磨损阶段。经过长时间的稳定磨损阶段后，由于摩擦条件发生较大的变化，磨损速度急剧加速。在此阶段，机械效率下降，精度降低，出现异常的振动和噪声，最终导致零件失效。

为了提高使用寿命，应在机械零件设计或使用时，力求缩短磨合阶段，延长稳定磨损阶段，推迟急剧磨损阶段。

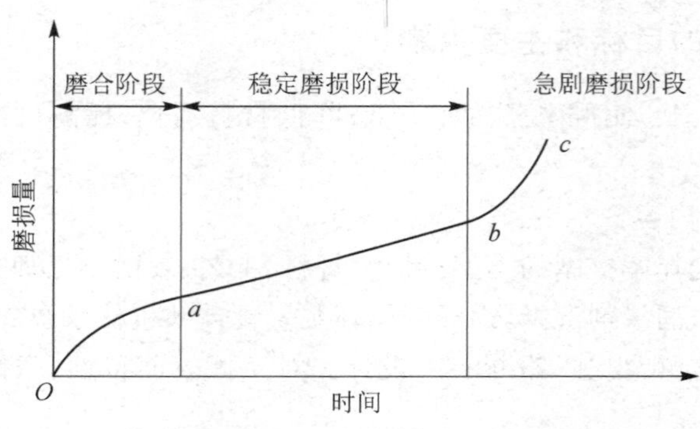

图 8-5　典型磨损过程

3. 润滑与润滑设计

润滑的作用是降低摩擦副的摩擦、减少磨损，也可用于冷却、密封、防锈和减振等。

润滑设计的主要任务是：根据摩擦副的性质和工作条件，选用适当的润滑剂，确定正确的润滑方式，选用或设计润滑装置。

按润滑剂形态分类，润滑剂可分为无润滑剂的润滑、固体润滑剂的润滑和流体润滑剂的润滑。

① 无润滑剂的润滑。采用有自润滑性的材料制作，不再加入任何润滑剂的摩擦副。

② 固体润滑剂的润滑。在摩擦副间加入固体润滑剂形成固体润滑膜，抑制摩擦表面相互黏结，使剪切发生在固体润滑膜内，以减少磨损。目前固体润滑尚无理论计算公式，通常都是根据实验限制摩擦副的载荷、速度和它们的乘积，即

$$p \leqslant [p],\quad v \leqslant [v],\quad pv \leqslant [pv] \tag{8-17}$$

③ 流体润滑剂的润滑。在摩擦副间加入流体润滑剂形成流体润滑膜，摩擦副两物体表面被一层流体膜完全隔开，摩擦由固体摩擦转变为流体内摩擦。摩擦特性取决于流体的黏度。

4. 润滑剂及其特性

凡能降低摩擦阻力且人为加入摩擦副的介质都称为润滑剂。

润滑剂的基本类型有气体润滑剂、液体润滑剂、润滑脂和固体润滑剂 4 种，其中应用最广的是液体润滑剂(润滑油)和润滑脂。

液体润滑剂用得最多的是矿物油，其他的还有动植物油、合成油等；润滑脂有皂基脂、无机脂、烃基脂和有机脂等；固体润滑剂有软金属、无机化合物和聚合物等；气体润滑剂通常有空气、氦气、氮气和氢气等。

5. 润滑油和润滑脂的润滑方式

使用润滑油和润滑脂的方法有多种，这些方法在复杂程度、成本、可靠性、冷却和清洁摩擦表面能力等方面存在很大差别，使用时需要根据具体要求进行合理选择和设计。

润滑方法可以总体分为全损耗润滑系统和循环润滑系统两种。

全损耗润滑系统指的是从摩擦副中流出的润滑油全部流失，不再回收利用的润滑系统，例如手工润滑、滴油润滑、油绳油垫润滑、喷雾润滑、油气润滑，如图 8-6 所示。

循环润滑系统是指润滑油可以循环使用的润滑系统，例如油浴飞溅润滑、油杯油盘润滑、压力供油喷油润滑等，如图 8-7 所示。

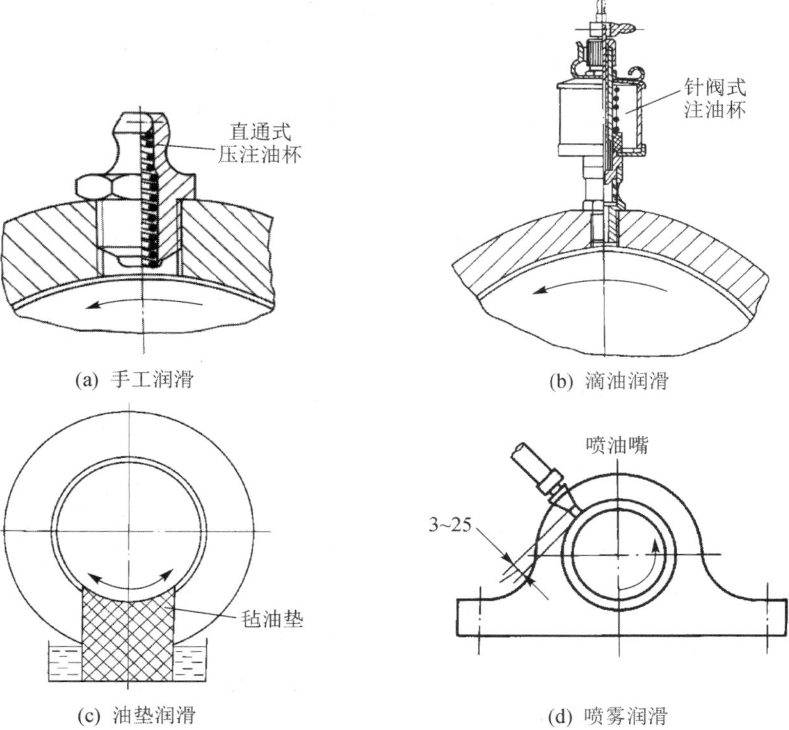

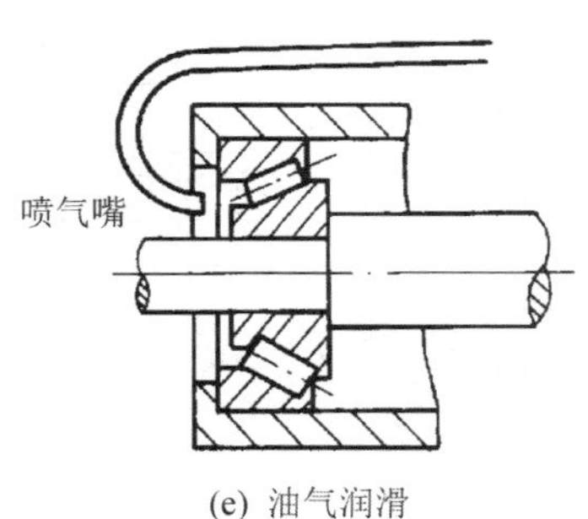

图 8－6　全损耗润滑系统

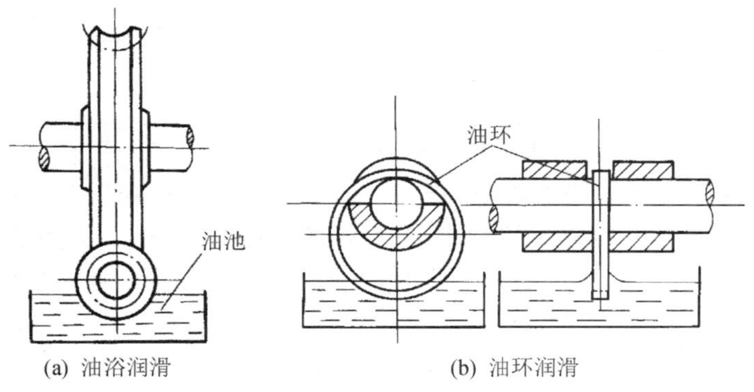

图 8－7　循环润滑系统

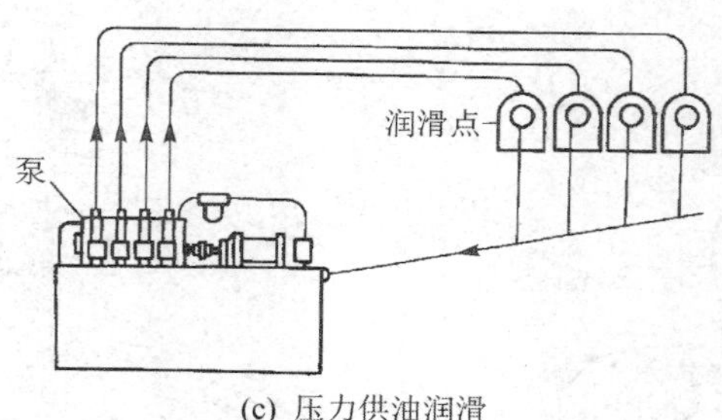

(c) 压力供油润滑

图 8-7　循环润滑系统(续)

润滑油和润滑脂常用方法的应用如表 8-2 所列。

表 8-2　润滑油和润滑脂常用方法的应用

润滑方式		应用举例
全损耗润滑系统	手工加脂	低速、轻载滚动轴承,重载、高温活动轴承和导轨
	集中压力供脂	低速、轻载滚动轴承,重载、高温活动轴承和导轨,低速、重载齿轮
	手工加油	不要求起冷却作用的所有一般摩擦副
	滴油	中等载荷与速度的轴承、导轨、气缸、齿轮传动、链传动
	喷雾	高速滚动轴承、齿轮箱
	油气	极高速滚动轴承
	油绳、油垫	低速滚动轴承,一般滑动轴承、导轨
循环润滑系统	油环、油盘	中等载荷与速度的轴承、齿轮传动
	油浴、飞溅	重要轴承、导轨、齿轮箱
	压力供油、喷油	主要的高速轴承、导轨、齿轮箱

8.4　机械零件材料选用原则

8.4.1　机械零件的常用材料

机械零件常用材料有钢铁、非铁金属、非金属和复合材料。

1. 钢铁材料

常用的钢铁材料有铸铁、钢、特种合金和粉末冶金材料。

(1) 铸　铁

铸铁是碳的质量分数大于 2.11%的铁碳合金。

铸铁是工程上常用的金属材料,灰铸铁、可锻铸铁、球墨铸铁在生产中应用广泛。最常用的是灰铸铁,属脆性材料,不能碾压和锻造,不易焊接,但具有良好的易熔性和流动性,可以铸造出形状复杂的零件。此外,铸铁的抗拉性差,但抗压性、耐磨性和吸振性较好,价格便宜,通常用作机架和壳体。

(2) 钢

钢是碳的质量分数不大于 2.0%的铁碳合金。

钢的种类很多，按化学成分分为碳素钢和合金钢；按用途分为结构钢、工具钢和特殊性能钢；按质量分为普通钢、优质钢和高级优质钢；按脱氧程度分为镇静钢、半镇静钢和沸腾钢；按生产工艺分为铸钢和变形钢。钢是机械制造中应用最广泛的材料，制造机械零件时可以轧制、锻造、冲压、焊接和铸造。可以用热处理的方法获得较高的力学性能或改善加工性能。

① **碳素钢**(简称碳钢)。按含碳量的多少，碳钢又细分为：低碳钢(碳的质量分数不大于0.25%)、中碳钢(碳的质量分数在0.25%～0.65%之间)和高碳钢(碳的质量分数大于0.6%)。低碳钢不能淬硬，但塑性好，一般用于退火状态下强度要求不高的零件，如螺栓、螺母、销轴；也可用于锻件和焊接件。中碳钢淬透性及综合力学性能较好，可进行淬火、调质和正火处理，用于制造受力较大的齿轮、轴等零件。高碳钢淬透性好，经热处理后有较高的硬度和强度，但比较脆，主要用于制造弹簧、钢丝绳等高强度零件。

优质钢如35钢、45钢等能同时保证力学性能和化学成分，一般用来制造需经热处理的较为重要的零件；普通钢(如Q235等)一般不适于进行热处理，常用于不太重要的或者不需要热处理的零件。

② **合金钢**。按合金元素的多少，合金钢又细分为：低合金钢(合金元素总的质量分数小于5%)、中合金钢(合金元素总的质量分数在5%～10%之间)和高合金钢(合金元素总的质量分数大于10%)。合金元素不同时，合金钢的力学性能也不同。合金钢比碳素钢价格贵，通常在碳素钢难以满足要求时才考虑采用。合金钢零件通常需要进行热处理。

(3) 非铁金属材料

非铁金属及其合金具有很多优点，如具有良好的减摩性、耐蚀性、耐热性和导电性等。在一般机械制造中，可用作承载、耐磨、减摩和耐蚀材料。非铁金属材料产量少、价格贵，应节约使用。

机械制造采用的非铁金属材料有铜合金、铝合金、钛合金和轴承合金等。

(4) 粉末冶金材料

机械制造用粉末冶金材料按材质分为铁基、铜基、不锈钢基、钛基和铝基粉末冶金材料。按用途一般分为结构材料、减摩材料、摩擦材料和多孔材料。

粉末冶金结构材料具有高强度、高硬度和韧性好等特点，具有良好的耐蚀性、密封性和耐磨性，主要用于制作各种承受载荷的零件，如传动齿轮；粉末冶金减摩材料承载能力高、摩擦系数小，具有良好的自润滑性、耐高温性和耐磨性，主要用于制作含油轴承；粉末冶金摩擦材料的摩擦系数大、耐短时高温、耐磨性和导热性好、抗胶合能力强，主要用于制作离合器片和制动器片等；粉末冶金多孔材料的综合性能优良，对孔隙的形态、大小、分布及孔隙度均可控制，主要用于制作过滤、减振和消声元件。

(5) 有机高分子材料

有机高分子材料又称为聚合物，在机械制造中用得较多的是塑料和橡胶。

① **塑料**。塑料的突出优点是密度小、容易加工，可用注塑成型法制成各种形状复杂、尺寸精确的零件，缺点是导热性差。通常用工程塑料作减摩、耐蚀、耐磨、绝缘、密封和减振材料。

② **橡胶**。橡胶的特点是弹性高、弹性模量小。橡胶分为天然橡胶和合成橡胶两大类。在机械制造中橡胶主要用作密封、减振元件，以及传动带、轮胎等。

8.4.2　材料的选用原则

机械零件材料的选择是机械系统设计的重要环节。用不同材料制作的同一零件，其加工方法、工艺要求、性能、成本等都有所不同。

1. 性能选材法

性能选材法主要是根据零件的使用性能和工艺性能进行材料的选择。

(1) 使用性能

① 若零件尺寸取决于强度,且尺寸和质量又受到限制时,应根据尺寸和质量的限制选用强度满足要求的材料。

② 若零件尺寸取决于刚度,则应选用弹性模量较大的材料。

③ 若零件尺寸取决于接触强度,则应选用能进行表面强化处理的材料。

④ 在滑动摩擦下工作的各种零件,应选用减摩性和抗胶合性好的材料。

⑤ 在高温或低温工作的各种零件,应选用耐热性或耐寒性好的材料。

⑥ 在腐蚀介质中工作的各种零件,应选用耐腐蚀的材料。

(2) 工艺性能

选择材料时还应考虑材料的工艺性,如铸造性、焊接性、锻造性、切削性、淬硬性、淬透性、变形性、开裂倾向性和回火脆性等。

2. 成本选材法

经济性是材料选择时需要考虑的重要指标。零件的质量直接与材料成本成比例,所以减轻质量常是零件设计的主要要求之一。

零件的成本不仅仅是材料的费用,还应包括加工费用。因此,应按成本最低原则选择材料。

8.5 机械零件的标准化

在机械设计中采用标准零件,在试验和检验中采用标准方法,对零件的设计参数采用标准数值,这将会提高产品的设计质量和经济效益。

机械产品标准化的主要内容和形式是通用化、系列化和组合化(模块化)。

1. 通用化

对机械零部件设计来说,通用化是最大限度地扩大同一零部件使用范围的一种标准化形式。它是以互换性为前提的,将具有相同或相似功能和结构的零部件统一化,以扩大零部件的制造批量和重复使用范围,减少设计和制造中的劳动量,保证结构和质量的稳定性,并便于组织专业化生产和协作,降低生产成本,提高生产效率。

紧固件和滚动轴承等是通用化程度最高的零件。

2. 系列化

系列化是有目的地指导同类产品发展的一种标准化形式。通过对同一类产品的发展规律和国内外的需求趋势预测及生产条件增长的可能性的分析,将产品的主要参数按一定数列作合理安排和规划,再对其基本形式、尺寸和结构进行规定和统一,编制产品系列型谱和进行系列设计,以缩短设计周期,加快品种的发展。

3. 组合化(模块化)

组合化是开发满足各种不同需要的产品的一种标准化形式。

在对一定范围内的不同产品进行功能分析和分解的基础上,将同一功能的部件设计成具有不同用途或功能的、可以互换的通用模块(件)或标准模块(件)。再从这些模块中选取相应的模块,并提供补充少量新设计模块和零部件后,组合成新的机械产品,这称为组合设计。

思考题

8-1　什么是机械零件的失效?

8-2　机械零件的失效形式有哪些?

8-3　机械零件设计要考虑的准则是什么?

8-4　摩擦学设计的主要内容有哪些?

8-5　机械系统的润滑的方式主要有哪些?

8-6　机械零件常用的材料有哪些?

8-7　机械零件的材料选用一般准则(要考虑的因素)是什么?

8-8　铸铁材料的主要特点是什么?

8-9　机械产品标准化的主要内容和形式有哪些?

8-10　国际标准化组织的英文缩写为ISO,其英文全称是什么?

第9章　带传动

☞ **本章思维导图**

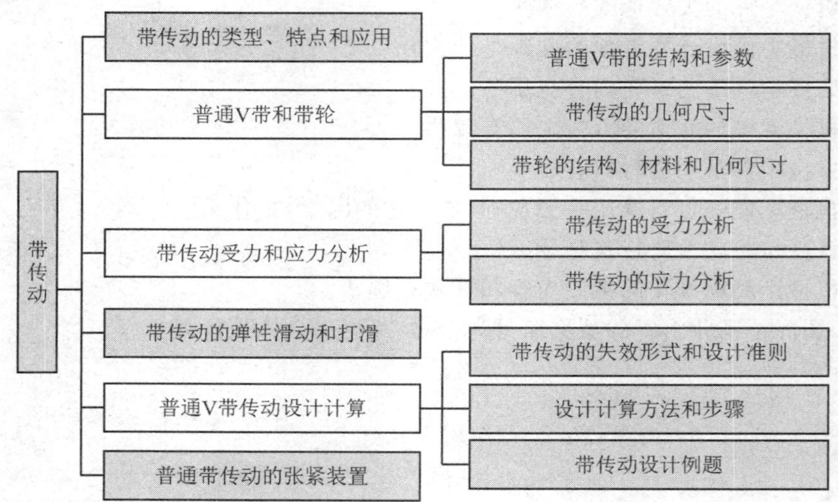

本章主要介绍带传动的类型、特点、应用以及带传动的结构和设计计算，主要任务是掌握带传动的工作原理、受力分析和应力分析；弹性滑动和打滑的区别；V带传动的失效形式和设计准则；V带传动的设计方法和步骤；V带传动的张紧方法。

9.1　带传动的类型、特点和应用

一般情况下，工作机工作时，需要由原动机提供机械能。但是由于原动机的输出速度和动力往往与工作机的需求不一致，故需要在原动机和工作机之间加入传递动力或改变运动状态的传动装置，此装置即为机械传动装置。由此可见，机械传动装置是大多数机器的重要组成部分。此外，传动装置在整台机器的质量和成本中占有很大的比例，机器的工作性能和运转费用也在很大程度上取决于传动装置的优劣。

机械传动有多种形式，按传力方式可分为如下两类。

(1) 摩擦传动

通过机件间的摩擦力传递运动和动力，包括带传动、绳传动和摩擦轮传动等。摩擦传动容易实现无级变速，过载打滑还能起到缓冲和保护传动装置的作用，但这种传动一般不能用于大功率的场合，也不能保证准确的传动比。

(2) 啮合传动

通过主动件与从动件的啮合或借助中间件啮合传递运动和动力，包括齿轮传动、蜗杆传动、链传动、同步带传动和螺旋传动等。啮合传动能够用于大功率的场合，传动比准确，但一般要求较高的制造精度和安装精度。

本章对带传动进行研究。

带传动是通过中间挠性件(带)传递运动和动力的,适用于两轴中心距较大的场合。带传动主要是由主动轮 1、从动轮 2、张紧在两轮上的环形带 3 和机架 4 组成,如图 9-1 所示。当原动机驱动主动轮转动时,借助带轮和带之间的摩擦或啮合,带动从动轮转动。

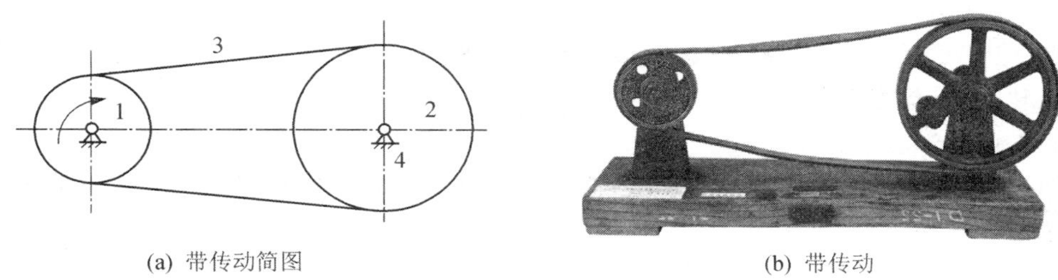

(a) 带传动简图　(b) 带传动

图 9-1　带传动机构

9.1.1　带传动的类型

带传动机构,可以按以下几种方式进行分类。

1. 按带的截面形状分类

对于靠摩擦传递动力的带传动机构,按带的截面形状可以分为以下几种类型。

(1) 平型带

平型带简称平带,其截面为扁平矩形,其工作面是与带轮相接触的内表面,如图 9-2(a)所示。其结构简单、制造容易、传动效率较高,适用于中心距较大的传动场合,例如物料运输。

(2) V 带

V 带的截面为等腰梯形,其工作面是与槽轮相接触的两侧面,而 V 带与轮槽槽底并不接触,如图 9-2(b)所示。在初拉力相同的情况下,V 带传动较平带传动能产生更大的摩擦力,可传递更大的动力。常用于传动比较大、中心距较小的场合。

(3) 多楔带

多楔带以其扁平部分为基体,下面有几条等距纵向槽,其工作面为楔的侧面,如图 9-2(c)所示。多楔带兼具平带弯曲应力小和 V 带摩擦力大等优点,常用于传递动力较大而又要求结构紧凑的场合。

(4) 圆　带

圆带截面为圆形,如图 9-2(d)所示。圆带牵引能力小,常用于仪器和家用器械中。

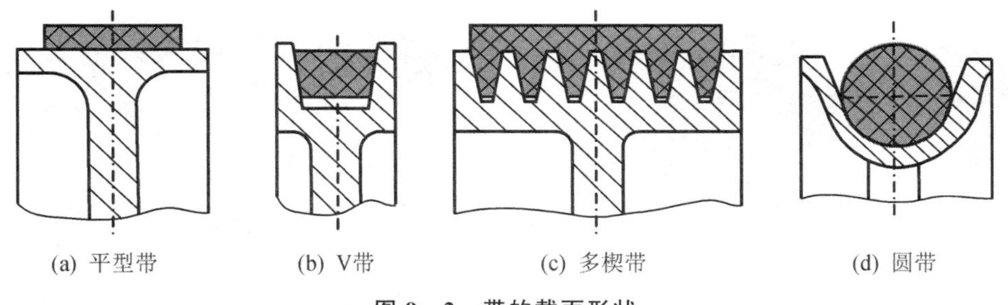

(a) 平型带　(b) V带　(c) 多楔带　(d) 圆带

图 9-2　带的截面形状

2. 按带的传动形式分类

(1) 开口传动

如图 9-1 所示,两带轮轴线平行,两带轮转动方向相同,可双向传动。带只受单向弯曲,寿命长。适用于传动比 $i \leqslant 5$ 的平带传动或 $i \leqslant 7$ 的 V 带传动,带速一般 $v \leqslant 30$ m/s。

(2) 交叉传动

如图 9-3(a)所示,两带轮轴线平行,回转方向相反,可双向传动。由于交叉处存在带的摩擦和扭转,使带的寿命降低,适用于传动比 $i \leqslant 6$,带速 $v \leqslant 15$ m/s 的平带传动。

(3) 半交叉传动

如图 9-3(b)所示,两带轮轴线垂直,适用于传动比 $i \leqslant 3$,带速 $v \leqslant 15$ m/s 的单方向转动的平带传动。

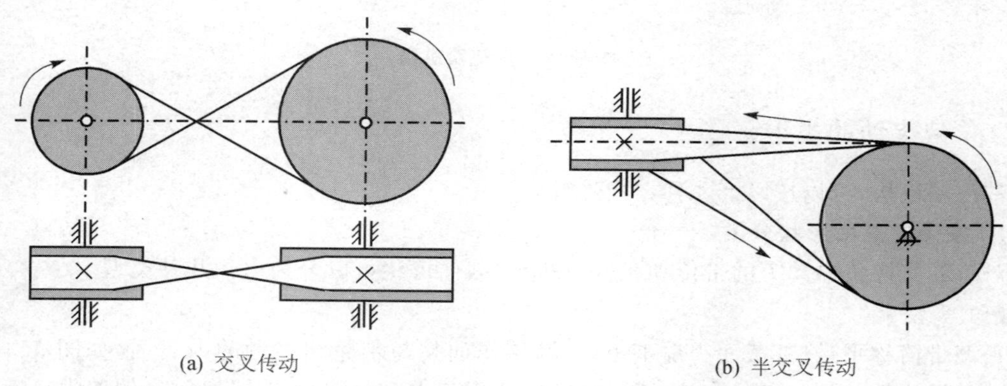

(a) 交叉传动　　(b) 半交叉传动

图 9-3　带的传动形式

3. 按带的工作原理分类

(1) 摩擦型普通带传动

摩擦型普通带传动依靠带轮与带之间的摩擦力传递运动和动力。如平带、V 带、多楔带等组成的带传动均为摩擦型普通带传动。

(2) 啮合型同步带传动

图 9-4 所示为啮合型同步带传动机构,带的截面为矩形,带的内表面上具有等距的横向齿。带轮表面也制成相应的齿形,工作时依靠带齿和轮齿啮合传动。由于带和带轮之间无相对滑动,可以保持两轮的转速同步,故称为同步带传动。其特点是传动比恒定,结构紧凑,传动效率高,带薄而轻,带速可达 40 m/s,传动比可达 10。缺点是造价高,对制造安装要求高。

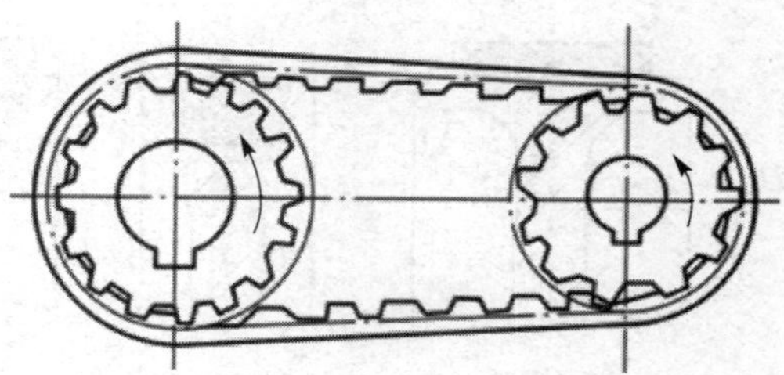

图 9-4　同步带传动

9.1.2 带传动的特点和应用

带传动的优点包括：① 可远距离传递运动；② 结构简单，传动平稳，价格低廉，不需要润滑；③ 过载时带会在带轮上打滑，可避免其他零件损坏；④ 带有弹性，能吸收能量，缓和冲击和振动。

带传动的缺点包括：① 轮廓尺寸较大，不能传递很大的功率；② 需要张紧装置；③ 不能保证固定不变的传动比；④ 带的寿命较短；⑤ 与齿轮相比，传动效率较低，施加在轴上的力比较大。

带传动通常应用在传递中小功率的场合，一般带速 $v=5\sim25$ m/s，$v_{max}<30$ m/s，传动比 $i\leqslant7$，传动效率为 0.90～0.95。

9.2 普通V带和带轮

9.2.1 普通V带的结构和参数

V带由抗拉体、顶胶、底胶和包布组成，如图 9－5 所示。抗拉体是承受负载拉力的主体，抗拉体由胶帘布或绳芯组成。绳芯结构柔软易弯曲，有利于提高寿命，适用于转速较高、带轮直径较小的场合。

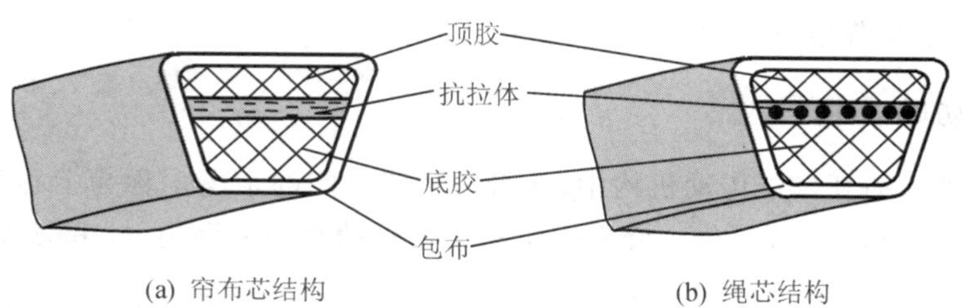

图 9－5　V带的结构

V带弯曲时，顶胶层伸长，底胶层缩短，而在两者之间的中性层长度不变，此中性层所在面称为节面，如图 9－6 所示。带的节面宽度称为节宽 b_p，带弯曲时，该宽度不变。

V带的楔角 $\varphi=40°$，如表 9－1 所列。根据V带相对高度 h/b_p 数值不同，V带分为普通V带和窄V带。普通V带的相对高度 $h/b_p\approx0.7$，窄V带的 $h/b_p\approx0.9$，如图 9－7 所示。

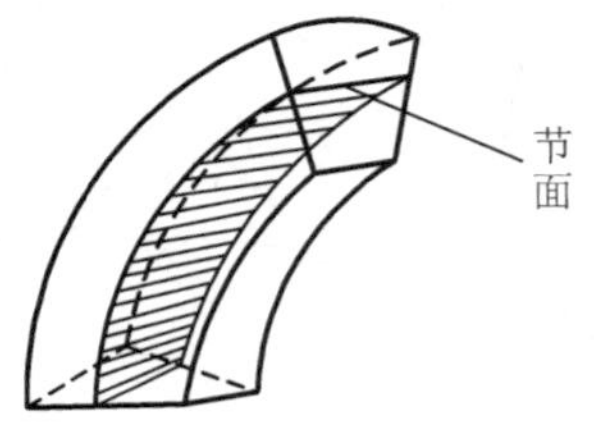

图 9－6　V带的节面

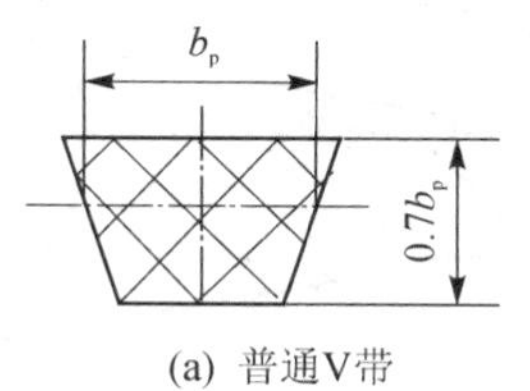

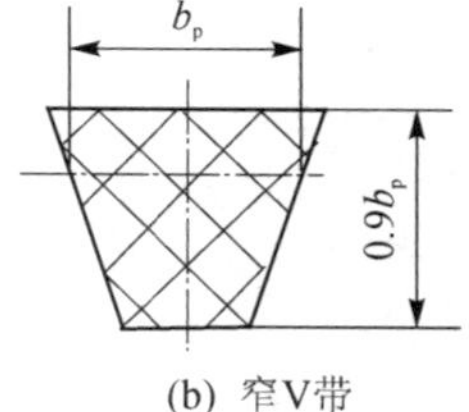

图 9－7　相同宽度的普通V带和窄V带

普通V带和窄V带均已标准化，按截面尺寸的不同，普通V带分为七种型号，窄V带分四种型号，如表 9－1 所列。

表 9－1　V 带截面尺寸及带线质量(GB/T 11544—2012)

类型		节宽 b_p/mm	顶宽 b/mm	高度 h/mm	楔角 φ/(°)	线质量 q/(kg·m^{-1})
普通 V 带	窄 V 带					
Y		5.3	6.0	4.0		0.02
Z		8.5	10.0	6.0		0.06
	SPZ	8.5	10.0	8.0		0.07
A		11	13.0	8.0		0.10
	SPA	11	13.0	10.0		0.12
B		14	17.0	11.0	40	0.17
	SPB	14	17.0	14.0		0.20
C		19	22.0	14.0		0.30
		19	22.0	18.0		0.37
D		27	32.0	19.0		0.62
E		32	38.0	23.0		0.90

窄 V 带的横截面结构与普通 V 带的类似。与普通 V 带相比，当带的宽度相同时，窄 V 的高度约增加 1/3，而承载能力提高 1.5～2.5 倍。适用于传递动力大、结构紧凑的场合。其工作原理和设计方法与普通 V 带的类似。

9.2.2　带传动的几何尺寸

在图 9－8 所示的开口带传动机构中，两带轮轴线之间的距离 a 称为中心距。带和带轮接触弧所对应的中心角 α 称为包角。设小带轮和大带轮的直径分别为 d_1 和 d_2，带的长度为 L，因为 θ 较小，可认为 $\theta \approx \sin\theta = \dfrac{d_2 - d_1}{2a}$，则小带轮包角 α_1、大带轮包角 α_2 分别为

$$\begin{cases} \alpha_1 = \pi - 2\theta = \pi - \dfrac{d_2 - d_1}{a} \\ \alpha_2 = \pi + 2\theta = \pi + \dfrac{d_2 - d_1}{a} \end{cases} \tag{9-1}$$

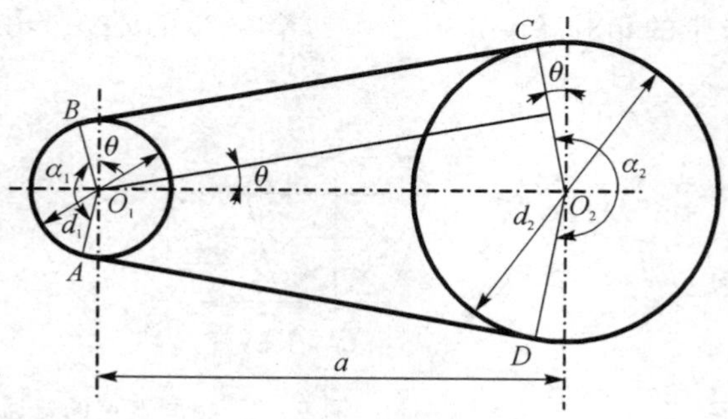

图 9－8　开口带传动的几何尺寸

包角是带传动的一个重要参数，一般要求 $\alpha \geqslant 120°$。带长 L 为

$$L = 2a\cos\theta + \frac{d_1}{2}(\pi - 2\theta) + \frac{d_2}{2}(\pi + 2\theta) = 2a\cos\theta + \frac{\pi}{2}(d_1 + d_2) + \theta(d_2 - d_1)$$

将 $\cos\theta \approx 1 - \frac{\theta^2}{2}$，$\theta \approx \frac{d_2 - d_1}{2a}$ 代入上式并整理可得

$$L \approx 2a + \frac{\pi}{2}(d_1 + d_2) + \frac{(d_2 - d_1)^2}{4a} \tag{9-2}$$

当已知带长 L 时，可得中心距 a 的值

$$a \approx \frac{1}{8}\left[2L - \pi(d_1 + d_2) + \sqrt{[2L - \pi(d_1 + d_2)]^2 - 8(d_2 - d_1)^2}\right] \tag{9-3}$$

V 带在规定的张紧力作用下，位于带轮基准直径上的周线长度称为带的基准长度 L_d。需要注意的是，V 带的基准长度 L_d 已经标准化，普通 V 带基准长度如表 9-2 所列，窄 V 带的基准长度 L_d 如表 9-3 所列。

表 9-2　普通 V 带的基准长度 L_d(mm)及带长修正系数 K_L(摘自 GB/T 13575.1—2008)

Y		Z		A		B		C		D		E	
L_d	K_L	L_d	K_L	L_d	K_L	L_d	K_L	L_d	K_L	L_d	K_L	L_d	K_L
200	0.81	406	0.87	630	0.81	930	0.83	1 565	0.82	2 740	0.82	4 660	0.91
224	0.82	475	0.90	700	0.83	1 000	0.84	1 760	0.85	3 100	0.86	5 040	0.92
250	0.84	530	0.93	790	0.85	1 100	0.86	1 950	0.87	3 330	0.87	5 420	0.94
280	0.87	625	0.96	890	0.87	1 210	0.87	2 195	0.90	3 730	0.90	6 100	0.96
315	0.89	700	0.99	990	0.89	1 370	0.90	2 420	0.92	4 080	0.91	6 850	0.99
355	0.92	780	1.00	1 100	0.91	1 560	0.92	2 715	0.94	4 620	0.94	7 650	1.01
400	0.96	920	1.04	1 250	0.93	1 760	0.94	2 880	0.95	5 400	0.97	9 150	1.05
450	1.00	1 080	1.07	1 430	0.96	1 950	0.97	3 080	0.97	6 100	0.99	12 230	1.11
500	1.02	1 330	1.13	1 550	0.98	2 180	0.99	3 520	0.99	6 840	1.02	13 750	1.15
		1 420	1.14	1 640	0.99	2 300	1.01	4 060	1.02	7 620	1.05	15 280	1.17
		1 540	1.54	1 750	1.00	2 500	1.03	4 600	1.05	9 140	1.08	16 800	1.19
				1 940	1.02	2 700	1.04	5 380	1.08	10 700	1.13		
				2 050	1.04	2 870	1.05	6 100	1.11	12 200	1.16		
				2 200	1.06	3 200	1.07	6 815	1.14	13 700	1.19		
				2 300	1.07	3 600	1.09	7 600	1.17	15 200	1.21		
				2 480	1.09	4 060	1.13	9 100	1.21				
				2 700	1.10	4 430	1.15	10 700	1.24				
						4 820	1.17						
						5 370	1.20						
						6 070	1.24						

表 9-3　窄 V 带的基准长度 L_d(mm)及带长修正系数 K_L(摘自 GB/T 13575.1—2008)

L_d/mm	K_L			
	SPZ 型	SPA 型	SPB 型	SPC 型
630	0.82			
710	0.84			
800	0.86	0.81		
900	0.88	0.83		
1 000	0.90	0.85		
1 120	0.93	0.87		
1 250	0.94	0.89	0.82	
1 400	0.96	0.91	0.84	
1 600	1.00	0.93	0.86	
1 800	1.01	0.95	0.88	
2 000	1.02	0.96	0.90	0.81
2 240	1.05	0.98	0.92	0.83
2 500	1.07	1.00	0.94	0.86
2 800	1.09	1.02	0.96	0.88
3 150	1.11	1.04	0.98	0.90
3 550	1.13	1.06	1.00	0.92
4 000		1.08	1.02	0.94
4 500		1.09	1.04	0.96
5 000			1.06	0.98
5 600			1.08	1.00
6 300			1.10	1.02
7 100			1.12	1.04
8 000			1.14	1.06
9 000				1.08
11 200				1.10
12 500				1.12
				1.14

9.2.3　V 带轮

1. V 带轮的几何参数

在 V 带轮上，与 V 带的节宽相对应的带轮直径称为带轮基准直径 d_d，如图 9-9 所示。V

带轮的基准直径 d_d 已经标准化，如表 9-4 所列。

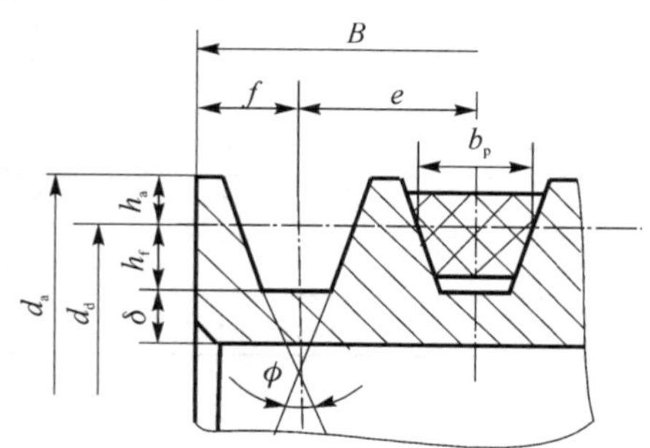

图 9-9　V 带轮截面尺寸

表 9-4　普通 V 带轮的基准直径系列

带　型	基准直径 d_d/mm
Y	20,22.4,25,28,31.5,35.5,40,45,50,56,80,90,100,112,125
Z	50,56,63,71,75,80,90,100,112,125,132,140,150,160,180,200,224,250,280,315,355,400,500,630
A	75,80,85,90,95,100,106,112,118,125,132,140,150,160,180,200,224,250,280,315,355,400,450,500,560,630,710,800
B	125,132,140,150,160,170,180,200,224,250,280,315,355,400,450,500,560,600,630,710,750,800,900,1 000,1 120
C	200,212,224,236,250,265,280,300,315,335,355,400,450,500,560,600,630,710,750,800,900,1 000,1 120,1 250,1 400,1 600,2 000
D	355,375,400,425,450,475,500,560,600,630,710,750,800,900,1 000,1 060,1 120,1 250,1 400,1 500,1 600,1 800,2 000
E	500,530,560,600,630,670,710,800,900,1 000,1 120,1 250,1 400,1 500,1 600,1 800,2 000,2 240,2 500

普通 V 带轮的轮槽参数如图 9-9 所示，其尺寸如表 9-5 所列。

表 9-5　普通 V 带轮截面尺寸(GB/T 11544—89)

参数及尺寸	V 带型号						
	Y	Z	A	B	C	D	E
b_p/mm	5.3	8.5	11	14	19	27	32
h_{amin}/mm	1.6	2	2.75	3.5	4.8	8.1	9.6
h_{fmin}/mm	4.7	7	8.7	10.8	14.3	19.9	23.4
δ_{min}	5	5.5	6	7.5	10	12	15
e	8±0.3	12±0.3	15±0.3	19±0.4	25.5±0.5	37±0.6	44.5±0.7
f_{min}	6	7	9	11.5	16	23	28
B	$B=(z-1)e+2f$　(z 为轮槽数)						

续表 9－5

参数及尺寸			V带型号						
			Y	Z	A	B	C	D	E
$\phi/(°)$	32	带轮基准直径 d_d/mm	≤60	—	—	—	—	—	—
	34		—	≤80	≤118	≤190	≤315	—	—
	36		>60	—	—	—	—	≤475	≤600
	38		—	>80	>118	>190	>315	>475	>600

2. V带轮的材料和结构

带轮常用铸铁制造，$v<20$ m/s时，可用HT150；$v>25\sim30$ m/s时，可用HT200；$v>35$ m/s，直径较大、功率较大时，用35钢或40钢；高速、小功率时，可采用工程塑料，大批量时，可用压铸铝合金或其他合金。

典型带轮结构有实心式、腹板式、孔板式和轮辐式等四种，选用标准如表9－6所列。

表9－6　V带轮的结构类型

带轮类型	结构简图	选用标准
实心式	 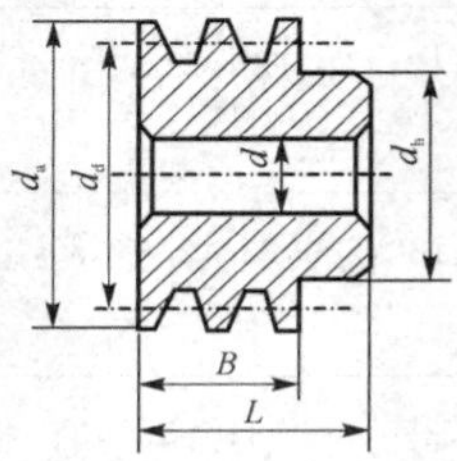	带轮基准直径 $d_d\leqslant 3d$（d为轮轴直径，单位mm）时，采用实心式结构
腹板式	 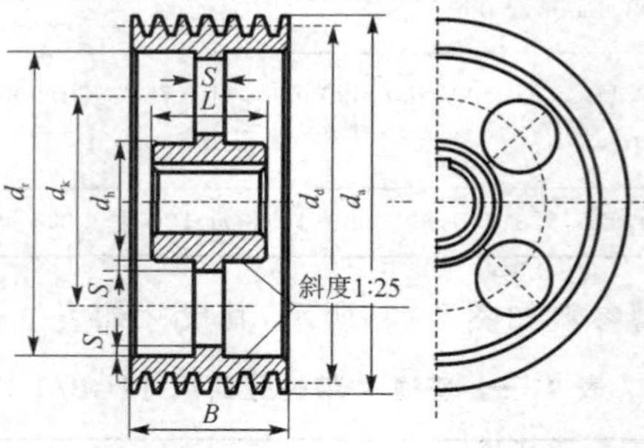	带轮基准直径 $3d<d_d\leqslant 350$ mm时，采用腹板式结构
轮辐式	 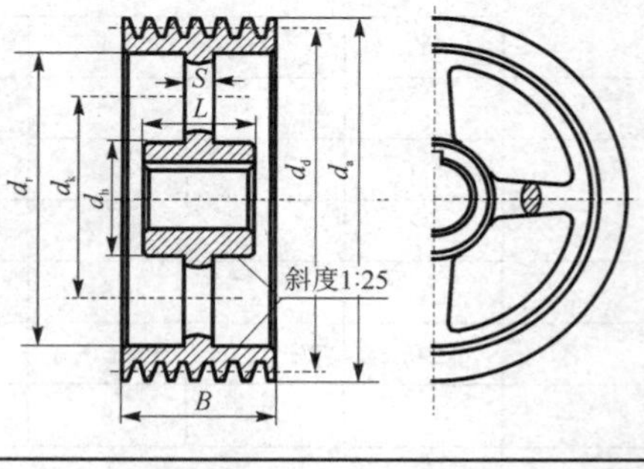	带轮基准直径 $d_d>350$ mm时，采用轮辐式结构

注：表中 $d_h=(1.8\sim2)d$；$L=(1.5\sim2)d$，当 $B<1.5d$ 时，$L=B$；$d_r=d_a-2(h_a+h_f+d)$，h_a，h_f 和 δ 如表9－5所列；$d_k=(d_h+d_r)/2$；$S=(0.2\sim0.3)B$；$S_1\geqslant0.5S$。

9.3 带传动受力和应力分析

9.3.1 带传动的受力分析

1. 摩擦力

带以一定的初拉力张紧在带轮上，带和带轮之间将产生摩擦力，带传动就是依靠带和带轮之间的摩擦力传递运动和动力的。

(1) 平型带的摩擦力

如图 9-10(a)所示，平型带工作时，带与带轮相接触的内表面为工作面。当平型带的压紧力为 F_Q 时，因为压紧力 F_Q 等于支反力 F_N，故带和带轮之间的摩擦力为

$$F_\mu = \mu F_Q \tag{9-4}$$

式中，μ 为带和带轮之间的摩擦系数。

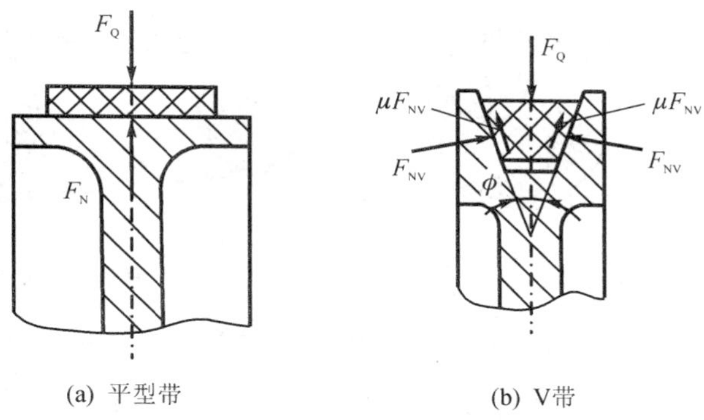

(a) 平型带　　(b) V带

图 9-10　带与带轮间的支反力和摩擦力

(2) V 带的摩擦力

如图 9-10(b)所示，V 带工作时，带与带轮相接触的两侧面为工作面。当带的压紧力为 F_Q 时，带单侧工作面所受的支反力为 F_{NV}，摩擦力为 μF_{NV}。V 带在竖直方向所受力的平衡方程为

$$F_Q = 2F_{NV}\left(\sin\frac{\phi}{2} + \mu\cos\frac{\phi}{2}\right) \tag{9-5(a)}$$

V 带和带轮之间的摩擦力为

$$F_{\mu V} = 2F_{NV}\mu = \frac{\mu}{\sin\frac{\phi}{2} + \mu\cos\frac{\phi}{2}}F_Q \tag{9-5(b)}$$

令 $\mu_V = \dfrac{\mu}{\sin\frac{\phi}{2} + \mu\cos\frac{\phi}{2}}$，式(9-5(b))可写为

$$F_{\mu V} = \mu_V F_Q \tag{9-5(c)}$$

称 μ_v 为当量摩擦系数。由式(9-4)和式(9-5(c))可以看出，在压紧力相同的条件下，V 带与带轮之间的摩擦力大于平带与带轮之间的摩擦力。在 V 带传动中，带轮槽楔角 ϕ 为 32°，34°，

36°或 38°，若取 $\mu=0.3$，则 $\mu_v=0.5\sim0.53$，即 V 带传动比平带传动的摩擦系数平均增加 70%。

2. 初拉力、紧边拉力和松边拉力

带传动在安装时，需要给传动带施加一定的张紧力使带紧绷在带轮表面，以提供带传动所需的摩擦力。带静止时，其两边拉力相等，均为 F_0，称 F_0 为初拉力，如图 9-11(a)所示。传动时，由于带和带轮表面间存在摩擦力，带两边的拉力不再相等。如图 9-11(b)所示，绕进主动轮 1 的一边带被进一步拉紧，拉力由 F_0 增加到 F_1，该边称为紧边，F_1 称为紧边拉力；而另一边带的拉力由 F_0 减为 F_2，称为松边，F_2 称为松边拉力。假设带的总长度不变，且带变形满足虎克定律，则带紧边拉力的增加量 F_1-F_0 应等于松边拉力的减少量 F_0-F_2，即

$$F_1-F_0=F_0-F_2$$

可得初拉力 F_0 为

$$F_0=\frac{F_1+F_2}{2} \tag{9-6}$$

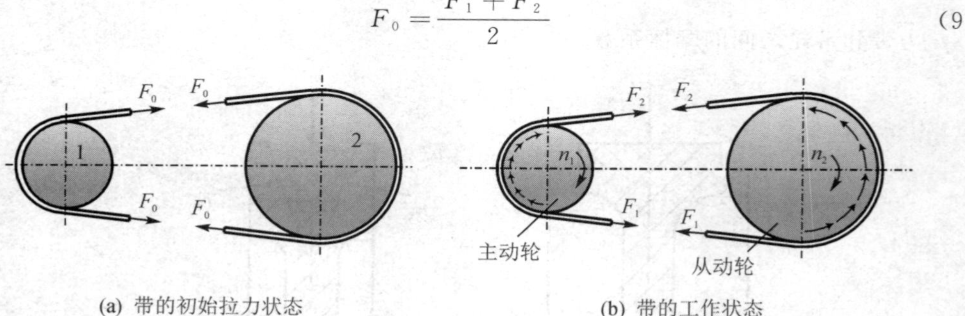

图 9-11　带传动的受力情况

带两边拉力之差称为带传动的有效拉力，即为带传递的圆周力 F，其值又等于带与带轮间摩擦力 F_μ 的总和，则有

$$F=F_1-F_2=\sum F_\mu \tag{9-7}$$

由式(9-7)可知，带和带轮之间的摩擦力越大，有效拉力也越大。

带的有效拉力 F(N)、带速 v(m/s)以及传递的功率 P(kW)之间的关系为

$$P=\frac{Fv}{1\,000} \tag{9-8}$$

由式(9-8)可以看出，带速一定时，有效拉力越大，则带传动传递的功率越大，带传动的工作能力越强。传动功率一定时，带速越高，需要的有效拉力越小。

3. 离心拉力

带传动工作时，由带的离心惯性力引起带内部的拉力称为离心拉力，用 F_c 表示。现以平带传动为例，对带所受的离心拉力进行分析。

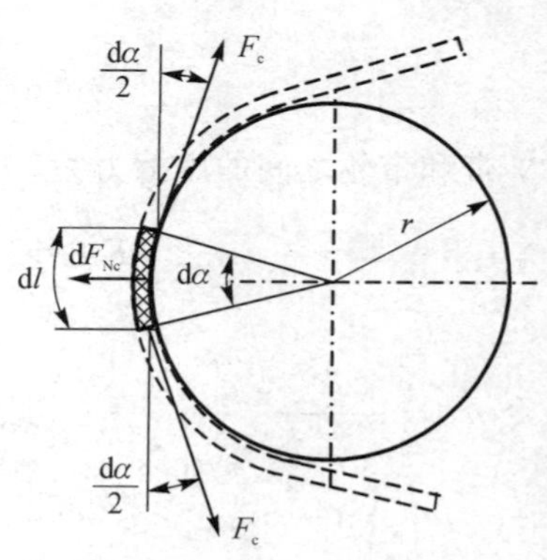

图 9-12　带的离心拉力分析图

如图 9-12 所示，在平带上截取一微弧段 dl，对应的包角为 $d\alpha$，带每米质量为 q。当带工作时，设该微弧

段的离心惯性力为 dF_{Nc}，由该力引起带的离心拉力为 F_c。根据达朗贝尔原理(D'Alembert's Principle)，可列出该微弧段在水平方向上力的平衡方程为

$$dF_{Nc} = 2F_c \sin\frac{d\alpha}{2} \tag{9-9(a)}$$

又有

$$dF_{Nc} = (r\,d\alpha)q \cdot \frac{v^2}{r} = qv^2 d\alpha \tag{9-9(b)}$$

因为 $d\alpha$ 很小，故可认为 $\sin\frac{d\alpha}{2} \approx \frac{d\alpha}{2}$。联合式(9-9(a))和式(9-9(b))，可得

$$F_c = qv^2 \tag{9-9(c)}$$

由式(9-9(c))可知，带速 v 是影响离心拉力的主要因素；高速时，宜采用轻质带。当 $v \leqslant 10$ m/s 时，F_c 可忽略不计。离心拉力只发生在带做圆周运动的部分，但由此产生的拉力却作用于带的全长。

4. 带传动的最大有效拉力及其影响因素

在带传动中，当带有打滑趋势时，摩擦力达到极限值，此时带传动的有效拉力为最大有效拉力。现以平带传动为例，分析带传动的最大有效拉力。

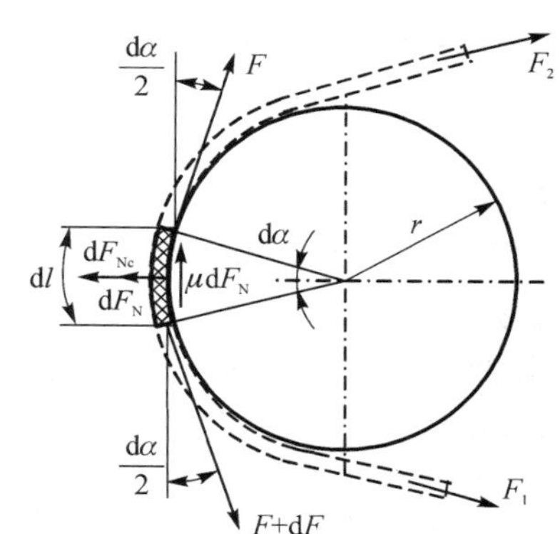

图 9-13 带的受力分析图

如图 9-13 所示，在平带上截取一微弧段 dl，对应的包角为 $d\alpha$。设该弧段两端的拉力分别为 F 和 $F+dF$，dF 为紧边拉力增量，带轮施加给微弧段的正压力为 dF_N，带和带轮之间的极限摩擦力为 μdF_N，μ 为带与带轮之间的摩擦系数。由力的平衡条件可得

水平方向
$$F\sin\frac{d\alpha}{2} + (F + dF)\sin\frac{d\alpha}{2} = dF_N + dF_{Nc} \tag{9-10(a)}$$

垂直方向
$$(F + dF)\cos\frac{d\alpha}{2} - F\cos\frac{d\alpha}{2} = \mu dF_N \tag{9-10(b)}$$

因为 $d\alpha$ 很小，故可认为 $\sin\frac{d\alpha}{2} \approx \frac{d\alpha}{2}$，$\cos\frac{d\alpha}{2} \approx 1$，并略去二阶微量 $dF \cdot d\alpha$，又有 $dF_{Nc} = qv^2 d\alpha$，联立式(9-10(a))和式(9-10(b))可得

$$\frac{dF}{F - qv^2} = \mu\, d\alpha \tag{9-10(c)}$$

对式(9-10(c))左端变量 F 从 F_2 到 F_1 积分，右端变量 α 从 0 到 α 范围内积分，即

$$\int_{F_2}^{F_1} \frac{dF}{F - qv^2} = \int_0^{\alpha} \mu\, d\alpha$$

经推导可得

$$\frac{F_1 - qv^2}{F_2 - qv^2} = e^{\mu\alpha} \tag{9-10(d)}$$

式中，α 为带轮的包角，rad；e 为自然对数的底。

当带速 $v \leqslant 10\ \mathrm{m/s}$ 时，可忽略离心拉力 qv^2，式(9－10(d))可简化为

$$\frac{F_1}{F_2}=\mathrm{e}^{\mu\alpha} \tag{9-11}$$

式(9－11)为挠性体摩擦的欧拉公式。该公式反映了在不计带质量的情况下，带传动即将打滑时，松边拉力与紧边拉力之间的关系。

联立式(9－7)和式(9－10(d))可得

$$\begin{cases} F_1=\dfrac{F\mathrm{e}^{\mu\alpha}}{\mathrm{e}^{\mu\alpha}-1}+qv^2 \\ F_2=\dfrac{F}{\mathrm{e}^{\mu\alpha}-1}+qv^2 \end{cases} \tag{9-12}$$

将式(9－12)代入式(9－6)，整理可得

$$F_{\max}=2(F_0-qv^2)\left(1-\frac{2}{\mathrm{e}^{\mu\alpha}+1}\right) \tag{9-13}$$

$F_{\max}$ 为带传动的最大(临界)有效拉力。在式(9－13)中，用当量摩擦系数 μ_{v} 代替 μ，可得 V 带传动时的最大有效拉力。

由式(9－13)可以看出：

① 最大有效拉力 $F_{\max}$ 随初拉力 F_0 的增大而增大。当 F_0 过小时，带与带轮之间的压力很小，故摩擦力也很小，传动易打滑；当 F_0 过大时，带的寿命将缩短，支承带轮的轴和轴承将承受很大的负载。

② 包角 α 越大，最大有效拉力也越大，为了提高带的最大有效拉力，通常要求 $\alpha \geqslant 120°$。因为小带轮的包角 α_1 小于大带轮包角 α_2，故在计算最大有效拉力时，按 α_1 计算。

③ 摩擦系数 μ 越大，最大有效拉力也越大。又因为在相同条件下，V 带传动的当量摩擦系数 μ_{v} 大于平带传动的摩擦系数 μ，故 V 带传递载荷的能力比平带时强，可以传递更大的功率。也就是说，当传递相同功率时，V 带传动结构更紧凑。

④ 离心拉力越大，最大有效拉力越小，当离心拉力等于初拉力时，传动失去工作能力。

9.3.2 带传动的应力分析

1. 离心拉应力

由离心拉力引起的应力称为离心拉应力 σ_{c}，即

$$\sigma_{\mathrm{c}}=\frac{F_{\mathrm{c}}}{A}=\frac{qv^2}{A} \tag{9-14}$$

式中，A 为带的截面积。带的离心拉应力存在于带的全长。

2. 紧边拉力和松边拉力产生的应力

带的紧边拉应力 σ_1 和松边拉应力 σ_2 分别为

$$\begin{cases} \sigma_1=\dfrac{F_1}{A} \\ \sigma_2=\dfrac{F_2}{A} \end{cases} \tag{9-15}$$

3. 带的弯曲应力

带绕过带轮时，由于弯曲而产生的应力称为带的弯曲应力。V 带的弯曲应力如图 9－14

所示。由材料力学可得带的最大弯曲拉应力为

$$\sigma_b = E\frac{2y}{d_d} \tag{9-16}$$

式中，y 为带的节面到最外层的垂直距离，mm；E 为带的弹性模量，MPa。

由式(9-16)可知，带的弯曲应力与带轮的基准直径成反比，所以带在小带轮上的弯曲应力 σ_{b1} 大于在大带轮上的弯曲应力 σ_{b2}。

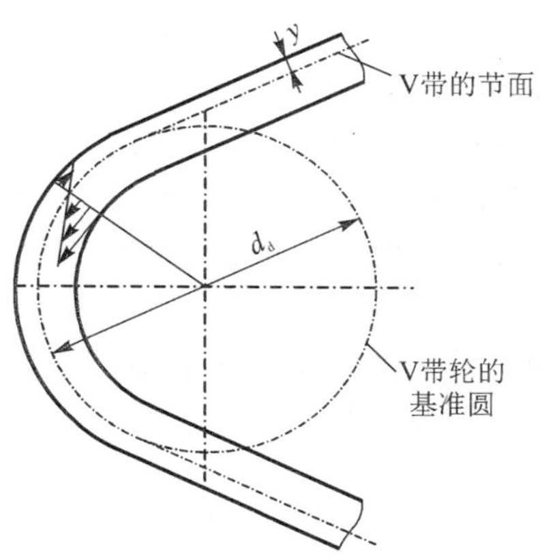

图 9-14 带的弯曲应力

图 9-15 所示为带工作时的应力分布情况。各截面应力的大小可用自该处引出的径向线(或垂直线)的长度来表示。由图可知，带在工作过程中，最大应力发生在带的紧边与小带轮开始接触处，此处的最大应力为

$$\sigma_{max} = \sigma_1 + \sigma_{b1} \tag{9-17}$$

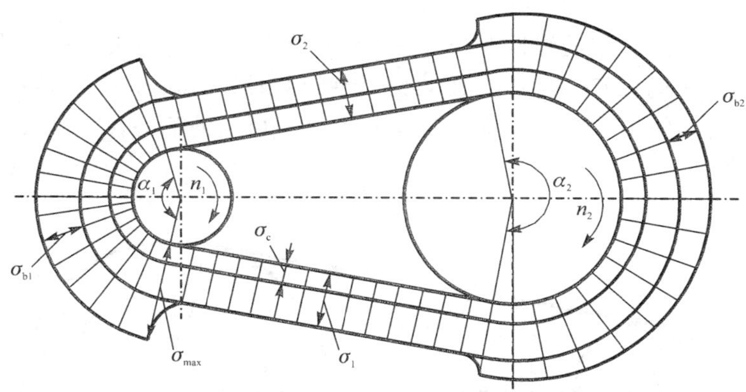

图 9-15 带的应力分布

由图 9-15 可知，带在工作过程中，带上任意一点承受的应力均为交变应力，当带工作一定时间之后，将会因为疲劳而发生断裂或塑性变形。

9.4 带的弹性滑动和打滑

9.4.1 带的弹性滑动

带为弹性元件，受拉力作用时，会产生较大的弹性伸长量。带传动工作时，在带的紧边进入与主动轮的接触点处，带速与主动轮圆周速度 v_1 相等；当带绕过主动轮时，其所受拉力由 F_1 减至 F_2，故带的弹性伸长量逐渐减少，相当于带速逐渐减慢，导致带速落后于主动轮的圆周速度并沿轮面滑动。同理，在带的松边进入与从动轮的接触点处，带速与从动轮圆周速度 v_2 相等；当带绕过从动轮时，其所受拉力由 F_2 增至 F_1，带的弹性伸长量逐渐增大，相当于带速逐渐增大，导致带速大于从动轮的圆周速度并沿轮面滑动。这种由于带材料的弹性变形而产生的滑动称为弹性滑动。

由于带传动工作时，紧边拉力和松边拉力不相等，故弹性滑动是不可避免的，从而导致从动轮的圆周速度 v_2 总是小于主动轮的圆周速度 v_1。因带的弹性变形而引起的从动轮圆周速度的降低率称为滑动率 ε，即

$$\varepsilon=\frac{v_1-v_2}{v_1}=\frac{d_1n_1-d_2n_2}{d_1n_1} \tag{9-18}$$

带传动的传动比为

$$i=\frac{n_1}{n_2}=\frac{d_2}{d_1(1-\varepsilon)} \tag{9-19}$$

V 带的滑动率 ε＝0.01～0.02，在一般工业传动计算时可不予考虑。

9.4.2 打滑现象

在带传动正常工作时，带的弹性滑动只发生在带离开主动轮和从动轮之前的一段接触弧段上，如图 9-16 所示的弧 C_1B_1 和 C_2B_2，此段圆弧称为滑动弧，所对应的中心角称为滑动角 α'；没有发生弹性滑动的接触弧称为静止弧，如图 9-16 所示的弧 A_1C_1 和 A_2C_2，静止弧所对应的中心角称为静角 α''。

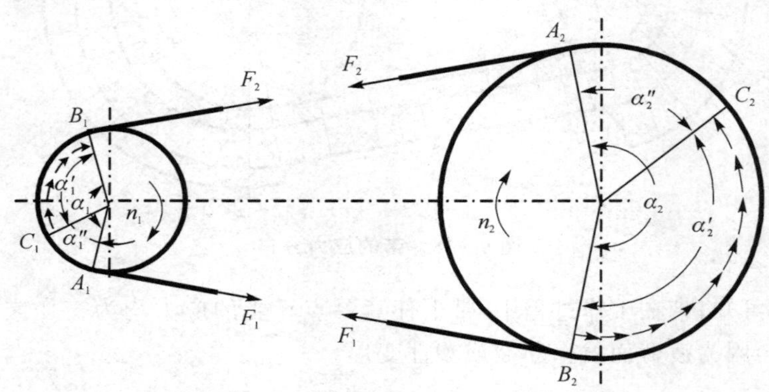

图 9-16 带传动的弹性滑动

带传动不传递载荷(空转)时，滑动角 α' 为零，随着传递载荷的增加，滑动角 α' 逐渐增大，静角 α'' 逐渐减小，当有效拉力 F 达到极限值 F_{max} 时，滑动角 α' 增大到包角 α，静角 α'' 为零，整个接触弧均为滑动弧，带将在整个带轮上发生全面滑动，此现象称为打滑，这时，带传动不能正常工作。因为小带轮的包角小于大带轮的包角，所以打滑总是先发生在小带轮上。

弹性滑动与打滑是两个截然不同的概念：

① 打滑是由于过载引起的带在带轮上的全面滑动，是带传动的一种失效形式，应当避免，而且可以避免。当传递的功率过大时，打滑可起到过载保护作用。

② 弹性滑动是由于带的弹性变形和拉力差而引起的滑动，它是带传动中固有的一种物理现象，是不可避免的。弹性滑动只发生在带离开带轮一侧的部分弧段上。由于弹性滑动，导致带传动的传动比不是常数。

9.5　普通V带传动的设计计算

9.5.1　带传动的设计准则和单根V带的基本额定功率 P_1

带传动的主要失效形式是打滑和带的疲劳破坏。因此，带传动的设计准则为：在保证不打滑的条件下，带具有一定的疲劳强度和寿命。

由式(9-17)可知，V带的疲劳强度条件为

$$\sigma_{max}=\sigma_1+\sigma_{b1}\leqslant[\sigma] \tag{9-20}$$

式中，$[\sigma]$ 为带的许用拉应力，是在特定条件下由实验获得的。

式(9-20)可写为

$$\sigma_1\leqslant[\sigma]-\sigma_{b1} \tag{9-21}$$

由式(9-12)、式(9-14)、式(9-15)和式(9-21)，可得在满足带传动具有一定的疲劳强度和寿命的情况下，带允许的最大有效拉力为

$$F_{max}=([\sigma]-\sigma_{b1}-\sigma_c)\left(1-\frac{1}{e^{\mu\alpha}}\right)A \tag{9-22}$$

将式(9-20)代入式(9-8)可得单根平带在特定条件下，既不打滑又有一定疲劳强度和寿命时，所能传递的最大功率

$$P=([\sigma]-\sigma_{b1}-\sigma_c)\left(1-\frac{1}{e^{\mu\alpha}}\right)\frac{Av}{1\ 000}\ (\mathrm{kW}) \tag{9-23}$$

把式(9-23)中的摩擦系数 μ 代换为V带传动的当量摩擦系数 μ_v，可得单根V带传动的基本额定功率，用 P_1 表示，即

$$P_1=([\sigma]-\sigma_{b1}-\sigma_c)\left(1-\frac{1}{e^{\mu_v\alpha}}\right)\frac{Av}{1\ 000}\ (\mathrm{kW}) \tag{9-24}$$

单根普通V带的基本额定功率 P_1 是通过试验得到的。试验条件为：载荷平稳，包角 $\alpha_1=\alpha_2=180°$(即 $i=1$)、特定带长 L_d，抗拉体为化学纤维绳芯结构。单根普通V带的基本额定功率 P_1 值如表9-7所列；单根窄V带的基本额定功率 P_1 值如表9-8所列。

表 9-7 单根普通 V 带的基本额定功率 P_1（摘自 GB/T 11355—2008）
（包角 $\alpha_1=\alpha_2=180°$、特定带长 L_d、载荷平稳时）

kW

型 号	小带轮基准直径 d_1/mm	小带轮转速 n_1/(r·min^{-1})												
		200	400	800	950	1 200	1 450	1 600	1 800	2 000	2 400	2 800	3 200	3 600
Z	50	0.04	0.06	0.10	0.12	0.14	0.16	0.17	0.19	0.20	0.22	0.26	0.28	0.30
	56	0.04	0.06	0.12	0.14	0.17	0.19	0.20	0.23	0.25	0.30	0.33	0.35	0.37
	63	0.05	0.08	0.15	0.18	0.22	0.25	0.27	0.30	0.32	0.37	0.41	0.45	0.47
	71	0.06	0.09	0.20	0.23	0.27	0.30	0.33	0.36	0.39	0.46	0.50	0.54	0.58
	80	0.10	0.14	0.22	0.26	0.30	0.35	0.39	0.42	0.44	0.50	0.56	0.61	0.64
	90	0.10	0.14	0.24	0.28	0.33	0.36	0.40	0.44	0.48	0.54	0.60	0.64	0.68
A	75	0.15	0.26	0.45	0.51	0.60	0.68	0.73	0.79	0.84	0.92	1.00	1.04	1.08
	90	0.22	0.39	0.68	0.77	0.93	1.07	1.15	1.25	1.34	1.50	1.64	1.75	1.83
	100	0.26	0.47	0.83	0.95	1.14	1.32	1.42	1.58	1.66	1.87	2.05	2.19	2.28
	112	0.31	0.56	1.00	1.15	1.39	1.61	1.74	1.89	2.04	2.30	2.51	2.68	2.78
	125	0.37	0.67	1.19	1.37	1.66	1.92	2.07	2.26	2.44	2.74	2.98	3.15	3.26
	140	0.43	0.78	1.41	1.62	1.96	2.28	2.45	2.66	2.87	3.22	3.48	3.65	3.72
	160	0.51	0.94	1.69	1.95	2.36	2.73	2.54	2.98	3.42	3.80	4.06	4.19	4.17
	180	0.59	1.09	1.97	2.27	2.74	3.16	3.40	3.67	3.93	4.32	4.54	4.58	4.40
B	125	0.48	0.84	1.44	1.64	1.93	2.19	2.33	2.50	2.64	2.85	2.96	2.94	2.80
	140	0.59	1.05	1.82	2.08	2.47	2.82	3.00	3.23	3.42	3.70	3.85	3.83	3.63
	160	0.74	1.32	2.32	2.66	3.17	3.62	3.86	4.15	4.40	4.75	4.89	4.80	4.46
	180	0.88	1.59	2.81	3.22	3.85	4.39	4.68	5.02	5.30	5.67	5.76	5.52	4.92
	200	1.02	1.85	3.30	3.77	4.50	5.13	5.46	5.83	6.13	6.47	6.43	5.95	4.98
	224	1.19	2.17	3.86	4.42	5.26	5.97	6.33	6.73	7.02	7.25	6.95	6.05	4.47
	250	1.37	2.50	4.46	5.10	6.04	6.82	7.20	7.63	7.87	7.89	7.14	5.60	5.12
	280	1.58	2.89	5.13	5.85	6.90	7.76	8.13	8.46	8.60	8.22	6.80	4.26	—
C	200	1.39	2.41	4.07	4.58	5.29	5.84	6.07	6.28	6.34	6.02	5.01	3.23	
	224	1.70	2.99	5.12	5.78	6.71	7.45	7.75	8.00	8.06	7.57	6.08	3.57	
	250	2.03	3.62	6.23	7.04	8.21	9.08	9.38	9.63	9.62	8.75	6.56	2.93	
	280	2.42	4.32	7.52	8.49	9.81	10.72	11.06	11.22	11.04	9.50	6.13	—	
	315	2.84	5.14	8.92	10.05	11.53	12.46	12.72	12.67	12.14	9.43	4.16	—	
	355	3.36	6.05	10.46	11.73	13.31	14.12	14.19	13.73	12.59	7.98	—	—	
	400	3.91	7.06	12.10	13.48	15.04	15.53	15.24	14.08	11.95	4.34	—	—	
	450	4.51	8.20	13.80	15.23	16.59	16.47	15.57	13.29	9.64	—	—	—	

表 9-8　单根窄 V 带的基本额定功率 P_1(摘自 GB/T 11355—2008)

kW

型号	小带轮基准直径 d_1/mm	小带轮转速 $n_1/(r\cdot min^{-1})$									
		400	700	800	950	1 200	1 450	1 600	2 000	2 400	2 800
SPZ	63	0.35	0.54	0.60	0.68	0.81	0.93	1.00	1.17	1.32	1.45
	71	0.44	0.70	0.78	0.90	1.08	1.25	1.35	1.59	1.81	2.03
	80	0.55	0.88	0.99	1.44	1.38	1.60	1.73	2.05	2.34	2.61
	100	0.79	1.28	1.44	1.66	2.02	2.36	2.55	3.05	3.49	3.90
	125	1.09	1.77	1.91	2.30	2.80	3.28	3.55	4.24	4.85	5.40
SPA	90	0.75	1.17	1.30	1.48	1.76	2.02	2.16	2.49	2.77	3.00
	100	0.94	1.49	1.65	1.89	2.27	2.61	2.80	3.27	3.67	3.99
	125	1.40	2.25	2.52	2.90	3.50	4.06	4.38	5.15	5.80	6.34
	160	2.04	3.30	3.70	4.27	5.17	6.01	6.47	7.60	8.53	9.24
	200	2.75	4.47	5.01	5.79	7.00	8.10	8.72	10.13	11.22	11.92
SPB	140	1.92	3.02	3.35	3.83	4.55	5.19	5.54	6.31	6.86	7.15
	180	3.01	4.82	5.37	6.16	7.38	8.46	9.05	10.34	11.21	11.62
	200	3.54	5.69	6.35	7.30	8.74	10.02	10.70	12.18	13.11	13.41
	250	4.86	7.84	8.75	10.04	11.99	13.60	14.51	16.19	16.89	16.44
	315	6.53	10.51	11.71	13.40	15.84	17.79	18.70	20.00	19.44	16.71
SPC	224	5.19	8.13	8.99	10.19	11.89	13.22	13.81	14.58	14.01	11.89
	280	7.59	12.01	13.31	15.10	17.60	19.44	20.20	20.75	18.86	14.11
	310	9.07	14.36	15.90	18.01	20.88	22.87	23.38	23.47	19.98	12.58
	400	12.56	19.79	21.84	24.52	27.33	29.46	29.33	25.81	15.48	—
	500	16.52	25.67	28.09	31.04	33.85	33.58	31.70	19.35	—	

9.5.2　单根 V 带的许用功率[P_1]

带传动的实际工作条件与上述特定试验条件不同时，应对基本额定功率 P_1 的值进行修正，修正后得到的功率为实际工作条件下单根 V 带所能传递的功率，称为许用功率[P_1]，即

$$[P_1]=(P_1+\Delta P_1)K_\alpha K_L \tag{9-25}$$

式中，ΔP_1 为传递功率的增量，考虑传动比 $i\neq1$ 时，带在大带轮上的弯曲应力较小，在寿命相同的条件下，可传递功率的增加量。普通 V 带的 ΔP_1 值如表 9-9 所列，窄 V 带的 ΔP_1 值如表 9-10 所列。

K_α 为包角修正系数，用于考虑 $\alpha_1\neq180°$时对传动能力的影响，如表 9-11 所列。

K_L 为长度修正系数，用于考虑带长不为特定值时对传动能力的影响，普通 V 带长度修正系数 K_L 如表 9-2 所列，窄 V 带长度修正系数 K_L 如表 9-3 所列。

表 9-9　单根普通 V 带 $i \neq 1$ 时的传递功率增量 ΔP_1
(包角 $\alpha_1=\alpha_2=180°$、特定带长 L_d、载荷平稳时)

kW

型　号	传动比 i	小带轮转速 n_1/(r·min^{-1})									
		400	730	800	980	1 200	1 460	1 600	2 000	2 400	2 800
Z	1.35～1.51	0.01	0.01	0.01	0.02	0.02	0.02	0.02	0.03	0.03	0.04
	1.52～1.99	0.01	0.01	0.02	0.02	0.02	0.02	0.03	0.03	0.04	0.04
	⩾2	0.01	0.02	0.02	0.02	0.03	0.03	0.03	0.04	0.04	0.04
A	1.35～1.51	0.04	0.07	0.08	0.08	0.11	0.13	0.15	0.19	0.23	0.26
	1.52～1.99	0.04	0.08	0.09	0.10	0.13	0.15	0.17	0.22	0.26	0.30
	⩾2	0.05	0.09	0.10	0.11	0.15	0.17	0.19	0.24	0.29	0.34
B	1.35～1.51	0.10	0.17	0.20	0.23	0.30	0.36	0.39	0.49	0.59	0.69
	1.52～1.99	0.11	0.20	0.23	0.26	0.34	0.40	0.45	0.56	0.62	0.79
	⩾2	0.13	0.22	0.25	0.30	0.38	0.46	0.51	0.63	0.76	0.89
C	1.35～1.51	0.27	0.48	0.55	0.65	0.82	0.99	1.10	1.37	1.65	1.92
	1.52～1.99	0.31	0.55	0.63	0.74	0.94	1.14	1.25	1.57	1.88	2.19
	⩾2	0.35	0.62	0.71	0.83	1.06	1.27	1.41	1.76	2.12	2.47

表 9-10　单根窄 V 带 $i \neq 1$ 时的传递功率增量 ΔP_1

型　号	传动比 i	小带轮转速 n_1/(r·min^{-1})									
		400	700	800	950	1 200	1 450	1 600	2 000	2 400	2 800
SPZ	1.05	0.02	0.04	0.04	0.05	0.06	0.08	0.09	0.10	0.12	0.14
	1.2	0.04	0.07	0.08	0.10	0.12	0.15	0.17	0.21	0.25	0.29
	1.5	0.06	0.11	0.12	0.15	0.19	0.23	0.25	0.31	0.37	0.43
	⩾3	0.08	0.14	0.16	0.20	0.25	0.30	0.33	0.41	0.49	0.58
SPA	1.05	0.05	0.08	0.08	0.11	0.14	0.16	0.18	0.23	0.28	0.32
	1.2	0.10	0.17	0.19	0.22	0.28	0.33	0.37	0.47	0.56	0.64
	1.5	0.14	0.24	0.28	0.33	0.42	0.50	0.55	0.70	0.83	0.96
	⩾3	0.19	0.33	0.37	0.44	0.56	0.67	0.74	0.93	1.11	1.29
SPB	1.05	0.10	0.17	0.20	0.23	0.29	0.36	0.39	0.49	0.58	0.69
	1.2	0.20	0.33	0.39	0.46	0.59	0.71	0.78	0.98	1.17	1.37
	1.5	0.29	0.51	0.59	0.69	0.88	1.06	1.17	1.39	1.75	2.05
	⩾3	0.39	0.68	0.78	0.93	1.17	1.42	1.86	1.95	2.34	2.74
SPC	1.05	0.24	0.42	0.48	0.57	0.72	0.87	0.96	1.20	1.43	1.68
	1.2	0.48	0.84	0.96	1.14	1.44	1.73	1.92	2.40	2.87	3.36
	1.5	0.72	1.26	1.44	1.71	2.16	2.60	2.88	3.59	4.31	5.03
	⩾3	0.96	1.68	1.92	2.28	2.88	3.47	3.84	4.79	5.74	6.71

注：本表根据 GB/T 13575.1 —2008 归纳而成。

表 9-11 包角修正系数 K_α

包角 α_1/(°)	180	175	170	165	160	155	150	145	140	135
K_α	1.00	0.99	0.98	0.96	0.95	0.93	0.92	0.91	0.89	0.88
包角 α_1/(°)	130	125	120	115	110	105	100	95	90	
K_α	0.86	0.84	0.82	0.80	0.78	0.76	0.74	0.72	0.69	

9.5.3 带传动的设计计算和参数选择

1. 已知条件和设计内容

设计 V 带传动时的已知条件为：所需传递的额定功率 P，小带轮转速 n_1，大带轮转速 n_2 或传动比 i，带传动的工作条件和总体尺寸限制。

设计内容包括：选择带的型号、确定带的基准长度、带的根数、中心距、带轮的材料、基准直径和结构尺寸、初拉力、施加在轴上的压力以及张紧装置等。

2. 设计步骤和方法

(1) 确定计算功率 P_c

$$P_c = K_A P \tag{9-26}$$

式中，K_A 为工作情况系数，用于考虑载荷性质和运转时间等因素的影响，其数值如表 9-12 所列。

表 9-12 工作情况系数 K_A

载荷性质	工作机	原动机					
		电动机(交流启动、三角启动、直流并励)、4 缸以上的内燃机、装有离心式离合器、液力联轴器的动力机			电动机(联机交流启动、直流复励或串励)、4 缸以下的内燃机		
		每天工作小时数/h					
		<10	10～16	>16	<10	10～16	>16
载荷变动微小	液体搅拌机、通风机和鼓风机(≤7.5 kW)、离心式水泵和压缩机、轻负荷输送机	1.0	1.1	1.2	1.1	1.2	1.3
载荷变动小	带式输送机(不均匀负荷)、通风机(>7.5 kW)、旋转式水泵和压缩机(非离心式)、发电机、金属切削机床、印刷机、旋转筛、锯木机和木工机械	1.1	1.2	1.3	1.2	1.3	1.4

续表 9-12

载荷性质	工作机	原动机					
		电动机(交流启动、三角启动、直流并励)、4 缸以上的内燃机、装有离心式离合器、液力联轴器的动力机			电动机(联机交流启动、直流复励或串励)、4 缸以下的内燃机		
		每天工作小时数/h					
		<10	10~16	>16	<10	10~16	>16
载荷变动较大	制砖机、斗式提升机,往复式水泵和压缩机、起重机、磨粉机、冲剪机床、橡胶机械、振动筛、纺织机械、重载输送机	1.2	1.3	1.4	1.4	1.5	1.6
载荷变动很大	破碎机(旋转式、颚式等)、磨碎机(球磨、棒磨、管磨)	1.3	1.4	1.5	1.5	1.6	1.8

注:① 反复启动、正反转频繁、工作条件恶劣等场合,K_A 应乘以 1.2,窄 V 带 K_A 应乘以 1.1。

② 在增速传动场合,K_A 应乘以系数:

增速比(1/i)	1.25~1.74	1.75~2.49	2.50~3.49	>3.5
系　数	1.05	1.11	1.18	1.25

(2) 选择 V 带的型号

根据计算功率 P_c 和小带轮的转速 n_1,按图 9-17 选取普通 V 带的型号,按图 9-18 选取窄 V 带的型号。图中以粗斜实线划定型号区域,如果工况坐标点临近两种型号的交界线,可

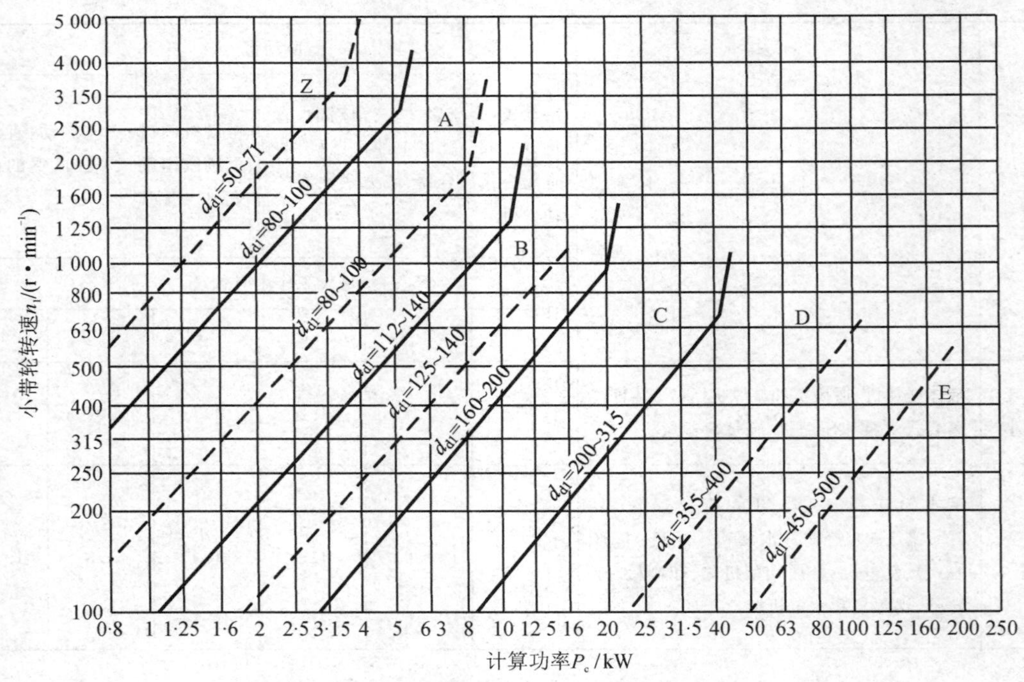

图 9-17　普通 V 带选型图

按两种型号分别计算，然后根据使用条件择优选取。带的截面较小时，带轮直径也较小，但带的根数较多。

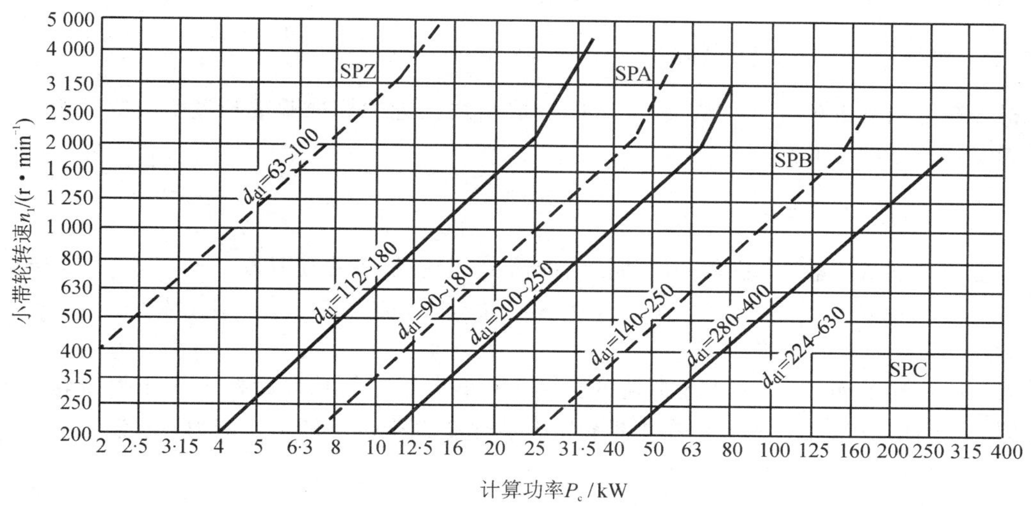

图 9-18　窄 V 带选型图

(3) 确定带轮的基准直径 d_d 并验算带速 v

带轮直径越小，带的弯曲应力越大，带越易疲劳，表 9-13 所列为推荐 V 带轮的最小基准直径。反之，带轮直径越大，带的寿命越长，但带传动的外廓尺寸却随之增大。

表 9-13　V 带轮的最小基准直径

型　号	Y	Z	A	B	C	D	E
d_{dmin}/mm	20	50	75	125	200	355	500

按带的型号从表 9-4 中选择小带轮的基准直径 d_{d1}，并应保证 $d_{d1} \geqslant d_{dmin}$。然后由式(9-19)可得大带轮的基准直径 d_{d2} 为

$$d_{d2} = \frac{n_1}{n_2} d_{d1}(1-\varepsilon) \tag{9-27}$$

根据计算得到的大带轮的基准直径，从表 9—4 中选择与之接近的标准直径作为大带轮的基准直径。

一般情况下，把小带轮的基准直径线速度作为带的速度 v，即

$$v = \frac{\pi d_{d1} n_1}{60 \times 1\ 000} \tag{9-28}$$

由于 V 带质量较大，带速越高，带的离心拉力越大，从而降低带的传动能力；带速越低，在传递相同功率的条件下，所需的有效拉力越大，要求带的根数越多。因此，带速不宜过高或过低，一般 v=5～30 m/s。

(4) 确定带传动的中心距 a 和带的基准长度 L_d

中心距越小，带轮的包角越小，带长度也越短，单位时间内带的应力循环次数越多，使带的寿命降低；中心距过大，则会加剧带的波动，降低带传动的平稳性，而且带传动的整体尺寸也

大。一般初选带传动的中心距 a_0 为

$$0.7(d_{d1}+d_{d2})\leqslant a_0\leqslant 2(d_{d1}+d_{d2})$$

把初选中心距 a_0 代入式(9-2)可得初定的 V 带基准长度 L'_d，即

$$L'_d\approx 2a_0+\frac{\pi}{2}(d_{d1}+d_{d2})+\frac{(d_{d2}-d_{d1})^2}{4a_0}$$

根据初定的基准长度 L'_d，从表 9-2 中选取与之接近的标准基准长度 L_d，然后按下式近似计算实际所需的中心距

$$a\approx a_0+\frac{L_d-L'_d}{2} \tag{9-29}$$

考虑带传动的安装、调整和补偿初拉力的需要，中心距变动范围为

$$(a-0.015L_d)\sim(a+0.03L_d)$$

(5) 验算小带轮的包角

因为小带轮的包角 α_1 小于大带轮的包角 α_2，小带轮上的临界摩擦力小于大带轮上的临界摩擦力，因此，打滑总是先发生在小带轮上。为了提高带传动的工作能力，应使

$$\alpha_1=180°-\frac{d_{d2}-d_{d1}}{a}\times 57.3°\geqslant 120° \tag{9-30}$$

否则可加大中心距或增设张紧轮。

(6) 确定带的根数 z

$$z\geqslant\frac{P_c}{[P_1]}=\frac{P_c}{(P_1+\Delta P_1)K_\alpha K_L} \tag{9-31}$$

为了使各根 V 带受力均匀，带的根数不宜过多，一般 $z<10$，3～7 根较为合适。

(7) 确定带的初拉力 F_0

为了保证带传动能够正常工作，需要保持适当的初拉力。初拉力 F_0 不足，则带传动的传动能力小，易出现打滑；初拉力 F_0 过大，带对轴和轴承的压力增大，并降低带的寿命。因此，确定初拉力时，既要保证带的传动能力，又要保证带的寿命。单根 V 带的初拉力可按下式计算

$$F_0=500\frac{P_c}{vz}\left(\frac{2.5}{K_\alpha}-1\right)+qv^2 \tag{9-32}$$

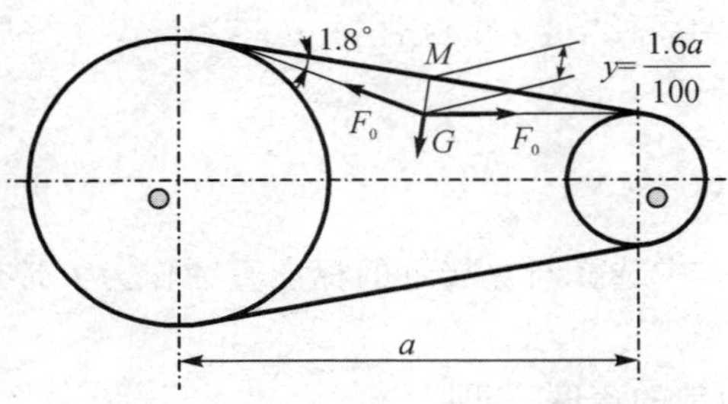

图 9-19 初拉力的测量和控制

无自动张紧的带传动，使用新带时的初拉力应为式(9-32)中 F_0 的 1.5 倍。安装 V 带时，可以采用图 9-19 所示的方法控制实际 F_0 的大小，即在 V 带与两带轮切点的跨度中心 M 施加一个垂直于两带轮上部外公切线的载荷 G，使带在每 100 mm 中心距上产生的挠度 y 为1.6 mm(即挠角为 1.8°)。载荷 G 值如表 9-14 所列。

(8) 施加在带轮轴上的压力 F_Q

设计支承带轮的轴和轴承时，需要知道带作用在轴上的载荷 F_Q，可参考图 9-20 近似计算 F_Q，即

$$F_Q = 2zF_0 \sin\frac{\alpha_1}{2} \tag{9-33}$$

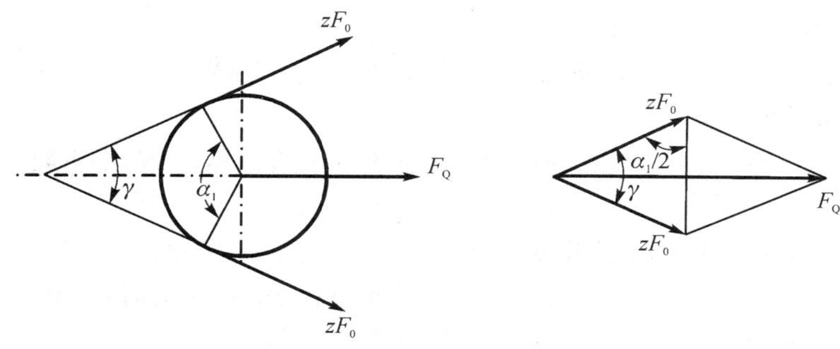

图 9-20 带作用在轴上的载荷

表 9-14 载荷 G 值(单位:N/根)

类 型	带型	小带轮基准直径 d_{d1}/mm	带速 v/(m·s^{-1})		
			0～10	10～20	20～30
普通 V 带	Z	50～100	5～7	4.2～6	3.5～5.5
		>100	7～10	6～8.5	5.5～7
	A	75～140	9.5～14	8～12	6.5～10
		>140	14～21	12～18	10～15
	B	125～200	18.5～28	15～22	12.5～18
		>200	28～42	22～33	18～27
	C	200～400	36～54	30～45	25～38
		>400	54～85	45～70	38～56
	D	355～600	74～108	62～94	50～75
		>600	108～162	94～140	75～108
	E	500～800	145～217	124～186	100～150
		>800	217～325	186～280	150～225
窄 V 带	SPZ	67～95	9.5～14	8～13	6.5～11
		>95	14～21	13～19	11～18
	SPA	100～140	18～26	15～21	12～18
		>140	26～38	21～32	18～27
	SPB	160～265	30～45	26～40	22～34
		>265	45～58	40～52	34～47
	SPC	224～355	58～82	48～72	40～64
		>355	82～106	72～96	64～90

例 9-1 设计一鼓风机用普通 V 带传动。动力采用 Y 系列三相异步电动机,功率 $P=$

7.5 kW；转速 $n_1=1\ 450$ r/min；鼓风机转速 $n_2=630$ r/min，滑动率 $\varepsilon=0.02$，每天工作 16 h。中心距不超过 700 mm。

解：①确定计算功率 P_c。

查表 9-12 得 $K_A=1.1$，故有

$$P_c=K_AP=1.1\times7.5=8.25\text{ kW}$$

② 选择 V 带的型号。

根据 $P_c=8.25$ kW 和 $n_1=1\ 450$ r/min，由图 9-17 选择 A 型带，小带轮直径 $d_{d1}=112\sim140$ mm。

③ 确定带轮的基准直径 d_d 并验算带速 v。

由表 9-13 可知，小带轮的直径 d_{d1} 应大于最小直径 75 mm，又因 $d_{d1}=112\sim140$ mm，根据表 9-4，取小带轮的直径 $d_{d1}=125$ mm。由式(9-27)得

$$d_{d2}=\frac{n_1}{n_2}d_{d1}(1-\varepsilon)=\frac{1\ 450}{630}\times125\times(1-0.02)=281.94\text{ mm}$$

由表 9-4 取大带轮的直径 $d_{d2}=280$ mm。

根据式(9-28)计算带速

$$v=\frac{\pi d_{d1}n_1}{60\times1\ 000}=\frac{\pi\times125\times1\ 450}{60\times1\ 000}=9.49\text{ m/s}$$

一般要求带速 5～30 m/s，满足带速要求。

④ 确定带传动的中心距 a 和带的基准长度 L_d。

初选中心距 a_0，由

$$0.7(d_{d1}+d_{d2})<a_0<2(d_{d1}+d_{d2})$$

得 283.5 mm$<a_0<$810 mm。根据"目标中心距不超过 700 mm"，取 $a=650$ mm。

由式(9-2)初步计算带的基准长度 L'_d，即

$$L'_d=2a_0+\frac{\pi}{2}(d_{d1}+d_{d2})+\frac{(d_{d2}-d_{d1})^2}{4a_0}$$

$$=2\times650+\frac{\pi}{2}\times(125+280)+\frac{(280-125)^2}{4\times650}=1\ 945.09\text{ mm}$$

查表 9-2，由 A 型带，选 $L_d=1\ 940$ mm。

根据式(9-29)计算实际中心距 a，即

$$a\approx a_0+\frac{L_d-L'_d}{2}=650+\frac{1\ 940-1\ 945.09}{2}=647.46\text{ mm}$$

取 $a=645$ mm，满足"目标中心距不超过 700 mm"。

⑤ 验算小带轮的包角 α_1。

由式(9-30)得

$$\alpha_1=180^\circ-\frac{d_{d2}-d_{d1}}{a}\times57.3^\circ=180^\circ-\frac{280-125}{645}\times57.3^\circ=166.18^\circ$$

$\alpha_1=166.18^\circ>120^\circ$，满足要求。

⑥ 确定带的根数 z。

由式(9-31)可知

$$z \geqslant \frac{P_c}{[P_1]} = \frac{P_c}{(P_1 + \Delta P_1)K_\alpha K_L}$$

根据A型带和小带轮转速 $n_1 = 1\ 450$ r/min，由表9-7确定单根带的基本额定功率 $P_1 = 1.92$ kW。

带传动的传动比为

$$i = \frac{n_1}{n_2} = \frac{1\ 450}{630} = 2.30$$

根据A型带和小带轮转速 $n_1 = 1\ 450$ r/min，以及传动比 $i = 2.30$，由表9-9查得单根带的功率增量 $\Delta P_1 = 0.17$ kW。由 $\alpha_1 = 166.18°$，查表9-11可得包角系数 $K_\alpha = 0.97$。根据A型带，基准长度 $L_d = 1\ 940$ mm，由表9-2确定带长修正系数 $K_L = 1.02$。则有

$$z \geqslant \frac{P_c}{[P_1]} = \frac{P_c}{(P_1 + \Delta P_1)K_\alpha K_L} = \frac{8.25}{(1.92 + 0.17) \times 0.97 \times 1.02} = 3.99$$

取带的根数为 $z = 4$。

⑦ **确定带的初拉力 F_0。**

由表9-1查得A型带的线质量 $q = 0.105$ kg/m，代入式(9-32)可得带的初拉力为

$$F_0 = 500\frac{P_c}{vz}\left(\frac{2.5}{K_\alpha} - 1\right) + qv^2 = 500 \times \frac{8.25}{9.49 \times 4} \times \left(\frac{2.5}{0.97} - 1\right) + 0.105 \times 9.49^2 = 180.85\ \text{N}$$

⑧ **施加在带轮轴上的压力 F_Q。**

由式(9-33)可得施加在带轮轴上的压力 F_Q，即

$$F_Q = 2zF_0 \sin\frac{\alpha_1}{2} = 2 \times 4 \times 180.85 \times \sin\frac{166.18°}{2} = 1\ 436.29\ \text{N}$$

⑨ **带轮的结构设计。**

（略）

⑩ **主要设计结论。**

选用A型普通V带4根，带的基准长度为1 940 mm。带轮基准直径 $d_{d1} = 125$ mm，$d_{d2} = 280$ mm，中心距 $a = 645$ mm。单根带初拉力 $F_0 = 180.85$ N，施加在带轮轴上的压力为 $F_Q = 1\ 436.29$ N。

9.6　普通带传动的张紧装置

安装带传动时不仅必须把带张紧在带轮上，而且当带工作一段时间以后，带会因为塑性变形和磨损而松弛，因此，为了保证带传动能够正常工作，还应定期检查带的松弛程度，并将带重新张紧。

带的张紧装置主要有定期张紧装置和自动张紧装置两大类。

1. 定期张紧装置

定期张紧装置是指每隔一段时间，对带进行一次张紧。常见的定期张紧装置有以下几种。

(1) 滑道式张紧装置

如图9-21所示，调节螺钉使装有带轮的电动机沿滑轨移动。此方法适用于带传动中心

距可调,两带轮轴线处于同一水平面或相对倾斜角度不大的传动。

(2) 摆架式张紧装置

如图 9－22 所示,调节螺杆和螺母,使电动机摆动架绕轴摆动。此方法适用于带传动中心距可调,两带轮轴线处于同一竖直平面或近似竖直平面内的布置方式。

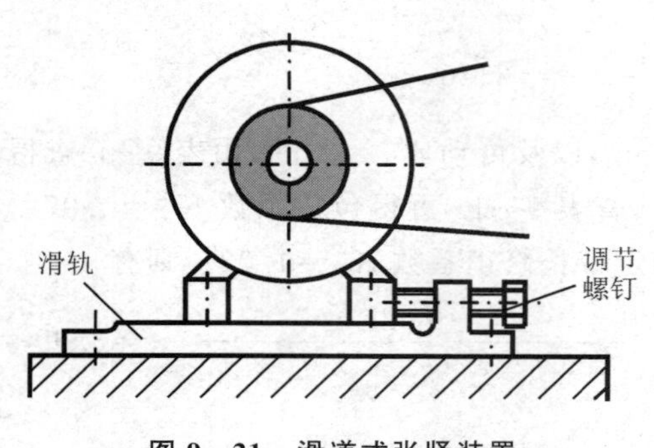

图 9－21　滑道式张紧装置

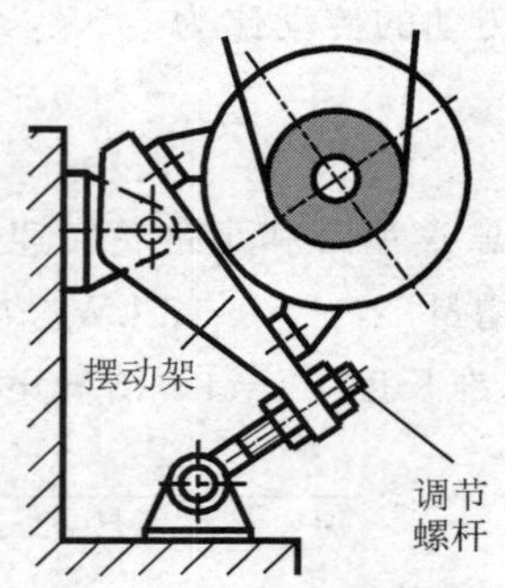

图 9－22　摆架式张紧装置

(3) 张紧轮装置

当带的中心距不可调时,可采用具有张紧轮的装置,如图 9－23 所示,通过调节张紧轮的上下位置,以保持带的张紧状态。设置张紧轮时应该注意:① 一般情况下,张紧轮应放在带的松边内侧,使带只受单向弯曲;② 张紧轮应尽量靠近大带轮,以避免减少小带轮的包角;③ 张紧轮与带轮的轮槽尺寸应相同,且张紧轮直径小于小带轮的直径。

2. 自动张紧装置

如图 9－24 所示,将装有带轮的电动机安装在浮动摆架上,利用电动机的自重,使带轮与电动机一起绕固定轴摆动,实现带的自动张紧保持,此装置适用于中小功率的带传动。

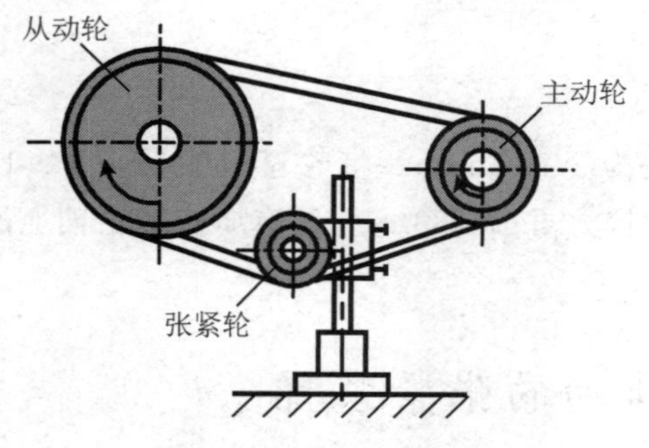

图 9－23　张紧轮装置

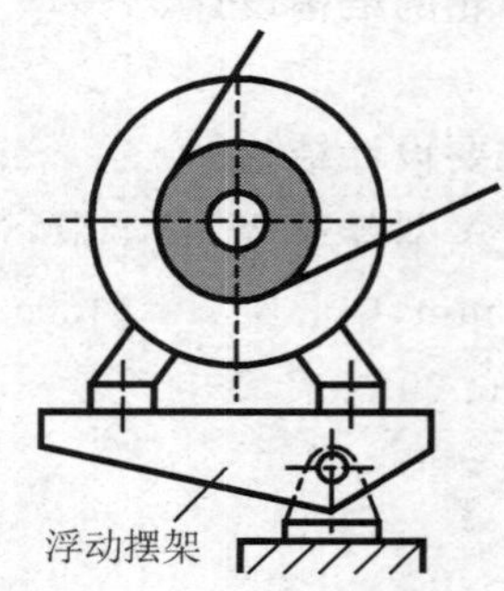

图 9－24　自动张紧装置

思考题

9－1　为什么 V 带比平带传递载荷的能力强?

9－2　带传动中弹性滑动和打滑的区别是什么?

9－3　带的失效形式有哪些?

9－4　带传动中张紧装置的作用是什么? 主要有哪些类型的张紧装置?

9－5　在 V 带传动中，已知小带轮的转速 $n_1=1\ 450$ r/min，带和带轮的当量摩擦系数 $\mu_v=0.5$，包角 $\alpha_1=156°$，带的初拉力 $F_0=400$ N。试求：

(1) 该带传动所能传递的最大有效拉力是多少？

(2) 若 $d_{d1}=120$ mm，其传递的最大转矩是多少？

(3) 若传动效率为 0.95，忽略弹性滑动的影响，从动轮输出功率为多少？

9－6　图 9－25 所示为一平带传动。已知两带轮直径分别为 150 mm 和 450 mm，中心距为 900 mm，小带轮为主动轮，其转速为 960 r/min。试求：

(1) 小带轮包角；

(2) 带的几何长度；

(3) 不考虑带传动的弹性滑动时大带轮的转速；

(4) 滑动率 $\varepsilon=0.02$ 时大带轮的实际转速。

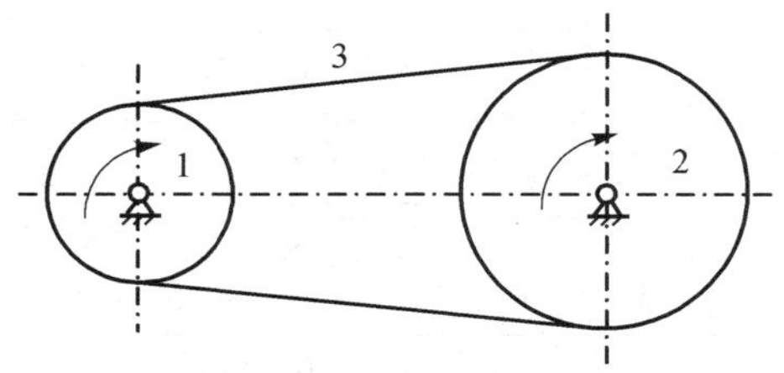

图 9－25　平带传动

9－7　在题 9－6 中，若传递功率为 7 kW，带和带轮之间的摩擦系数 $\mu=0.3$，平带单位长度质量 $q=0.35$ kg/m，试求：

(1) 带的紧边拉力和松边拉力；

(2) 带传动所需的初拉力；

(3) 带轮轴所受的压力。

9－8　设计一鼓风机用 A 型 V 带传动。选用交流异步电动机驱动，已知电动机转速 $n_1=1\ 450$ r/min，鼓风机转速为 $n_2=640$ r/min，鼓风机输入功率为 $P=8$ kW，两班制工作。

9－9　在题 9－8 中，若选用 B 型 V 带，试设计该带传动，并把设计结果与题 9－8 作比较。

9－10　设计一破碎机用的 V 带传动。选用交流异步电动机驱动，电动机的输出功率为 $P=5.5$ kW，转速 $n_1=960$ r/min，带传动的传动比 $i=2$，两班制工作，要求中心距 $a<550$ mm。

第 10 章　齿轮传动

☞ **本章思维导图**

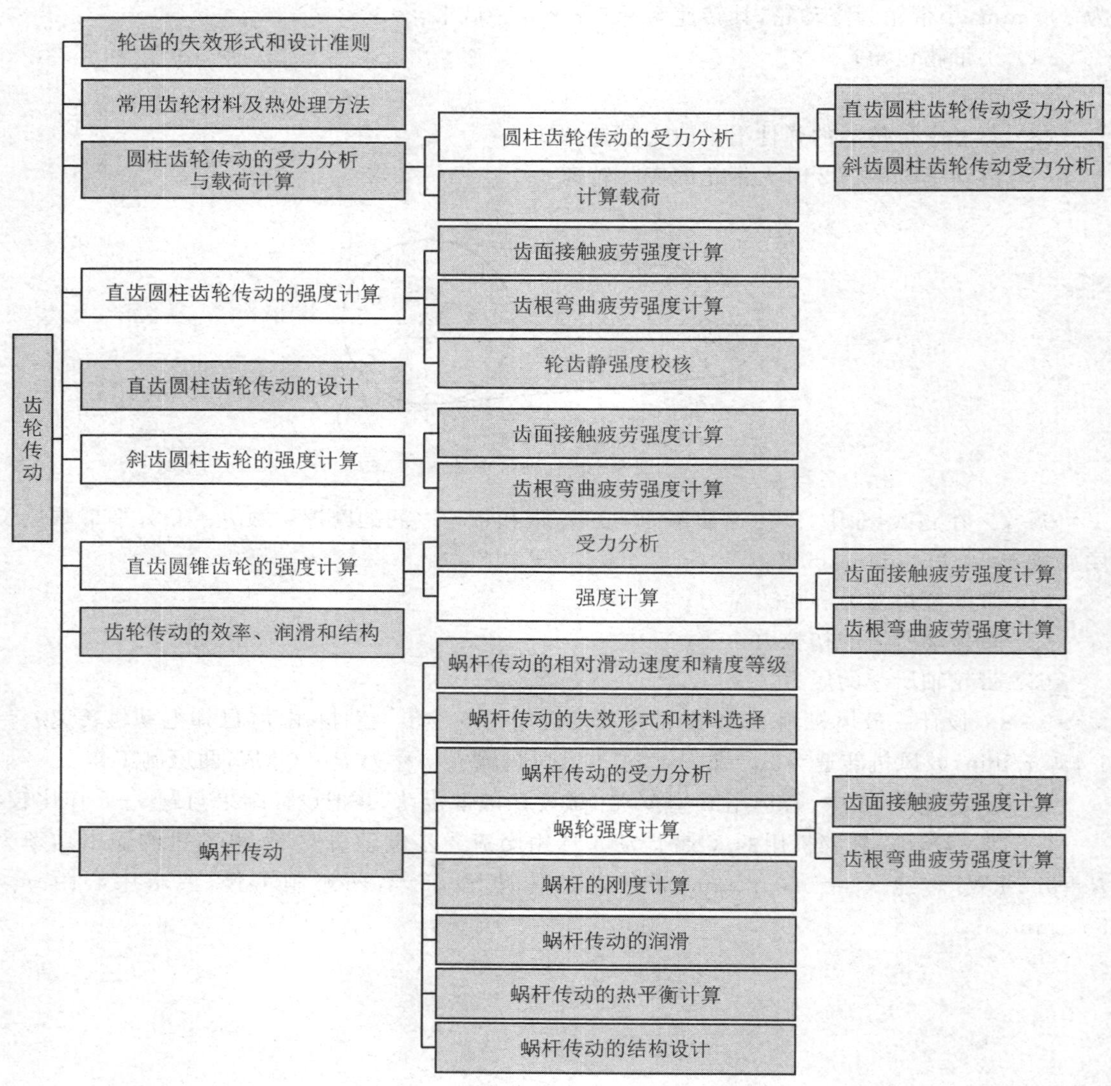

本章主要介绍齿轮的材料选择、齿轮传动的强度计算和设计方法。通过本章的学习，应该熟练掌握齿轮传动的受力分析、强度计算和设计方法，了解齿轮的材料选择、齿轮传动的效率以及润滑方法。

10.1　轮齿的失效形式和设计准则

齿轮传动是机械传动中最重要的传动之一，在工作过程中，齿轮传动不仅要满足运动要求，而且还必须有足够的承载能力。第5章对齿轮的啮合原理、几何计算和加工方法等进行了介绍，本章着重介绍齿轮的强度计算等内容。

按照工作条件，齿轮传动分为开式传动和闭式传动两种形式。闭式传动的齿轮封闭在刚性箱体内，具有良好的润滑和工作条件，重要的齿轮传动都采用闭式传动，例如汽车、机床、航空发动机等所用的齿轮传动。开式传动齿轮是外露的，不能保证良好的润滑，且易落入灰尘和杂质，只适用于低速传动，常用于农业机械、建筑机械以及简易的机械设备中。

10.1.1　轮齿的失效形式

一般情况下，齿轮传动的失效主要发生在轮齿上。根据齿轮的工作条件、使用状况以及齿面硬度的不同，其失效形式也不同。最常见的失效形式有轮齿折断、齿面点蚀、齿面磨损、齿面胶合和齿面塑性变形五种。

1. 轮齿折断

因为轮齿受力时齿根弯曲应力最大，而且有应力集中，所以轮齿折断一般发生在齿根部分，如图10-1所示。轮齿折断是轮齿失效中最危险的一种形式。

轮齿折断又可以分为过载折断和疲劳折断两种类型。

(1) 过载折断

轮齿因短时意外的严重过载或冲击载荷的作用而引起的突然折断，称为过载折断。过载折断的断口比较平直，且断面粗糙。用淬火钢或铸铁制造的齿轮，容易发生过载折断。

(2) 疲劳折断

在载荷的多次重复作用下，弯曲应力超过弯曲疲劳极限时，齿根部分将产生疲劳裂纹，(见图10-2)，裂纹逐渐扩展，最终导致轮齿折断，这种折断称为疲劳折断。

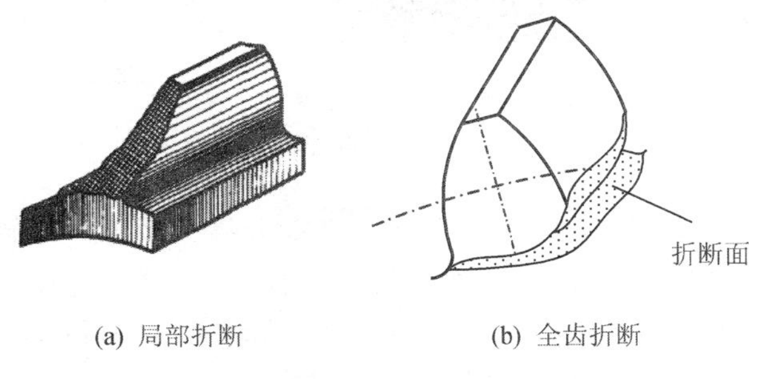

图10-1　轮齿折断

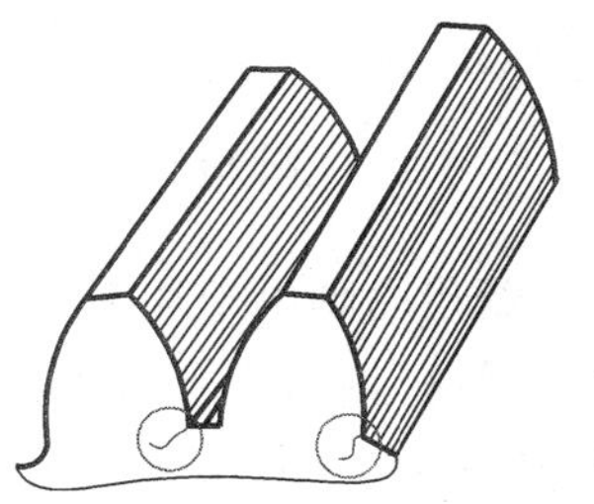

图10-2　齿根疲劳裂纹

齿宽较小的直齿轮常发生全齿折断，齿宽较大的直齿轮，因制造装配误差易产生载荷偏置一端，导致局部折断；斜齿轮和人字齿轮，由于接触线倾斜，一般产生局部轮齿折断。

为了提高齿轮的抗折断能力，可采用以下措施：① 采用高强度钢；② 采用合适的热处理方式增强轮齿齿芯的韧性；③ 增大齿根过渡圆角半径，消除齿根加工刀痕，减少齿根应力集中；④ 采用喷丸、滚压等工艺措施对齿根表层进行强化处理；⑤ 采用正变位齿轮，增大齿根的强度。

2. 齿面点蚀

齿轮工作时，轮齿工作表面上任一点所产生的接触应力由零（该点未进入啮合时）增加到某一最大值（该点啮合时），然后再减小为零（该点脱开啮合），因此齿面接触应力按照脉动循环变化。当齿面接触应力超出材料接触疲劳极限时，在载荷的多次重复作用下，齿面表层将出现细微的疲劳裂纹，裂纹蔓延扩展导致金属微粒剥落而形成麻点状凹坑，这种现象就称为齿面疲劳点蚀，如图 10－3 所示。发生点蚀后，齿廓形状遭破坏，传动平稳性受到影响，并产生振动和噪声，齿轮不能正常工作而报废。

齿面点蚀与齿面间的相对滑动和润滑油的黏度有关。相对滑动速度越高，润滑油黏度越大，齿面间越容易形成油膜，齿面有效接触面积越大，接触应力越小，越不易发生点蚀。实践表明，疲劳点蚀首先出现在齿面节线附近的齿根部分，这是因为节线附近齿面相对滑动速度小，不宜形成油膜，摩擦力较大，且节线处同时参与啮合的轮齿对数少，接触应力大。齿面抗点蚀能力主要与齿面硬度有关，齿面硬度越高，抗点蚀能力越强。点蚀是润滑良好的闭式软齿面（HBS≤350）齿轮传动的主要失效形式。在开式齿轮传动中，由于齿面磨损较快，点蚀还来不及出现或扩展即被磨掉，因此很少出现点蚀。

提高齿轮接触疲劳强度的措施：① 提高齿面硬度；② 降低齿面粗糙度，减小摩擦力；③ 采用黏度较高的润滑油；④ 采用正变位齿轮，增大综合曲率半径。

3. 齿面磨损

齿面磨损通常有磨粒磨损和跑合磨损两种。由于灰尘、沙粒等进入齿面而引起磨粒磨损，如图 10－4(a)所示。齿面磨损后，引起齿廓变形，将产生振动、冲击和噪声。磨损严重时，由于齿厚过薄可能产生轮齿折断，如图 10－4(b)所示。齿面磨损是开式齿轮的主要失效形式。

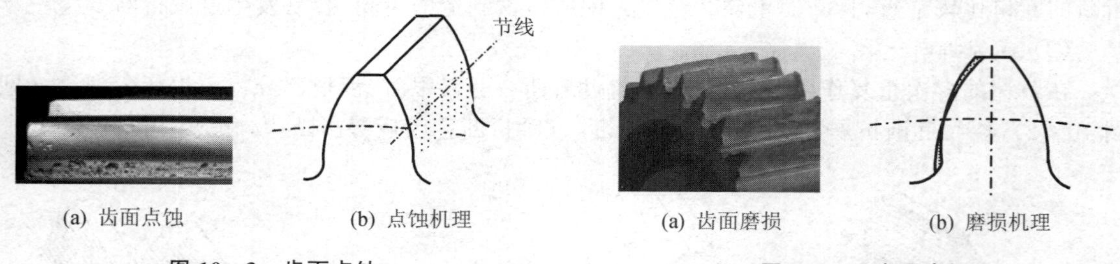

(a) 齿面点蚀　(b) 点蚀机理

图 10－3　齿面点蚀

(a) 齿面磨损　(b) 磨损机理

图 10－4　齿面磨损

新齿轮副由于加工后表面具有一定的粗糙度，受载时实际上只有部分峰顶接触。接触处压强很高，因而在开始运转期间磨损速度和磨损量都较大，磨损到一定程度后，摩擦面逐渐光洁，压强减小，磨损速度缓和，这种磨损称为跑合。人们有意地使新齿轮在轻载下进行跑合，为随后的正常磨损创造条件。需要注意的是，跑合结束后，必须清洗和更换润滑油。

提高抗磨粒磨损能力的措施有：① 改善密封条件，采用闭式传动代替开式传动；② 提高齿面硬度；③ 改善润滑条件，在润滑油中加入减磨添加剂，保持润滑油的清洁。

4. 齿面胶合

齿面胶合是相互啮合的齿面间未能有效地形成润滑油膜，导致在一定压力下齿面金属直接接触发生黏着，并在随后的相对运动中，相互黏连的金属沿着相对滑动方向相互撕扯而出现一条条划痕，如图 10－5 所示。

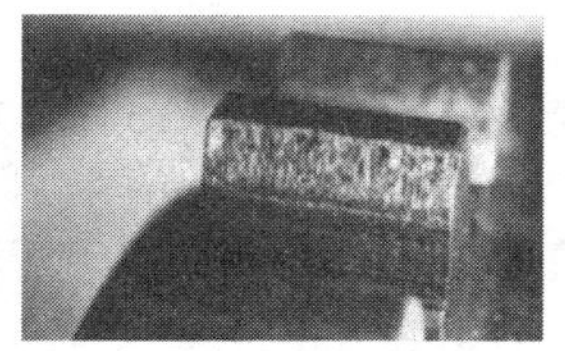
(a) 齿面胶合

(b) 齿面胶合示意图

图 10-5　齿面胶合

在高速重载齿轮传动中，齿面间压力大、相对滑动速度高，因摩擦发热而使啮合区温度升高引起润滑失效，致使互相啮合的轮齿齿面发生黏连，随着齿面的相对运动，较软齿面沿滑动方向的黏连金属被撕脱，在齿面上形成沟痕，这种现象称为齿面热胶合。在低速重载齿轮传动($v \leqslant 4$ m/s)中，由于齿面间压力很高，导致油膜破裂而使金属黏着，称为齿面冷胶合。齿面胶合主要发生在齿顶和齿根等相对速度较大处。

提高齿面胶合的措施有：① 提高齿面硬度，降低齿面粗糙度；② 高速重载传动中，加抗胶合添加剂，采取合理的散热结构；③ 低速重载传动中，选用黏度较大的润滑油。

5. 齿面塑性变形

齿面塑性变形是在过大的应力作用下，齿轮材料处于屈服状态导致齿面或齿体塑性流动而形成的变形。当轮齿材料较软，而载荷很大时，轮齿在啮合的过程中，齿面油膜被破坏，摩擦力增大，齿面表层的材料就会沿摩擦力方向产生塑性变形。齿面塑性变形常发生在齿面材料较软、低速重载的传动中。由于啮合传动时，主动轮齿面所受摩擦力背离节线分别指向齿顶和齿根，故产生塑性变形后，齿面沿节线形成凹槽；而从动轮齿面所受的摩擦力分别由齿顶和齿根指向节线，产出塑性变形后，齿面沿节线形成凸脊，如图 10-6 所示。

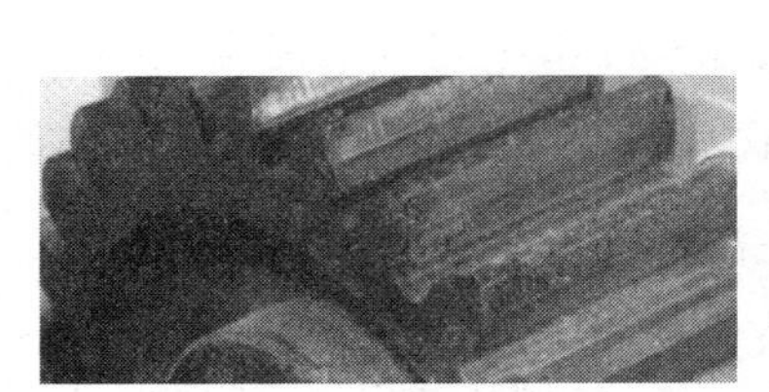
(a) 塑性变形实例1

(b) 塑性变形实例2

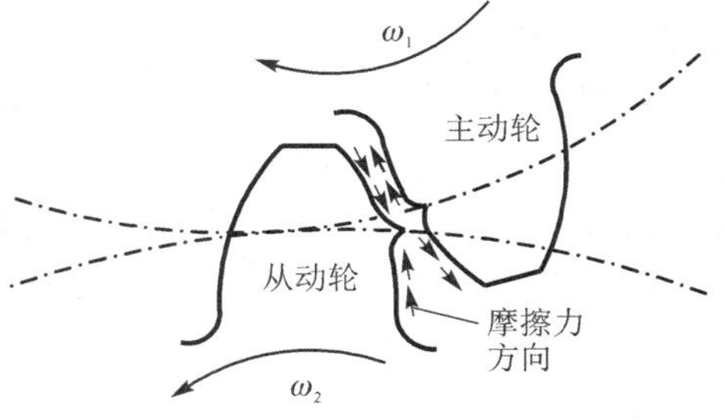

(c) 塑性变形过程示意图

图 10-6　齿面塑性变形

提高齿面抗塑性变形的措施有：① 提高齿面硬度；② 采用黏度高的润滑油。

10.1.2　齿轮的设计准则

严格地讲，齿轮传动工作时，不能发生任何形式的失效，故需要针对上述各种失效形式，均应建立相应的设计准则。但是目前对于齿面磨损、塑性变形等还没有建立行之有效的计算方法和设计数据，所以目前设计齿轮传动时，一般只按保证齿根弯曲疲劳强度和齿面接触疲劳强度两个准则进行计算。

1. 闭式传动

闭式传动齿轮的主要失效形式为齿面点蚀和轮齿的弯曲疲劳折断。当齿轮齿面为软齿面时,通常会先发生齿面点蚀,因此,应首先按齿面接触疲劳强度计算齿轮的分度圆直径及其主要几何尺寸,然后再对轮齿的弯曲疲劳强度进行校核。当齿轮齿面为硬齿面时,易发生弯曲疲劳折断,故应首先按轮齿的弯曲疲劳强度确定齿轮的模数及其主要几何参数,然后再对齿面接触疲劳强度进行校核。

2. 开式传动

开式传动齿轮的主要失效形式为齿面磨粒磨损和轮齿的弯曲疲劳折断。由于齿面抗磨粒磨损能力的计算方法迄今尚不完善,因此通常只以保证齿根弯曲疲劳强度作为设计准则,并将求得的模数增大10%～15%来补偿磨粒磨损对轮齿削弱的影响。

对于高速大功率的齿轮传动,如航空发动机主传动、汽轮发动机组传动等,还要按保证齿面抗胶合能力的准则进行计算(参阅GB/T 3480—2019)。

10.2 齿轮的材料和传动精度等级

10.2.1 常用齿轮材料及热处理方法

根据轮齿的失效形式,设计齿轮时,齿轮材料应满足以下条件:

① 齿面要有足够的硬度,以具有较高的抗点蚀、耐磨损、抗胶合和抗塑性变形的能力;

② 轮芯材料要有较好的韧性,以增强其承受冲击和抵抗弯曲断齿的能力;

③ 材料还应具有良好的加工工艺性能及热处理性能,以便获得较高的表面质量和精度。

常用的齿轮材料有锻钢、铸钢和铸铁。在某些情况下,也采用非金属材料,例如尼龙、聚甲醛等。

1. 锻　钢

锻钢具有强度高、韧性好、便于制造等特点,且可通过各种热处理方法来改善其机械性能,故除尺寸过大或结构形状复杂只适合铸造的齿轮外,一般的齿轮均采用锻钢制造。锻钢齿轮按其齿面硬度不同可分为软齿面齿轮和硬齿面齿轮两类。

(1) 软齿面齿轮

这类齿轮的齿面硬度≤350HBS。常用优质中碳钢制造,并经过调质或正火处理。在一对齿轮中,由于小齿轮轮齿承载循环次数多于大齿轮轮齿,且小齿轮齿根较薄、弯曲强度较低,因此在选择材料和热处理方法时,应使小齿轮齿面硬度比大齿轮的齿面硬度高25～50HBS,以使小齿轮的弯曲疲劳极限稍高于大齿轮,大、小齿轮轮齿的弯曲强度相近。

(2) 硬齿面齿轮

硬齿面齿轮的齿面硬度>350HBS,常用优质中碳钢或中碳合金钢制成,并经过表面淬火处理。经热处理后,其齿面硬度一般为45～65HRC。硬齿面齿轮的承载能力较强,但需专门设备磨齿,常用于要求结构紧凑或生产批量大的齿轮。当大、小齿轮都是硬齿面时,小齿轮的硬度应略高,也可和大齿轮相等。

2. 铸　钢

铸钢常用于制造尺寸较大(顶圆直径 d_a≥400 mm)的齿轮,其毛坯应进行正火处理以消除残余应力和硬度不均匀现象。

3. 铸 铁

普通灰铸铁的抗弯强度、抗冲击和耐磨性能差，但铸造性能和切削性能好，便于加工、价格低廉，抗点蚀和抗胶合能力强，常用于低速、轻载、冲击小的不重要的齿轮传动中。铸铁中石墨具有自润滑作用，尤其适用于开式传动。铸铁性脆，为了避免载荷集中引起轮齿局部折断，齿宽宜较窄。

球墨铸铁的力学性能和抗冲击性能远高于灰铸铁。高强度球墨铸铁可以代替铸钢铸造大直径的齿轮坯。

齿轮的常用材料及其力学性能如表 10-1 和表 10-2 所列。

表 10-1 齿轮常用钢及其力学性能

钢 号	热处理	截面尺寸		力学性能		硬 度	
		直径 d/mm	壁厚 s/mm	强度极限 σ_b/MPa	屈服极限 σ_s/MPa	调质或正火（HBW）	表面淬火（HRC）
45	正火	≤100	≤50	590	300	169～217	40～50
		101～300	51～150	570	290	162～217	
	调质	≤100	≤50	650	380	229～286	
		101～300	51～150	630	350	217～255	
42SiMn	调质	≤100	≤50	790	510	229～286	45～55
		101～200	51～100	740	460	217～269	
		201～300	101～150	690	440	217～255	
40MnB	调质	≤200	≤100	740	490	241～286	45～55
		101～300	101～150	690	440		
38SiMnMo	调质	≤100	≤50	740	590	229～286	45～55
		101～300	51～150	690	540	217～269	
35CrMo	调质	≤100	≤50	740	540	207～269	40～45
		101～300	51～150	690	490		
40Cr	调质	≤100	≤50	740	540	241～286	48～55
		101～300	51～150	690	490		
20Cr	渗碳淬火	≤60		640	390		56～62
20CrMnTi	渗碳淬火	15		1 080	840		56～62
	渗氮						57～63

续表 10-1

钢　号	热处理	截面尺寸		力学性能		硬　度	
		直径 d/mm	壁厚 s/mm	强度极限 σ_b/MPa	屈服极限 σ_s/MPa	调质或正火(HBW)	表面淬火(HRC)
38CrMoAlA	调质、渗氮	30		980	840	229	65以上
ZG310-570	正火			570	320	163～207	
ZG340-640	正火			640	350	179～207	
ZG35CrMnSi	正火、回火			690	350	163～217	
	调质			790	590	197～269	

表 10-2　齿轮常用铸铁及其力学性能

铸铁牌号	壁厚 s/mm	强度极限 σ_b/MPa	硬度(HBW)
HT250	15～30	250	170～240
HT300	15～30	300	187～255
HT350	15～30	350	197～269
HT400	15～30	400	207～269
QT500-7		500	147～241
QT600-3		600	229～302
QT700-2		700	229～302
QT800-2		800	241～321

4. 非金属材料

对高速、轻载及精度要求不高的齿轮传动，为了降低噪声，常采用非金属材料(如夹布塑料、尼龙等)制造小齿轮，为了便于散热，大齿轮仍用钢或铸铁制造。为使大齿轮具有足够的抗磨损及抗点蚀能力，齿面的硬度应为250～350HBS。

10.2.2　齿轮传动的精度等级

制造和安装齿轮传动装置时，不可避免地会产生误差(如齿形误差、齿距误差、齿向误差、两轴线不平行等)。误差会对传动带来以下三方面的影响：

① 相啮合齿轮在一定范围内实际转角与理论转角不一致，即影响传递运动的准确性。

② 瞬时传动比不能保持恒定，齿轮在一定范围内会出现多次重复的转速波动，特别是在高速传动中将引起振动、冲击和噪声，即影响传动的平稳性。

③ 齿向误差能使齿轮上的载荷分布不均匀，当传递较大转矩时，易引起早期损坏，即影响载荷分布的均匀性。

国家标准 GB/T 10095.1—2008 对渐开线圆柱齿轮和圆锥齿轮规定了 13 个精度等级，其中 0 级的精度最高，12 级的精度最低，常用的是 6～9 级精度。

表 10-3 所列为各类机器所用齿轮传动的精度等级范围，表 10-4 所列为齿轮传动精度等级适用的速度范围，供设计时参考。

表 10－3　各类机器所用齿轮传动的精度等级范围

机器类型	精度等级范围	机器类型	精度等级范围
汽轮机	3～6	拖拉机	6～9
金属切削机床	3～8	通用减速器	6～9
航空发动机	4～8	轧钢机	5～9
轻型汽车	5～8	起重机械	6～10
载重汽车	6～9	农用机械	8～11

注：主传动齿轮或重要的齿轮传动，精度等级偏上限选择；辅助传动的齿轮或一般齿轮传动，精度等级居中或偏下限选择。

表 10－4　齿轮传动精度等级适用的速度范围　（圆周速度 m/s）

齿的种类	传动种类	齿面硬度(HBS)	齿轮精度等级				
			3、4、5	6	7	8	9
直齿	圆柱齿轮	≤350	>12	≤18	≤12	≤6	≤4
		>350	>10	≤15	≤10	≤5	≤3
	圆锥齿轮	≤350	>7	≤10	≤7	≤4	≤3
		>350	>6	≤9	≤6	≤3	≤2.5
斜齿及曲齿	圆柱齿轮	≤350	>25	≤36	≤25	≤12	≤8
		>350	>20	≤30	≤20	≤9	≤6
	圆锥齿轮	≤350	>16	≤24	≤16	≤9	≤6
		>350	>13	≤19	≤13	≤7	≤6

10.3　圆柱齿轮传动的受力分析与载荷计算

10.3.1　圆柱齿轮传动的受力分析

为了计算齿轮的强度，需要知道轮齿上受到的力。另外，在设计支承齿轮的轴和轴承时，也需要知道齿轮轮齿上所受的力。

1. 直齿圆柱齿轮

因为齿轮传动一般均加以润滑，故啮合轮齿间的摩擦力很小，可不予考虑。假设一对标准直齿圆柱齿轮按标准中心距安装，其齿廓在节点 C 接触，在理想状态下，齿轮工作时载荷沿轮齿接触线均匀分布。为简化分析，通常把此分布力简化为一个集中力，并作用于齿宽中点。在忽略摩擦的情况下，该集中力为沿啮合线指向齿面的法向力 $\boldsymbol{F}_n$，并作用于分度圆（即节圆）上。法向力 $\boldsymbol{F}_n$ 可分解为圆周力 $\boldsymbol{F}_t$ 和径向力 $\boldsymbol{F}_r$，如图 10－7 所示。

$$\begin{cases} F_t = \dfrac{2T_1}{d_1} & \text{圆周力} \\ F_r = F_t \tan\alpha & \text{径向力} \\ F_n = \dfrac{F_t}{\cos\alpha} = \dfrac{2T_1}{d_1\cos\alpha} & \text{法向力} \end{cases} \qquad (10-1)$$

式中，T_1 为小齿轮传递的名义转矩，$T_1=10^6\dfrac{P}{\omega_1}=9.55\times10^6\dfrac{P}{n_1}(\mathrm{N\cdot mm})$，$P$ 为所传递的功率(kW)，ω_1 为小齿轮的角速度，$\omega_1=\dfrac{2\pi n_1}{60}(\mathrm{rad/s})$，$n_1$ 为小齿轮的转速，r/min；d_1 为小齿轮的分度圆直径，mm；α 为分度圆压力角。

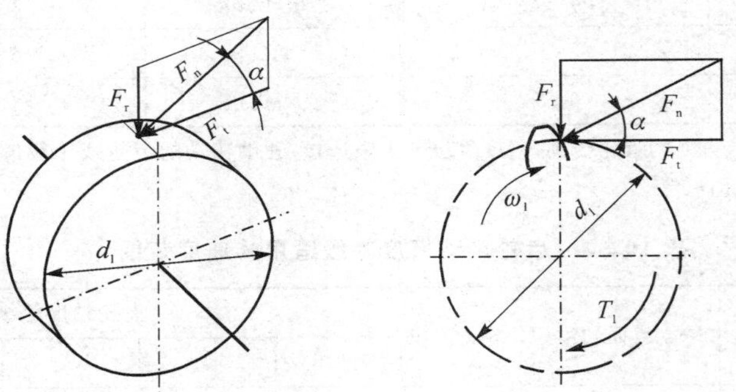

图 10-7　直齿圆柱齿轮的受力分析

齿轮各分力方向如下：

① **圆周力 $\boldsymbol{F}_t$**：从动轮所受的圆周力为驱动力，故其方向与齿轮的回转方向相同；主动轮所受的圆周力为工作阻力，故其方向与齿轮回转方向相反。

② **径向力 $\boldsymbol{F}_r$**：外齿轮所受的径向力 $\boldsymbol{F}_r$ 指向齿轮的轮心，内齿轮所受的径向力背离齿轮的轮心。

2. 斜齿圆柱齿轮

同理，可将作用于斜齿圆柱齿轮上的法向力 $\boldsymbol{F}_n$ 分解为圆周力 $\boldsymbol{F}_t$、径向力 $\boldsymbol{F}_r$ 和轴向力 $\boldsymbol{F}_x$，如图 10-8 所示。

$$
\begin{array}{ll}
\text{圆周力} & \left\{\begin{array}{l}
F_t=\dfrac{2T_1}{d_1} \\
\text{径向力}\quad F_r=F_t\tan\alpha_t=F_t\dfrac{\tan\alpha_n}{\cos\beta} \\
\text{轴向力}\quad F_x=F_t\tan\beta \\
\text{法向力}\quad F_n=\dfrac{F_t}{\cos\beta\cos\alpha_n}=\dfrac{F_t}{\cos\beta_b\cos\alpha_t}
\end{array}\right.
\end{array}
\tag{10-2}
$$

式中，α_t，α_n 分别为齿轮的端面压力角和法面压力角；β，β_b 分别为齿轮的分度圆柱螺旋角和基圆柱螺旋角。

由式(10-2)可知，斜齿轮上作用的轴向力随螺旋角的增大而增大，为了使轴承不承受过大的轴向力，应对螺旋角进行限制，一般在 8°～20°范围内。

斜齿圆柱齿轮所受圆周力 $\boldsymbol{F}_t$ 和径向力 $\boldsymbol{F}_r$ 的方向判断方法与直齿圆柱齿轮的相同。轴向力 $\boldsymbol{F}_x$ 方向决定于齿轮轮齿的螺旋方向和齿轮回转方向，判断方法为：作用于主动轮轮齿上的轴向力，可用左、右手法则判断，左螺旋用左手，右螺旋用右手。拇指伸直与轴线平行，其余四指沿回转方向握住齿轮轴线，则拇指的指向即为主动轮所受轴向力的方向。从动轮所受轴

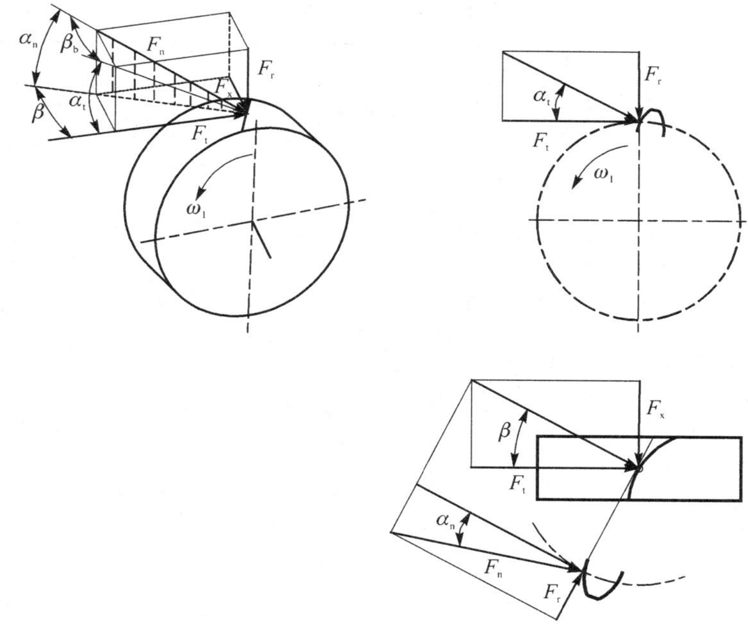

图 10-8　斜齿圆柱齿轮的受力分析

向力方向与主动轮相反。

在图 10-9 所示的斜齿圆柱齿轮传动中，齿轮 1 为主动轮，螺旋线方向为左旋，故用左手，四指沿回转方向握住齿轮轴线，拇指指向右，故主动轮 1 所受轴向力的方向指向右，从动轮 2 所受轴向力方向指向左。

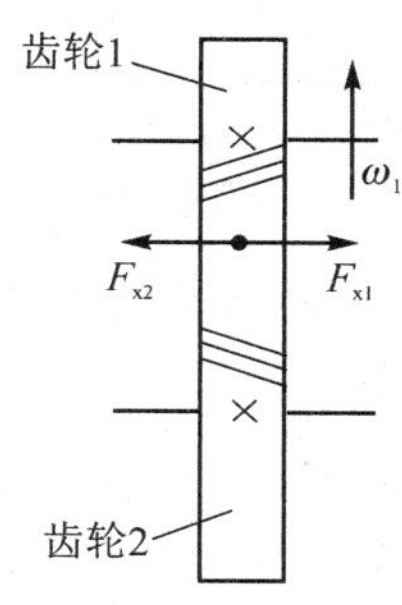

图 10-9　斜齿轮轴向力方向

10.3.2　计算载荷

根据齿轮传动的额定功率和转速计算得到的转矩和载荷分别称为名义转矩和名义载荷。而在实际传动中，考虑实际工况等多种因素的影响，需要对名义载荷进行修正，修正后得到的载荷称为计算载荷，用计算载荷对齿轮进行强度计算。以齿轮法向力 $\boldsymbol{F}_n$ 为例，其计算载荷 $\boldsymbol{F}_{nc}$ 为

$$F_{nc}=KF_n \tag{10-3}$$

式中，K 为载荷系数，在齿面接触应力计算和齿根弯曲应力计算中分别用 K_H 和 K_F 表示。

$$\begin{cases}K_H=K_AK_VK_\beta K_{H\alpha}\\K_F=K_AK_VK_\beta K_{F\alpha}\end{cases} \tag{10-4}$$

式中，K_A 为使用系数；K_V 为动载系数；K_β 为齿向载荷分布系数；

$K_{H\alpha}$，$K_{F\alpha}$ 为接触应力计算和弯曲应力计算的齿间载荷分配系数。

1. 使用系数 K_A

使用系数 K_A 是考虑由于齿轮啮合外部因素引起对附加动载荷影响的系数。它取决于原动机和工作机的特性、轴和联轴器系统的质量以及运行状态等的影响。表 10-5 所列的 K_A 值可供参考。

表 10－5　使用系数 K_A

载荷状态	工作机	原动机			
		电动机、均匀运转的蒸汽机、燃气轮机	蒸汽机、燃气轮机液压装置	多缸内燃机	单缸内燃机
均匀平稳	发电机、均匀加料的带式输送机或板式输送机、螺旋输送机、轻型升降机、包装机、机床进给机构、通风机、均匀密度材料搅拌机等	1.00	1.10	1.25	1.50
轻微冲击	不均匀加料的带式输送机或板式输送机、机床的主传动机构、重型升降机、工业与矿用风机、重型离心机、变密度材料搅拌机、多缸活塞泵等	1.25	1.35	1.50	1.75
中等冲击	橡胶挤压机、橡胶和塑料做间断工作的搅拌机、轻型球磨机、木工机械、钢坯初轧机、提升装置、单缸活塞泵等	1.50	1.60	1.75	2.00
严重冲击	挖掘机、重型球磨机、橡胶糅合机、破碎机、重型给水泵、旋转式钻探装置、压砖机、带材冷轧机、压坯机等	1.75	1.85	2.00	2.25或更大

注：1. 表中所列 K_A 值仅适用于减速传动，对于增速传动，建议取表中数值的 1.1 倍；

2. 当外部机械与齿轮装置之间有挠性连接时，K_A 值可适当减小。

2. 动载系数 K_V

动载系数 K_V 是考虑齿轮制造精度和节圆速度等齿轮内部因素而引起的对附加动载荷影响的系数。可根据齿轮的制造精度(6～12)和节圆速度根据图 10－10 选取 K_V 的值。

对于重要的齿轮，可对轮齿修缘，即将靠近轮齿顶部的渐开线进行适当修削，以减少动载系数 K_V，如图 10－11 所示。

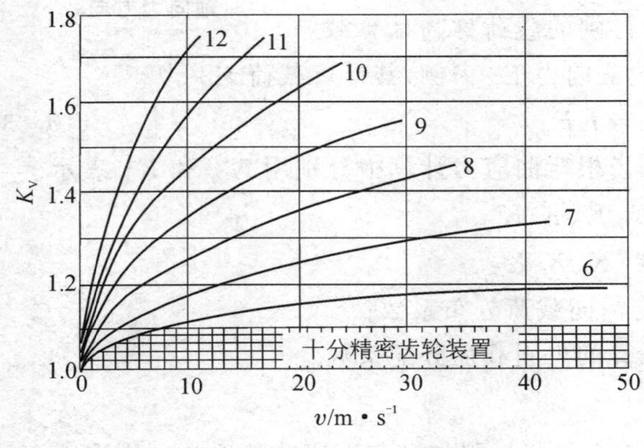

图 10－10　动载系数 K_V

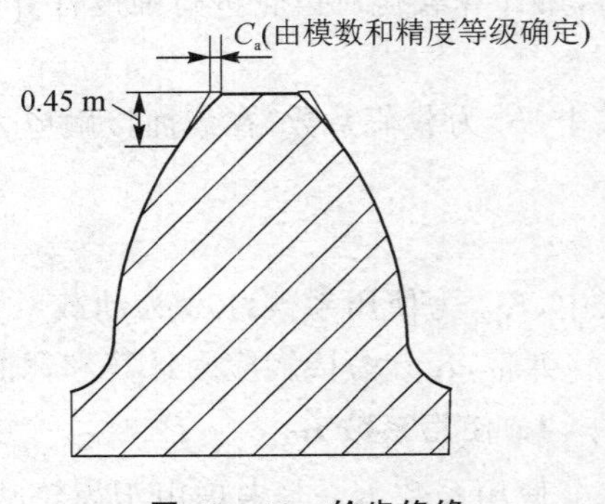

图 10－11　轮齿修缘

3. 齿间载荷分配系数 $K_{H\alpha}$,$K_{F\alpha}$

齿轮传动的端面重合度一般都大于 1,工作时,单对齿啮合和双对齿啮合交替进行。由于制造误差和轮齿变形等原因,载荷在各啮合齿之间的分配是不均匀的。齿间载荷分配系数 $K_{H\alpha}$,$K_{F\alpha}$ 就是考虑同时啮合的各对轮齿之间载荷分配不均匀而影响的系数。可根据表 10-6 查 $K_{H\alpha}$,$K_{F\alpha}$ 的数值。

表 10-6　齿间载荷分配系数 $K_{H\alpha}$,$K_{F\alpha}$

<table>
<tr><td colspan="2">$K_A F_t/b$</td><td colspan="7">≥100 N/mm</td><td><100 N/mm</td></tr>
<tr><td colspan="2">精度等级Ⅱ组</td><td>5</td><td>6</td><td>7</td><td>8</td><td>9</td><td>10</td><td>11~12</td><td>5 级及更低</td></tr>
<tr><td rowspan="2">硬齿面直齿轮</td><td>$K_{H\alpha}$</td><td rowspan="2" colspan="2">1.0</td><td rowspan="2">1.1</td><td rowspan="2">1.2</td><td colspan="4">$1/Z_\varepsilon^2 \geq 1.2$</td></tr>
<tr><td>$K_{F\alpha}$</td><td colspan="4">$1/Y_\varepsilon \geq 1.2$</td></tr>
<tr><td rowspan="2">硬齿面斜齿轮</td><td>$K_{H\alpha}$</td><td rowspan="2">1.0</td><td rowspan="2">1.1</td><td rowspan="2">1.2</td><td rowspan="2">1.4</td><td rowspan="2" colspan="4">$\varepsilon_\alpha/\cos^2\beta_b \geq 1.4$</td></tr>
<tr><td>$K_{F\alpha}$</td></tr>
<tr><td rowspan="2">非硬齿面直齿轮</td><td>$K_{H\alpha}$</td><td rowspan="2" colspan="3">1.0</td><td rowspan="2">1.1</td><td rowspan="2">1.2</td><td colspan="3">$1/Z_\varepsilon^2 \geq 1.2$</td></tr>
<tr><td>$K_{F\alpha}$</td><td colspan="3">$1/Y_\varepsilon \geq 1.2$</td></tr>
<tr><td rowspan="2">非硬齿面斜齿轮</td><td>$K_{H\alpha}$</td><td rowspan="2" colspan="2">1.0</td><td rowspan="2">1.1</td><td rowspan="2">1.2</td><td rowspan="2">1.4</td><td rowspan="2" colspan="3">$\varepsilon_\alpha/\cos^2\beta_b \geq 1.4$</td></tr>
<tr><td>$K_{F\alpha}$</td></tr>
</table>

注:① 小齿轮和大齿轮精度等级不同时,按精度低的取值。

② 软齿面和硬齿面相啮合的齿轮副,取平均值。

③ 对修形齿轮取 $K_{H\alpha}=K_{F\alpha}=1$。

在表 10-6 中,Z_ε 和 Y_ε 分别为接触强度计算和弯曲强度计算的重合度系数(可参见后续的式(10-9)和式(10-18)。ε_α 为端面重合度,对于标准和未经修缘的齿轮传动,ε_α 可近似计算为

$$\varepsilon_\alpha = \left[1.88 - 3.2\left(\frac{1}{z_1} \pm \frac{1}{z_2}\right)\right]\cos\beta \tag{10-5}$$

式中,"+"号用于外啮合;"−"用于内啮合。对于直齿圆柱齿轮传动,$\beta=0$。

4. 齿向载荷分布系数 K_β

齿向载荷分布系数 K_β 是考虑轮齿工作时沿齿宽方向载荷分布不均匀对齿面接触应力和齿根弯曲应力产生影响的系数。

在图 10-12(a)所示的齿轮传动中,如果轴承相对于齿轮不对称布置,那么在受载前,轴无弯曲变形,轮齿啮合正常;受载后,轴产生弯曲变形,轴上的齿轮也随之偏斜,从而使作用在齿面上的载荷沿接触线分布不均匀。在图 10-12(b)所示的齿轮传动,在扭转力矩作用下,轮齿的扭转变形也会使载荷沿齿宽分布不均匀,在扭矩输入端,轮齿所受的载荷最大。

影响齿向载荷分布的主要因素有齿轮在轴上的布置方式、支承刚度、齿面硬度、齿宽以及齿轮的制造和安装误差等。

如将一对齿轮中的一个齿轮的轮齿做成鼓形齿,如图 10-13 所示,则啮合时齿宽中部先接触,然后扩大到整个齿宽,载荷分布不均匀现象可得到改善。

当齿宽 $b \leq 100$ mm 时,齿向载荷分布系数 K_β 可按图 10-14 选取。图中 ψ_d 为齿宽系数,等于齿宽 b 与小齿轮分度圆直径 d_1 的比值,即 $\psi_d=b/d_1$,对于直齿锥齿轮传动,$\psi_d=b/d_{m1}$,

d_{m1} 为锥齿轮的平均分度圆直径，齿宽系数 ψ_d 的值如表 10－7 所列。

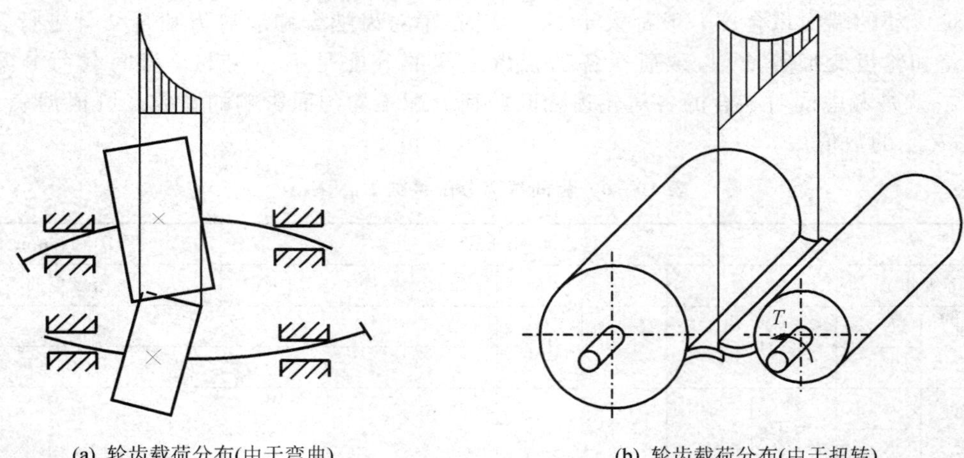

(a) 轮齿载荷分布(由于弯曲)　　(b) 轮齿载荷分布(由于扭转)

图 10－12　轮齿所受载荷分布情况

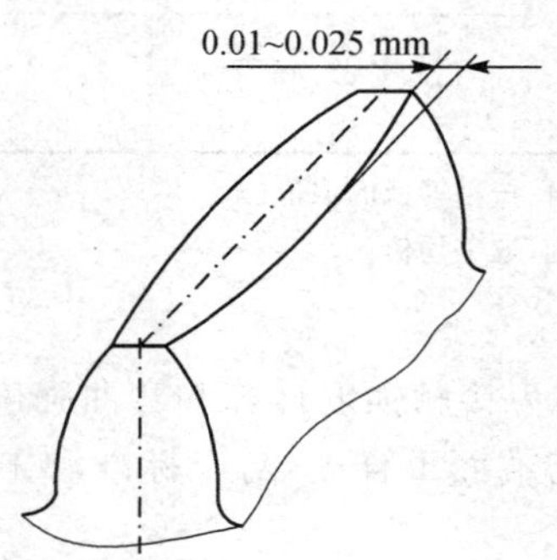

图 10－13　鼓形齿

表 10－7　齿宽系数 ψ_d

齿轮相对于轴承的位置	齿面硬度	
	软齿面	硬齿面
对称布置	0.8～1.4	0.4～0.9
非对称布置	0.6～1.2	0.3～0.6
悬臂布置	0.3～0.4	0.2～0.25

注：轴及其支座刚性较大时取大值，反之取小值。

图 10－14 中曲线族Ⅰ，Ⅱ，Ⅲ分别适用于齿轮在对称支承、非对称支承和悬臂支承的场合。其中实线所包围的区域适用于精度等级为 5～8 级的软齿面齿轮副；虚线所包围的区域适用于精度等级为 5～6 级的硬齿面齿轮副。在实线区域，对于确定的齿宽系数 ψ_d，齿间载荷分布系数 K_β 为一个范围，其下限值与 5 级精度齿轮副对应，上限值与 8 级精度齿轮副对应。对应 6～7 级的齿轮，可在其间估计选取。

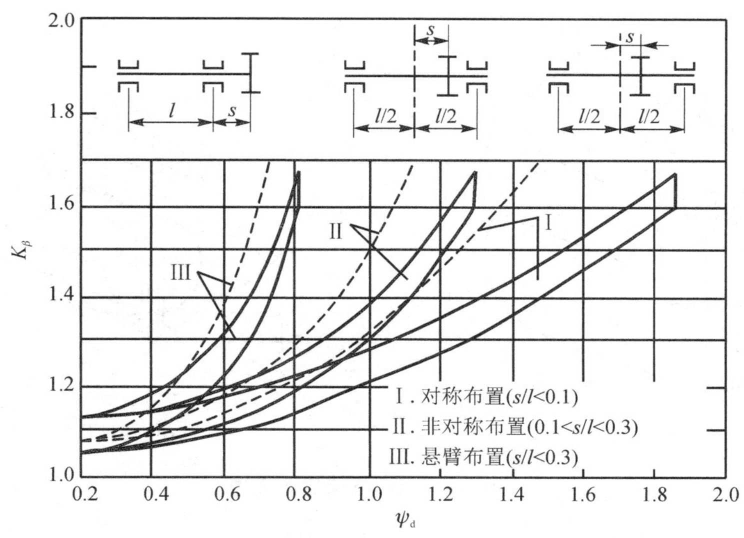

图 10－14　齿向载荷分布系数 K_β

10.4　直齿圆柱齿轮传动的强度计算

齿轮强度计算是根据齿轮可能出现的失效形式进行的。在一般齿轮传动中，齿面的主要失效形式为齿面接触疲劳点蚀和轮齿弯曲疲劳折断，本章介绍 GB/T 3480—1997 规定的这两种强度计算方法。

10.4.1　齿面接触疲劳强度计算

1. 齿面接触疲劳强度计算公式

由弹性力学可知，当两个轴线平行的圆柱相互接触并受力时，如图 10－15 所示，其接触面为一狭长矩形，最大接触应力发生在接触区中线上，其值为

$$\sigma_H = \sqrt{\frac{F_n}{\pi b} \frac{\frac{1}{\rho}}{\left(\frac{1-\mu_1^2}{E_1} + \frac{1-\mu_2^2}{E_2}\right)}} \tag{10-6}$$

式中，σ_H 为最大接触应力；F_n 为作用在圆柱上的载荷；B 为接触长度；ρ 为综合曲率半径，$\frac{1}{\rho}=\frac{1}{\rho_1}\pm\frac{1}{\rho_2}$，$\rho_1$ 和 ρ_2 分别为两接触面的曲率半径，“＋”号用于外接触，“－”用于内接触；E_1，E_2 为两圆柱材料的弹性模量；μ_1，μ_2 为两圆柱材料的泊松比。

式(10－6)称为赫兹(Hertz)公式。

齿面接触疲劳点蚀与齿面接触应力有关，而齿面最大接触应力可近似用赫兹公式(10－6)计算，从而可知齿面不发生接触疲劳点蚀的强度条件为

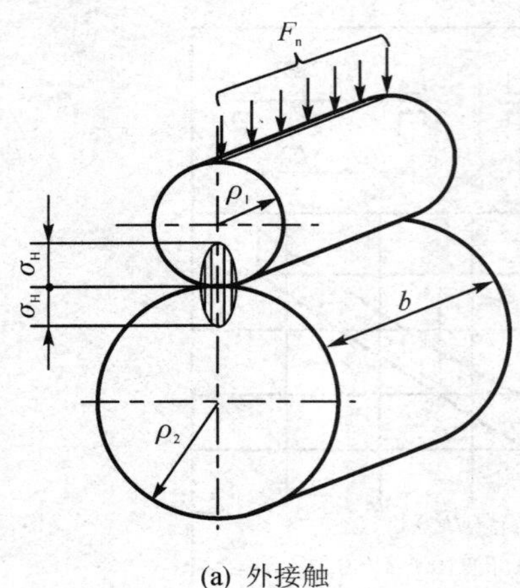

(a) 外接触

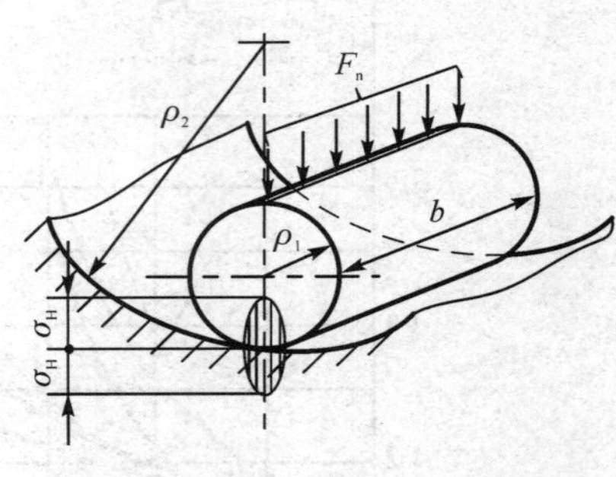

(b) 内接触

图 10-15 两圆柱的接触应力

$$\sigma_H=\sqrt{\frac{F_{nc}}{\pi L}\frac{\dfrac{1}{\rho}}{\left(\dfrac{1-\mu_1^2}{E_1}+\dfrac{1-\mu_2^2}{E_2}\right)}}\leqslant[\sigma_H] \tag{10-7}$$

式中，F_{nc} 为作用于轮齿上的法向计算载荷；ρ 为综合曲率半径，$\frac{1}{\rho}=\frac{1}{\rho_1}\pm\frac{1}{\rho_2}$，$\rho_1$ 和 ρ_2 分别为两接触面的曲率半径，"+"号用于外啮合，"-"用于内啮合；L 为轮齿接触线总长度；E_1，E_2 为两齿轮材料的弹性模量；μ_1，μ_2 为两齿轮材料的泊松比；$[\sigma_H]$ 为齿面接触疲劳强度计算的许用接触应力。

以下对式(10-7)中有关参数的选取进行说明。

(1) 综合曲率半径 ρ

齿轮传动在工作时，随着啮合位置的变动，齿轮上的载荷和综合曲率半径都在改变，因此齿面的最大接触应力也在改变。齿轮在节点啮合时，一般只有一对齿啮合，接触应力比较大，而且实践表明，轮齿上齿根部分靠近节点处最易发生点蚀，故常取节点处的接触应力作为计算依据。对于标准齿轮传动，由图 10-16 可知，节点处的齿廓曲率半径为

$$\rho_1=N_1C=r'_1\sin\alpha',\quad \rho_2=N_2C=r'_2\sin\alpha'$$

可得

$$\frac{1}{\rho}=\frac{\rho_2\pm\rho_1}{\rho_1\rho_2}=\frac{r'_2\pm r'_1}{r'_1r'_2\sin\alpha'}=\frac{\dfrac{r'_2}{r'_1}\pm1}{\left(\dfrac{r'_2}{r'_1}\right)r'_1\sin\alpha'}$$

又有齿数比 $u=\frac{z_2}{z_1}=\frac{r'_2}{r'_1}$ 和 $r'_1\cos\alpha'=r_1\cos\alpha$，代入上式可得

$$\frac{1}{\rho}=\frac{u\pm1}{u}\cdot\frac{1}{r'_1\cos\alpha'\dfrac{\sin\alpha'}{\cos\alpha'}}=\frac{u\pm1}{u}\cdot\frac{1}{r_1\cos\alpha\tan\alpha'}=\frac{u\pm1}{u}\cdot\frac{2}{d_1\cos\alpha\tan\alpha'} \tag{10-8}$$

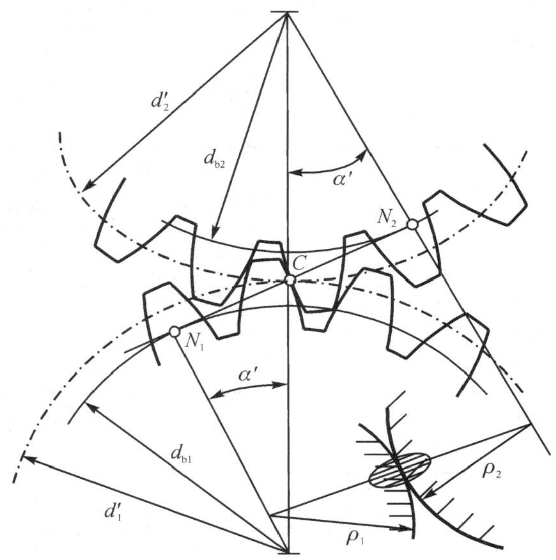

图 10-16 节点啮合时的齿廓曲率半径

(2) 接触线总长度 L

接触线总长度与齿宽和重合度有关,重合度越大,承载的接触线总长度越长,单位接触载荷则越小。其值为

$$L=\frac{b}{Z_{\varepsilon}^{2}} \tag{10-9}$$

式中,Z_{ε} 为接触疲劳强度计算的重合度系数,$z_{\varepsilon}=\sqrt{\frac{4-\varepsilon_{\alpha}}{3}}$。

(3) 齿轮法向计算载荷 F_{nc}

由式(10-3)和式(10-1)可得

$$F_{nc}=K_{H}F_{n}=K_{H}\frac{F_{t}}{\cos\alpha}=\frac{2K_{H}T_{1}}{d_{1}\cos\alpha} \tag{10-10}$$

将式(10-8)~式(10-10)代入式(10-7),并整理可得

$$\sigma_{H}=\sqrt{\frac{1}{\pi\left(\frac{1-\mu_{1}^{2}}{E_{1}}+\frac{1-\mu_{1}^{2}}{E_{1}}\right)}}\cdot\sqrt{\frac{2}{\cos^{2}\alpha\tan\alpha'}}\cdot Z_{\varepsilon}\cdot\sqrt{\frac{2K_{H}T_{1}}{bd_{1}^{2}}\frac{u\pm1}{u}}\leqslant[\sigma_{H}]$$

令 $Z_{E}=\sqrt{\frac{1}{\pi\left(\frac{1-\mu_{1}^{2}}{E_{1}}+\frac{1-\mu_{1}^{2}}{E_{1}}\right)}}$,$Z_{H}=\sqrt{\frac{2}{\cos^{2}\alpha\tan\alpha'}}$,则可得齿面接触疲劳强度的校核公式

$$\sigma_{H}=Z_{E}Z_{H}Z_{\varepsilon}\sqrt{\frac{2K_{H}T_{1}}{bd_{1}^{2}}\frac{u\pm1}{u}}\leqslant[\sigma_{H}] \tag{10-11}$$

将 $b=\psi_{d}d_{1}$ 代入式(10-11),经推导可得齿面接触疲劳强度的设计公式,即

$$d_{1}\geqslant\sqrt[3]{\frac{2K_{H}T_{1}}{\psi_{d}}\frac{u\pm1}{u}\left(\frac{Z_{E}Z_{H}Z_{\varepsilon}}{[\sigma_{H}]}\right)^{2}} \tag{10-12}$$

式中，Z_E 为弹性系数，其值可由表 11－8 查得；Z_H 为节点区域系数，其值可由图 10－17 确定。

表 10－8　弹性系数 Z_E

$\sqrt{\text{MPa}}$

齿轮材料	配对齿轮材料				
	灰铸铁	球墨铸铁	铸钢	锻钢	夹布塑料
锻钢	162.0	181.4	188.9	189.8	56.4
铸钢	161.4	180.5	188.0	—	—
球墨铸铁	156.6	173.9	—		
灰铸铁	143.7	—			

注：表中所列夹布塑料的泊松比 μ 为 0.5，其余材料的 μ 均为 0.3。

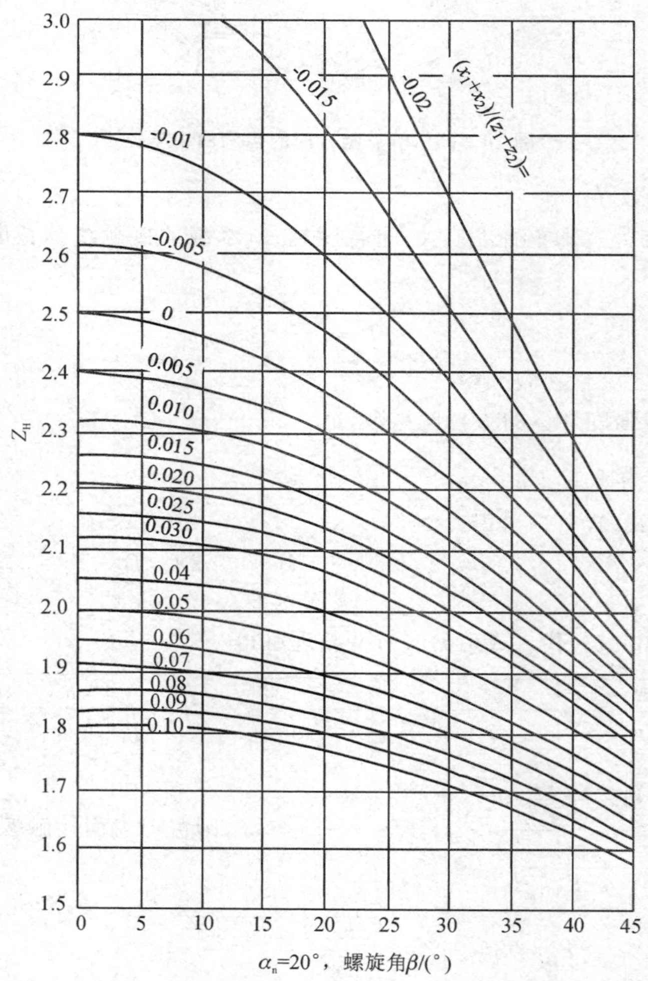

图 10－17　节点区域系数 Z_H

在应用齿面接触疲劳强度计算公式时，需要注意以下几点：

① 式中力的单位为 N，长度单位为 mm，其余参数单位也应保持一致。例如 σ_H 和 $[\sigma_H]$ 的单位为 MPa，即 N/mm^2，d_1 的单位为 mm，转矩 T_1 的单位为 N · mm。

② 式(10－11)和式(10－12)同时适用于大、小齿轮。因为小齿轮的接触应力与大齿轮的接触应力相等，即 $\sigma_{H1}=\sigma_{H2}$，所以校核齿轮接触疲劳强度时，只需要校核齿轮副中 $[\sigma_H]$ 值较小的就可以了。

③ 在齿轮传动中，只要有一个齿轮出现点蚀即导致传动失效，因此在设计齿轮时，应把两个齿轮许用应力 $[\sigma_H]$ 中较小的值代入式(10－12)进行计算。

由式(10－11)可知，在载荷、齿轮材料和齿数比等影响因素确定的情况下，齿面接触疲劳强度取决于小齿轮的直径 d_1。又因为一对齿轮的中心距为

$$a=\frac{1}{2}d_1(u\pm 1) \tag{10-13}$$

因此，齿轮接触疲劳强度主要取决于齿轮机构的分度圆直径 d 或中心距 a。

2. 许用接触应力 $[\sigma_H]$

齿轮的许用应力是基于试验条件下的齿轮疲劳极限，再考虑实际齿轮与试验条件的差别和可靠性而确定的。

齿轮疲劳试验条件为：中心距 $a=100$ mm，模数 $m=3\sim5$ mm，螺旋角 $\beta=0°$，圆周线速度 $v=10$ m/s，润滑剂黏度 $v_{50}=100\ mm^2/s$，齿轮精度等级 4～6 级，相啮合齿轮的材料相同，载荷系数 $K_A=K_v=K_\beta=K_{H\alpha}=1$。试验齿轮的失效判据为：对于非硬化齿轮，其大、小齿轮点蚀面积占全部工作齿面的 2%；对于硬化齿轮，其大、小齿轮点蚀面积占全部工作齿面的 0.5%。

对于一般的齿轮传动，因绝对尺寸、齿面粗糙度、圆周速度和润滑等对实际齿轮的疲劳极限影响不大，通常都不予考虑，只需考虑应力循环次数的影响。故齿轮的许用应力可表示为

$$[\sigma_H]=\frac{\sigma_{Hlim}Z_{NT}}{S_{Hmin}} \tag{10-14}$$

式中，σ_{Hlim} 为试验齿轮接触疲劳极限；Z_{NT} 为寿命系数；S_{Hmin} 为接触疲劳强度最小安全系数。

式(10－14)中各参数具体说明如下。

(1) 试验齿轮接触疲劳极限 σ_{Hlim}

σ_{Hlim} 是指某种材料的齿轮经长期持续的重复载荷作用(对大多数材料，其应力循环次数为 5×10^7)后，齿面不出现扩展性点蚀时的极限应力。其主要影响因素有材料成分、力学性能、热处理及硬化层深度、硬度梯度，结构(锻、轧、铸)，残余应力，材料的纯度和缺陷等。图 10－18～图 10－21 所示为失效概率为 1%的几种材料试验齿轮的接触疲劳极限 σ_{Hlim} 值。图中 ML 为齿轮材料质量和热处理质量达到最低要求时的疲劳极限取值线；MQ 为齿轮材料质量和热处理质量达到中等要求时的疲劳极限取值线，此中等要求是有经验的工业齿轮制造者以合理的生产成本所能达到的；ME 为齿轮材料质量和热处理质量达到很高要求时的疲劳极限取值线，此要求只有在具备高水平的制造过程控制能力时才能达到；MX 为对淬透性及金相组织有特殊考虑的调质合金钢的取值线。

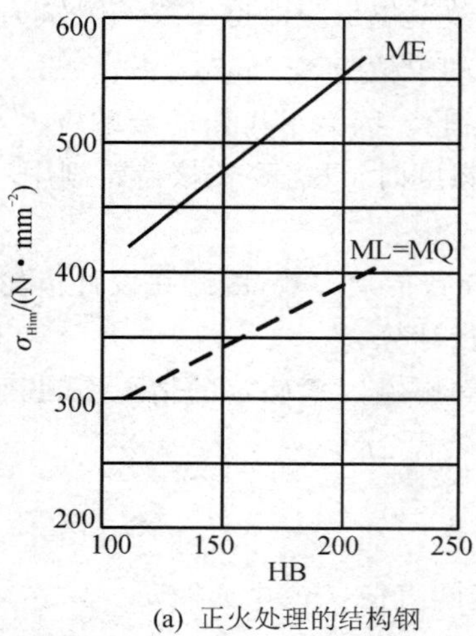

(a) 正火处理的结构钢

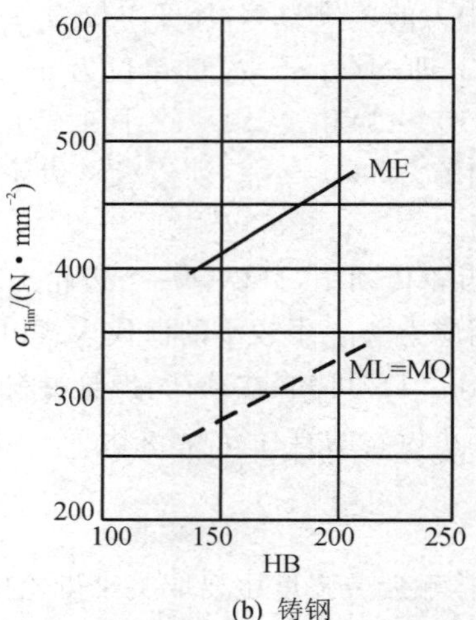

(b) 铸钢

图 10-18 正火处理的结构钢和铸钢的 σ_{Hlim}

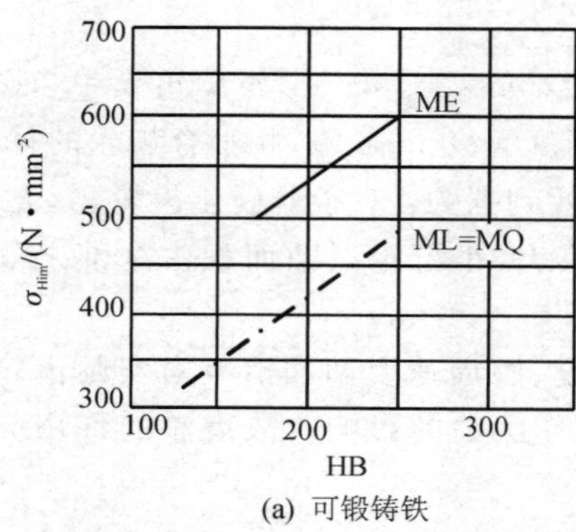

(a) 可锻铸铁

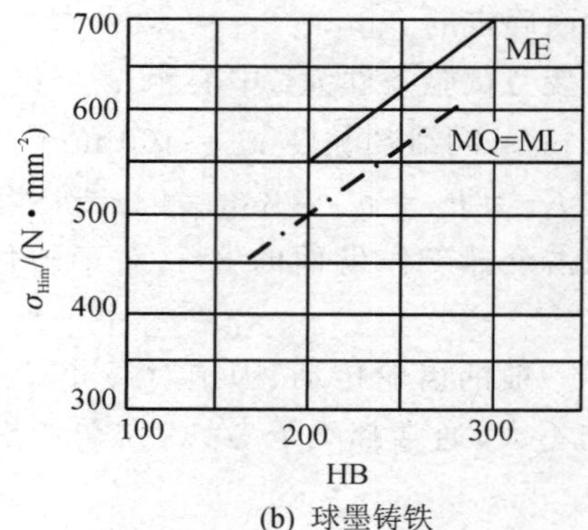

(b) 球墨铸铁

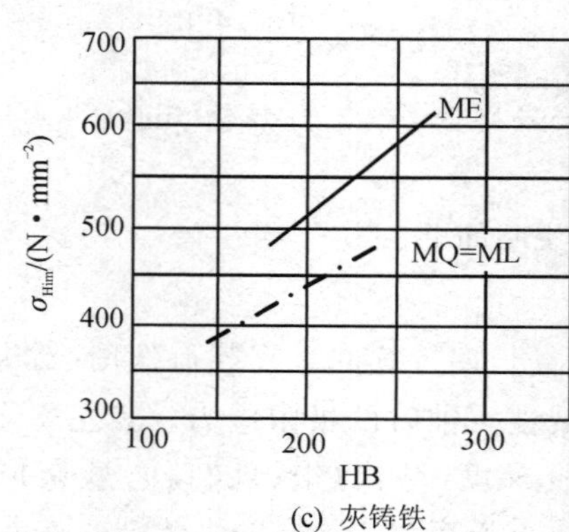

(c) 灰铸铁

图 10-19 铸铁的 σ_{Hlim}

(2) 寿命系数 Z_{NT}

当实际齿轮的应力循环次数小于或大于试验齿轮的循环次数 N_c 时,用寿命系数 Z_{NT} 将试验齿轮的疲劳极限折算为实际齿轮的疲劳极限。其值可根据实际齿轮的应力循环次数 N_L、齿轮的材料及热处理状况通过图 10-22 确定。

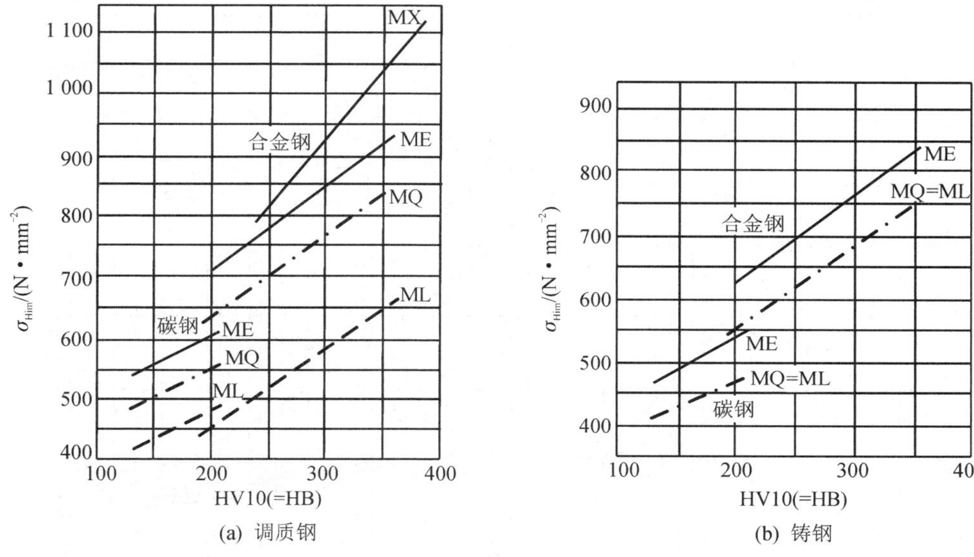

(a) 调质钢　　(b) 铸钢

图 10 - 20　调质处理的碳钢、合金钢及铸钢的 σ_{Hlim}

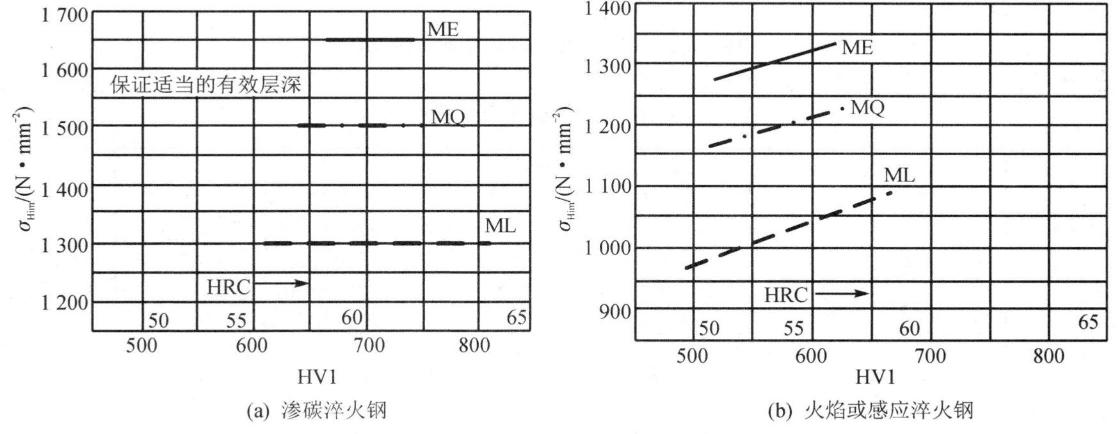

(a) 渗碳淬火钢　　(b) 火焰或感应淬火钢

图 10 - 21　渗碳淬火钢和表面硬化(火焰或感应淬火)钢的 σ_{Hlim}

当齿轮在定载荷工况工作时,应力循环次数 N_L 为齿轮设计寿命期内单侧齿面的啮合次数;齿轮双向工作时,按啮合次数较多的一侧计算。应力循环次数 N_L 的计算公式为

$$N_L = 60njL_h \tag{10-15}$$

式中,n 为齿轮的转速,r/min;j 为齿轮每转一圈时,同一齿面的啮合次数;L_h 为齿轮设计工作寿命,h。

当齿轮在变载荷工况下工作时,应力循环次数 N_L 应根据载荷变化的具体情况,采用疲劳积累分析方法,按国家标准规定进行计算。

(3) 接触疲劳强度最小安全系数 S_{Hmin}

选择安全系数时,应当考虑可靠性要求、计算方法、材料和加工制造等对零件品质的保障程度等。S_{Hmin} 可参考表 10 - 9 选取。

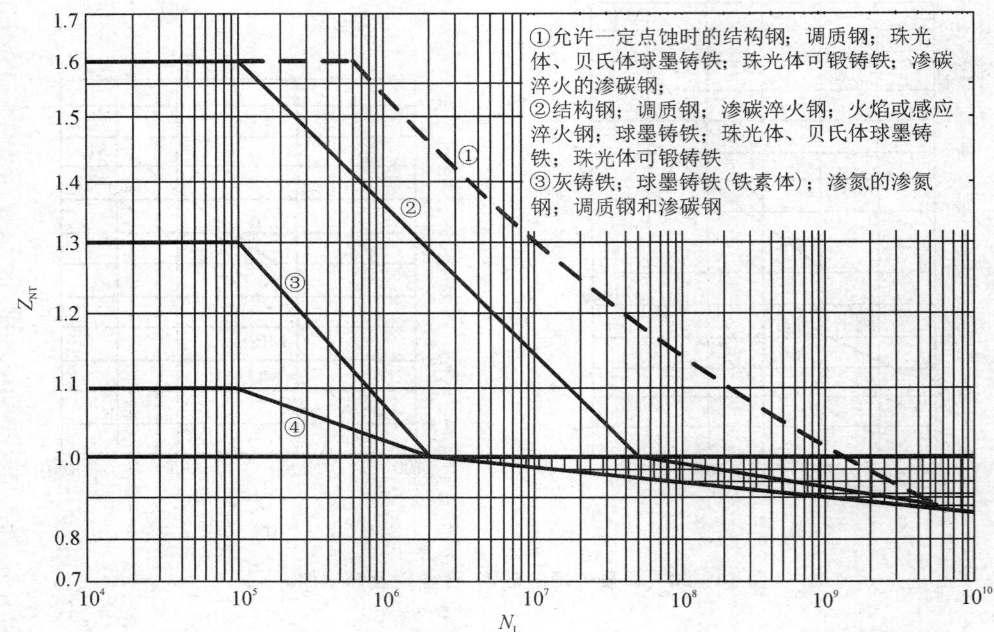

图 10－22　接触强度计算的寿命系数 Z_{NT}

表 10－9　最小安全系数

使用要求	失效概率	S_{Hmin}	S_{Fmin}
高可靠性	≤1/10 000	1.50～1.60	2.00
较高可靠性	≤1/1 000	1.25～1.30	1.60
一般可靠性	≤1/100	1.00～1.10	1.25
低可靠性	≤1/10	0.85	1.00

注：(1) 一般齿轮传动不推荐低可靠度设计；

(2) 当取 $S_{Hmin}=0.85$ 时，齿面可能在出现点蚀前先产生齿面塑性变形。

10.4.2　齿根弯曲疲劳强度计算

1. 齿根弯曲疲劳强度计算公式

当齿轮轮齿在齿顶啮合时，处于双对齿啮合区，载荷由两对齿承担，虽然齿根弯曲应力的力臂最大，但单个轮齿的受力不是最大，所以齿根处的弯曲应力不是最大。根据分析，当载荷作用在单齿啮合区的最高点时，齿根的弯曲应力最大。为了简化计算并考虑安全问题，在进行齿根弯曲疲劳强度计算时，做以下假设：① 全部载荷由一对齿承受；② 载荷作用于齿顶。由此产生的误差用重合度系数 Y_ε 进行修正。

计算时，可将轮齿看作悬臂梁，如图 10－23 所示。齿根处的危险截面可由 30°截面法确定：做与轮齿中线成 30°并与齿根过渡曲线相切的切线，通过两切点的截面即为齿根危险截面。

由图 10－23 可知，法向力 F_n 可分解为 $F_n\sin\alpha_F$ 和 $F_n\cos\alpha_F$ 两个分力。水平分力 $F_n\cos\alpha_F$ 在齿根产生弯曲应力 σ_F 和切应力 t，垂直分力 $F_n\sin\alpha_F$ 在齿根产生压应力 σ_b，由于切应力 t 和压应力 σ_b 较小，通常略去不计，其影响通过应力修正系数 Y_{sa} 来考虑。故齿根危险截面的弯曲力矩为

$$M=F_n\cos\alpha_F l=\frac{2T_1}{d_1}\cdot\frac{\cos\alpha_F l}{\cos\alpha}$$

齿根危险截面的抗弯截面系数为

$$W=\frac{bs^2}{6}$$

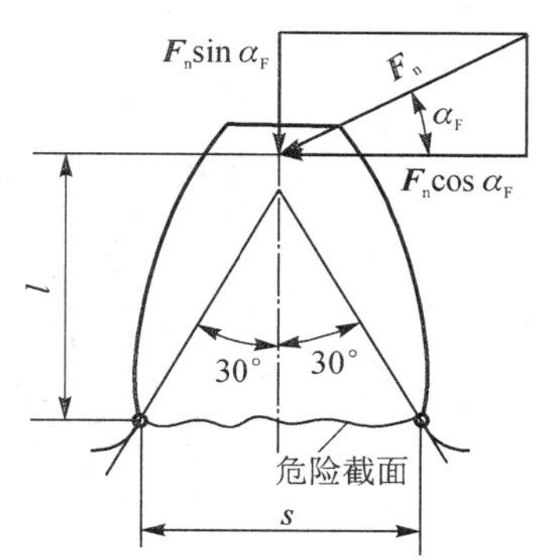

图 10－23　齿根危险截面

式中，b 为轮齿的啮合宽度。故危险截面的弯曲应力为

$$\sigma_F=\frac{M}{W}=\frac{2T_1}{bd_1}\frac{6\cos\alpha_F l}{s^2\cos\alpha}=\frac{2T_1}{bd_1m}\frac{6\dfrac{l}{m}\cos\alpha_F}{\left(\dfrac{s}{m}\right)^2\cos\alpha}\tag{1－16(a)}$$

令

$$Y_{Fa}=\frac{6\dfrac{l}{m}\cos\alpha_F}{\left(\dfrac{s}{m}\right)^2\cos\alpha}\tag{10－16(b)}$$

称 Y_{Fa} 为齿形系数，因 l 和 s 均与模数成正比，故 Y_{Fa} 只与齿形的尺寸比例有关，而与模数无关。综合式(10－16(a))和式(10－16(b))，并计入载荷修正系数 K_F、应力修正系数 Y_{sa} 和重合度修正系数 Y_ε，可得齿根弯曲疲劳强度的校核公式

$$\sigma_F=\frac{2K_FT_1}{bd_1m}Y_{Fa}Y_{Sa}Y_\varepsilon\leqslant[\sigma_F]\tag{10－16(c)}$$

将 $b=\psi_d d_1$，$d_1=m z_1$ 代入式(10－16(c))，可得齿根弯曲疲劳强度的设计公式，即

$$m\geqslant\sqrt[3]{\frac{2K_FT_1}{\psi_d z_1^2[\sigma_F]}Y_{Fa}Y_{Sa}Y_\varepsilon}\tag{10－17}$$

式中齿形系数 Y_{Fa}、应力修正系数 Y_{sa} 和重合度修正系数 Y_ε 的选取如下：

(1) 齿形系数 Y_{Fa}

对于渐开线齿廓圆柱外齿轮 Y_{Fa} 可由图 10－24 查取，内齿轮的 $Y_{Fa}=2.053$。

(2) 应力修正系数 Y_{sa}

对于渐开线基本齿廓圆柱外齿轮，Y_{Sa} 可由图 10－25 查取，内齿轮的 $Y_{Sa}=2.65$。

(3) 重合度修正系数 Y_ε

重合度修正系数 Y_ε 可按下式计算：

$$Y_\varepsilon=0.25+\frac{0.75}{\varepsilon_\alpha}\tag{10－18}$$

在应用弯曲疲劳强度计算公式时，需要注意以下几点：

① 应用式(10－16(c))校核齿根弯曲疲劳强度时，由于两个齿轮的弯曲疲劳强度不相等，即 $\sigma_{F1}\neq\sigma_{F2}$，故需要分别计算两个齿轮的弯曲疲劳强度 σ_{F1} 和 σ_{F2}。

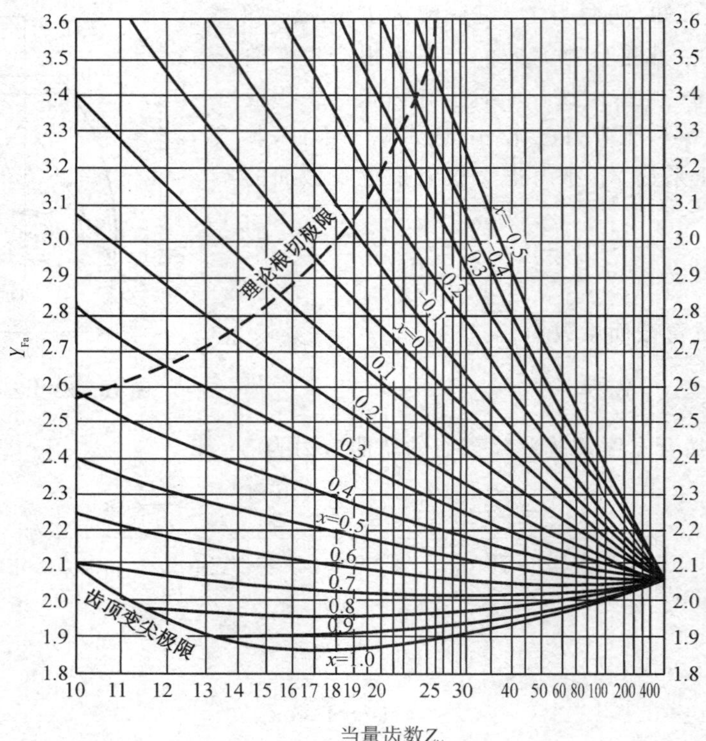

图 10-24 外齿轮的齿形系数 Y_{Fa}

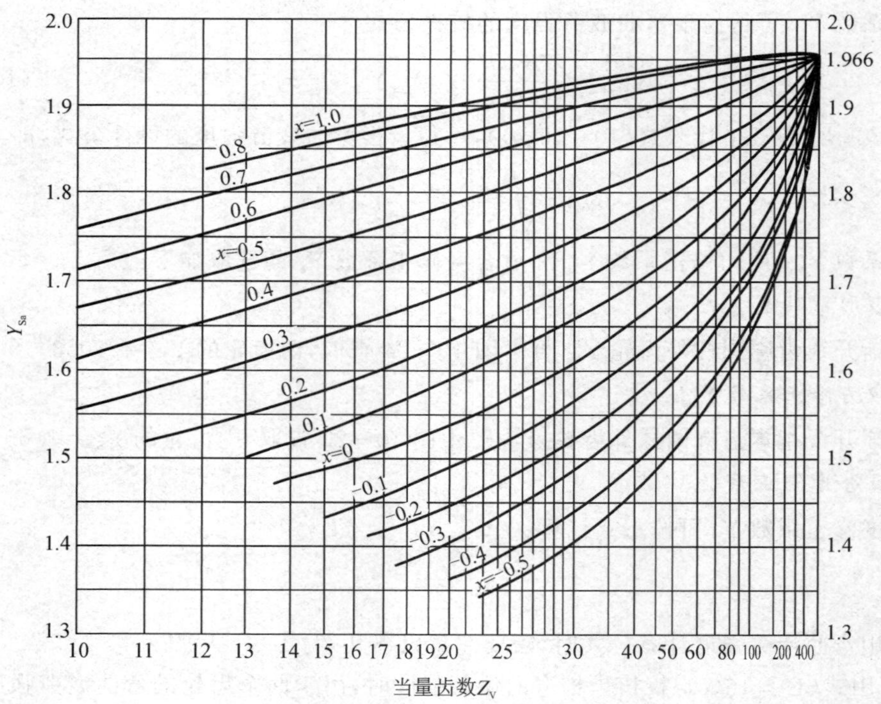

图 10-25 应力修正系数 Y_{Sa}

② 应用式(10－17)设计齿轮参数时,应分别计算两个齿轮的 $Y_{Fa1}Y_{Sa1}/[\sigma_{F1}]$ 和 $Y_{Fa2}Y_{Sa2}/[\sigma_{F2}]$ 并进行比较,将其中较大的数值代入式(10－17)。

③ 由设计式(10－17)求得齿轮模数后,需将模数圆整为标准模数值。对于开式传动,模数应加大 10% ～15%后再圆整,以补偿磨粒磨损。

④ 由式(10－16(c))可知,在其他条件确定的情况下,齿轮的齿根抗弯曲疲劳强度主要取决于模数 m 的大小。

2. 许用弯曲应力$[\sigma_F]$

对于普通的齿轮传动,其许用弯曲应力可表示为

$$[\sigma_F]=\frac{2\sigma_{Flim}Y_{NT}Y_X}{S_{Fmin}} \tag{10-19}$$

式中,σ_{Flim} 为试验齿轮的齿根弯曲疲劳极限;σ_{Flim} 是指某种材料的齿轮经长期持续的重复载荷作用(对大多数材料,其应力循环次数为 3×10^6)后,齿根保持不破坏的极限应力。图 10－26～图 10－29 所示为失效概率为 1%的几种材料试验齿轮的弯曲疲劳极限 σ_{Flim} 值,适用于轮齿单

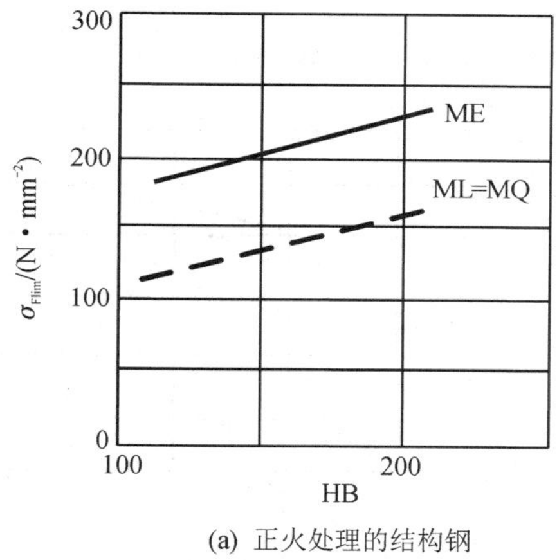

(a) 正火处理的结构钢

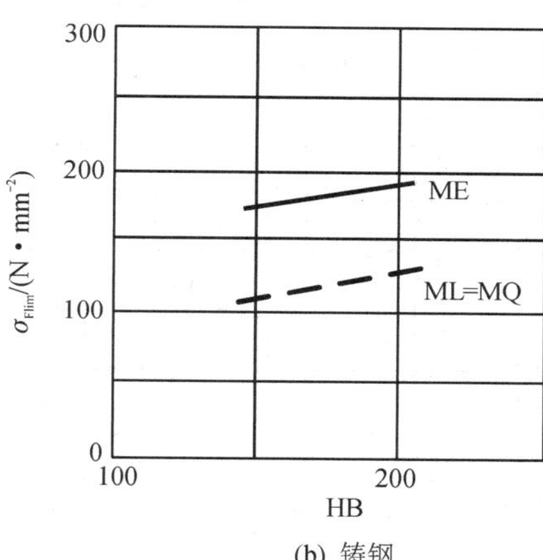

(b) 铸钢

图 10－26　正火处理的结构钢和铸钢的 σ_{Flim}

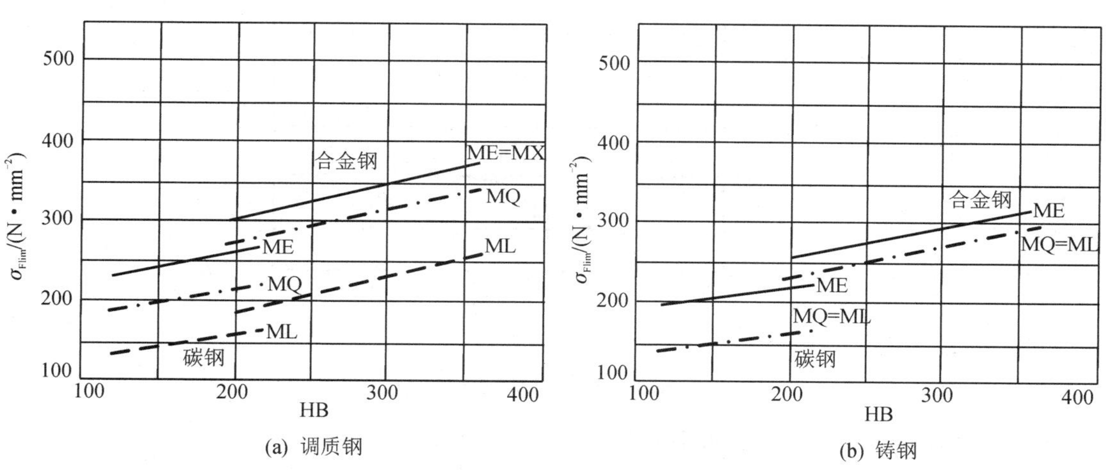

图 10－27　调质处理的碳钢、合金钢与铸钢的 σ_{Flim}

向弯曲的受载情况；对于受双向弯曲的齿轮(如中间轮和行星轮)，应将图中查得的数值乘以0.7；对于双向运转的齿轮，所乘系数可稍大于0.7。

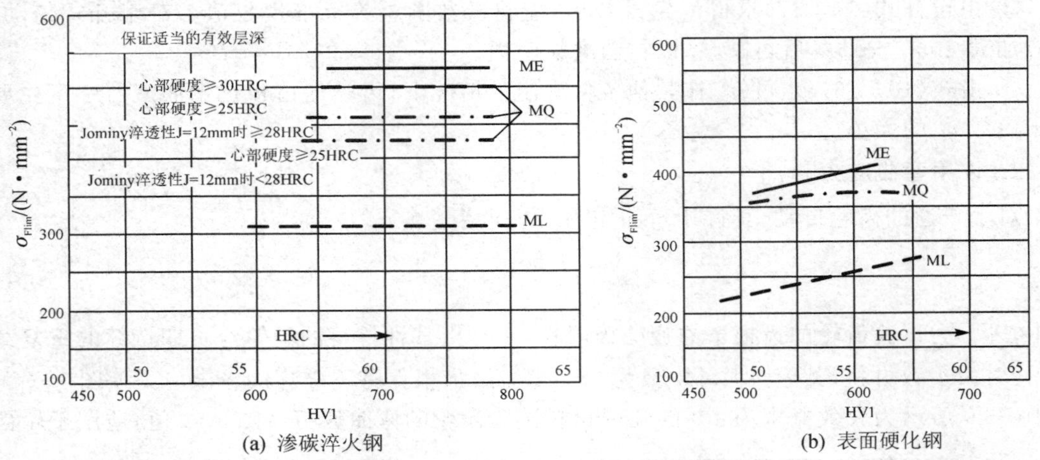

(a) 渗碳淬火钢　　(b) 表面硬化钢

图 10-28　渗碳淬火钢和表面硬化(火焰或感应淬火)钢的 σ_{Flim}

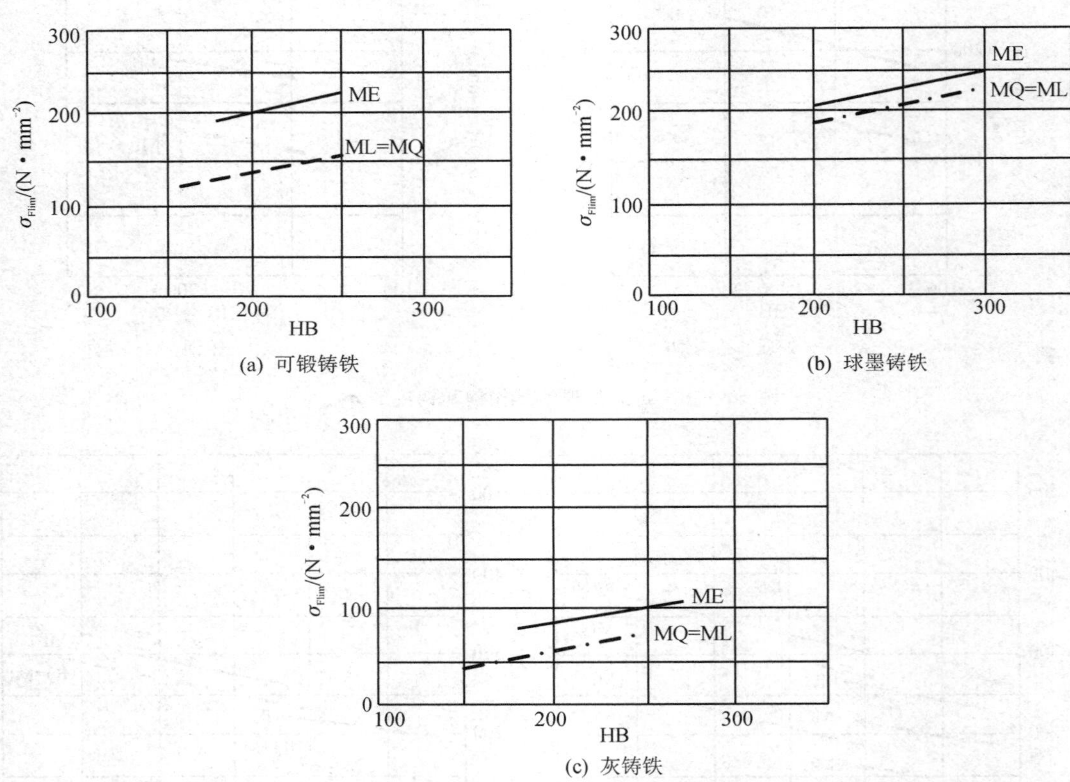

(a) 可锻铸铁　　(b) 球墨铸铁

(c) 灰铸铁

图 10-29　铸铁的 σ_{Flim}

Y_{NT} 为弯曲疲劳强度计算的寿命系数；其值可由图 10-30 查取。

S_{Fmin} 为弯曲疲劳强度计算的最小安全系数；可参考表 10-9 选取。

Y_X 为尺寸系数，可由图 10-31 查取。

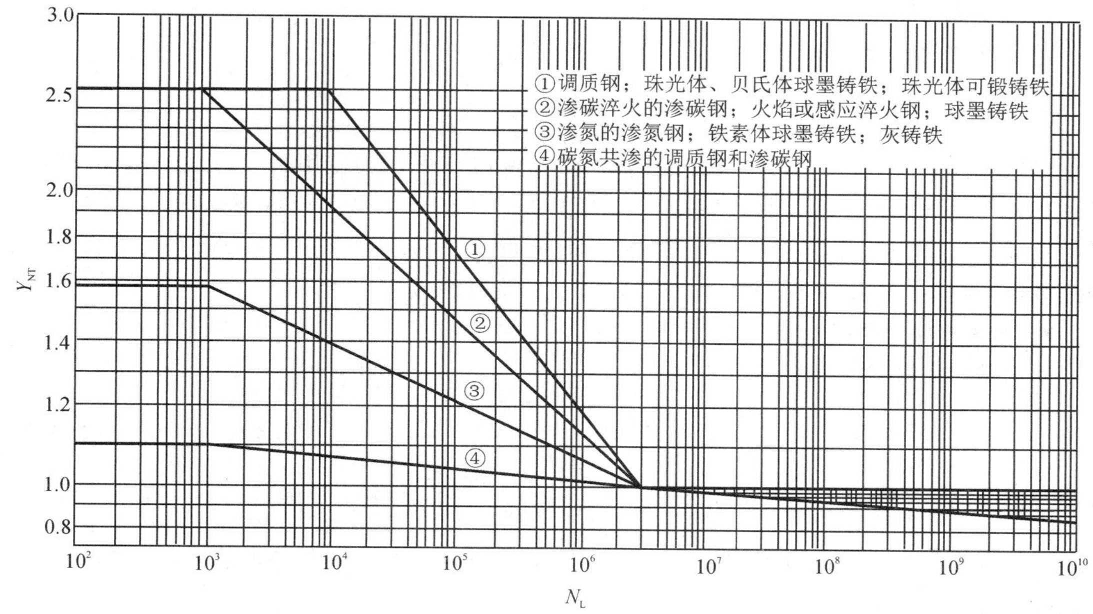

图 10-30　弯曲疲劳强度计算的寿命系数 Y_{NT}

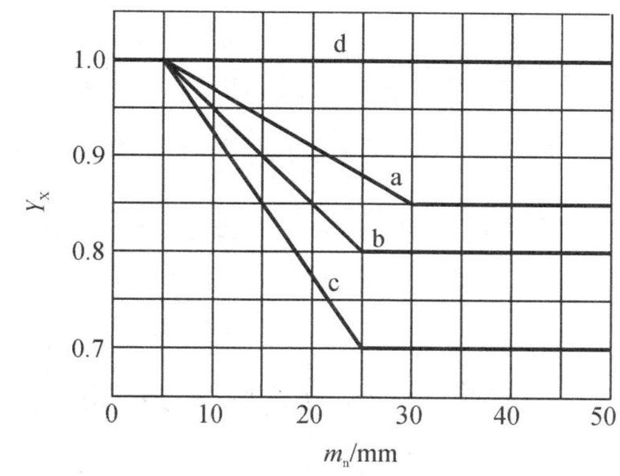

a. 结构钢、调质钢、球墨铸铁(珠光体、贝氏体)、珠光体可锻铸铁；

b. 渗碳淬火钢和全齿廓感应或火焰淬火钢，渗氮或氮碳共渗钢；

c. 灰铸铁、球墨铸铁(铁素体)；d. 静强度计算时的所有材料

图 10-31　尺寸系数 Y_X

10.4.3　轮齿静强度校核

轮齿静强度校核分为少循环次数过载计算和瞬时过载计算两种。前者是指齿轮传动在工作过程中过载循环次数为 $10^2 \leqslant N \leqslant N_0$(接触强度计算时，$N_0=10^4$；弯曲强度计算时，$N_0=10^3$)的情况，后者是指过载循环次数 $N \leqslant 10^2$ 的情况。过载是指超过额定工况的大载荷，如大的惯性系统中的齿轮迅速起动、制动引起的冲击，在运行中出现异常重载或有重复性的中等冲击甚至严重冲击。过载可能会引起齿面塑性变形或齿面破碎，严重时会引起轮齿整体塑性变形或折断，所以对于工作中可能出现短时大过载的齿轮传动，应进行轮齿的静强度核算。

1. 计算载荷

可按下式确定计算载荷：

$$F_{tc}=K_A K_V K_\beta K_\alpha \frac{2T_{1max}}{d_1} \tag{10-20}$$

式中，T_{1max} 为小齿轮最大转矩，如起动转矩、堵转转矩等；K_A 为使用系数，因已按最大载荷计算，故 $K_A=1$；K_V 为动载系数，对在起动或堵转时产生的最大载荷或低速工况，可取 $K_V=1$，其他情况，仍按图 10－10 查取；K_β 为齿向载荷分布系数，仍按图 10－14 查取；K_α 为齿间载荷分配系数，对于接触强度计算按 $K_{H\alpha}$ 查取，弯曲强度计算按 $K_{F\alpha}$ 查取。

2. 齿面接触静强度校核

齿面接触静强度校核公式为

$$\sigma_{Hst}=Z_E Z_H Z_\varepsilon \sqrt{\frac{2K_V K_\beta K_{H\alpha} T_{1max}}{bd_1^2}\frac{u\pm 1}{u}} \leqslant [\sigma_{Hst}] \tag{10-21}$$

式中，σ_{Hst} 为静强度最大接触应力，N/mm^2；$[\sigma_{Hst}]$ 为静强度许用接触应力，N/mm^2，$[\sigma_{Hst}]=\frac{\sigma_{HE}Z_{NT}}{S_{Hmin}}$；$\sigma_{HE}$ 为齿面接触静强度极限，一般取 $\sigma_{HE}=2\sigma_{Hlim}$；$Z_{NT}$ 为寿命系数，选取时应力循环次数为静载荷作用的对应值，一般 $N_L=N_0$。

3. 齿根弯曲静强度校核

齿根弯曲静强度校核公式为

$$\sigma_{Fst}=\frac{2K_V K_\beta K_{F\alpha} T_{1max}}{bd_1 m} Y_{Fa} Y_{sa} Y_\varepsilon \leqslant [\sigma_{Fst}] \tag{10-22}$$

式中，σ_{Fst} 为静强度最大弯曲应力，N/mm^2；$[\sigma_{Fst}]$ 为静强度许用弯曲应力，N/mm^2，$[\sigma_{Fst}]=\frac{2\sigma_{FE}Y_{NT}}{S_{Fmin}}$；$\sigma_{FE}$ 为齿根弯曲静强度极限，一般取 $\sigma_{FE}=2\sigma_{Flim}$；$Y_{NT}$ 为寿命系数，选取时应力循环次数为静载荷作用的对应值，一般 $N_L=N_0$。

10.5 直齿圆柱齿轮传动的设计

10.5.1 已知条件和设计内容

设计一对直齿圆柱齿轮传动时，一般情况下，已知齿轮传动的输入功率 P 或转矩 T，传动比 i、输入转速 n、工作状况和计划使用寿命等。

设计内容包括：选择齿轮类型、确定齿轮材料和热处理方式、确定齿轮精度等级，确定齿轮的参数和结构尺寸，并画出齿轮传动的装配图和齿轮的零件图。

10.5.2 齿轮传动初步设计

综合前面所述已知，对于软齿面闭式齿轮传动，应先按齿面接触疲劳强度设计齿轮的分度圆直径及其主要几何尺寸，然后再校核齿根弯曲疲劳强度；对于硬齿面闭式齿轮传动，应先按齿根的弯曲疲劳强度确定齿轮的模数及其主要几何参数，然后再校核齿面接触疲劳强度；开式传动齿轮需按齿根弯曲疲劳强度计算齿轮的模数，为补偿磨粒磨损，把计算获得的模数增加

10%～15%并圆整为标准值，然后再确定齿轮的其他参数和几何尺寸。

由于在设计齿轮时，其参数和几何尺寸为未知，所以还不能直接按式(10－12)和式(10－17)进行设计。此时可先按GB/T 10063—1988给出的齿面接触疲劳强度或齿根弯曲疲劳强度计算公式初步确定齿轮的直径 d 或模数 m，然后再确定其他参数和几何尺寸，并进行强度校核。

1. 齿面接触疲劳强度初步设计公式

根据齿面接触疲劳强度设计齿轮时，可按下式初步估算小齿轮的分度圆直径 d_1，即

$$d_1 \geqslant A_d \sqrt[3]{\frac{KT_1}{\psi_d [\sigma_H]^2} \frac{u \pm 1}{u}} \quad \text{mm} \tag{10-23}$$

式中各参数及量纲说明如下。

(1) 系数 A_d

对于钢对钢配对的齿轮副，系数 A_d 按表10－10选取。对于非钢对钢配对的齿轮副，需将表中数值乘以修正系数，修正系数如表10－11所列。

表10－10 钢对钢配对齿轮副的 A_d

螺旋角 β	0°	8°～15°	25°～35°
A_d	76.6	75.6	70.9

表10－11 修正系数

小齿轮	钢			铸钢			球墨铸铁		灰铸铁
大齿轮	铸钢	球墨铸铁	灰铸铁	铸钢	球墨铸铁	灰铸铁	球墨铸铁	灰铸铁	灰铸铁
修正系数	0.997	0.970	0.906	0.994	0.967	0.898	0.943	0.880	0.836

(2) 载荷系数 K

常用值 $K=1.2$～2，当载荷平稳、齿宽系数较小、轴承对称布置、轴的刚性较大、齿轮精度较高(6级以上)以及齿的螺旋角较大时取较小值；反之，取较大值。

(3) 许用接触应力 $[\sigma_H]$

推荐 $[\sigma_H] \approx 0.9\sigma_{Hlim}$，$\sigma_{Hlim}$ 取 σ_{Hlim1} 和 σ_{Hlim2} 中的较小值。

(4) 各参数量纲

力的单位为N，长度单位为mm，其余参数单位也应保持一致。例如 σ_H 和 $[\sigma_H]$ 的单位为MPa，即 N/mm^2，d_1 的单位为mm，转矩 T_1 的单位为N·mm。

2. 齿根弯曲疲劳强度初步设计公式

根据齿根弯曲疲劳强度设计齿轮时，可按下式初步估算齿轮的模数 m，即

$$m_n \geqslant A_m \sqrt[3]{\frac{KT_1}{\psi_d z_1^2 [\sigma_F]} Y_{Fa} Y_{Sa}} \tag{10-24}$$

式中各参数取值如下。

(1) 系数 A_m

系数 A_m 按表10－12选取。

表 10-12 钢对钢配对齿轮副的 A_m

螺旋角 β	0°	8°～15°	25°～35°
A_m	1.26	1.24	1.15

(2) 载荷系数 K

常用值 $K=1.2\sim2$，当载荷平稳、齿宽系数较小、轴承对称布置、轴的刚性较大、齿轮精度较高(6 级以上)以及齿的螺旋角较大时取较小值；反之，取较大值。

(3) 许用弯曲应力$[\sigma_F]$

对于轮齿单向受力，$[\sigma_F]\approx1.4\sigma_{Flim}$；对于轮齿双向受力或开式传动，$[\sigma_F]\approx\sigma_{Flim}$。

需要注意的是：

① 在式(11-24)中，需分别计算 $Y_{Fa1}Y_{Sa1}/[\sigma_{F1}]$和 $Y_{Fa2}Y_{Sa2}/[\sigma_{F2}]$并进行比较，然后把较大的值代入。

② 设计时，模数应圆整为标准值；对于开式传动齿轮，模数应加大 10%～15%后再圆整，以补偿磨粒磨损。

3. 小齿轮齿数的选择

小齿轮的齿数越多，重合度越大，齿轮传动工作越平稳。在分度圆大小不变的情况下，增大齿数可以减少模数、降低齿高、缩小毛坯直径、减少金属切削量、降低齿轮制造成本。而齿高的降低又会减少滑动系数，有利于提高轮齿的耐磨损和抗胶合能力，因此，当齿轮传动的承载能力主要取决于齿面强度时，如闭式软齿面齿轮传动，可选取较多的齿数，通常取 $z_1=20\sim40$。当齿轮传动的承载能力主要取决于轮齿的抗弯强度时，如硬齿面齿轮传上动或开式齿轮传动，为了使齿轮尺寸不至于过大，应选取较少的齿数，通常取 $z_1=17\sim25$。

例题 10-1 设计一闭式标准直齿圆柱齿轮传动。已知：名义功率 $P=11$ kW；小齿轮转速 $n_1=1\ 200$ r/min；传动比 $i(=u)=4.76$(允许有±4%的误差)。预期使用寿命 5 年，每年 250 个工作日，单班制(每日工作 8 h)。在使用期限内，工作时间占 20%。动力机为电动机，工作有中等冲击，传动不逆转，齿轮对称布置，起动转矩约为正常转矩的 2 倍。

解：设计计算步骤如下。

计算与说明	主要结果
(1) 选择材料和热处理方式 小齿轮：40Cr，调质处理，硬度 HB241～286 大齿轮：45 钢，调质处理，硬度 HB229～286	小齿轮 HB260 大齿轮 HB240
(2) 初选齿数 取小齿轮齿数 $z_1=23$，则大齿轮齿数 $$z_2=iz_1=23\times4.76=109.48$$ 圆整取 $z_2=110$ 齿数比：$u=z_2/z_1=110/23=4.78$ 验算传动比误差，$\dfrac{4.78-4.76}{4.76}\times100\%=0.42\%$，满足小于 4%的要求	$z_1=23$ $z_2=110$ $u=4.78$

续表

计算与说明	主要结果
(3) 确定小齿轮转矩 T_1 $$T_1=9.55\times10^6\ \frac{P}{n_1}=9.55\times10^6\times\frac{11}{970}=10.83\times10^4(\mathrm{N\cdot mm})$$	$T_1=10.83\times10^4\ \mathrm{N\cdot mm}$
(4) 初估小齿轮分度圆直径 d_1 由表 10-10 选取 $A_d=76.6$，选 $K=1.8$，由表 10-7 选取齿宽系数 $\psi_d=1.0$； 由图 10-20(a)，分别取接触疲劳极限 $\sigma_{\mathrm{Hlim1}}=720$ MPa，$\sigma_{\mathrm{Hlim2}}=580$ MPa 则有：$[\sigma_{\mathrm{H1}}]\approx0.9\sigma_{\mathrm{Hlim1}}=0.9\times720\ \mathrm{MPa}=648\ \mathrm{MPa}$ $[\sigma_{\mathrm{H2}}]\approx0.9\sigma_{\mathrm{Hlim2}}=0.9\times580\ \mathrm{MPa}=522\ \mathrm{MPa}$ 故小齿轮的分度圆初估直径为 $$d_1\geqslant A_d\sqrt[3]{\frac{KT_1}{\psi_d[\sigma_H]^2}\ \frac{u+1}{u}}=76.6\times\sqrt[3]{\frac{1.8\times8.75\times10^4}{1\times522^2}\times\frac{4.78+1}{4.78}}=67.97(\mathrm{mm})$$ 取 $d_1=70$ mm	$d_1=70$ mm
(5) 齿轮几何参数确定 大齿轮齿宽：$b_2=\psi_d d_1=70$ mm，小齿轮齿宽：$b_1=b_2+10=80$ mm 圆周速度：$v=\frac{\pi d_1 n_1}{60\times1\ 000}=\frac{\pi\times70\times1\ 200}{60\times1\ 000}\mathrm{m/s}=4.40\ \mathrm{m/s}$ 根据 $v=4.40$ m/s，由表 10-4 选择齿轮精度等级为 8 级 模数 m：$m=d_1/z_1=70/23=3.04$ mm，取标准值 $m=3$ mm 分度圆直径：$d_1=mz_1=3\times23=69$ mm；$d_2=mz_2=3\times110=330$ mm	$b_1=80$ mm $b_2=70$ mm 精度等级为 8 级 $m=3$ mm $d_1=69$ mm $d_2=330$ mm
(6) 校核齿面接触疲劳强度 由表 10-5 确定 $K_A=1.5$；根据 $v=4.40$ m/s，8 级精度，由图 10-10 选 $K_V=1.18$ 圆周力 $F_t=2T_1/d_1=2\times8.75\times10^4/69=2\ 536.23$ (N) $K_AF_t/b=1.5\times2\ 536.23/70=54.35$ (N/mm)，由表 10-6 查得 $K_{\mathrm{H}\alpha}=1/Z_\varepsilon^2\geqslant1.2$ $$\varepsilon_\alpha=\left[1.88-3.2\left(\frac{1}{z_1}+\frac{1}{z_2}\right)\right]\cos\beta=1.88-3.2\left(\frac{1}{23}+\frac{1}{110}\right)=1.71$$ $$Z_\varepsilon=\sqrt{\frac{4-\varepsilon_\alpha}{3}}=\sqrt{\frac{4-1.71}{3}}=0.87$$ $$K_{\mathrm{H}\alpha}=\frac{1}{Z_\varepsilon^2}=\frac{1}{0.87^2}=1.32>1.2$$ 齿轮对称布置，$\psi_d=1.0$，由图 10-14 确定 $K_\beta=1.28$ $$K_H=K_AK_VK_\beta K_{\mathrm{H}\alpha}=1.5\times1.18\times1.28\times1.32=2.99$$ 由表 10-8 查得 $Z_E=189.8\sqrt{\mathrm{MPa}}$ 由图 10-17 确定标准直齿圆柱齿轮的 $Z_H=2.5$ $$\sigma_H=Z_EZ_HZ_\varepsilon\sqrt{\frac{2K_HT_1}{bd_1^2}\ \frac{u\pm1}{u}}\leqslant[\sigma_H]$$ $$=189.8\times2.5\times0.87\sqrt{\frac{2\times2.99\times8.75\times10^4}{70\times69^2}\times\frac{4.78+1}{4.78}}=568.80(\mathrm{MPa})$$	$\sigma_H=568.80$ MPa

续表

计算与说明	主要结果
由表 10-9 查得 $S_{\mathrm{Hmin}}=1.05$ 应力循环次数 $N_{L1}=60n_1jL_h=60\times1200\times1\times5\times250\times8\times0.2=1.44\times10^8$ $N_{L2}=N_{L1}/i=1.44\times10^8\div4.78=3.01\times10^7$ 由表 10-22 得寿命系数：$Z_{\mathrm{NT1}}=0.97, Z_{\mathrm{NT2}}=1.05$ 许用接触疲劳强度： $[\sigma_{\mathrm{H1}}]=\dfrac{\sigma_{\mathrm{Hlim1}}Z_{\mathrm{NT1}}}{S_{\mathrm{Hmin}}}=\dfrac{720\times0.97}{1.05}\mathrm{MPa}=665.14\ \mathrm{MPa}$ $[\sigma_{\mathrm{H2}}]=\dfrac{\sigma_{\mathrm{Hlim2}}Z_{\mathrm{NT2}}}{S_{\mathrm{Hmin}}}=\dfrac{580\times1.05}{1.05}\mathrm{MPa}=580\ \mathrm{MPa}$ $\sigma_{\mathrm{H}}=568.80\ \mathrm{MPa}\leqslant\min([\sigma_{\mathrm{H1}}],[\sigma_{\mathrm{H2}}])=580\ \mathrm{MPa}$ 满足接触疲劳强度要求	$[\sigma_{\mathrm{H1}}]=665.14\ \mathrm{MPa}$ $[\sigma_{\mathrm{H2}}]=580\ \mathrm{MPa}$ 满足接触疲劳强度要求
(7) 校核齿根弯曲疲劳强度 重合度系数：$Y_\varepsilon=0.25+\dfrac{0.75}{\varepsilon_\alpha}=0.25+\dfrac{0.75}{1.71}=0.6885$ 载荷分配系数：$K_{\mathrm{F\alpha}}=\dfrac{1}{Y_\varepsilon}=\dfrac{1}{0.6885}=1.45$ 载荷系数：$K_{\mathrm{F}}=K_{\mathrm{A}}K_{\mathrm{V}}K_\beta K_{\mathrm{F\alpha}}=1.5\times1.18\times1.28\times1.45=3.29$ 由图 10-24 查得齿形系数 $Y_{\mathrm{Fa1}}=2.71, Y_{\mathrm{Fa2}}=2.18$ 由图 10-25 查得应力修正系数 $Y_{\mathrm{Sa1}}=1.57, Y_{\mathrm{Sa2}}=1.80$ 齿根弯曲应力： $\sigma_{\mathrm{F1}}=\dfrac{2K_{\mathrm{F}}T_1}{bd_1m}Y_{\mathrm{Fa1}}Y_{\mathrm{Sa1}}Y_{\varepsilon1}=\dfrac{2\times3.29\times87\ 500}{70\times69\times3}\times2.71\times1.57\times0.6885\ \mathrm{MPa}$ $=116.40\ \mathrm{MPa}$ $\sigma_{\mathrm{F2}}=\sigma_{\mathrm{F1}}\dfrac{Y_{\mathrm{Fa2}}Y_{\mathrm{Sa2}}}{Y_{\mathrm{Fa1}}Y_{\mathrm{Sa1}}}=116.40\times\dfrac{2.18\times1.80}{2.71\times1.57}\mathrm{MPa}=107.35\ \mathrm{MPa}$ 由图 10-27(a)查得弯曲疲劳极限：$\sigma_{\mathrm{Flim1}}=300\ \mathrm{MPa}$；$\sigma_{\mathrm{Flim2}}=230\ \mathrm{MPa}$ 由表 10-9 查得安全系数 $S_{\mathrm{Fmin}}=1.25$ 由图 10-30 查得弯曲寿命系数：$Y_{\mathrm{NT1}}=0.95, Y_{\mathrm{NT2}}=1$ 由图 10-31 查得弯曲强度尺寸系数 $Y_{\mathrm{X}}=1$ 许用弯曲疲劳强度： $[\sigma_{\mathrm{F1}}]=\dfrac{2\sigma_{\mathrm{Flim1}}Y_{\mathrm{NT1}}Y_{\mathrm{X}}}{S_{\mathrm{Fmin}}}=\dfrac{2\times300\times0.95\times1}{1.25}=456(\mathrm{MPa})$ $[\sigma_{\mathrm{F2}}]=\dfrac{2\sigma_{\mathrm{Flim2}}Y_{\mathrm{NT2}}Y_{\mathrm{X}}}{S_{\mathrm{Fmin}}}=\dfrac{2\times230\times1\times1}{1.25}=368(\mathrm{MPa})$ 固有：$\sigma_{\mathrm{F1}}<[\sigma_{\mathrm{F1}}], \sigma_{\mathrm{F2}}<[\sigma_{\mathrm{F2}}]$ 满足齿根弯曲疲劳强度要求	$\sigma_{\mathrm{F1}}=116.40\ \mathrm{MPa}$ $\sigma_{\mathrm{F2}}=107.35\ \mathrm{MPa}$ $[\sigma_{\mathrm{F1}}]=456\ \mathrm{MPa}$ $[\sigma_{\mathrm{F2}}]=368\ \mathrm{MPa}$ 满足齿根弯曲疲劳强度要求

续表

计算与说明	主要结果
(8) 齿面接触静强度校核 动载系数 $K_V=1$ 齿面接触静强度 $\sigma_{Hst}=Z_EZ_HZ_\varepsilon\sqrt{\frac{2K_VK_\beta K_{H\alpha}T_{1max}}{bd_1^2}\frac{u\pm1}{u}}$ $=189.8\times2.5\times0.87\sqrt{\frac{2\times1\times1.28\times1.32\times8.75\times10^4\times2}{70\times69^2}\times\frac{4.78+1}{4.78}}$ MPa $=604.69$ MPa 由表 10-9 取 $S_{Hmin}=1.3$ 由图 10-22 得寿命系数：$Z_{NT1}=Z_{NT2}=1.6$ 齿面静强度极限： $\sigma_{HE1}=2\sigma_{Hlim1}=2\times720$ MPa$=1\ 440$ MPa $\sigma_{HE2}=2\sigma_{Hlim2}=2\times580$ MPa$=1\ 160$ MPa 许用静齿面接触应力： $[\sigma_{Hst1}]=\frac{\sigma_{HE1}Z_{NT1}}{S_{Hmin}}=\frac{1\ 440\times1.6}{1.3}$ MPa$=1\ 772.31$ MPa $[\sigma_{Hst2}]=\frac{\sigma_{HE2}Z_{NT2}}{S_{Hmin}}=\frac{1\ 160\times1.6}{1.3}$ MPa$=1\ 427.69$ MPa $\sigma_{Hst}=604.69$ MPa$\leqslant\min([\sigma_{Hst1}],[\sigma_{Hst2}])=1\ 427.69$ MPa 满足齿面接触静强度要求	满足齿面接触静强度要求
(9) 齿根弯曲静强度校核 齿根弯曲静强度 $\sigma_{Fst1}=\frac{2K_VK_\beta K_{F\alpha}T_{1max}}{bd_1m}Y_{Fa1}Y_{sa1}Y_\varepsilon$ $=\frac{2\times1\times1.28\times1.45\times2\times8.75\times10^4}{70\times69\times3}\times2.71\times1.57\times0.688\ 5$ MPa $=131.32$ MPa $\sigma_{Fst2}=\sigma_{Fst1}\frac{Y_{Fa2}Y_{Sa2}}{Y_{Fa1}Y_{Sa1}}=131.32\times\frac{2.18\times1.80}{2.71\times1.57}$ MPa$=121.10$ MPa 由表 10-9 取 $S_{Fmin}=1.6$ 由图 10-30 得寿命系数：$Y_{NT1}=Y_{NT2}=2.5$ 齿根弯曲静强度极限： $\sigma_{FE1}=2\sigma_{Flim1}=2\times300$ MPa$=600$ MPa $\sigma_{FE2}=2\sigma_{Flim2}=2\times230$ MPa$=460$ MPa 许用齿根弯曲静接触应力： $[\sigma_{Fst1}]=\frac{2\sigma_{FE1}Y_{NT1}}{S_{Fmin}}=\frac{2\times600\times2.5}{1.6}$ MPa$=1\ 875$ MPa $[\sigma_{Fst2}]=\frac{2\sigma_{FE2}Y_{NT2}}{S_{Fmin}}=\frac{2\times460\times2.5}{1.6}$ MPa$=1\ 437.5$ MPa 因有：$\sigma_{Fst1}<[\sigma_{Fst1}]$，$\sigma_{Fst2}<[\sigma_{Fst2}]$，故满足齿根弯曲静强度要求	满足齿根弯曲静强度要求

续表

计算与说明	主要结果
(10) 主要结果 齿轮材料：小齿轮 40Cr，调质处理，硬度 HB=241～286； 大齿轮 45 钢，调质处理，硬度 HB=229～286 分度圆：$d_1=69.000$ mm，$d_2=330.000$ mm 齿数：$z_1=23$，$z_2=110$ 中心距：$a=0.5(d_1+d_2)=199.500$ mm 齿宽：$b_1=80$ mm，$b_2=70$ mm 模数：$m=3$； 齿轮精度 8 级 重合度：$\varepsilon_a=1.71$ 齿轮的结构图略	

10.6 斜齿圆柱齿轮的强度计算

10.6.1 斜齿圆柱齿轮强度计算的原理

与直齿轮相似，斜齿轮的轮齿在受到法向载荷作用后，也会在齿面产生接触应力，在齿根产生弯曲应力。但由于斜齿轮所受的法向载荷位于载荷作用点的法向截面内，故法向载荷在齿根产生的弯曲应力不仅与载荷和轮齿的大小有关，还与法向截面内的齿形和齿根过渡曲线有关，齿面接触应力也同样与该处法截面内的齿廓形状有关。

由于斜齿轮的当量齿轮的齿廓形状与其法面齿形最为接近，所以斜齿轮的强度按其当量齿轮进行计算，并以直齿轮的强度计算为基础。又因为斜齿轮的当量齿轮与实际斜齿轮有差别，例如斜齿轮的啮合接触线比直齿轮的长、其啮合齿对数多、轮齿接触线为倾斜的等特点，所以需要对直齿轮的强度计算公式进行修正，从而形成适用于斜齿轮强度计算的一系列公式。关于斜齿轮的强度计算公式的推导过程可查阅相关资料。

10.6.2 齿面接触疲劳强度计算

接触疲劳强度校核公式为

$$\sigma_H = Z_E Z_H Z_\varepsilon Z_\beta \sqrt{\frac{2K_H T_1}{bd_1^2}\frac{u\pm 1}{u}} \leqslant [\sigma_H] \tag{10-25}$$

设计公式为

$$d_1 \geqslant \sqrt[3]{\frac{2K_H T_1}{\psi_d}\frac{u\pm 1}{u}\left(\frac{Z_E Z_H Z_\varepsilon Z_\beta}{[\sigma_H]}\right)^2} \tag{10-26}$$

式中，Z_ε 为重合度系数，其计算式为

$$Z_\varepsilon=\begin{cases}\sqrt{\dfrac{4-\varepsilon_\alpha}{3}(1-\varepsilon_\beta)+\dfrac{\varepsilon_\beta}{\varepsilon_\alpha}} & (\varepsilon_\beta<1)\\ \sqrt{\dfrac{1}{\varepsilon_\alpha}} & (\varepsilon_\beta\geqslant 1)\end{cases}$$

其中，ε_α 为端面重合度，对于标准和未修缘斜齿轮可按式(10-5)计算；ε_β 为纵向重合度，其计算公式为

$$\varepsilon_\beta=\frac{b\sin\beta}{\pi m_n}=\frac{\psi_d z_1}{\pi}\tan\beta$$

Z_β 为螺旋角系数，其计算式为

$$Z_\beta=\sqrt{\cos\beta}$$

其余参数的意义与直齿圆柱齿轮相同。

10.6.3　齿根弯曲疲劳强度计算

齿根弯曲疲劳强度校核公式为

$$\sigma_F=\frac{K_F F_t}{b m_n}Y_{Fa}Y_{Sa}Y_\varepsilon Y_\beta\leqslant[\sigma_F] \tag{10-27}$$

设计公式为

$$m_n\geqslant\sqrt[3]{\frac{2K_F T_1\cos^2\beta}{\psi_d z_1^2[\sigma_F]}Y_{Fa}Y_{Sa}Y_\varepsilon Y_\beta} \tag{10-28}$$

式中，Y_β 为螺旋角系数，由图10-32查取；Y_{Fa}，Y_{sa} 为齿形系数和应力修正系数，需根据当量齿数 z_v($z_v=z/\cos^3\beta$)分别按图10-24和图10-25查取；Y_ε 为重合度系数，其计算式为

$$Y_\varepsilon=0.25+\frac{0.75}{\varepsilon_{\alpha e}},\quad \varepsilon_{\alpha e}=\frac{\varepsilon_\alpha}{\cos^2\beta_b}$$

其中，$\varepsilon_{\alpha e}$ 为当量齿轮端面重合度；β_b 为斜齿圆柱齿轮基圆上的螺旋角；其余参数的意义与直齿圆柱齿轮相同。

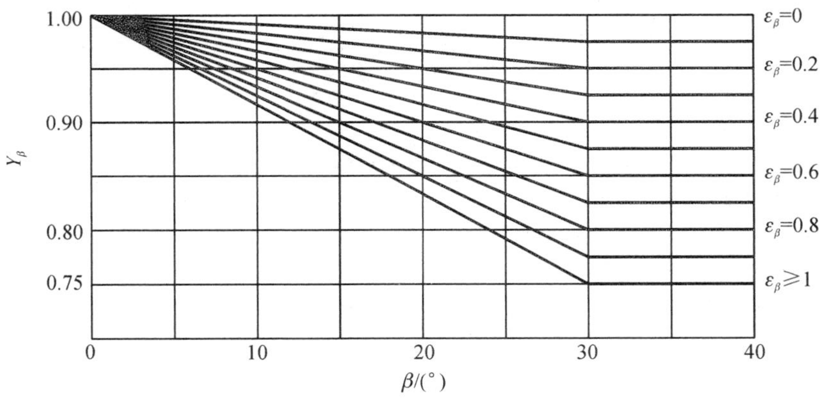

图10-32　螺旋角系数 Y_β

10.6.4 静强度计算和初步设计

斜齿圆柱齿轮的静强度计算方法与直齿圆柱齿轮的静强度计算方法相同，其初步设计公式同直齿圆柱齿轮的。

例题 10-2 设计一闭式硬齿面斜齿圆柱齿轮传动。已知：名义功率 $P=11$ kW；小齿轮转速 $n_1=1\ 200$ r/min；传动比 $i(=u)=4.76$（允许有±4%的误差）。预期使用寿命 5 年，每年 250 个工作日，单班制（每日工作 8 h）。在使用期限内，工作时间占 20%。动力机为电动机，工作有中等冲击，传动不逆转，齿轮对称布置，无严重过载。

解：对于闭式硬齿面传动齿轮，需首先按齿根弯曲疲劳强度条件初步计算法向模数 m_n，然后再对齿面接触疲劳强度和齿根弯曲疲劳强度分别进行校核，具体设计步骤如下。

计算与说明	主要结果
(1) 选择材料和热处理方式 小齿轮和大齿轮均采用 40Cr，表面淬火，硬度 HRC48～55，齿面硬度取 50HRC	小齿轮 HRC50 大齿轮 HRC50
(2) 初选齿数 取小齿轮齿数 $z_1=21$，则大齿轮齿数 $$z_2=iz_1=21\times4.76=99.96$$ 圆整取 $z_2=100$ 齿数比：$u=z_2/z_1=100/21=4.76$	$z_1=21$ $z_2=100$ $u=4.76$
(3) 确定小齿轮转矩 T_1 $$T_1=9.55\times10^6\frac{P}{n_1}=9.55\times10^6\times\frac{11}{1\ 200}=8.75\times10^4(\text{N}\cdot\text{mm})$$	$T_1=8.75\times10^4$ N·mm
(4) 初估齿轮法向模数 m_n 初设螺旋角 $b=15°$ 由表 10-12 选取 $A_m=1.24$，选 $K=1.8$，由表 10-7 选取齿宽系数 $\psi_d=0.6$； 当量齿数：$Z_{V1}=\dfrac{Z_1}{\cos^3\beta}=\dfrac{21}{\cos^3 15°}=23.3$ $Z_{V2}=\dfrac{Z_2}{\cos^3\beta}=\dfrac{100}{\cos^3 15°}=111.0$ 由图 10-24 查得齿形系数 $Y_{Fa1}=2.70$，$Y_{Fa2}=2.17$ 由图 10-25 查得应力修正系数 $Y_{Sa1}=1.53$，$Y_{Sa2}=1.78$ $Y_{Fa1}Y_{Sa1}=2.70\times1.53=4.13$；$Y_{Fa2}Y_{Sa2}=2.17\times1.78=3.86$，故 $Y_{Fa1}Y_{Sa1}>Y_{Fa2}Y_{Sa2}$ 由图 10-28(b)，分别取弯曲疲劳极限 $\sigma_{F\lim1}=\sigma_{F\lim2}=350$ MPa 则有：$[\sigma_{F1}]=[\sigma_{F2}]\approx1.4\sigma_{Flim1}=1.4\times350\ \text{MPa}=490\ \text{MPa}$ 故齿轮的初估法向模数 m_n 为 $$m_n\geqslant A_m\sqrt[3]{\frac{KT_1}{\psi_d z_1^2[\sigma_F]}Y_{Fa}Y_{Sa}}=1.24\times\sqrt[3]{\frac{1.8\times8.75\times10^4}{0.6\times21^2\times490}\times4.13}=2.12$$ 取 $m_n=2.5$	$m_n=2.5$

续表

计算与说明	主要结果
(5) 齿轮几何参数确定 初估中心距 $$a=\frac{m_n(z_1+z_2)}{2\cos\beta}=\frac{2.5\times(21+100)}{2\cos 15^\circ}=156.59(\mathrm{mm})$$ 圆整后，取中心距 $a=160$ mm 螺旋角 $$\beta=\arccos\frac{(z_1+z_2)m_n}{2a}=\arccos\frac{(21+100)\times 2.5}{2\times 160}=19^\circ 2' 24''$$ 与初估值 15°相差较大，修改大齿轮齿数为 $z_2=102$，则螺旋角 $$\beta=\arccos\frac{(z_1+z_2)m_n}{2a}=\arccos\frac{(21+102)\times 2.5}{2\times 160}=16^\circ 4' 12''$$ 传动比：$i=u=z_2/z_1=102/21=4.86$ 传动比误差为 $$\frac{4.86-4.76}{4.76}\times 100\%=2.1\%<4\%\text{满足误差要求}$$ 分度圆直径 d_1，d_2 为 $$d_1=\frac{m_n z_1}{\cos\beta}=\frac{2.5\times 21}{\cos 16^\circ 4' 12''}=54.635(\mathrm{mm})$$ $$d_2=\frac{m_n z_2}{\cos\beta}=\frac{2.5\times 102}{\cos 16^\circ 4' 12''}=265.369(\mathrm{mm})$$ 圆周速度为 $$v=\frac{\pi d_1 n_1}{60\times 1\,000}=\frac{\pi\times 54.635\times 1\,200}{60\times 1\,000}=3.43(\mathrm{m/s})$$ 根据 $v=3.43$ m/s，由表 10-4 选择齿轮精度等级为 9 级 大齿轮齿宽：$b_2=b=\psi_d\times d_1=0.6\times 54.635$ mm$=32.78$ mm，圆整取为 34 mm 小齿轮齿宽：$b_1=b_2+6=40$ mm	$a=160$ mm $\beta=16^\circ 4' 12''$ $i=4.86$ $d_1=54.635$ mm $d_2=265.369$ mm 9 级精度 $b_2=34$ mm $b_1=40$ mm
(6) 校核齿根弯曲疲劳强度 由表 10-5 确定 $K_A=1.5$；根据 $v=3.43$ m/s、9 级精度，由图 10-10 选 $K_V=1.22$ 端面重合度 $$\varepsilon_\alpha=\left[1.88-3.2\left(\frac{1}{z_1}+\frac{1}{z_2}\right)\right]\cos\beta$$ $$=\left[1.88-3.2\left(\frac{1}{21}+\frac{1}{102}\right)\right]\cos 16^\circ 4' 12''=1.63$$ 端面压力角 $$\alpha_t=\arctan\frac{\tan\alpha_n}{\cos\beta_t}=\arctan\frac{\tan 20^\circ}{\cos 16^\circ 4' 12''}=20.75^\circ$$ 基圆螺旋角 $$\beta_b=\arctan(\tan\beta\cos\alpha_t)=\arctan(\tan 16^\circ 4' 12''\cos 20.75^\circ)=15.07^\circ$$ 由表 10-6 可知齿间载荷分配系数 $$K_{F\alpha}=K_{H\alpha}=\frac{\varepsilon_\alpha}{\cos^2\beta_b}=\frac{1.63}{\cos^2 15.07^\circ}=1.75>1.4$$ 由图 10-14 可知齿向载荷分布系数 $K_\beta=1.18$	

续表

<table>
<tr><th>计算与说明</th><th>主要结果</th></tr>
<tr><td>载荷系数：$K_F = K_A K_V K_\beta K_{F\alpha} = 1.5 \times 1.22 \times 1.18 \times 1.75 = 3.78$
当量齿数：
$Z_{V1} = \dfrac{Z_1}{\cos^3\beta} = \dfrac{21}{\cos^3 16°4'12''} = 23.7$， $Z_{V2} = \dfrac{Z_2}{\cos^3\beta} = \dfrac{102}{\cos^3 16°4'12''} = 115$
圆周力：$F_t = 2T_1/d_1 = 2\times 8.75\times 10^4/54.635 = 3\ 203.07$ (N)
由图 10-24 查得齿形系数 $Y_{Fa1}=2.69, Y_{Fa2}=2.18$
由图 10-25 查得应力修正系数 $Y_{Sa1}=1.57, Y_{Sa2}=1.79$
纵向重合度：$\varepsilon_\beta = \dfrac{\psi_d z_1}{\pi}\tan\beta = \dfrac{0.6\times 21}{\pi}\tan 16°4'12'' = 1.155$
由图 10-32 查得螺旋角系数 $Y_\beta = 0.87$
当量齿轮端面重合度：$\varepsilon_{\alpha e} = \dfrac{\varepsilon_\alpha}{\cos^2\beta_b} = \dfrac{1.63}{\cos^2 15.07°} = 1.75$
重合度系数：$Y_\varepsilon = 0.25 + \dfrac{0.75}{\varepsilon_{\alpha e}} = 0.25 + \dfrac{0.75}{1.75} = 0.679$
齿根弯曲疲劳强度
$\sigma_{F1} = \dfrac{K_F F_t}{bm_n} Y_{Fa1} Y_{Sa1} Y_\varepsilon Y_\beta = \dfrac{3.78\times 3\ 203.07}{34\times 2.5}\times 2.69\times$
$1.57\times 0.679\times 0.87\ \text{MPa} = 355.4\ \text{MPa}$
$\sigma_{F2} = \sigma_{F1}\dfrac{Y_{Fa2}Y_{Sa2}}{Y_{Fa1}Y_{Sa1}} = 355.4\ \text{MPa}\times\dfrac{2.18\times 1.79}{2.69\times 1.57} = 328.4\ \text{MPa}$
由表 10-9 查得安全系数 $S_{Fmin}=1.25$
应力循环次数：
$N_{L1} = 60n_1 jL_h = 60\times 1\ 200\times 1\times 5\times 250\times 8\times 0.2 = 1.44\times 10^8$
$N_{L2} = N_{L1}/i = 1.44\times 10^8 \div 4.86 = 3.01\times 10^7$
由图 10-30 得寿命系数：$Y_{NT1}=0.95, Y_{NT2}=1$
由图 10-31 可知弯曲强度尺寸系数 $Y_X=1$
齿根弯曲许用应力
$[\sigma_{F1}] = \dfrac{2\sigma_{Flim1}Y_{NT1}Y_X}{S_{Fmin}} = \dfrac{2\times 350\times 0.95\times 1}{1.25} = 532(\text{MPa})$
$[\sigma_{F2}] = \dfrac{2\sigma_{Flim2}Y_{NT2}Y_X}{S_{Fmin}} = \dfrac{2\times 350\times 1\times 1}{1.25} = 560(\text{MPa})$
则有 $\sigma_{F1} < [\sigma_{F1}], \sigma_{F2} < [\sigma_{F2}]$
故满足齿根弯曲疲劳强度要求</td><td>$\sigma_{F1}=355.4$ MPa
$\sigma_{F2}=328.4$ MPa

$[\sigma_{F1}]=532$ MPa
$[\sigma_{F2}]=560$ MPa
满足齿根弯曲疲劳强度要求</td></tr>
<tr><td>(7) 校核齿面接触疲劳强度
由于 $K_{F\alpha}=K_{H\alpha}=1.75$，故齿面接触应力载荷系数 $K_H=K_F=3.78$
由表 10-8 可知弹性系数 $Z_E=189.8\sqrt{\text{MPa}}$
由图 10-17 查得节点区域系数 $Z_H=2.41$
$\varepsilon_\beta=1.155>1$，故齿面接触强度计算重合度系数 $Z_\varepsilon=\sqrt{1/\varepsilon_\alpha}=\sqrt{1/1.63}=0.78$</td><td></td></tr>
</table>

续表

计算与说明	主要结果
螺旋角系数 $Z_\beta=\sqrt{\cos\beta}=\sqrt{\cos 16°4'12''}=0.960\ 9$ 齿面接触疲劳强度 $\sigma_H=Z_EZ_HZ_\varepsilon Z_\beta\sqrt{\frac{2K_HT_1}{bd_1^2}\frac{u+1}{u}}$ $=189.8\times2.41\times0.78\times0.960\ 9\times\sqrt{\frac{2\times3.78\times8.75\times10^4}{34\times54.635^2}\times\frac{4.86+1}{4.86}}\ \text{MPa}$ $=961.1\ \text{MPa}$ 根据图 10－21(b)查得接触疲劳应力极限：$\sigma_{Hlim1}=1\ 150$ MPa；$\sigma_{Hlim2}=1\ 150$ MPa 根据应力循环次数 $N_{L1}=1.44\times10^8$，$N_{L2}=3.01\times10^7$ 由图 10－22 得 $Z_{NT1}=0.97$，$Z_{NT2}=1.05$ 由表 10－9 查得安全系数 $S_{Hmin}=1.05$ 许用接触应力为 $[\sigma_{H1}]=\frac{\sigma_{Hlim1}Z_{NT1}}{S_{Hmin}}=\frac{1\ 150\times0.97}{1.05}\text{MPa}=1\ 062.38\ \text{MPa}$ $[\sigma_{H2}]=\frac{\sigma_{Hlim2}Z_{NT2}}{S_{Hmin}}=\frac{1\ 150\times1.05}{1.05}\text{MPa}=1\ 150\ \text{MPa}$ $\sigma_H=961.1\ \text{MPa}\leqslant\min([\sigma_{H1}],[\sigma_{H2}])=1\ 062.38\ \text{MPa}$ 故满足接触应力强度要求	$\sigma_H=970.8$ MPa $[\sigma_{H1}]=1\ 062.38$ MPa $[\sigma_{H2}]=1\ 150$ MPa 满足接触应力强度要求
(8) 主要设计结果 大、小齿轮均采用 40Cr，表面淬火，齿面硬度 50HRC。 齿数：$z_1=21$，$z_2=102$ 螺旋角 $\beta=16°4'12''$ 分度圆直径：$d_1=54.635$ mm，$d_2=265.369$ mm 中心距：a=160 mm 法向模数：$m_n=2.5$ 齿宽：$b_1=40$ mm，$b_2=34$ mm 齿轮精度 9 级 齿轮的结构图略	

10.7　直齿圆锥齿轮的强度计算

10.7.1　受力分析

本节主要介绍两轴夹角为 90°的直齿圆锥齿轮传动的受力分析和强度计算。与圆柱齿轮相似，将直齿圆锥齿轮所受的力仍简化为一个作用于齿宽中点且垂直于齿面的法向力 $\boldsymbol{F}_n$，如图 10－33 所示。$\boldsymbol{F}_n$ 可分解为互相垂直的三个分力

$$\left.\begin{aligned}\text{圆周力}\quad F_{t1}&=\frac{2T_1}{d_{m1}}\\ \text{径向力}\quad F_{r1}&=F_{t1}\tan\alpha\cos\delta_1\\ \text{轴向力}\quad F_{x1}&=F_{t1}\tan\alpha\sin\delta_1\end{aligned}\right\}\tag{10-29}$$

式中，d_{m1} 为小齿轮齿宽中点的分度圆直径，$d_{m1}=d_1-b\sin\delta_1$。

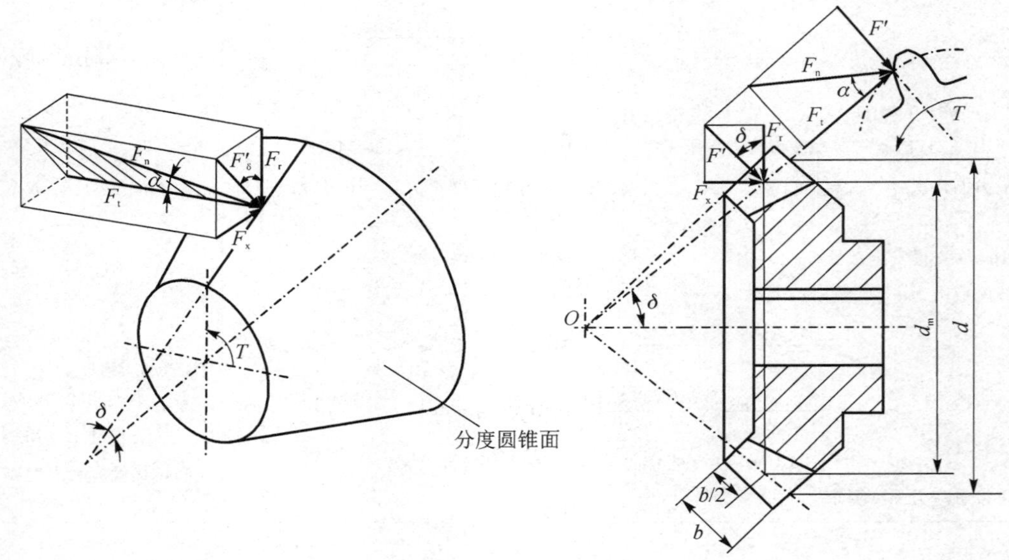

图 10-33　直齿圆锥齿轮受力分析

圆周力在主动轮上的方向与回转方向相反，在从动轮上其方向与回转方向相同；径向力方向分别指向各轮的轮心；轴向力的方向分别指向大端；并有以下关系 $F_{r1}=-F_{x2}$，$F_{x1}=-F_{r2}$，如图 10-34 所示。

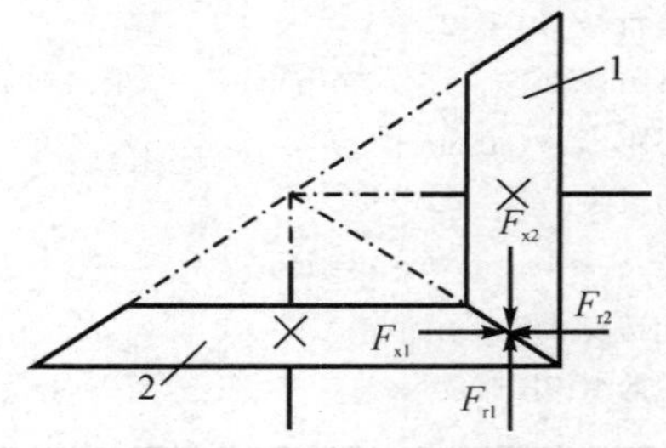

图 10-34　圆锥齿轮受力

10.7.2　强度计算

由于直齿圆锥齿轮传动的强度计算比较复杂。为了简化，将一对直齿圆锥齿轮传动转化为一对直齿圆柱齿轮传动再进行强度计算，即用背锥作为当量齿轮，然后引用直齿圆柱齿轮的强度计算公式对当量齿轮强度进行计算。

1. 齿面接触疲劳强度计算

由于圆锥齿轮传动精度较低，可假定载荷始终由一对齿承担，即忽略重合度的影响，故略去重合度系数 Z_ε，Y_ε 和齿间载荷分配系数 K_α 的影响。由式(10-11)可得圆锥齿轮齿面接触疲劳强度计算公式

$$\sigma_H=Z_EZ_H\sqrt{\frac{2K_HT_{V1}}{b_{eH}d_{V1}^2}\frac{u_V+1}{u_V}}\tag{10-30}$$

式中，T_{V1} 为当量小齿轮传递的标称扭矩，$T_{V1}=T_1\dfrac{\sqrt{1+u^2}}{u}$；$u_V$ 为当量齿轮齿数比，$u_V=$

u^2；b_{eH} 为圆锥齿轮接触疲劳强度计算的有效齿宽，一般取 0.85b；d_{V1} 为当量小齿轮分度圆半径，$d_{V1}=d_1(1-0.5\psi_R)\frac{\sqrt{1+u^2}}{u}$，其中 ψ_R 为圆锥齿轮的齿宽系数，其值为齿宽 b 与锥距 R 之比，即 $\psi_R=b/R$，设计时，一般取 $\psi_R=0.25\sim0.3$。

将直齿圆锥齿轮齿宽中点处的当量齿轮的参数代入式(10-30)，整理可得圆锥齿轮齿面接触疲劳强度校核公式，即

$$\sigma_H=Z_EZ_H\sqrt{\frac{4.71KT_1}{\psi_R(1-0.5\psi_R)^2d_1^3u}}\leqslant[\sigma_H] \tag{10-31}$$

式中，K 为载荷系数，$K=K_AK_VK_\beta$，使用系数 K_A 如表 10-5 所列；动载系数 K_V 按平均直径 d_m 处的圆周速度 v_{mt} 通过查图 10-10 可获得；齿向载荷分布系数 K_β 取值为：当两锥齿轮为悬臂时，$K_\beta=1.88\sim2.25$，一个齿轮为悬臂时，$K_\beta=1.65\sim1.88$，两个齿轮均为两端支承时，$K_\beta=1.5\sim1.65$。

式中其余参数均与圆柱齿轮相应参数意义相同，可参照直齿圆柱齿轮传动的方法确定。

由式(10-31)可得设计公式

$$d_1\geqslant\sqrt[3]{\frac{4.71KT_1}{\psi_R(1-0.5\psi_R)^2u}\left(\frac{Z_EZ_H}{[\sigma_H]}\right)^2} \tag{10-32}$$

2. 齿根弯曲疲劳强度计算

同理，经推导可得圆锥齿轮齿根弯曲疲劳强度校核公式，即

$$\sigma_F=\frac{4.7KT_1}{\psi_R(1-0.5\psi_R)^2z_1^2m^2\sqrt{u^2+1}}Y_{Fa}Y_{Sa}\leqslant[\sigma_F] \tag{10-33}$$

设计公式为

$$m\geqslant\sqrt[3]{\frac{4.7KT_1}{\psi_R(1-0.5\psi_R)^2z_1^2\sqrt{u^2+1}}\frac{Y_{Fa}Y_{Sa}}{[\sigma_F]}} \tag{10-34}$$

式中，K 为载荷系数，同式(10-31)；Y_{Fa} 为齿形系数，可按当量齿数 Z_V 近似由图 10-24 选取；Y_{Sa} 为应力修正系数，可按当量齿数 Z_V 近似由图 10-25 选取。

式中其余参数均与圆柱齿轮相应参数意义相同，可参照直齿圆柱齿轮传动的方法确定。

10.8　齿轮传动的效率、润滑和结构

10.8.1　齿轮传动的效率

齿轮传动的功率损耗主要包括：① 轮齿啮合的摩擦损耗；② 搅动润滑油的油阻损耗；③ 轴承中的摩擦损耗。

闭式齿轮传动的效率计算公式为

$$\eta=\eta_1\eta_2\eta_3 \tag{10-35}$$

式中，η_1 为齿轮啮合效率，与齿轮精度有关；η_2 为搅油效率；η_3 为轴承的效率。

当齿轮速度不高且采用滚动轴承时，其效率的估计值可按表 10-13 选取。

表 10-13　齿轮传动效率

传动类型	闭式传动(油润滑)		开式传动(脂润滑)
	6、7 级精度	8 级精度	
圆柱齿轮传动	0.98	0.97	0.95
圆锥齿轮传动	0.97	0.96	0.94

10.8.2　齿轮传动的润滑

对齿轮传动进行润滑,可在齿轮轮齿间注入润滑剂,可以避免金属直接接触,减少摩擦损失,还可以散热和防锈蚀,从而改善轮齿的工作状况,确保齿轮运转正常和预期的使用寿命。

开式齿轮传动通常采用人工定期加油润滑,润滑剂采用润滑油或润滑脂。

通用的闭式齿轮传动,可根据齿轮的圆周速度大小确定润滑方式。当齿轮的圆周速度 $v<12$ m/s 时,通常采用浸油润滑方式,即将大齿轮浸入油池中进行润滑,如图 10-35(a)所示。

多级齿轮传动机构中,对于未浸入油池内的齿轮,可采用带油轮将油带到未浸入油池的齿轮齿面内,如图 10-35(b)所示。

当齿轮的圆周速度 $v>12$ m/s 时,由于其圆周速度大,齿轮搅油剧烈,且黏附在齿廓面上的油易被甩掉,因此不宜采用浸油润滑,这时可采用喷油润滑,即用油泵将具有一定压力的润滑油经喷嘴喷到啮合的齿面上,如图 10-35(c)所示。这种喷油润滑效果好,但是需要专门的油管、滤油器、油量调节装置等,故成本较高。

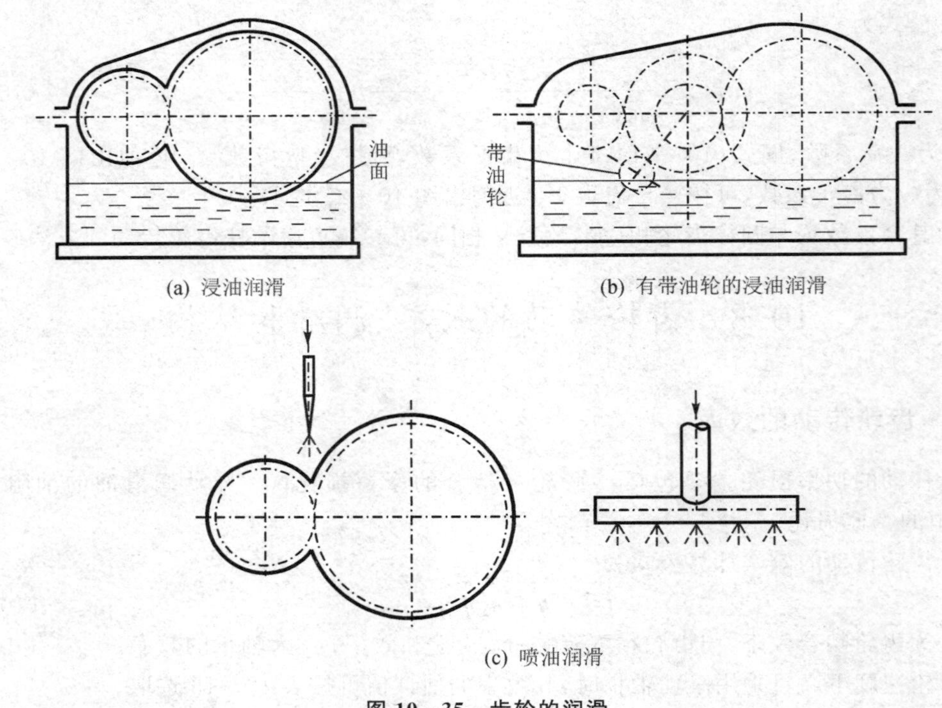

(a) 浸油润滑　(b) 有带油轮的浸油润滑

(c) 喷油润滑

图 10-35　齿轮的润滑

10.8.3　齿轮的结构

齿轮的结构与齿轮直径大小、毛坯、材料、加工方法、使用要求及经济性等因素有关。常用的齿轮结构类型有齿轮轴、实心式、腹板式和轮辐式等，选用标准及结构如表 10 - 14 所列。

表 10 - 14　齿轮的结构类型

齿轮类型	结构简图	齿轮结构选用标准
齿轮轴	 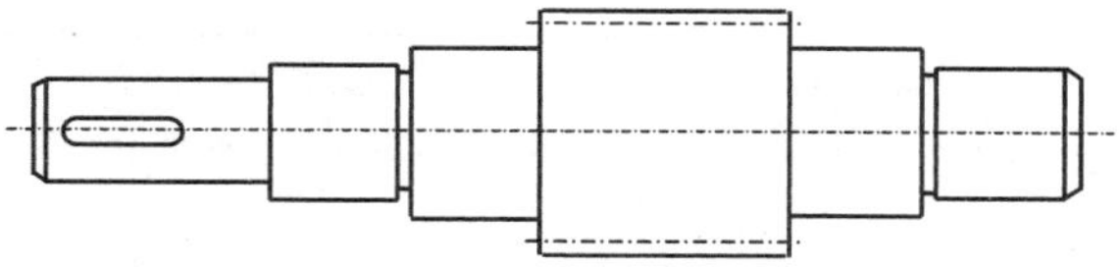	圆柱齿轮的齿根圆至键槽底部的距离 $x \leqslant 2m_t$（m_t 为齿轮端面模数）时，采用齿轮轴结构
实心式	 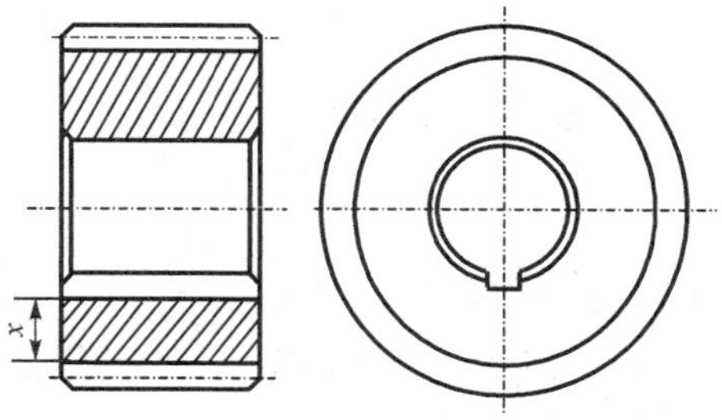	齿顶圆直径 $d_a \leqslant 200$ mm 时，可采用实心式结构。这种类型的齿轮常用锻钢制造
腹板式	 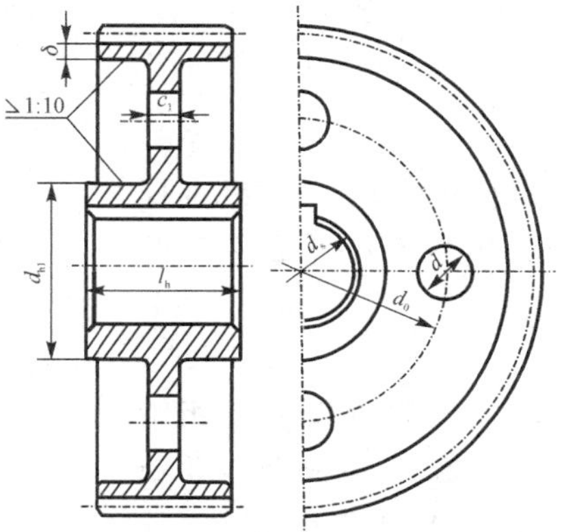	齿顶圆直径 $200 < d_a \leqslant 500$ mm 时，可采用腹板式结构。这种类型的齿轮常用锻钢制造

续表 10-14

齿轮类型	结构简图	齿轮结构选用标准
轮辐式	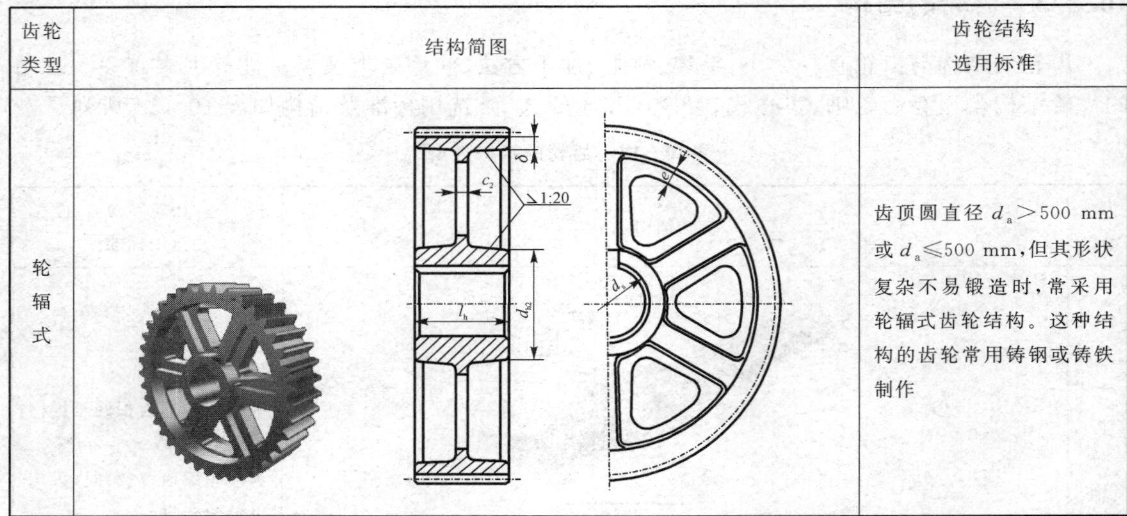	齿顶圆直径 $d_a>500$ mm 或 $d_a\leqslant 500$ mm，但其形状复杂不易锻造时，常采用轮辐式齿轮结构。这种结构的齿轮常用铸钢或铸铁制作

注：$d_{h1}=1.6d_s$；$d_{h2}=1.6d_s$（铸钢），$d_{h2}=1.8d_s$（铸铁）；$l_h=(1.2\sim1.5)d_s$，并使 $l_h\geqslant b$；$c_1=0.3b$；$c_2=0.2b$，但不小于 10 mm；$\delta=(2.5\sim4)m_n$，但不小于 8mm；$e=0.8\delta$；d_0 和 d 按结构选取，当 d 较小时可不开孔。

10.9 蜗杆传动

10.9.1 蜗杆传动的相对滑动速度和精度等级

1. 相对滑动速度

相对滑动速度是指蜗杆和蜗轮在节点处的滑动速度。如图 10-36 所示，设蜗杆的圆周速度为 v_1，蜗轮的圆周速度为 v_2，v_1 和 v_2 垂直，蜗杆传动使齿廓之间产生很大的相对滑动，相对滑动速度 v_s 为

$$v_s=\sqrt{v_1^2+v_2^2}=\frac{v_1}{\cos\gamma}=\frac{v_2}{\sin\gamma}\text{m/s} \tag{10-36}$$

由图 10-36 可以看出，相对滑动速度 v_s 沿蜗杆螺旋线方向。蜗杆与蜗轮之间的相对滑动会引起磨损和发热，导致传动效率降低。

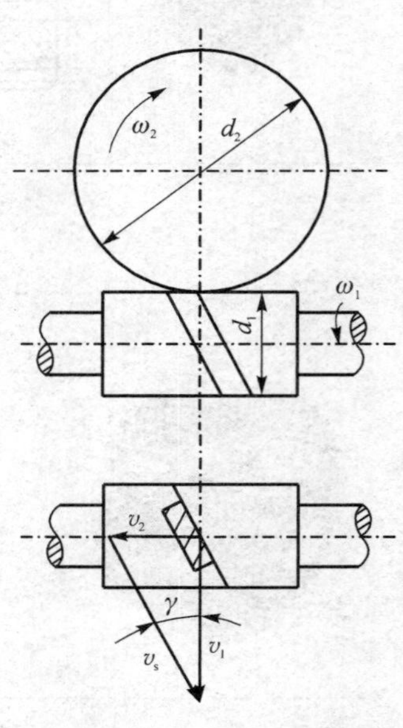

图 10-36 蜗杆传动的滑动速度

2. 精度等级

国家标准规定了蜗杆具有 12 个精度等级，1 级精度最高，常用的精度等级为 5～9 级。常根据传动功率、蜗轮圆周速度及使用条件选择蜗杆传动的精度等级，如表 10-15 所列。

表 10-15　蜗杆传动的常用精度及其应用

精度等级	5 级	6 级	7 级	8 级	9 级
应用	齿轮机床分度副读数装置的精密传动、电动机调速传动等	齿轮机床或高精度机床的进给系统、工业用高速或重载系统调速器、一般读数装置	一般机床进给传动系统、工业用一般调速器及动力传动装置	圆周速度较小、每天工作时间较短的传动	低速、不重要的传动或手动机构
蜗轮圆周速度 $v_2/(\mathrm{m \cdot s^{-1}})$	≥7.5	≥5	≤7.5	≤3	≤1.5

闭式蜗杆传动的效率计算公式为

$$\eta = \eta_1 \eta_2 \eta_3 \tag{10-37}$$

式中，η_1 为轮齿啮合效率；η_2 为搅油效率（一般为 0.95～0.99）；η_3 为轴承的效率（滚动轴承取 0.99，滑动轴承取 0.98～0.99）。

由于 η_2 和 η_3 较大，故蜗杆传动的总效率主要取决于轮齿啮合效率 η_1。

当蜗杆主动时，η_1 可近似按螺旋副的效率计算，即

$$\eta_1 = \frac{\tan \gamma}{\tan(\gamma + \rho_V)} \tag{10-38}$$

式中，γ 为普通圆柱蜗杆分度圆柱上的导程角，$\tan \gamma = z_1/q = mz_1/d_1$；$\rho_V$ 为当量摩擦角，$\rho_V = \arctan \mu_V$，μ_V 为当量摩擦系数，μ_V 的值可根据滑动速度 v_s 由表 10-16 选取。

由式(10-38)可知，效率 η_1 随 ρ_V 的减小而增大。在一定范围内 η_1 随 γ 增大而增大，故动力传动常用多头蜗杆以增大 γ，但 γ 过大时，蜗杆制造困难，效率提高很小，故通常 $\gamma < 30°$。

表 10-16　圆柱蜗杆传动的当量摩擦系数 μ_v

蜗轮材料	锡青铜		铝青铜	灰铸铁	
蜗杆齿面硬度	≥45HRC	<45HRC	≥45HRC	≥45HRC	<45HRC
滑动速度 $v_s/(\mathrm{m \cdot s^{-1}})$	当量摩擦系数 μ_V				
0.25	0.065	0.075	0.100	0.100	0.120
0.50	0.055	0.065	0.090	0.090	0.100
1.0	0.045	0.055	0.070	0.070	0.090
1.5	0.040	0.050	0.065	0.065	0.080
2.0	0.035	0.045	0.055	0.055	0.070
2.5	0.030	0.040	0.050		
3.0	0.028	0.035	0.045		
4.0	0.024	0.031	0.040		
5.0	0.022	0.029	0.035		

续表 10－16

蜗轮材料	锡青铜		铝青铜	灰铸铁	
蜗杆齿面硬度	≥45HRC	＜45HRC	≥45HRC	≥45HRC	＜45HRC
滑动速度 $v_s/(m \cdot s^{-1})$	当量摩擦系数 μ_V				
8.0	0.018	0.026	0.030		
10	0.016	0.024			
15	0.014	0.020			
24	0.013				

注：当滑动速度与表中数值不一致时，可用插值法求 μ_v。

在初步设计蜗杆传动时，为了近似求出蜗轮轴上的转矩 T_2，可按表 11－17 对 η 估值。蜗杆头数 z_1 与蜗轮齿数 z_2 的推荐值如表 10－18 所列。

表 10－17　普通圆柱蜗杆传动效率 η 估值

蜗杆头数 z_1	1(自锁)	1	2	4	6
总效率 η	0.4	0.7	0.8	0.9	0.95

表 10－18　蜗杆头数 z_1 与蜗轮齿数 z_2 的推荐值

传动比 i_{12}	7～13	14～27	28～40	＞40
蜗杆头数 z_1	4	2	2、1	1
蜗轮齿数 z_2	28～52	28～54	28～80	＞40

3. 自　锁

在蜗杆传动中，蜗杆为主动件时，蜗杆可以带动蜗轮旋转而蜗轮不能带动蜗杆旋转称为自锁。自锁条件与螺纹副的自锁条件相同，即 $\gamma < \rho_V$。

10.9.2　蜗杆传动的失效形式和材料选择

1. 失效形式

蜗杆传动的失效形式和齿轮传动的相类似，主要有点蚀、齿根折断、齿面胶合和齿面磨损等。由于蜗杆蜗轮啮合区齿面存在较大的相对滑动速度，会因摩擦而产生大量的热量，从而增加了产生胶合和磨损失效的可能性。由于材料和齿形的因素，蜗杆的轮齿强度总高于蜗轮的轮齿强度，故失效经常发生在蜗轮轮齿上。因此，在蜗杆传动中，只需对蜗轮轮齿进行强度计算。

2. 设计准则

蜗杆传动的失效形式主要是蜗轮轮齿表面产生胶合、点蚀和磨损，而轮齿的弯曲折断却很少发生，因此，对于闭式传动，通常只按齿面接触强度计算。只有当蜗轮齿数 $z_2 > 80$ 时，才进行弯曲强度核算。蜗杆工作过程中的强度，可按轴的强度计算方法进行危险截面应力校核；对于支承跨度大的蜗杆，为避免因弯曲变形过大而使蜗杆失效，需对蜗杆进行刚度校核；又因为在闭式蜗杆传动中，散热较为困难，故还需要做热平衡核算。

在开式传动中，易发生齿面磨损和轮齿折断，因此应按齿根弯曲疲劳强度进行设计。

3. 常用材料

蜗杆为细长杆件,需要保证一定的强度和刚度,一般采用碳钢或合金钢制造。高速重载蜗杆常用15Cr或20Cr,并经渗碳淬火;也可用40钢、45钢或40Cr并进行淬火。一般不太重要的低速重载蜗杆可采用40钢或45钢,并经调整处理。蜗杆常用材料如表10-19所列。

表10-19 蜗杆常用材料

蜗杆材料	热处理	硬度	表面粗糙度 $Ra/\mu m$
40,45,40Cr,40CrNi,42SiMn	表面淬火	HRC45~55	1.6~0.8
20Cr,20CrMnTi,12CrNi3A	表面渗碳淬火	HRC58~63	1.6~0.8
45	调质	≤HB270	6.3

蜗轮材料通常指蜗轮轮缘部分的材料,需材料具有较好的减磨性和耐磨性。主要有:① 铸锡青铜,常用牌号有ZCuSn10P1,ZCuSn10Pb5Zn5,其具有良好的耐磨性,但价格高,适用于滑动速度$v_s>3$ m/s和持续运转的重要传动;② 铸铝青铜,常用牌号有ZCuAl10Fe3,其机械强度高,减磨性稍差,价格低廉,适用于$v_s\leqslant 4$ m/s的工况,配对蜗杆硬度不低于45HRC;③灰铸铁和球墨铸铁 适用于$v_s\leqslant 2$ m/s的工况。

10.9.3 蜗杆传动的受力分析

蜗杆传动的受力分析与斜齿圆柱齿轮传动相似。为了简化,通常不考虑摩擦力的影响。

图10-37所示的蜗杆传动中,右旋蜗杆为主动件并沿图示方向旋转,此时蜗杆的受力情况如图所示。

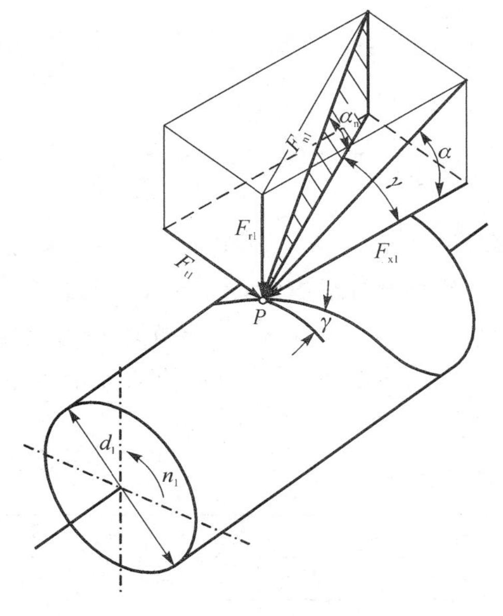

(a) 蜗杆的受力图

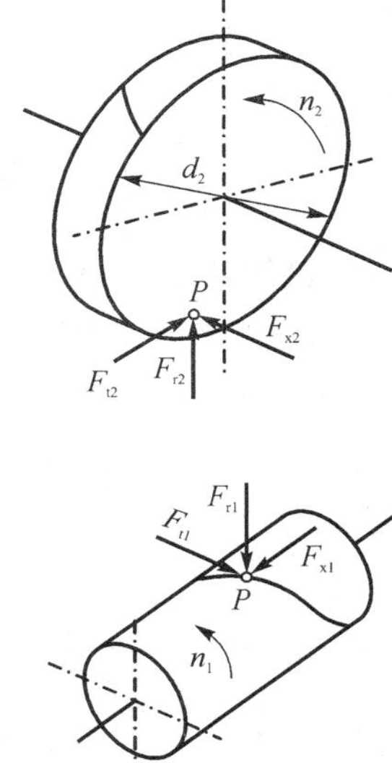

(b) 蜗杆和蜗轮的受力关系

图10-37 蜗杆传动的受力分析

作用于蜗杆节点 P 处的法向力 $\boldsymbol{F}_n$ 可分解为圆周力 $\boldsymbol{F}_t$、径向力 $\boldsymbol{F}_r$ 和轴向力 $\boldsymbol{F}_x$。与斜齿轮受力相似，蜗杆所受轴向力的方向与蜗杆的螺旋线方向和蜗杆旋转方向有关，可用左手法则、右手法则判断，左旋用左手，右旋用右手。蜗杆为主动件时，拇指伸直与蜗杆轴线平行，其余四指沿蜗杆回转方向握住蜗杆轴线，则拇指的指向即为蜗杆所受轴向力的方向。根据力的平衡关系可知，作用于蜗杆和蜗轮上的三对分力 $\boldsymbol{F}_{t1}$ 和 $\boldsymbol{F}_{x2}$、$\boldsymbol{F}_{r1}$ 和 $\boldsymbol{F}_{r2}$、$\boldsymbol{F}_{x1}$ 和 $\boldsymbol{F}_{t2}$ 彼此大小相对、方向相反。

各分力计算公式为

$$\begin{cases} F_{t2}=\dfrac{2T_2}{d_2}=-F_{x1} \\ F_{t1}=\dfrac{2T_1}{d_1}=-F_{x2} \\ F_{r1}=F_{x1}\tan\alpha=-F_{r2} \\ F_{n1}=\dfrac{F_{x1}}{\cos\alpha_n\cos\gamma}=\dfrac{F_{t2}}{\cos\alpha_n\cos\gamma}=\dfrac{2T_2}{d_2\cos\alpha_n\cos\gamma} \end{cases} \tag{10-39}$$

式中，T_1，T_2 分别为蜗杆和蜗轮的工作转矩，$T_2=T_1 i\eta_1$，η_1 为蜗杆蜗轮的啮合效率；α_n 为法面压力角，$\tan\alpha_n=\tan\alpha\cos\gamma$。

10.9.4 蜗轮强度计算

1. 蜗轮齿面接触疲劳强度计算

接触强度设计公式为

$$m^2 d_1 \geqslant \left(\frac{480}{z_2[\sigma_H]}\right)^2 KT_2 (\text{mm}^3) \tag{10-40}$$

校核公式为

$$\sigma_H=480\sqrt{\frac{KT_2}{d_1 m^2 z_2^2}}\leqslant[\sigma_H] \tag{10-41}$$

式中，T_2 为蜗轮的转矩，N·mm；K 为载荷系数，$K=K_A K_\beta K_V$，其中 K_A 为使用系数，可查表 10-20；K_β 为齿向载荷分布系数，当蜗杆传动工作载荷平稳时，$K_\beta=1$，工作载荷变化较大或有冲击、振动时，$K_\beta=1.3\sim1.6$；K_V 为动载系数，对于精确制造，且蜗轮圆周速度 $v_2\leqslant$ 3 m/s 时，取 $K_V=1.0\sim1.1$，$v_2>3$ m/s 时，$K_V=1.1\sim1.2$；$[\sigma_H]$为蜗轮的许用接触应力，N/mm^2。

表 10-20 使用系数 K_A

工作类型	Ⅰ	Ⅱ	Ⅲ
载荷性质	均匀、无冲击	不均匀、小冲击	不均匀、大冲击
每小时起动次数	<25	25～50	>50
起动载荷	小	较大	大
K_A	1	1.15	1.2

$[\sigma_H]$值与蜗轮的材料有关，主要分为两种情况：

① 蜗轮材料为灰铸铁或高强度青铜($\sigma_B \geqslant 300$ MPa)：蜗杆传动的承载能力主要取决于齿面胶合强度，但目前还没有完善的胶合强度计算公式，故采用接触强度计算作为一种条件性计算。由于胶合不属于疲劳失效，故$[\sigma_H]$与应力循环次数无关，但要考虑相对滑动速度对其的影响，其值可由表 10－21 直接查取。

表 10－21　灰铸铁及铸铝青铜的许用接触应力$[\sigma_H]$

N/mm²

材　料		滑动速度 v_s/(m·s⁻¹)						
蜗杆	蜗轮	<0.25	0.25	0.5	1	2	3	4
20 或 20Cr 渗碳、淬火、45 钢淬火，齿面硬度大于 45HRC	灰铸铁 HT150	206	166	150	127	95	—	—
	灰铸铁 HT200	250	202	182	154	115	—	—
	铸铝青铜 ZCuAl10Fe3	—	—	250	230	210	180	160
45 钢或 Q275	灰铸铁 HT150	172	139	125	106	79	—	—
	灰铸铁 HT200	208	168	152	128	96	—	—

② 蜗轮材料为强度极限$\sigma_B < 300$ MPa 的锡青铜：蜗轮的主要失效为接触疲劳，此时，需先在表 10－22 中查取蜗轮应力循环次数$N_L = 10^7$时的基本许用接触应力$[\sigma_H]'$，然后再根据$[\sigma_H] = K_{HN}[\sigma_H]'$计算许用接触应力，其中$K_{HN}$为接触强度的寿命系数，$K_{HN} = \sqrt[8]{\dfrac{10^7}{N_L}}$，应力循环次数$N_L = 60jn_2L_h$，$j$为蜗轮每转一转，每个轮齿啮合的次数；$n_2$为蜗轮转速，r/min；$L_h$为工作寿命，h。

表 10－22　$N_L = 10^7$ 时蜗轮的基本许用接触应力$[\sigma_H]'$

N/mm²

蜗轮材料	铸造方法	蜗杆螺旋面硬度	
		≤45HRC	>45HRC
铸锡磷青铜 ZCuSn10P1	砂模铸造	150	180
	金属模铸造	220	268
铸锡锌铅青铜 ZCuSn5Pb5Zn5	砂模铸造	113	135
	金属模铸造	128	140

注：当$N_L > 25 \times 10^7$时，取$N_L = 25 \times 10^7$；当$N_L < 2.6 \times 10^5$时，取$N_L = 2.6 \times 10^5$。

由式(10－40)通过接触疲劳强度设计得到m^2d_1数值后，可根据z_1在表 10－23 所列国标规定的标准参数中选择一组合适的m^2d_1和相应的蜗杆参数。

表 10－23　蜗杆的基本尺寸和参数(摘自 GB/T 10085—1988)

模数 m/mm	分度圆直径 d_1/mm	蜗杆头数 z_1	m^2d_1/mm³	模数 m/mm	分度圆直径 d_1/mm	蜗杆头数 z_1	m^2d_1/mm³
1.25	20	1	31.25	6.3	(80)	1,2,4	3 175
	22.4	1	35		112	1	4 445

续表 10－23

模数 m/mm	分度圆直径 d_1/mm	蜗杆头数 z_1	m^2d_1/mm^3	模数 m/mm	分度圆直径 d_1/mm	蜗杆头数 z_1	m^2d_1/mm^3
1.6	20	1,2,4	51.2	8	(63)	1,2,4	4 032
	28	1	71.68		80	1,2,4,6	5 120
2	(18)	1,2,4	72		100	1,2,4	6 400
	22.4	1,2,4	89.6		140	1	8 960
	(28)	1,2,4	112	10	(71)	1,2,4	7 100
	35.5	1	142		90	1,2,4,6	9 000
2.5	(22.4)	1,2,4	140		(112)	1	11 200
	28	1,2,4,6	175		160	1	16 000
	(35.5)	1,2,4	211.88	12.5	(90)	1,2,4	14 062
	45	1	281.25		112	1,2,4	17 500
3.15	(28)	1,2,4	277.83		(140)	1,2,4	21 875
	35.5	1,2,4,6	352.25		200	1	31 250
	45	1,2,4	446.51	16	(112)	1,2,4	28 672
	56	1	555.66		140	1,2,4	35 840
4	(31.5)	1,2,4	504		(180)	1,2,4	46 080
	40	1,2,4,6	640		250	1	64 000
	(50)	1,2,4	800	20	(140)	1,2,4	56 000
	71	1	1 136		160	1,2,4	64 000
5	(40)	1,2,4	1 000		(224)	1,2,4	89 600
	50	1,2,4,6	1 250		315	1	126 000
	(63)	1,2,4	1 575	25	(180)	1,2,4	112 500
	90	1	2 250		200	1,2,4	125 000
6.3	(50)	1,2,4	1 984.5		(280)	1,2,4	175 000
	63	1,2,4,6	2 500.5		400	1	250 000

注：① 表中所列为 GB/T 10085—1988 中第一系列模数和蜗杆分度圆直径，优先选用第一系列值；

② 括号中的数字尽可能不用。

2. 蜗轮齿根弯曲疲劳强度计算

蜗轮齿根弯曲疲劳强度设计公式为

$$m^2 d_1 \geqslant \frac{1.53KT_2}{z_2[\sigma_F]} Y_{Fa2} Y_\gamma \tag{10-42}$$

其校核公式为

$$\sigma_F = \frac{1.53KT_2}{d_1 d_2 m} Y_{Fa2} Y_\gamma \leqslant [\sigma_F] \tag{10-43}$$

式中，Y_{Fa2} 为蜗轮齿形系数，其值可通过蜗轮的当量齿数 $Z_{V2}=\dfrac{z_2}{\cos^3\gamma}$ 及蜗轮的变位系数 x_2

在图 10－24 查取；Y_γ 为螺旋角系数，$Y_\gamma=1-\dfrac{\gamma}{140°}$；$[\sigma_F]$为蜗轮的许用弯曲应力（$N/mm^2$），$[\sigma_F]=K_{FN}[\sigma_F]'$，其中$[\sigma_F]'$为应力循环次数 $N_L=10^6$ 时蜗轮的基本许用应力，其值可由表 10－24 选取；K_{FN} 为寿命系数，$K_{FN}=\sqrt[9]{\dfrac{10^6}{N_L}}$，其中 $N_L=60jn_2L_h$。

通过接触疲劳强度设计式(10－42)得到 m^2d_1 数值后，可根据 z_1 在表 10－23 所列国标规定的标准参数中选择一组合适的 m^2d_1 和相应的蜗杆参数。

表 10－24　$N_L=10^6$ 时蜗轮的基本许用弯曲应力$[\sigma_F]'$

N/mm^2

蜗轮材料		铸造方法	单侧工作$[\sigma_F]'$	双侧工作$[\sigma_F]'$
铸锡磷青铜 ZCuSn10P1		砂模铸造	40	29
		金属模铸造	56	40
铸锡锌铅青铜 ZCuSn5Pb5Zn5		砂模铸造	26	22
		金属模铸造	32	26
铸铝青铜 ZCuAl10Fe3		砂模铸造	80	57
		金属模铸造	90	64
灰铸铁	HT150	砂模铸造	40	28
	HT200	金属模铸造	48	34

注：当 $N_L>25\times10^7$ 时，取 $N_L=25\times10^7$；当 $N_L<10^5$ 时，取 $N_L=10^5$。

10.9.5　蜗杆的刚度计算

跨度较大的蜗杆受力后会产生过大的变形，从而影响蜗杆与蜗轮的正确啮合，所以必要情况下还需对蜗杆进行刚度校核。校核蜗杆的刚度时，通常把蜗杆螺旋部分看作以蜗杆齿根圆为直径的轴段，其最大弯曲挠度 y 可按下式近似计算，即刚度条件为

$$y=\frac{\sqrt{F_{t1}^2+F_{r1}^2}}{48EI}L^3\leqslant[y] \tag{10-44}$$

式中，F_{t1} 为蜗杆所受的圆周力，N；F_{r1} 为蜗杆所受的径向力，N；E 为蜗杆材料的弹性模量，钢制蜗杆取 $2.07\times10^5\ N/mm^2$；I 为蜗杆危险截面的惯性矩，mm^4，$I=\dfrac{\pi d_{f1}^4}{64}$，其中 d_{f1} 为蜗杆齿根圆直径；L 蜗杆两端支承间的跨度，由结构设计确定，初步计算时可取 $L=0.9\ d_2$，d_2 为蜗轮分度圆直径；$[y]$为许用最大挠度，可取$[y]=d_1/1\ 000$。

10.9.6　蜗杆传动的润滑

由于蜗杆传动时相对滑动速度大，效率低，发热量大，因此必须注意蜗杆传动的润滑；否则会进一步导致效率降低显著，并带来剧烈磨损，甚至产生胶合。蜗杆传动的润滑方法和润滑油黏度可参考表 10－25。

用浸油润滑时，常采用蜗杆下置式，由蜗杆带油润滑，这时蜗杆浸油深度至少为一个齿高；当蜗杆线速度 $v_1>4$ m/s 时，为减少搅油损失，采用上置蜗杆式，其浸油深度为蜗轮半径的

1/6～1/3。

表 10-25　蜗杆传动润滑油的黏度和润滑方式

滑动速度 $v_s/(m\cdot s^{-1})$	0～1	1～2.5	2.5～5	>5～10	>10～15	>15～24	>25
润滑油黏度 $v_{40}/(mm^2\cdot s^{-1})$	1 000	580	270	220	130	90	68
润滑方法	浸油润滑			喷油或油浴润滑	喷油润滑		

10.9.7　蜗杆传动的热平衡计算

由于蜗杆传动的效率较低，工作时会产生大量热量。如果散热不好，则会引起温升过高而降低油的黏度，使润滑不良，导致蜗轮齿面磨损或胶合，所以对连续工作的闭式蜗杆传动须进行热平衡计算。

在闭式传动中，热量通过箱壳散逸，要求箱体内的油温 t 和周围空气温度 t_0 之差 Δt 不超过允许值，即

$$\Delta t = t - t_0 = \frac{1\,000P_1(1-\eta)}{\alpha_t A} \leqslant [\Delta t] \tag{10-45}$$

式中，P_1 为蜗杆的传递功率，kW；η 为传动效率；α_t 为箱体表面散热系数，通常 $a_t=12\sim18$ W/(m² · ℃)；A 为散热面积，m²，可用下式估算：

$$A = 0.33\left(\frac{a}{100}\right)^{1.75}\quad（有散热片）$$

a 为蜗杆传动的中心距，mm；$[\Delta t]$ 为温差允许值，一般为 60～70 ℃，并应使油温 $t=t_0+\Delta t<90$ ℃。

如果计算的温差超过允许值，可采用以下措施来改善散热条件：

① 在箱体上加散热片以增大散热面积；

② 在蜗杆轴上安装风扇进行吹风冷却，如图 10-38(a)所示；

③ 在箱体油池内装蛇形冷却水管，用循环水冷却，如图 10-38(b)所示；

④ 用循环油冷却，如图 10-38(c)所示。

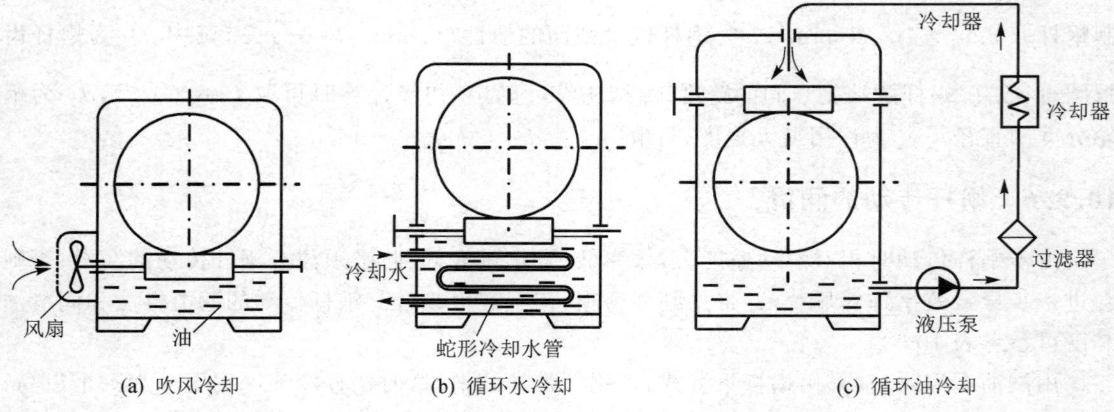

图 10-38　蜗杆传动的散热方法

例题10-3 试设计一电动机驱动的闭式蜗杆减速器,已知输入功率$P=8$ kW,蜗杆转速$n_1=1\ 450$ r/min,传动比$i_{12}=20$,单向转动,工作载荷较稳定但有不大的冲击,预计使用寿命10年,每天工作8小时,每年按250工作日计算。

解:

计算与说明	主要结果
(1) 选择材料 蜗杆采用45钢,表面淬火,硬度HRC45~55;蜗轮用铸锡磷青铜ZCuSn10P1,砂模铸造。	蜗杆45钢,表面淬火; 蜗轮ZCuSn10P1, 金属模铸造。
(2) 确定z_1、z_2和n_2 由表10-18确定蜗杆头数$z_1=2$,则 $z_2=iz_1=20\times2=40$ $n_2=\frac{n_1}{i}=\frac{1\ 450\ \text{r/min}}{20}=72.5\ \text{r/min}$	$z_1=2$ $z_2=40$ $n_2=72.5$ r/min
(3) 确定蜗轮转矩T_2 由表10-17取$\eta=0.8$ $T_2=9.55\times10^6\times\frac{P\eta i}{n_1}=9.55\times10^6\times\frac{8\times0.8\times20}{1\ 450}=8.43\times10^5(\text{N}\cdot\text{mm})$	$T_2=8.43\times10^5$ N·mm
(4) 确定载荷系数K 由表10-20取$K_A=1.15$,由于蜗杆传动工作载荷较平稳,取$K_\beta=1$,初设蜗轮圆周速度$v_2\leqslant3$ m/s时,取$K_V=1.05$,则 $K=K_AK_\beta K_V=1.15\times1\times1.05=1.21$	$K=1.21$
(5) 确定许用接触应力$[\sigma_H]$ 由蜗轮用铸锡磷青铜ZCuSn10P1,金属模铸造,且蜗杆硬度>45HRC,由表10-22得蜗轮的基本许用应力$[\sigma_H]'=268\ \text{N/mm}^2$。 应力循环次数$N_L$:$N_L=60jn_2L_h=60\times1\times72.5\times10\times8\times250=8.7\times10^7$ 寿命系数K_{HN}为 $K_{HN}=\sqrt[8]{\frac{10^7}{N_L}}=\sqrt[8]{\frac{10^7}{8.7\times10^7}}=0.763$ 则有$[\sigma_H]=K_{HN}[\sigma_H]'=0.763\times268\ \text{N/mm}^2=204.48\ \text{N/mm}^2$	$[\sigma_H]=204.48\ \text{N/mm}^2$
(6) 确定模数m和蜗杆分度圆直径d_1 根据式(10-40)有: $m^2d_1\geqslant\left(\frac{480}{z_2[\sigma_H]}\right)^2KT_2=\left(\frac{480}{40\times204.48}\right)^2\times1.21\times8.43\times10^5\text{mm}^3=3\ 512.96\ \text{mm}^3$ 由表10-23可知,$z_1=2$时,可选取模数$m=8$ mm,蜗杆分度圆直径$d_1=80$ mm	$m=8$ mm $d_1=80$ mm

续表

计算与说明	主要结果
(7) 蜗杆与蜗轮的主要参数与几何尺寸 蜗轮的分度圆直径 $d_2=mz_2=8\times40\ \text{mm}=320\ \text{mm}$ 蜗轮的分度圆线速度 v_2 $$v_2=\pi d_2n_2=\frac{\pi\times320\times1\,450}{20\times60\times1\,000}\text{m/s}=1.21\ \text{m/s}$$ $v_2<3\ \text{m/s}$,初设载荷系数满足要求。 中心距 $$a=\frac{d_1+d_2}{2}=\frac{80+320}{2}\text{mm}=200\ \text{mm}$$ 直径系数 $q=d_1/m=80/8=10$ 蜗杆分度圆导程角 $\tan\gamma=z_1/q=2/10=0.2,\gamma=11.31°$	$d_2=320\ \text{mm}$ $a=200\ \text{mm}$ $q=10$
(8) 校核齿根弯曲疲劳强度 蜗轮当量齿数 $$Z_{V2}=\frac{z_2}{\cos^3\gamma}=\frac{40}{(\cos11.31°)^3}=42.42$$ 由 $Z_{V2}=42.42$,从图 10-24 查得 $Y_{Fa2}=2.4$ 螺旋角系数 $Y_\gamma=1-\frac{\gamma}{140°}=1-\frac{11.31°}{140°}=0.92$ 弯曲应力 $$\sigma_F=\frac{1.53KT_2}{d_1d_2m}Y_{Fa2}Y_\gamma=\frac{1.53\times1.21\times8.43\times10^5}{80\times320\times8}\times2.4\times0.92\ \text{N/mm}^2=16.83\ \text{N/mm}^2$$ 由表 10-24 可得$[\sigma_F]'=56\ \text{N/mm}^2$ 寿命系数 $$K_{FN}=\sqrt[9]{\frac{10^6}{N_L}}=\sqrt[9]{\frac{10^7}{8.7\times10^7}}=0.786$$ 许用弯曲应力 $$[\sigma_F]=K_{FN}[\sigma_F]'=0.786\times56\ \text{N/mm}^2=44.02\ \text{N/mm}^2$$ $\sigma_F<[\sigma_F]$ 满足齿根弯曲强度要求	$\sigma_F=16.83\ \text{N/mm}^2$ $[\sigma_F]=44.02\ \text{N/mm}^2$ $\sigma_F<[\sigma_F]$ 满足齿根弯曲强度要求
(9) 校核效率 η 滑动速度 $$v_s=\frac{v_2}{\sin\gamma}=\frac{1.21}{\sin11.31°}\text{m/s}=6.17\ \text{m/s}$$ 由 $v_s=6.17\ \text{m/s}$ 查表 10-16 得 $\mu_V=0.017$ $\rho_V=\arctan\mu_V=\arctan0.017=0.9739°$ $$\eta_1=\frac{\tan\gamma}{\tan(\gamma+\rho_V)}=\frac{\tan11.31°}{\tan(11.31°+0.973\,7°)}=0.919$$ 高于初估效率,故可用 取 $\eta_2=0.95,\eta_3=0.99$,则 $\eta=\eta_1\eta_2\eta_3=0.919\times0.95\times0.99=0.864$	$\eta=0.864$

续表

计算与说明	主要结果
(10) 热平衡计算 取 $\alpha_t=15\ \mathrm{W/(m^2\cdot ℃)}$ $A=0.33\left(\frac{a}{100}\right)^{1.75}=0.33\left(\frac{200}{100}\right)^{1.75}=1.11$ $\Delta t=\frac{1\,000\times8\times(1-0.864)}{13\times1.11}=65.34\ ℃<70\ ℃$ 满足要求	$\Delta t=65.34\ ℃$ 满足散热要求
(11) 主要设计结果 蜗杆 45 钢，表面淬火；蜗轮 ZCuSn10P1，金属模铸造。模数 $m=8$ mm，蜗杆直径 $d_1=80$ mm，蜗杆头数 $z_1=2$，蜗轮直径 $d_2=320$ mm，蜗轮齿数 $z_2=40$。 结构设计略	

10.9.8　蜗杆传动的结构设计

1. 蜗杆结构

蜗杆的直径较小，通常与轴做成一体，称其为蜗杆轴，其结构如图 10－39 所示。当 $d_{f1}>d$ 时，可采用图 10－39(a)所示的结构形式；当 $d_{f1}<d$ 时，可采用图 10－39(b)或图 10－39(c)的结构形式。图 10－39(a)和图 10－39(b)中蜗杆的螺旋部分既可以车制也可以铣制。图 10－39(b)所示的结构有退刀槽，螺旋部分加工时可车制也可铣制；图 10－39(c)所示的结构无退刀槽，螺旋部分加工时只能用铣制的方法，且由于螺旋部分两侧轴径较大，故刚性较好。

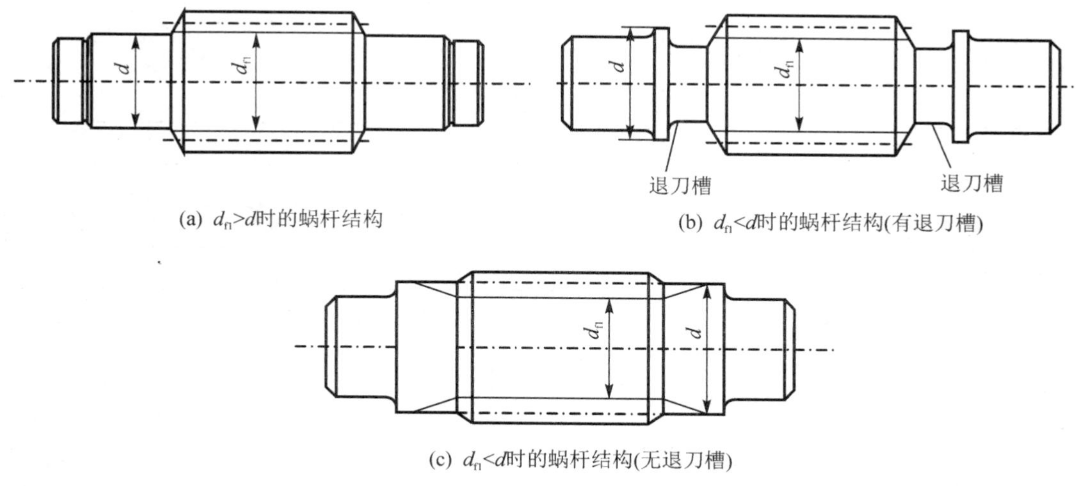

(a) $d_{f1}>d$时的蜗杆结构

(b) $d_{f1}<d$时的蜗杆结构(有退刀槽)

(c) $d_{f1}<d$时的蜗杆结构(无退刀槽)

图 10－39　蜗杆的结构

2. 蜗轮的结构

(1) 整体式

整体式蜗轮主要用于蜗轮分度圆直径小于 100 mm 的青铜蜗轮或任意直径的铸铁蜗轮，其结构如图 10－40(a)所示。

(2) 轮箍式

当蜗轮直径较大时,为节省贵重金属材料,经常采用轮箍式结构,轮缘为青铜,轮芯为铸铁,轮缘和轮芯通常采用过盈配合,并加台肩和螺钉将轮缘和轮芯固定,为了便于钻孔,应将螺纹孔中心线向材料较硬的一边偏移 2~3 mm,其结构如图 10-40(b)所示。

(3) 螺栓连接式

当蜗轮直径>400 mm 时,可将轮缘和轮芯用铰制孔螺栓连接,其结构如图 10-40(c)所示。

(4) 镶铸式

对于大批量生产的蜗轮,经常采用镶铸式结构,即将青铜轮缘镶铸在铸铁轮芯上,在浇铸前先在轮芯上预制出榫槽,以防滑动,其结构如图 10-40(d)所示。

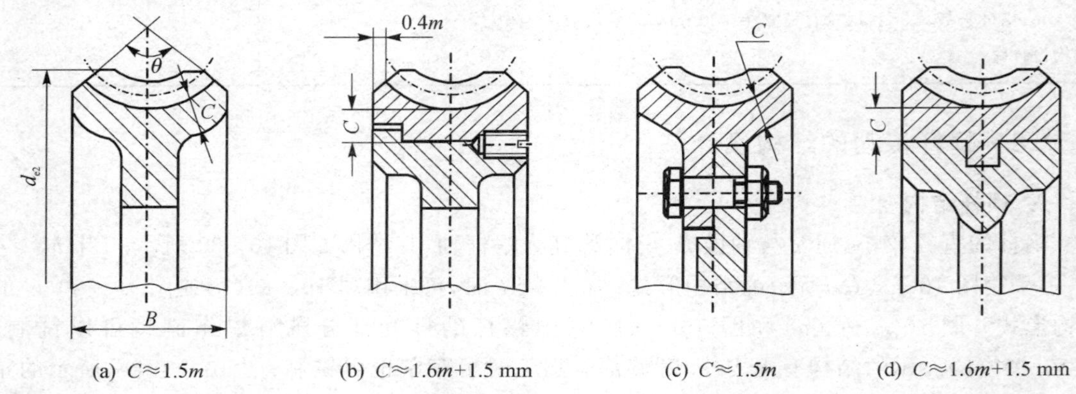

图 10-40 蜗轮的结构

蜗轮的部分尺寸可参考表 10-26 选取。

表 10-26 蜗轮部分尺寸

蜗杆头数 z_1	1	2	4
蜗轮齿顶圆外径 d_{e2}	$\leqslant d_{a2}+2m$	$\leqslant d_{a2}+1.5m$	$\leqslant d_{a2}+2m$
轮缘宽度 B	$\leqslant 0.75d_{a2}$		$\leqslant 0.67d_{a2}$
蜗轮齿宽角 θ	90°~130°		

思考题

10-1 已知开式直齿圆柱齿轮传动 $i_{12}=3.5$,$P=3$ kW,$n_1=50$ r/min,用电动机驱动,单向转动,载荷均匀,$z_1=21$,小齿轮为 45 钢调质,大齿轮为 45 钢正火,试确定该齿轮传动的 d,m 值。

10-2 试分析图 10-41 所示齿轮传动中各齿轮所受的力,并在图中标出力的作用位置和方向。

10-3 两级斜齿圆柱齿轮减速器如图 10-42 所示,$\beta_1=16°$,高速级斜齿轮法面模数 $m_n=3$ mm,$z_2=54$,低速级斜齿轮法面模数 $m_n=5$ mm,$z_3=17$,试问:

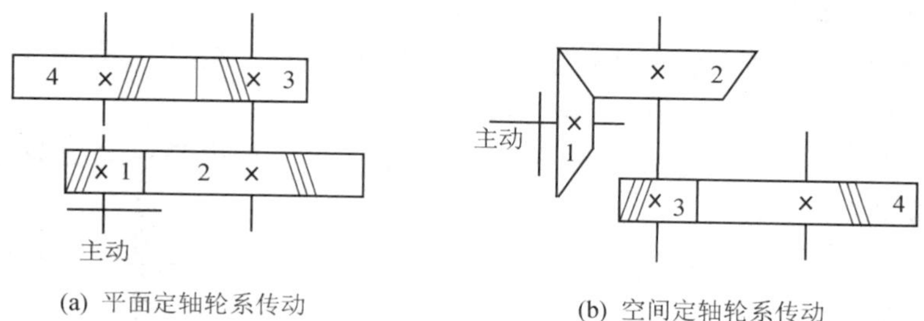

(a) 平面定轴轮系传动　　(b) 空间定轴轮系传动

图 10-41　齿轮传动图

（1）低速级斜齿轮的螺旋线方向应如何选择才能使中间轴上两齿轮的轴向力方向相反？

（2）低速级螺旋角 β 应取多大数值才能使中间轴上两个轴向力相互抵消？

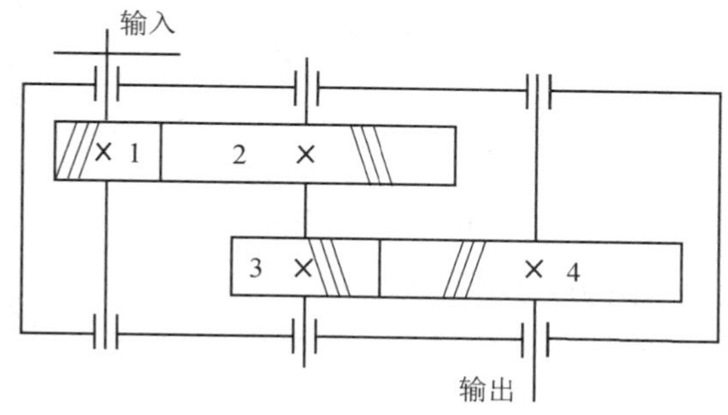

图 10-42　两级斜齿圆柱齿轮减速器

10-4　设计用于铣床中的一对闭式圆柱直齿轮传动，已知输入功率 $P_1=5.0$ kW，小齿轮转速 $n_1=1\ 450$ r/min，$z_1=23$，$z_2=54$，预期寿命 $L_h=15\ 000$ h，小齿轮相对其轴的支承为不对称布置。

10-5　已知单级闭式斜齿轮传动 $P=10$ kW，$n_1=1\ 210$ r/min，$i_{12}=4.3$，电动机驱动，双向传动，中等冲击载荷，设小齿轮用 40MnB 调质，大齿轮用 45 钢调质，$z_1=21$，试设计此单级斜齿轮传动。

10-6　图 10-43 所示为两种不同的 2 级齿轮布置方案，请问哪种方案较为合理？为什么？

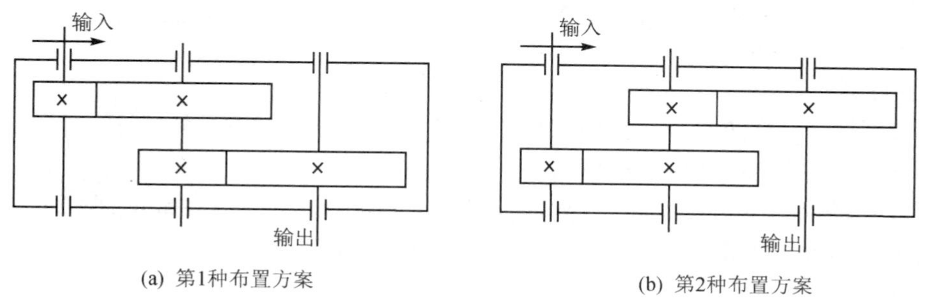

(a) 第1种布置方案　　(b) 第2种布置方案

图 10-43　减速器齿轮布置方案

10-7　一对齿轮啮合时，啮合点处大齿轮、小齿轮的齿面接触应力是否相等？两个齿轮的齿根弯曲应力是否相等?

10-8　在图 10-44 所示的定轴轮系中,已知齿数 $z_1 = z_3 = 27$、$z_2 = 20$,齿轮 1 转速 $n_1 = 450$ r/min,总工作时间 $L_h = 3\ 000$ h。试分析:

(1) 如果齿轮 1 为主动轮且单向旋转,请问齿轮 2 在工作中是单向受载还是双向受载?其应力循环次数是多少?

(2) 如果齿轮 2 为主动轮且单向旋转,请问齿轮 2 在工作中是单向受载还是双向受载?其应力循环次数是多少?

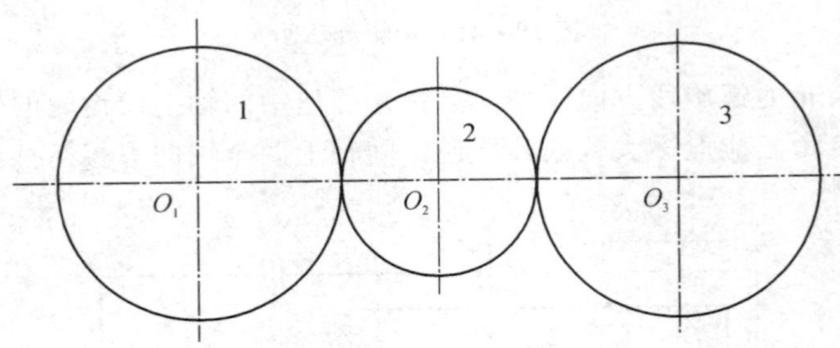

图 10-44　定轴轮系

10-9　设计用于输送机中的闭式直齿圆锥齿轮传动,大锥齿轮、小锥齿轮轴线垂直,输入功率 $P_1 = 1.8$ kW,小齿轮转速 $n_1 = 250$ r/min,齿数比 $u = 2.3$,两班制工作(每班 8 h),预期寿命为 10 年,每年按 250 天计算,小齿轮悬臂布置。

10-10　试分析图 10-45 所示的 2 级蜗杆传动中各轴的旋转方向、蜗轮轮齿的螺旋方向,并在图中标出蜗杆和蜗轮所受各力的作用位置和方向。

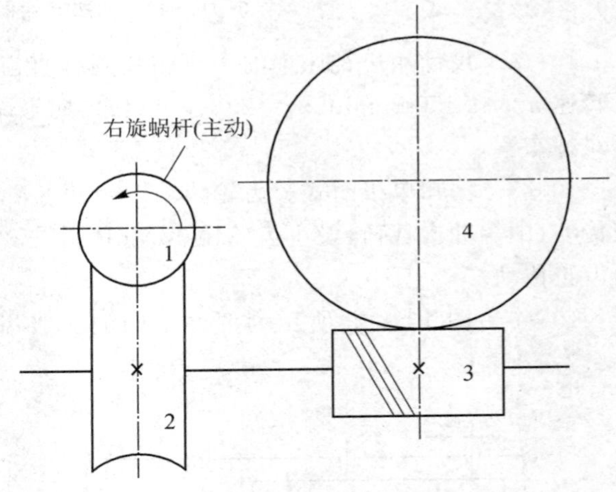

图 10-45　蜗杆传动

10-11　设计用于带式输送机的普通圆柱蜗杆传动,输入功率 $P_1 = 5.0$ kW,$n_1 = 1\ 450$ r/min,传动比 $i = 23$,电动机驱动,载荷平稳。蜗杆材料为 20Cr,渗碳淬火,硬度 ≥ 58HRC;蜗轮材料为 ZCuSn10P1,金属模铸造。蜗杆减速器每日工作 8 h,要求工作寿命为 10 年,每年按 300 工作日计算。

10-12　设计一起重设备用的闭式蜗杆传动。载荷有中等冲击,蜗杆轴由电动机驱动,传递的额定功率 $P_1 = 10.5$ kW,$n_1 = 1\ 450$ r/min,$n_2 = 120$ r/min,间歇工作,平均每日工作约为 2 h,要求工作寿命为 10 年,每年按 250 工作日计算。

第 11 章　螺纹连接

☞ **本章思维导图**

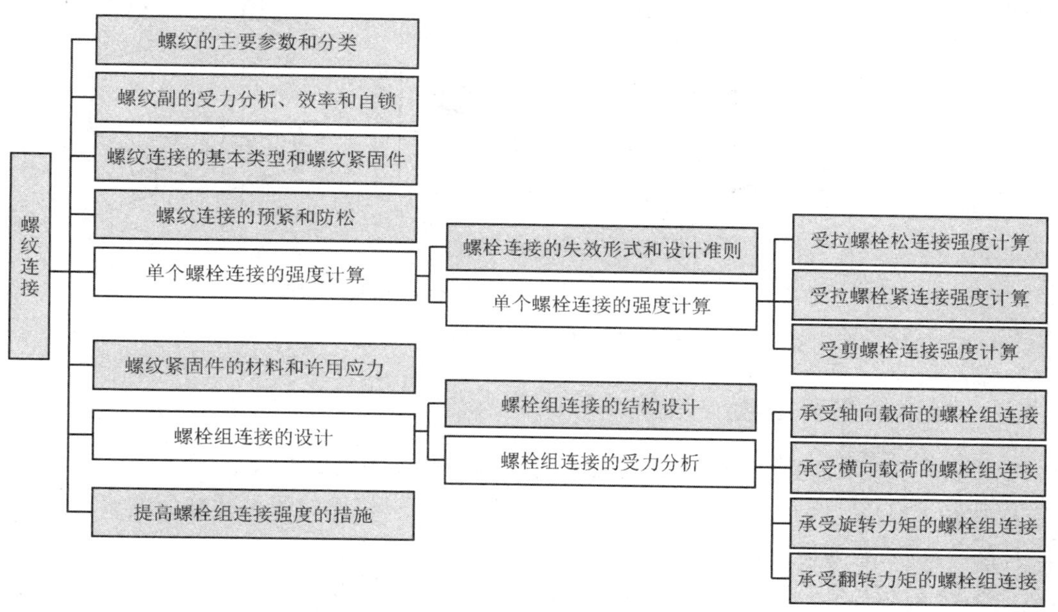

本章主要对螺纹连接的类型、适用场合、失效形式和强度计算进行介绍。主要任务是理解螺纹的参数、螺纹副的效率和自锁、螺纹连接的预紧和防松以及提高螺栓组强度的措施;掌握螺纹连接的类型、失效形式和强度计算方法。

11.1　概　述

机械连接是指实现机械零(部)件之间互相连接功能的连接。机械连接分为两大类:① 机械动连接,是指被连接的零(部)件之间可以有相对运动的连接,如机构中的各种运动副;② 机械静连接,是指被连接的零(部)件之间不能产生相对运动的连接。除有特殊说明之外,一般的机械连接都是指机械静连接。

机械静连接分为可拆连接和不可拆连接。允许多次装拆而不影响使用性能的连接称为可拆连接,如螺纹连接、键连接和销连接。需要损坏组成零件才能拆开的连接称为不可拆连接,如焊接、胶接和铆接。

本章主要介绍螺纹连接、键连接和销连接。

11.2　螺纹的主要参数和分类

螺纹连接是利用螺纹零件构成的可拆连接。此连接结构简单,拆装方便,应用范围广。

11.2.1 螺纹的形成

将一倾斜角为 ψ 的直线缠绕在圆柱上便形成一条螺旋线，如图 11－1(a)所示。取一个与轴线共面的平面图形(矩形、梯形等)，如图 11－1(b)所示，使它沿着螺旋线运动，即可得到圆柱螺纹。

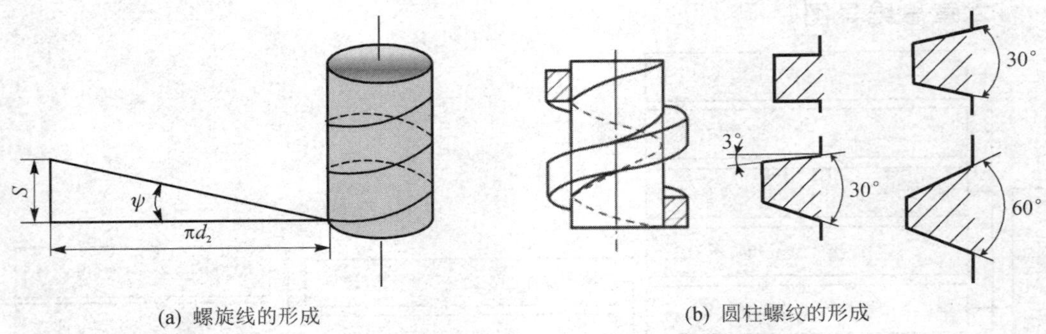

(a) 螺旋线的形成　　(b) 圆柱螺纹的形成

图 11－1　螺旋线的形成

11.2.2 螺纹的主要参数

以图 11－2 所示的圆柱普通三角形螺纹为例说明螺纹的主要参数。

① **大径 $d(D)$**　大径是与外螺纹牙顶(或内螺纹牙底)相切的假想圆柱面的直径，为螺纹的最大直径，也是普通螺纹的公称直径，外螺纹用 d 表示，内螺纹用 D 表示。

② **小径 $d_1(D_1)$**　小径是与外螺纹牙底(或内螺纹牙顶)相切的假想圆柱面的直径，为螺纹的最小直径。外螺纹用 d_1 表示，内螺纹用 D_1 表示。

③ **中径 $d_2(D_2)$**　中径在大径和小径之间，存在一个假想的圆柱面，该圆柱的母线上螺纹牙型沟槽和凸起宽度相等，这个假想圆柱面的直径称为中经。外螺纹用 d_2 表示，内螺纹用 D_2 表示。

④ **线数 n**　线数是指形成螺纹的螺旋线数目。

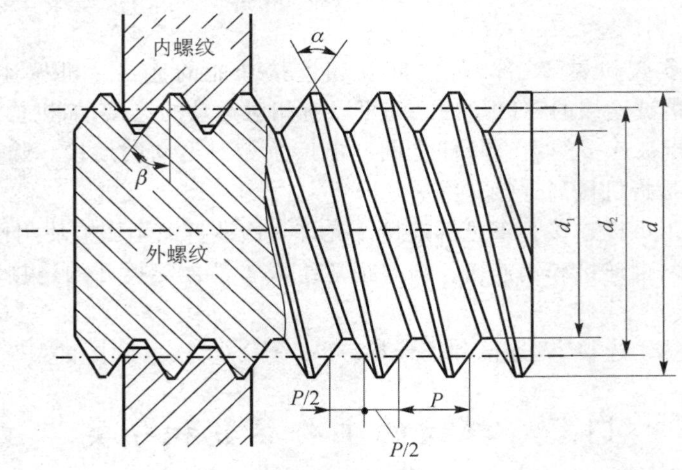

图 11－2　圆柱螺纹的主要几何参数

⑤ **螺距 P**　螺距相邻两螺牙在中径线上对应两点间的轴向距离称为螺距。

⑥ **导程 S**　同一条螺旋线上的相邻两螺牙在中径线上对应两点间的轴向距离称为导程。如果螺旋线数为 n，则有 $S=nP$。

⑦ **螺纹升角 ψ**　在中径圆柱上，螺旋线的切线与垂直于螺旋轴线平面的夹角称为螺纹升角。

$$\tan\psi=\frac{S}{\pi d_2}=\frac{nP}{\pi d_2} \tag{11-1}$$

⑧ **牙型角 α**　在轴向截面内，螺纹牙型两侧边的夹角称为牙型角。

⑨ **牙型斜角 β**　在轴向剖面内，螺纹牙型一侧边与径向直线间的夹角称为牙型斜角。

11.2.3　螺纹的分类

1. 按螺纹的位置分类

螺纹按螺纹的位置可分为内螺纹和外螺纹。

2. 按螺纹牙型分类

螺纹按牙型可分为三角形、矩形、梯形和锯齿形，如图 11-3 所示。

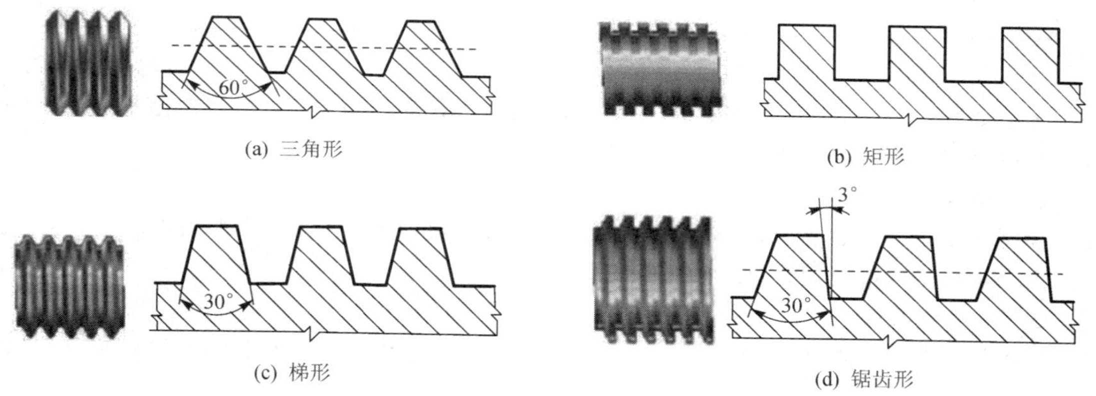

图 11-3　螺纹的牙型

(1) 三角形螺纹

牙型如图 11-3(a)所示，该螺纹当量摩擦角大，自锁性好，主要用于连接。三角形螺纹又分为粗牙和细牙，一般多用粗牙螺纹。公称直径相同时，细牙螺纹的螺距较小，牙细，内径和中径较大，升角较小，自锁性较好，但磨损后易滑扣。细牙螺纹常用于薄壁和细小零件上，或承受变载、冲击、振动的连接及微调装置中。

三角形普通粗牙螺纹的基本尺寸如表 11-1 所列。

表 11-1　三角形普通粗牙螺纹的基本尺寸(摘自 GB/T 196—2003)

公称直径(D、d)	螺距 P	中径(D_2、d_2)	小径(D_1、d_1)
3	0.5	2.675	2.459
4	0.7	3.545	3.242
5	0.8	4.480	4.134

续表 11-1

公称直径(D、d)	螺距 P	中径(D_2、d_2)	小径(D_1、d_1)
6	1	5.350	4.918
8	1.25	7.188	6.647
10	1.5	9.026	8.376
12	1.75	10.863	10.106
14	2	12.701	11.835
16	2	14.701	13.835
18	2.5	16.376	15.294
20	2.5	18.376	17.294
22	2.5	20.376	19.294
24	3	22.051	20.752
27	3	25.051	23.752
30	3.5	27.727	26.211

(2) 矩形螺纹

牙型如图 11-3(b)所示，该螺纹当量摩擦角小，效率高，用于传动，但制造困难，螺母和螺杆同心度差，牙根强度弱，常被梯形螺纹代替。

(3) 梯形螺纹

牙型如图 11-3(c)所示，与矩形螺纹相比，梯形螺纹效率略低，但牙根强度较高，易于制造。内外螺纹是以锥面配合，对中性好，主要用于传动。

(4) 锯齿形螺纹

牙型如图 11-3(d)所示，该螺纹传动效率高，牙根强度较高，能承受较大的载荷，但只能单向传动。

除矩形螺纹外，其他螺纹参数已经标准化。

3. 按螺纹的功用分类

螺纹按功用可分为连接螺纹和传动螺纹。三角形螺纹主要用于连接；梯形、锯齿形和矩形螺纹主要用于传动。

4. 按螺纹的旋向分类

螺纹按旋向可分为右旋螺纹和左旋螺纹，将螺纹轴线竖直放置，螺旋线自左向右逐渐升高的是右旋螺纹，反之是左旋螺纹，如图 11-4 所示。对于右旋螺纹，顺时针方向为其旋入方向；对于左旋螺纹，逆时针方向为其旋入方向。一般情况下，多用右旋螺纹。

5. 按螺纹线数分类

螺纹按线数可分为单线螺纹和多线螺纹。沿一条螺旋线所形成的螺纹称为单线螺纹；沿两条或两条以上，且在轴向等距离分布的螺旋线所形成的螺纹称为多线螺纹。其中单线螺纹自锁性好，常用于螺纹连接；多线螺纹传动效率高，多用于螺纹传动，一般线数不超过 4 线。

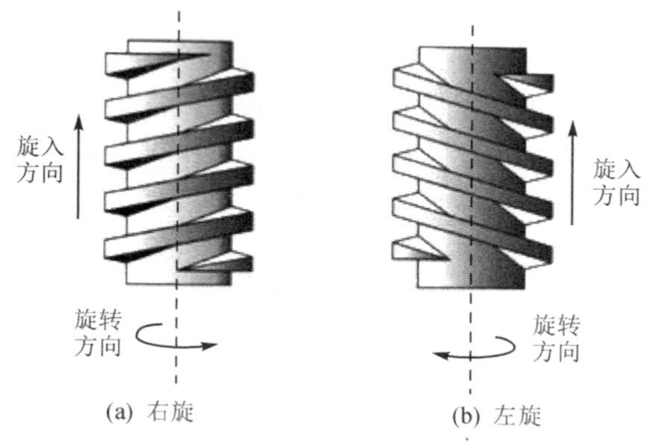

图 11－4　螺纹的旋向

11.3　螺旋副的受力分析、效率和自锁

11.3.1　矩形螺纹

在力矩和轴向力的作用下，螺旋副的相对运动可看成作用在螺纹中径的水平力推动滑块沿螺纹运动，如图 11－5(a)所示。

将矩形螺纹沿中径 d_2 展开，可得一倾斜角为 ψ 的斜面，如图 11－5(b)所示，斜面上的滑块代表螺母，螺母与螺杆的相对运动可看成滑块在斜面上的运动。

斜面倾斜角 ψ 即为螺纹升角，F_t 为作用于中径处的水平推力，F_a 为轴向载荷，F_n 为斜面对滑块的法向反力，F_μ 为摩擦力，$F_\mu=\mu F_n$，μ 为螺旋副之间的摩擦系数。F_n 和 F_μ 的合力为 F_R，称其为总反力。F_n 和 F_R 的夹角为摩擦角，用 ρ 表示且 $\tan\rho=\mu$。

当滑块沿斜面等速上升(即螺母拧紧)时，F_t 为驱动力，F_a 为阻力。摩擦力 F_μ 方向与运动速度 v 方向相反，指向斜下方，如图 11－5(b)所示，此时 F_a 与 F_R 之间的夹角为 $\psi+\rho$。由于滑块为等速运动，故处于力的平衡状态，F_a、F_R 和 F_t 组成封闭力多边形，可得

$$F_t=F_a\tan(\psi+\rho) \tag{11-2}$$

则作用在螺旋副上的驱动力矩为

$$T=F_t\frac{d_2}{2}=F_a\frac{d_2}{2}\tan(\psi+\rho) \tag{11-3}$$

螺旋副的效率 η 是指有用功与输入功之比。螺纹旋转一周所用的输入功为 $2\pi T$，有用功为 F_aS，导程 $S=\pi d_2\tan\psi$，故有

$$\eta=\frac{F_aS}{2\pi T}=\frac{\tan\psi}{\tan(\psi+\rho)} \tag{11-4}$$

由式(11－4)可知，效率 η 与螺旋升角 ψ 和摩擦角 ρ 有关，螺旋线的头数多、升角大，则效率高，反之亦然。当 ρ 一定时，效率只是螺旋升角 ψ 的函数，此时可绘制效率的曲线，如图 12－6 所示。

对式(12－3)求极值，可得当 $\psi\approx40°$时螺旋副效率最高。但是，由于螺旋升角过大，螺纹制造很困难，而且由图 11－6 可以看出，当 $\psi>25°$后，效率增长不明显，因此，通常螺纹升角不

超过 25°。

当滑块沿斜面等速下滑(即螺母拧松)时,F_a 为驱动力,F_t 为阻力,也是维持滑块滑动等速运动所需的平衡力,摩擦力 F_μ 方向与运动速度 v 方向相反,指向斜上方,滑块受力如图 11-5(c)所示。同理,此时 F_a、F_R 和 F_t 也组成封闭力多边形,故有

$$F_t = F_a \tan(\psi - \rho) \tag{11-5}$$

作用于螺旋副上的相应力矩为

$$T = F_a \frac{d_2}{2} \tan(\psi - \rho) \tag{11-6}$$

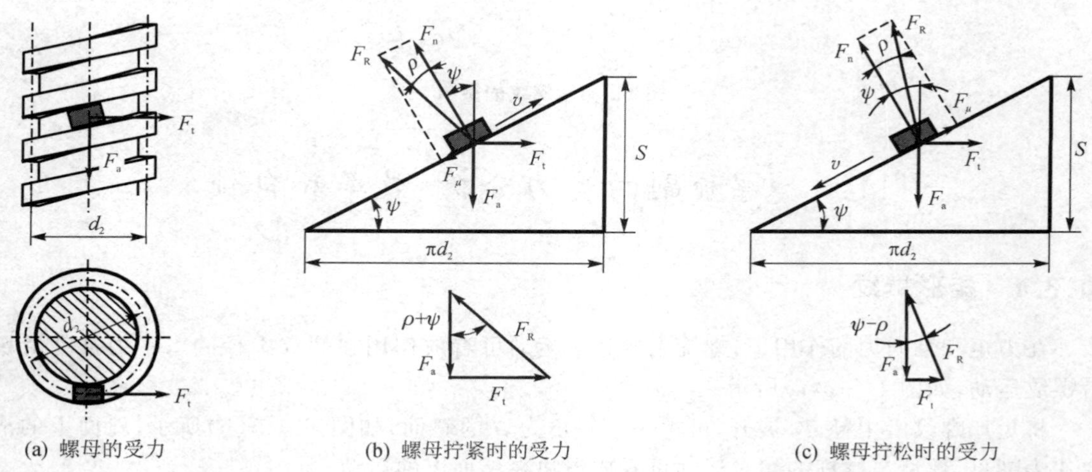

(a) 螺母的受力　(b) 螺母拧紧时的受力　(c) 螺母拧松时的受力

图 11-5　矩形螺纹的受力分析

由式(11-5)可知,当螺纹升角 ψ 大于摩擦角 ρ 时,$F_t>0$,此时 F_t 的方向与图 11-5(c)所示的方向一致,为阻止滑块下滑的阻力。当螺纹升角 ψ 小于摩擦角 ρ 时,$F_t<0$,此时 F_t 的方向与图 11-5(c)所示的方向相反,与滑块运动方向成锐角,为滑块下滑的驱动力,说明此时滑块是在 F_a 和 F_t 的共同作用下等速下滑的。也就是说,当 $F_t=0$,$T=0$ 时,如果不对螺母施加拧松力矩,无论轴向驱动力 F_a 多大,螺母都不能运动,此现象称为螺旋副的自锁。$\psi=\rho$ 时,为螺旋副的临界自锁状态,故螺旋副的自锁条件为

$$\psi \leqslant \rho \tag{11-7}$$

设计螺旋副时,对要求正反转可自由运动的螺旋副,应避免自锁现象。工程中也经常应用螺旋副的自锁特性,例如起重机中的螺旋副即有自锁特性。

11.3.2　非矩形螺纹

非矩形螺纹是指牙侧角 $\beta\neq0°$的螺纹,包括三角形螺纹、梯形螺纹和锯齿形螺纹。

当忽略螺纹升角的影响时,矩形螺旋副和非矩形螺旋副之间的法向力如图 11-7 所示。

由图 11-7(b)可知,非矩形螺旋副的法向力为

$$F_n = \frac{F_a}{\cos\beta} \tag{11-8}$$

由式(11-8)可知,在相同轴向力 F_a 的作用下,非矩形螺旋副之间的法向力比矩形螺旋副之间的法向力大,且螺纹牙侧角 β 越大,法向力也越大。

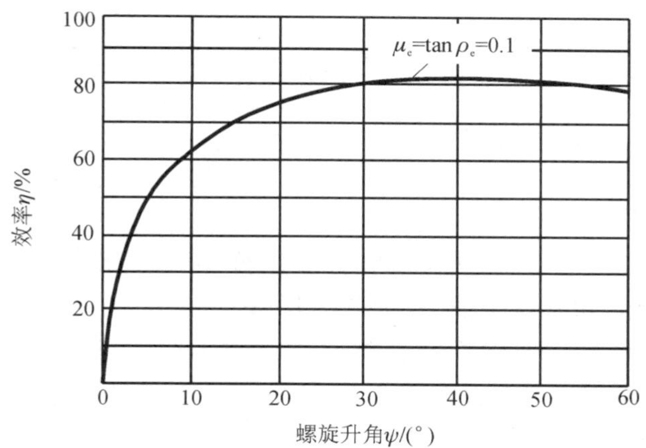

图 11-6　螺旋副的效率

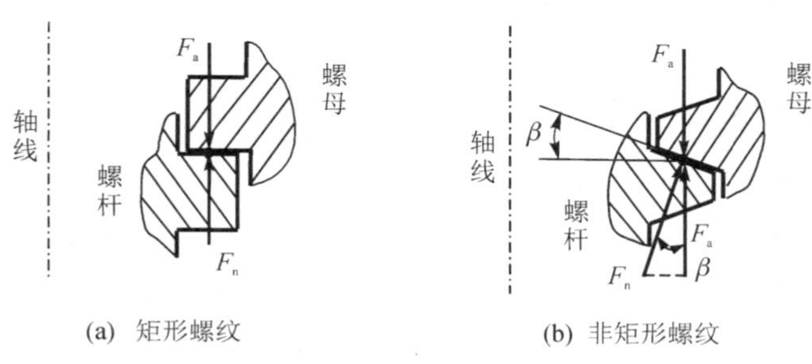

图 11-7　矩形螺纹与非矩形螺纹的法向力

若把法向力的增加看作摩擦系数的增加，则非矩形螺旋副之间的摩擦力可表示为

$$\mu F_n=\frac{\mu F_a}{\cos\beta}=\mu_e F_a$$

式中，μ_e 为当量摩擦系数，$\mu_e=\dfrac{\mu}{\cos\beta}=\tan\rho_e$，$\rho_e$ 为当量摩擦角。

用当量摩擦角 ρ_e 代替式(11-2)～式(11-6)中的摩擦角 ρ，便可相应得到非矩形螺旋副中，当螺母分别等速上升和等速下降时，所需的水平推力 F_t、转动螺母所需的转矩 T、螺旋副的效率 η 及螺旋副自锁的条件。

滑块等速上升(即螺母拧紧)时所需的水平推力 F_t 为

$$F_t=F_a\tan(\psi+\rho_e) \tag{11-9}$$

相应的驱动力矩为

$$T=F_a\frac{d_2}{2}\tan(\psi+\rho_e) \tag{11-10}$$

螺旋副的效率为

$$\eta=\frac{\tan\psi}{\tan(\psi+\rho_e)} \tag{11-11}$$

螺母等速下滑(即螺母拧松)时所需的水平推力 F_t 为

$$F_t=F_a\tan(\psi-\rho_e) \tag{11-12}$$

相应的驱动力矩为

$$T = F_a \frac{d_2}{2} \tan(\psi - \rho_e) \tag{11-13}$$

非矩形螺旋副的自锁条件为

$$\psi \leqslant \rho_e \tag{11-14}$$

由式(11－11)和式(11－14)可知：

① 螺纹螺旋线头数 n 越少，则螺纹升角 ψ 越小，效率越低，易自锁，适用于连接；螺旋线头数 n 越多，则螺纹升角 ψ 越大，效率越高，适用于传动；

② 螺纹牙侧角 β 越大，当量摩擦角 ρ_e 越大，效率越低，易自锁。

因此，单头三角形螺纹的自锁性能最好，静连接螺纹多采用单头粗牙右旋三角形螺纹。传动螺纹要求效率 η 较高，故一般采用牙侧角最小的梯形螺纹。

11.4 螺纹连接的基本类型和螺纹紧固件

11.4.1 螺纹连接的基本类型

1. 螺栓连接

螺栓连接用于两被连接件厚度均不大、有通孔且两面具有一定扳拧空间位置的场合，一般与螺母配套使用。螺栓连接的结构特点是：被连接件的孔为光孔且不需要切制内螺纹，如图 11－8 所示。螺栓连接又分为普通螺栓连接和铰制孔用螺栓连接。

(1) 普通螺栓连接

在普通螺栓连接中，螺栓与孔之间有间隙，如图 11－8(a)所示。此连接的优点是加工简便，对孔的尺寸精度和表面粗糙度没有太高要求，一般用钻头粗加工即可。而且该连接结构简单，拆装方便，且可经常拆装，应用范围最广。

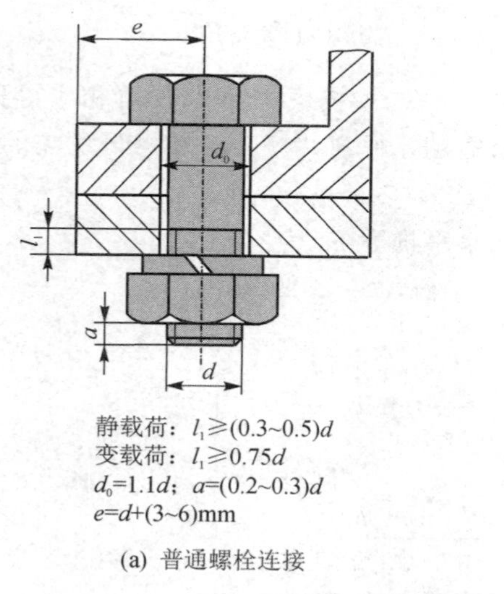

(a) 普通螺栓连接　　(b) 铰制孔用螺栓连接

图 11－8　螺栓连接

(2) 铰制孔用螺栓连接

在铰制孔用螺栓连接中，螺杆外径与螺栓孔的内径具有相同的公称尺寸，螺栓杆和通孔采用过渡配合，如图 11－8(b)所示。此种连接可对被连接件进行准确定位，主要用于承受垂直于螺栓轴线的横向载荷。在此连接中，被连接件的孔需要进行精加工。

2. 双头螺柱连接

双头螺柱两端均有螺纹，用于其中一个被连接件较厚且连接需要经常拆开的场合，一般也需要与螺母配套使用，如图 11－9 所示。双头螺柱一端的螺纹需全部拧紧在较厚的被连接件的螺纹孔中，不再拆下。维修时仅需将螺母拧下，螺柱不动，因此可避免多次拆卸而破坏被连接件的螺纹。

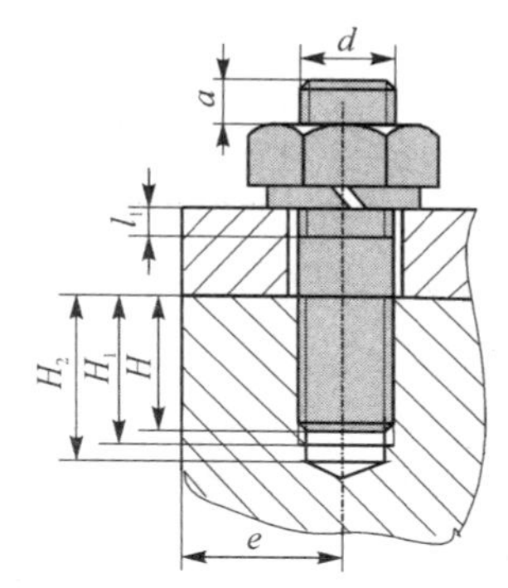

钢或青铜：$H=d$；铸铁：$H=(1.25\sim1.5)d$
铝合金：$H=(1.5\sim2.5)d$
$H_1=H+(2.0\sim2.5)p$；$H_2=H_1+(0.5\sim1.0)p$

图 11－9　双头螺柱连接

3. 螺钉连接

螺钉连接用于其中一个被连接件较厚且连接不需要经常拆卸的场合。螺钉直接拧紧在较厚的被连接件的螺纹孔中，不需要螺母，如图 11－10(a)所示。

紧定螺钉连接是利用螺钉末端顶住另一个零件的表面或凹坑，以固定两零件的相对位置，并可传递不大的力和力矩，如图 11－10(b)所示。

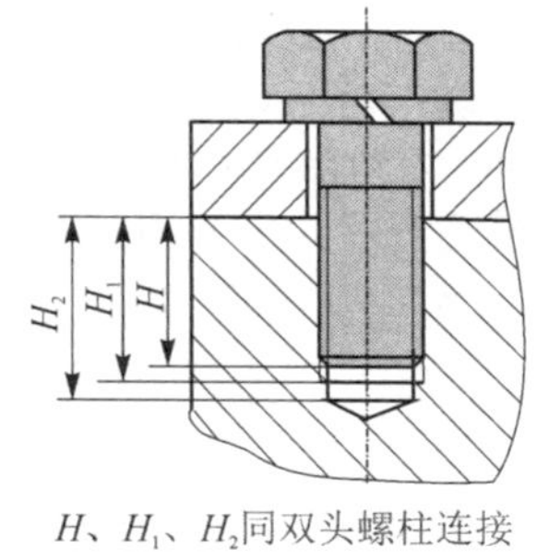

H、H_1、H_2同双头螺柱连接

(a) 螺钉连接

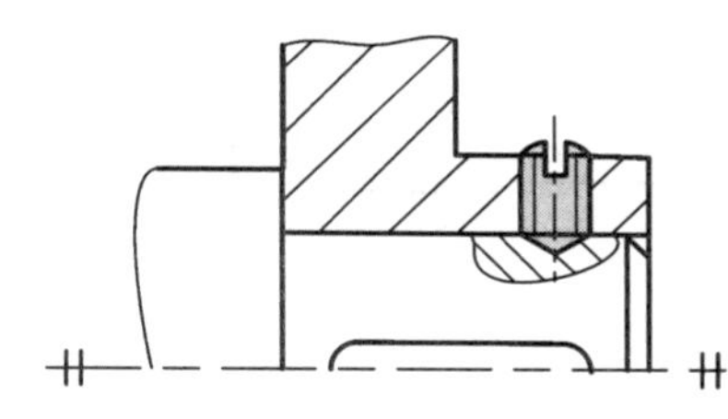

(b) 紧定螺钉连接

图 11－10　螺钉连接

11.4.2　标准螺纹紧固件

螺纹紧固件种类很多，大都已标准化。常用的螺纹紧固件有螺栓、双头螺柱、螺钉、螺母和垫圈等。

常用螺纹紧固件的结构特点和应用如表 11－2 所列。

根据 GB/T 3103.1—2002 的规定，螺纹连接件分为三个精度等级，其代号为 A 级、B 级、C 级。A 级精度最高，用于要求配合精确、防止振动等重要零件的连接；B 级精度多用于受载较大且经常装拆、调整或承受变载荷的连接；C 级精度多用于一般的螺纹连接。常用的标准螺纹连接件(螺栓、螺钉)，通常选用 C 级精度。

表 11-2 常见螺纹紧固件及其标注方法

类　型	图例及标注	结构特点及应用
六角头螺栓	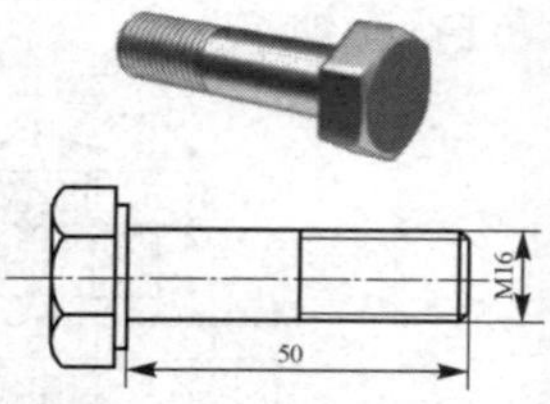 螺栓 GB/T 5782—2016 5782 M16×50	六角头螺栓是应用最广的螺纹连接件，是一端有头，另一端有螺纹的柱形零件。螺杆可制成全螺纹或部分螺纹，螺距有粗牙和细牙。螺栓头部有六角头和小六角头两种。其中小六角头螺栓材料利用率高、机械性能好，但由于头部尺寸较小，不宜用于装拆频繁、被连接件强度低的场合
开槽沉头螺钉	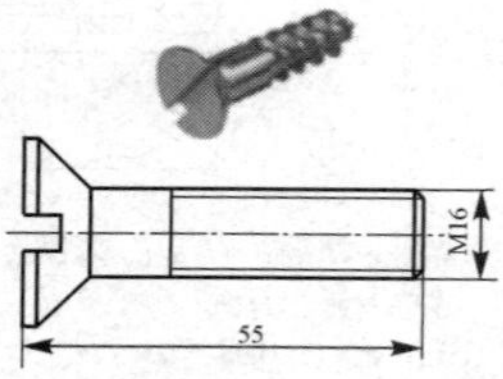 螺钉 GB/T 68—2016 68 M16×55	螺钉结构与螺栓的大体相同，但头部形状较多，例如圆头、扁圆头、六角头、圆柱头和沉头等。头部的起子槽有一字槽、十字槽和内六角孔等形式。十字槽螺钉头部强度高、对中性好，便于自动装配。内六角孔螺钉可承受较大的扳手扭矩，连接强度高，可替代六角头螺栓，用于要求结构紧凑的场合
双头螺柱	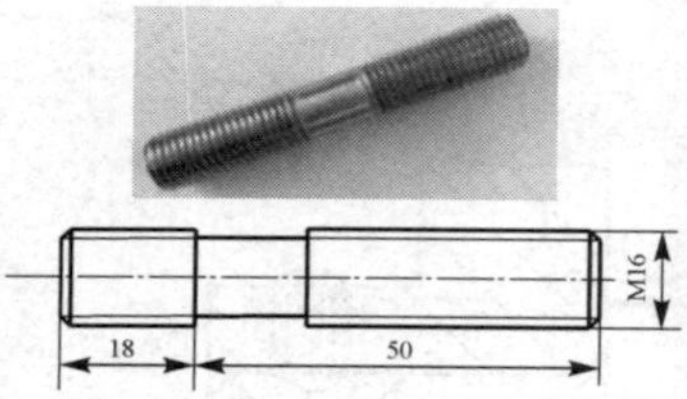 螺柱 GB/T 899—1988 899 M16×50	双头螺柱两头都有螺纹，两头的螺纹可以相同也可以不同。螺柱可带退刀槽或制成腰杆，也可制成全螺纹的螺柱。螺柱的一端常用于旋入铸铁或有色金属的螺纹孔中，旋入后即不拆卸，另一端则用于安装螺母以固定其他零件
六角螺母	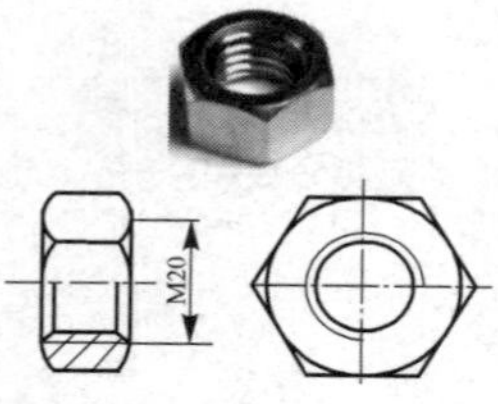 螺母 GB/T 6170—2015 6170 M20	六角螺母应用最广。根据螺母厚度不同，分为标准螺母和薄螺母。薄螺母常用于受剪力的螺栓上或空间尺寸受限制的场合
垫圈	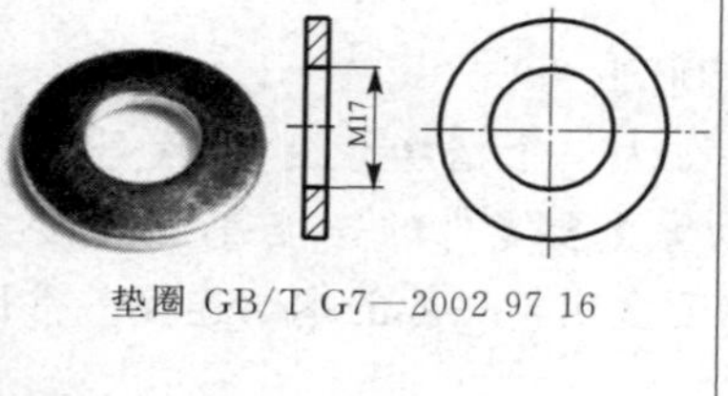 垫圈 GB/T G7—2002 97 16	垫圈常放置在螺母和被连接件之间，用于增大螺母与被连接件间的接触面积，以减少接触处的挤压强度，并可避免拧紧螺母时擦伤被连接件的表面

11.5　螺纹连接的预紧和防松

11.5.1　螺纹连接的预紧

除特殊情况，螺纹连接在装配时都必须拧紧，使连接螺纹在承受工作载荷之前，预先受到力的作用，这就是螺纹连接的预紧，预先施加的力称为预紧力。预紧的目的是增加连接的可靠性和紧密性，以防止受载后被连接件间出现缝隙或发生相对滑移。

如图 11-11 所示，在拧紧螺母时，需要克服螺纹副相对转动的阻力矩 T_1 和螺母与支承面之间的摩擦阻力矩 T_2，因此拧紧力矩 T 为

$$T = T_1 + T_2 = \frac{d_2}{2}F'\tan(\psi + \rho_e) + \mu_s F' r_f \qquad (11-15)$$

式中，F'为预紧力；d_2 为螺纹中径；μ_s 为螺母与被连接件支承面之间的摩擦系数，无润滑时可取 $\mu_s = 0.15$；r_f 为支承面摩擦半径，$r_f \approx (D_0 + d_0)/4$，其中 D_0 为螺母支承面的外径，d_0 为螺栓孔直径。

对于 M10～M68 的粗牙螺纹，若取$\rho_e = \arctan 0.15$ 和 $\mu_s = 0.15$，则式(11-15)可简化为

$$T \approx 0.2F'd \qquad (11-16)$$

式中，d 为螺纹公称直径，mm。

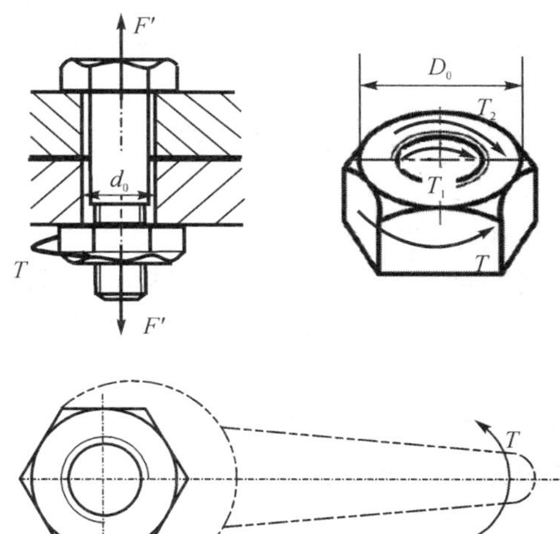

图 11-11　螺纹连接的预紧

预紧力的大小根据螺栓所受载荷的性质、连接的刚度等具体工作条件而确定。对于一定公称直径 d 的螺栓，当已知所需的预紧力 F'时，按式(11-16)即可确定扳手的拧紧力矩 T。对于一般连接用的钢制普通螺栓连接，其预紧力一般可达材料屈服极限的 50%～70%。

小直径的螺栓装配时应施加小的拧紧力矩，否则容易将螺栓拉断。对于重要的有强度要求的螺栓连接，如无控制拧紧力矩的措施，不宜采用小于 M12 的螺栓。

一般情况下，螺栓连接拧紧的程度是凭工人经验控制的。对于比较重要的普通螺栓连接，可用测力矩扳手(见图 11-12(a))或者定力矩扳手(见图 11-12(b))来控制预紧力的大小；对于一些更为重要的或大型的螺栓连接，可采用测量螺栓伸长量的方法来控制预紧力的大小。

11.5.2　螺纹连接的防松

螺纹连接件一般采用单线普通螺纹并且满足自锁条件。在静载荷和工作温度变化不大的条件下，螺纹连接不会松脱。但是，在冲击、振动或者变载荷作用下，或者当温度变化很大时，螺纹副间的摩擦力可能减少或者瞬时消失，这种现象多次重复后，就会使螺纹连接自动松脱。

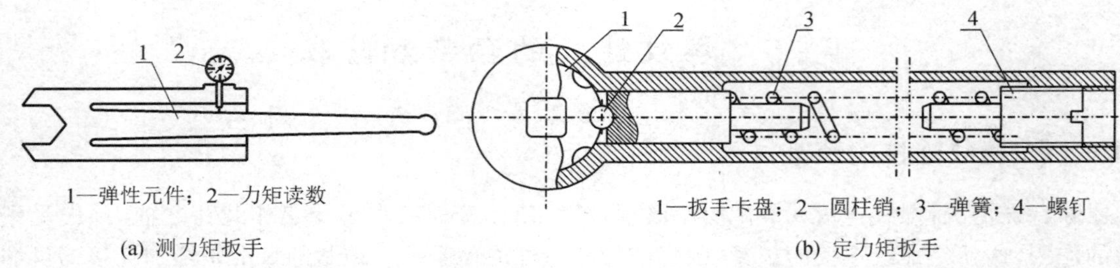

(a) 测力矩扳手　　(b) 定力矩扳手

图 11-12　测力矩扳手和定力矩扳手

螺纹连接一旦出现松脱，轻者会影响机器的正常工作，严重时，特别是在交通、化工和高压密闭容器等设备、装置中，螺纹连接的松脱可能会导致重大事故。因此，为了保证螺纹连接安全可靠，设计时必须采用有效的防松措施。

螺纹连接防松的本质是防止螺纹副的自动相对运动。防松的方法，按其工作原理分为摩擦防松、机械防松和破坏螺旋副运动关系防松等。

1. 摩擦防松

摩擦防松的原理是使螺纹副中始终保持压力，从而始终存在摩擦力矩以防止螺纹副的相对转动。该方法结构简单，使用方便。常见的摩擦防松有以下四种。

(1) 弹簧垫圈防松

弹簧垫圈的材料为弹簧钢，拧紧螺母后，弹簧垫圈被压平，其反弹力能使螺纹副间保持压紧力和摩擦力；同时垫圈斜口的尖端抵住螺母与被连接件的支承面，也起到一定的防松作用，如图 11-13(a)所示。

其特点是成本低廉、安装方便，但由于垫圈的弹力不均匀，在冲击、振动的工作场合，其防松效果较差，故一般用于不太重要的连接。

(2) 对顶螺母防松

两螺母对顶拧紧后，旋合段螺栓受拉力、螺母受压力，螺纹副间始终受拉力和摩擦力作用，如图 11-13(b)所示。

其特点是结构简单，适用于平稳、低速和重载的固定装置上的连接。

(3) 尼龙圈锁紧螺母防松

尼龙圈锁紧螺母的锁紧部分是嵌在螺母体上、没有内螺纹的尼龙圈。尼龙圈在螺栓拧入时挤压形成内螺纹，在螺纹副间产生很大的摩擦力，从而阻止了紧固件的松动，如图 11-13(c)所示。

此种防松方式可靠，缺点是重复使用性差，反复拧入、拧出时，尼龙圈易破坏。

(4) 自锁螺母

自锁螺母一端制成非圆形收口或开缝后径向收口。当螺母拧紧后，收口胀开，利用收口的弹性使旋合螺纹间压紧，如图 11-13(d)所示。

此种锁紧方式结构简单，防松可靠，可以多次装拆而不降低防松性能。

2. 机械防松

机械防松是利用便于更换的止动元件锁住螺纹副防止其相对转动，其特点是工作可靠，应用广泛。常见形式如下。

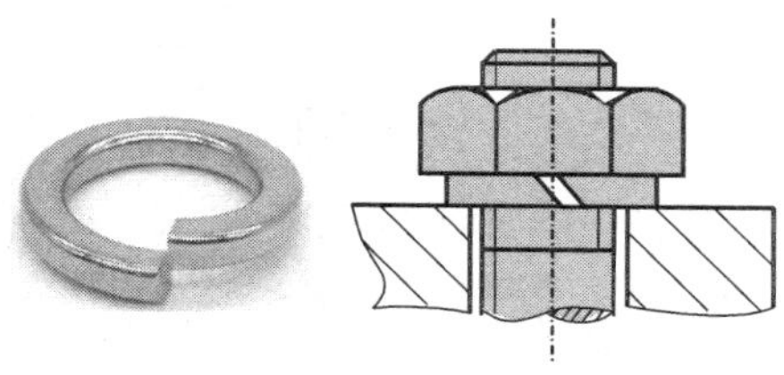

(a) 弹簧垫圈防松

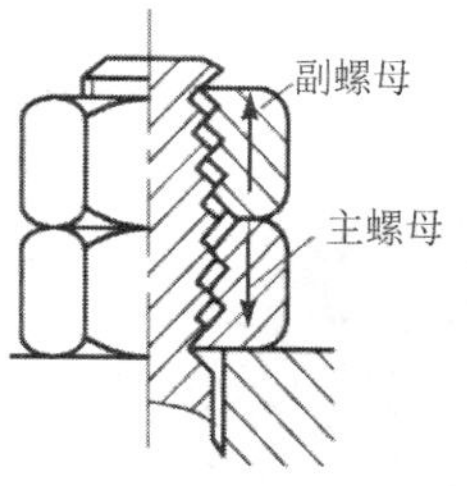

(b) 对顶螺母防松

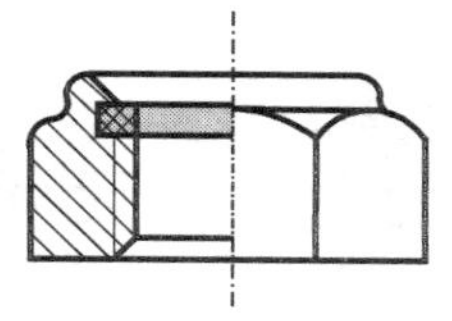

(c) 尼龙圈锁紧螺母防松

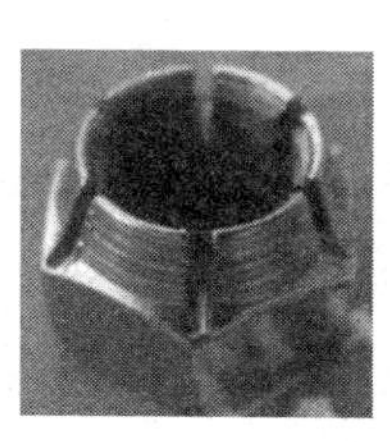

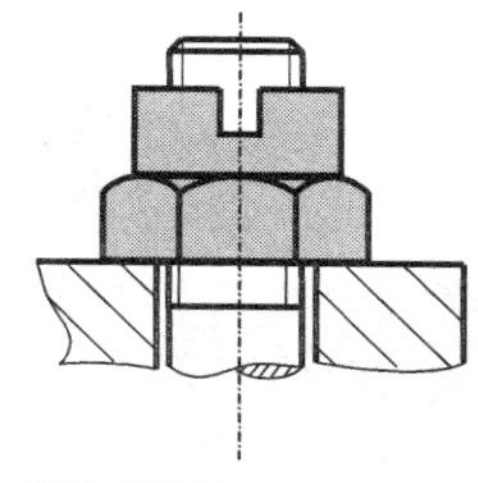

(d) 自锁螺母防松

图 11－13　摩擦防松

(1) 槽形螺母和开口销

槽形螺母拧紧后,用开口销穿过螺栓尾部小孔和螺母的槽,并将开口销尾掰开与螺母侧面贴紧,防止其相对转动。如图 11－14(a)所示。

该防松方式适用于有较大冲击、振动的高速机械中运动部件的连接。

(2) 止动垫圈

螺母拧紧后,将单耳或双耳止动垫圈分别向螺母和被连接件的侧面折弯贴紧,即可将螺母锁住,如图 11－14(b)和图 11－14(c)所示。若两个螺栓需要双联锁紧时,可采用双联止动垫圈,使两个螺母相互制动,如图 11－14(d)所示。

其特点是结构简单,使用方便,防松可靠。

(3) 圆螺母和止动垫圈

把止动垫圈嵌入螺栓(或轴)的槽内,拧紧螺母后,将止动垫圈的一个外翅折起嵌入螺母的一个槽内,防止螺母转动,如图 11－14(e)所示。

(4) 串联金属丝

利用金属丝穿入一组螺钉头部的小孔并拉紧,当螺钉有松动趋势时,金属丝被拉得更紧,从而防止螺钉转动,如图 11－14(f)所示。此种防松措施,一定注意金属丝的缠绕方向。

3. 破坏螺纹副的关系防松

此方法是在螺纹拧紧后,通过点冲、点焊破坏螺纹,或在旋合段涂金属黏合剂,达到防松的目的。这种方法操作方便、可靠,但拆开连接时需要破坏螺纹,多用于很少拆开或不拆开的场合。

(1) 冲　点

螺母拧紧后,在内、外螺纹的旋合缝隙处用冲头冲几个点,使其发生塑性变形,从而防止螺母松动,如图 11－15(a)所示。

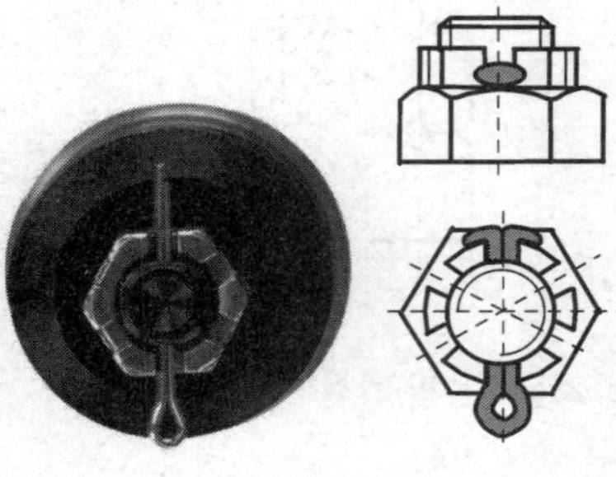

(a) 槽形螺母和开口销防松

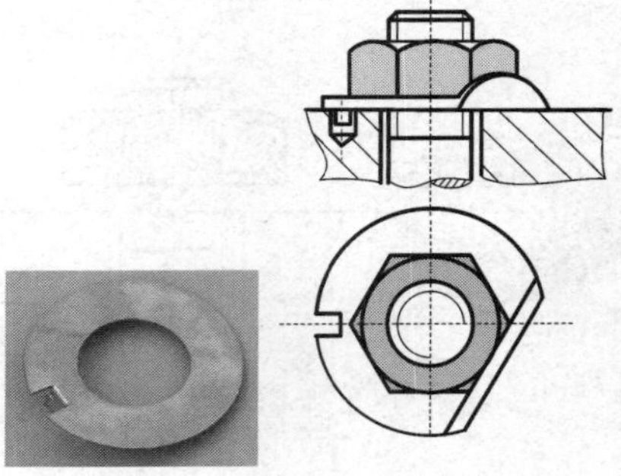

(b) 单耳止动垫圈防松

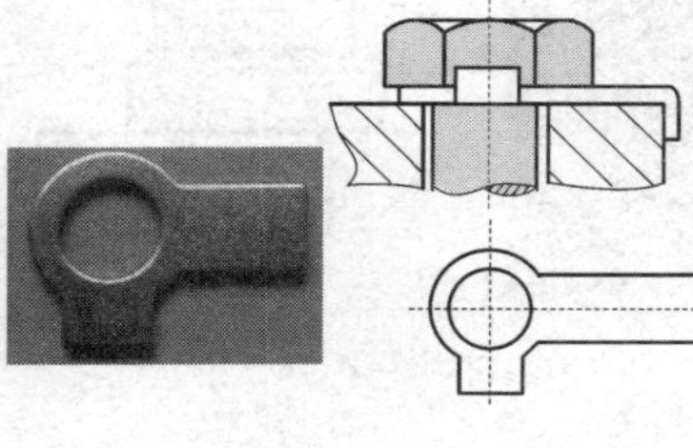

(c) 双耳止动垫圈防松

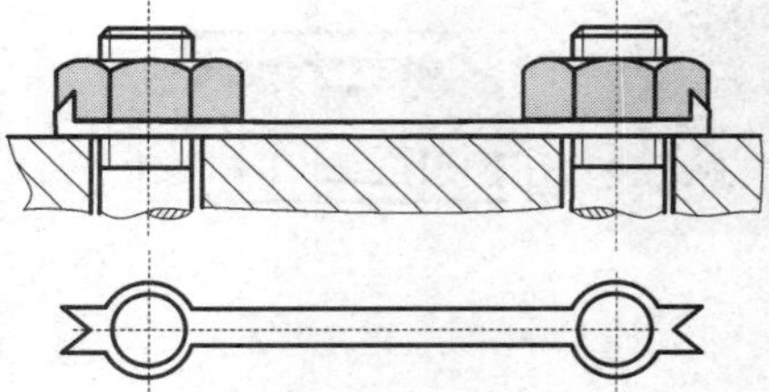

(d) 双联止动垫圈防松

(e) 圆螺母和止动垫圈防松

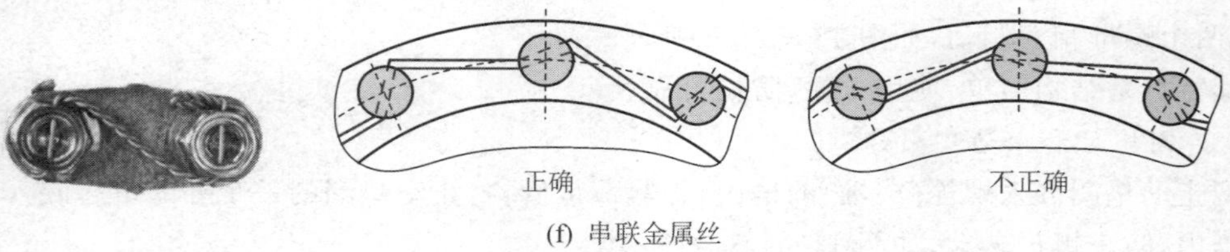

正确

不正确

(f) 串联金属丝

图 11-14 机械防松

(2) 点　焊

螺母拧紧后，将螺母和螺栓的螺纹部分焊死，以防止螺母松动，该方法防松可靠，但拆卸后连接不能重复使用，故适用于不需要拆卸的特殊连接，如图 11-15(b)所示。

(3) 黏　接

在旋合的螺纹间涂上黏合剂，使螺纹副紧密黏接在一起。该方法防松可靠，且有密封作用，如图 11-15(c)所示。

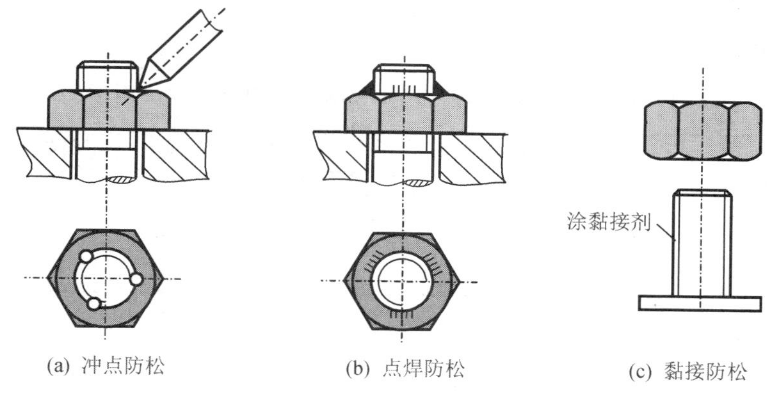

(a) 冲点防松　(b) 点焊防松　(c) 黏接防松

图 11－15 破坏螺纹副的防松

11.6 单个螺栓连接的强度计算

本节以单个螺栓连接为代表介绍螺纹连接的强度计算方法，此方法也适用于双头螺柱连接和螺钉连接。

11.6.1 螺栓连接的失效形式和设计准则

螺栓连接中的单个螺栓受力分为轴向载荷（受拉螺栓）和横向载荷（受剪螺栓）两种。受拉力作用的普通螺栓连接，其主要失效形式是螺纹部分的塑形变形或螺杆拉断，经常装拆时还会因磨损而发生滑扣现象，其设计准则是保证螺栓的静拉伸强度或疲劳拉伸强度；受剪力作用的铰制孔用螺栓连接，其主要失效形式是螺杆被剪断、螺杆或被连接件的孔壁被压溃，其设计准则是保证螺栓和被连接件具有足够的剪切强度和挤压强度。

11.6.2 单个螺栓连接的强度计算

螺栓连接的强度计算，首先根据连接的类型、载荷状态、是否施加预紧力等条件，确定螺栓的受力，然后按相应的强度条件计算螺栓危险截面的直径（螺纹小径）或校核其强度。螺栓、螺母和垫圈是标准件，螺栓的螺纹牙、螺栓头、螺杆以及螺母和垫圈的结构尺寸是根据等强度条件及使用经验规定的，这些部分都不需要进行强度计算。因此，螺栓连接的计算主要是确定螺纹小径 d_1，然后按照标准选定螺纹的公称直径 d 和螺距 P 等。

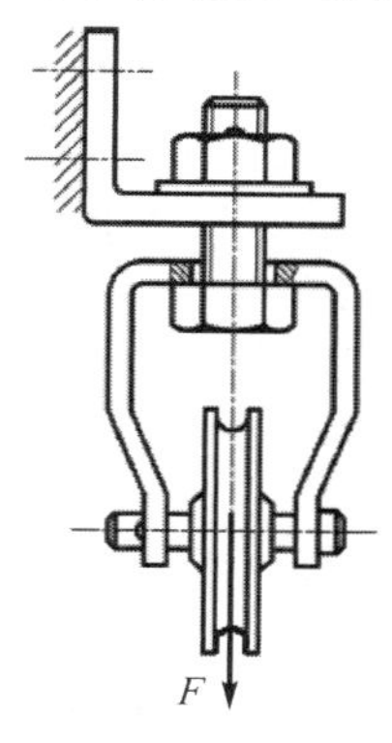

图 11－16 起重吊钩的受拉螺栓松连接

1. 受拉螺栓松连接

受拉螺栓松连接装配时，螺母不需要拧紧。在承受工作载荷之前，螺栓不受力（由于自重很小，可忽略）。起重吊钩的螺栓连接就是典型的受拉螺栓松连接，如图 11－16 所示。

当连接承受工作载荷 F 时，螺栓所受的工作拉力为 F，螺栓的拉伸强度条件为

$$\sigma = \frac{F}{\pi d_1^2/4} \leqslant [\sigma] \tag{11-17}$$

式中，d_1 为螺纹小径，mm；$[\sigma]$为螺栓的许用拉应力，N/mm²。$[\sigma]=\sigma_s/S$，σ_s 为螺栓材料的屈服极限，S 为安全系数，如表 11-3 所列。

表 11-3 受拉螺栓连接的安全系数 S（不能严格控制预紧力时）

材 料	静载荷		变载荷	
	M6～M16	M10～M30	M6～M16	M10～M30
碳素钢	4～3	3～2	10～6.5	6.5
合金钢	5～4	4～2.5	7.6～5	5

螺栓的设计公式为

$$d_1 \geqslant \sqrt{\frac{4F}{\pi[\sigma]}} \tag{11-18}$$

2. 受拉螺栓紧连接

受拉螺栓紧连接在装配之前，需要把螺母拧紧，在拧紧力矩的作用下，螺栓受到由预紧力 F'产生的拉应力作用，同时还受到由螺纹副中摩擦阻力矩 T_1 所产生的剪切应力作用，故螺栓处于弯扭组合变形状态。

受拉螺栓紧连接又分为两种情况：螺栓连接承受横向工作载荷和螺栓连接承受轴向工作载荷。下面针对两种情况分别进行分析。

（1）螺栓连接承受横向工作载荷

图 11-17 所示为承受横向工作载荷的紧螺栓连接，由于螺栓和孔之间留有间隙，因此螺栓连接承受的工作载荷 F 是靠被连接件接合面之间产生的摩擦力来平衡的。若被连接件接合面的摩擦力不足，螺栓连接在横向载荷作用下会产生相对滑动，则认为连接失效。由于接合面之间的摩擦力是由螺栓连接的预紧力作用产生的，所以预紧力 F'的大小须根据接合面不产生相对滑动的条件确定，故有

$$F' \geqslant \frac{KF}{\mu_s m} \tag{11-19}$$

式中，μ_s 为接合面间的摩擦系数，其数值如表 11-4 所列；m 为接合面数目；K 为可靠性系数，通常取 $K=1.1$～1.3。

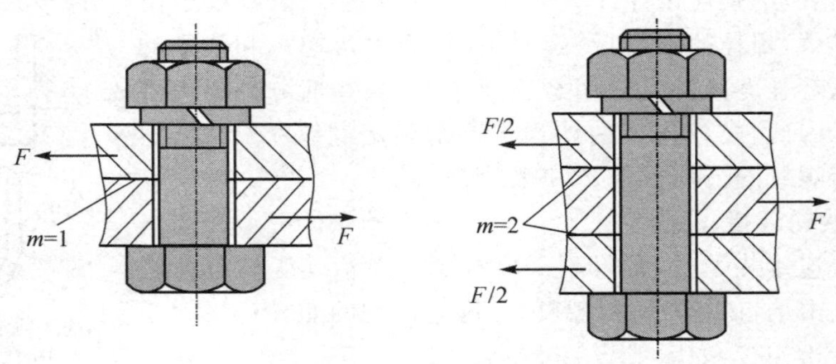

图 11-17 承受横向工作载荷的紧螺栓连接

表 11-4 连接接合面的摩擦系数

被连接件	接合面的表面状态	摩擦系数 μ_s
钢或铸铁零件	干燥的加工表面	0.10～0.16
	有油的加工表面	0.06～0.10
钢结构件	轧制表面，钢丝刷清理浮锈	0.30～0.35
	涂富锌漆	0.35～0.40
	喷砂处理	0.45～0.55
铸铁对砖料、混凝土或木材	干燥表面	0.40～0.45

预紧力 F' 在螺栓中产生的拉应力为

$$\sigma=\frac{F'}{\pi d_1^2/4}$$

拧紧螺栓时，由于拧紧力矩 T_1 的作用，在螺栓中产生的剪应力为

$$\tau=\frac{T_1}{\pi d_1^3/16}=\frac{F'\tan(\psi+\rho_e)d_2/2}{\pi d_1^3/16}=\frac{2d_2}{d_1}\tan(\psi+\rho_e)\ \frac{F}{\pi d_1^2/4}$$

对于钢制 M10～M68 的普通螺纹，取 d_1、d_2 和 ψ 的平均值，并取 $\rho_e=\arctan 0.15$，可得 $\tau\approx 0.5\sigma$。

根据第四强度理论，螺栓在预紧状态下由拉应力 σ 和剪应力 τ 组合作用的当量应力 σ_e 为

$$\sigma_e=\sqrt{\sigma^2+3\tau^2}=\sqrt{\sigma^2+3\times(0.5\sigma)^2}\approx 1.3\sigma \tag{11-20}$$

由此可见，对于钢制 M10～M68 的普通螺纹，在拧紧时虽然同时承受拉伸和扭转的联合作用，为了简化，在计算时可以只按拉伸强度计算，并将所受的拉力（预紧力）增大 30%来考虑扭转的影响。

因此，对于承受横向工作载荷的受拉螺栓连接，其强度校核公式为

$$\sigma_e=\frac{1.3\times F'}{\pi d_1^2/4}\leqslant[\sigma] \tag{11-21}$$

设计公式为

$$d_1\geqslant\sqrt{\frac{1.3\times 4F'}{\pi[\sigma]}} \tag{11-22}$$

式中，预紧力 F' 由式(11-19)计算获得，许用拉应力 $[\sigma]$ 含义及计算方法同式(11-17)。

在式(11-19)中，假设 $\mu_s=0.15$，$K=1.2$，$m=1$，则有 $F'\geqslant 8F$，即预紧力应至少为横向工作载荷的 8 倍。因此，这种靠摩擦力抵抗横向工作载荷的紧螺栓连接，需要保持很大的预紧力，为了防止螺栓被拉断，故需要较大直径的螺栓，这会增大连接的结构尺寸。此外，在振动、冲击或变载荷情况下，由于摩擦系数 μ_s 的变动，将使连接的可靠性降低，有可能出现松脱现象。

为了避免此问题，可采用一些辅助结构，如图 11-18 所示，用键、套筒或销承担横向工作载荷，而螺栓仅起到连接作用，不再承受工作载荷，这时连接的强度应按键、套筒和销的强度条件进行计算。但这种连接增加了结构和工艺上的复杂性。

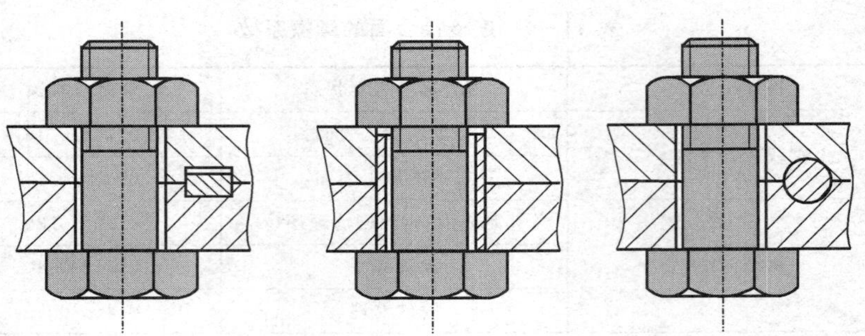

图 11-18 用键、套筒和销承受横向载荷

(2) 螺栓连接承受轴向工作载荷

在此种连接中，螺栓受预紧力 F' 和轴向工作载荷 F 的共同作用。由于螺栓和被连接件的弹性变形，使螺栓所受的总拉力不等于预紧力 F' 和工作拉力 F 之和。下面对螺栓进行受力和变形进行分析。

图 11-19(a)所示是螺母刚好拧到和被连接件相接触，但尚未拧紧，此时螺栓和被连接件没有受力和变形。图 11-19(b)所示是螺母已拧紧，但尚未施加工作载荷。此时螺栓只承受预紧力 F' 的拉伸作用，其伸长量为 δ_b。而被连接件则受 F' 的压缩作用，其压缩量为 δ_m。图 11-19(c)所示为螺栓连接受轴向工作载荷 F 作用后的情况，此时螺栓继续受拉伸，其拉伸变形量增大 $\Delta\delta$，故螺栓的总拉伸变形量为 $\delta_b+\Delta\delta$。这时，螺栓所受的总拉力为 F_0。同时，被连接件会因螺栓的伸长而回弹，根据变形协调条件，被连接件的压缩量减少 $\Delta\delta$，故被连接件的压缩量变为 $\delta_m-\Delta\delta$，相应的压力称为残余预紧力 F''。此时，螺栓受工作载荷 F 和残余预紧力 F'' 的共同作用，所以螺栓的总拉伸载荷为

$$F_0=F+F'' \tag{11-23}$$

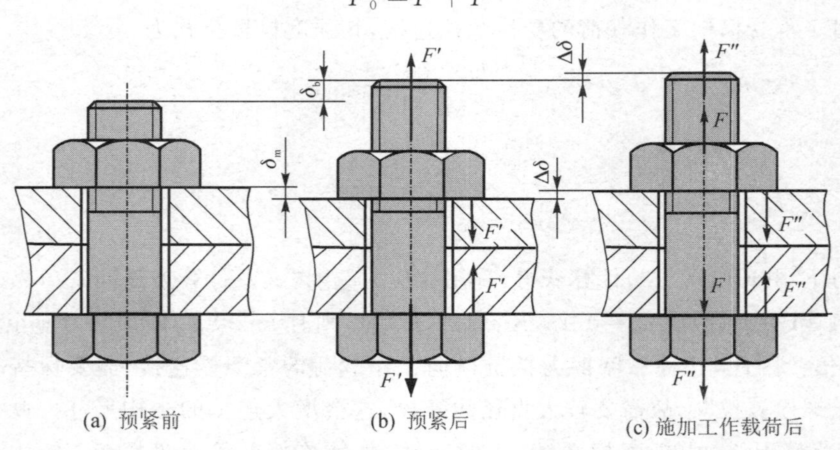

图 11-19 载荷与变形示意图

上述的螺栓和被连接件的受力与变形关系，可以用线图表示，如图 11-20 所示。图 11-20(a)中螺栓的拉伸变形由坐标原点向右量起，图 11-20(b)中被连接件的压缩变形由坐标原点向左量起。在连接未承受工作载荷时，螺栓的拉力和被连接件的压缩力都等于预紧力 F'，因此，

为了方便分析，可将图11－20(a)与图11－20(b)合并成图11－20(c)。

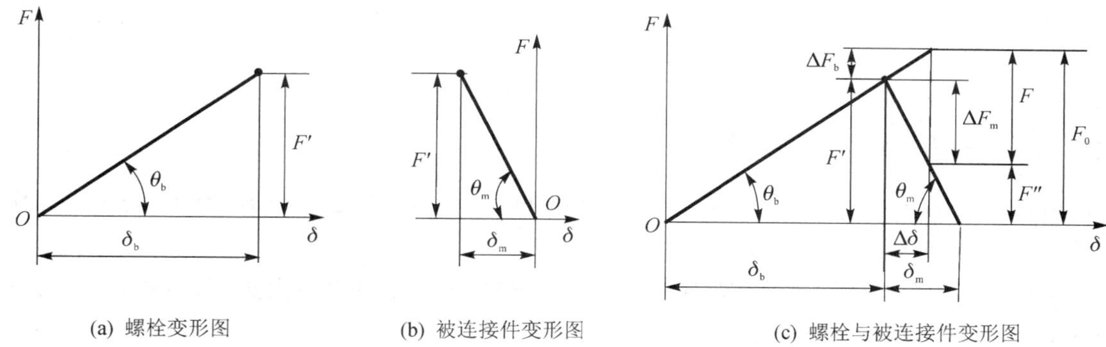

图11－20　载荷与变形的关系

由图11－20可知，当螺栓连接承受工作载荷F时，螺栓的总拉力为F_0，总伸长量为$\delta_b+\Delta\delta$；被连接件的压缩力等于残余预紧力F''，总压缩量为$\delta_m-\Delta\delta$；并有$F_0=F+F''$，与式(11－23)一致。

为保证连接的紧密性，防止连接受载后接合面间产生缝隙，应使$F''>0$。根据工况的不同，残余预紧力F''推荐值为：对于有密封性要求的连接，$F''=(1.5\sim1.8)F$；对于一般的连接，工作载荷F稳定时，$F''=(0.2\sim0.6)F$，载荷F不稳定时，$F''=(0.6\sim1.0)F$；对于地脚螺栓连接，$F''\geqslant F$。

设计此类螺栓连接时，可先求出工作载荷F，然后根据连接的工作要求确定残余预紧力F''，再由式(11－23)计算螺栓受到的总拉力F_0。同时还需要考虑施加预紧力时由扭转力矩产生的剪应力的影响，可根据前述方法将总拉力增加30%以考虑扭转剪应力的影响，故螺栓的强度条件为

$$\sigma_e=\frac{1.3\times F_0}{\pi d_1^2/4}\leqslant[\sigma] \tag{11-24}$$

设计公式为

$$d_1\geqslant\sqrt{\frac{1.3\times4F_0}{\pi[\sigma]}} \tag{11-25}$$

式中各符号的意义和单位同式(11－21)和式(11－22)。

由图11－20可知，当零件的应力没有超过比例极限时，螺栓系统(包括螺栓、螺母和垫圈)刚度$k_b=\tan\theta_b$，被连接件系统(包括两个被连接件和密封垫片)刚度$k_m=\tan\theta_m$，预紧力$F'=k_b\delta_b=k_m\delta_m$。螺栓伸长增加量为

$$\Delta\delta=\frac{\Delta F_b}{k_b}=\frac{F_0-F'}{k_b}=\frac{F+F''-F'}{k_b} \tag{11-26(a)}$$

被连接件的压缩减少量为

$$\Delta\delta=\frac{\Delta F_m}{k_m}=\frac{F'-F''}{k_m} \tag{11-26(b)}$$

由式(11－26(a))和(11－26(b))推导可得

$$\begin{cases} F_0 = F' + F\dfrac{k_b}{k_b + k_m} \\ F'' = F' - F\dfrac{k_m}{k_b + k_m} \end{cases} \tag{11-26(c)}$$

式中，$\dfrac{k_b}{k_b+k_m}$为螺栓连接的相对刚度。

由式(11-26(c))可知，当 F，F'一定时，相对刚度越大，螺栓总拉力 F_0 越大，为降低螺栓总拉力，应降低相对刚度的数值。

螺栓连接相对刚度的数值与螺栓及被连接件的材料、尺寸和结构有关，其值在 0～1 的范围内变化，一般可按表 11-5 选取。

表 11-5　螺栓连接的相对刚度

垫片类别	金属垫片或无垫片	皮革垫片	铜皮石棉	橡胶垫片
$\dfrac{k_b}{k_b+k_m}$	0.2～0.3	0.7	0.8	0.9

对于受轴向变载荷的重要连接(如内燃机气缸盖螺栓连接等)，除按式(11-24)进行静强度计算外，还需根据下述方法对螺栓的疲劳强度做精确校核。

如图 11-21 所示，当工作拉力在 F_1～F_2 的范围变化时，螺栓所受的总拉力在 F_{01}～F_{02} 范围内变化，故螺栓所受总拉力的变化幅度为

$$F_a = \frac{F_{02} - F_{01}}{2} = \frac{F_2 - F_1}{2} \times \frac{k_b}{k_b + k_m}$$

故螺栓的拉应力变化幅值为

$$\sigma_a = \frac{F_a}{\pi d_1^2/4} = \frac{k_b}{k_b + k_m}\ \frac{2(F_2 - F_1)}{\pi d_1^2} \leqslant [\sigma_a] \tag{11-27}$$

式中，$[\sigma_a]$ 为螺栓变载时的许用应力幅。

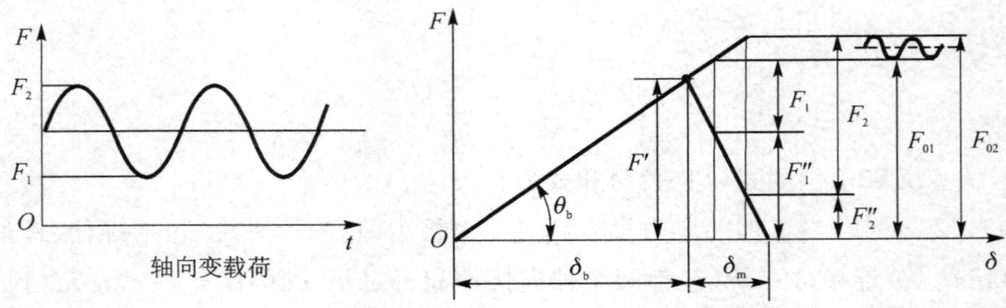

图 11-21　工作载荷为循环载荷时螺栓的拉力变化

螺栓变载时的许用应力幅$[\sigma_a]$计算公式为

$$[\sigma_a] = \frac{\varepsilon_\sigma \sigma_{-1}}{K_\sigma S_a} \tag{11-28}$$

式中，ε_σ 为螺栓的尺寸系数，如表 11-6 所列；σ_{-1} 为对称循环应力下材料的应力极限，$\sigma_{-1} \approx 0.32\sigma_B$，螺纹应力集中系数 K_σ 与 σ_B 的关系如表 11-8 所列；K_σ 为螺纹应力集中系数，如

表 11－7 所列；S_a 为安全系数，不控制预紧力时取 2.5～5，控制预紧力取 1.5～2.5。

表 11－6　螺栓的尺寸系数 ε_σ

螺栓公称直径	≤M12	M16	M20	M24	M30	M36	M42
尺寸系数 ε_σ	1.00	0.87	0.80	0.74	0.65	0.64	0.60

表 11－7　螺纹应力集中系数 K_σ 与 σ_B 的关系

螺栓的公称抗拉强度 σ_B/MPa		400	600	800	1 000
应力集中系数 K_σ	车制螺纹	3.0	3.9	4.8	5.2
	碾压螺纹	2.1～2.4	2.7～3.1	3.4～3.8	3.6～4.2

3. 受剪螺栓紧连接

如图 11－22 所示，受剪螺栓紧连接是利用铰制孔用螺栓承受横向载荷 F 工作的。螺栓杆与孔壁之间没有间隙，接触表面受挤压；在连接接合面处，螺栓杆受剪切。其失效形式为：① 螺栓被剪断(截面 1)；② 螺栓杆或被连接件孔壁被压溃(表面 2)。因此，应分别按挤压和剪切强度条件进行计算。

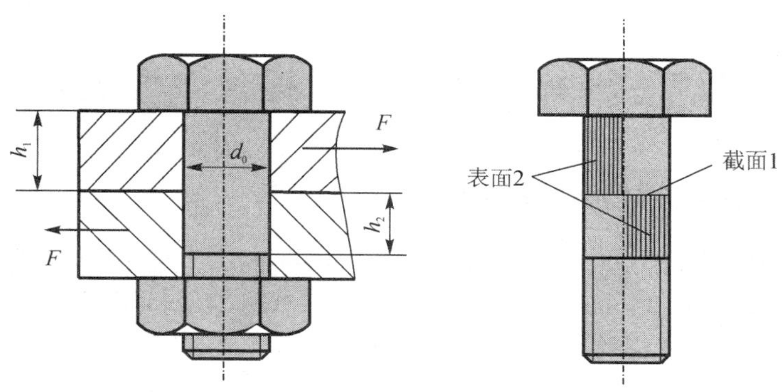

图 11－22　受剪螺栓紧连接

计算时，假设螺栓杆与孔壁表面上的压力均匀分布，又因此种连接中的预紧力很小，故不考虑预紧力和螺纹摩擦力矩的影响。

螺栓杆与孔壁的挤压强度条件为

$$\sigma_p = \frac{F}{d_0 h_{min}} \leqslant [\sigma_p] \tag{11-29}$$

螺栓杆的剪切强度条件为

$$\tau = \frac{F}{m\pi d_0^2/4} \leqslant [\tau] \tag{11-30}$$

式中，F 为横向工作载荷，N；d_0 为螺栓杆受剪面直径，mm；h_{min} 为螺栓杆与孔壁挤压面的最小高度，即 h_1，h_2 中的较小值，mm，设计时应使 $h_{min} \geqslant 1.25d_0$；$[\sigma_p]$为螺栓或孔壁材料的许用挤压应力，MPa，计算时取两者的较小值，如表 11－8 所列；$[\tau]$为螺栓材料的许用切应力，MPa，如表 11－8 所列；m 为螺栓受剪面的数目。

表 11-8 螺栓、螺钉、双头螺柱和螺母的力学性能等级

(摘自 GB/T 3098.1—2010 和 GB/T 3098.2—2000)

<table>
<tr><td rowspan="6">螺栓、螺钉、螺柱</td><td rowspan="2">性能等级</td><td rowspan="2">4.6</td><td rowspan="2">4.8</td><td rowspan="2">5.6</td><td rowspan="2">5.8</td><td rowspan="2">6.8</td><td colspan="2">8.8</td><td rowspan="2">9.8
$d \leqslant 16$ mm</td><td rowspan="2">10.9</td><td rowspan="2">12.9</td></tr>
<tr><td>$d \leqslant 16$ mm</td><td>$d > 16$ mm</td></tr>
<tr><td>公称强度极限
σ_B/MPa</td><td colspan="2">400</td><td colspan="2">500</td><td>600</td><td colspan="2">800</td><td>900</td><td>1 000</td><td>1 200</td></tr>
<tr><td>公称屈服极限
σ_s/MPa</td><td>240</td><td>320</td><td>300</td><td>400</td><td>480</td><td colspan="2">640</td><td>720</td><td>900</td><td>1 080</td></tr>
<tr><td>布氏硬度
(HBS)</td><td>114</td><td>124</td><td>147</td><td>152</td><td>181</td><td>245</td><td>250</td><td>286</td><td>316</td><td>380</td></tr>
<tr><td>推荐材料及
热处理</td><td colspan="5">碳钢或添加元素的碳钢</td><td colspan="4">碳钢或添加元素的碳钢或合金钢,淬火并回火</td><td>合金钢,淬火并回火</td></tr>
<tr><td colspan="2">相配螺母性能等级</td><td colspan="2">4 或 5</td><td colspan="2">5</td><td>6</td><td colspan="2">8</td><td>9</td><td>10</td><td>12</td></tr>
</table>

注:规定性能的螺纹连接在图样中只标注力学性能等级,不用再标出材料。

11.7 螺纹紧固件的材料和许用应力

11.7.1 螺纹紧固件的材料和性能等级

螺纹紧固件一般采用低碳钢(Q215、10 钢)和中碳钢(Q235、35 钢、45 钢);对于承受冲击、振动或者变载荷的螺纹连接,可采用合金钢,如 15Cr,40Cr,30CrMnSi 等;对于特殊用途(如防锈、防磁、导电或耐高温)的螺栓连接,可采用特种钢或铜合金、铝合金等。

国家标准规定螺纹连接件按材料的机械性能分级,如表 11-8 所列。

如表 11-8 所列,螺栓、螺钉和双头螺柱的性能等级分为 9 级,自 4.6 至 12.9。等级代号是由点隔开的两部分数字组成,点左边的数字表示公称抗拉强度 σ_B 的 1/100,点右边的数字表示屈服强度 σ_s 与公称抗拉强度 σ_B 比值的 10 倍。例如:性能等级 4.6,其中 4 表示紧固件的公称抗拉强度为 400 MPa,6 表示 $\sigma_s/\sigma_B=0.6$。

螺母的性能等级分为 7 级,从 4 到 12,数字表示与该螺母相配的螺栓中性能等级最高的,也近似表示螺母最小保证应力 σ_{min} 的 1/100。

普通垫圈的材料,推荐采用 Q235、15 钢、35 钢,弹簧垫圈用 65Mn 制造并经热处理和表面处理。

11.7.2 螺纹紧固件的许用应力

螺纹紧固件的许用应力与材料、制造、结构尺寸及载荷性质等因素有关,螺栓连接的许用应力可参考表 11-9 计算。

表 11-9　螺栓的许用应力

<table>
<tr><td colspan="3">螺栓连接的受载情况</td><td colspan="2">许用应力</td></tr>
<tr><td colspan="3">松螺栓连接</td><td rowspan="2">$[\sigma]=\sigma_s/S$</td><td>$S=1.2\sim1.7$</td></tr>
<tr><td rowspan="6">紧螺栓连接</td><td colspan="2">承受轴向载荷，横向载荷</td><td>控制预紧力时 $S=1.2\sim1.5$
不能严格控制预紧力时按表 11-3 选取</td></tr>
<tr><td rowspan="5">铰制孔用螺栓承受横向载荷</td><td rowspan="3">静载荷</td><td colspan="2">$[\tau]=\sigma_s/2.5$</td></tr>
<tr><td colspan="2">$[\sigma_p]=\sigma_s/1.25$　被连接件为钢</td></tr>
<tr><td colspan="2">$[\sigma_p]=\sigma_B/(2\sim2.5)$　被连接件为铸铁</td></tr>
<tr><td rowspan="2">变载荷</td><td colspan="2">$[\tau]=\sigma_s/(3.5\sim5)$</td></tr>
<tr><td colspan="2">$[\sigma_p]$按静载荷$[\sigma_p]$值降低 20%～30%</td></tr>
</table>

11.8　螺栓组连接的设计

多数情况下，螺栓都是成组使用的，而且成组使用的螺栓具有相同的型号和规格。设计螺栓组连接时，首先需要选定螺栓的数目和布置方式；然后确定连接的结构尺寸。在确定螺栓尺寸时，对于不重要的螺栓连接，可参考现有的机械设计，用类比法确定，不需进行强度校核。但对于重要的连接，需根据连接的工作载荷，分析各螺栓的受力状况，找出受力最大的螺栓，然后按单个螺栓连接强度计算方法对其进行计算或校核。

11.8.1　螺栓组连接的结构设计

螺栓组连接的结构设计的任务是确定连接接合面的几何形状和螺栓的布置形式，力求各螺栓和接合面受力均匀，便于加工和装配。因此，需要注意以下几个方面的问题。

① 连接接合面的几何形状一般设计成轴对称的简单几何形状，如圆形、矩形等，如图 11-23 所示。这样的形状便于加工制造，且便于对称布置螺栓，使螺栓组的对称中心和连接接合面的形心重合，以保证连接接合面和各螺栓受力较均匀。

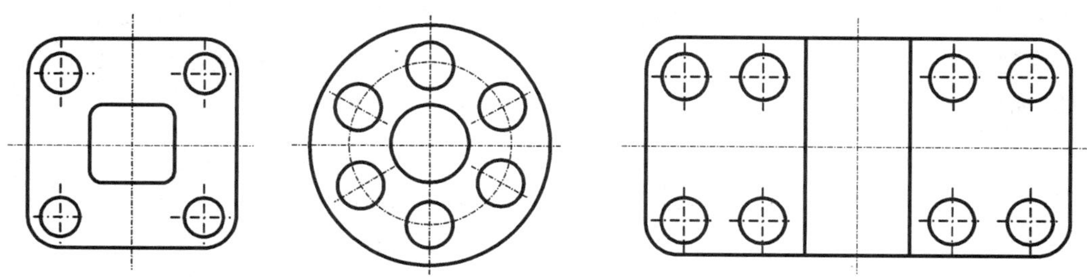

图 11-23　连接接合面的形状和螺栓的布置

② 当螺栓连接承受弯矩或扭矩时，尽可能将螺栓布置在接合面的外缘，以减少螺栓的工作载荷；对于承受较大横向载荷的受拉螺栓紧连接来说，应采用键、套筒或销等抗剪零件来承受横向载荷，以减少螺栓的预紧力和结构尺寸，如图 11-18 所示；对于铰制孔用螺栓组，在平行于工作载荷的方向上，布置螺栓数目不宜超过 6～8 个，以避免螺栓受力过于不均。

③ 螺栓布置应有合理的间距、边距和必要的扳手空间。对压力容器等紧密性要求较高的重要连接，螺栓的间距 t_0 不大于表 11-10 推荐的数值。由于边距和间距有时会影响螺栓的装拆，因此需保证必要的扳手空间，如图 11-24 所示。不同的扳手需要的扳手空间尺寸可查阅有关设计手册。

表 11-10　紧密性要求的螺栓间距

	工作压力 p/MPa					
	0～1.6	1.6～4.0	4～10	10～16	16～20	20～30
	螺栓最大相对间距 t_0					
	7.0 d	4.5 d	4.0 d	3.5 d	3.0 d	

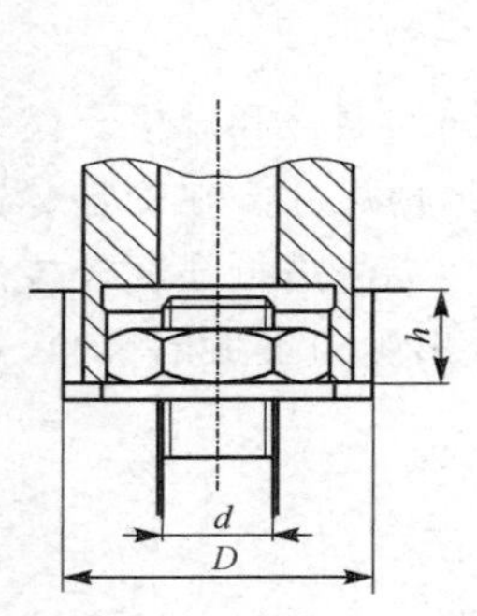

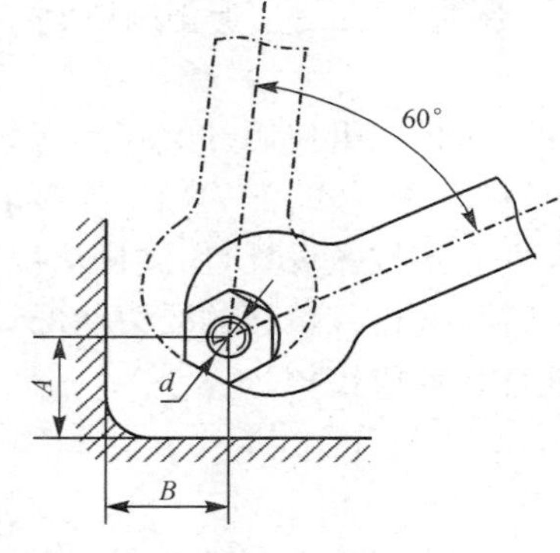

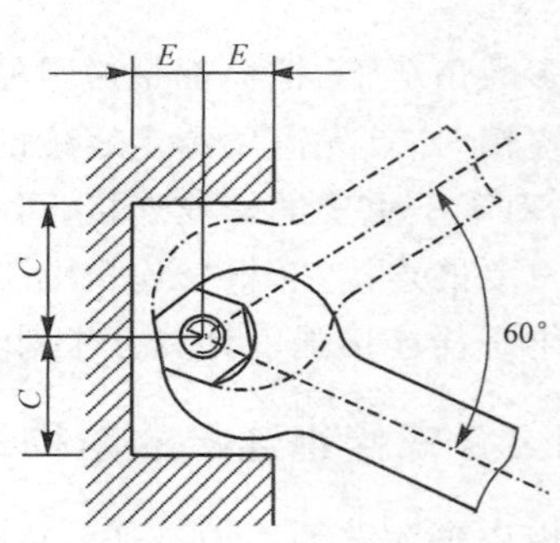

图 11-24　扳手空间

④ 为便于在圆周上钻孔时的分度和画线，分布在同一圆周上螺栓的数目，应取为 4、6、8 等偶数。

⑤ 为避免螺栓承受附加的弯曲载荷，应保证被连接件、螺母和螺栓头部的支撑面平整，并与螺栓轴线垂直。在铸、锻件等的粗糙表面安装螺栓时，应制成凸台或沉头座，如图 11-25 所示。但支撑面为倾斜表面时，应采用斜面垫圈，如图 11-26(a)所示；特殊情况下，也可采用球面垫圈，如图 11-26(b)所示。

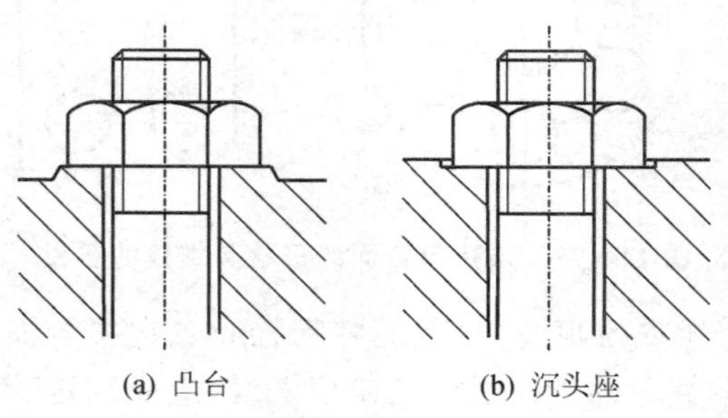

(a) 凸台　　(b) 沉头座

图 11-25　凸台和沉头座

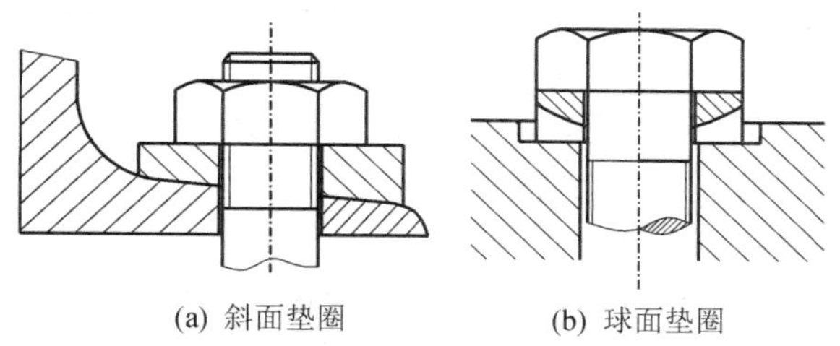

图 11-26　斜面垫圈和球面垫圈

11.8.2　螺栓组连接的受力分析

对螺栓组进行受力分析的目的是根据螺栓连接的结构和受载情况，求出受力最大的螺栓及其所受的力，然后再按单个螺栓连接强度计算方法对其进行设计或校核。

为了便于分析计算，通常做以下假设：① 各螺栓尺寸规格、型号和刚度相同；② 各螺栓上所施加的预紧力相同；③ 螺栓的变形在弹性范围内；④ 预紧力在接合面间产生的压力是均布的；⑤ 螺栓组的对称中心与连接接合面的形心重合。

下面首先对四种典型螺栓组进行分析，然后给出一般螺栓组的受力分析方法。

1. 承受轴向载荷的螺栓组连接

在图 11-27 所示的气缸盖螺栓组连接中，设圆周均匀布置 z 个螺栓，气缸内气体压强为 p，则每个螺栓承受的工作载荷为

$$F=\frac{p\pi D^2}{4z} \tag{11-31}$$

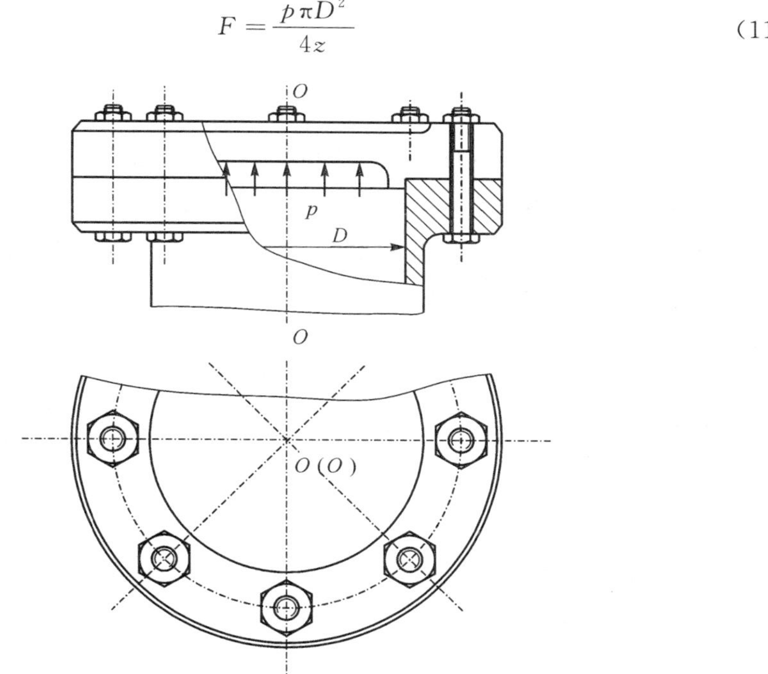

图 11-27　气缸盖的螺栓连接

需要注意的是，各螺栓除承受轴向工作载荷 F 外，还承受预紧力 F' 的作用。此连接为承

受轴向载荷的受拉螺栓紧连接，由前面分析可知，各螺栓在工作时所受的总拉力 F_0 不等于 F 和 F' 之和，而等于工作载荷 F 和残余预紧力 F'' 之和，即 $F_0=F+F''$。同时，为保证连接的紧密性，防止连接受载后接合面间产生缝隙，应使 $F''>0$ 或大于推荐值。求得总拉力 F_0 后，按式(11－24)进行强度校核，按式(11－25)进行设计。

2. 承受横向载荷的螺栓组连接

对于承受横向载荷的螺栓组连接，需保证横向载荷的作用线与螺栓轴线垂直并通过螺栓组的对称中心，如图 11－28 所示。可以采用两种方案：① 采用普通受拉螺栓，依靠接合面间的摩擦力平衡工作载荷，如图 11－28(a)所示；② 采用铰制孔用螺栓，靠螺栓杆受剪切和挤压来抵抗横向载荷，如图 11－28(b)所示。下面对两种情况分别进行分析。

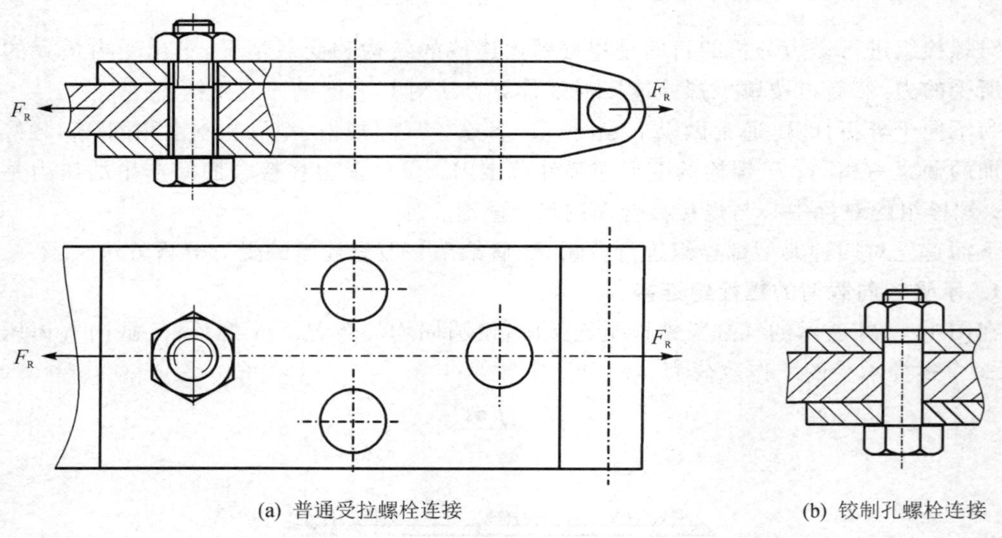

(a) 普通受拉螺栓连接　　(b) 铰制孔螺栓连接

图 11－28　承受横向载荷的螺栓组连接

(1) 普通受拉螺栓组紧连接

在此连接中，螺栓只承受预紧力 F' 的作用，依靠预紧力在接合面间所产生的摩擦力平衡工作载荷。为保证接合面不发生相对滑动，接合面间的最大摩擦力必须大于或等于横向工作载荷 F_R，即

$$zF'\mu_s m \geqslant KF_R$$

即

$$F' \geqslant \frac{KF_R}{z\mu_s m} \tag{11-32}$$

式中，z 为螺栓数目。

其他参数的含义及选择参考式(11－19)。确定预紧力 F' 后，按式(11－21)进行强度校核，按式(11－22)进行设计。

(2) 铰制孔用螺栓组连接

采用铰制孔用螺栓连接，是靠螺栓杆受剪切和挤压来抵抗横向载荷的。假设各螺栓所受的横向工作载荷均相等，根据平衡条件可得每个螺栓所受的工作剪力为

$$F=\frac{F_R}{z} \tag{11-33}$$

确定工作剪力 F 后，按式(11－30)对螺栓杆进行设计，再按式(11－29)对螺栓杆与孔壁的挤压强度进行校核。

3. 承受旋转力矩的螺栓组连接

图11－29所示为一机座螺栓组的连接，在旋转力矩 T 的作用下，机座有绕通过螺栓组对称中心并与接合面相垂直的轴线 $O-O$ 转动的运动趋势。为了防止机座转动，可以采用普通螺栓组连接也可采用铰制孔用螺栓组连接。每个螺栓连接都受横向工作载荷作用。

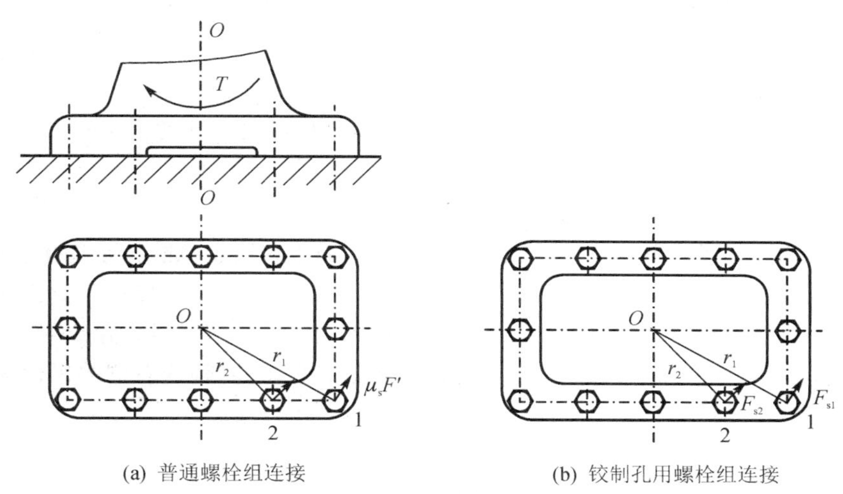

(a) 普通螺栓组连接　　(b) 铰制孔用螺栓组连接

图11－29　承受旋转力矩的螺栓组连接

(1) 普通螺栓组连接

采用普通螺栓连接时，依靠连接预紧后在接合面间产生的摩擦力矩来抵抗旋转力矩 T。假设各螺栓的预紧力相同，均为 F'，则各螺栓连接处产生的摩擦力也相等，并假设此摩擦力集中作用在螺栓中心处，方向与该螺栓的轴线到螺栓组对称中心 O 的连线垂直，如图11－29(a)所示。连接接合面不产生相对运动的条件为

$$F'\mu_s r_1+F'\mu_s r_2+\cdots+F'\mu_s r_z\geqslant KT$$

可得

$$F'\geqslant\frac{KT}{\mu_s\sum_{i=1}^{z}r_i} \tag{11-34}$$

式中，r_i 为第 i 个螺栓的轴线到螺栓组对称中心 O 的距离，mm。

其他参数的含义及选择参考式(11－19)。确定预紧力 F' 后，按式(11－21)进行强度校核，按式(11－22)进行设计。

(2) 铰制孔用螺栓组连接

采用铰制孔用螺栓连接时，在旋转力矩 T 的作用下，各螺栓受到剪切和挤压作用。各螺栓所受的横向工作剪力垂直于该螺栓轴线到螺栓组对称中心 O 的连线，如图11－29(b)所示。忽略连接中的预紧力和摩擦力，根据机座的静力平衡条件可得

$$F_{s1}r_1 + F_{s2}r_2 + \cdots + F_{sz}r_z = T \quad (i = 1,2,\cdots,z) \tag{11-35(a)}$$

式中，F_{si} 为第 i 个螺栓所受的剪切力。

根据螺栓的变形协调条件可知，各螺栓的剪切变形量与螺栓轴线至螺栓组对称中心 O 的距离 r_i 成正比。又因为各螺栓的剪切变形量与所受剪切力 F_{si} 成正比，故有

$$\frac{F_{s1}}{r_1} = \frac{F_{s2}}{r_2} = \cdots = \frac{F_{sz}}{r_z} = \frac{F_{smax}}{r_{max}} \tag{11-35(b)}$$

距离螺栓组对称中心 O 最远的螺栓，其所受的剪切力最大，用 F_{smax} 表示，联立式(11-35(a))和式(11-35(b))可得

$$F_{smax} = \frac{Tr_{max}}{\sum_{i=1}^{z} r_i^2} \tag{11-35(c)}$$

确定最大工作剪力 F_{smax} 后，可按式(11-30)对螺栓杆进行设计，再按式(11-29)对螺栓杆与孔壁的挤压强度进行校核。

4. 承受翻转力矩的螺栓组连接

图 11-30 为一承受翻转力矩的底板螺栓组连接，采用普通受拉螺栓紧连接。假设被连接件为弹性体，其接合面始终保持为平面。施加翻转力矩 M 之前，各螺栓在预紧力 F' 的作用下产生拉伸变形，被连接件产生压缩变形。翻转力矩 M 使底板有绕通过螺栓组对称中心的轴线 $O-O$ 翻转的趋势。此时，轴线 $O-O$ 左侧的螺栓被进一步拉伸，轴线右侧的螺栓被放松，而基座被进一步压缩。

根据机座的静力平衡条件可得

$$F_1l_1 + F_2l_2 + \cdots + F_zl_z = M \quad (i = 1,2,\cdots,z) \tag{11-36(a)}$$

式中，F_i 为第 i 个螺栓受到的轴向工作载荷；l_i 为第 i 个螺栓中心至形心轴线 $O-O$ 的距离。

因为接合面在工作载荷作用下始终保持为平面，故各螺栓的变形与其到轴线 $O-O$ 的距离 l_i 成正比。又因各螺栓型号和规格相同，故其刚度也相同，所受工作载荷也与其中心到形心轴线 $O-O$ 的距离 l_i 成正比，即

$$\frac{F_1}{l_1} = \frac{F_2}{l_2} = \cdots = \frac{F_z}{l_z} = \frac{F_{max}}{l_{max}} \tag{11-36(b)}$$

位于轴线 $O-O$ 左侧且距离轴线 $O-O$ 最远的螺栓所受的工作载荷最大，记为 F_{max}。联立式(11-36(a))和式(11-36(b))，可得

$$F_{max} = \frac{Ml_{max}}{\sum_{i=1}^{z} l_i^2} \tag{11-36(c)}$$

求得 F_{max} 后，再根据预紧力 F' 和 F_{max} 计算该螺栓所受的总拉力 F_0，然后按式(11-24)进行强度校核，按式(11-25)进行设计。

另外，为了防止接合面的受压最大处被压溃或受压最小处出现缝隙，还应该检查受载后机座接合面压应力的最大值且不超过许用值，最小值不小于零，即

$$\begin{cases} \sigma_{pmax} = \dfrac{zF'}{A} + \dfrac{M}{W} \leqslant [\sigma_p] \\ \sigma_{pmin} = \dfrac{zF'}{A} - \dfrac{M}{W} > 0 \end{cases} \tag{11-37}$$

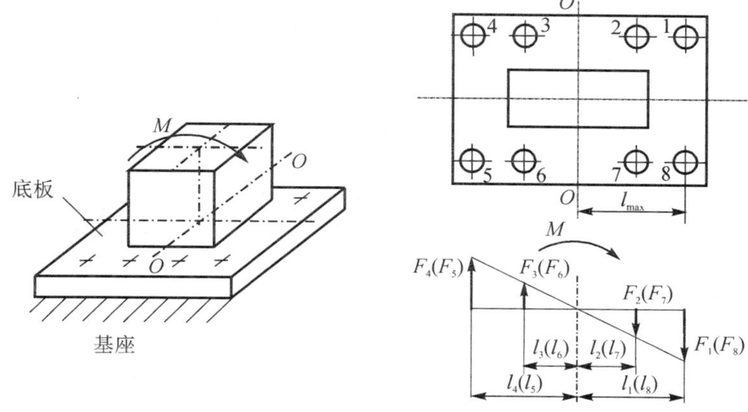

图 11-30　承受翻转力矩的螺栓组连接

式中，A 为接合面的有效面积；$[\sigma_p]$为接合面材料的许用挤压应力，可按表 11-11 查取。W 为接合面的抗弯截面系数。

表 11-11　连接接合面材料的许用挤压应力$[\sigma_p]$

材料	钢	铸铁	混凝土	砖（水泥浆缝）	木材
$[\sigma_p]$/MPa	$\sigma_s/1.25$	$(0.4\sim0.5)\sigma_B$	2.0～3.0	1.5～2.0	2.0～4.0

注：① 当连接接合面的材料不同时，应按强度较弱者选取；

② 连接承受静载荷时，$[\sigma_p]$应取表中较大值；承受变载荷时，应取较小值。

5. 承受任意载荷的螺栓组连接

在实际使用中，螺栓组连接所受的工作载荷经常是以上四种典型受力状态的不同组合。这时，可用静力分析方法将复杂的受力状态简化成上述四种典型的受力状态，然后分别计算出螺栓组在这些典型受力状态下每个螺栓的工作载荷，然后将它们按向量相加，便得到了每个螺栓所受的总的工作载荷。最后，找出受力最大的螺栓及其所受的载荷，并对该螺栓进行强度计算。

例题 11-1　图 11-31 所示为一个固定在钢制立柱上的铸铁托架。已知：载荷 $P=$

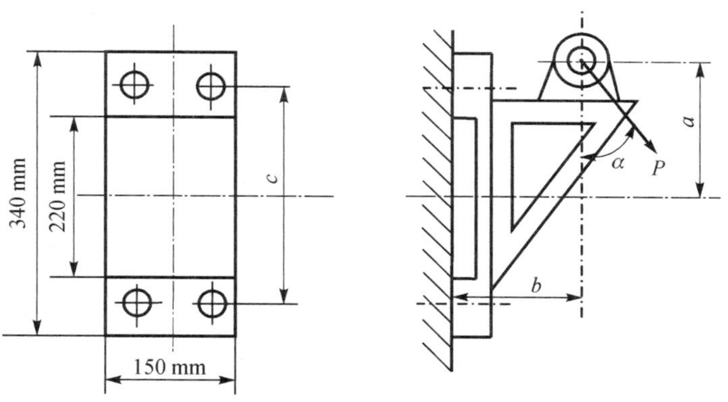

图 11-31　铸铁托架及其受力

4 800 N，其作用线与竖直线的夹角 $\alpha=50°$，$a=160$ mm，$b=150$ mm，$c=280$ mm。立柱的屈服极限 $\sigma_s=235$ MPa，托架的抗拉强度极限 $\sigma_B=195$ MPa 。试设计此螺栓组连接。

解：设计计算步骤如下。

计算与说明	主要结果
(1) 螺栓组结构设计 采用如图所示的普通螺栓组连接，螺栓数 $z=4$，对称布置。	$z=4$
(2) 螺栓受力分析 ① 在工作载荷 P 的作用下，螺栓组连接承受以下各力和翻转力矩的作用： 轴向力　$F_Q=P\sin\alpha=4\,800\times\sin 50°=3\,677$ N 横向力　$F_R=P\cos\alpha=4\,800\times\cos 50°=3\,085$ N 翻转力矩　$M=160\times F_Q+150\times F_R=160\times 3\,677+150\times 3\,085=1\,051\,070$ N·mm ② 在横向载荷 F_R 作用下，底板连接结合面可能产生滑动，底板不滑动的条件为 $$\mu_s\sum F''=\mu_s z\left(F'-\frac{k_m}{k_b+k_m}\frac{F_Q}{z}\right)\geqslant KF_R$$ 故预紧力　$$F'\geqslant\frac{1}{z}\left(\frac{KF_R}{\mu_s}+\frac{k_m}{k_b+k_m}F_Q\right)$$ 对于钢或铸铁零件，由表 11-4 取连接接合面的摩擦系数 $\mu_s=0.15$，查得螺栓的相对刚度 $\frac{k_b}{k_b+k_m}=0.2$，可得 $\frac{k_m}{k_b+k_m}=0.8$，取 $K=1.2$，则有 $$F'\geqslant\frac{1}{z}\left(\frac{KF_R}{\mu_s}+\frac{k_m}{k_b+k_m}F_Q\right)=\frac{1}{4}\left(\frac{1.2\times 3\,085}{0.15}+0.8\times 3\,677\right)=6\,905.4\text{ N}$$ ③ 在轴向力 F_Q 的作用下，各螺栓所受的工作拉力为 $$F_1=\frac{F_Q}{4}=\frac{3\,677}{4}=919\text{ N}$$ ④ 在翻转力矩 M 的作用下，上面两螺栓受到加载作用，而下面两螺栓受到减载作用，故上面的螺栓受力较大，所受的载荷按式(11-33)计算，即 $$F_{max}=\frac{Ml_{max}}{\sum_{i=1}^{z}l_i^2}=\frac{1\,051\,070\times 140}{4\times 140^2}=1\,877\text{ N}$$ 故上面的螺栓所受的轴向工作载荷为 $$F=F_1+F_{max}=919+1\,877=2\,796\text{ N}$$ ⑤ 上面螺栓所受的总拉力 $$F_0=F'+\frac{k_b}{k_b+k_m}F=6\,905.4+0.2\times 2\,796=7\,464.4\text{ N}$$	$F_Q=3\,677$ N $F_R=3\,065$ N $M=1\,051\,070$ N·mm $F'\geqslant 6\,905.4$ N $F_1=919$ N $F_{max}=1\,877$ N $F=2\,796$ N $F_0=7\,464.4$ N
(3) 确定螺栓直径 选择螺栓性能等级为 4.6，材料屈服极限 $\sigma_s=240$ Mpa。由表 11-9 取控制预紧力时安全系数 $S=1.5$，则 $$[\sigma]=\sigma_s/S=240/1.5=160\text{ MPa}$$ 为了保证螺栓不被拉断，其小径 d_1 需满足 $$d_1\geqslant\sqrt{\frac{4\times 1.3F_0}{\pi[\sigma]}}=\sqrt{\frac{4\times 1.3\times 7\,464.4}{\pi\times 160}}=8.79\text{ mm}$$ 查表 11-1，选用粗牙普通螺纹的螺栓，其螺纹公称直径 $d=12$ mm(螺纹小径 $d_1=10.106$ mm>8.79 mm)。	$[\sigma]=160$ MPa 选用粗牙普通螺纹的螺栓，其螺纹公称直径 $d=12$ mm

续表

计算与说明	主要结果
(4) 校核被连接件接合面 ① 连接接合面上端应保持一定的残余预紧力，即 $\sigma_{pmin}>0$，以防止托架受力时接合面产生间隙，即 $$\sigma_{pmin}=\frac{zF''}{A}-\frac{M}{W}=\frac{z\left(F'-\frac{k_m}{k_b+k_m}\frac{F_Q}{z}\right)}{A}-\frac{M}{W}$$ $$=\frac{4\times\left(6\ 905-0.8\times\frac{3\ 677}{4}\right)}{150\times(340-220)}-\frac{1\ 051\ 070}{\frac{150\times(340^2-220^2)}{6}}=0.75\ \text{MPa}>0$$ 故可保证上端接合面不产生间隙。	$\sigma_{pmin}=0.75$ MPa
② 应保证连接接合面下端不被压溃，即 $\sigma_{pmax}\leqslant[\sigma_p]$ $$\sigma_{pmax}=\frac{zF''}{A}+\frac{M}{W}=\frac{z\left(F'-\frac{k_m}{k_b+k_m}\frac{F_Q}{z}\right)}{A}+\frac{M}{W}$$ $$=\frac{4\times\left(6\ 905-0.8\times\frac{3\ 677}{4}\right)}{150\times(340-220)}+\frac{1\ 051\ 070}{\frac{150\times(340^2-220^2)}{6}}=2\ \text{MPa}$$	$\sigma_{pmax}=2$ MPa
由表 11－11 可知： 铸铁托架的许用挤压应力 $[\sigma_p]=0.45\sigma_B=0.45\times195=87.75$ MPa 钢立柱的许用挤压应力 $[\sigma_p]=\sigma_S/1.25=235/1.25=188$ MPa 故有 $\sigma_{pmax}<[\sigma_p]$，因此接合面不会被压溃。 根据计算，可以确定选用 4 个 M12 螺栓，等级为 4.6，结构设计如图 11－28 所示，对称布置。关于螺栓的类型、长度、精度以及相应的螺母、垫圈等结构尺寸，可根据底板厚度、螺栓在立柱上的固定方法及防松装置等全面考虑后给定，这里从略。	铸铁托架：$[\sigma_p]=87.75$ MPa 钢立柱：$[\sigma_p]=188$ MPa 接合面不会被压溃

11.9　提高螺栓连接强度的措施

影响螺栓强度的因素主要包括螺纹牙的载荷分配、应力变化幅度、应力集中、附加应力、材料的力学性能和制造工艺等。

1. 改善螺纹牙的载荷分配

受拉的普通螺纹连接，其螺栓所受的总拉力通过螺纹牙间相接触来传递。如图 11－32 所示，当连接受载时，螺栓受拉，螺栓螺距增大；而螺母受压，螺母螺距减少。而且螺纹螺距的变化差以旋合的第一圈处为最大，以后各圈递减。螺纹牙的载荷分布如图 11－32(b)所示。实验证明，第一圈螺纹大约承受 1/3 的载荷，第八圈以后的螺纹牙几乎不承受载荷。因此，采用加厚螺母以增加螺纹牙圈数，不能提高螺栓强度。

为了改善螺纹牙间载荷分布的不均程度，常采用以下措施。

① **悬置螺母**　如图 11－33(a)所示，该螺母的旋合部分与螺栓杆均为拉伸变形，从而可以减小两者的螺距变化差，使螺纹牙上的载荷分布比较均匀。

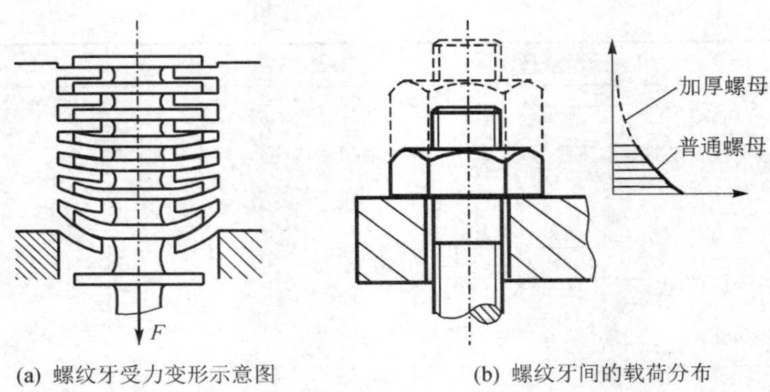

(a) 螺纹牙受力变形示意图　　(b) 螺纹牙间的载荷分布

图 11-32　螺纹牙的受力

② **环槽螺母**　如图 11-33(b)所示，在螺母的支承面上切出凹槽，将支撑面外移，使螺母内缘下端局部受拉，其作用和悬置螺母相似，但其载荷均布效果不如悬置螺母的。

③ **内斜螺母**　如图 11-33(c)所示，把螺母下端受力大的几圈螺纹制成 10°～15°的斜角，使螺栓螺纹牙的受力面由上而下逐渐外移。这样，螺栓旋合段下部的螺纹牙在载荷作用下容易变形，而载荷将向上转移且分布趋于均匀。

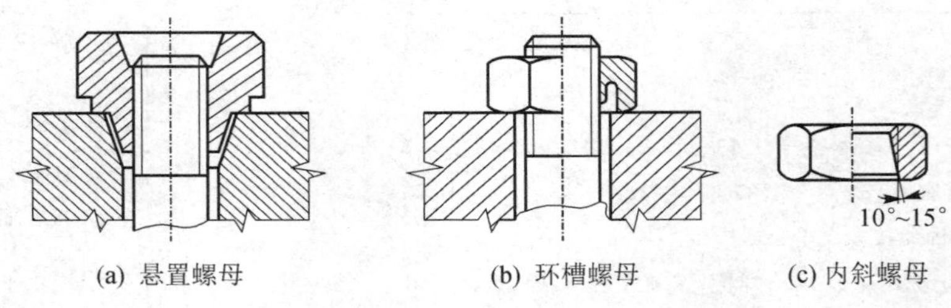

(a) 悬置螺母　　(b) 环槽螺母　　(c) 内斜螺母

图 11-33　均载螺母

2. 减少螺栓应力幅

承受轴向变载荷的紧螺栓连接，在最大应力一定时，应力幅越小，螺栓越不容易发生疲劳破坏。在工作载荷 F 和残余预紧力 F'' 不变的情况下，减少螺栓系统刚度或增大被连接件系统刚度均可减少应力幅，如图 11-34 所示，但同时需要相应地提高预紧力 F'。

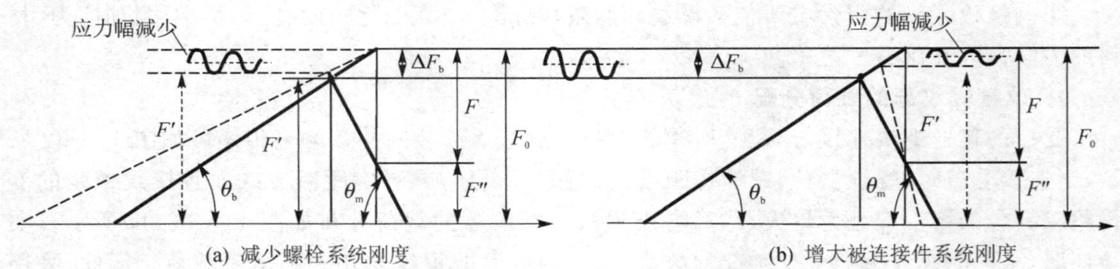

(a) 减少螺栓系统刚度　　(b) 增大被连接件系统刚度

图 11-34　减少螺栓应力幅的措施

减少螺栓系统刚度的前提是不能削弱螺栓的静强度，即不能减少螺栓的计算截面积。减少螺栓系统刚度的措施有：增加螺栓的长度，如图 11-35(a)所示；采用柔性螺栓——减少部分螺杆的直径或将螺杆加工为中空结构，如图 11－35(b)所示；在螺母或螺栓头下安装弹性元件等，如图 11－35(c)所示。

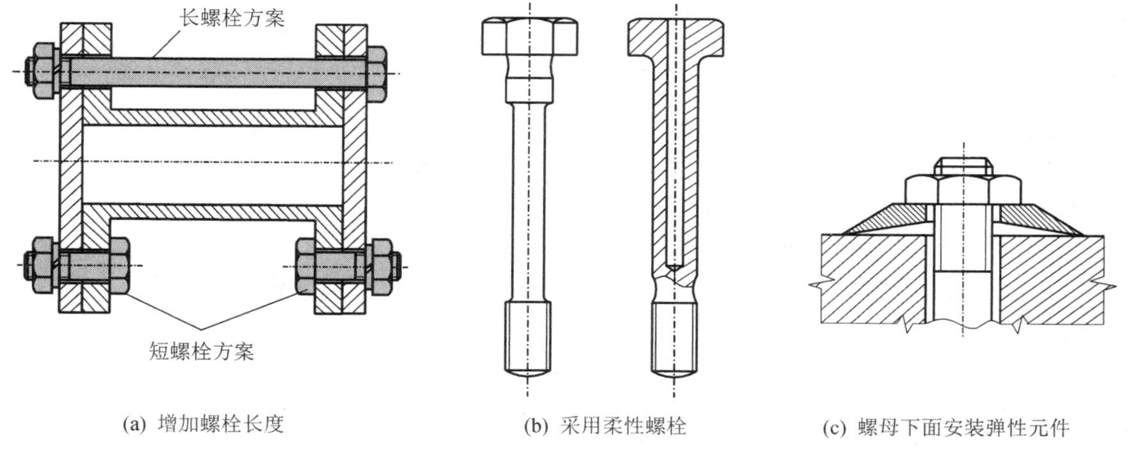

图 11－35 减少螺栓系统刚度的措施

提高被连接件系统刚度的措施有：采用刚度高的垫片或不用垫片；需紧密封的场合，采用密封圈结构，如图 11－36(b)所示。

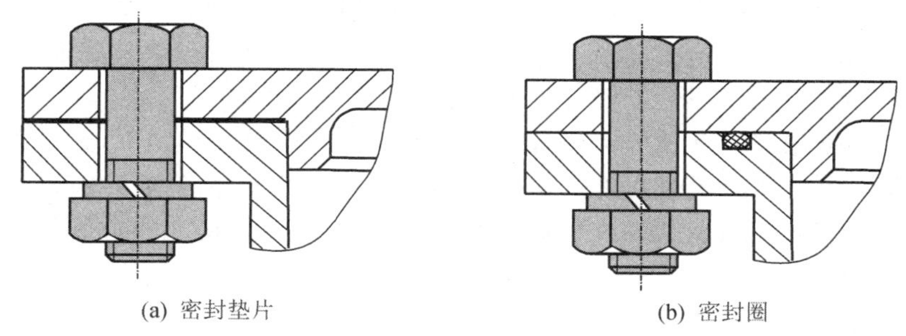

图 11－36 提高被连接件系统刚度的措施

3. 减少附加弯曲应力

由于被连接件表面不平、螺纹孔不与连接表面垂直或被连接件的刚度不足等原因，均会使支承面上载荷分布不均匀，造成偏载，从而在螺栓杆上产生附加弯曲应力。避免产生附加弯曲应力的措施有：被连接件的支承面做成凸台或沉头座，如图 11－25 所示；采用斜面垫圈或球面垫圈，如图 11－26 所示；采用带环腰螺栓，如图 11－37 所示。

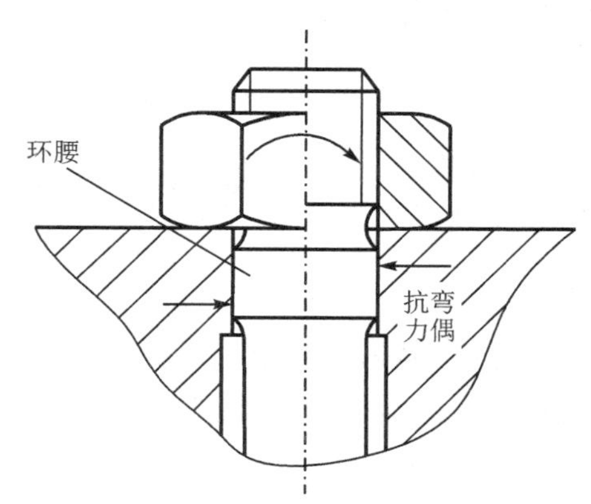

图 11－37 带环腰螺栓

4. 减少应力集中

螺纹的牙根和收尾、螺栓头部与螺杆交接处都有应力集中，是产生疲劳断裂的危险部位。

减少应力集中的措施有：增大螺栓头与螺杆连接处的过渡圆角半径；在螺栓头与螺杆连接部位切制卸载槽；在螺纹收尾处加工退刀槽。

思考题

11-1　螺纹的主要参数有哪些？螺距和导程有什么区别？

11-2　螺纹牙型有哪些类型？分别适用于连接还是传动？为什么？

11-3　螺栓连接、螺钉连接和双头螺柱连接分别适用于什么场合？

11-4　螺纹连接防松的本质是什么？主要由哪几种方法？

11-5　受拉螺栓的松连接和紧连接有什么区别？失效形式是否相同？设计计算公式是否相同？

11-6　什么情况下使用铰制孔用螺栓？

11-7　已知一普通单头粗牙螺纹，大径 $d=22$ mm，中径 $d_2=20.376$ mm，螺距 $p=2.5$ mm，螺纹副间的摩擦系数 $\mu=0.1$，试求：

(1) 螺纹升角 ψ；

(2) 该螺纹能否自锁？

11-8　用 12in(扳手)拧紧 M8 螺栓。已知螺栓力学性能等级为 4.8 级，螺纹间摩擦系数 $\mu=0.1$，螺母与支撑面间的摩擦系数 $\mu_s=0.15$，手掌中心至螺栓轴线的距离 $l=250$ mm。M8 螺母支撑面外径 $D_0=11.5$ mm，螺栓孔直径 $d_0=9$ mm。试判断当手掌施加力为 130 N 时，该螺栓所产生的拉应力为多少？螺栓是否会被拉断？

11-9　已知 M12 螺栓用碳素结构钢制成，其屈服极限为 240 MPa，螺纹间的摩擦系数 $\mu=0.1$，螺母与支撑面间的摩擦系数 $\mu_s=0.15$，M8 螺母支撑面外径 $D_0=16.6$ mm，螺栓孔直径 $d_0=13$ mm，欲使螺母拧紧后螺杆的拉应力达到屈服极限的 60%，求应施加的拧紧力矩。

11-10　假设在图 11-16 所示起重吊钩中，重物重量为 30 kN，吊钩材料为 35 钢，螺栓许用拉应力 $[\sigma]=60$ MPa，试求吊钩尾部螺纹直径。

11-11　图 11-38 所示，用两个 M12 的螺钉固定一牵拽钩，若螺钉力学性能为 4.6 级，装配时控制预紧力，接合面摩擦系数 $\mu=0.15$，求其允许的牵拽力。

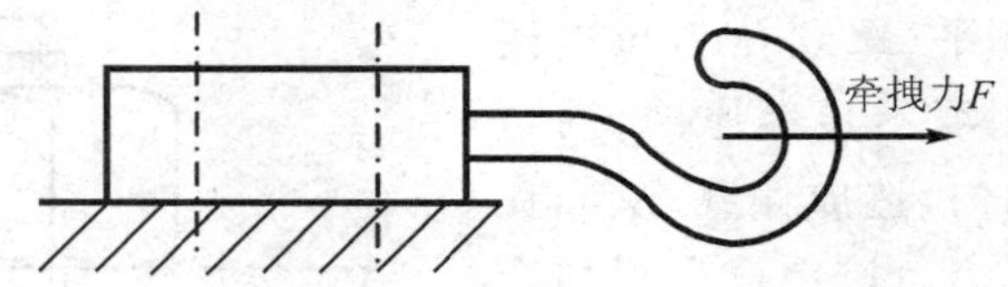

图 11-38　牵拽钩

11-12　一钢制气缸，其结构与图 11-27 所示相同，已知油压 $p=1.8$ N/mm^2，$D=200$ mm，采用 8 个 6.8 级螺栓，试计算该缸盖连接螺栓的直径。

11-13　图 11-39 所示的凸缘联轴器，允许传递最大扭矩 $T=1\ 200$ N·m(静载荷)，联轴器材料为 HT200。联轴器用 4 个螺栓连接，螺栓均匀分布于 $D=160$ mm 的圆周上，螺栓材料为 35 钢，性能等级为 4.8 级。

(1) 若采用铰制孔用螺栓连接，已知 $h_1=15$ mm，$h_2=23$ mm，试确定螺栓直径。

(2) 若采用普通螺栓连接，安装时不严格控制预紧力，两半联轴器间摩擦系数 $\mu=0.15$，试确定螺栓直径。

11－14　如图 11－40 所示为由两块边板和一块承重板焊接成的龙门起重机导轨托架。两块边板各用 4 个螺栓与立柱相连接，托架所受载荷随起吊重量不同而变化，所能承受的最大载荷为 20 kN。试问：此螺栓连接采用普通螺栓连接还是铰制孔用螺栓连接为宜？为什么？并计算螺栓直径。

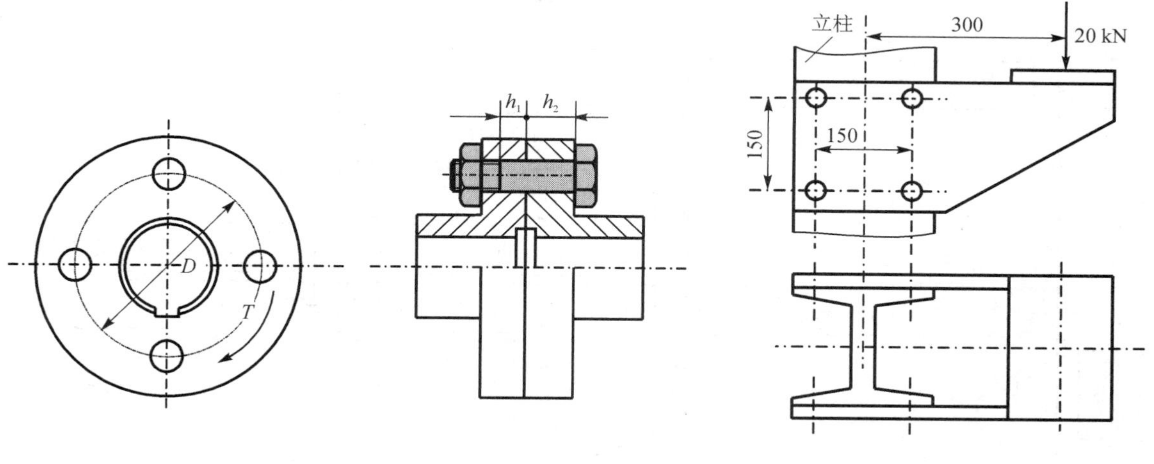

图 11－39　凸缘联轴器

图 11－40　龙门起重机导轨托架

11－15　已知一个托架的边板用 6 个螺栓与相邻的机架相连接。托架受一个与边板螺栓组的垂直对称轴线相平行的载荷作用，载荷大小均为 50 kN，距离为 300 mm。现有如图 11－41 所示的两种螺栓布置形式，假设采用铰制孔用螺栓连接，试问哪种布置形式所用的螺栓直径较小？并计算该较小的直径。

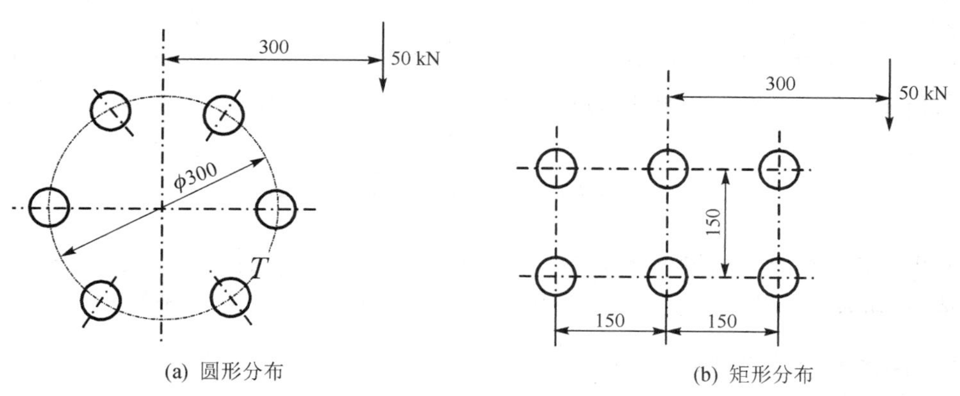

(a) 圆形分布　　(b) 矩形分布

图 11－41　托架边板与相邻机架的连接方式

第 12 章　轴

☞ 本章思维导图

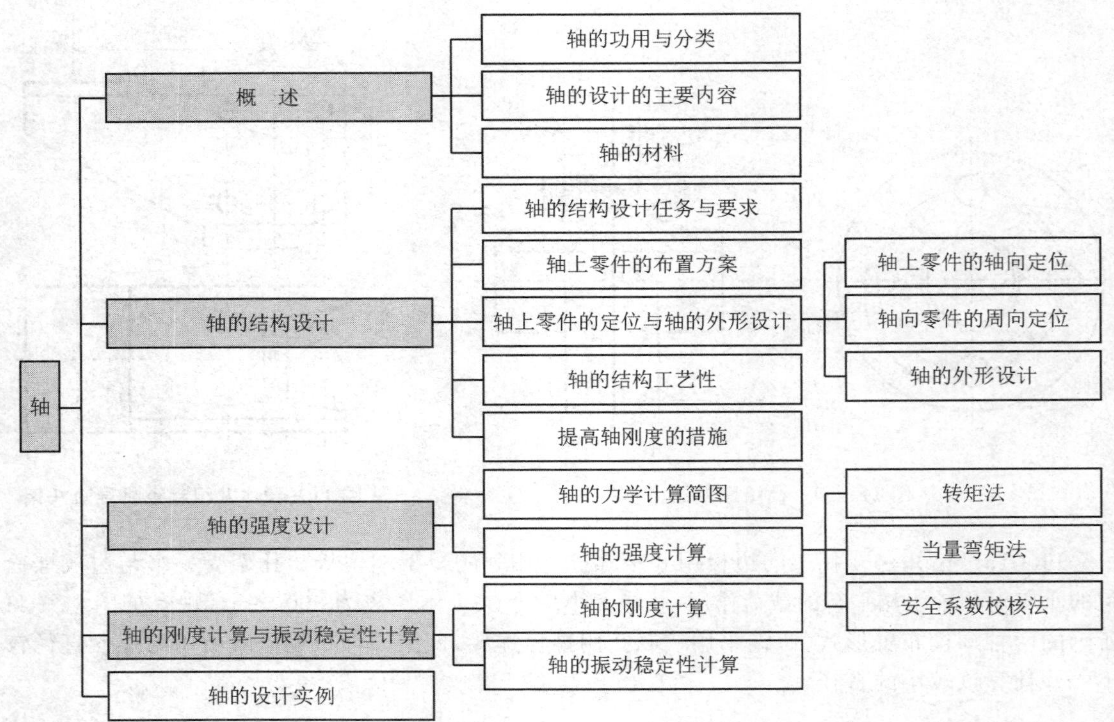

本章主要讨论轴的强度计算、刚度计算和振动稳定性问题。简要介绍轴的分类、轴设计主要内容及轴常用材料。着重介绍轴的强度计算方法：转矩法、当量弯矩法和安全系数校核法。

12.1　概　述

轴是机器传动中重要的组成部分，其主要功用是支撑回转运动件，并完成同一轴上不同零件间的运动、动力、载荷等传递。轴的应用广泛，如常用于减速器的齿轮轴等。

12.1.1　轴的功用与分类

根据轴线形状的不同，将轴分为：直轴、曲轴(见图 12-1)和挠性轴。其中直轴较为常见，直轴主要分为光轴(见图 12-2)和阶梯轴(见图 12-3)。曲轴常用于往复式机械中，如内燃机主轴等。本节主要讨论直轴。

根据轴内部的状况，又可以将直轴分为实心轴和空心轴(见图 12-4)。

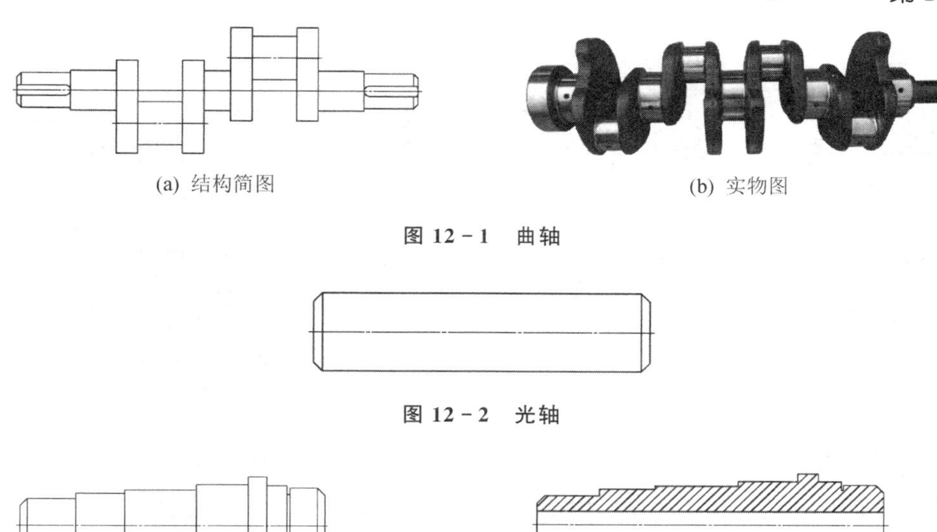

(a) 结构简图　　(b) 实物图

图 12-1　曲轴

图 12-2　光轴

图 12-3　阶梯轴

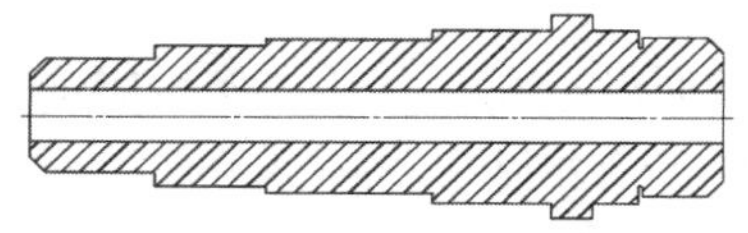

图 12-4　空心轴

用钢丝绕制轴身并可弯曲的一种特殊轴称为钢丝软轴(见图 12-5),常用于轴线多变的特殊场合,如用于对生物体或机器内部状况的监测设备中。

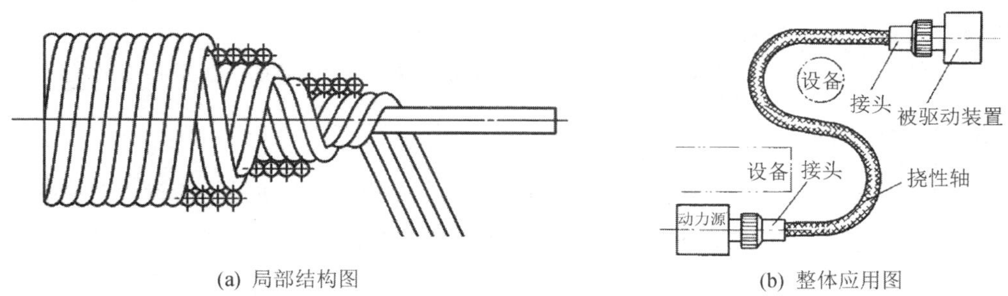

(a) 局部结构图　　(b) 整体应用图

图 12-5　钢丝软轴及其应用

轴的种类很多,其命名大多与受载状况和结构特点有关。根据工作过程中的承载不同,可以将轴分为传动轴、心轴和转轴。

① **传动轴**　主要受转矩作用的轴,如汽车的传动轴(见图 12-6)。

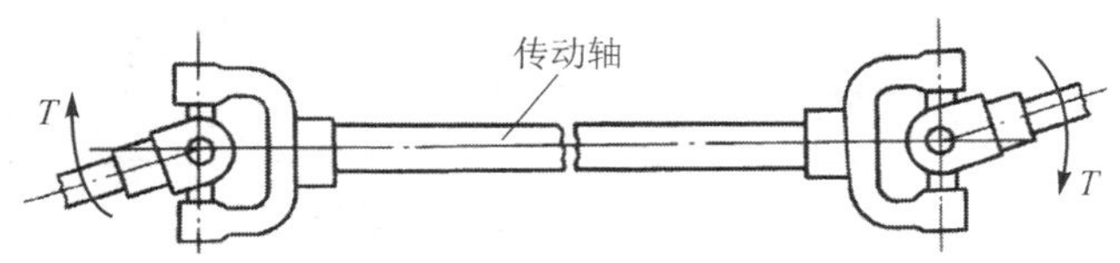

图 12-6　传动轴

② **心轴**　主要受弯矩作用的轴。心轴可分为固定心轴和转动心轴,如图 12-7 所示的滑轮轴等。

③ **转轴**　既受转矩又受弯矩作用的轴。转轴是机器中最常见的轴(见图 12-8)。

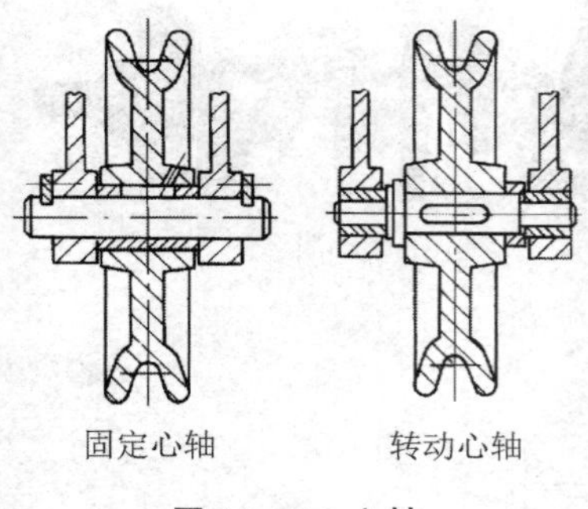

图 12-7　心轴

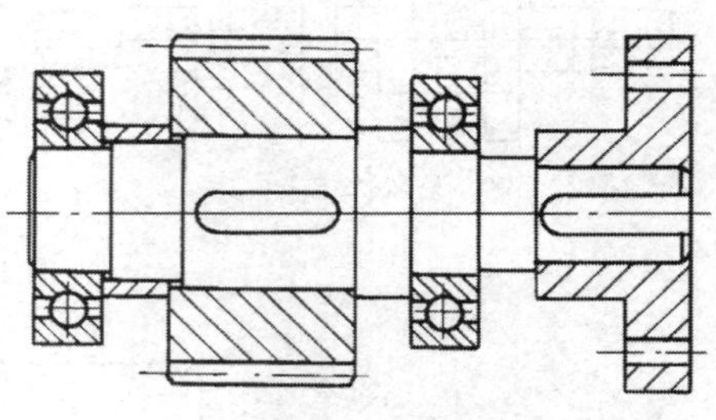

图 12-8　转轴

12.1.2　轴的设计的主要内容

轴的设计原则　在工作能力要求的前提下，力求轴满足：尺寸小、质量轻以及工艺性好。

轴的设计主要包括以下两部分内容：

① **轴的结构设计**　根据其功能，轴结构设计必须保证轴上零件满足其安装固定的要求以及保证轴系在机器中的支承要求，同时轴应具有良好的工艺性。

② **轴的工作能力设计**　主要对轴进行强度设计，对于转速较高的轴，还要进行振动稳定性的计算。

一般轴的设计步骤主要为：① 选择材料；② 粗估轴颈；③ 结构设计；④ 强度校核；⑤ 必要时进行刚度校核；⑥ 必要时进行振动稳定性计算（高速轴）。

当校核结果不满足轴的承载要求时，须修改原结构设计结果，再重新校核。

12.1.3　轴的材料

轴是主要的支承件，常采用机械性能较好的材料，表 12-1 所列为一般设计时常用材料。

表 12-1　轴的常用材料及其主要力学性能

材料牌号	热处理	毛坯直径/mm	硬度/HBW	抗拉强度极限 σ_B	屈服强度极限 σ_s	弯曲疲劳极限 σ_{-1}	剪切疲劳极限 τ_{-1}	许用弯曲应力 $[\sigma_{-1}]$
				MPa				
Q235A	热轧或锻后空冷	≤100		400～420	225	170	105	40
		>100～250		375～390	215			
45	正火	≤100	170～217	590	295	255	140	55
		>100～300	162～217	570	285	245	135	
	调质	≤200	217～255	640	355	275	155	60
40Cr	调质	≤100	241～286	735	540	355	200	70
		>100～300		685	490	335	185	
40CrNi	调质	≤100	270～300	900	735	430	260	75
		>100～300	240～270	785	570	370	210	
38SiMnMo	调质	≤100	229～286	735	590	365	210	70
		>100～300	217～269	685	540	345	195	

续表 12-1

材料牌号	热处理	毛坯直径/mm	硬度/HBW	抗拉强度极限 σ_B	屈服强度极限 σ_s	弯曲疲劳极限 σ_{-1}	剪切疲劳极限 τ_{-1}	许用弯曲应力 $[\sigma_{-1}]$
				MPa				
38CrMoAlA	调质	≤60	293～321	930	785	440	280	75
		>60～100	277～302	835	685	410	270	
		>100～160	241～277	785	590	375	220	
20Cr	渗碳淬火回火	≤60	渗碳 56～62HRC	640	390	305	160	60
3Cr13	调质	≤100	≥241	835	635	395	230	75
1Cr18Ni9Ti	淬火	≤100	≤192	530	195	190	115	45
		>100～200		490		180	110	
QT600-3			190～270	600	370	215	185	
QT600-2			245～335	800	480	290	250	

碳素钢对应力集中不敏感，价格低，是轴类零件最常用材料。常用牌号有：30 钢，35 钢，40 钢，45 钢，50 钢等。采用优质碳钢时，一般应对其进行热处理，以改善其性能。受力较小或不重要的轴，也可以选用 Q235 或 Q255 等普通碳钢。

对于有高速、重载、高温、结构紧凑和质量小等使用要求的轴，可以选用合金钢。合金钢具有更好的机械性能和热处理性能，但其对应力集中较敏感，价格也较高。设计中尤其要注意从结构上减小应力集中，并提高其表面质量。

对于形状比较复杂的轴，可以选用球墨铸铁和高强度铸铁。铸铁材料具有较好的加工性和吸振性，经济性好且对应力集中不敏感。但须注意保证铸造质量。

热处理(如淬火、正火、调质、渗碳、氮化等)以及表面强化处理(如喷丸、滚压等)，对提高轴的抗疲劳强度有显著效果。

12.2　轴的结构设计

12.2.1　轴的结构设计任务及要求

轴的结构设计主要是在初步估算轴径的基础上，根据轴在机器中的具体使用状况，确定轴的合理外形和全部的结构尺寸。根据轴在工作中的作用，轴的结构通常取决于：① 轴在机器中的安装位置和形式；② 轴上零件的类型和尺寸；③ 载荷的性质、大小、方向和分布状况；④ 轴的加工工艺等多个因素。

由于轴的不同对应的具体工况也不同，因此轴的设计结果会有差异。设计中须具体问题具体分析。轴的结构设计要求满足：① 轴上零件分布合理，以使轴受力合理，这有利于提高轴的强度和刚度；② 轴和轴上零件必须有准确的工作位置；③ 轴上零件装拆调整方便；④ 轴具有良好的加工工艺性；⑤ 节省材料等基本条件。

轴的结构设计工作，一般应在机器的整体方案确定后，根据机器中的核心零件的主要参数、尺寸及其转速、功率和材料等条件进行设计计算。

12.2.2 轴上零件的布置方案

确定轴上零件的布置方案是进行轴的结构设计的前提，它决定着轴的基本形式。布置方案需要拟定出轴上主要零件的布置方向、顺序和相互关系。图 12－9 中的布置方案是：齿轮、套筒、左端轴承、轴承端盖和带轮、轴端挡圈依次从轴的左端向右安装，右端则是右端轴承、轴承端盖依次从轴的右端向左安装。这样就对各轴段阶梯顺序做了初步设计。

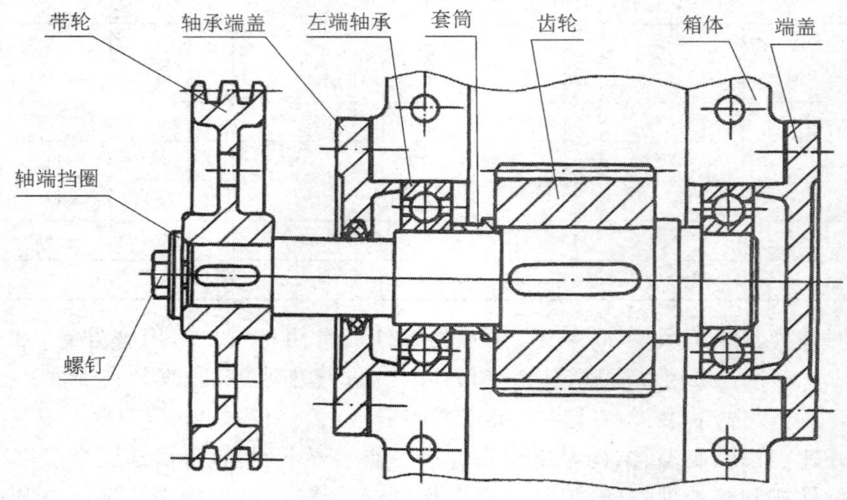

图 12－9 轴系布置结构示例 1

在拟定布置方案时，通常应考虑几个方案，进行综合分析、比较，选择最优。例如图 12－10 中的方案：齿轮、套筒、右端轴承、轴承端盖依次从轴的右端向左安装，左端则是左端轴承、轴承端盖、带轮和轴端挡圈依次从轴的左端向右安装。

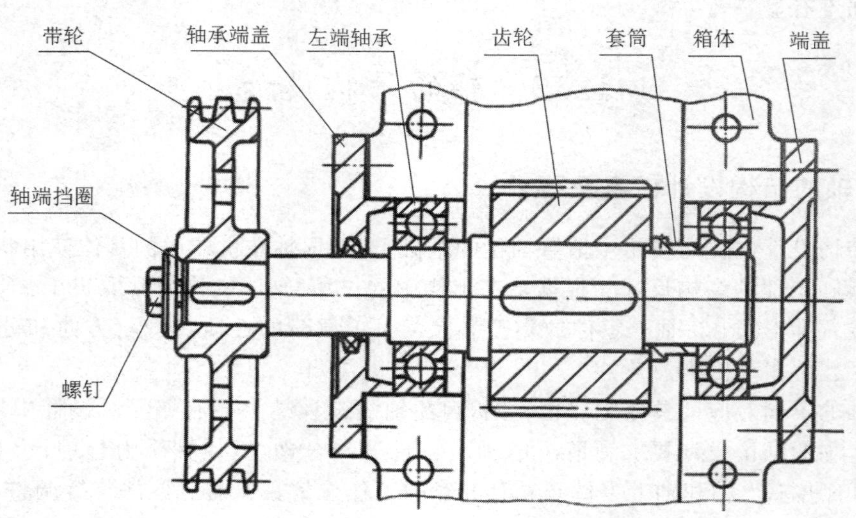

图 12－10 轴系布置结构示例 2

12.2.3　轴上零件的定位与轴的外形设计

为了防止轴上零件受力时发生沿轴向或周向的相对运动，轴上零件除了有游动或空转的要求以外，都必须进行轴向和周向定位，以保证其准确的工作位置。

1. 轴上零件的轴向定位

轴上零件的轴向定位主要是以轴肩/轴环、套筒、轴端挡圈、轴承端盖和圆螺母等来保证的。

轴肩定位是最主要的定位方式。轴肩可分为定位轴肩和非定位轴肩两种。利用轴肩结构简单、可靠，但轴肩必然使轴的直径加大，且轴肩处会出现应力集中；同时轴肩过多也不利于加工。因此，定位轴肩通常在轴的阶梯数增加不致过多和轴向力不致于较大的情况下使用。定位轴肩的高度一般取 3～5 mm，滚动轴承定位轴肩的高度须按照滚动轴承的安装尺寸来确定。采用非定位轴肩多数是在为装配合理方便和便于径向尺寸过渡，轴肩高度无严格限制。一般轴径变化越大应力集中越明显，非定位轴肩高度一般取 1～2 mm。

此外，一些常见的轴向定位方式参见表 12－2。

表 12－2　轴上零件的常用轴向定位方式

轴向定位方式	图　例	备　注
套筒定位	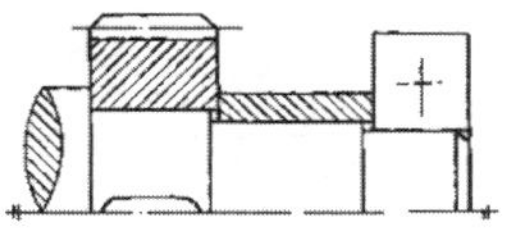	套筒定位结构简单，定位可靠。可以避免轴肩定位引起的轴颈增大和应力集中，但受到套筒长度和与轴的配合因素的影响，不宜用在使套筒过长和高速旋转的场合
轴承端盖定位	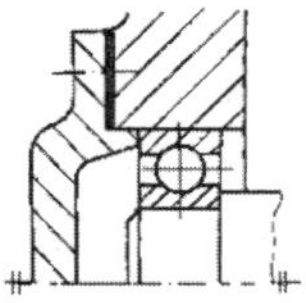	轴承端盖通常用螺钉将其与箱体连接而使滚动轴承的外圈得到轴向定位
轴环定位	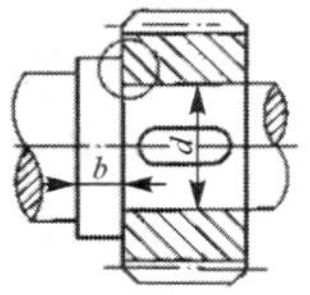 b　d	与轴肩定位类似
轴端挡圈定位	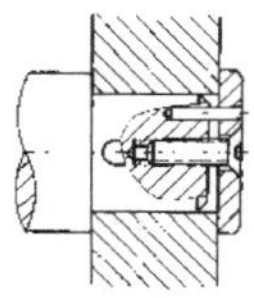	轴端挡圈适用于固定轴端零件，可以使轴承受较大的轴向力。轴端挡圈可采用单螺钉固定，也可采用双螺钉加止动垫片防松等固定方法固定
圆螺母定位	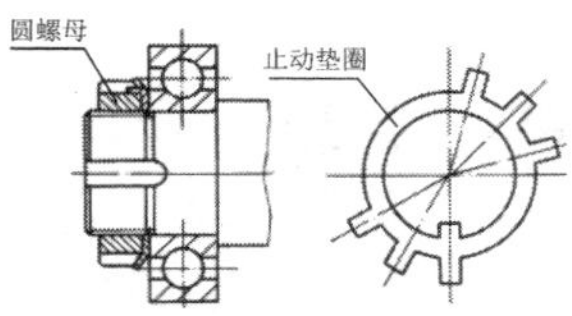 圆螺母　止动垫圈	圆螺母定位使轴可承受大的轴向力，但轴上螺纹处有较大的应力集中，会降低轴的疲劳强度，故圆螺母定位一般用于固定轴端的零件，有双圆螺母和圆螺母与止动垫圈两种形式

续表 12－2

轴向定位方式	图　例	备　注
弹性挡圈定位	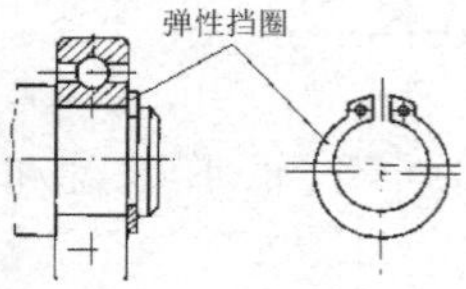	适用于零件上的轴向力不大的场合
紧定螺钉定位	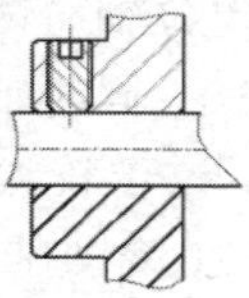	适用于零件上的轴向力不大的场合
锁紧挡圈定位	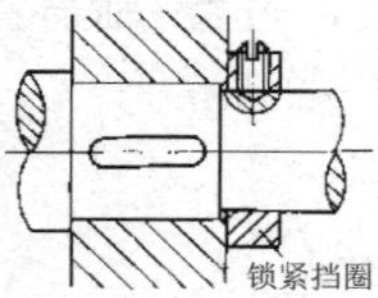	适用于零件上的轴向力不大的场合
锥面定位	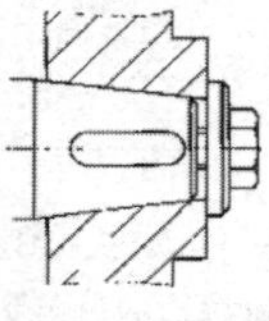	承受冲击载荷和同心度要求较高的轴端零件，也可采用圆锥面定位

2．轴上零件的周向定位

轴上零件周向定位的目的是限制轴上零件与轴发生相对转动。零件在轴上的周向定位和固定的方法通常采用平键、花键、过盈配合、成形连接及销等多种结构。

键是轴上零件的周向定位采用最多的方式，具体见 11.10 节。同一轴上的键槽应布置在一条直线上，若轴径尺寸相差不大，同一轴上的键最好选用相同的键宽。

3．轴的外形设计

轴上零件的定位和装拆方案确定后，轴的形状可大体确定。各轴段的直径与轴上的载荷有关。初步确定轴的直径时，通常还不知道支反力的作用点，故不能确定弯矩的大小与分布情况，因而还不能按轴所受的具体载荷及其引起的应力来确定轴的直径。但在结构设计前，通常已能求得轴所受的扭矩。因此，可按轴所受的扭矩初步估算轴的直径，将初步求出的直径作为承受扭矩的轴段的最小直径 $d_{\min}$，然后再按轴上零件的装配方案和定位要求，从 $d_{\min}$ 处起逐一确定各段轴的直径。

在实际设计中，轴的直径也可凭设计者的经验取定，或参考同类机器用类比的方法确定。

有配合要求的轴段，应尽量采用标准直径。安装标准件（如滚动轴承、联轴器、密封圈等）部位的轴径，应取为相应的标准值及所选配合的公差。

为了使齿轮、轴承等有配合要求的零件装拆方便，并减少配合表面的擦伤，在配合轴段前应采用较小的直径。

为了使与轴做过盈配合的零件易于装配，相配轴段的压入端应制出锥度（见图 12－11）；或在同一轴段的两个部位上采用不同的尺寸公差（见图 12－12）。

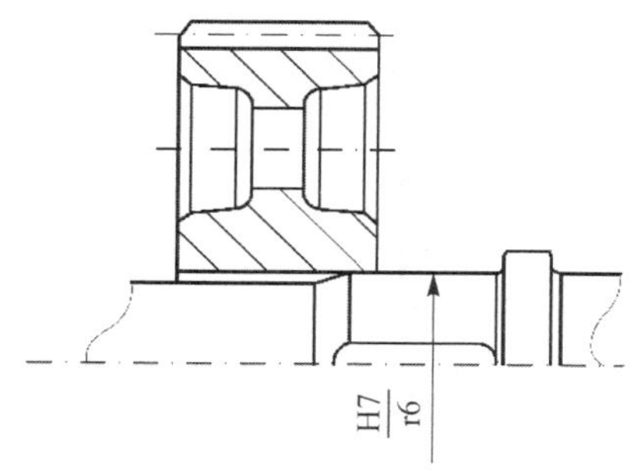

图 12-11 轴的装配锥度示例

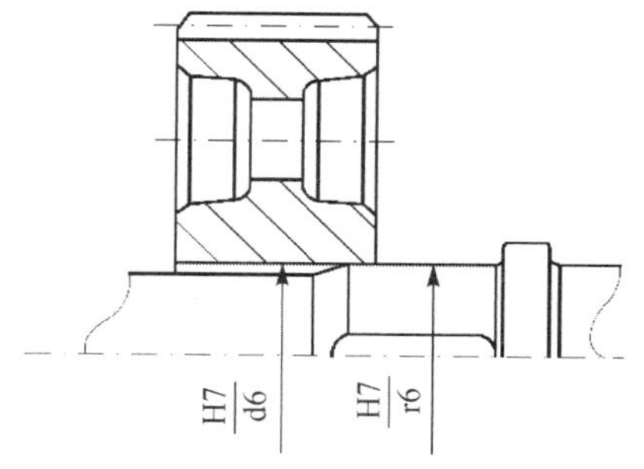

图 12-12 轴段采用不同尺寸公差

确定各轴段长度时，应尽可能使结构紧凑，同时还要保证零件所需的装配或调整空间。轴的各段长度主要是根据各零件与轴配合部分的轴向尺寸和相邻零件间必要的间隙来确定的。为了保证轴向定位可靠，与齿轮和联轴器等零件相配合部分的轴段长度一般应比轮毂长度短2～3 mm。

12.2.4 轴的结构工艺性

轴的结构工艺性是指轴的结构形式应便于加工，轴上零件应便于装配，并且生产率高、成本低。一般来说，轴的结构越简单，工艺性越好。因此，在满足使用要求的前提下，轴的结构形式应尽量简化。

为了便于装配零件并去掉毛刺，轴端应制出45°的倒角；需要磨削加工的轴段，应留有砂轮越程槽；需要切制螺纹的轴段，应留有螺纹退刀槽。相关的尺寸要求可参看标准或手册。为了减少装夹工件的时间，同一轴上不同轴段的键槽应布置（或投影）在轴的同一母线上。为了减少加工刀具种类和提高劳动生产率，轴上直径相近处的圆角、倒角、键槽宽度、砂轮越程槽宽度和退刀槽宽度等应尽可能采用相同的尺寸。

通过上面的要点可知，轴上零件的装配方案对轴的结构形式起着重要的作用。为强调同时拟定不同的装配方案并进行分析对比与选择的重要性，现以圆锥－圆柱齿轮减速器（见图 12－13）输出轴的两种装配方案（见图 12－14）为例进行对比，显而易见，图 12－14(b)中的轴向定位套筒长，质量大。相比之下，图 12－14(a)中的装配方案较为合理。

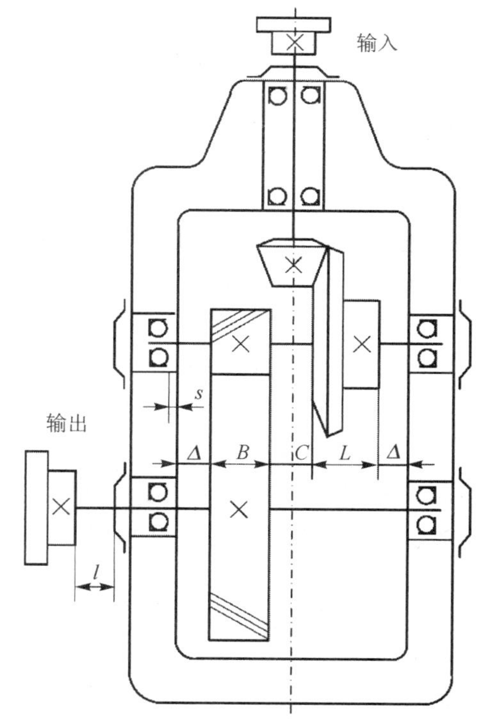

图 12-13 二级齿轮减速器简图

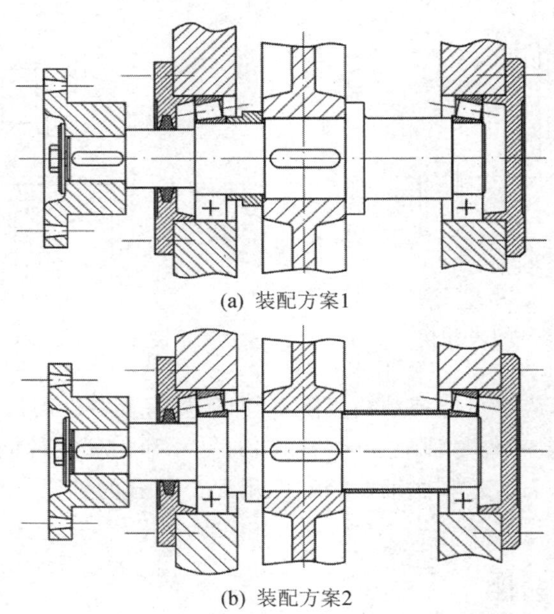

(a) 装配方案1

(b) 装配方案2

图 12－14　输出轴的结构方案对比

12.2.5　提高轴强度的措施

轴和轴上零件的结构、工艺以及轴上零件的安装布置等对轴的强度有很大的影响，所以应在这些方面进行充分考虑，以利于提高轴的承载能力，减小轴的尺寸和机器的质量，降低制造成本。

1. 合理布置轴上零件以减小轴的载荷

为减小轴所承受的弯矩，传动件应尽量靠近轴承，并尽可能不采用悬臂的支承形式，力求缩短支承跨距及悬臂长度。

当转矩由一个传动件输入，由几个传动件输出，为减小轴上的扭矩，应将输入件放在轴的中间，而不要置于轴的一端(见图 12－15)。输入转矩为 T_1+T_2，轴上各轮按图 12－15(a)的布置方式，轴所受最大扭矩为 T_1+T_2；若改为图 12－15(b)的布置方式，最大扭矩仅为 T_1。

2. 改进轴上零件结构以减小轴的载荷

通过改进轴上零件的结构也可减小轴上的载荷。例如图 12－16 所示的起重卷筒的两种安装方案中，图 12－16(a)的方案是大齿轮和卷筒连在一起，转矩经大齿轮直接传给卷筒，卷筒轴只受弯矩而不受扭矩；而图 12－16(b)的方案是大齿轮将转矩通过轴传到卷筒，因而卷筒轴既受弯矩又受扭矩。在同样的载荷 $\boldsymbol{F}$ 作用下，图 12－16(a)中轴的直径显然比图 12－16(b)中的轴径小。

3. 改进轴的结构以减小应力集中的影响

轴通常在变应力的条件下工作，轴的截面尺寸发生突变处会产生应力集中，轴的疲劳破坏通常在此处发生。为提高轴的疲劳强度，应尽量减少应力集中源和降低应力集中程度。为此，轴肩处应采用较大的过渡圆角半径来降低应力集中。但对定位轴肩，还必须保证零件定位的

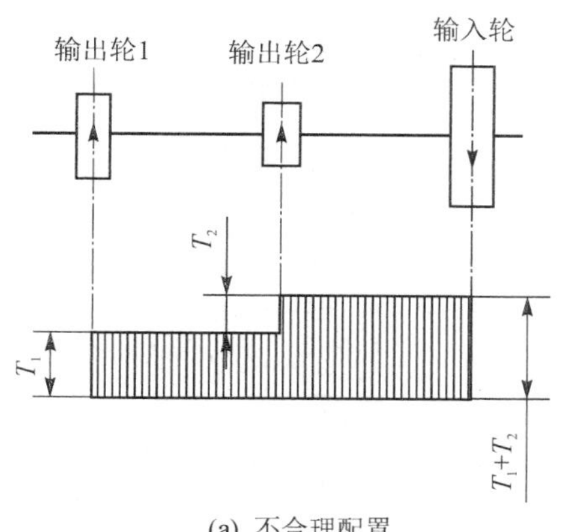

(a) 不合理配置

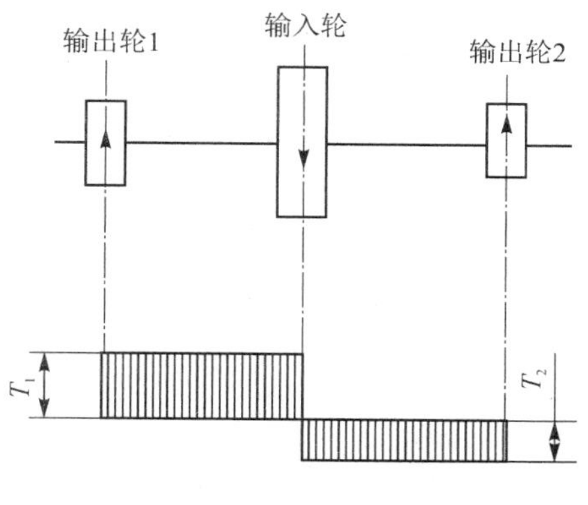

(b) 合理配置

图 12－15　轴系装配结构示例

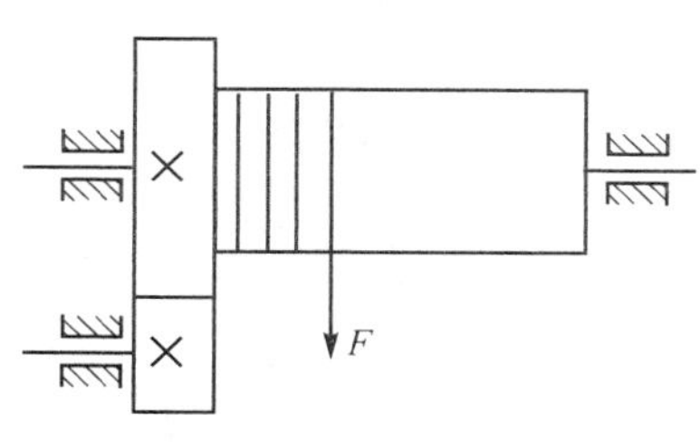

(a) 大齿轮和卷筒连在一起

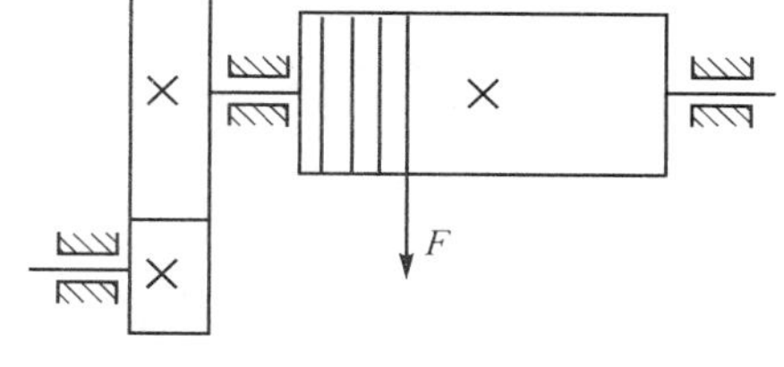

(b) 大齿轮和卷筒不连在一起

图 12－16　起重卷筒安装方案对比

可靠。当靠近轴肩定位的零件的圆角(如滚动轴承内圈的圆角)半径很小时,为了增大轴肩处的圆角半径,可采用内凹圆角(见图 12－17(a))或加装隔离环(见图 12－17(b))。

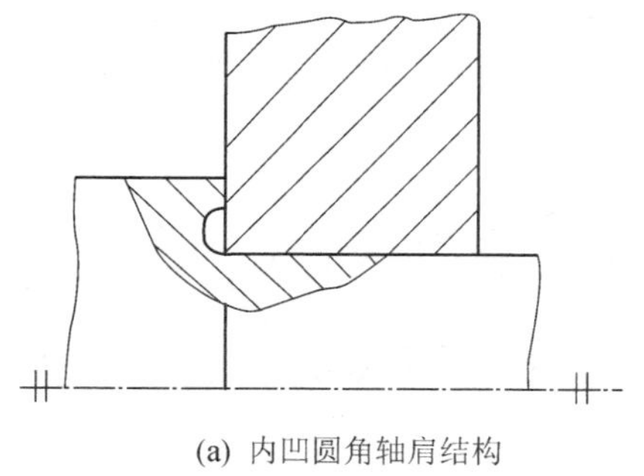
(a) 内凹圆角轴肩结构

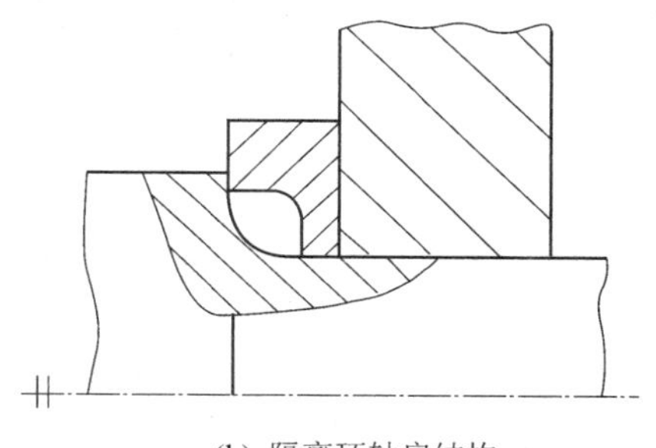
(b) 隔离环轴肩结构

图 12－17　轴肩的过渡结构

当轴与轮毂为过盈配合时,配合边缘处会产生较大的应力集中(见图 12－18(a));为了减小应力集中,可在轮毂上或轴上开卸载槽(见图 12－18(b)、(c))或者加大配合部分的直径(见图 12－18(d))。由于配合的过盈量愈大,引起的应力集中也愈严重,因而在设计中应合理选择零件与轴的配合。

此外须注意:用盘状铣刀加工的键槽相对于用指状铣刀加工的键槽在过渡处对轴的截面削弱更平缓,因而其应力集中较小。渐开线花键在齿根处的应力集中比矩形花键的小,在做轴

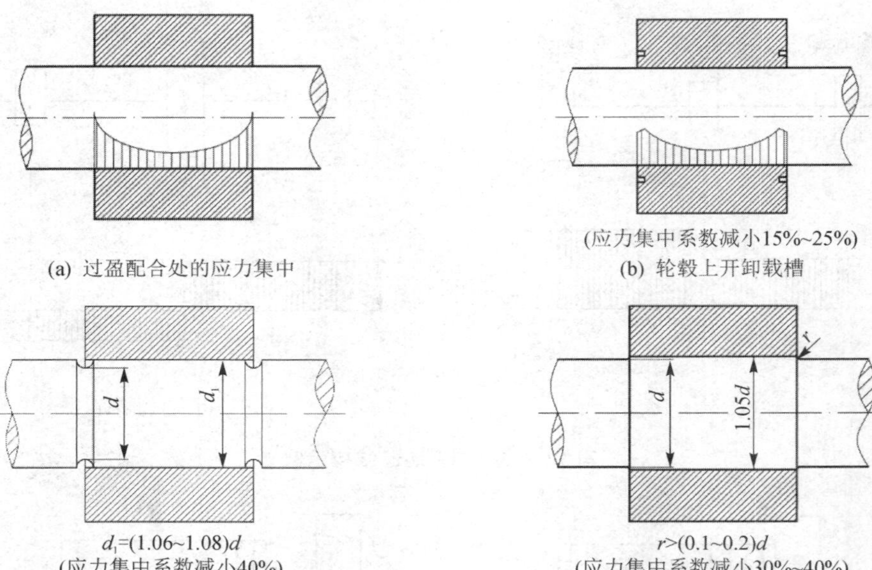

图 12－18　轴毂配合处的应力集中及其减小办法

的结构设计时应仔细斟酌。此外,由于切制螺纹处的应力集中较大,故应尽量避免在轴上受载较大的区段切制螺纹。

4. 改进轴的表面质量以提高轴的疲劳强度

轴的表面粗糙度和表面强化处理方法也会对轴的疲劳强度产生影响。轴的表面愈粗糙,疲劳强度也愈低。因此,应合理减小轴的表面及圆角处的加工粗糙度值。当采用对应力集中甚为敏感的高强度材料制作轴时,表面质量更应注意。

表面强化处理的方法有:表面高频淬火等热处理。表面渗碳、氰化、氮化等化学热处理。碾压、喷丸等强化处理。通过碾压、喷丸进行表面强化处理,可使轴的表层产生预压应力,从而提高轴的抗疲劳能力。

12.3　轴的强度设计

轴的结构设计初步完成后,须对其进行校核计算,要求满足轴的强度要求或刚度要求,必要时须校核轴的振动稳定性。

在轴的结构设计中,初步确定轴的形状和几何尺寸,这均与其承担载荷有关系,需要通过强度校核来确定。如果轴的承载要求已知,需要设计相应的轴颈尺寸,这也需要通过强度校核来确定。

12.3.1　轴的力学计算简图

对轴进行强度校核之前,需要将轴的实际受力进行简化,建立轴受力的力学模型。根据轴上零件的位置,一般可将传动零件上的作用力简化为作用于其配合宽度中点的集中力,其支点的位置根据轴承的安装位置确定;转矩简化为从回转零件的配合宽度中点起或止,然后可根据简化之后的受力模型进行轴的强度计算。

常将轴上的分布载荷简化为集中力，其作用点取为载荷分布段的中点。作用在轴上的扭矩一般从传动件轮毂宽度的中点算起，通常把轴当作置于铰链支座上的梁。对于一般配合，受力作用点置于梁的中点（见图 12－19(a)）；对于过盈配合而言，受力作用点如图 12－19(b)所示。

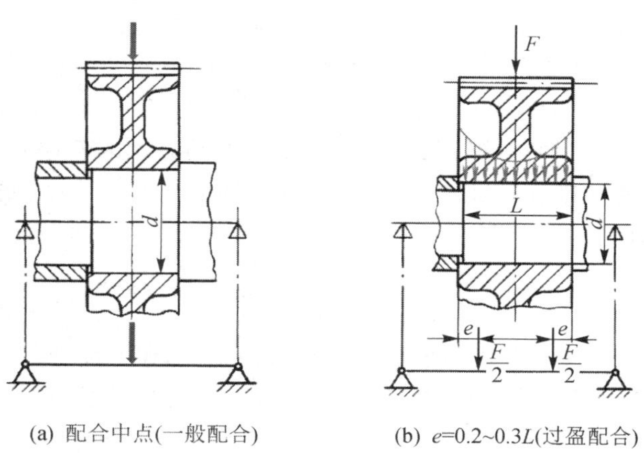

(a) 配合中点(一般配合)　　(b) e=0.2~0.3L(过盈配合)

图 12－19　轴的受力作用点的确定

支反力的作用点与轴承的类型和布置方式有关，可按图 12－20 来确定。图 12－20(b)中的 a 值可查滚动轴承样本或手册，图 12－20(d)中的 e 值与滑动轴承的宽径比 B/d 有关。例如，当 $B/d \leqslant 1$ 时，取 $e=0.5B$；当 $B/d>1$ 时，取 $e=0.5B$，但不小于$(0.25 \sim 0.35)B$；对于调心轴承，$e=0.5B$。

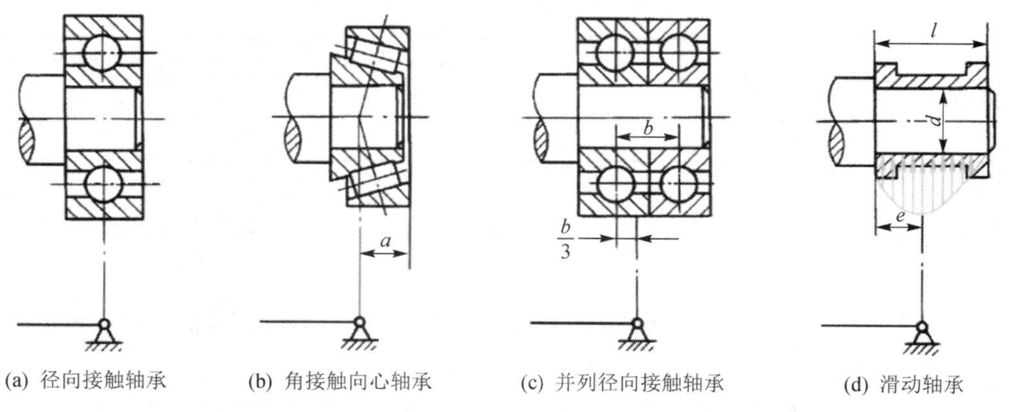

(a) 径向接触轴承　(b) 角接触向心轴承　(c) 并列径向接触轴承　(d) 滑动轴承

图 12－20　与轴承相关的支反力作用点的确定

12.3.2　轴的强度计算

对轴进行强度校核计算时，应根据轴的具体受载及应力情况，采取相应的计算方法，并恰当地选取其许用应力。

① 对于仅仅（或主要）承受扭矩的轴（传动轴），应按扭转强度条件计算；

② 对于只承受弯矩的轴（心轴），应按弯曲强度条件计算；

③ 对于既承受弯矩又承受扭矩的轴(转轴)，应按弯扭合成强度条件进行计算，需要时还应按疲劳强度条件进行精确校核。

④ 对于瞬时过载很大或应力循环不对称性较为严重的轴，还应按峰值载荷校核其静强度，避免产生过量的塑性变形。

1. 轴的扭转强度计算——转矩法

根据轴的转矩的大小，通过计算切应力来建立轴的强度条件。该方法计算简便，但计算精度较低，主要用于初步估算轴径和设计以传动转矩为主的传动轴。

初步估算时，由于轴上的作用力和作用在轴上的位置未定，轴上的支反力和弯矩未知，因此估算时只考虑轴上所受到的转矩，采用降低许用应力的方法来粗略地考虑弯矩的影响。在估算中按照转矩对轴的强度和刚度的影响，初步确定轴的几何尺寸，以便进行结构设计。

轴的扭转强度条件为

$$\tau_T = \frac{T}{W_T} \approx \frac{9.55 \times 10^6 P}{0.2 d^3 n} \leqslant [\tau_T] \tag{12-1}$$

式中，τ_T 为扭转切应力，MPa；T 为轴所受的扭矩，N·mm；W_T 为轴的抗扭截面系数，mm^3；n 为轴的转速，r/min；P 为轴传递的功率，kW；d 为计算截面处轴的直径，mm；$[\tau_T]$为许用扭转切应力，MPa，如表 12-2 所列。

由式(12-1)可得轴的直径 d 为

$$d \geqslant \sqrt[3]{\frac{9.55 \times 10^6 P}{0.2[\tau_T] n}} = \sqrt[3]{\frac{9.55 \times 10^6}{0.2[\tau_T]}} \sqrt[3]{\frac{P}{n}} = C \sqrt[3]{\frac{P}{n}} \tag{12-2}$$

式中，$C=\sqrt[3]{\dfrac{9.55\times 10^6}{0.2[\tau_T]}}$，具体可参考表 12-3。

表 12-3　轴常用材料的 $[\tau_T]$ 值及 C 值

轴的材料	Q235A、20	Q275、35、1Cr18Ni9Ti	45	40Cr、35SiMn、38SiMnMo、3Cr13
$[\tau_T]$/MPa	15～25	20～35	25～45	35～55
C	149～126	135～112	126～103	112～97

对于空心轴，有 $d \geqslant C \sqrt[3]{\dfrac{P}{n(1-\beta^4)}}$。式中，$\beta = \dfrac{d_1}{d}$，即空心轴的内外径之比。通常 $\beta=0.5 \sim 0.6$。

当轴所受弯矩较大时，C 值宜取较大值；反之，C 值则取较小值。粗估直径一般为轴的最小直径，其他轴段的直径按结构设计要求确定。

应当指出的是，当轴截面上开有键槽时，应增大轴径以考虑键槽对轴强度的削弱。对于直径 $d>100$ mm 的轴，有一个键槽时，轴径增大 3%；有两个键槽时，轴径应增大 7%。

对于直径 $d \leqslant 100$ mm 的轴，有一个键槽时，轴径增大 5%～7%；有两个键槽时，轴径应增大 10%～15%。然后将轴径圆整为标准直径。

如此求出的直径，应作为承受扭矩作用的轴段的最小直径 d_{min}。

2. 轴的弯扭合成强度计算——当量弯矩法

根据工作中轴的受力状况，常见的轴既承受转矩的作用又受到弯矩的作用(转轴)。

根据强度理论，将轴所受到的弯矩和转矩合成，将合成后的当量弯矩产生的应力作为轴所受到的应力；影响轴疲劳强度的其他因素可通过采用降低许用应力的方法来考虑，以建立轴的强度条件。这种同时考虑弯扭对轴作用的强度计算方法，常被称为轴强度计算中的当量弯矩法。该方法计算简便，这种方法用于精度要求一般的设计计算中。

通过轴的结构设计，轴的主要结构尺寸、轴上零件的位置以及外载荷和支反力的作用位置均已确定，轴上的载荷（弯矩和扭矩）亦可求得。如此才可按弯扭合成强度条件对轴进行强度计算。

当量弯矩法计算的具体步骤如下。

（1）确定轴的力学计算简图

在做计算简图时，应先求出轴上受力零件的载荷（若为空间力系，应把空间力分解为圆周力、径向力和轴向力，然后把它们全部转化到轴上），前述的二级齿轮减速器（见图12－13）的输出轴上零件的载荷如图12－21所示。并将其分解为水平分力和垂直分力，然后求出各支承处的水平反力和垂直反力。

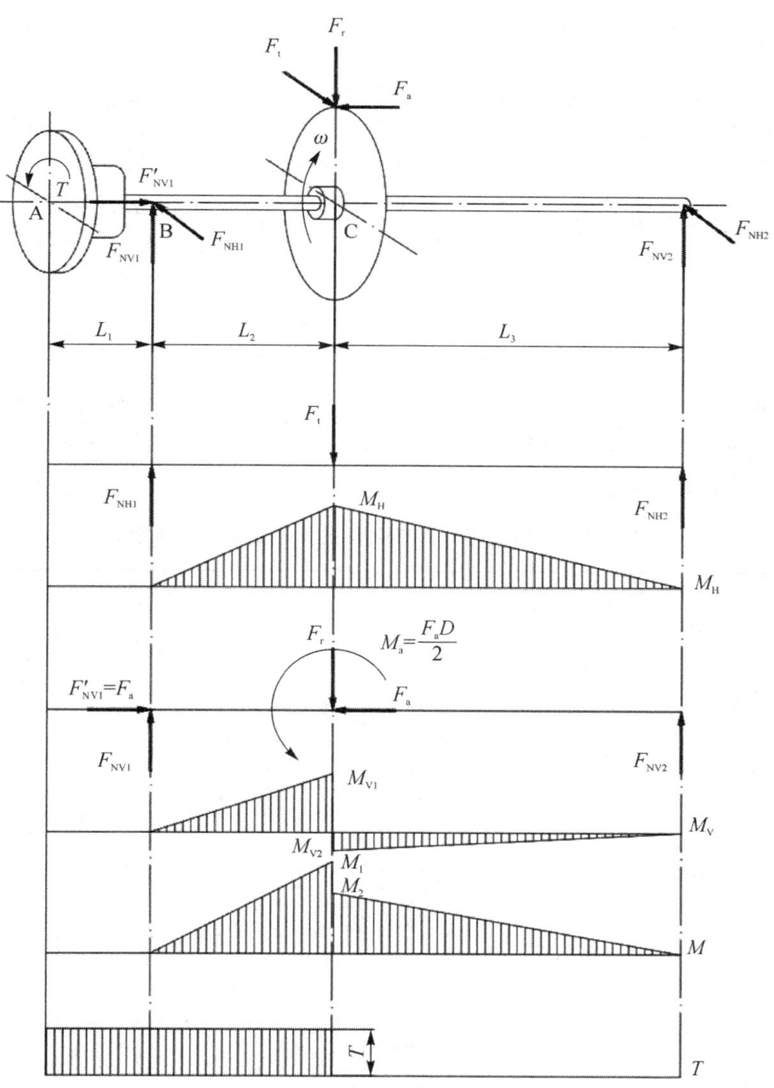

图12－21　二级齿轮减速器的输出轴的载荷分析

(2) 作出弯矩图

根据上述简图,分别按水平面和垂直面计算各力产生的弯矩,并按计算结果分别作出水平面上的弯矩图 M_H 和垂直面上的弯矩图 M_V;然后按下式计算总弯矩并做出 M 图。

$$M=\sqrt{M_H^2+M_V^2}$$

(3) 作出扭矩图

扭矩图如图 12-21 所示。

(4) 校核轴的强度

已知轴的弯矩和扭矩后,可针对某些危险截面(即弯矩和扭矩大而轴径可能不足的截面)进行弯扭合成强度校核计算。依据第三强度理论计算应力,即

$$\sigma_{ca}=\sqrt{\sigma^2+4\tau^2}$$

通常,由弯矩所产生的弯曲应力为对称循环变应力,而由扭矩产生的扭转切应力 τ 则常常不是对称循环变应力。为了考虑两者循环特性不同的影响,引入折合系数 α,则计算应力为

$$\sigma_{ca}=\sqrt{\sigma^2+4(\alpha\tau)^2} \tag{12-3}$$

式中的弯曲应力 σ 为对称循环变应力。当扭转切应力 τ 为静应力时,$\alpha=0.3$;当扭转切应力 τ 为脉动循环变应力时,$\alpha=0.6$;当扭转切应力 τ 为对称循环变应力时,$\alpha=1$。

对于直径为 d 的圆轴,弯曲应力为 $\sigma=\dfrac{M}{W}$,扭转切应力 $\tau=\dfrac{T}{W_T}=\dfrac{T}{2W}$,将 α 和 τ 代入式(12-3),得到轴的弯扭合成条件为

$$\sigma_{ca}=\sqrt{\left(\frac{M}{W}\right)^2+4\left(\frac{\alpha T}{2W}\right)^2}=\frac{\sqrt{M^2+(\alpha T)^2}}{W}\leqslant[\sigma_{-1}] \tag{12-4}$$

式中,σ_{ca} 为轴的计算应力,MPa;M 为轴所受的弯矩,N·mm;T 为轴所受的扭矩,N·mm;W 为轴的抗弯截面系数,mm^3,计算方法参见表 12-4;$[\sigma_{-1}]$为对称循环变应力时轴的许用弯曲应力,MPa。其值按照表 12-1 选用。

表 12-4 典型抗弯截面系数与抗扭截面系数计算公式

截 面	抗弯截面系数 W/(N·mm)	抗扭截面系数 W_T/(N·mm)	截 面	抗弯截面系数 W/(N·mm)	抗扭截面系数 W_T/(N·mm)
	$\frac{\pi d^3}{32}\approx 0.1d^3$	$\frac{\pi d^3}{16}\approx 0.2d^3$		$\frac{\pi d^3}{32}-\frac{bt(d-t)^2}{d}$	$\frac{\pi d^3}{16}-\frac{bt(d-t)^2}{d}$
	$\frac{\pi d^3}{32}\left(1-\left(\frac{d}{d_1}\right)^4\right)$	$\frac{\pi d^3}{16}\left(1-\left(\frac{d}{d_1}\right)^4\right)$		$\frac{\pi d^3}{32}\left(1-1.54\frac{d_1}{d}\right)$	$\frac{\pi d^3}{16}\left(1-\frac{d_1}{d}\right)$
	$\frac{\pi d^3}{32}-\frac{bt(d-t)^2}{2d}$	$\frac{\pi d^3}{16}-\frac{bt(d-t)^2}{2d}$		$\frac{\pi d^4+(D-d)(D+d)^2zb}{32D}$ (z 为齿数)	$\frac{\pi d^4+(D-d)(D+d)^2zb}{16D}$ (z 为齿数)

由于心轴工作时只承受弯矩而不承受扭矩，所以在应用式(12－4)时，应取 $T=0$。转动心轴的弯矩在轴截面上所引起的应力是对称循环变应力。对于固定心轴，考虑起动、停车等的影响，弯矩在轴截面上所引起的应力可视为脉动循环变应力。所以在应用式(12－4)时，固定心轴的许用应力为脉动循环变应力时的许用弯曲应力$[\sigma_0]$；对于碳钢材料的轴，$[\sigma_0]\approx 1.7[\sigma_{-1}]$。

3. 疲劳强度条件精确校核——安全系数校核法1

疲劳强度校核计算的实质在于确定变应力情况下轴的安全程度。在已知轴的外形、尺寸及载荷的基础上，即可通过分析确定出轴的一个或几个危险截面，这时不仅要考虑弯曲应力和扭转切应力的大小，而且要考虑应力集中和绝对尺寸等因素产生影响的程度。

可求出计算安全系数 S_{ca}，并应使其稍大于或至少等于设计安全系数 S，即

$$S_{ca}=\frac{S_\sigma S_\tau}{\sqrt{S_\sigma^2+S_\tau^2}}\geqslant S \tag{12-5}$$

设计安全系数值可按表12－5选取。

表12－5　安全系数取值

安全系数 S	应用情况
1.3～1.5	用于材料均匀，载荷与应力计算精确时
1.5～1.8	用于材料不够均匀，计算精确度较低时
1.8～2.5	用于材料均匀性及计算精确度很低，或轴的直径 $d\geqslant 200$ mm 时

4. 静强度条件校核——安全系数校核法2

静强度校核的目的在于评定轴对塑性变形的抵抗能力。这对那些瞬时过载很大或不对称的循环应力循环较为严重的轴是很必要的。轴的静强度是根据轴上作用的最大瞬时载荷来校核的。静强度校核时的强度条件是

$$S_{S_{ca}}=\frac{S_{S_\sigma}S_{S_\tau}}{\sqrt{S_{S_\sigma}^2+S_{S_\tau}^2}}\geqslant S_S \tag{12-6}$$

式中，$S_{S_{ca}}$ 为危险截面静强度的计算安全系数；S_S 为按屈服强度设计的安全系数，具体使用参见表12－6。S_{S_σ} 为只考虑弯矩和轴向力时的安全系数，且

$$S_{S_\sigma}=\frac{\sigma_S}{\dfrac{M_{max}}{W}+\dfrac{F_{amax}}{A}} \tag{12-7}$$

S_{S_τ} 为只考虑扭矩时的安全系数，且

$$S_{S_\tau}=\frac{\tau_S}{\dfrac{T_{max}}{W_T}} \tag{12-8}$$

其中，σ_S，τ_S 为材料的抗弯屈服极限和抗扭屈服极限，MPa；M_{max}，T_{max} 为轴的危险截面上所受的最大弯矩和最大扭矩，N·mm；F_{amax} 为轴的危险截面上所受的最大轴向力，N；A 为轴的危险截面的面积，mm^2；W，W_T 分别为危险截面的抗弯截面系数和抗扭截面系数，mm^3，如表12－4所列。

表 12-6　屈服强度的设计安全系数 S_S

安全系数 S_S	应用情况
1.2～1.4	用于高塑性材料$\left(\frac{\sigma_s}{\sigma_B}\leqslant 0.6\right)$制成的钢轴
1.4～1.8	用于中等塑性材料$\left(\frac{\sigma_s}{\sigma_B}\leqslant 0.6\sim 0.8\right)$制成的钢轴
1.8～2.0	用于低塑性材料制成的钢轴
2.0～3.0	用于铸造工艺制成的轴

12.4　轴的刚度计算

轴在载荷作用下，将产生弯曲变形或扭转变形。若变形量超过允许的限度，就会影响轴上零件的正常工作，甚至会使机器丧失应有的工作性能。例如：安装齿轮的轴，若弯曲刚度(或扭转刚度)不足而导致挠度(或扭转角)过大时，将影响齿轮的正确啮合，使齿轮沿齿宽和齿高方向接触不良，造成载荷在齿面上严重分布不均；又如采用滑动轴承的轴，若挠度过大而导致轴颈偏斜过大时，将使轴颈和滑动轴承发生边缘接触，造成不均匀磨损和过度发热。因此，在设计有刚度要求的轴时，须进行刚度的校核计算。

轴的弯曲刚度以挠度或偏转角来度量，扭转刚度以扭转角来度量。轴的刚度校核计算通常是计算出轴在受载时的变形量，并控制其不大于允许值。

12.4.1　轴的弯曲刚度校核计算

常见的轴大多可视为简支梁。若是光轴，可直接用材料力学中的公式计算其挠度或偏转角；若是阶梯轴，如果对计算精度要求不高，则可用当量直径法做近似计算。即把阶梯轴看成是当量直径为 d_v 的光轴，然后再按材料力学中的公式计算。当量直径 d_v(mm)为

$$d_v=\sqrt[4]{\frac{L}{\sum_{i=1}^{Z}\frac{l_i}{d_i^4}}} \tag{12-9}$$

式中，l_i 为阶梯轴第 i 段的长度，mm；d_i 为阶梯轴第 i 段的直径，mm；L 为阶梯轴的计算长度，mm，当载荷作用于两支撑之间时，则 $L=l$(l 为支撑跨距)，当载荷作用于悬臂端时，则$L=l+K$(K 为轴的悬臂长度，mm)；z 为阶梯轴计算长度内的轴段数。

轴的弯曲刚度条件为

挠度
$$y\leqslant [y] \tag{12-10}$$

偏转角
$$\theta\leqslant [\theta] \tag{12-11}$$

式中，$[y]$ 为轴的许用挠度，mm，如表 12-7 所列；$[\theta]$ 为轴的许用偏转角，rad，如表 12-7 所列。

表 12-7　轴的许用挠度及许用偏转角

轴	许用挠度$[y]$/mm	轴承	许用偏转角 $[\theta]$/rad
一般用途	(0.000 3～0.000 5)l	滑动轴承	0.001
刚度要求较严	0.000 2l	向心球轴承	0.005

续表 12－7

轴	许用挠度[y]/mm	轴承	许用偏转角 [θ]/rad
感应电动机	0.1Δ	调心球轴承	0.05
安装齿轮	(0.01～0.03)m_n	圆柱滚子轴承	0.002 5
安装蜗轮	(0.02～0.05)m_a	安装齿轮处轴的截面	0.001～0.002

12.4.2 轴的扭转刚度校核计算

轴的扭转变形用每米长的扭转角 φ 来表示。圆轴扭转角 φ[(°)/m]的计算式为

光轴

$$\varphi = 5.73 \times 10^4 \frac{T}{GI_P} \tag{12-12}$$

阶梯轴

$$\varphi = 5.73 \times 10^4 \frac{1}{LG} \sum_{i=1}^{Z} \frac{T_i l_i}{I_{P_i}} \tag{12-13}$$

式中，T 为轴所受的扭矩，N·mm；G 为轴的材料的剪切弹性模量，MPa，对于钢材，$G=8.1\times 10^4$ MPa；I_P 为轴截面的极惯性矩，mm^4，对于圆轴，$I_P=\frac{\pi d^4}{32}$；L 为阶梯轴受扭矩作用的长度，mm；T_i，l_i，I_{P_i} 分别为阶梯轴第 i 段上所受的扭矩、长度和极惯性矩；Z 为阶梯轴受扭矩作用的轴段数。

轴的扭转刚度条件为

$$\varphi \leqslant [\varphi] \tag{12-14}$$

式中，[φ]为轴每米长的允许扭转角，与轴的使用场合有关，取值如表 12－8 所列。

表 12－8 轴的许用挠度及许用偏转角

安全系数[φ]/[(°)·m^{-1}]	应用情况
0.5～1	一般传动轴
0.25～0.5	精密传动轴
>1	精度要求不高的轴

12.4.3 轴的振动稳定性

轴是一个弹性体。当其旋转时，由于制造轴和轴上零件所用的材料组织不均匀、制造有误差或对中不良等，就要产生以离心力为表征的周期性的干扰力，从而引起轴的弯曲振动(或称横向振动)。如果这种强迫振动的频率与轴的弯曲自振频率重合，就出现了弯曲共振现象。当轴由于传递的功率有周期性的变化而使其产生周期性的扭转变形时，将会引起轴的扭转振动。当轴受迫振动频率与轴的扭转自振频率重合时，也要产生对轴有破坏作用的扭转共振。若轴受有周期性的轴向干扰力，自然也会产生纵向振动及在相应条件下的纵向共振。下面只对轴的弯曲振动问题略加说明。

轴在引起共振时的转速称为**临界转速**。如果轴的转速停滞在临界转速附近，轴的变形将迅速增大，以致变形达到使轴甚至整个机器破坏的程度。因此，高转速的轴必须进行其临界转速的计算，使其工作转速 n 避开其临界转速 n_c。临界转速可以有许多个，最低的转速称为一阶临界转速，其余为二阶临界转速、三阶临界转速等。在一阶临界转速下，轴振动剧烈最为危

险，所以通常主要计算一阶临界转速。在某些情况下也还需要计算高阶的临界转速。

弯曲振动临界转速的计算方法很多，现仅以装有单圆盘的双铰支轴（见图 12－22）为例，介绍一种计算一阶临界转速的方法。设圆盘的质量 m 很大，相对而言，轴的质量可略去不计，并假定圆盘材料不均匀或制造有误差而未经“平衡”，其质心 c 与轴线间的偏心距为 e。当该圆盘以角速度 ω 转动时，由于离心力而产生挠度 y，则旋转时的离心力为

$$F_r = m\omega^2(y+e) \tag{12-15}$$

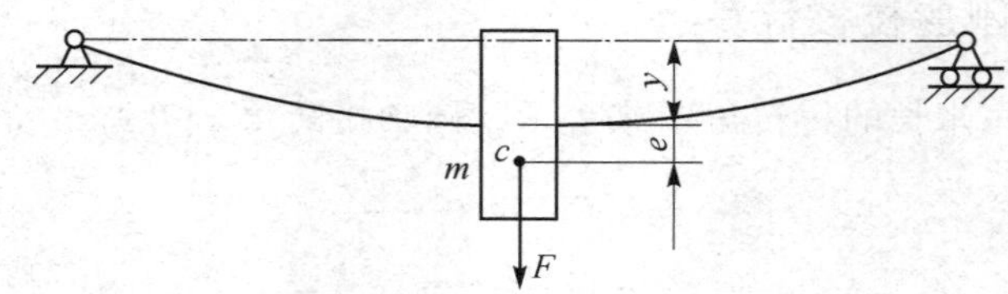

图 12－22　单圆盘双铰支轴

与离心力对抗的，就是轴弯曲变形后所产生的弹性反力。当轴的挠度为 y 时，此弹性反力为

$$F'_r = ky \tag{12-16}$$

式中，k 为轴的弯曲刚度。

根据平衡条件，得

$$m\omega^2(y+e) = ky \tag{12-17}$$

由式（12－17）可求得轴的挠度为

$$y = \frac{e}{\dfrac{k}{m\omega^2} - 1} \tag{12-18}$$

当轴的角速度 ω 由零逐渐增大时，式（12－18）的分母随之减小，故 y 值随 ω 的增大而增大。在没有阻尼的情况下，当 $\dfrac{k}{m\omega^2}$ 趋近于 1 时，挠度 y 趋近于无穷大。这就意味着轴会产生极大的变形而导致轴被破坏。此时对应的角速度称为轴的临界角速度，以 ω_c 表示，即

$$\omega_c = \sqrt{\frac{k}{m}} \tag{12-19}$$

式（12－19）右边恰为轴的自振角频率，这就表明轴的临界角速度等于其自振角频率。由式可知，轴的临界角速度 ω_c 只与轴的刚度 k 和圆盘的质量 m 有关，而与偏心距 e 无关。由于轴的刚度 $k = \dfrac{mg}{y_0}$，其中，y_0 为轴在圆盘处的静挠度，所以临界角速度又可写为

$$\omega_c = \sqrt{\frac{k}{m}} = \sqrt{\frac{g}{y_0}} \tag{12-20}$$

取 $g = 9\ 810\ \mathrm{mm/s^2}$，则由式（12－20）可求得装有单圆盘的双铰支轴在不计轴的质量时的一阶临界转速 n_{c1}（r/min）为

$$n_{c1} = \frac{60}{2\pi}\omega_c = \frac{30}{\pi}\sqrt{\frac{g}{y_0}} \approx 946\sqrt{\frac{1}{y_0}}$$

工作转速低于一阶临界转速的轴称为刚性轴(工作于亚临界区),工作转速超过一阶临界转速的轴称为挠性轴(工作于超临界区)。一般情况下,对于刚性轴,应使工作转速 $n<0.85n_{c1}$;对于挠性轴,应使 $1.15n_{c1}<n<0.85n_{c2}$(n_{c1},n_{c2} 为轴的一阶临界转速、二阶临界转速)。

当轴的工作转速很高时,显然应使其转速避开相应的高阶临界转速。满足上述条件的轴具有弯曲振动的稳定性特点。

当简支梁的轴上装有多个回转零件时,其 n_{c1} 有多种计算方法,其计算方法可参考其他文献。

12.5　轴的设计实例

12.5.1　问题描述

某一化工设备中的输送装置运转平稳,工作转矩变化很小,以圆锥-圆柱齿轮减速器作为减速装置,试设计该减速器的输出轴。减速器的装置简图参看图 12-13。输入轴与电动机相连,输出轴通过弹性柱销联轴器与工作机相连,输出轴单向旋转(从装有半联轴器的一端看为顺时针方向)。已知电动机功率 $P=10$ kW,转速 $n_1=1\ 450$ r/min,齿轮机构参数如表 12-9 所列。

表 12-9　轴的许用挠度及许用偏转角

级　别	z_1	z_2	m_n/mm	m_t/mm	β	α_n	h_a^*	齿宽/mm
高速级	20	75		3.5		20°	1	大锥齿轮轮毂长 L=50
低速级	23	95	4	4.040 4	8°06′34″			$B_1=85$,$B_2=80$

12.5.2　问题求解

1. 求输出轴上的功率 P_3 转速 n_3 和转矩 T_3

取每级齿轮传动的效率(包括轴承效率在内)$\eta=0.97$,则

$$P_3=P\eta^2=10\times 0.97^2\ \text{kW}=9.41\ \text{kW}$$

$$n_3=n_1\frac{1}{i}=1\ 450\times\frac{20}{75}\times\frac{23}{95}\ \text{r/min}=93.61\ \text{r/min}$$

$$T_3=9.55\times 10^6\ \frac{P_3}{n_3}=9.55\times 10^6\times\frac{9.41}{93.61}\ \text{N}\cdot\text{mm}\approx 9.60\times 10^5\ \text{N}\cdot\text{mm}$$

2. 求作用在齿轮上的力

已知低速级大齿轮的分度圆直径为

$$d_2=m_t z_2=4.040\ 4\times 95\ \text{mm}=383.84\ \text{mm}$$

$$F_t=\frac{2T_3}{d_2}=\frac{2\times 9.60\times 10^5}{383.84}\ \text{N}=5\ 002\ \text{N}$$

$$F_r=F_t\frac{\tan\alpha_n}{\cos\beta}=5\ 002\times\frac{\tan 20°}{\cos 8°06'34''}\ \text{N}=1\ 839\ \text{N}$$

$$F_a=F_t\tan\beta=5\ 002\times\tan 8°06'34''\ \text{N}=713\ \text{N}$$

周向力 F_t、径向力 F_r 及轴向力 F_a 的方向如图 12-21 所示。

3. 初步确定轴的最小直径

按式(12-2)初步估算轴的最小直径。选取轴的材料为 45 钢，调质处理。根据表 12-3，取 $C=112$，于是得

$$d_{\min}=C\sqrt[3]{\frac{P_3}{n_3}}=112\times\sqrt[3]{\frac{9.41}{93.61}}\ \text{mm}=52.08\ \text{mm}$$

输出轴的最小直径显然是安装联轴器处轴的直径 $d_{\text{Ⅰ-Ⅱ}}$（见图 12-23）。为了使所选的轴直径 $d_{\text{Ⅰ-Ⅱ}}$ 与联轴器的孔径相适应，需同时选取联轴器型号。

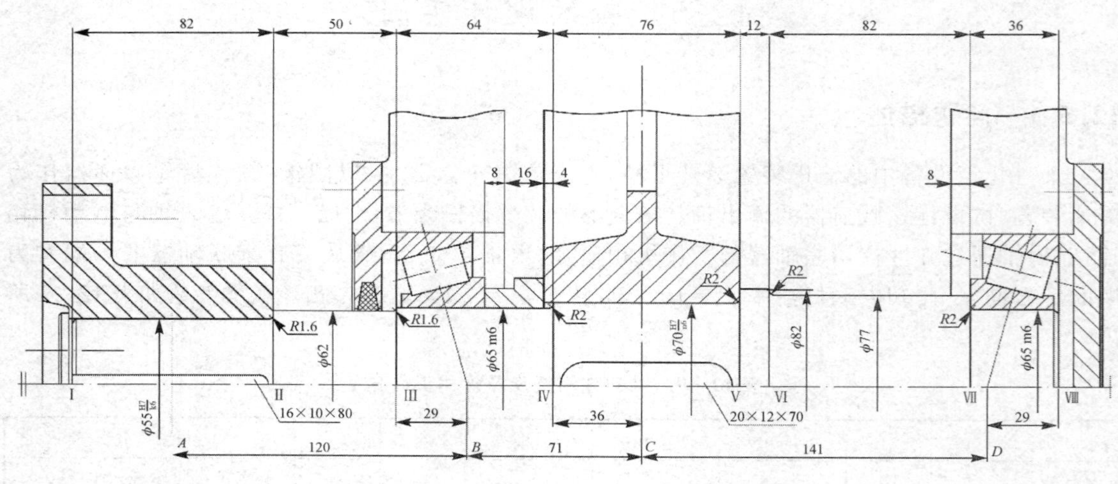

图 12-23　轴的结构设计

联轴器的计算转矩 $T_{ca}=K_A T_3$，考虑到转矩变化很小，故取 $K_A=1.3$，则

$$T_{ca}=K_A T_3=1.3\times 9.6\times 10^5\ \text{N}\cdot\text{mm}=1.248\times 10^6\ \text{N}\cdot\text{mm}$$

按照计算转矩 T_{ca} 应小于联轴器公称转矩的条件，查 GB/T 5014—2017，选用 LX4 型弹性柱销联轴器。其公称转矩为 2.5×10^6 N·mm，半联轴器的孔径 $d_{\text{Ⅰ}}=55$ mm，故取 $d_{\text{Ⅰ-Ⅱ}}=55$ mm，半联轴器长度 $L=112$ mm，半联轴器与轴配合的毂孔长度 $L_1=84$ mm。

4. 轴的结构设计

(1) 拟定轴上零件的装配方案

见 12.2.2 小节的分析，这里不再赘述。

(2) 根据轴向定位的要求确定轴的各段直径和长度

① 为了满足半联轴器的轴向定位要求，Ⅰ-Ⅱ轴段右端须制出一轴肩，故取Ⅱ-Ⅲ段的直径 $d_{\text{Ⅱ-Ⅲ}}=62$ mm；左端用轴端挡圈定位，按轴端直径取挡圈直径 $D=65$ mm。半联轴器与轴配合的毂孔长度 $L_1=84$ mm，为了保证轴端挡圈只压在半联轴器上而不压在轴的端面上，故Ⅰ-Ⅱ段的长度应比 L_1 的略短一些，现取 $l_{\text{Ⅰ-Ⅱ}}=82$ mm。

② 初步选择滚动轴承。因轴承同时受有径向力和轴向力的作用，故选用单列圆锥滚子轴承。参照工作要求并根据 $d_{\text{Ⅱ-Ⅲ}}=62$ mm，由轴承产品目录中初步选取 O 基本游隙组、标准精度级的单列圆锥滚子轴承 30313，其尺寸为 $d\times D\times T=65\ \text{mm}\times 140\ \text{mm}\times 36\ \text{mm}$，故 $d_{\text{Ⅲ-Ⅳ}}=d_{\text{Ⅶ-Ⅷ}}=65$ mm，而 $l_{\text{Ⅶ-Ⅷ}}=36$ mm。右端滚动轴承采用轴肩进行轴向定位。由手册上查得

30313 型轴承的定位轴肩直径为 77 mm，因此取 $d_{Ⅵ-Ⅶ}=77$ mm。

③ 取安装齿轮处的轴段Ⅳ－Ⅴ的直径 $d_{Ⅳ-Ⅴ}=70$ mm；齿轮的左端与左轴承之间采用套筒定位。已知齿轮轮毂的宽度为 80 mm，为了使套筒端面可靠地压紧齿轮，此轴段应略短于轮毂宽度，故取 $l_{Ⅳ-Ⅴ}=76$ mm。齿轮的右端采用轴肩定位，轴肩高度 $h=(2\sim3)R$，由轴径 $d=70$ mm 查阅标准，得 $R=2$ mm，故取 $h=6$ mm，则轴环处的直径 $d_{Ⅴ-Ⅵ}=82$ mm。轴环宽度 $b\geqslant1.4h$，取 $l_{Ⅴ-Ⅵ}=12$ mm。

④ 轴承端盖的总宽度为 20 mm(由减速器及轴承端盖的结构设计而定)。根据便于轴承端盖的装拆及便于轴承添加润滑脂的要求，取端盖的外端面与半联轴器右端面间的距离 $l=30$ mm(参看图 12－13)，故取 $l_{Ⅱ-Ⅲ}=50$ mm。

⑤ 取齿轮距箱体内壁之距离 $\Delta=16$ mm，锥齿轮与圆柱齿轮之间的距离 $C=20$ mm(参看图 12－13)，考虑箱体的铸造误差，在确定滚动轴承位置时，应使其距箱体内壁一段距离 s，取 $s=8$ mm(参看图 12－13)。已知滚动轴承宽度 $T=36$ mm，大锥齿轮轮毂长 $L=50$ mm，则

$$l_{Ⅲ-Ⅳ}=T+s+\Delta+(80-76)\ \text{mm}=(36+8+16+4)\ \text{mm}=64\ \text{mm}$$

$$l_{Ⅵ-Ⅶ}=L+c+\Delta+s-l_{Ⅴ-Ⅵ}=(50+20+16+8-12)\ \text{mm}=82\ \text{mm}$$

至此，已初步确定了轴的各段直径和长度。

(3) 轴上零件的周向定位

齿轮、半联轴器与轴的周向定位均采用平键连接。按 $d_{Ⅳ-Ⅴ}$ 查得平键截面 $b\times h=20\ \text{mm}\times12$ mm。键槽用键槽铣刀加工，长为 70 mm，同时为了保证齿轮与轴配合有良好的对中性，选择齿轮轮毂与轴的配合为 $\frac{\text{H7}}{\text{n6}}$；同样，半联轴器与轴的连接，选用的平键为 16 mm×10 mm×80 mm，半联轴器与轴的配合为 $\frac{\text{H7}}{\text{k6}}$，滚动轴承与轴的周向定位是由过渡配合来保证的，此处选轴的直径尺寸公差为 m6。

(4) 轴上圆角及倒角的尺寸

参考标准，取轴端倒角为 $C2$。各轴肩处的圆角半径如图 12－23 所示。

5. 求轴上的载荷

首先根据轴的结构图(见图 12－23)做出轴的计算简图(见图 12－21)。在确定轴承的支点位时，应从手册中查取 Δ 值。对于 30313 型圆锥滚子轴承，由手册查得 $\Delta=29$ mm。因此，作为简支梁的轴的支承跨距为

$$L_2+L_3=(71+141)\ \text{mm}=212\ \text{mm}$$

根据轴的计算简图做出轴的弯矩图和扭矩图(见图 12－21)。

从轴的结构图以及弯矩和扭矩图中可以看出截面 C 是轴的危险截面。现将计算出的截面 C 处的 M_H，M_V 及 M 的值列于表 12－10(参看图 12－21)。

表 12－10 截面 C 处的 M_H，M_V 及 M 的计算值

载 荷	水平面	垂直面
支反力 F	$F_{NH1}=3\ 327$ N，$F_{NH2}=1\ 675$ N	$F_{NV1}=1\ 869$ N，$F_{NV2}=-30$ N
弯矩 M	$M_H=236\ 217$ N·mm	$M_{V1}=132\ 699$ N·mm，$M_{V2}=-4\ 140$ N·mm

续表 12 - 10

载荷	水平面	垂直面
总弯矩	$M_1=\sqrt{236\ 217^2+132\ 699^2}=270\ 938\ \text{N}\cdot\text{mm}$ $M_2=\sqrt{236\ 217^2+(-4\ 140)^2}=236\ 253\ \text{N}\cdot\text{mm}$	
扭矩 T	$T_3=9.6\times10^5\ \text{N}\cdot\text{mm}$	

6. 按弯扭合成校核轴的强度

通常只校核轴上承受最大弯矩和扭矩的截面(即危险截面C)的强度。根据式(12-5)及表12-10中的数据,以及轴单向旋转、扭转切应力为脉动循环变应力,取 $\alpha=0.6$,轴的计算应力为

$$\sigma_{ca}=\frac{\sqrt{M_1^2+(\alpha T_3)_1^2}}{W}=\frac{\sqrt{270\ 938^2+(0.6\times9.6\times10^5)^2}}{0.1\times70^3}\ \text{MPa}=18.56\ \text{MPa}$$

已选定轴的材料为45钢,调质处理,由表12-1查得 $[\sigma_{-1}]=60$ MPa,因此,$\sigma_{ca}<[\sigma_{-1}]$,故安全。

7. 校核轴的疲劳强度

截面A,Ⅱ,Ⅲ,B只受扭矩作用,虽然键槽、轴肩及过渡配合所引起的应力集中均削弱轴的疲劳强度,但由于轴的最小直径是按扭转强度较为宽裕确定的,所以截面A,Ⅱ,Ⅲ,B均无须校核。

从应力集中对轴的疲劳强度的影响来看,截面Ⅳ和Ⅴ处过盈配合引起的应力集中最严重;从受载的情况来看,截面C上的应力最大。截面Ⅴ的应力集中对轴的影响和截面Ⅳ的相近,但截面Ⅴ不受扭矩作用,同时轴径也较大,故不必做强度校核。

截面C上虽然应力大,但应力集中不大(过盈配合及键槽引起的应力集中均在两端),而且这里轴的直径最大,故截面C也不必校核。截面Ⅵ和Ⅶ显然更不必校核。一般而言,键槽的应力集中系数比过盈配合的小,因而该轴只需校核截面Ⅳ左右两侧即可。

8. 绘制轴的工程图

略。

思考题

12-1 轴按受载情况分类有哪些形式?车床主轴、自行车前轮轴和后轮轴各属于何种轴?

12-2 常用轴的结构多呈什么形状,为什么?轴的结构设计主要考虑哪些因素?

12-3 零件在轴上的轴向固定和周向固定的常见方法有哪些?各有何特点?

12-4 若轴的强度不足或刚度不足,可分别采取哪些措施?

12-5 在进行轴的疲劳强度计算时,如果同一截面上有几个应力集中源,应如何取定应力集中系数?

12-6 为什么要进行轴的静强度校核计算?

12-7 图12-24所示为某减速器输出轴的结构图。试指出其设计的错误并画出修改后的图。

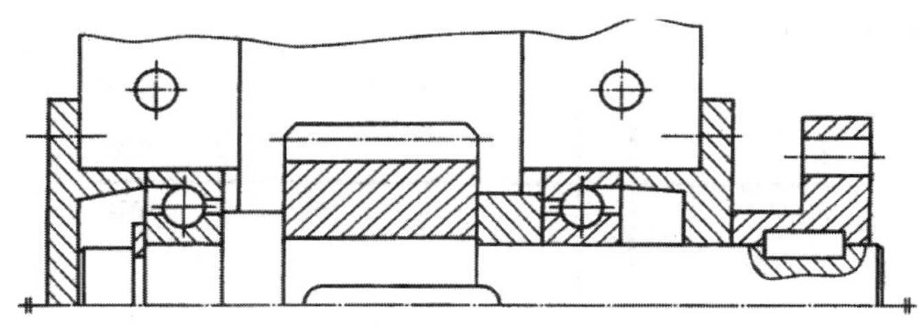

图 12-24　减速器输出轴的结构图

12-8　图 12-25 所示为某减速器输出轴的结构图，其中，齿轮为油润滑方式，轴承为脂润滑方式。试指出其设计错误并画出改正图。

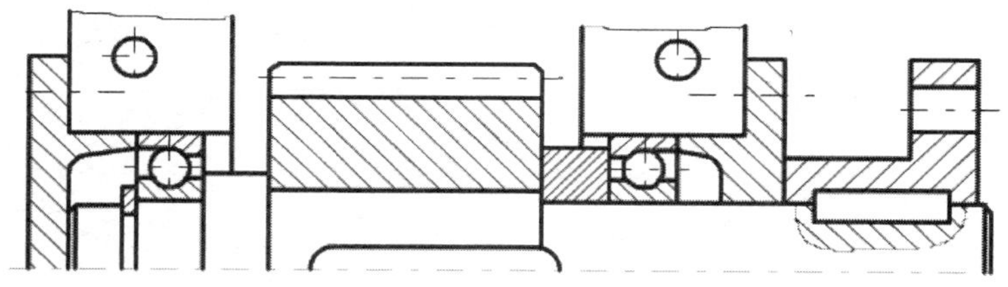

图 12-25　减速器输出轴的结构图

12-9　有一台离心式水泵，由电动机带动，其传递的功率 $P=3$ kW，轴的转速 $n=960$ r/min，轴的材料为 45 钢，调质处理。试按强度要求计算该轴所需的最小直径。

12-10　设计某搅拌机用的单级斜齿圆柱齿轮减速器中的低速轴（包括选择两端的轴承及外伸端的联轴器），如图 12-26 所示。已知：电动机额定功率 $P=4$ kW，转速 $n_1=750$ r/min，低速轴转速 $n_2=130$ r/min，大齿轮节圆直径 $d'_2=300$ mm，宽度 $B_2=90$ mm，轮齿螺旋角 $\beta=12°$，法向压力角 $\alpha_n=20$。要求：(1) 完成轴的全部结构设计；(2) 根据当量弯矩法验算轴的强度；(3) 精确校核轴的危险截面是否安全。

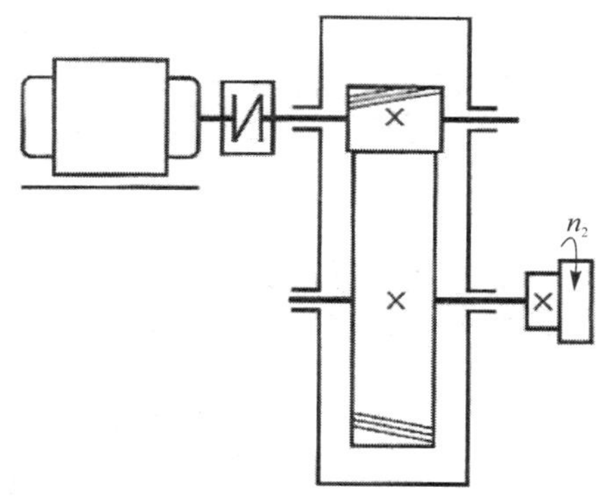

图 12-26　搅拌机用的单级斜齿圆柱齿轮减速器

12-11　确定一传动轴的直径。已知材料为 45 钢，传递功率为 $P=15$ kW，转速为 $n=100$ r/min。要求其扭转变形不大于 0.5(°)/m。

12-12　一直径为 50 mm 的钢轴上装有一个圆盘，布置如图 12-27 所示。不计轴本身质量，试计算此轴的一阶临界转速。若工作转速为 960 r/min，分析该轴属于刚性轴还是挠性

轴？轴工作时的稳定性如何？

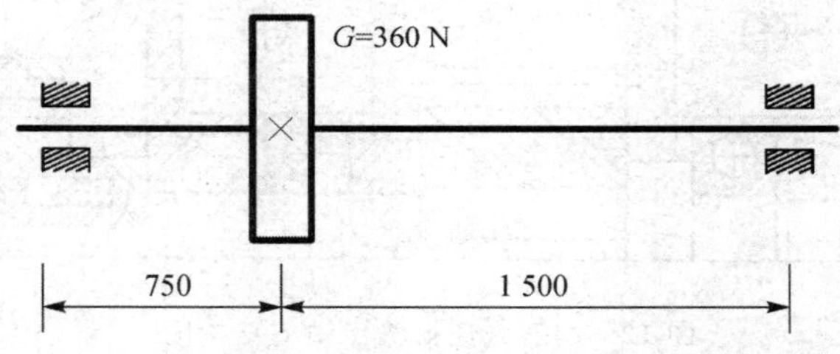

图 12－27　安装有圆盘的轴安装示意图

第 13 章　滚动轴承

☞ **本章思维导图**

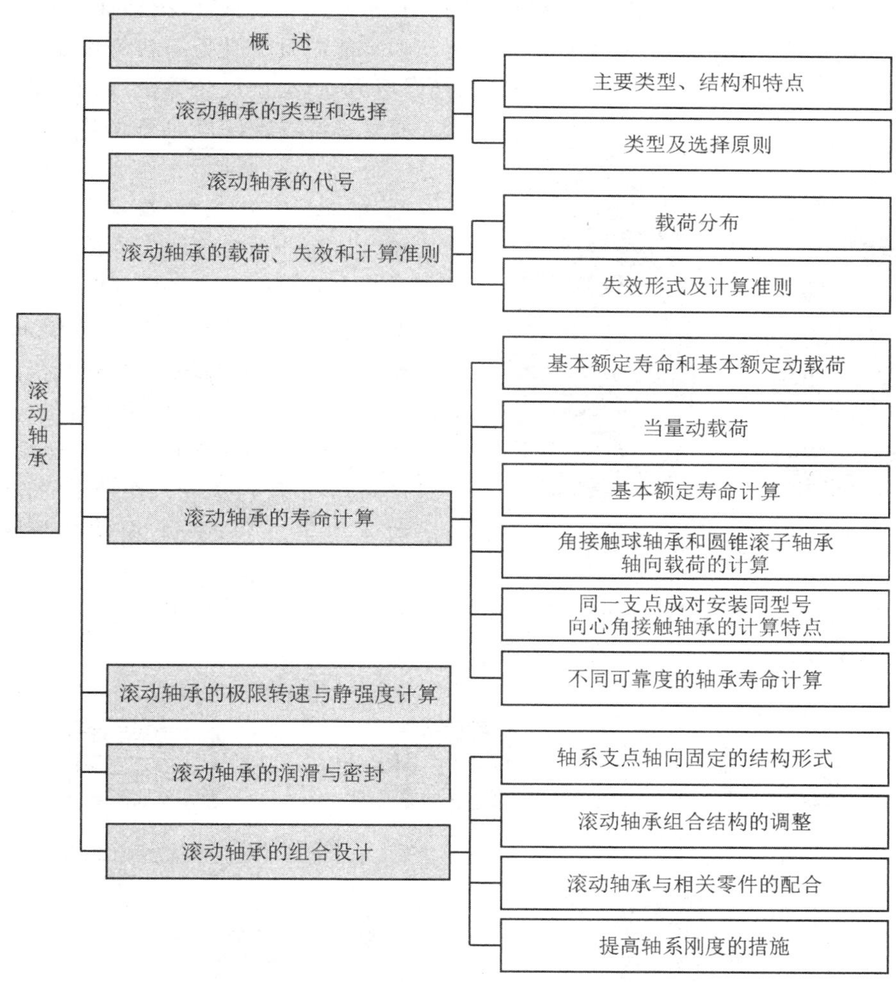

本章主要介绍滚动轴承的结构、类型、尺寸等基本知识及其代号的表示方法，在此基础上给出轴承寿命、静强度及极限转速的计算方法，对润滑和密封的基本要求及结构作简要阐述，最后对滚动轴承组合结构设计的相关内容进行介绍。

13.1　概　述

用滚动摩擦代替滑动摩擦可大幅降低摩擦阻力。滚动轴承是滚动与摩擦巧妙结合的零件，但其发展却经历了原始、近代和现代三个阶段。16 世纪初，中国和欧洲就有了原始滚动轴承的应用。滚动体从绕固定轴线滚动变为沿滚道自由滚动，这是近代轴承的重要标志。1772年英国人斯·瓦洛制造的用于马车车轮的密排球轴承是近代轴承的最早实例。用保持架将滚动体隔开，这种现代轴承的发明和普遍应用出现在1850—1925年工业革命时期，其中自行车的发展对现代轴承的进步起到了重要的推动作用。

轴承根据其工作时的摩擦性质，可分为滚动轴承和滑动轴承两大类。滚动轴承是用来支承轴径的部件，有时也用来支撑轴上的回转零件，它是机械中最常用的标准件之一。滚动轴承的机器启动力矩小，这有利于机器在负载下启动。对于同尺寸的轴径，滚动轴承的宽度比滑动轴承的小，可使机器的轴向结构紧凑。大多数滚动轴承能同时承受径向载荷和轴向载荷，轴承组合结构较简单。因此，滚动轴承使用、安装和维修更方便，类型尺寸齐全，标准化程度高。以上的这些特点使滚动轴承的应用比滑动轴承更广泛。但滚动轴承存在承受冲击载荷能力较差、径向尺寸比较大、高速重载时轴承寿命较短以及振动和噪声较大等缺点。

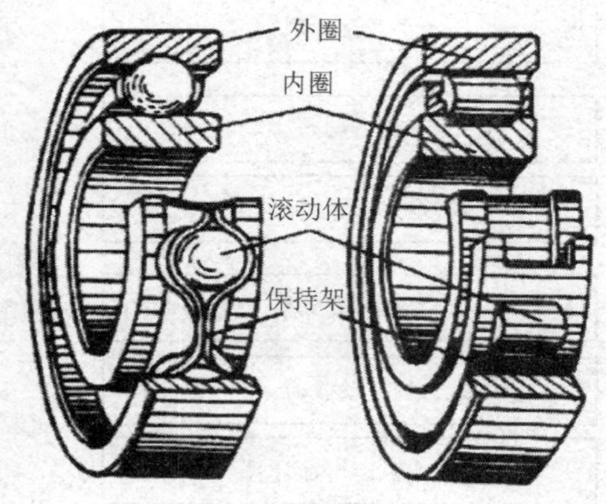

图 13-1 滚动轴承构造

典型的滚动轴承结构如图 13-1 所示，通常由内圈、外圈、滚动体和保持架组成。内圈装在轴颈上，外圈与轴承座孔配合。轴承内、外圈上都有滚道，它起着降低接触应力和限制滚动体轴向移动的作用。当内外圈相对运动时，滚动体沿滚道滚动。保持架的作用是将各滚动体均匀分隔，减小滚动体间的摩擦和磨损。

滚动体是滚动轴承不可缺少的零件。根据不同轴承结构的要求，滚动体的形状有球、圆柱滚子、圆锥滚子、球面滚子等，如图 13-2 所示。

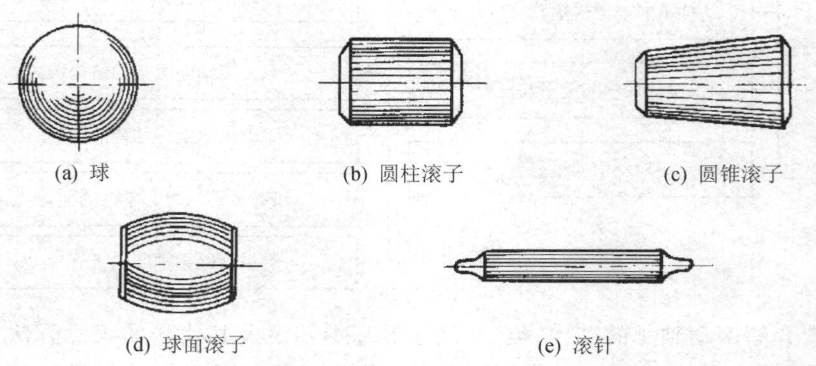

图 13-2 滚动体的形式

滚动轴承的内圈、外圈和滚动体的材料通常采用强度高、耐磨性好的专用钢材，如高碳轴承钢、渗碳轴承钢等，淬火后硬度不低于61～65 HRC，滚动体和滚道表面要求磨削抛光。保持架常选用减摩性较好的材料，如铜合金、铝合金、低碳钢及工程塑料等，近年来，塑料保持架的应用日益增多。

13.2　滚动轴承的类型和选择

13.2.1　滚动轴承的主要类型、结构和特点

按所能承受的载荷方向不同，滚动轴承主要分为**向心轴承**和**推力轴承**两大类。前者主要承受径向载荷，后者主要承受轴向载荷。滚动体与套圈接触处的法线与轴承径向平面间的夹角称为轴承的**公称接触角**，用 α 表示。轴承所能承受载荷的方向及大小均与公称接触角有关，它是滚动轴承重要的几何参数。按公称接触角 α 的不同，滚动轴承的分类如表 13－1 所列。

表 13－1　滚动轴承的分类

轴承类型	向心轴承		推力轴承	
	径向接触轴承	向心角接触轴承	推力角接触轴承	轴向接触轴承
公称接触角 α	$\alpha=0°$	$0°<\alpha\leqslant 45°$	$45°<\alpha<90°$	$\alpha=90°$
轴承举例	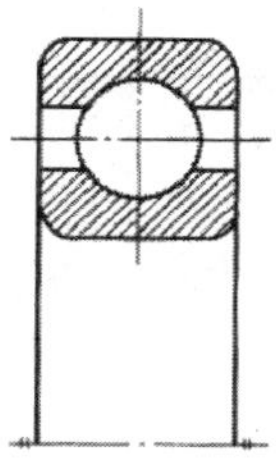 深沟球轴承	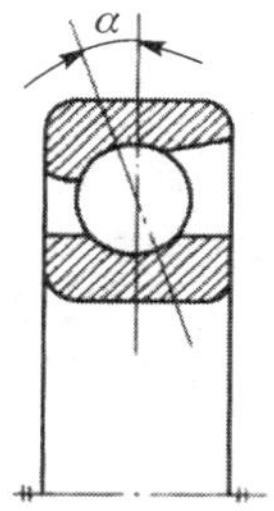 角接触球轴承	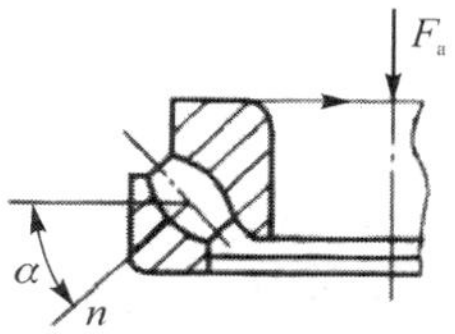 推力调心滚子轴承	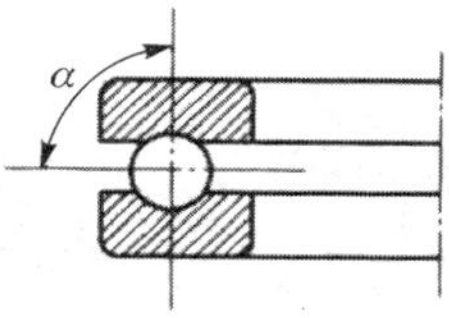 推力球轴承

此外，滚动轴承还有很多其他分类方法。如按轴承滚动体的形状可分为球轴承和滚子轴承；按滚动体的列数可分为单列轴承和双列轴承；按内、外圈能否分离则有可分离轴承和不可分离轴承，等等。

13.2.2　滚动轴承的类型及选择原则

滚动轴承有多种类型，表 13－2 给出了常用滚动轴承的类型和特点。

表 13－2　常用滚动轴承的类型和特点

轴承名称 类型代号	结构简图	额定动载比①	性能特点	极限转速比②	允许角偏斜
调心球 轴承 1	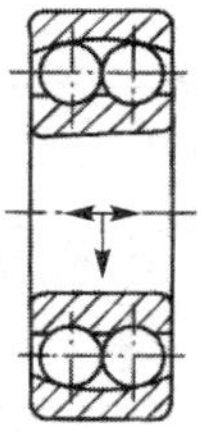	0.6～0.9	主要承受径向载荷；外圈内表面是以轴承中点为圆心的球面；具有自动调心性能	高	2°～3°

续表 13-2

轴承名称 类型代号	结构简图	额定动载比①	性能特点	极限转速比②	允许角偏斜
调心滚子 轴承 2		1.8～4	与调心球轴承相似，可自动调心；主要承受径向载荷；承载能力高	低	1°～2.5°
圆锥滚子 轴承 3	α	1.5～2.5	能同时承受较大的径向载荷和单向轴向载荷；内、外圈可分离，可分别安装，安装时须调整游隙；一般成对使用	中	2′
推力球 轴承 5	单向	1	只能承受单向轴向载荷；有最小轴向载荷限制；高速时离心力大，钢球与保持架磨损、发热严重，寿命低	低	≈0°
	双向		能承受双向轴向载荷；其他特点与单向推力球轴承的相同		
深沟球 轴承 6		1	能同时承受径向载荷和一定的双向轴向载荷；高速时可代替推力球轴承；价格低，应用最广泛	高	8′～16′
角接触 球轴承 7	α	1～1.4	能同时承受径向载荷和单向轴向载荷；接触角 α 有 15°,25°,40°三种，轴向承载能力随 α 增大而增加；一般成对使用；高速时比深沟球轴承更适宜代替推力轴承	高	2′～10′

续表 13－2

轴承名称 类型代号	结构简图	额定动载比①	性能特点	极限转速比②	允许角偏斜
推力圆柱 滚子轴承 8	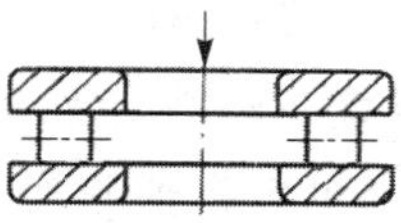	1.7～1.9	只能承受较大的单向轴向载荷;轴向刚度大	低	≈0°
圆柱滚子 轴承 (外圈无挡边) N	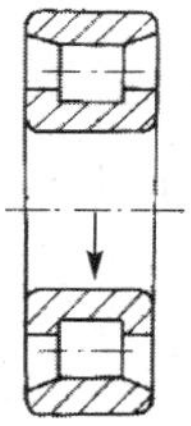	1.5～3	只能承受径向载荷,承载能力高;内外圈可分离,可分别安装	高	2′～4′
滚针 轴承 NA	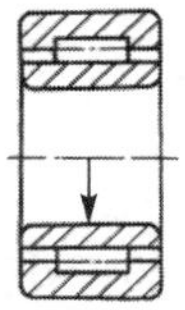	—	径向尺寸小,有较高的径向承载能力,不能承受轴向力;一般内外圈可分离	低	≈0°

① 指各类轴承的基本额定动载荷值与相同尺寸系列的深沟球轴承基本额定动载荷值之比;对于推力轴承,则与单向推力球轴承相比较。

② 指各类轴承的极限转速与相同尺寸系列的深沟球轴承极限转速之比:高为 90%～100%,中为 60%～90%,低为 60%以下。

滚动轴承的类型很多,选用时首先要解决如何选择合适的类型。类型选择的主要依据是:轴承工作载荷的大小、性质和方向;转速的高低及回转精度的要求;调心性能要求;安装空间的大小、装拆方便程度及经济性等其他使用要求。具体选择时可参考下列原则:

① 转速较高、载荷不大、旋转精度要求较高时,宜选用点接触的球轴承;载荷较大、速度较低的情况,宜选用线接触的滚子轴承。

② 纯径向载荷可选择深沟球轴承、圆柱滚子轴承及滚针轴承,也可选用调心轴承;纯轴向载荷可选择推力轴承,但其允许的工作转速较低,当转速较高而载荷又不大时,可采用深沟球轴承或角接触球轴承;受径向和轴向联合载荷时,常选用角接触球轴承或圆锥滚子轴承;若径向载荷较轴向载荷大很多,也可采用深沟球轴承;若轴向载荷较大、径向载荷很小,可采用推力角接触轴承或推力轴承与深沟球轴承的组合结构。

③ 各类轴承内、外圈轴线的偏斜角是有限制的,超过允许值,会使轴承的寿命降低。对于由各种原因(见图 13－3)导致弯曲变形大的轴以及多支点轴,应选择具有调心作用(见图 13－4)

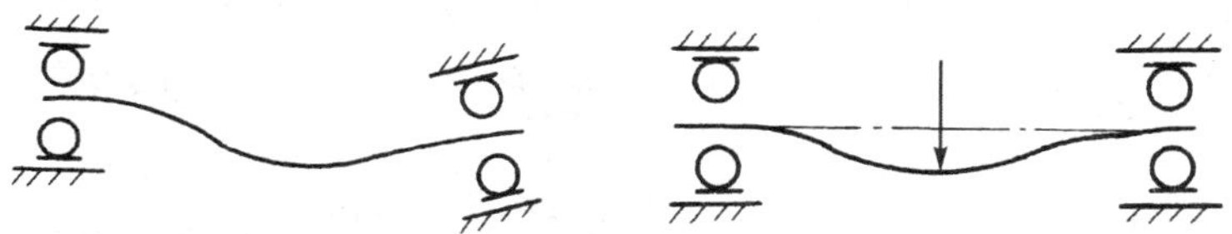

(a) 轴承座孔不对中　　(b) 轴挠曲变形

图 13－3　轴线的偏斜

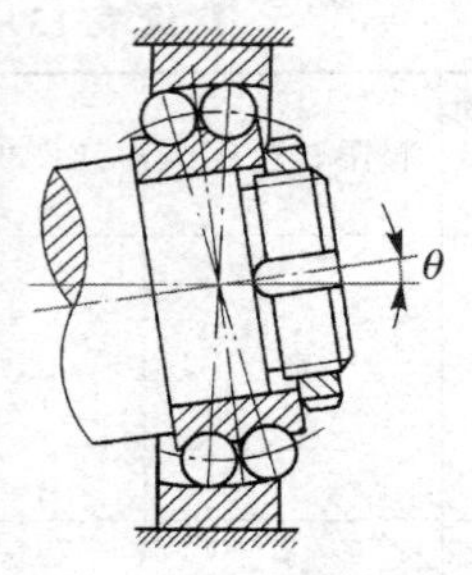

图 13-4　调心轴承的调心作用

的轴承；线接触轴承(如圆柱滚子轴承、圆锥滚子轴承、滚针轴承等)对偏斜角较为敏感，轴应有足够的刚度，且对同一轴上各轴承座孔的同轴度要求较高。

④ 对刚度要求较大的轴系，宜选用双列球轴承、滚子轴承等；载荷特大或有较大冲击力时可在同一支点上采用双列或多列滚子轴承。轴承系统的刚度高可提高轴的旋转精度，降低振动噪声。

⑤ 在要求安装和拆卸方便的场合，常选用内、外圈能分离的可分离型轴承，如圆锥滚子轴承、圆柱滚子轴承等。

⑥ 选择轴承类型时应考虑其经济性。通常外廓尺寸接近时，球轴承比滚子轴承价格低，而深沟球轴承价格最低；公差等级越高，价格越高。

13.3　滚动轴承的代号

滚动轴承的代号是以字母加数字的形式来表示轴承的类型、尺寸、结构和公差等级等特征的产品符号。国家标准规定，滚动轴承代号由前置代号、基本代号和后置代号三部分组成，各部分表示的内容与排列顺序如表 13-3 所列。基本代号是轴承代号的基础；前置代号和后置代号是基本代号的补充，用于轴承结构、形状、材料、公差等级及技术要求等有特殊要求的轴承，一般情况下可部分省略或全部省略。

表 13-3　常用滚动轴承的类型和特点

前置代号	基本代号			后置代号						
轴承分部件	轴承类型	尺寸系列	轴承内径	内部结构	密封/防尘套圈变形	轴承材料	公差等级	游隙	配置	其他

1. 基本代号

基本代号由轴承的类型代号、尺寸系列代号和内径代号组成。

① **类型代号**　表示轴承的基本类型，用数字或字母表示，常用轴承的类型代号如表 13-4 所列。

② **尺寸系列代号**　尺寸系列表示内径相同的轴承可具有不同的外径，而同样外径时又可有不同的宽度(推力轴承指高度)。尺寸系列代号由两位数字表示。前一位数字代表宽度系列(8,0,1,…,6 依次递增)或高度系列(7,9,1,2 依次递增)，后一位数字代表直径系列(7,8,9,0,1,…,5 依次递增)。

常用轴承的尺寸系列代号及由类型代号和尺寸系列代号组成的组合代号如表 13-4 所列。

表 13－4　常用轴承的类型代号、尺寸系列代号和组合代号

轴承名称	类型代号	尺寸系列代号	组合代号	轴承名称	类型代号	尺寸系列代号	组合代号
调心球轴承	1	(0) 2	12	深沟球轴承	6	(1) 0	60
	(1)	22	22			(0) 2	62
	1	(0) 3	13			(0) 3	63
	(1)	23	23			(0) 4	64
调心滚子轴承	2	22	222	角接触球轴承	7	19	719
		23	223			(1) 0	70
		30	230			(0) 2	72
		31	231			(0) 3	73
		32	232			(0) 4	74
圆锥滚子轴承	3	02	302	推力圆柱滚子轴承	8	11	811
		03	303			12	812
		22	322	外圈无挡边圆柱滚子轴承	N	(0) 2	N2
		23	323			22	N22
		29	329			(0) 3	N3
		30	330			(0) 4	N4
推力球轴承	5	12	512	内圈无挡边圆柱滚子轴承	NU	(0) 2	NU2
		13	513			22	NU22
		14	514			(0) 3	NU3
深沟球轴承	6	18	618			(0) 4	NU4
		19	619	滚针轴承	NA	48	NA48
	16	(0) 0	160			69	NA69

注：表中()内的数字在组合代号中省略。

③ **内径代号**　表示轴承的内径尺寸，用两位数字表示，表示方法如表 13－5 所列。

表 13－5　轴承的内径代号

内径尺寸 d/mm		20～480(5 进位)	22	28	32	10	12	15	17
内径代号		04～96(代号乘以 5 即为内径)	/内径尺寸毫米数			00	01	02	03
示例	代号	06	/28			02			
	内径 d	$d=6\times5$ mm$=30$ mm	$d=28$ mm			$d=15$ mm			

2．后置代号

后置代号内容较多，以下仅介绍几种最常用的代号。

① **内部结构代号**　表示同一类型轴承的不同内部结构，用字母表示且紧跟在基本代号之后：如 C、AC 和 B 分别代表公称接触角为 15°、25°和 40°的角接触球轴承；E 代表为增大承载能力而进行结构改进的加强型轴承；D 为剖分式轴承。

② **公差等级代号**　按精度依次由低级到高级共分 6 个级别（见表 13－6），/P2 级精度最

高，/PN 级为普通级，代号中省略不表示。

表 13－6　公差等级代号

代　号	/PN	/P6	/P6x	/P5	/P4	/P2
公差等级	0 级	6 级	6x 级	5 级	4 级	2 级

注：6x 级仅适用于圆锥滚子轴承。

③ **游隙代号**　常用轴承的径向游隙分为 6 个组别，由小到大依次为 1 组、2 组、0 组、3 组、4 组和 5 组。其中 0 组是常用组别，在轴承代号中不标注，其余组别的游隙代号分别用/Cl、/C2、/C3、/C4、/C5 表示。

④ **配置代号**　成对安装的轴承有 3 种配置方式（见图 13－5），分别用 3 种代号表示：/DB——背对背安装；/DF——面对面安装；/DT——串联安装。代号示例如 7210C/DF、30208/DB。

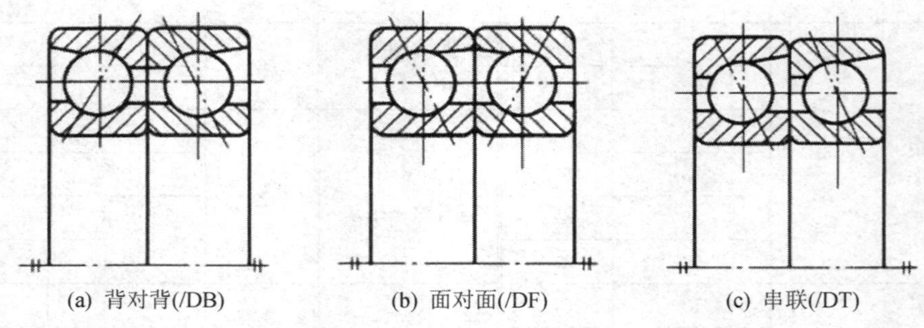

图 13－5　成对轴承配置安装形式

3. 前置代号

前置代号表示轴承的分部件，以字母表示。L 表示可分离轴承的可分离套圈，K 表示滚子轴承的滚子和保持架组件，R 表示不带分离内圈或外圈的轴承，WS 和 GS 表示推力圆柱滚子轴承的轴圈和底圈。

以上内容仅介绍了轴承代号中最基本、最常用的部分。对于未涉及的部分，可查阅 GB/T 272—2017。

例 13－1　试说明轴承代号 7210AC、60/22/P4 的含义。

解：

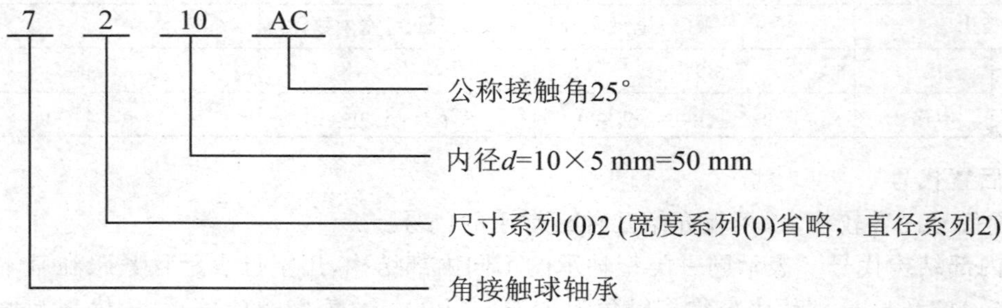

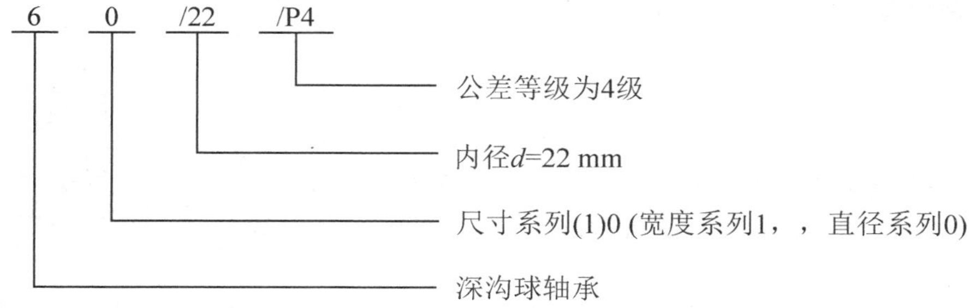

13.4　滚动轴承的载荷、失效和计算准则

13.4.1　滚动轴承的载荷分布

滚动轴承的类型很多，工作时其载荷情况也各不相同，下面仅以深沟球轴承为例进行分析。

1. 只受径向载荷的情况

如图 13-6 所示，轴承在纯径向载荷 F_R 作用下，若滚动体与套圈间无过盈，则最多只有半圈滚动体受载。假设内、外圈不变形，由于滚动体弹性变形的影响，内圈将沿 F_R 方向移动一距离 δ。显然，在承载区位于 F_R 作用线上的滚动体变形量最大，故其承受的载荷也最大。根据力的平衡条件和变形条件可以求出，受载最大的滚动体的载荷为

$$F \approx \frac{5}{z}F_R \quad \left(\text{滚子轴承时 } F \approx \frac{4.6}{z}F_R\right) \tag{13-1}$$

式中，z 为滚动体总个数。

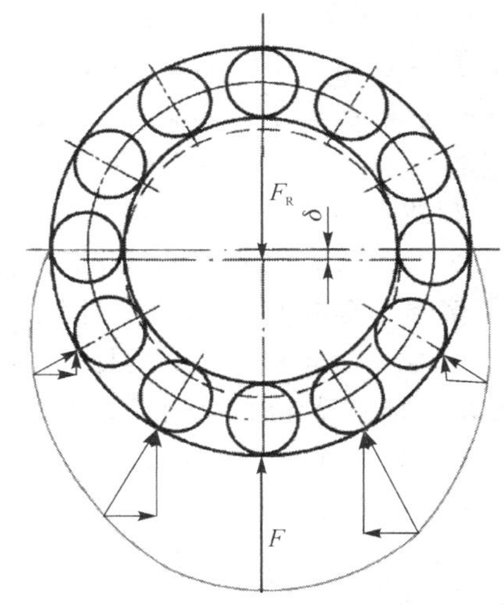

图 13-6　深沟球轴承径向载荷的分布

2. 只受轴向载荷的情况

如图 13-7 所示，轴承只受中心轴向载荷 F_A 时，可认为载荷由各滚动体平均分担。由于 F_A 被支承的方向不是轴承的轴线方向而是滚动体与套圈接触点的法线方向，因此每个滚动体都受相同的轴向分力 F_a 和相同的径向分力 F_r 的作用，其大小为

$$F_a = \frac{F_A}{z} \tag{13-2}$$

$$F_r = F_a \cot\alpha = \frac{F_A}{z}\cot\alpha \tag{13-3}$$

式中，α 为轴承外圈接触点法线与轴承中心平面的夹角，即实际接触角。α 的值随载荷 F_A 的改变而在一定范围内变化，且与滚道曲率半径和弹性变形量等因素有关。

3. 径向载荷、轴向载荷联合作用的情况

载荷分布情况主要取决于轴向载荷 F_A 与径向载荷 F_R 的大小比例关系。

当 F_A 比 F_R 小很多，即 F_A/F_R 很小时，轴向力的影响相对较小。随 F_A 的增大，受载滚动体的个数将会增多，对轴承寿命是有利的，但作用并不显著，故可忽略轴向力的影响，仍按受纯径向载荷处理。

当 F_A/F_R 较大时，则必须计入 F_A 对轴承的影响。轴承的载荷情况相当于图 13-6 和图 13-7 的叠加，显然位于径向载荷 F_R 作用线上的滚动体所受径向力最大，由式(13-1)和式(13-3)可得到其总径向力 F_{max} 为

$$F_{max}=\frac{5}{z}F_R+\frac{F_A}{z}\cot\alpha \tag{13-4}$$

由式(13-4)可见，在这种情况下，滚动体的受力和轴承的载荷分布不仅与径向载荷和轴向载荷的大小有关，还与接触角 α 的变化有关。

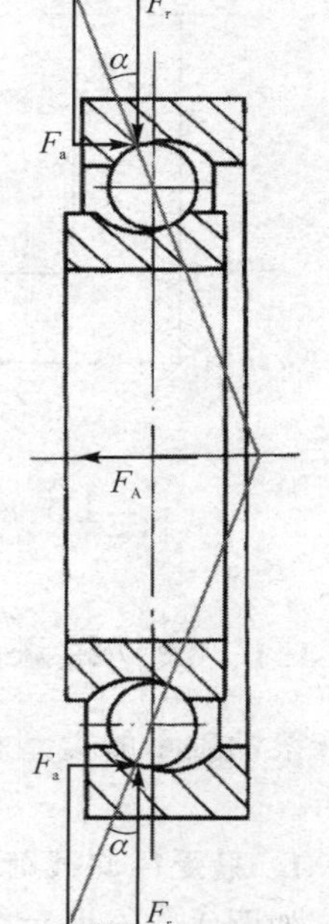

图 13-7　深沟球轴承轴向载荷的分布

13.4.2　滚动轴承的失效形式及计算准则

滚动轴承的失效形式主要有以下几种：

① **疲劳点蚀**　在载荷作用下，滚动体和内外圈接触处将产生接触应力。由于内外圈和滚动体有相对运动，轴承元件上任一点处的接触应力可看作是脉动循环应力，在长时间作用下，内外圈滚道或滚动体表面将形成疲劳点蚀，从而产生噪声和振动，致使轴承失效。

② **塑性变形**　过大的静载荷或冲击载荷会使轴承工作表面的局部应力超过材料的屈服点而出现塑性变形，致使轴承不能正常工作而失效。

③ **磨损**　密封不可靠、润滑剂不洁净或在多尘环境下，轴承极易发生磨粒磨损；润滑不充分时，还可能发生黏着磨损直至胶合。速度越高，磨损越严重。

在确定轴承尺寸时，必须针对主要的失效形式进行必要的计算。计算准则为：正常工作条件下作回转运动的滚动轴承，主要是疲劳点蚀破坏，故应进行接触疲劳寿命计算，当载荷变化较大或有较大冲击载荷时，还应作静强度校核；对于转速很低($n<10$ r/min)或作缓慢摆动的轴承，主要是防止塑性变形，只需作静强度计算即可；对高速轴承，为防止发生黏着磨损，除进行寿命计算外，还应校验极限转速。

13.5　滚动轴承的寿命计算

13.5.1　基本额定寿命和基本额定动载荷

在脉动循环变化的接触应力作用下，轴承中任何一个元件出现疲劳点蚀以前运转的总转数或一定转速下工作的小时数，称为轴承的寿命。

大量实验证明，由于材料、热处理和加工等因素不可能完全一致，即使同类型、同尺寸的轴

承在相同条件下运转，其寿命也不会完全相同，甚至相差很大。因此，必须采用数理统计的方法，确定一定可靠度下轴承的寿命。

1．基本额定寿命

寿命计算时，通常以基本额定寿命作为轴承的寿命指标。轴承的基本额定寿命是指 90% 的可靠度、常用材料和加工质量、常规运转条件下的寿命，并以符号 L_{10}（单位为百万转，记为 10^6 r）或 L_{10h}（小时为单位）表示。

2．基本额定动载荷

基本额定寿命为 10^6 r 时，轴承理论上所能承受的恒定载荷称为轴承的基本额定动载荷，用 C 表示。显然，轴承在基本额定动载荷的作用下，运转 10^6 r 而不发生疲劳点蚀的可靠度为 90%。基本额定动载荷是衡量轴承抵抗疲劳点蚀能力的主要指标，其值越大，抗点蚀能力越强。轴承基本额定动载荷的大小与轴承类型、结构、尺寸和材料等有关，可通过轴承样本或设计手册查找。

基本额定动载荷可分为径向基本额定动载荷（C_r）和轴向基本额定动载荷（C_a）。C_r 对于向心轴承（角接触轴承除外）是指径向载荷，对于角接触轴承是指载荷中使轴承套圈间产生相对纯径向位移的径向分量；C_a 对于推力轴承，为中心轴向载荷。

13.5.2 当量动载荷

如前所述，不同类型滚动轴承的基本额定动载荷都有载荷方向的规定。如果作用在轴承上的实际载荷是径向载荷与轴向载荷的联合，则与上述规定的条件不同。为在相同条件下比较，须将实际载荷转换成一个与上述条件相同的假想载荷，在这个假想载荷作用下，轴承的寿命和实际载荷下的寿命相同，该假想载荷称为当量动载荷，用 P 表示。

量动载荷与实际载荷的关系为

$$P = XF_R + YF_A$$

式中，F_R 为轴承所受的径向载荷；F_A 为轴承所受的轴向载荷；X 为径向动载荷系数，Y 为轴向动载荷系数，X，Y 均由表 13－7 查取。

表 13－7 径向动载荷系数 X 和轴向动载荷系数 Y

轴承类型	$\frac{F_A}{C_0}$ ①	e	单列轴承				双列轴承			
			$F_A/F_R \leqslant e$		$F_A/F_R > e$		$F_A/F_R \leqslant e$		$F_A/F_R > e$	
			X	Y	X	Y	X	Y	X	Y
深沟球轴承（60000）	0.014	0.19	1	0	0.56	2.30	1	0	0.56	2.30
	0.028	0.22				1.99				1.99
	0.056	0.26				1.71				1.71
	0.084	0.28				1.55				1.55
	0.11	0.30				1.45				1.45
	0.17	0.34				1.31				1.31
	0.28	0.38				1.15				1.15
	0.42	0.42				1.04				1.04
	0.56	0.44				1.00				1.00

续表 13-7

轴承类型		$\frac{F_A}{C_0}$①	e	单列轴承				双列轴承			
				$F_A/F_R \leqslant e$		$F_A/F_R > e$		$F_A/F_R \leqslant e$		$F_A/F_R > e$	
				X	Y	X	Y	X	Y	X	Y
角接触球轴承	$\alpha=15°$ (7000C)	0.015	0.38				1.47		1.65		2.39
		0.029	0.40				1.40		1.57		2.28
		0.058	0.43				1.30		1.46		2.11
		0.087	0.46				1.23		1.38		2.00
		0.12	0.47	1	0	0.44	1.19	1	1.34	0.72	1.93
		0.17	0.50				1.12		1.26		1.82
		0.29	0.55				1.02		1.14		1.66
		0.44	0.56				1.00		1.12		1.63
		0.58	0.56				1.00		1.12		1.63
角接触球轴承	$\alpha=25°$ (7000AC)		0.68	1	0	0.41	0.87	1	0.92	0.67	1.41
	$\alpha=40°$ (7000B)		1.14	1	0	0.35	0.57	1	0.55	0.57	0.93
圆锥滚子轴承 (30000)		—	1.5tanα	1	0	0.4	0.4cotα②	1	0.45cotα②	0.67	0.67cotα②
调心球轴承 (10000)			1.5tanα		0	0.4	0.4cotα②	1	0.42cotα②	0.65	0.65cotα②
调心滚子轴承 (20000)			1.5tanα					1	0.45cotα②	0.67	0.67cotα②

① 式中 C_0 为轴承的额定静载荷，由手册查取。

② 由接触角 α 确定的 e，Y 值，根据轴承型号查取手册。

表 13-7 中的 e 为判断因子，用于判断在计算当量动载荷时是否应计入轴向载荷 F_A 对轴的影响，且 e 值由实验确定。当 $F_A/F_R \leqslant e$ 时，说明轴向载荷的影响较小，可忽略不计，故 $X=1, Y=0, P=F_R$。深沟球轴承和角接触球轴承(7000C 型)的 e 值随 F_A/C_0 的增加而增大(C_0 为轴承的额定静载荷)，F_A/C_0 表示轴承所受轴向载荷的相对大小，它通过实际接触角的变化影响 e 值。

7000AC 型和 7000B 型的角接触球轴承，由于公称接触角 α 较大，在承受不同的轴向载荷 F_A 时，其实际接触角变化很小，故 e 值近似按某一常数处理。而对于圆锥滚子轴承，滚动体与滚道为线接触，其实际接触角不随轴向载荷而变化，故 e 为定值。

由于机械工作时常有冲击和振动，因此轴承的当量动载荷应按下式计算：

$$P=f_p(XF_R+YF_A) \tag{13-5}$$

式中，f_p 为冲击载荷系数，按表 13-8 选取。

表 13-8 冲击载荷系数 f_p

载荷性质	机械举例	f_p
平稳运转或轻微冲击	电动机、通风机、水泵、汽轮机等	1.0～1.2
中等冲击	机床、起重机、车辆、冶金设备、内燃机等	1.2～1.8
强大冲击	破碎机、轧钢机、振动筛、石油钻机等	1.8～3.0

13.5.3 基本额定寿命计算

实验证明，滚动轴承的基本额定寿命 L_{10} 与当量动载荷 P 的关系如图 13-8 所示，曲线方程为

$$P^{\varepsilon}L_{10}=\text{const}$$

式中，ε 为寿命指数，球轴承 $\varepsilon=3$，滚子轴承 $\varepsilon=10/3$。

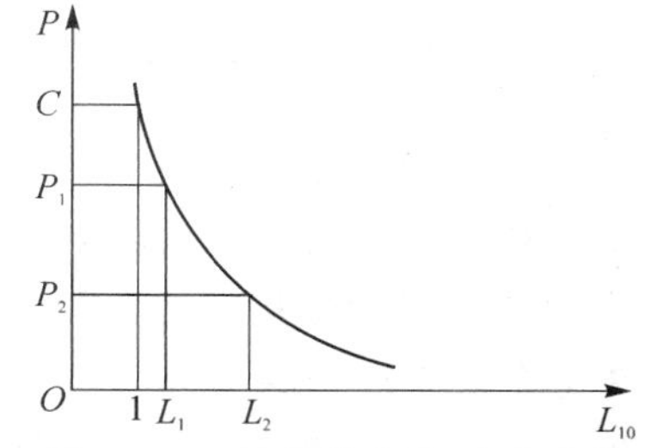

图 13-8 轴承的载荷-寿命曲线

由基本额定动载荷的定义知，当 $L_{10}=1$ 时，轴承所能承受的载荷恰为基本额定动载荷 C，故

$$P^{\varepsilon}L_{10}=C^{\varepsilon}\times 1=\text{const}$$

所以

$$L_{10}=\left(\frac{C}{P}\right)^{\varepsilon} \tag{13-6}$$

式中，L_{10} 是以 10^6 r 为单位的。实际计算中常以小时为寿命单位。若取轴承的工作转速为 n(r/min)，则式(10-6)可改写成以小时数为单位的寿命计算式：

$$L_{10h}=\frac{10^6}{60n}\left(\frac{C}{P}\right)^{\varepsilon} \tag{13-7}$$

基本额定动载荷 C 是在工作温度低于 120 ℃为条件得到的。温度过高，金属组织、硬度和润滑条件发生变化，导致 C 值降低。此时宜采用特殊材料制造的高温轴承或引入温度系数 f_t 对 C 值进行修正，即

$$C_t=f_tC$$

式中，f_t 为温度系数，如表 13-9 所列。

表 13-9 温度系数 f_t

轴承工作温度/℃	<120	125	150	175	200	225	250	300	350
温度系数 f_t	1.0	0.95	0.9	0.85	0.8	0.75	0.7	0.6	0.5

机械设计中常以机器的中修年限、大修年限作为轴承的设计寿命。表 13-10 中的推荐值可供参考。

表 13-10 推荐的轴承预期寿命值

使用条件		示　例	预期寿命/h
不经常使用的仪器设备		闸门启闭装置等	300～3 000
间断使用的机械	中断使用不致引起严重后果	手动机械、农业机械、自动送料装置等	3 000～8 000
	中断使用将引起严重后果	发电站辅助设备、带式运输机、车间起重机等	8 000～12 000

续表 13-10

使用条件		示　例	预期寿命/h
每日工作 8 h 的机械	经常不满载使用	电动机、压碎机、起重机、一般齿轮装置等	10 000～25 000
	满载荷使用	机床、木材加工机械、工程机械、印刷机械等	20 000～30 000
24 h 连续工作的机械	正常使用	压缩机、泵、电动机、纺织机械等	40 000～50 000
	中断使用将引起严重后果	电站主要设备、纤维机械、造纸机械、给排水设备等	≈100 000

13.5.4　角接触球轴承和圆锥滚子轴承轴向载荷 F_A 的计算

1. 内部轴向力 F_S

角接触轴承受径向载荷 F_R 的作用时，由于存在接触角 α，承载区内每个滚动体的反力都是沿滚动体与套圈接触点的法线方向传递的(见图 13-9)。设第 i 个滚动体的反力为 F_i，将其分解为径向分力 F_{ri} 和轴向分力 F_{Si}，各受载滚动体的轴向分力之和用 F_S 表示。基于轴承的内部结构特点，故 F_S 是伴随径向载荷而产生的轴向力，故称其为轴承的内部轴向力。F_S 的计算公式如表 13-11 所列。

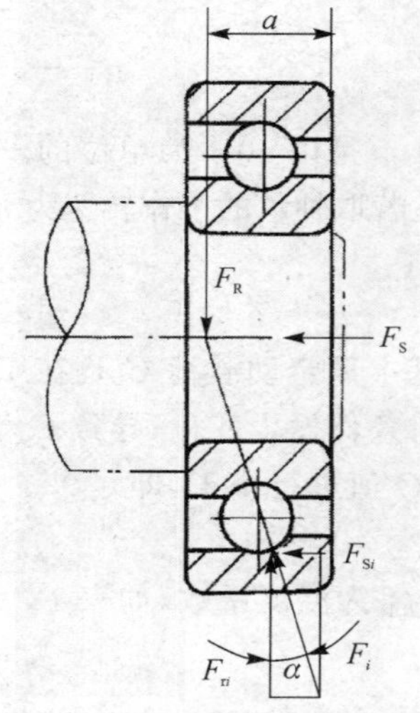

图 13-9　角接触轴承的内部轴向力

2. 支反力作用点

计算轴的支点反力时，首先须确定支反力作用点的位置。由图 13-9 可知，由于结构的原因，角接触球轴承和圆锥滚子轴承的支点位置应处于各滚动体的法向反力 F_i 的作用线与轴线的交点即 O 点处，而不是轴承宽度的中点。O 点与轴承远端面的距离 a 可根据轴承型号由轴承样本或手册查出。

为简化计算，也可假设支点位置就在轴承宽度中点，但对跨距较小的轴，其误差较大，不宜作此简化。

3. 轴向载荷 F_A 的计算

按式(13-5)计算轴承的当量动载荷 P 时，轴承所受的径向载荷 F_R 就是根据轴上零件的外载荷，按力平衡条件求得的轴的总径向支反力；而计算轴承所受的轴向载荷 F_A，对于角接触球轴承和圆锥滚子轴承，必须计入内部轴向力 F_S。

表 13-11　角接触轴承的内部轴向力 F_S

轴承类型	角接触球轴承			圆锥滚子轴承
	7000C (α=15°)	7000AC (α=25°)	7000B (α=40°)	30000
F_S	eF_R	$0.68F_R$	$1.14F_R$	$F_R/(2Y)$

注：表中 Y 值为 $F_A/F_R>e$ 时的轴向载荷系数，e，Y 值可查表 13-7。

图 13-10(a)中，F_r 和 F_S 分别为作用在轴上的径向载荷和轴向载荷，两轴承所受的径向

载荷分别为 F_{R1} 和 F_{R2}，相应产生的内部轴向力分别为 F_{S1} 和 F_{S2}。两轴承的轴向载荷 F_{A1} 和 F_{A2} 可按下列两种情况分析：

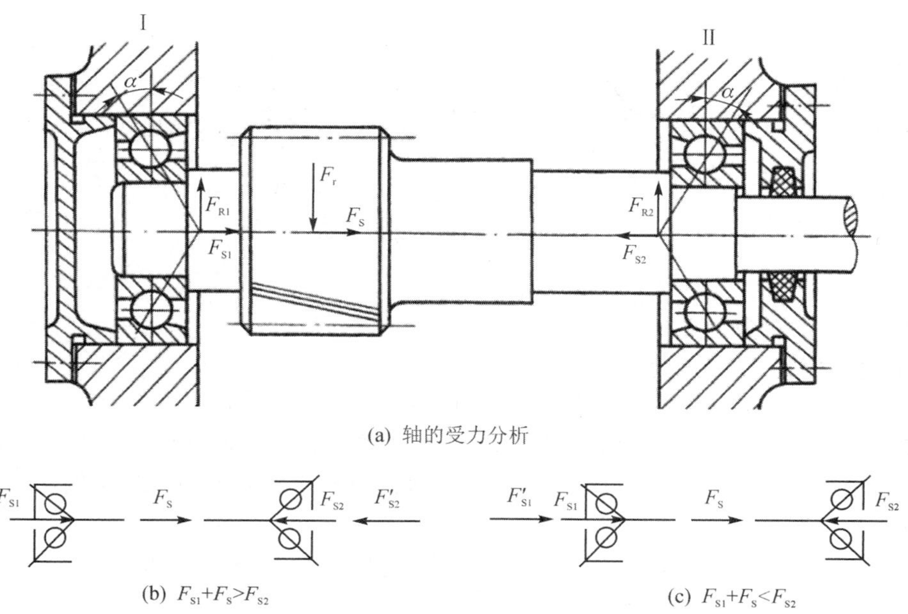

(a) 轴的受力分析

(b) $F_{S1}+F_S>F_{S2}$　　(c) $F_{S1}+F_S<F_{S2}$

图 13－10　角接触球轴承轴向载荷的分析

① 若 $F_{S1}+F_S>F_{S2}$（见图 13－10(b)），轴有向右移动并压紧轴承Ⅱ的趋势，此时由于右端盖的止动作用，使轴受到一平衡反力 F'_{S2}，因而轴上各轴向力处于平衡状态。故轴承Ⅱ所受的轴向载荷为

$$F_{A2}=F_{S2}+F'_{S2}=F_{S1}+F_S$$

而轴承Ⅰ只受自身的内部轴向力，故

$$F_{A1}=F_{S1}$$

② 若 $F_{S1}+F_S<F_{S2}$（见图 13－10(c)），轴有向左移动并压紧Ⅰ轴承的趋势，此时由于左端盖的止动作用，使轴受到一平衡反力 F'_{S1}，因而轴上各轴向力处于平衡状态。故轴承Ⅰ所受的轴向载荷为

$$F_{A1}=F_{S1}+F'_{S1}=F_{S2}-F_S$$

而Ⅱ轴承只受自身内部轴向力，故

$$F_{A2}=F_{S2}$$

对上述结果进行分析，可将角接触球轴承和圆锥滚子轴承轴向载荷的计算方法归纳为：

对任一端轴承而言，其轴向载荷 F_A 应在下列两个结果中取较大值：① 该轴承的内部轴向力；② 除该轴承内部轴向力以外的其余轴向力代数和。即

$$\left.\begin{aligned}F_{A1}&=F_{S1}\\F_{A1}&=F_{S2}\pm F_S\end{aligned}\right\}\quad \text{取两者中的较大值} \tag{13-8}$$

$$\left.\begin{aligned}F_{A2}&=F_{S2}\\F_{A2}&=F_{S1}\pm F_S\end{aligned}\right\}\quad \text{取两者中的较大值} \tag{13-9}$$

式中，F_S 前的正负号应视其与 F_S 同向或反向而定。

例 13-2 图 13-11 为二级齿轮减速器中间轴的受力简图。已知内部轴向力 $F_{S1}=400\ N$，$F_{S2}=650\ N$，外部轴向力 $F_{X1}=300\ N$，$F_{X2}=800\ N$，试分析两个圆锥滚子轴承的轴向载荷。

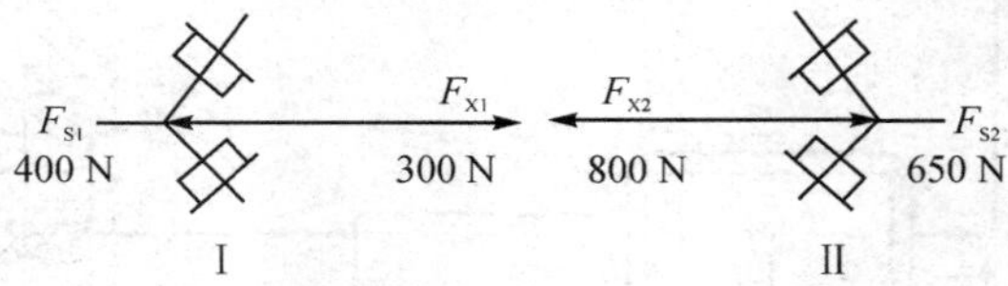

图 13-11　轴的受力简图

解：

方法一：取向右为正方向。

作用在轴上的内部轴向力 F_S 为

$$F_S=F_{X1}+F_{X2}=300\ N-800\ N=-500\ N$$

由于两对圆锥滚子轴承为背对背安装，轴有向左移动并压紧轴承Ⅱ的趋势。此时，由于右端盖具有止动作用，使轴受到一平衡反力 F'_{S2}，从而保证轴上各轴向力处于平衡状态。因此轴承Ⅱ所受的轴向载荷为

$$F_{A2}=F_{S2}+F'_{S2}=F_{S1}+F_S=-400\ N-500\ N=-900\ N$$

故，F_{A2} 的大小为 900 N，方向向左。

而轴承Ⅰ只受自身的内部轴向力，因此

$$F_{A1}=F_{S1}=-400\ N$$

故，F_{A1} 的大小为 400 N，方向向左。

方法二：

由式(13-8)得

$$F_{A1}=F_{S1}=400\ N$$
$$F_{A1}=F_{S1}=650\ N-500\ N=150\ N$$

故 $F_{A1}=400\ N$，向左。

由式(13-9)得

$$F_{A2}=F_{S2}=650\ N$$
$$F_{A2}=F_{S1}+F_S=400\ N+500\ N=900\ N$$

故 $F_{A2}=900\ N$，向左。

13.5.5　同一支点成对安装同型号向心角接触轴承的计算特点

两个同型号的角接触球轴承或圆锥滚子轴承，作为一个支承整体对称安装在同一支点上可以承受较大的径向、轴向联合载荷。如图 13-12 所示，轴系处于三支点静不定状态，一般情况下可近似认为轴右端的支反力作用点位于两轴承的中点，内部轴向力可相互抵消。

寿命计算可按双列轴承进行，即计算当量动载荷时按双列轴承来选取系数 X，Y 的值(见表 13-7)，其基本额定动载荷 $C_{\sum}$ 和额定静载荷 $C_{0\sum}$ 按下式计算：

$$\begin{cases} C_{\sum}=1.62C_r\text{(球轴承)} \\ C_{\sum}=1.71C_r\text{(滚子轴承)} \end{cases} \tag{13-10}$$

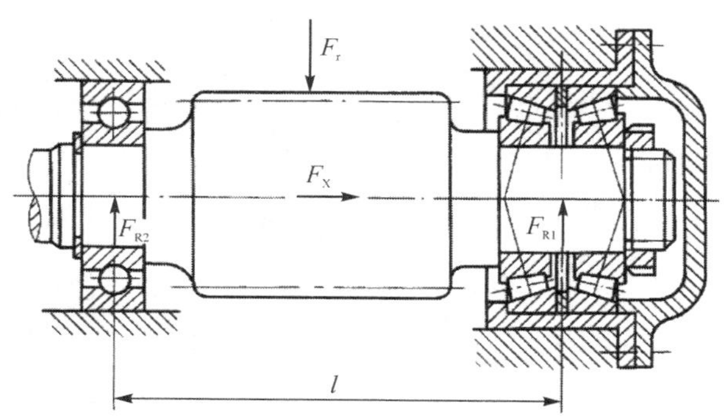

图 13-12 同一支点成对安装同型号圆锥滚子轴承

$$C_{0\sum}=2C_0 \tag{13-11}$$

式中，C_r，C_0 分别为单个轴承的基本额定动载荷和基本额定静载荷。

13.5.6 不同可靠度的轴承寿命计算

通过式(13-7)计算出轴承寿命，其工作可靠度为90%。随轴承应用领域的不同和使用要求的不断提高，轴承寿命在不同可靠度下的计算显得日益重要。在轴承材料、运转条件不变的情况下，不同可靠度下的寿命计算公式为

$$L_{Rh}=a_1 L_{10h} \tag{13-12}$$

式中，L_{10h} 为可靠度为90%的轴承寿命，即基本额定寿命，按式(13-7)计算；a_1 为寿命修正系数，如表13-12所列；L_{Rh} 为修正的额定寿命。

可靠度 R 为100%的轴承寿命(即最小寿命)，可近似取为 $L_{Rmin}\approx 0.05L_{10h}$。

表 13-12 寿命修正系数 a_1 (GB/T 6391—2003)

可靠度/%	90	95	96	97	98	99
a_1	1	0.62	0.53	0.44	0.33	0.21

13.6 滚动轴承的极限转速与静强度计算

13.6.1 滚动轴承的极限转速

极限转速是滚动轴承允许的最高转速，它与轴承的类型、尺寸、载荷大小和方向、润滑方式、公差等级等多种因素有关。机械设计手册及滚动轴承样本中给出了各种型号的轴承在脂润滑和油润滑条件下的极限转速值。这些数值适用于 $P\leqslant 0.1C$、润滑与冷却条件正常、向心轴承只受径向载荷、推力轴承只受轴向载荷的0级精度的轴承。

当滚动轴承的载荷 $P>0.1C$ 时，接触应力增大，温度升高；当受径向、轴向联合载荷时，轴承的载荷分布发生变化，虽然受载滚动体增多，但摩擦、润滑条件相对较差。此时应对样本或手册提供的极限转速值进行修正。实际工作条件下轴承允许的最高转速 n_{max} 为

$$n_{max}=f_1 f_2 n_{lim} \tag{13-13}$$

式中，$n_{\lim}$ 为极限转速；f_1 为载荷系数，由图 13－13 查取；f_2 为载荷分布系数，根据比值 F_A/F_R 由图 13－14 查取。

如果轴承的最高转速 $n_{\max}$ 不能满足使用要求，可采取一些措施，如改善润滑条件（循环油润滑、喷油润滑、油气润滑等）、改进冷却系统、改用特殊材料和结构的保持架、适当增大游隙或提高公差等级等。这些措施对提高轴承的极限转速，都有明显的作用。

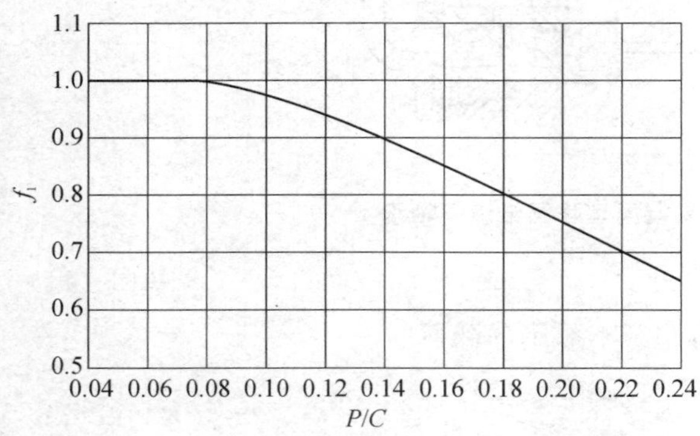

图 13－13　载荷系数 f_1

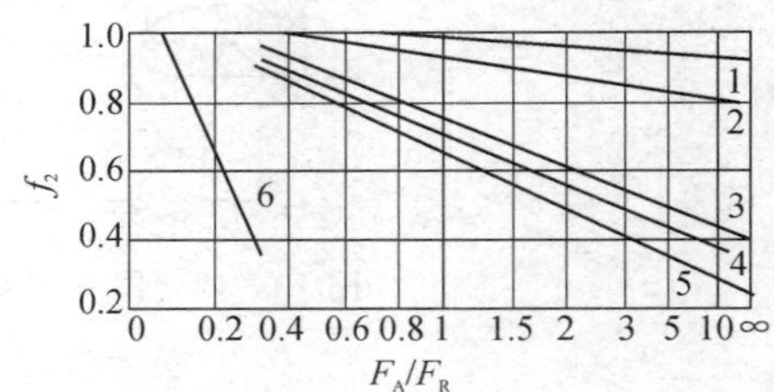

1—角接触球轴承；2—深沟球轴承；3—圆锥滚子轴承；4—调心球轴承；5—调心滚子轴承；6—圆柱滚子轴承

图 13－14　载荷分布系数 f_2

13.6.2　滚动轴承的静强度计算

为限制滚动轴承在静载荷下产生过大的接触应力和塑性变形，须对其进行静强度计算。

1. 额定静载荷

额定静载荷用于表征轴承在静止或缓慢旋转（转速 $n \leqslant 10$ r/min）时的承载能力。轴承受载后，受载最大的滚动体与滚道接触中心处的接触应力达到一定值（调心球轴承为 4 600 MPa，其他球轴承为 4 200 MPa，滚子轴承为 4 000 MPa），这个载荷称为**额定静载荷**，用 C_0 表示。对于径向接触和轴向接触的轴承，C_0 可表示径向载荷或中心轴向载荷；对于向心角接触轴承，C_0 是载荷的径向分量。常用轴承的额定静载荷 C_0 值可由轴承样本或设计手册查取。

2. 当量静载荷

当轴承同时承受径向载荷和轴向载荷时，应将实际载荷转化成假想的当量静载荷，在该当量静载荷作用下，滚动体与滚道上的接触应力与实际载荷作用的相同。

当量静载荷 P_0 与实际载荷的关系是

$$P_0 = X_0 F_R + Y_0 F_A \tag{13-14}$$

式中，X_0 为径向静载荷系数，Y_0 为轴向静载荷系数，如表 13－13 所列。

表 13－13　径向和轴向静载荷系数 X_0，Y_0 值

轴承类型	代　号	单列轴承		双列轴承（或成对使用）	
		X_0	Y_0	X_0	Y_0
深沟球轴承	60000	0.6	0.5	0.6	0.5
角接触球轴承	7000C	0.5	0.46	1	0.92
	7000AC	0.5	0.38	1	0.76
	7000B	0.5	0.26	1	0.52

续表 13-13

轴承类型	代　号	单列轴承		双列轴承(或成对使用)	
		X_0	Y_0	X_0	Y_0
圆锥滚子轴承	30000	0.5	0.22cotα①	1	0.44cotα①
圆柱滚子轴承	N0000 NU0000	1	0	1	0
调心球轴承	10000			1	0.44cotα①
调心滚子轴承	20000C			1	0.44cotα①
滚针轴承	NA0000	1	0	1	0
推力球轴承	50000	0	1	0	1

注：① 具体数值按轴承型号由设计手册查取。

3. 静强度条件

按静强度选择轴承时，应满足下列条件：

$$\frac{C_0}{P_0} \geqslant S_0 \tag{13-15}$$

式中，S_0 为静强度安全系数，通过表 13-14 选取。

表 13-14　静强度安全系数 S_0

工作条件		S_0	
		球轴承	滚子轴承
旋转轴承	对旋转精度及平稳性要求高，或受冲击载荷	1.5～2	2.5～4
	正常使用	0.5～2	1～3.5
	对旋转精度及平稳性要求较低，没有冲击载荷	0.5～2	1～3
静止或摆动轴承	水坝闸门装置、附加载荷小的大型起重吊钩	≥1	
	吊桥、附加载荷大的小型起重吊钩	≥1.5～1.6	

13.7　滚动轴承的润滑与密封

13.7.1　滚动轴承的润滑

滚动轴承润滑的目的主要是降低摩擦阻力、减轻磨损，也有降低接触应力、吸振和防止锈蚀等作用。滚动轴承的润滑方式可分为脂润滑、油润滑和固体润滑。下面主要介绍脂润滑和油润滑。

1. 脂润滑

据统计，约有 80% 的滚动轴承采用脂润滑。其优点是：轴承座、密封及润滑装置结构简单，容易维护保养，不易泄漏，有一定的防止水、气、灰尘等杂质侵入轴承内部的能力。一般润滑脂的缺点是转速较高时，摩擦损失较大。故其填充量应适度，通常以充满轴承空间的 1/3～1/2 为宜，否则轴承容易过热。

用于润滑滚动轴承的脂种类很多。除通用品种外，用于各种工况下的专用润滑脂也在不断发展，而且其在应用中显示了优越的性能。如高速润滑脂广泛用于加工中心和精密机床高速主轴中，低力矩、低噪声润滑脂在各种电器和信息处理设备中应用，高温脂、低温脂及耐蚀脂等可在不同温度条件下使用。

2. 油润滑

通常油润滑的优点是：摩擦阻力较小，散热效果好，对轴承具有清洗作用，缺点是需要复杂的密封装置和供油设备。油润滑常用于高速、重载和温度较高的场合。

油润滑的方式有多种，可根据不同的工作条件选择。油浴润滑多用于中、低速轴承，油面应保持在最低滚动体的中心处；滴油润滑多用于转速较高的小型轴承；循环油润滑散热效果好，适用于速度较高的轴承；喷射润滑是用油泵将高压油经喷嘴射到轴承中，用于高速情况；油气润滑是利用一定压力的空气配合微量油泵将极少的润滑油吹送到轴承中进行润滑，特别适用于高速轴承。

脂润滑和油润滑一般没有严格的转速界限，通常用轴承的平均直径 D_m（外径与内径和的一半）与转速 n 的乘积，即 $D_m n$ 值作为选择润滑方式的依据。表 13-15 列出常用类型轴承在不同润滑方式下的 $D_m n$ 值。

表 13-15　不同润滑方式下轴承的 $D_m n$ 值

（单位：mm·r/min）

轴承类型	脂润滑	油润滑			
		油浴润滑	滴油润滑	油气润滑	喷射润滑
深沟球轴承	3×10^5	5×10^5	6×10^5	10×10^5	25×10^5
角接触球轴承			5×10^5	9×10^5	
圆柱滚子轴承		4×10^5	4×10^5	10×10^5	20×10^5
圆锥滚子轴承	2.5×10^5	3.5×10^5	3.5×10^5	4.5×10^5	—
推力球轴承	0.7×10^5	1×10^5	2×10^5	—	—

13.7.2　滚动轴承的密封

密封的目的是防止灰尘、水分和其他杂物侵入轴承，并可阻止润滑剂的流失。

密封装置的结构形式很多，除轴承本身带有防尘盖和密封圈以外，常用密封结构形式有两大类：

1. 非接触式密封

这类密封是利用间隙进行密封，转动件与固定件不接触，故允许轴有很高的速度。

① **间隙式密封**　在轴与端盖间设置很小的径向间隙（0.1～0.3 mm）而得以密封（见图 13-15(a)）。间隙越小，密封效果越好。若同时在端盖上制出几个环形槽（见图 13-15(b)）并填充润滑脂，则可提高密封效果。这种密封结构适用于干燥清洁环境、脂润滑轴承。

图 13-15(c)所示为利用挡油环和轴承座之间的间隙实现密封的装置。工作时挡油环随轴一起转动，利用离心力将油和杂物甩去以实现润滑。挡油环应凸出轴承座端面 $\Delta=1\sim2$ mm。该结构常用于机箱内的密封，如齿轮减速器内齿轮用油润滑，而轴承用脂润滑的场合。

② **迷宫式密封**　利用端盖和轴套间形成的曲折间隙来实现密封（见图 13-16）。有径向迷宫式（见图 13-16(a)）和轴向迷宫式（见图 13-16(b)）两种。径向间隙取 0.1～0.2 mm，轴

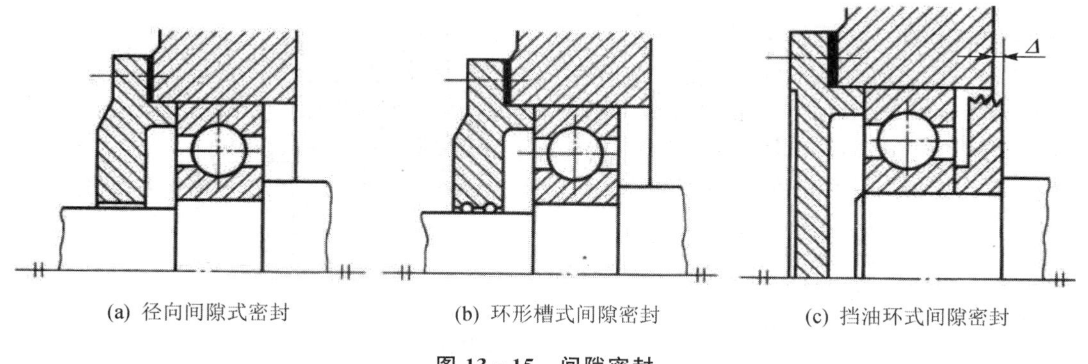

(a) 径向间隙式密封　　(b) 环形槽式间隙密封　　(c) 挡油环式间隙密封

图 13-15　间隙密封

向间隙取 1.5～2 mm，应在间隙中填充润滑脂以提高密封效果。这种结构密封可靠，适用于环境较差的场合。

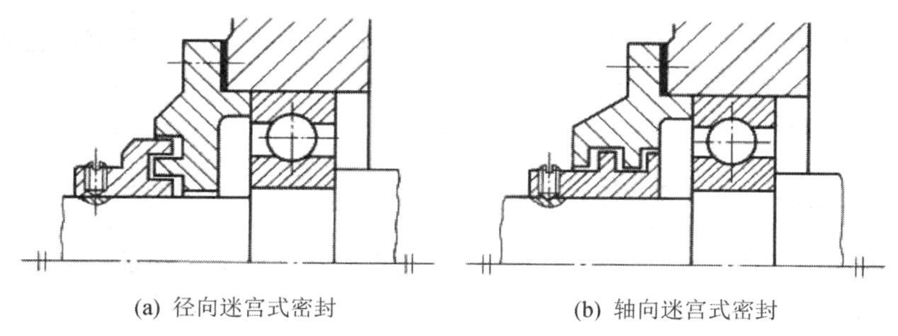

(a) 径向迷宫式密封　　(b) 轴向迷宫式密封

图 13-16　迷宫式密封

2. 接触式密封

在接触式密封的结构中，密封件与轴接触，因而两者间有摩擦和磨损，故该结构在轴转速较高时不宜采用。

① **毡圈式密封**　将矩形截面的毡圈安装在端盖的梯形槽内，利用轴与毡圈的接触压力形成密封，且压力不能调整(见图 13-17)。该密封一般适用于接触处轴的圆周速度 $v \leqslant 5$ m/s 的脂润滑轴承。

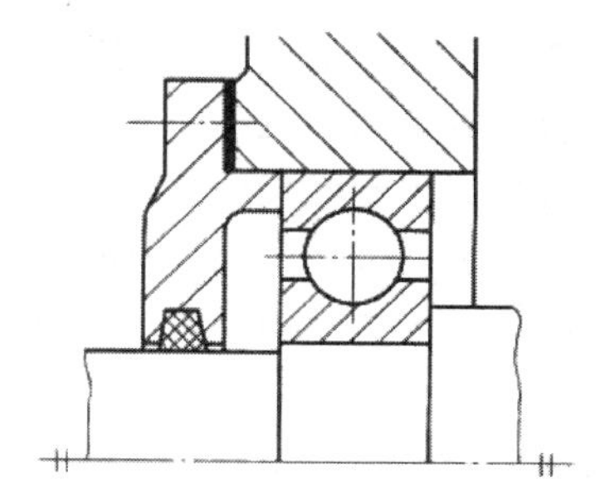

图 13-17　毡圈式密封

② **唇形密封**　唇形密封圈用耐油橡胶制成，用弹簧圈将其紧箍在轴上，以保持一定的压力(见图 13-18)。图 13-18(a)、(b)是两种不同的安装方式，前者密封圈唇口面向轴承，防止油泄漏的效果好，后者唇口背向轴承，防尘效果好。若同时用两个密封圈反向安装，则可达到双重效果。该密封可用于接触处轴的圆周速度 $v \leqslant 7$ m/s、脂润滑或油润滑的轴承。

当密封要求较高时，可将上述各种密封装置组合使用，如毡圈式密封与间隙式密封组合、毡圈式密封与迷宫式密封组合等。

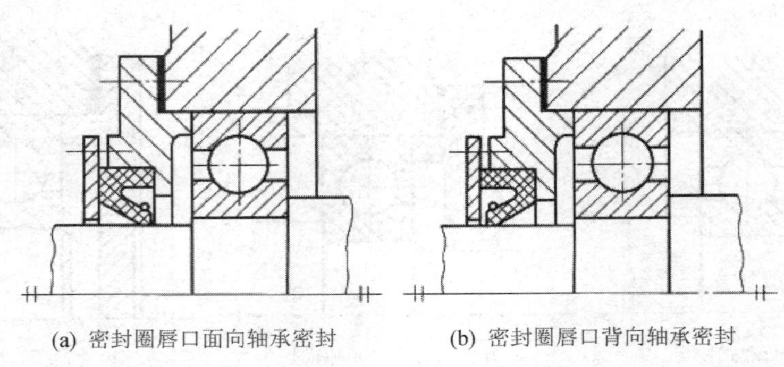

(a) 密封圈唇口面向轴承密封　　(b) 密封圈唇口背向轴承密封

图 13-18　唇形密封

13.8　滚动轴承的组合设计

为确保滚动轴承的正常工作,不仅要正确选择轴承类型和尺寸,还必须合理地进行轴承组合的结构设计。主要解决的问题是:① 轴系支点的轴向固定;② 滚动轴承组合结构的调整;③ 轴承与相关零件的配合;④ 提高轴系的支承刚度。

13.8.1　轴系支点轴向固定的结构形式

轴与轴上零件组成的系统称为**轴系**。轴系在支点处应配置若干轴承。轴系在工作中应始终保持正确的工作位置。受轴向力时,轴能将轴向力传到机座上,而不致使轴发生轴向窜动;由于工作温度变化,轴产生热变形时,应保证轴能自由伸缩,而避免轴承中摩擦力矩过大或将轴承卡死。而这些要求必须通过轴系支点的轴承及相关零件组成合理的轴向固定结构来实现。典型的轴向固定结构形式有以下 3 种。

1. 两端单向固定结构

如图 13-19(a)所示,轴系采用一对圆锥滚子轴承正安装(面对面安装),两个支点处轴承的位置都是固定的。左端轴承承担向左的轴向力,并将轴向力传到机座,从而限制轴系向左移动;同理,右端轴承承担向右的轴向力,并将轴向力传到机座,从而限制轴系向右移动。因此每个支点只能限制轴系的单方向移动,两个支点合在一起,才能限制轴系的双向移动。轴向力传递的路线为:轴肩→轴承内圈→滚动体→轴承外圈→端盖→螺钉→机座。图 13-19(b)所示为两端单向固定结构采用深沟球轴承的情况,轴向力传递路线与图 13-19(a)的完全相同。

两端单向固定结构若采用一对角接触轴承正安装(面对面安装),为允许轴有少量的伸长,应在装配时通过调整端盖与机座间垫片组的厚度使轴承内部保留适当的轴向间隙,以补偿轴的热伸长。而图 13-19(b)采用一对深沟球轴承的结构,由于该类轴承轴向间隙很小,而且是按标准预留在轴承内部的,因此装配时应在轴承一端的外圈和端盖间留出热补偿间隙 Δ($\Delta \approx$ 0.25～0.4 mm,因其很小,结构图中不需要画出,但应在装配技术要求中给予规定)。Δ 可由调整垫片组的厚度予以保证。

两端单向固定结构对轴热伸长的补偿作用有限,因此仅适用于工作温度变化不大的短轴(通常支点跨距≤400 mm)。两端固定结构若采用角接触轴承正安装形式或深沟球轴承,轴的结构简单,安装调整方便,应用比较广泛。

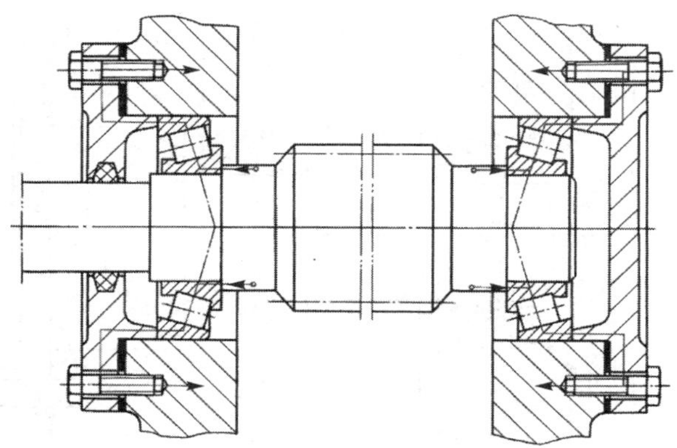

(a) 采用圆锥滚子轴承的两端单向固定结构

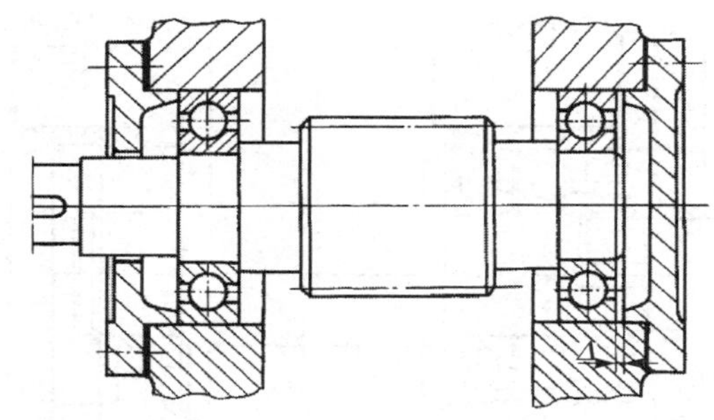

(b) 采用深沟球轴承的两端单向固定结构

图 13－19　两端单向固定结构

2. 一端固定、一端游动结构

图 13－20(a)所示的轴承组合结构中，左端轴承的内、外圈两侧均作轴向固定，因此两个方向的轴向力均可由该轴承承担并传到机座(轴向力传递路线如图所示)，从而限制了轴的双向移动，故该支点称为固定端。右端轴承不限制轴的移动，也不承担轴向力，故称其为游动端。游动端轴承内圈两侧均应作轴向固定，以防止其从轴上脱落；而其外圈是否需要固定应视轴承类型而定，该方案为深沟球轴承，属不可分离型，故外圈两侧均不应固定。当轴受温度变化而伸缩时，外圈可随内圈作轴向游动。

图 13－20(b)所示也属于一端固定、一端游动的结构形式。固定端采用一对角接触球轴承；而游动端为圆柱滚子轴承，由于该轴承属于可分离型，故外圈两侧应作轴向固定，以防止外圈产生移动而与滚动体和内圈脱落分离。

轴向载荷很大时，也可采用图 13－20(c)的形式。轴的固定端由一个深沟球轴承和两个推力球轴承组合而成，分别承担径向载荷和两个方向的轴向载荷。

轴的一端固定、一端游动的形式，其结构比较复杂，但工作稳定性好，适用于轴较长或工作温度较高的场合。

3. 两端游动结构

轴系的两个支点均不限制轴的移动。图 13－21 所示为人字齿圆柱齿轮传动的轴承组合结构，其中大齿轮轴的轴向位置已经由一对圆锥滚子轴承采用两端单向固定的形式加以限制，

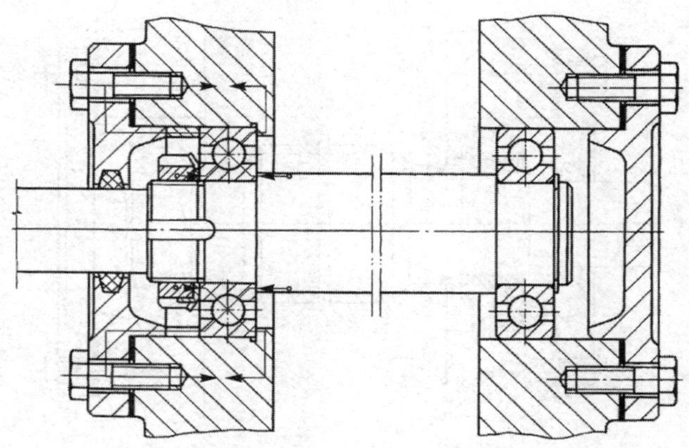

(a) 游动端为深沟球轴承的不可分离型

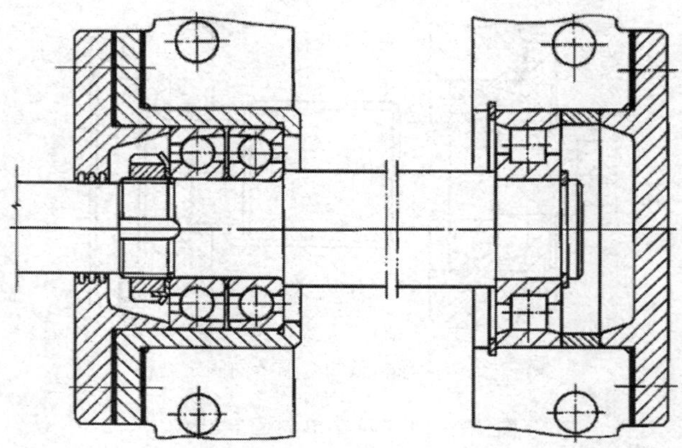

(b) 游动端为圆柱滚子轴承的可分离型

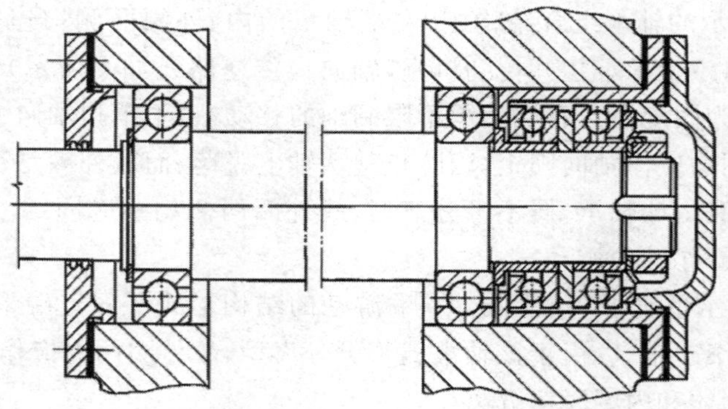

(c) 固定端由一个深沟球轴承和两个推力球轴承的组合

图 13-20　一端固定、一端游动结构

由于人字形齿轮传动的啮合作用，小齿轮轴的轴向位置也就限定了。但考虑齿轮左右两侧螺旋角的误差，两个方向的轴向力不可能完全抵消，啮合过程中，轴将被迫产生左右移动，因此必须将小齿轮轴系的支承设计成两端均能少量游动的结构。

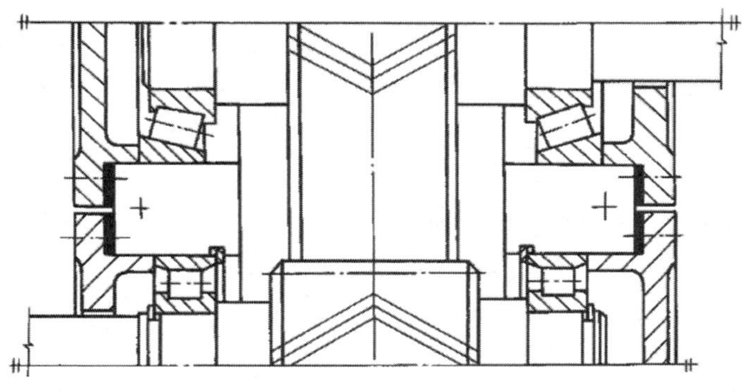

图 13－21　两端游动结构

13.8.2　滚动轴承组合结构的调整

滚动轴承组合结构的调整包括轴系轴向位置的调整和轴承游隙的调整。前者用以保证轴系在机器中具有正确的轴向位置，后者用以保证轴承内部具有合理的间隙。

1. 轴系轴向位置的调整

由于加工、装配等因素的影响，轴上的传动件往往不能处于正确的工作位置，因此必要时应对轴系的轴向位置加以调整。带轮、圆柱齿轮等传动件对轴向位置要求不高，故轴系一般不须作严格调整；而蜗杆传动则要求蜗轮的中间平面通过蜗杆轴线，因此蜗轮轴系沿轴线方向的位置必须能够进行调整(见图 13－22(a))。图 13－22(b)所示的结构中，两个大端盖(轴承座)和箱体之间各有一组调整垫片，通过增加或减少垫片的厚度，即可对蜗轮轴系的轴向位置进行调整。

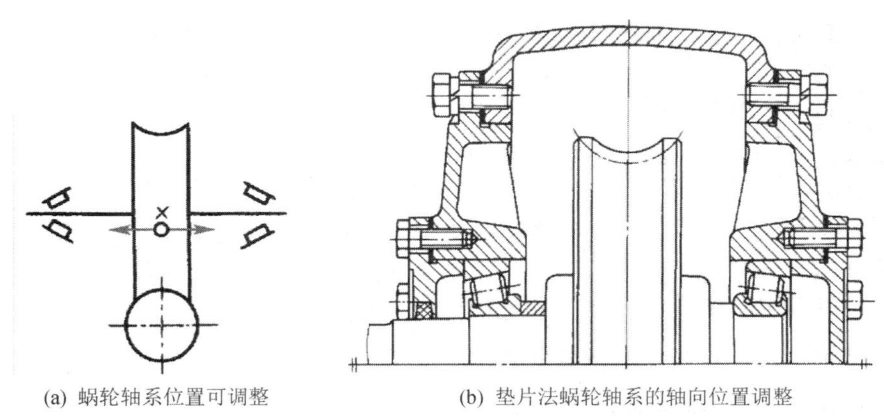

(a) 蜗轮轴系位置可调整　　(b) 垫片法蜗轮轴系的轴向位置调整

图 13－22　蜗轮轴系轴向位置的调整

如图 13－23(a)所示，为保证锥齿轮的正确啮合，要求两轮节锥的顶点必须重合，因此装配时两轴系的轴向位置均须进行调整，通常以小齿轮轴系的调整为主。图 13－23(b)、(c)所示为小锥齿轮轴系的两种结构方案，图 13－23(b)采用一对角接触球轴承正安装结构，图 13－23(c)所示为一对圆锥滚子轴承反安装(背对背)结构，两个方案的轴承都装在套杯内，通过改变套杯与箱体间调整垫片的厚度即可实现轴系位置的调整。

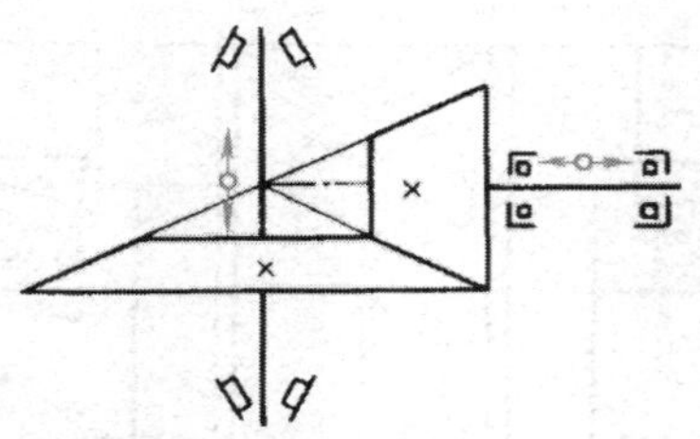

(a) 锥齿轮节锥的顶点重合调整原理

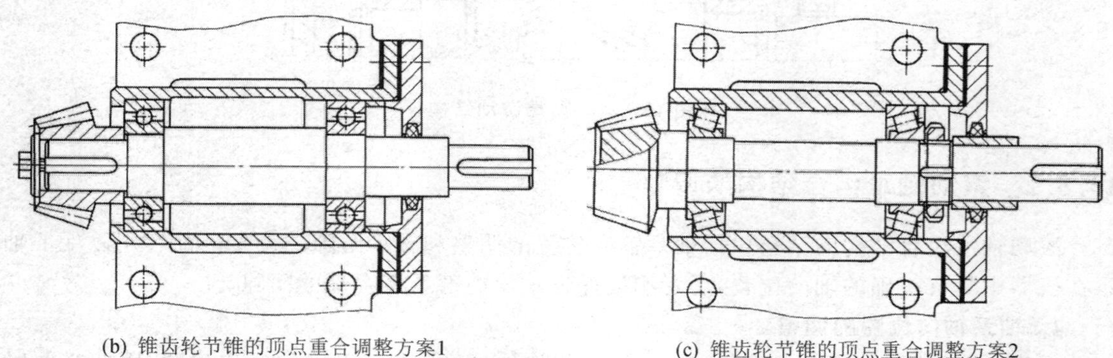

(b) 锥齿轮节锥的顶点重合调整方案1　　(c) 锥齿轮节锥的顶点重合调整方案2

图 13-23　锥齿轮轴系轴向位置的调整

2. 轴承游隙的调整

为保证轴承的正常运转,轴承内部都留有适当的间隙,称其为轴承的游隙。游隙对轴承寿命、旋转精度、温升和噪声有很大的影响。有些类型的轴承在制造装配时,其游隙就已经按标准规定值预留在轴承内部,如深沟球轴承、调心球轴承等;有些类型轴承的游隙则需在安装时进行调整,如角接触球轴承、圆锥滚子轴承等。

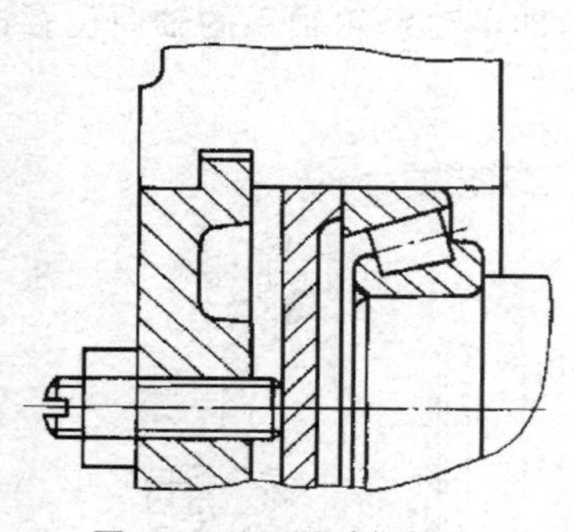

图 13-24　通过螺栓和压板调整轴承游隙

调整轴承游隙的方法很多。在图 13-19(a)、图 13-20(b)、图 13-23(b)等结构中,轴承游隙是通过改变轴承端盖处垫片组的厚度来调整的;图 13-23(c)的结构则是利用圆螺母来调整轴承游隙的,但操作须在套杯内进行,因此不如前者方便。图 13-24 所示为采用嵌入式端盖时通过螺栓和压板调整轴承游隙的方法。

13.8.3　滚动轴承与相关零件的配合

滚动轴承是标准件,与相关零件配合时应注意以下几点:

① 轴承内孔与轴颈配合应采用基孔制,轴承外圈与座孔配合应采用基轴制。

② 轴承内径具有公差带较小的负偏差,因此与轴颈配合时,相对于一般圆柱面的基孔制同类配合更紧。

③ 在装配图中,只标注轴颈与座孔直径的公差带,轴承内径与外径则不必标注公差带。

选择配合时,应考虑载荷大小和性质、工作温度及对轴承旋转精度的要求等因素。通常,转速越高、载荷越大或工作温度越高的场合应选用较紧的配合；游动座圈应取较松的配合；载荷方向不变时，静止座圈应比转动座圈的配合松一些。具体配合情况可参考机械设计手册。

13.8.4 提高轴系刚度的措施

增加轴系的刚度对提高轴的旋转精度、减少振动和噪声、改善传动件的工作性能和保证轴承寿命都是十分有利的。以下几项措施可供设计时参考。

1. 提高轴承座的刚度和精度

提高轴系的刚度应首先提高轴承座的刚度，以保证轴承座孔受力时能保持正确的形状、位置和方向。图 13－25(a)的结构方案中，轴承的位置距机座壁较远，轴承座宽度大、壁厚小，因此该轴承座的支承刚度较差；图 13－25(b)的结构方案中，以上两问题均得到改进，而且在轴承座下侧增加了肋板，支承刚度较好。

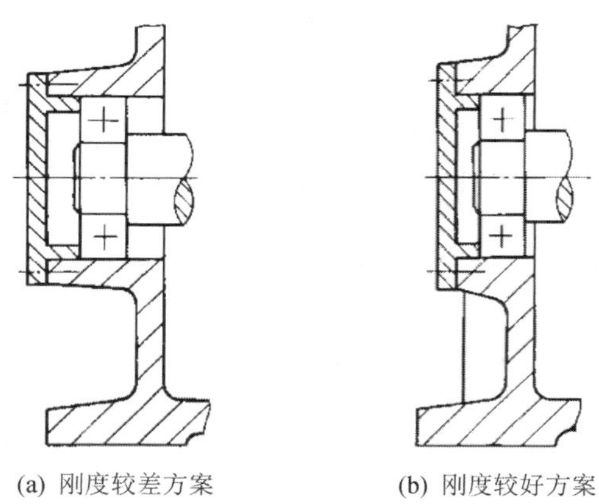

(a) 刚度较差方案　　(b) 刚度较好方案

图 13－25 轴承座刚度提高的措施

2. 合理安排轴承的组合方式

在同一支点上成对采用同型号角接触轴承时，轴承的组合方式不同，轴系的刚度也不同。图 13－26(a)所示为正安装方式，图 13－26(b)所示为反安装方式，显然两轴承载荷作用中心距 $B_2>B_1$，即反安装时支承有较高的刚度。

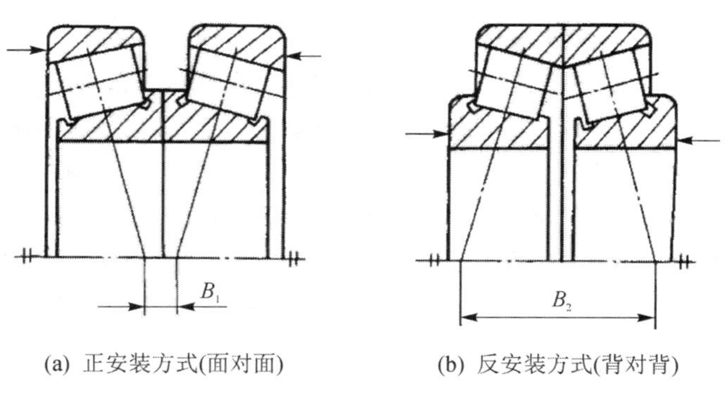

(a) 正安装方式(面对面)　　(b) 反安装方式(背对背)

图 13－26 同支点上角接触轴承的组合方式

对于成对使用但处在不同支点的角接触轴承,其安装方式对轴系的支承刚度也有较大的影响,具体情况如表 13-16 所列。

表 13-16 角接触轴承不同安装方式对轴系刚度的影响

安装方式	工作零件作用力位置	
	两轴承间	悬臂端
正安装(面对面)	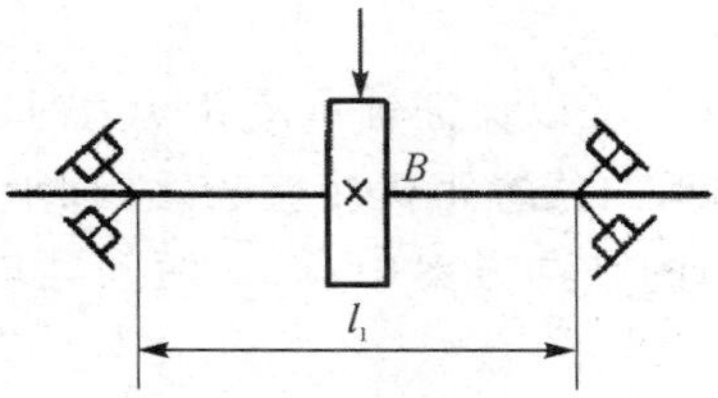 B, l_1	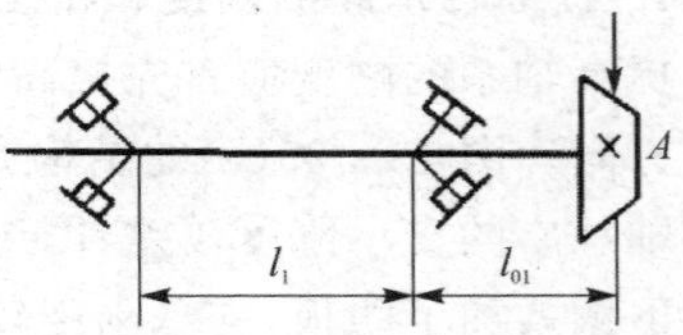 A, l_1, l_{01}
反安装(背对背)	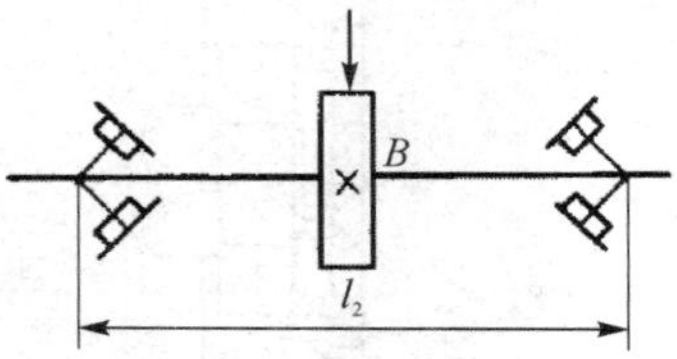 B, l_2	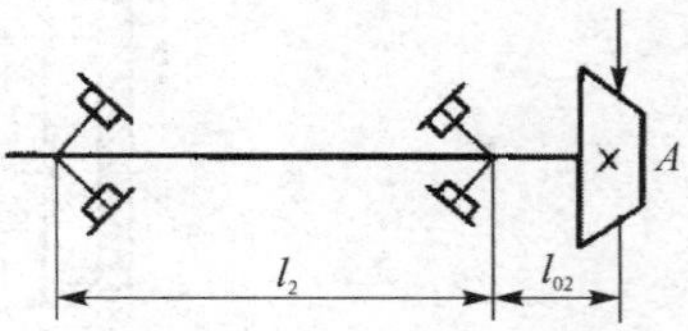 A, l_2, l_{02}
轴系刚度	$l_1 < l_2$,反安装时零件处轴的弯矩大,正安装刚性好	$l_2 > l_1$,$l_{02} < l_{01}$,正安装时零件处轴的挠度大,反安装刚性好

3. 轴承的预紧

对回转精度和刚度要求较高的轴系(如精密机床的主轴等),常采用预紧的方法增加轴承的刚度,提高其旋转精度,延长轴承寿命。所谓预紧,就是在安装轴承时,用一定的方法使轴承产生并保持一定的预紧力,从而消除轴承游隙,并使滚动体和内、外套圈之间产生一定的弹性预变形。以下以角接触球轴承为例说明预紧的原理和方法。

如图 13-27(a)所示,球轴承受载时,滚动体的弹性变形 δ 与外载荷 F 的关系呈非线性关系。当轴承未预紧时,在工作载荷 F_A 作用下轴承的变形量为 δ;若先施一预紧力 F_0,则在同样工作载荷 F_A 作用下,轴承的变形量为 δ'。显然 $\delta' < \delta$,轴承刚度有所增加。

一般角接触球轴承都是成对预紧。如图 13-27(b)所示,经过预紧的轴承加上工作载荷 F_A 后,由于两轴承的变形协调关系,轴承Ⅰ变形的增量与轴承Ⅱ变形的减少量相等,同为 δ''。此时轴承Ⅰ的载荷在 F_0 的基础上只增加了 F_A 的一部分,即 F_{A1}。与单个轴承预紧的效果相比,变形增量进一步降低,即 $\delta'' < \delta'$,可见成对轴承预紧的效果更加显著。

由于圆锥滚子轴承的载荷-变形关系近似为一直线,因此单个轴承预紧不能提高刚度。角接触轴承常用的预紧方法如图 13-28 所示。预紧虽能提高轴系的回转精度和刚度,但对预紧力必须加以控制,应避免预紧力过大导致摩擦力矩增加过多而降低轴承寿命。合理的预紧力计算方法可查阅有关手册。

例 13-3 安装有斜齿轮的转轴由一对代号为 7210AC 的轴承支承,安装方式如图 13-29 所示。已知两轴承所受径向载荷分别为 $F_{R1}=600$ N(左侧轴承),$F_{R2}=2\ 600$ N(右

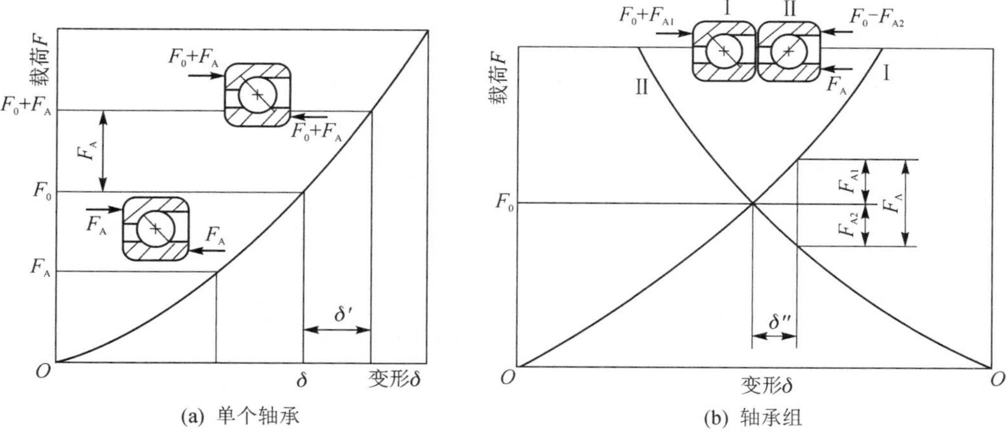

(a) 单个轴承　　(b) 轴承组

图 13-27　角接触球轴承的刚度曲线与预紧

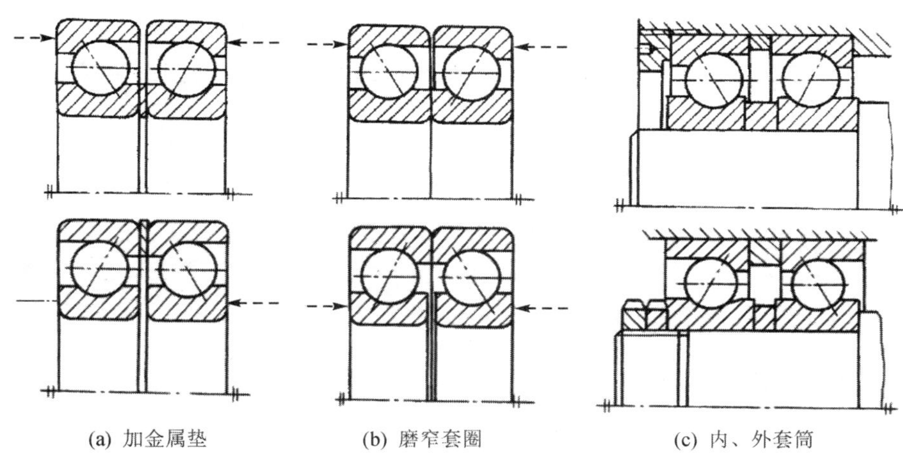

(a) 加金属垫　　(b) 磨窄套圈　　(c) 内、外套筒

图 13-28　角接触轴承的预紧方法

侧轴承)，齿轮上的轴向载荷 $F_X=1\ 000$ N(方向向右)，齿轮工作转速 $n=320$ r/min，承受轻微冲击载荷，常温工作。7210AC 轴承 $C=40.8$ kN，$C_0=30.5$ kN，$n_{\lim}=8\ 500$ r/min(脂润滑)。

(1) 求两轴承的当量动载荷；

(2) 要求轴承寿命不低于 40 000 h，采用该型号轴承是否满足要求？

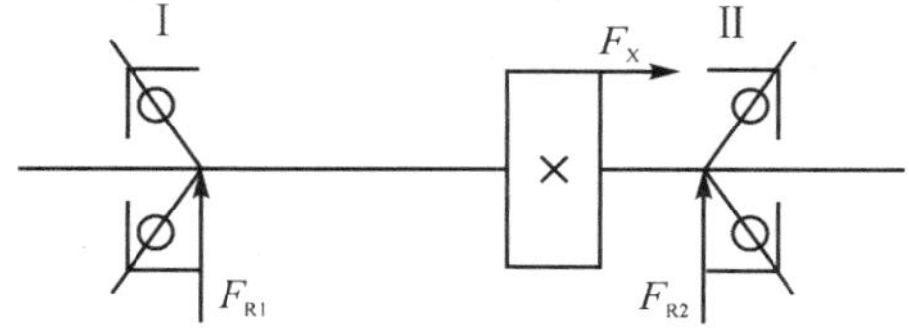

图 13-29　轴承安装方式示意图

解：

(1) 求两轴承的当量动载荷

① 计算内部轴向力：

7210AC 轴承的内部轴向力为 $F_S=0.68F_R$，则

$F_{S1}=0.68F_{R1}=0.68\times600\ \text{N}=408\ \text{N}$　　方向向右

$F_{S2}=0.68F_{R2}=0.68\times2600\ \text{N}=1\ 768\ \text{N}$　　方向向左

② 计算轴承所受的轴向载荷

$$\xrightarrow[F_{S1}]{}\qquad \xrightarrow{F_X}\qquad \xleftarrow[F_{S2}]{}$$

$$\text{轴承 I}\quad\begin{cases}F_{S1}=408\ \text{N}\\F_{S2}-F_X=(1\ 768-1\ 000)\ \text{N}=768\ \text{N}\end{cases}$$

故 $F_{A1}=768\ \text{N}$

$$\text{轴承 II}\quad\begin{cases}F_{S2}=1\ 768\ \text{N}\\F_{S1}+F_X=(408+1\ 000)\ \text{N}=1\ 408\ \text{N}\end{cases}$$

故 $F_{A2}=1\ 768\ \text{N}$

③ 计算当量动载荷

对于 $P=f_p(XF_R+YF_A)$，取冲击载荷 $f_p=1.2$，系数 X,Y 与判断因子 e 有关。对于 7210AC 轴承，$e=0.68$。

$$\text{轴承 I}\quad \frac{F_{A1}}{F_{R1}}=\frac{768}{600}=1.28>e$$

故 $X=0.41, Y=0.87$，则当量动载荷为

$$P_1=1.2\times(0.41\times600+0.87\times768)\ \text{N}=1\ 096.99\ \text{N}$$

$$\text{轴承 II}\quad \frac{F_{A2}}{F_{R2}}=\frac{1\ 768}{2\ 600}=0.68=e$$

故 $X=1, Y=0$，则当量动载荷为

$$P_2=1.2\times2\ 600\ \text{N}=3\ 120\ \text{N}$$

(2) 要求轴承寿命不低于 40 000 h，采用该型号轴承是否满足要求？

因 $P_2>P_1$，且两轴承类型、尺寸相同，故只按轴承Ⅱ计算寿命即可。取 $P=P_2$，由轴承寿命计算公式可得

$$L_{10h}=\frac{10^6}{60n}\left(\frac{C}{P}\right)^{\varepsilon}=\frac{10^6}{60\times900}\left(\frac{40\ 800}{3\ 120}\right)^3\ \text{h}=41\ 411.69\ \text{h}$$

寿命高于 40 000 h，故该轴承满足寿命要求。

由于承受轻微冲击载荷，转速不是很低，故不必校核静强度。该轴承转速只有 900 r/min，远低于极限转速 8 500 r/min，因此也不需要校验极限转速。

思考题

13-1　简述选择滚动轴承类型时要考虑哪些因素。

13-2　角接触球轴承和圆锥滚子轴承常成对使用，为什么？

13-3　简述推力球轴承为什么不宜用于高速。

13-4　简述采用滚动轴承轴向预紧措施的意义和目的。

13-5 简述滚动轴承密封的目的以及常用的密封方式有哪几种。

13-6 滚动轴承支承的轴系，其轴向固定的典型结构形式有两类：(1) 两支点各单向固定；(2) 一支点双向固定，另一支点游动；试问这两种类型各适用于什么场合？

13-7 滚动轴承内圈与轴，外圈与机座孔的配合采用基孔制还是基轴制？

13-8 某安装有斜齿轮的转轴由一对角接触球轴承支承，安装方式如图13-30所示。已知两轴承所受内部轴向力分别为 $F_{S1}=600$ N，$F_{S2}=400$ N，齿轮上的轴向载荷 $F_x=800$ N，载荷平稳。求两轴承的轴向载荷，F_{A1} 和 F_{A2}。

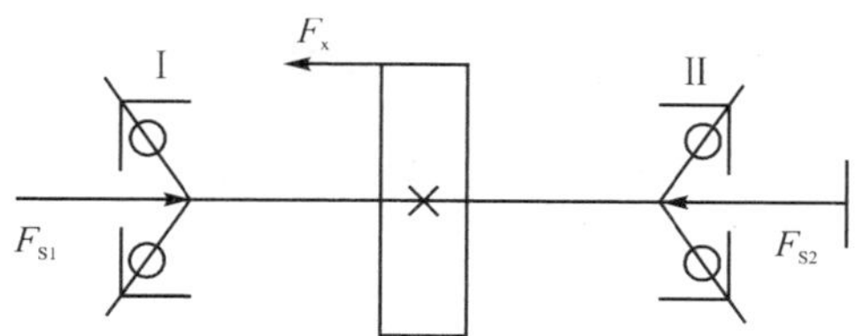

图13-30 轴系轴承安装示意图

13-9 一深沟球轴承所受径向载荷 $F_r=7\ 200$ N，转速 $n=1\ 800$ r/min，预期寿命 $[L_h]=3\ 000$ h，中等冲击 $f_p=1.5$，室温下工作 $f_T=1$。试计算轴承应有的径向基本额定动载荷 C 值。

13-10 已知某深沟球轴承的转速为 n_1，当量动载荷 $P_1=2\ 500$ N，其基本额定寿命为 8 000 h，球轴承寿命指数 $\varepsilon=3$，试求：(1) 若转速保持不变，当量动载荷增加到 $P_2=5\ 000$ N，其基本额定寿命为多少小时？(2) 若转速增加一倍，即 $n_2=2n_1$，当量动载荷不变，其基本额定寿命为多少小时？

13-11 如图13-31所示的一矿山机械的转轴，两端采用6313深沟球轴承支承，每个轴承承受的径向载荷为 $F_r=5\ 400$ N，轴的轴向载荷 $F_a=2\ 650$ N，有轻微冲击，轴的转速 $n=1\ 250$ r/min，预期寿命 $L_h=5\ 000$ h，问该轴承是否适用。

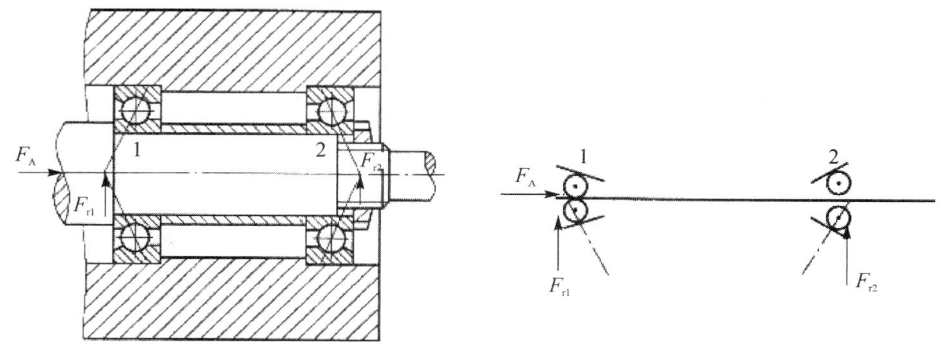

图13-31 轴承安装图

13-12 根据工作条件，决定在某传动轴上背对背安装的一对角接触球轴承，如图13-13所示。已知两个轴承的载荷分别为 $F_{r1}=1\ 470$ N，$F_{r2}=650$ N，外加轴向力 $F_A=1\ 000$ N，轴颈 $d=40$ mm，转速 $n=5\ 000$ r/min，常温下运转，有中等冲击，预期寿命 $L_h=2\ 000$ h，试选择轴承型号。

13－13　图 13－32 所示为一对窄边相对安装的圆锥滚子轴承支承的轴系，齿轮用油润滑，轴承用脂润滑轴端装有联轴器，试指出图中的结构错误（注：图中倒角和圆角不考虑）。

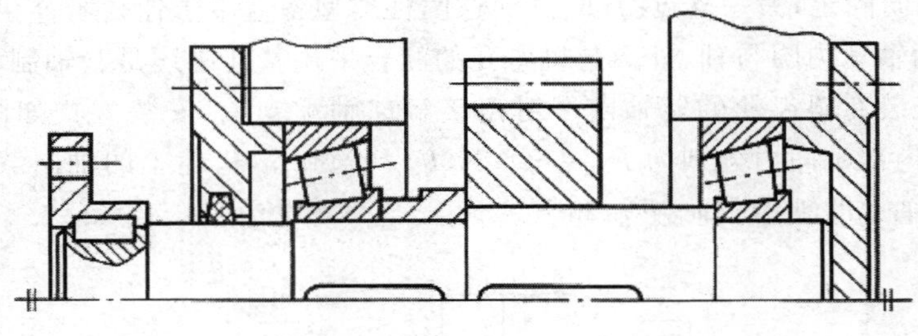

图 13－32　轴系示意图

参考文献

[1] 郭卫东,高志慧. 机械原理及设计(云教材)[M]. 北京:北京航空航天大学出版社,2024.
[2] 郭卫东. 机械原理[M]. 北京:机械工业出版社,2022.
[3] 郭卫东. 机械原理[M]. 2 版. 北京:科学出版社,2012.
[4] 郭卫东. 机械原理(云教材) [M]. 西安:西安交通大学出版社,2016.
[5] 于靖军,裴旭,郭卫东. 机械原理与设计[M]. 北京:高等教育出版社,2024.
[6] 于靖军,赵宏哲. 机械原理[M]. 2 版. 北京:机械工业出版社,2023.
[7] 张策. 机械原理与机械设计(上册、下册)[M]. 3 版. 北京:机械工业出版社,2018.
[8]吴瑞祥,等. 机械设计基础[M]. 2 版. 北京:北京航空航天大学出版社,2007.
[9] 孙桓,葛文杰. 机械原理[M]. 9 版. 北京:高等教育出版社,2021.
[10] 郑文纬,吴克坚. 机械原理[M]. 7 版. 北京:高等教育出版社,2018.
[11] 杨可桢,程光蕴,等. 机械设计基础[M]. 7 版. 北京:高等教育出版社,2020.
[12] 赵自强,张春林. 机械原理[M]. 3 版. 北京:机械工业出版社,2023.
[13] 邱宣怀. 机械设计[M]. 4 版. 北京:高等教育出版社,1997.
[14] 王德伦,马雅丽. 机械设计[M]. 2 版. 北京:机械工业出版社,2020.
[15] 王之栎,马纲,陈新颐. 机械设计[M]. 2 版. 北京:北京航空航天大学出版社,2019.
[16] 濮良贵,陈国定,吴立言. 机械设计[M]. 9 版. 北京:高等教育出版社,2013.